Win-Q

화훼장식
산업기사 필기
단기합격

SD에듀
(주)시대고시기획

∽ 추천사 ∾

"꽃으로 가는 길"

훌륭한 삶에는 최소한 세 가지가 존재한다.

첫째, 가치 있는 일을 하는 것이다.

가치에 있어서 우월과 순서는 없다. 다만 자신이 좋아하는 일이 가치의 기준이 된다. 직업에 좋고 나쁨이 없다는 것은 교과서적인 표현이다. 톨스토이는 "사람은 무엇으로 사는가?"라는 자신의 물음에 이렇게 답했다. "사람이 살아가는 것은 사랑이 있기 때문이다." 톨스토이의 대답과 비슷하지만 나는 이 질문에 대하여 "사람과 사랑이 있는 곳에는 꽃이 있다."고 답한다. 꽃을 만지고 살아가는 것은 향기를 만지며 사는 것이다. 꽃을 만지며 사는 사람은 행복을 선택한 사람이다.

둘째, 가야 하는 길이 있다.

꽃을 만지는 사람에게도 걸어야 하는 길이 있다. 그 길은 노력 없이, 그저 주어지는 것이 아니다. 그 길은 한 분야에 종사한 선배 혹은 앞서 걸었던 선생님과 통하는 길이다. 그리고 나는 그 길을 걷는 방법을 멘토링이라고 한다. 멘토를 잘 만나는 것은 그 분야를 빠르게 이해할 수 있는 지름길을 걷는 것과 같다. '한 번의 선택이 평생을 좌우한다.'는 광고 문구처럼 삶에서 선택은 매우 중요하다. 결국 누구를 만나고 누구와 가는 길을 선택하는가는 삶의 척도가 된다.

셋째, 선택의 결과가 따라온다.

잘된 선택은 반드시 성공이라는 결과가 따라온다. 나는 늘 말한다. 선생에게서 배우지 못한 것은 책을 통하여 해소하는 길밖에 없다. 같은 시간을 공부하여도 좋은 책을 만나서 공부하는 것은 빠른 길이 된다.

그동안 수많은 플로리스트 마이스터 제자를 길러 왔다. 그중에서도 본서를 펴내는 하순엽 선생을 비롯한 공신희, 강나현 선생은 현장 경험이 많은 이들이다. 이미 『화훼장식기사』의 책을 펴내어 큰 반응을 보여 주었던 만큼 그들이 펴내는 양서라면 좋은 안내서가 될 것이라고 믿는다. 그들은 향기를 만지는 가치 있는 일을 하면서, 서로가 서로에게 훌륭한 멘토가 되어 함께 길을 걸어왔고, 그 결과 좋은 책을 만들어 낸 훌륭한 삶을 살아 내고 있는 사람들이다. 아울러 그러한 책을 받아 공부하는 분들, 모두에게도 좋은 결과가 올 것을 믿는다.

끝으로 본서를 펴내는 하순엽, 공신희, 강나현 공동 저자에게 축하의 인사를 드린다.

2019. 9. 24. 방식

방식박물관 회장, 농학박사 조경독일 명장, 플로리스트 마이스터

머리말

꽃은 인생의 첫 출발부터 마지막 가는 곳까지 늘 함께합니다. 어느 동굴에서 몇 만 년 전에 살았던 사람의 뼈가 발견된 적이 있습니다. 그 뼈에서는 놀랍게도 진달래 꽃가루의 흔적이 나왔다고 합니다. 이렇듯 꽃은 늘 우리와 동행해 왔음을 알 수 있습니다.

이뿐만 아니라 현대에 이르러 문화생활이 확대됨에 따라, 정서적인 감성을 전달하는 꽃에 대한 관심이 늘어나고 이로 인해 관련 영역에서의 전문성도 요구되고 있습니다. 그래서 소박한 취미로 즐기던 꽃이 이제는 구체적이고 체계적인 학습을 통하여 직업인으로 활동할 수 있는 분야가 되었습니다.

우리나라는 2005년부터 국가기술자격 화훼장식기능사, 기사시험을 시행해 오고 있습니다. 저희는 초창기 시험부터 현재에 이르기까지, 그동안의 화훼장식 시험에 직접 참여하고 연구해 왔습니다. 이 과정에서 경험했던 부분들을 꼼꼼히 체크하고 보완하여, 체계적인 교육을 통해 꽃에 대한 관심과 열정에 힘이 되도록 『2017, 2018 단 한권으로 끝내는 화훼장식기사』를 출간했습니다.

이어서 2019년 화훼장식산업기사 시험이 신설됨에 따라, 변화된 형태로 구성된 시험 과목을 여러 방향에서 접근하여 보다 많은 꽃 전문가가 길러질 수 있도록 최선을 다했습니다.

이 책이 화훼장식을 지도하시는 선생님, 수험생 여러분에게 도움이 되길 마음을 모아 기원합니다. 또한, 부디 많이 합격하셔서 대한민국과 나아가 전 세계 화훼분야에서 능력 있는 화훼전문가로 여러분의 기량을 발휘하는 데 도움이 되기를 소망합니다.

마지막으로, 이 책이 완성되어 여기까지 올 수 있도록 힘써 주신 SD에듀 출판사 관계자 분들께 진심으로 감사드립니다.

저자 일동

자격증 · 공무원 · 금융/보험 · 면허증 · 언어/외국어 · 검정고시/독학사 · 기업체/취업
이 시대의 모든 합격! SD에듀에서 합격하세요!
www.youtube.com ➜ SD에듀 ➜ 구독

✷ 개 요

화훼의 기능성 및 역할이 증대되고 시대적 · 사회적 요구 및 꽃 소비량의 증가로 인하여 화훼장식 전문가의 양성과 도소매 꽃가게 운영의 현대화, 화훼장식 이용의 과학화가 요구되고 있습니다. 이를 위해 체계화된 교육과 효율적인 인력 활용을 통하여 일정 수준의 지식과 기술을 갖춘 인재를 양성하기 위하여 제정한 시험입니다.

✷ 시험 일정

구 분	필기시험			실기시험			
기사 제4회	원서접수 (인터넷)	시험시행	합격예정자 발표	응시자격 서류제출 (방문제출)	원서접수 (인터넷)	시험시행	합격예정자 발표
	8월경	9월경	10월경	10월경(휴일제외)	10월경	11월경	12월경

※ 시험 관련 내용은 변경될 수 있습니다. 자세한 내용은 한국산업인력공단 홈페이지(www.q-net.or.kr)를 참고하시기 바랍니다.

✷ 시험 요강

❶ 시행처 ⋯ 한국산업인력공단(www.q-net.or.kr)
❷ 합격기준 ⋯ 필기 · 실기 100점을 만점으로 하여 60점 이상

구 분	유 형	시 간	과 목
필 기 (CBT)	객관식 (총 60문항)	1시간 30분	■ 화훼장식 기획 및 매장관리 ■ 화훼장식 상품 제작 ■ 화훼디자인
실 기	작업형	2시간 정도	■ 화훼장식 실무 · 화훼장식 상품 기획 · 화훼장식 절화 응용상품 제작 · 화훼장식 가공화 응용상품 제작 · 화훼장식 매장 디스플레이 · 화훼장식 매장운영관리 · 화훼장식 디자인지도

✷ 검정 현황 ▌ 2021년 시행 기준

구 분	응 시	합 격	합격률
필 기	376명	332명	88.3%
실 기	322명	131명	40.7%

✳ 수행 직무

화훼류를 주재료로 화훼장식 디자인, 상품 제작, 상품 기획 홍보, 매장운영 등 화훼장식을 전문적으로 관리합니다.

✳ 진로 및 전망

현대는 전문화되어 고도의 기술을 요구하고, 이러한 흐름에 맞추어 화훼산업 또한 빠른 속도로 일상생활에 필수적인 요소가 되어 가고 있습니다. 화훼를 이용한 장식품의 종류도 다양해져 고도의 전문성과 프로정신을 보유한 인력들을 관리하고 통제할 전문가의 필요성이 요구됩니다.

> ▸ 도 · 소매 꽃가게의 대형화 및 전문화를 통한 전문인력의 고용능력과 창업의 증대, 호텔 · 은행 등 대형건물의 그린 인테리어로서의 활동 확대
> ▸ 조경회사, 골프회사, 화훼종묘회사, 화훼육묘회사, 화훼경매시장 등에 취업
> ▸ 실내조경가, 코디네이터, 사이버플라워디자이너, 이벤트행사기획가, 전시회기획가, 화훼장식평론가 등의 프리랜서로 활약
> ▸ 전문분야의 상품개발, 디스플레이 전문업, 화훼장식소재 제조업, 화훼장식소재 판매, 화훼유통업, 꽃꽂이학원의 경영
> ▸ 화훼관련 경기대회 관리 및 심사위원, 각종 교육기관의 강사

✳ 자격증 관계도

❶ **화훼장식기능사** ⋯ 누구나 응시할 수 있는 시험으로 화훼에 대한 기초를 다룹니다. 기능사 자격을 취득한 후 동일직무 분야에서 1년 이상 실무에 종사한 자는 산업기사 시험에 응시할 수 있습니다.

❷ **화훼장식산업기사** ⋯ 기술자격 소지자, 관련학과 전공자, 경력자에게 응시자격이 주어지며 산업기사 자격을 취득한 후 동일직무 분야에서 1년 이상 실무에 종사한 자는 기사 시험에 응시할 수 있습니다.

❸ **화훼장식기사** ⋯ 산업기사보다 한층 수준 높은 숙련기능과 기초이론지식을 가지고 화훼장식 분야의 업무에 종사하는 자격입니다.

※ 필기 출제 기준 ▌ 적용기간: 2022.1.1.~2025.12.31.

1과목 화훼장식 기획 및 매장관리(20문항)		
주요항목	세부항목	세세항목
1. 화훼장식 상품 기획	1. 상품 구상	1. 상품 구상 3. 상품 재료 2. 상품 디자인
	2. 실행예산 수립	1. 재료구매목록 2. 실행예산
	3. 상품 기획	1. 상품 제작 계획 2. 작업지시서 3. 화훼장식의 기능
2. 화훼장식 상품 홍보	1. 상품 홍보 기획	1. 홍보 계획 2. 고객선호도 분석 3. 상품 홍보
	2. 상품 전시	1. 전시 계획 2. 전시 환경 3. 전시 기법 4. 전시 기구
	3. 상품 홍보 평가	1. 만족도조사 2. 상품 홍보 평가
3. 화훼장식 매장운영관리	1. 고객관리	1. 고객정보 2. 고객관리
	2. 입출금 회계관리	1. 회계관리 2. 상품원가관리 3. 결산보고서
	3. 안전관리	1. 작업공간 위험요인 2. 매장 안전관리 3. 응급처치
	4. 인사관리	1. 인사관리 2. 고용계약서(근로계약서) 3. 근로기준법 4. 인사 관련 법규 등
4. 화훼장식 매장 디스플레이	1. 화훼장식 판매상품 연출	1. 매장 디스플레이 기획 2. 테마별 판매상품 연출 3. 트렌드 분석
	2. 화훼장식 판매상품 진열	1. 상품 진열 계획 2. 상품 진열 방법
	3. 화훼장식 매장장식	1. 매장 환경조사 2. 매장 디스플레이 구성 3. 매장 디스플레이 방법과 배치

※ 본서에서는 학습의 이해도를 위해 주요항목 3, 4를 먼저 제시하였습니다.
※ 국가직무능력표준(NCS)을 기반으로 자격의 내용(시험 과목, 출제 기준 등)이 직무 중심으로 개편되었습니다.

2과목 화훼장식 상품 제작(20문항)		
주요항목	세부항목	세세항목
1. 화훼장식 절화 응용상품 제작	1. 양식별 화훼장식 절화상품 제작	1. 동양형 화훼장식 절화상품　　2. 서양형 화훼장식 절화상품 3. 양식별 절화의 종류, 정의 및 특성 등
	2. 종류별 화훼장식 절화상품 제작	1. 절화상품 종류　　　　　　　2. 절화상품 재료 3. 종류별 절화 생리　　　　　　4. 종류별 절화상품 및 품질유지관리 5. 절화의 관리
	3. 용도별 화훼장식 절화상품 제작	1. 용도별 절화상품　　　　　　2. 용도별 절화 생리 3. 용도별 절화상품 및 품질유지관리
	4. 작업공간 정리	1. 작업공간 정리　　　　　　　2. 절화상품 재고관리 3. 절화상품 폐기물관리
2. 화훼장식 가공화 응용상품 제작	1. 가공화 상품 작업 준비	1. 가공화 상품관리　　　　　　2. 가공화 상품 재료 3. 가공화의 종류, 정의 및 특성 등
	2. 압화상품 제작	1. 압화상품 재료　　　　　　　2. 압화상품 디자인 3. 압화상품관리　　　　　　　4. 압화의 종류, 정의 및 특성 등
	3. 보존화 상품 제작	1. 보존화 상품 재료　　　　　　2. 보존화 상품 디자인 3. 보존화 상품관리　　　　　　4. 보존화의 종류, 정의 및 특성 등
	4. 작업공간 정리	1. 가공화 안전관리　　　　　　2. 가공화 재고관리 3. 가공화 폐기물관리　　　　　4. 가공화 도구 5. 작업공간 및 도구에 관한 사항
3. 화훼장식 분화상품 제작	1. 분화상품 재료 분류	1. 분화상품 재료　　　　　　　2. 토양 3. 분화상품 용기　　　　　　　4. 분화의 종류, 정의 및 특성 등 5. 식물 분류
	2. 분화상품 작업 준비	1. 분화상품 선행 작업　　　　　2. 분화 관수 3. 분화 생리　　　　　　　　　4. 분화상품 환경
	3. 분화상품 제작	1. 분화상품 기반(준비 등) 작업　2. 분화상품 디자인
	4. 작업공간 정리	1. 분화 도구　　　　　　　　　2. 분화 재고관리 3. 분화 폐기물관리　　　　　　4. 작업공간 정리

3과목 화훼디자인(20문항)		
주요항목	세부항목	세세항목
1. 화훼장식 디자인지도	1. 동양형 화훼장식 지도	1. 동양형 화훼장식 디자인 2. 동양형 화훼장식 작품 분석 3. 동양형 화훼장식 작품 평가 4. 동양형 화훼장식의 종류, 정의, 역사 및 특성 등
	2. 서양형 화훼장식 지도	1. 서양형 화훼장식 디자인 2. 서양형 화훼장식 작품 분석 3. 서양형 화훼장식 작품 평가 4. 서양형 화훼장식의 종류, 정의, 역사 및 특성 등
	3. 종교별 화훼장식 지도	1. 종교별 화훼장식 디자인 2. 종교별 화훼장식 작품 분석 3. 종교별 화훼장식 작품 평가 4. 종교별 화훼장식의 종류, 정의 및 특성 등
	4. 결혼유형별 화훼장식 지도	1. 결혼식 유형별 화훼장식 디자인 2. 결혼식 유형별 화훼장식 트렌드 3. 결혼식 유형별 화훼장식 지도 4. 결혼식 화훼장식의 종류, 정의 및 특성 등
	5. 장례유형별 화훼장식 지도	1. 장례식 유형별 화훼장식 디자인 2. 장례식 유형별 화훼장식 트렌드 3. 장례식 유형별 화훼장식 지도 4. 장례식 화훼장식의 종류, 정의 및 특성 등
	6. 행사별 화훼장식 지도	1. 행사별 화훼장식 디자인 2. 행사별 화훼장식 트렌드 3. 행사별 화훼장식 지도 4. 행사별 화훼장식의 종류, 정의 및 특성 등
2. 화훼장식 서양형 디자인	1. 서양형 전통적 기법 디자인	1. 서양형 기하학적 기본 형태 2. 서양형 기하학적 응용 형태 3. 서양형 신고전주의 형태 4. 기타
	2. 서양형 현대적 기법 디자인	1. 장식적 형태 2. 식물 생장 형태 3. 평행(병행) 형태 4. 선-형 형태
	3. 서양형 자유화 기법 디자인	1. 자유 형태 2. 트렌드
	4. 서양형 고객맞춤형 디자인	1. 서양형 고객 요구 파악 2. 서양형 고객맞춤형 디자인 3. 서양형 디자인 원리와 요소
3. 화훼장식 한국형 디자인	1. 한국형 기본화형 디자인	1. 한국형 기본화형
	2. 한국형 응용화형 디자인	1. 한국형 응용화형 2. 한국형 자유화형
	3. 한국형 고객맞춤형 디자인	1. 한국형 고객 요구 파악 2. 한국형 고객맞춤형 디자인 3. 한국형 디자인 원리와 요소

❋ CBT 응시 요령 | 산업인력공단 홈페이지 내 'CBT 가상 체험 서비스' 제공

01 수험자 정보 확인

⋯ 시험 시작 전 시험장 감독위원이 컴퓨터에 나온 수험자 정보와 신분증이 일치하는지 확인하는 단계입니다.

02 안내사항 및 유의사항 확인

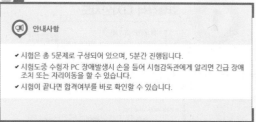

⋯ 문항 수, 시험 시간 등 시험 안내사항과 부정행위, 저작권 보호 등 시험 유의사항을 확인합니다.

03 문제풀이 메뉴 설명

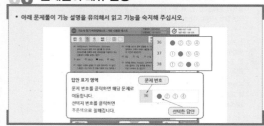

⋯ 각 메뉴에 관한 모든 설명을 유의해서 읽고 기능을 숙지합니다.

04 시험 준비 완료

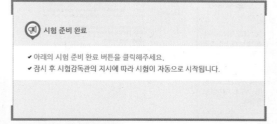

⋯ 시험 안내사항 및 문제풀이 연습까지 모두 마친 수험자는 '시험 준비 완료' 버튼을 클릭한 후 잠시 대기합니다.

05 시험 화면

⋯ 시험 화면이 뜨면 수험번호와 수험자명을 확인하고, 글자크기와 화면배치를 조절한 후 시험을 시작합니다.

06 답안 제출

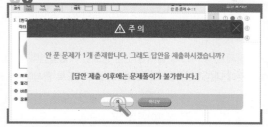

⋯ 문제를 다 풀고 '답안 제출' 버튼을 클릭하면 알림창이 나옵니다. 실수 방지를 위해 두 번의 확인 과정을 거치며, 시험 시간이 끝나면 프로그램도 자동적으로 종료됩니다.

🖐 TIP

- 배정 받은 자리가 맞는지 확인하세요. CBT 시험장은 한 시험장 내에서 각기 다른 시험이 진행됩니다. 따라서 반드시 배정받은 자리에서 시험을 쳐야 하며 컴퓨터 화면의 수험자 정보를 확인해야 합니다.
- 이상이 있으면 조용히 손을 들어 주세요. 컴퓨터로 진행되는 시험이기 때문에 프로그램 오류가 발생할 수 있습니다. 이 경우 조용히 손을 들어 감독관에게 알리면 긴급 장애 조치를 받거나 자리 이동을 할 수 있습니다.
- 필요 시 연습 용지를 요청하여 제공받을 수 있습니다. 단, 시험이 끝나면 연습 용지는 감독관이 회수하므로 들고 나가지 않도록 주의합니다.
- 답안 제출은 신중히 하세요. 제한 시간 내에는 언제든지 답안 제출이 가능하지만 한 번 답안을 제출하면 문제풀이가 불가합니다.

이 책의 구성과 특징

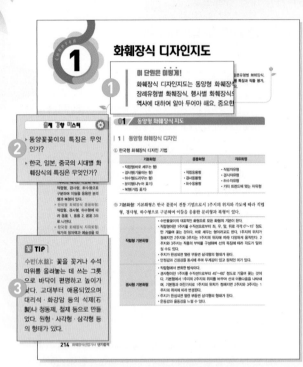

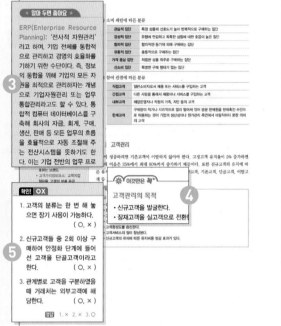

기본이론

- **❶ 이 단원은 이렇게**: 학습할 내용이 무엇인지, 무엇에 중점을 두고 공부해야 할지 알 수 있습니다.

- **❷ 출제 경향 마스터**: 출제될 만한 중요한 개념들입니다. 질문에 대한 답을 스스로 찾아보며 공부하도록 합시다.

- **❸ 꽃 TIP & 알아 두면 좋아요**: 본문에 등장하는 전문용어와 관련된 최신 화훼이론을 '꽃 TIP'과 '알아 두면 좋아요'로 쉽게 찾아볼 수 있습니다.

- **❹ 이것만은 꼭**: 반드시 알아 두어야 하는 내용을 한눈에 정리할 수 있습니다.

- **❺ 확인! OX**: 이론을 정확히 알고 있는지 간단한 퀴즈로 빠르게 확인할 수 있습니다.

- **❻ 단원별 확인문제**: 단원별로 문제를 풀어 보면서, 차근차근 실력을 쌓을 수 있습니다. 모르는 문제는 체크해 두고 반복해서 공부하면 더욱 효과가 있을 것입니다.

시험 직전 빠르게!

❼ 실전 모의고사: 실제 시험과 유사하게 출제된 모의고사를 풀면서 실전 감각을 익힐 수 있습니다.

❽ 모바일 OMR 자동채점 서비스: 실제 시험 시간에 맞춰 문제를 풀어 본 후, QR코드를 통해 편리하게 채점할 수 있습니다.

※ 본 QR코드를 통한 자동채점 결과는 100점 만점을 60문항으로 나누어 실제 시험 점수와 유사하게 산출한 것으로 소수점이 나올 수 있습니다.

❾ 최신 기출문제: 최신 기출문제로 출제 유형을 확인하고, 명쾌한 해설로 마무리 학습을 할 수 있습니다.

❿ 빨리 보는 간단한 키워드: 전문가의 눈으로 핵심만 추려낸 핵심키워드. 시험장까지 함께하세요.

이 책의 차례

INDUSTRIAL ENGINEER FLORAL DESIGN

빨리 보는 간단한 키워드

빨리 보는 간단한 키워드

PART 1
화훼장식 기획 및 매장관리

CHAPTER 1 화훼장식 매장운영관리

1. 고객관리

- **고객**: 제품이나 서비스를 구매하고 사용하는 최종소비자
- **고객의 분류 기준**: 관계별, 행동 결과, 소비 패턴, 참여 관점
- **제품구매 정도가 높은 고객 순위**: 단골고객>기존고객>신규고객>잠재고객
- **고객관리의 목적**: 신규고객의 발굴, 잠재고객을 실고객으로 전환, 고객 이탈 방지, 신규고객 유치에 따른 유지비용 절감
- **RFM(고객구매행동 분석요소) 지수** = 최근성(Recency)+구매빈도(Frequency)+구매액(Monetary)
- **한계고객**: 구매량이 적거나 지리적으로 멀리 떨어져 있어 방문 판매원을 판매촉진 수단으로 이용하는 것이 기업의 생산성이나 원가관리 측면에서 바람직하지 못한 고객
- **불만고객관리의 목적**: 고객 이탈 방지, 기업 이미지 훼손 방지, 회사의 이미지 상승, 일반고객을 단골고객으로 전환할 수 있는 기회

2. 입출금 회계관리

- **회계**: 기업의 특정한 경제적 거래에 대하여 정보이용자들이 합리적인 의사결정을 하는 데 유용한 재무정보를 제공하기 위한 과정
- **회계의 분류**: 재무회계, 관리회계, 세무회계
- **수입**: 상품 판매 등의 영업 활동을 통해 발생한 수익과 예금이자, 투자자산으로 발생한 이익으로 구분한다.

- **지출**: 회사의 운영과 관련하여 지급되는 모든 비용으로 자재구입비, 인건비, 경비 등으로 구분한다.
- **결산**: 회계 연도에 맞춰 회사의 재무 상태와 경영 상태를 일목요연하게 정리하는 작업. 장부와 증빙서류를 바탕으로 수입과 지출내역을 정리하고 재고 및 자산의 감가상각비와 결손금 등을 취합하여 시산표와 재무제표를 작성한다.
- **입출고 수불대장**: 자재 및 상품의 입출고 날짜와 입고수량, 출고수량, 재고수량을 기록한 장부를 말한다.
- **장부기장의 목적**: 법인세 신고납부 및 내부관리
- **세금계산서**: 일반 과세사업자가 발행하는 계산서로 부가가치세(10%)가 포함되어 있다.
- **계산서**: 부가가치세가 면제되는 면세사업자가 발행하는 계산서로 화훼업은 부가세 면세업에 해당된다.
- **경영 분석**: 화원경영의 목적 달성을 위하여 자금 상태와 경영성과를 분석
- **경영 분석의 분류**: 분석 주체에 따른 분류(외부 분석, 내부 분석), 분석의 목적에 따른 분류(수익성 분석, 생산성 분석, 유동성 분석, 성장성 분석, 안정성 분석), 업무 분야에 따른 분류(재무 분석, 원가 분석, 비재무 분석)
- **간이 영수증**: 3만 원 미만의 소액 거래 시에만 인정받을 수 있는 간이 계산서로 사업자가 아닌 일반소비자에게 발행한다.
- **총원가** = 제조원가+판매 및 일반관리비
- **제조원가** = 재료비(직접재료비+간접재료비)+노무비(직접노무비+간접노무비)+제조경비(직접경비+간접경비)
- **재료비**: 제품 생산 시 투입되는 물품의 원가
- **노무비**: 제품 생산 시 투입된 인적 노무의 가치를 화폐액으로 환산한 것
- **제조경비**: 제품 생산 시 투입되는 재료비와 노무비를 제외한 부분
- **이윤**: 판매가격에서 상품의 생산 및 판매를 위해 지출한 총

원가를 뺀 것

- **상품원가 산출 순서**: 비목별 개별원가 계산 → 직접비＋간접비 → 제품표준원가 계산
- **자산**: 기업이 소유하고 있는 경제적 자원을 뜻하며 미래에 경제적 효익을 창출할 것으로 기대되는 자원을 포함한다.
- **비유동자산(고정자산)**: 보통 단기간(보통 1년 이내)에 현금으로 전환할 수 없는 자산을 말하는 것으로 회사의 일상적 경영 활동에 영향을 받지 않고 존재한다.
- **유동자산**: 보통 단기간(보통 1년 이내)에 현금화가 가능한 자산을 말하는 것으로 예금, 판매 미수금, 재고상품 등 현금으로 전환 가능한 환금성 자산을 말한다.
- **감가상각비**: 유형자산을 취득하여 처분할 때까지 유형자산의 이용 기간 내에 감소된 용역 잠재력
- **부채**: 기업이 미래의 어느 시점에서 현금이나 기타 재화 등을 상환해야 되는 것
- **수익**: 수익창출을 목적으로 하는 기업이 제품의 판매나 생산 등을 진행하면서 자산이 증가하거나 부채가 감소하는 것
- **비용**: 수익을 창출하기 위해 자산이 유출 또는 사용되는 것
- **손실**: 소비된 원가 가운데 수익실현에 기여하지 못한 부분
- **대차대조표**: 기업의 재무 상태를 명확히 보고하기 위하여 대차대조표일 현재의 자산, 부채 및 자본을 표시한 표
- **손익계산서**: 기업의 경영성과를 명백히 보고하기 위하여 그 회계 기간에 속하는 모든 수익과 이에 대응하는 모든 비용을 나타낸 표
- **이익잉여금처분계산서**: 기업의 이익처분에 관한 내용을 나타내는 재무보고서

3. 안전관리

- **안전관리**: 생산성의 향상과 재해로부터의 손실을 최소화하기 위하여 행하는 것
- **재해**: 사고의 최종 결과인 인명의 상해나 재산상의 손실
- **작업공간의 위험요소**: 작업장의 배치, 불안전한 공구, 작업장 주변의 적치물, 화재 위험성 물질
- **매장 안전관리**: 안전보건교육, 유해물질 및 약품관리, 작업공간의 정리, 화재예방점검
- **안전보건교육**: 작업장 안전관리 매뉴얼, 직원에 대한 정기적인 안전관리교육, 감전에 대한 예방, 안전사고 시 대처 방법
- **유해물질 및 약품관리**: 유해물질관리, 구급약품관리, 소독

및 방역 안전수칙

- **응급처치**: 응급조치 방법, 안전사고 사례별 상황대처 방법

4. 인사관리

- **인사관리**: 직무와 사람과의 관계를 관리
- **인사 운용 계획**: 수요인력의 결정, 채용 방법의 결정, 한시적 인력 운용
- **인사채용**: 직원채용공고 → 서류검토 및 면접실시 → 채용 및 고용계약서 → 임금지급
- **인사관리의 과정**: 인사관리 파일 작성 → 근무 평가 → 포상과 징계 → 정기교육 시행
- **견책**: 시말서를 제출하게 하는 징계 방법
- **경고**: 구두나 문서로 훈계하는 징계 방법
- **감봉**: 임금의 일정액을 공제하는 징계 방법
- **출근정지**: 근로계약은 존속되나, 근로제공을 일정 기간 금지하는 것
- **고용계약서**: 사업주와 근로자 간에 기업의 내규 및 근로기준법에 따라 작성하는 근로계약서
- **임금**: 사용자가 근로자에게 근로의 대가로 지급하는 것으로 임금, 봉급, 그 밖에 어떠한 명칭으로든지 지급하는 일체의 금품
- **고과급**: 성과 평가를 바탕으로 하여 개인별로 임금을 조정하는 것
- **인센티브**: 성과와 연동하여 지불하는 임금
- **이연급**: 임금액 중의 일부를 저축이나 자사주, 혹은 연금에 투자하였다가 종업원의 퇴직, 사망, 해고 시 현금으로 지급하는 것
- **주휴수당**: 주 15시간 이상 근무하는 근로자가 1주일 동안 출근한 경우 주 1회 이상의 휴일을 부여하여야 하는데, 이때 유급으로 지급하는 수당이다.
- **최저임금제도**: 국가가 노사 간의 임금결정 과정에 개입하여 임금의 최하 수준을 정하고 사용자에게 그 이상의 임금을 지급하도록 법으로 강제한 것
- **복리후생제도**: 조직구성원의 생활 수준 향상을 위해 시행하는 것으로 임금 이외에 제공되는 모든 현금이나 현물, 서비스 등 다양한 형태로 지급되는 것
- **카페테리아식 복리후생**: 선택적 복리후생제도로 자신에게 맞는 메뉴를 선택하는 새로운 복리후생제도

- **실업급여**: 고용보험 가입 근로자가 실직하여 재취업 활동을 하는 기간에 소정의 급여를 지급하는 것
- **4대보험(사회보장보험)**: 국민연금, 건강보험, 고용보험, 산재보험
- **피그말리온 효과**: 어떠한 일에 대하여 긍정적인 기대를 하면 그 기대에 부응하는 행동을 하게 된다는 감성경영

CHAPTER 2 화훼장식 매장 디스플레이

1. 화훼장식 판매상품 연출

- **디스플레이**: 상품을 아름답고 매력적으로 제시하여 소비자가 구매를 결정하도록 만드는 기법
- **비주얼 머천다이징(VMD)**: 디스플레이의 개념보다 좀 더 확장된, 상품 자체를 판매하는 것 이상의 개념으로서 상품은 물론 매장의 이미지를 함께 팔기 위한 목적
- **VP**: 매장의 전체적인 이미지를 보여 주는 것
- **PP**: 분류된 상품의 판매 포인트를 보여 주는 것
- **IP**: 알기 쉽고, 만지기 쉽고, 선택하기 쉽고, 사기 쉽게 분류하여 진열하는 것
- **파사드**: 건축물의 정면을 차지하는 주된 출입구
- **매장공간**: 도입공간, 상품 전시공간, 서비스공간
- **동선**: 고객 동선, 판매원 동선, 관리 동선, 주동선, 부동선
- **테마별 판매상품 연출**: 상품 위주의 연출법, 사실적 연출법, 사용상황 연출법, 반사실적 연출법, 추상적 연출법, 층계식 연출법
- **상품 위주의 연출법**: 한 품목 디스플레이, 동일 상품군 디스플레이, 관련 상품 디스플레이, 혼합 디스플레이

2. 화훼장식 판매상품 진열

- **연출**: 상품의 가치와 장점을 표현하여 고객을 끌어들이도록 하는 기법
- **진열**: 상품의 기능을 보여 주어 고객의 실제 구매를 유도
- **진열의 목적**: 흥미유발, 욕구자극, 구매동기유발, 상품구매
- **진열의 원칙(A.I.D.M.A.)**: 주의(Attention), 흥미유발(Interest), 욕망(Desire), 기억(Memory), 구매행동(Action)
- **상품진열법 분류**: 진열 형태별, 화훼상품 유형별, 계절상품별, 특정일별, 테마별 등

- **진열 형태별 진열 방법**: 수직 진열, 수평 진열, 샌드위치 진열, 라이트업 진열, 전진 입체 진열, 컬러 컨트롤 진열 등
- **화훼상품 유형별 진열 방법**: 절화상품, 분화상품, 가공화상품, 부자재 등
- **특정일에 따른 진열 방법**: 졸업식, 입학식, 밸런타인데이, 어버이날, 스승의 날, 로즈데이, 성년의 날, 크리스마스 등
- **테마별 진열 방법**: 선택하기 쉬운 진열 방법, 주목을 끄는 진열 방법, 신선도를 높이는 진열 방법 등

3. 화훼장식 매장장식

- **매장 환경조사**: 쇼윈도 기초 환경조사(규격, 윈도우, 바닥, 벽면, 천장, 출입문, 콘센트, 되비침 현상, 냉난방), 플라워샵 내부공간
- **매장 디스플레이 구성**: 윈도우, 소품, 조명, 집기 등
- **조명**: 기본 조명, 상품 조명, 장식 조명 등
- **집기**: 쇼케이스, 선반, 디스플레이 테이블, 테스터, 판매대, 계산대 등
- **쇼윈도 디스플레이**: 혼합형, 상품 위주형, 이미지 위주형
- **매장 형태에 따른 디스플레이**: 외장 진열(개방형 진열, 폐쇄형 진열, 반개방형 진열), 내장 진열(섬형 진열, 창가 진열, 샘플 진열) 등
- **POP 광고**: 구매 시점 광고라는 말로 고객이 상품을 구매하는 시점에 상품의 내용을 표시하여 구매를 돕는 광고

CHAPTER 3 화훼장식 상품 기획

1. 상품 구상

- **화훼상품**: 화훼의 특성에 대한 전문적 지식을 가진 디자이너가 화훼류를 소재로 하여 실내외 공간에 사용할 수 있도록 기획한 상품
- **상품의 구성요소**: 상품기능, 상표, 포장, 고객서비스
- **상품의 유형**: 절화상품, 분화상품, 가공화 상품
- **상품의 용도**: 개인 행사(이벤트), 기업 행사
- **상품의 기술**: 묶기, 꽂기, 심기, 붙이기, 감기, 엮기
- **절화상품**: 꽃다발, 꽃바구니, 플라워 박스 등
- **분화상품**: 다육정원, 디시가든, 테라리움, 관엽정원 등
- **가공화 상품**: 건조화, 프리저브드, 조화 등을 이용한 상품

- **포지셔닝**: 기업이 의도하는 제품의 개념과 이미지를 고객의 마음속에 위치시키는 것

2. 실행예산 수립

- **예산**: 기업의 전반적인 계획의 일부분으로서 경영 활동의 계획을 공식적으로 계량화하여 표현한 것
- **재료구매목록 과정**: 재료품목조사 및 시장조사 → 구매 계획서 작성 → 절화의 품질에 따른 적절한 재료 구입 → 구매목록 및 구매처 작성
- **시장조사 3단계**: 기초조사(조사목적 및 배경파악) → 기획조사(조사 기획 및 설계 조사목록작성) → 직접조사(조사결과보고서)
- **절화의 품질 평가 기준**: 절화 상태, 형태, 색, 줄기와 잎
- **분화의 품질 평가 기준**: 분화 상태, 재배, 형태, 색깔, 줄기와 잎
- **실행예산 기간**: 주로 일반 기업들은 1년 단위로 예산을 세우나 화훼는 절화시장의 도매 변동이 잦아 주별, 월별, 연별 실행예산서를 작성하는 것이 좋다.
- **판매가격** = 매입원가(매입가격＋매입비용)＋마진(영업비용＋이익)
- **매입원가** = 매입가격＋매입비용(운임, 운송비, 보험료, 보관료 등)
- **판매원가** = 매입원가＋영업비(포장비, 발송비, 광고비, 직원 월급 등)
- **마진** = 판매가격－매입원가
- **마진율**: 판매가격에 대한 마진의 비율
- **가격결정요인**: 가격목표, 마케팅 혼합 전략, 원가 구조, 제품시장 및 수요특성, 경쟁제품의 가격 및 품질, 법적요인
- **가격책정 방법**: 백분율분할 가격책정법, 표준비 가격책정법, 인건비를 포함한 가격책정법, 원가가산 가격결정법, 목표수익률가산법, 경쟁중심가격법, 소비자 기대 수준 가격결정법

3. 상품 기획

- **상품 제작 계획의 과정**: 상품 제작의 정보 분석 → 상품 제작 계획 → 상품 제작 설계도 작성
- **상품 제작의 정보 분석**: 기본사항 분석, 경쟁업체의 상품 분석, 트렌드 분석, 해외시장조사

- **상품 제작 계획**: 기획회의, 디자인개발, 품평회
- **상품 제작 설계도 작성**: 스케치, 개념도, 정면도, 평면도, 측면도, 입면도 및 상세도
- **입면도**: 물체를 정면에서 본 그림
- **상세도**: 비율을 달리하여 그린 도면
- **작업지시서**: 외부업체나 부서에 필요한 물품을 요구하거나 작업을 요구하는 것
- **화훼장식의 기능**: 장식적 기능, 건축적 기능, 심리적 기능, 환경적 기능, 교육적 기능, 치료적 기능, 경제적 기능

CHAPTER 4 화훼장식 상품 홍보

1. 상품 홍보 기획

- **홍보**: 일반 대중에게 널리 정보를 알리는 것
- **상품 홍보**: 매출증대를 목적으로 기업의 상품을 대중들에게 알려서 상품에 대한 인식이나 이해를 높이는 활동
- **상품 홍보 기획**: 상품 홍보 및 시장조사 → 고객선호도조사 → 상품 홍보 방법 선정 → 홍보계획서 작성 → 홍보예산서 작성
- **홍보 계획의 수립**: 마케팅 환경 분석, 마케팅과 목표 및 전략수립, 판촉전술의 검토 및 실행, 판촉전술의 분석 및 평가
- **상품 홍보 및 시장조사**: 상품개념 및 인식조사, 목표시장조사, 매체조사
- **고객선호도 조사**: 오프라인조사(직접관찰 방법, 대인질문 방법), 온라인조사(홈페이지조사, 이메일조사, SNS조사, 빅데이터 분석을 통한 조사)
- **홍보예산 계산법**: 총매출 대비 비율법, 전년 대비 증액법, 총이윤 대비 비율법, 판매 단위 할당법, 판매점 지출법, 경쟁사 비교법, 목표 과업법, 지불능력 기준법
- **상품 홍보의 분류 기준**: 홍보 대상에 따른 홍보, 매체 구분에 따른 홍보
- **홍보대상에 따른 홍보**: 대내적 홍보(가족, 고객, 거래처, 지역사회), 대외적 홍보(언론, 정부, 각종 사회단체 등)
- **매체구분에 따른 홍보**: 인쇄매체(신문, 잡지, 전단, 직접우편, 태그, 스티커, 달력), 전파매체(라디오, TV, 인터넷 홈페이지, 이메일, SNS), 옥외 광고매체(야외 광고, 교통 광고), 각종 후원 활동
- **홍보물 제작**: 홍보물 제작 준비 → 홍보물 레이아웃 제작

→ 홍보물 출판

- **판매촉진**: 소비자에게 특정 제품이나 서비스를 소개한 후 대량 판매를 이끌어 내기 위하여 단기간 이용을 목적으로 설계한 다양한 자극적 도구들(판촉대상에 따른 판촉물, 가격 유형에 따른 판촉물)

- **판촉 대상에 따른 판촉물 분류 기준**: 소비자, 중간상, 기업 및 판매원

- **가격 유형에 따른 판촉물**: 가격 판매촉진(쿠폰, 보너스 팩, 가격 할인), 비가격 판매촉진(견본 제공, 고정고객 우대, 콘테스트, 스탬프)

- **마케팅의 4P**: 제품(Product), 가격(Price), 장소(Place), 촉진(Promotion)

- **마케팅의 4C**: 고객(Customer), 비용(Cost), 편리성(Convenience), 의사소통(Communication)

- **광고의 기능**: 마케팅적 기능, 커뮤니케이션 기능, 경제적 기능, 사회적 기능, 문화적 기능

- **상품 광고의 유형**: 비교 광고, 단면 광고, 증언식 광고, 포스트모던 광고, 티저 광고, 하드셀 광고, 소프트 광고

2. 전시

- **전시**: 교육 · 감상 · 계몽 · 광고 · 판매 · 서비스 · 장식 등과 관련된 정보 전달을 위해 전시공간에 상품을 적절하게 배치하는 것

- **전시 계획**: 전시계획서 작성 → 전시 계획을 위한 전시 홍보 → 전시 기획 → 작품 전시 → 전시작품 철수 → 전시 후 평가

- **전시를 준비하는 순서**: 전시 기획 → 주제 선정 → 작가 선정 → 전시적 기법 선택 → 표현 → 전시

- **전시 환경**: 전시 장소 및 전시공간

- **전시 공간**: 개방형 전시공간, 폐쇄형 전시공간

- **전시 기법**: 벽면 전시, 바닥 전시, 천장 전시, 입체 전시

- **벽면 전시**: 벽면전시관 전시, 벽면진열장 전시, 알코브벽 전시, 알코브진열장 전시, 돌출진열대 전시, 돌출진열장 전시

- **알코브**: 한쪽 벽면에 오목하게 들어간 장소

- **바닥 전시**: 평면 바닥 전시, 가라앉은 바닥 전시, 경사진 바닥 전시, 입체복합 바닥 전시

- **천장 전시**: 천장면 전시, 달아매기 전시

- **입체 전시**: 독립진열대 전시, 독립진열장 전시, 전시관 입체구성 전시, 다중면 전시, 아일랜드 전시, 하모니카 전시,

파노라마 전시, 디오라마 전시, 복원 전경 연출 전시

- **전시 시설**: 진열장(벽부형 진열장, 독립형 진열장), 진열대, 전시관, 음향

- **전시 조명**: 악센트 조명, 환경 조명

3. 상품 홍보 평가

- **상품 홍보 평가**: 상품 홍보가 원하는 방향으로 제대로 실행되었는지 알아보는 것

- **고객만족**: 고객이 기대한 만큼의 제품의 품질과 서비스

- **고객만족의 3요소**: 제품, 서비스, 기업 이미지

- **만족도 조사 방법**: 배송직원을 통한 현장조사, 설문조사 방법

- **설문조사 방법**: 면접 설문조사, 전화 설문조사, 자기기입식 설문조사

- **상품 홍보 평가**: 홍보평가서 작성 → 상품 홍보 효과에 대한 만족도 조사 → 상품 홍보 효과 측정 → 상품 홍보 결과의 피드백 수렴

PART 2
화훼장식 상품 제작

CHAPTER 1 화훼장식 절화 응용상품 제작

1. 양식별 화훼장식 절화상품 제작

- **절화**: 꽃 상품에 이용하기 위해 뿌리를 잘라낸 생화

- **플로랄 폼**: 꽃을 고정하고 물올림해 주는 화학적 도구

- **침봉**: 꽃이나 소재를 고정해 주는 많은 핀이 바닥에 촘촘히 나 있는 도구

- **한국형 화훼상품**: 직립형, 경사형, 하수형, 분리형, 응용형

- **중국형 화훼상품**: 병화, 반화, 람화 등

- **일본형 화훼상품**: 릿카, 세이카, 모리바나 등

- **서양형 화훼상품**: 꽃다발, 꽃꽂이(부채형, 삼각형, 수평형, 수직형, 역T형, 스프레이 셰이프, L자형), 꽃바구니, 꽃 박스, 화병꽂이

- **절화의 형태적 분류**: 라인 플라워, 폼 플라워, 매스 플라워,

필러 플라워

- **절엽의 형태적 분류**: 라인절엽, 폼절엽, 매스절엽, 필러절엽

2. 종류별 화훼장식 절화상품 제작

- **종류별 화훼장식 절화상품**: 꽃바구니, 꽃다발, 꽃상자, 화환, 화병꽂이, 센터피스, 부케, 부토니에르, 코르사주, 갈란드
- **절화상품 재료**: 가위, 칼, 폼, 침봉, 케이블타이, 플로랄 테이프, 폼 접착 테이프, 부케 홀더, 콜드 글루(생화용 접착제), 핫글루, 철사, 유리 용기, 포장 재료 등
- **종류별 절화 생리**: 절화의 호흡, 수분균형과 증산작용, 에틸렌 영향과 노화 현상, 굴성
- **물올림 방법**: 물속자르기, 열탕처리, 탄화처리, 줄기두드림, 화학처리
- **굴성**: 외부의 작용에 의해 줄기나 꽃이 구부러지는 정도
- **코르사주**: 여인의 허리를 중심으로 상반신이나 의복에 장식하는 작은 꽃묶음
- **갈란드**: 꽃과 잎을 이용하여 길게 만든 것
- **열탕처리**: 끓는 물에 수 초간 담갔다가 꺼내어 수분장력을 이용하는 방법
- **탄화처리**: 줄기의 절단면 주변에 불을 가하여 그을려 자극을 주는 방법

3. 용도별 화훼장식 절화상품 제작

- **용도별 절화상품**: 생활공간용, 결혼식용, 장례용, 종교용, 축하선물용
- **생활공간용**: 주거용 공간, 사무용 공간, 상업용 공간
- **결혼식용**: 결혼식장 장식, 신부 부케 및 신부장식, 부토니에르 및 코르사주, 웨딩카 장식
- **장례용**: 빈소 제단장식, 영정장식, 근조화환, 관장식, 차량장식, 조문화장식
- **종교용**: 개신교, 불교, 천주교
- **축하선물용**: 입학식 및 졸업식, 밸런타인데이, 화이트데이, 어버이날, 스승의 날, 성년의 날, 로즈데이, 부부의 날, 기타 기념일
- **절화수명 환경요인**: 습도, 온도, 빛, 에틸렌 가스, 당, 미생물
- **절화보존제의 구성성분과 종류**: 당, 살균제, 에틸렌 억제제, 생장조절 물질, 기타

4. 작업공간 정리

- **작업공간 정리**: 생화 정리, 도구 정리, 작업 테이블 및 공간 정리
- **절화상품 재고관리**: 다시 사용할 수 있는 재료와 폐기물을 분류하고 관리한다.

CHAPTER 2 화훼장식 가공화 응용상품 제작

1. 가공화 상품 작업 준비

- **가공화 상품관리 시 주의점**: 공기 중 노출 기회를 최소화하여 건조한 상태를 유지해야 한다. 탈취제 등을 넣어서 곰팡이가 발생하지 않도록 해야 한다. 고온 상태가 되면 자외선으로 인해 퇴색되므로 햇빛에 노출되지 않도록 주의해야 한다. 빈곳(보조 상자의 상품 용기 등)에 실리카겔과 습기제거제를 넣어서 습기를 방지하거나 습기가 있는 곳은 피하여 관리해야 한다. 상품의 꽃 재료 등을 만질 때는 손으로 만지지 않고 핀셋을 이용하는 것이 좋다.
- **가공화 상품 재료**: 인조화, 건조화, 압화, 보존화
- **건조화의 건조 방법**: 자연 건조(거꾸로 매달아 말리기, 평평히 눕혀 말리기, 바로 세워 말리기, 그물에서 말리기, 상자에서 말리기, 자생지에서 말리기), 열풍 건조, 동결 건조, 저온 건조, 글리세린 흡수 후 건조, 매몰 건조(모래와 붕사, 옥수수 가루와 붕사, 키티 리티, 실리카겔), 누름 건조, 감압 건조
- **인조화의 특징**: 생화로 판매되는 대부분의 꽃은 인조화로 제작이 가능하다.
- **건조화(dry flower)의 특징**: 수명이 짧은, 살아 있는 식물을 여러 가지 기법으로 건조시켜 가공한 것으로 오랫동안 감상하고 즐길 수 있도록 만든다.
- **압화 재료로 적당한 꽃**: 꽃잎의 수분 함량이 적은 꽃, 화색이 선명하고 두께가 얇은 꽃, 꽃의 구조가 간단하고 꽃잎이 작고 주름이 적은 꽃 예 패랭이, 유채, 산수유 꽃, 냉이 꽃, 델피니움, 코스모스, 팬지 등
- **압화의 특징**: 입체적인 건조화에 비해서 평면적인 눌림꽃이다.
- **압화의 채집 시간**: 압화의 채집 시간은 오전 10시~12시가 적당하다.
- **보존화(preserved flower)**: 생화를 이용하여 만들며 인조화와 건조화의 단점을 극복하여 유연성을 지니고 있으므로

생화의 느낌으로 장기간 보존이 가능하다.

- **포푸리**: 프랑스어로 '발효시킨 항아리'라는 뜻이다. 건조된 꽃과 잎, 향나무, 식물의 뿌리에 향기가 있는 오일을 첨가한 후 2~6주 간 숙성시켜 식물의 색상, 질감, 모양, 향기 등을 동시에 느낄 수 있도록 제작한다.
- **표백**: 하이포아염소산염, 아염소산 나트륨, 과산화수소 등을 물속에 용해하여 표백한다. 이때 사용하는 용기는 플라스틱이나 유리, 에나멜로 된 것이어야 한다.
- **망사잎(skeleton)**: 망사잎은 엽육 조직을 인위적으로 제거한 후 엽맥만 남겨 두고 탈색과 염색, 건조 과정을 거쳐서 다양한 색상으로 제작한다.
- **박피**: 나뭇가지의 껍질을 벗겨 하얀 수피(樹皮)가 보이도록 가공한다. 박피된 소재는 다양한 색으로 염색할 수 있으며, 오랫동안 보관이 가능하여 대형 구조물에 많이 이용된다.
- **절화 흡수 염색**: 자연에서 구할 수 있는 다양한 색상으로 꽃을 만들고 싶은 경우에는 염료를 탄 물에 절화를 담근 후 물올림을 하여 염색한다.
- **스프레이 염색**: 염색액을 재료에 분무해서 염색하는 방법으로, 절화 염색용으로 판매되는 수성 염색액을 물에 타서 분무하거나 절화 전용 스프레이액을 분무한다.
- **건조화 염색**: 대량으로 염색할 때는 소재를 삶는 방법을 이용하는데 염색은 표백 후에 하는 것이 좋으며 염료 혼합 시에는 증류수를 이용하는 것이 좋다.
- **하바리움(herbarium)**: 특수용액이 담긴 병에 식물을 넣어 온전한 상태로 보존할 수 있도록 만든 표본을 의미한다. 절화보다는 건조화나 보존화를 사용하여 제작하는 것이 좋다.

2. 압화 상품 제작

- **베이싱(basing) 기법**: 작품의 베이스가 되는 부분의 완성도를 높이기 위해 사용되는 기법으로 형태, 색상, 질감의 대비를 주는 데 효과적이다.
- **테라싱(terracing, 계단식) 기법**: 납작한 모양의 유사한 재료를 수직 또는 수평으로 꽂아 계단처럼 표현하는 기법
- **파베(pave, 보석 박기) 기법**: 보석 공예에서 유래된 것으로 보석을 박듯이 꽃들을 빈 공간 없이 빽빽하게 디자인하는 기법
- **필로잉(pillowing, 둥근 언덕/베개 모양) 기법**: 쿠션, 베개, 구름과 같은 모양으로 둥근 언덕 형태를 형성하며 아래 부분에 소재를 낮게 배치시켜 볼륨감을 주는 기법
- **스태킹(stacking, 쌓기) 기법**: 재료와 재료들 사이에 공간을 주지 않고 장작을 쌓는 것처럼 질서 정연하게 입체적으로 쌓아 올리는 기법
- **클러스터링(clustering, 무리화/뭉치 꽂이/무리 짓기) 기법**: 송이를 이룬다는 뜻으로 가치가 낮거나 작은 소재들을 색상과 질감이 같은 개체끼리 묶어 하나의 덩어리로 모으는 기법
- **레이어링(layering, 겹치기/포개기) 기법**: 같은 소재를 나란히 포개어 겹치는 것으로 재료와 재료 사이에 공간 없이 겹쳐 쌓는 기법
- **밴딩(banding, 묶기) 기법**: 기능성보다는 장식성을 목적으로 한 것으로 소재의 줄기 부분을 묶는 기법
- **바인딩(binding, 결속) 기법**: 기능성을 목적으로 한 것으로 세 개 이상의 줄기를 묶는 기법
- **번들링(bundling) 기법**: 볏단, 옥수수, 계피 막대 등 유사하거나 동일한 소재들을 모아 다발로 묶어서 장식하는 방법
- **타잉(tying)**: 줄기 부분을 끈이나 줄 등으로 단단하게 고정하여 묶는 방법
- **와인딩(winding)**: 소재를 휘어 감는 방법
- **쉐도잉(shadowing, 그림자/음영) 기법**: 그림자 효과를 내는 기법으로 소재의 위나 아래쪽에 같은 소재를 하나 더 배치하는 기법
- **조닝(zoning, 구역 나누기/구획 짓기) 기법**: 소재의 색상이나 종류를 구역화하는 기법
- **패러렐(parallel, 평행) 기법**: 각각의 줄기나 줄기의 그룹들이 선이 향하는 방향에 따라 평행을 이루게 한 후 일정한 간격을 유지하도록 배열하는 기법
- **프레이밍(framing, 구상) 기법**: 작품 안의 어떤 특정 부분을 강조하기 위해 테두리를 만드는 것으로 소재를 가장 자리에 배치하는 기법
- **시퀀싱(sequencing, 차례) 기법**: 소재의 크기, 색상, 높이를 점차적으로 변화시킴으로써 리듬감을 표현하기 좋은 기법
- **그룹핑(grouping, 모으기/집단화) 기법**: 같은 종류의 소재들을 모아 각각의 특성이 돋보이게 하는 기법
- **베일링(veiling) 기법**: 가볍고 투명한 막을 여러 겹으로 만드는 것으로 아랫 부분에 배치한 재료들은 가볍게 표현할 수 있는 기법
- **리무빙(removing) 기법**: 꽃잎을 제거하여 전혀 다른 형태로 변화시키는 기법
- **쉘터링(sheltering) 기법**: 감싸거나 둘러싸서 안에 있는 재

료를 보호하고 내용물을 강조하거나 호기심을 유발하는 기법

- **마사징(massaging) 기법**: 가지나 줄기를 손으로 부드럽게 마사지하듯 만져 주어 굽히거나 곡선을 만들어 주는 기법
- **섹셔닝(sectioning) 기법**: 소재와 소재 또는 한 구역과 다른 구역을 구분하는 기법
- **트위스팅 메소드(twisting method)**: 하나씩 철사처리하기에 지나치게 작은 꽃(필러 플라워)이나 가지, 줄기를 모아서 묶는 방법
- **피어싱 메소드(piercing method)**: 꽃받침이나 씨방, 줄기 등에 가로지르기로 와이어를 통과시킨 후 양쪽 철사를 직각으로 구부려 감는 방법
- **크로스 메소드(cross method)**: 카네이션, 장미 등의 꽃받침에 철사를 관통시키는 피어싱 기법을 적용하되, 십자 모양이 되도록 두 번 꽂아 내려 꽃을 안정되게 하고 꽃이 필요 이상 개화되지 않도록 하는 방법
- **인서션 메소드(insertion method)**: 줄기가 약하거나 속이 비어 있는 상태의 꽃의 자연 줄기를 그대로 살리고 싶을 때 줄기 속 아래에서 위쪽의 수직 방향으로 철사를 꽂아 주는 방법
- **훅 메소드(hook method)**: 주로 국화과 식물에 처리하는 것으로 와이어 끝을 1cm 가량 갈고리 모양으로 구부려서 화관 위에서부터 찔러 넣고 갈고리 모양이 꽃 속에 묻혀 보이지 않을 때까지 아래로 당겨 주는 방법. 두상화서의 많은 소화들이 흘러내리지 않도록 하고, 화관의 머리 방향을 조절해 줄 수 있다.
- **헤어핀 메소드(hairpin method)**: 주로 평면적인 잎에 많이 사용하는 것으로 철사로 잎의 1/2~1/3 지점을 살짝 뜬 후 줄기 방향으로 U자로 구부려 내리는 방법
- **소잉 메소드(sewing method)**: 늘어지기 쉬운 잎을 고정하거나 통꽃류를 한꺼번에 철사처리할 때 많이 사용하는 것으로 꽃잎을 두 세 장 겹쳐서 바느질하듯 철사로 떠 주는 방법
- **루핑 메소드(looping method)**: 고리 덧대기를 이용하여 철사를 고리형으로 만든 후 관이나 통 모양으로 핀 꽃의 윗부분에서 꽂아 내려 인공 줄기를 만들어 고정시키는 방법
- **시큐어링 메소드(securing method)**: 줄기가 약하거나 곡선을 내기 위해 구부려 주어야 할 때 나선형으로 줄기를 감아 보강해 주는 방법
- **익스텐션 메소드(extension method)**: 줄기가 짧거나 사용한 철사가 약할 때 철사로 줄기를 연장해 주는 것으로 철사

처리한 부케를 제작하거나 혹은 페더링을 한 철사를 보강할 때 활용 가능한 방법

- **페더링(feathering) 기법**: 큰 꽃의 꽃잎을 분해하여 가벼운 깃털처럼 새로운 꽃으로 만드는 방법
- **개더링(gathering) 기법**: 분화된 꽃잎을 모아서 크기나 모양에 변화를 주는 방법
- **컬리큐즈(curlicues) 기법**: 철사에 플로랄 테이프를 감은 후 그 위에 리본을 감아 여러 가지 모양을 내는 방법
- **클램핑(clamping) 기법**: 빽빽하게 밀집시킨 소재 사이에 다른 소재를 고정시키는 기법
- **프로핑(propping) 기법**: 버팀목 같이 소재를 고정시키거나 지탱하는 기법
- **노팅(knotting) 기법**: 가장 많이 이용되는 제작 방법으로 소재와 소재를 묶어서 고정하는 기법
- **커넥션(connection) 기법**: 용기와 소재를 결합시켜서 용기의 부족한 부분을 보완해 주는 기법
- **피닝(pinning) 기법**: 재료를 원하는 위치에 놓고 끝이 날카로운 핀을 이용하여 고정시키는 기법

3. 보존화 상품 제작

- **보존화 상품 재료**: 꽃의 크기가 작은 소재, 꽃잎이 두껍고 단단하며 여러 겹으로 이루어진 소재, 적당히 두껍고 단단한 잎 소재, 작은 열매류
- **보존화 상품관리 시 주의점**: 보존화는 온도, 습도, 건조 등 환경 변화에 민감하므로 직사광선을 피하여 관리해야 한다. 건조함이 심하면 상품이 손상되기 쉬우므로 냉·난방기 등을 피하도록 한다. 습기를 흡수한 경우에는 햇빛이 있는 장소에서 잠깐 건조시키거나 방습제를 넣어 습기를 제거한다. 상품 마무리 후에 스프레이 코팅제를 뿌려 주면 습기에 의한 피해를 줄이고 수명도 연장시킬 수 있다. 상품에 묻은 먼지 제거 시 부드러운 재료의 먼지떨이나 공기압축기를 활용하여 제거하면 된다.

4. 작업공간 정리

- **가공화 안전관리 시 주의점**: 가공화는 전기설비·화학약품·기계설비 등을 취급해야 하므로 작업 시에 철저한 안전관리가 필요하다. 작업 후 발생하는 폐기물의 종류에 따라 처리 방법이 다름에 주의한다. 가공화 제작 시 발생하는 화학약품은 무단 폐기 시 환경오염이 심각하기 때문에 폐기물처리 규정에 따라 처리해야 한다.

- **가공화 폐기물관리**: 플라스틱 수지로 된 인조화는 환경오염물이 될 수 있으므로 산업폐기물로 처리한다. 작업 후에 남은 재료는 재사용 가능 여부를 판단하여 사용 가능한 재료는 후에 다시 사용할 수 있도록 보관하고 사용 불가한 재료는 폐기물처리 규정에 따라 처리한다. 일반 쓰레기는 쓰레기 종량제 봉투에 담아 처리한다. 분리수거가 가능한 유리, 플라스틱, 비닐, 고철 등은 분리수거하여 배출한다. 가공화 제작 시 발생하는 화학약품은 플라스틱 수집 용기에 담아 보관하며 플라스틱 수집 용기 외부에는 '화학폐기물' 스티커를 부착해야 한다. 수집 용기가 가득 찼을 경우 화학폐기물 전문 업체에 연락하여 배출한다.

- **우드스틱**: 가늘고 긴 형태의 나무 막대. 압화를 고정할 때나 소재를 손질할 때 사용한다.

- **스프레이**: 분사할 경우 원액이 표면에 균일하게 분무되어 얇은 피막을 형성하는 것으로 가공화의 기초 작업 또는 상품 제작 후 표면을 보호하기 위해 분무한다.

- **글리세린**: 무색무취의 액체. 방부작용이 있어 용액제를 이용한 건조화 가공 시 사용한다.

- **프레스보드**: 프레스보드와 벨트로 구성되어 있으며 건조 매트와 식물 소재를 고정해 준다. 또한 식물을 고정하여 이동할 때 용이하며 프레스보드 위에 무게를 가해 누르거나 벨트로 단단히 묶어 무거운 것으로 누르지 않고 프레스하는 것도 가능하다.

- **건조 매트**: 쿠션감이 있고 식물의 높낮이 모양대로 빈틈없이 밀착되어 식물의 수축과 변형을 방지해 준다. 표면이 부직포로 되어 있는 흡습지는 식물의 수분을 흡수한다.

- **메시**: 두께가 얇은 잎 소재 및 수분이 많은 야채나 과일을 건조할 때 사용하는 전용 천

- **UV 수지액**: 태양광선과 UV 조사기에 의해 경화되는 수지액으로, 태양광선으로 경화시킬 때는 다소 시간이 걸린다. 최고급 수지액은 맑고 투명감이 있다.

- **적화처리액**: 건조되면서 변색된 식물 소재를 본래의 색으로 환원시키기 위한 산성액

- **꽃 보호 캡**: 원뿔 형태의 얇은 플라스틱 캡. 사이즈가 다양하다.

- **너트**: 소재를 가공할 때 가벼운 소재가 용액에 충분히 잠길 수 있도록 소재에 무게감을 주기 위해서 사용하는 결합용 부품

- **염료**: 탈색된 소재를 원하는 컬러로 염색하기 위해 베타용액처리 시 섞는 물질

- **알파용액**: 자연 소재의 탈색·탈수처리를 위해 사용하는 에탄올 베이스 용액

- **베타용액**: 탈수된 소재의 형태와 텍스처를 유지하고 보존하기 위한 용액

- **일액형 보존화 용액**: 알파용액–베타용액처리 과정을 거치지 않고 보존화를 쉽게 만들 수 있도록 조제된 용액

- **그린용액**: 유칼립투스와 같은 그린 소재를 보존화로 가공하기 위한 전용용액. 일액형으로 조제한다.

- **작업공간**: 작업장 내 이동 통로가 충분히 확보되어 있어야 하며 통로를 막는 물건이 있으면 안 된다. 제작 도구들이 방치되지 않고 제자리에 있어야 하며, 제작 시 사용했던 재료들도 모두 제자리에 정리해야 한다. 또한 작업장 내 보행로에 전선이 노출되어 보행에 지장을 주면 안 된다. 전선 피복이 훼손되지 않도록 주의한다.

- **작업 도구**: 사용한 장비와 기기를 안전하고 바르게 보관하여 다음 작업 시에 바로 사용할 수 있게 한다. 오염된 작업 도구는 세척, 건조, 정리하여 보관한다. 전열 기구는 온도가 충분히 내려간 후에 정리·보관한다. 작업 설비와 도구에 따라 적합한 약품을 사용하여 세척, 관리한다.

CHAPTER 3 화훼장식 분화상품 제작

1. 분화상품 재료 분류

- **분화상품 재료의 기본 도구**: 칼, 가위, 꽃삽, 물뿌리개, 호미, 체, 갈고리, 배수망, 폴리호일, 소농기구(괭이, 레이크) 등

- **릴 철사, 패들 와이어와 스풀 와이어**: 실패와 같은 목재나 둥근 테에 감겨 있으며, 커다란 소재를 감거나 갈란드를 만들 때 사용한다.

- **뷰리온 철사**: 당기면 늘어나는 철사. 장식적인 디자인에 많이 이용한다.

- **엔젤 헤어**: 머리카락이 엉킨 모양으로 다양한 색상이 있으며 장식적인 디자인에 사용한다.

- **철사의 규격과 용도**: 무게와 지름의 크기에 따라 규격이 다양하다. 화훼장식에 주로 쓰이는 철사는 16~36g이다. 철사가 굵을수록 표준 수치는 작아진다.

- **토양 3요소**: 고상, 액상, 기상

- **사토**: 점토 함량이 12.5% 이하인 토양

- **사양토**: 점토 함량이 12.5~25%인 사질양토

- **양토**: 점토 함량이 25~37.5%인 토양

- **식양토**: 점토 함량이 37.5~50%인 토양

- **식토**: 점토 함량이 50% 이상인 토양

- **단립 구조(홑알 구조)**: 토양을 구성하는 입자가 뭉쳐 있지 않고 흩어져 있는 구조

- **입단 구조(떼알 구조)**: 토양 입자가 몇 개씩 뭉쳐 덩어리 상태로 배열되어 있는 구조

- **양이온 치환 용량(CEC; Cation Exchange Capacity, 염기 치환 용량)**: 100g의 토양이 보유하는 치환성 양이온의 총량을 mg으로 표기한 것

- **pH(토양의 산도)**: 물의 산성이나 알칼리성의 정도를 나타내는 수치. 수소 이온 농도의 지수(pH·7은 중성, 그 이하는 산성, 이상은 알칼리성)

- **토양 소독 종류**: 열에 의한 소독(태양열 소독, 소토법, 증기 소독법, 저온 살균, 유기물 혼합 제조), 약품에 의한 소독(약제 소독법)

- **토양의 종류**: 자연 토양(산이나 밭의 흙, 마사토, 화산회토, 모래), 인공 토양(배양토), 유기질 토양(피트모스, 왕겨숯, 수태, 바크), 광물질 인공 토양(버미큘라이트, 펄라이트, 하이드로볼, 암면), 특수 토양(오스만다, 키아데아, 천연인회석, 제오라이트, 제주경석, 녹소토, 일향토)

- **분화**: 꽃은 물론 잎, 줄기까지 같이 감상하는 완전한 식물로 분식물을 장식하는 것

- **분화용 배양토의 특성**: 보수성, 배수성, 통기성이 좋아야 한다. 병충해나 잡초, 다른 종자가 함유되지 않아야 한다. 식물에게 필요한 적절한 양분을 함유하고 있어야 한다. 가격이 저렴하면서 품질이 균질해야 한다. 대량 구입이 가능해야 한다. 가벼워서 취급이 용이해야 한다. 무균이어야 한다.

- **분화 용기의 재료에 따른 구분**: 흙 화분, 자기 화분, 플라스틱 화분, 돌 화분, 메탈 화분, 비닐 화분, 고무 화분, 옹기 화분, 종이 화분

- **분화의 특성**: 분화는 절화와는 달리 식물이 생장하고 생활환을 이어가기 때문에 그에 따른 적당한 환경조성과 관리가 지속적으로 필요하다. 분화에 필요한 관리는 광관리, 온도관리, 영양관리, 관수관리, 병해충관리 등이 있다. 분화를 이용한 연출 또는 장식은 식물에 대한 정확한 이해와 지식을 바탕으로 이루어져야 한다.

- **식물학적 분류**: 계(界, kingdom) > 문(門, phylum) > 강(綱, class) > 목(目, order) > 과(科, family) > 속(屬, genus) > 종(種, species) > 아종 (亞種, subspecies) > 변종(變種, variety) > 품종(品種, forma) > 재배종(栽培種, cultiva)

- **원예학적 분류**: 1년초, 2년초, 숙근초, 구근류, 화목류, 다육 식물, 관엽 식물, 난과 식물, 수생 식물, 야생 식물, 식충 식물, 반입 식물

- **관엽 식물의 특징**: 계절에 따른 생리적 변화가 적어서 휴면기가 짧거나 없기 때문에 항상 푸른 잎을 감상할 수 있다. 원산지는 열대나 아열대가 많으며 음지나 반 음지에서 잘 자란다. 직사광선에 오랫동안 노출되면 잎의 색이 누렇게 변하거나 타들어가며, 낮은 온도에서는 냉해를 입거나 생육을 멈추기도 한다. 크로톤, 포인세티아처럼 화려한 색을 지닌 것도 있다.

- **이용 형태에 따른 분류**: 절화용, 절지용, 절엽용, 분화용, 화단용 모종 재배, 정원수 재배, 건조 소재용

- **일조 시간의 장단에 따른 분류**: 장일 식물, 단일 식물, 중일성 식물

- **차광 재배(차광처리)**: 자연일장이 긴 계절에 단일 식물의 화아를 형성하여 개화를 촉진할 때 사용한다. 해가 지기 전부터 해가 뜰 때까지 암막으로 차광하여 암기를 길게 만드는 방법이다. 단일 식물인 국화를 여름에 개화시킬 때 주로 사용한다.

- **전조 재배(장일처리)**: 일장이 짧은 가을과 겨울에 단일 식물의 개화를 억제하기 위하여 사용한다. 아침, 저녁에 보광을 해주거나 오후 10시부터 새벽 2시 사이에 빛을 공급해준다. 단일 식물인 국화의 개화를 가을, 겨울에 지연시킬 때 주로 사용한다.

- **광량의 다소에 따른 분류**: 양생 식물, 음생 식물, 중생 식물

- **수분 요구도에 따른 분류**: 건생 식물, 습생 식물, 수생 식물

- **빛**: 광도(빛의 세기), 일장(빛의 길이), 광질(가시광선, 적외선, 자외선), 인공광(백열등, 형광등, 수은등, 할로겐등, 나트륨등, LED)

- **생육 온도**: 최고 온도, 최적 온도, 최저 온도, 한계 온도

- **무기질 비료**: 질소질 비료, 인산질 비료, 칼륨질 비료, 복합 비료, 미량요소 비료 등

- **유기질 비료**: 깻묵, 계분, 골분 등

- **비료의 형태**: 액체 비료, 고체 비료, 기체 비료

- **비료시비**: 재배작물이나 식물의 생육을 위하여 토양 또는 엽면(葉面)에 비료를 사용하는 것을 말한다.

- **밑거름(기비)**: 재배작물의 파종 전 또는 이앙 전에 주는 비

로로서 정원에 식물을 심을 때나 화분에 분갈이를 할 때 뿌리의 아래 부분에 미리 넣어 준다.

- **덧거름(추비)**: 식물이 자라는 동안 추가로 주는 비료로서 식물이 심어진 토양 표면에 비료를 뿌려 준다.

- **엽면시비(엽면살포)**: 비료를 액체 상태로 잎에 살포하여 식물의 잎에 있는 기공과 세포막으로 양분을 공급하는 것을 말한다. 뿌리의 상태가 불량하거나 토양의 상태가 나쁠 때, 식물의 빠른 회복이 필요할 때 사용한다.

2. 분화상품 작업 준비

- **분화의 관수 방법**: 유수 관수, 호스 관수, 다공 파이프 관수, 다공 튜브 관수, 스프링클러 관수, 미스트 관수, 점적 관수, 지중 관수, 저면 관수

- **광합성**: 엽록소에서 일어나는 반응으로 물과 이산화탄소를 흡수하여 빛에너지를 이용해 탄수화물을 합성하는 과정

- **명반응(light reactions)**: 엽록소가 태양에너지를 흡수하여 ATP라는 화학에너지를 만드는 과정

- **암반응(dark reactions)**: 엽록체의 기질에서 명반응의 결과 얻어진 수소공급체와 ATP를 이용하여 탄산가스를 환원시켜 포도당을 만드는 과정

- **호흡**: 미토콘드리아에서 일어나는 반응으로 산소를 이용하여 생물체 내의 탄수화물을 분해시켜 에너지를 얻는 과정

- **광포화점(light saturation point)**: 광선의 세기가 증가해도 광합성 속도가 더 이상 증가하지 않는 지점

- **광보상점(light compensation point)**: 식물에 의한 이산화탄소의 흡수량과 방출량이 같아져서 식물체가 외부공기 중에서 실질적으로 흡수하는 이산화탄소의 양이 0이 되는 빛의 강도

- **C3 식물**: CO_2가 부족한 조건에서 광호흡과 같은 에너지 낭비가 없는 식물

- **C4 식물**: CO_2를 농축시켜 캘빈회로를 돌리기 때문에 에너지 측면에서 낭비가 적은 식물

- **CAM**: 뜨거운 낮에는 기공을 닫고 기온이 내려간 밤에 기공을 열어 CO_2를 흡수한 후 낮에 기공을 닫은 채로 캘빈회로를 통해 고정함으로써 수분 손실을 최소한으로 억제한다.

- **제한요인(limiting factor)**: 생물의 생육 및 분포는 온도, 물, 바람, 토양 및 바위 등의 환경요인들에 의해 그곳에 사는 생물이 결정되는데, 이러한 환경요인이 다른 요인에 비해 너무 많거나 조건이 까다로워서 생물의 생활을 제한하는 요인을 의미한다.

- **최소량의 법칙(law of minimum)**: 식물의 성장은 공급이 부족한 양분 중 최소량의 양분에 의해 제한된다는 원리. 독일의 J.F.리비히가 주장하여 '리비히의 최소량 법칙'이라고도 부른다.

- **양수**: 광포화점이 높아 광도가 높은 환경에서는 햇빛을 효율적으로 활용하여 생육이 좋지만 광량이 적은 환경에서는 충분한 생육이 불가능한 식물

- **음수**: 광포화점이 낮아 적은 광량에서도 충분한 생육이 가능함은 물론, 낮은 광도에서도 광합성을 효율적으로 하고 보상점이 낮으며 호흡량도 적어서 그늘에서도 잘 자라는 식물

- **분화상품 환경**: 빛, 온도, 수분, 토양, 공기

3. 분화상품 제작

- **분화상품 기반 작업**: 작업지시서 확인, 작업장 배치, 선행 작업, 화기 선정 및 토양 재료 선정, 기초 작업 준비

- **분화 디자인의 종류**: 분경, 디시가든, 테라리움, 비바리움(vivarium), 아쿠아리움, 공중걸이와 벽걸이, 토피어리, 착생 식물 장식, 수경 재배, 다육 식물 심기(cacti garden), 난과 식물

- **분경(plant arrangement of landscape style)**: 한국의 전통 식물을 이용하여 아름다운 자연 절경을 축소하여 표현한 것

- **분경의 종류**: 초본 분경, 목본 분경, 숯 분경, 석 분경, 이끼 분경

- **디시가든(dish garden)**: 접시와 같은 깊이가 얕은 용기에 정원의 형태를 연출한 것

- **테라리움(terrarium)**: 라틴어 'terra(흙)'와 'arium(용기, 방)'의 합성어로 유리 용기 내에 작은 식물을 심어 감상하는 것

- **아쿠아리움(aquarium)**: 유리 용기 속에 연못을 만들어 시페러스와 같은 수생 식물을 심고 거북이나 관상용 물고기를 키우는 것

- **공중걸이와 벽걸이(hanging basket)**: 덩굴성 식물을 식재하여 주로 천장이나 벽을 이용하여 달아놓은 장식

- **토피어리(topiary)**: 로마의 귀족들이 자연 그대로의 식물을 인공적으로 전정하여 동물 형태, 구형, 하트 등 각종 특수한 기하학적 모형으로 만들어 장식한 것

- **착생 식물(epiphyte)장식**: 공기 식물(air plant, 에어플랜트)이라고도 불리며, 다른 식물이나 물체에 붙어 생장하는 식물

- **수경 재배(water culture)**: 흙을 사용하지 않고 물속에서 재배하는 방법

4. 작업공간 정리

- **분화 폐기물관리**: 폐기되는 재료는 생활쓰레기 또는 산업폐기물로 구분하여 처리한다. 재사용 가능한 재료는 건조한 곳에 보관한다. 생활쓰레기 중 재활용이 가능한 쓰레기는 분리수거한다.

- **분화 작업공간 정리**: 작업공간을 깨끗하게 청소하고 습기나 불순물이 없도록 닦아서 건조시켜야 한다. 사용한 각종 도구들은 흙과 수분을 깨끗하게 제거한 후 별도의 장소에 보관한다. 작업공간은 작업자의 건강을 고려하여 환기를 자주 해야 한다. 식물과 흙, 물을 다루는 작업공간의 특수성을 고려할 때 습기가 많으면 곰팡이가 생길 위험이 많으므로 습기 제거에 신경써야 한다. 글루건 등 열을 가하는 기구는 온도가 내려간 후에 정리한다.

PART 3
화훼디자인

CHAPTER 1 화훼장식 디자인지도

1. 동양형 화훼장식 지도

1) 한국형 화훼장식

- **기본화형**: 직립형, 경사형, 하수형, 분리형, 복형
- **응용화형**: 직립응용형, 경사응용형, 하수응용형
- **자유화형**: 직립자유형, 경사자유형, 하수자유형, 기타 트렌드에 맞는 자유형
- **직립형**: 1주지를 0~15°(좌, 우, 앞, 뒤) 기울여 배치하는 화형
- **경사형**: 1주지를 45~60°로 하며 기본형에서 1주지와 2주지의 위치를 바꾸어 선의 아름다움을 잘 나타내는 화형
- **하수형**: 1주지를 90~180° 늘어뜨리는 화형
- **분리형**: 한 개의 수반 안에 두 개 이상의 침봉을 사용하여 주지를 분리시키고 공간미를 살리면서 변화를 주는 화형

- **복형**: 화기를 두 개 이상 사용하여 두 개 이상의 독립된 화형을 꽂는 방식
- **수반화**: 얕거나 입구가 넓은 화기에 침봉을 사용하여 소재를 고정시키는 화예의 한 종류
- **병화**: 재료를 높은 화병에 꽂아 자연스러운 아름다움을 표현하는 것
- **자유화**: 시대의 변화에 따라 시대가 요구하는 창의력, 변화 등 아름다움을 질서 있게 창작하는 것
- **삼존형식**: 세 개의 줄기를 모아 꽂은 형태
- **기명절지화(器皿折枝圖)**: 보배롭고 진귀한 제기, 식기, 화기 등의 옛 그릇을 그린 기명도(器皿圖)와 꺾인 꽃, 나뭇가지 등을 그린 절지도(折枝圖)가 합쳐진 그림

2) 일본형 화훼장식

- **일본 꽃꽂이 문화의 유래**: 일본의 화훼장식은 7세기경 한국으로부터 불교가 전래되면서 함께 도입되었다.
- **일본화형의 특징**: 인공적인 기교미의 극치, 세분화된 양식과 격식을 중요시하면서 미를 추구, 자연성을 강조하면서 선과 여백의 미를 추구, 일본 꽃꽂이에는 화병꽂이, 수반꽂이, 자유화, 생화, 입화 등이 있다.
- **일본입화(立花)**: 입화는 병에 꽂는 작품으로 대자연의 모습을 먼 풍경 보듯이 표현한 것이다.
- **이케바나**: 일본꽃꽂이의 총칭
- **공화(供花)**: 불전에 바치는 꽃
- **다찌바나(立花)**: 이케바나 초기 형태로 직립된 형태이다.
- **릿카(立花, 立華)**: 일본형 화훼장식의 대표적인 화형
- **나게이레바나**: 자유로우면서도 간소한 형태
- **차바나(茶花)**: 금욕적이고 간소화, 엄숙하고 산뜻한 장식
- **세이카**: 생화(生花)또는 격화(格花)라고 부른다.
- **분진바나(문인화)**: 식물, 꽃, 채소, 과일 등을 소재로 사용
- **모리바나**: 수반꽃꽂이
- **지유바나**: 현대적인 자유화
- **전위화**: 실험적이고 추상적
- **삼구족**: 부처님께 바치는 공양품 중에서 기본적인 공양구로 향로, 화병, 촛대를 삼구족이라 한다.
- **삼재미(三才美) 원리**: 중심이 되는 꽃가지를 3개로 하는데 하늘과 땅, 사람을 상징하는 천지인(天地人)의 원리이다.
- **전통적 또는 정형적 양식**: 릿카, 세이카

- **자연적 또는 비정형적 양식**: 나게이레, 모리바나
- **추상적 또는 자유형**: 지유바나, 전위

3) 중국형 화훼장식

- **중국 꽃꽂이의 특징**: 인공미를 배제한 완벽한 자연미를 추구
- **중국병화(瓶花)**: 병화(瓶花)는 대부분 장엄함과 숭고함을 나타내며, 재료가 주는 '선(線)'의 미적 표현에 뛰어나다.
- **중국반화(盤花)**: 반화의 특징은 넓고 얕은 데에 있으며 수면을 감상할 수도 있고 봄과 여름에는 시원한 청량감을 느낄 수 있다.
- **중국항화(缸花)**: 병화와 반화의 중간으로 항아리는 키가 작고 옆으로 풍성하여 가운데 부분이 큰 형태이다. 항화에는 작은 꽃들이 모여 있는 꽃송이와 주로 목단이나 국화 등 꽃송이가 큰 꽃들이 적합하다.
- **중국완화(碗花)**: 화려하면서도 단정한 느낌을 주어 일상생활 또는 격식 있는 장소, 불상 앞 꽃 장식으로 적합하다.
- **중국통화(筒花)**: 대나무 통을 사용한다는 특징을 가지고 있다. 화기가 자연 소재로 문인화(文人花)에 가장 잘 어울리며 구조나 배치가 자유롭고 다양한 꽃들과 나뭇가지를 이용할 수 있다.
- **중국람화(籃花)**: 바구니 형태의 디자인으로 송나라 때 가장 유행하였으며 원나라 때에도 이어졌다.
- **문인화(文人畫)**: 꽃꽂이에서 단순하고 깨끗하게 꽃는 것을 원칙으로 한다.
- **심상화(心象花)**: 개인의 명상에 중점을 둔 삽화(揷花)이다.
- **자유화(自由花)**: 구속에서 벗어나고자 하는 자유와 낭만을 표시했다.
- **사경화(寫景花)**: 자연을 그대로 표현했다.
- **조형화**: 조형적인 미를 추구했다.
- **부생육기(浮生六記)**: 심복(沈復)의 저서로 작품의 구성법, 꽃의 선택, 기술적인 면 등이 기술되었다.
- **화구석(花九錫)**: 나규의 저서로 화기, 화분받침, 가위, 침수법, 전정 등이 기술되었다.
- **장겸덕의 병화보(瓶花譜)**: 실생활의 병꽂이에 대해 기술되었다.
- **원굉도의 병사(瓶史)**: 병꽂이 방법, 물관리법, 감상 태도 등이 기술되었다.

2. 서양형 화훼장식 지도

- **병행의 종류**: 병행 자연적 디자인(parallel vegetative design), 병행 장식적 디자인(parallel decorative design), 병행 그래픽 디자인(parallel graphic design)
- **화훼장식 조형의 구성 형식**: 식생적(vegetative) 구성, 장식적(decorative) 구성, 병행(parallel) 구성, 선-형(formal-liner) 구성, 구조적(structure) 구성, 도형적(grafish) 구성, 오브제(objet) 구성, 평면 구성
- **줄기의 배열**: 방사선(radial), 병행선(parallel), 교차선(cross), 감는 선(wind)
- **줄기 배열이 없는 구성**: 갈란드, 파베, 콜라주, 필로잉 등
- **평가의 분류**: 절대 평가, 상대 평가
- **평가의 방법**: 독립 채점, 합의 채점, 혼합 채점
- **화훼장식 기능사·기사의 평가**: 조형적인 면 평가, 기술적인 면 평가
- **국제기능올림픽 및 국내경기대회 평가**: 구성 40%, 색상 20%, 창의성 10%, 기술능력 30%이 기본이지만, 각 작품의 특성이나 주제에 따라 이 비율은 유동적으로 변할 수 있다.
- **서양형 화훼장식의 종류**: 꽃꽂이, 꽃다발, 꽃바구니, 신부화, 코르사주, 보우, 리스, 갈란드, 콜라주, 테이블장식
- **어레인지먼트(arrangement)**: 계획(plan), 방법(the way), 과정(process) 등을 포함한다.
- **꽃꽂이(flower arrangement)**: 여러 가지 꽃, 잎, 가지를 적합한 용기와 도구를 이용하여 아름답게 배열하는 행위
- **꽃다발**: 꽃을 묶어 다발을 만든 것
- **꽃바구니(floral basket)**: 바구니에 꽃을 꽂아 장식, 선물, 증정용으로 이용하는 꽃장식의 형태
- **신부화(bouquet)**: 관목을 의미하는 bush에서 유래한 프랑스어로 꽃이나 향이 있는 풀들의 묶음
- **코르사주(corsage)**: 여성의 상반신이나 의복에 직·간접적으로 장식하는 작은 꽃다발
- **보우(bow)**: 리본, 패브릭, 레이스 등을 사용하여 다양한 형태를 만든 것
- **리스(wreath)**: 처음과 끝이 없는 영원성을 상징하는 원형의 장식품. 독일어로는 크란츠(kranz), 한문으로는 환(環)
- **갈란드(garland)**: 유연성 있게 늘어뜨리거나 길게 연결한 화관이나 꽃줄 형식의 장식
- **콜라주(collage)**: 재질이 다른 여러 가지 헝겊, 비닐, 타일,

나뭇조각, 종이 상표 등을 붙여 화면을 구성하는 기법

- **테이블장식(table decoration)**: 테이블크로스, 컵, 식기, 센터피스 등을 이용하여 조화롭게 장식하는 것
- **리스메이커(wreath maker)**: 그리스 시대에 리스를 제작하여 직업적으로 판매한 사람
- **코르누코피아(cornucopia)**: 그리스 시대에 꽃, 과일, 야채들로 제작한 장식용 뿔로서 그치지 않는 풍요로움을 상징하여 '풍요의 뿔'이라는 의미의 '플렌티 혼(horn of pienty)'이라고도 불리었다.
- **로코코(Rococo)**: 1723~1774년에 유행한 양식으로 조약돌이나 조개 문양을 의미하는 프랑스어 로카이유(rocaille)에서 온 말
- **이퍼른(epergne)**: 2~3단의 스탠드 이퍼른(epergne)이라는 화기에 꽃을 빽빽하게 꽂아 식탁 중앙에 놓는 것으로 빅토리아 시대에 유행하였다.
- **아르누보(Art nouveau)**: 19C 말~20C 초, 역사적인 고전 양식들을 부정하고 자연에서 모티프(motif)를 빌려 구불구불한 선과 넝쿨 같은 곡선을 위주로 한 양식
- **아르데코(Art Deco)**: 장식 미술을 의미하는 명칭으로 1925년 프랑스 파리의 현대장식 산업미술 국제박람회의 약칭에서 유래하였다.

3. 종교별 화훼장식 지도

- **개신교의 교회력**: 예수의 생애와 행적을 1년 주기로 기념하기 위해 만들어진 것으로 예수 그리스도의 생애를 기준으로 하여 교회가 지키는 절기나 기념일을 의미한다.
- **천주교의 전례**: 하느님의 영광과 인간의 성화를 지향하는 예식으로 천주교에서는 절기를 전례라고 표현한다.
- **불교의 화훼장식**: 재료나 형태에서는 특별히 상징성을 강조하지 않지만 색채에서는 꽃이 놓이는 법당 내부의 배경을 고려하여 제작해야 한다.
- **개신교 화훼장식**: 장식적인 측면을 넘어 하나의 신앙 표현 수단으로서 하나님께 찬양하고 영광을 드리는 예배의 한 부분
- **천주교 화훼장식**: 절기의 복음적 메시지와 전례 색채에 맞게 상징적 형태로 디자인하며, 장식이나 봉헌의 의미까지 전달하는 종합예술
- **종교별 화훼장식의 정의 및 특성**: 종교가 가지고 있는 종교별 의식과 종교적 교리를 잘 파악하여 화훼장식으로 표현하는 것이 중요

4. 결혼유형별 화훼장식 지도

- **결혼식 유형별 화훼장식 디자인**: 실내 결혼식, 실외 결혼식, 전통혼례, 종교예식
- **결혼식 유형별 화훼장식 트렌드**: 로맨틱 웨딩, 모던 웨딩, 내추럴 웨딩
- **결혼식 화훼장식의 특징**: 창의적 독창성, 미적 가능성, 효율적 기능성, 조형적 질서성, 최소의 경제성
- **결혼식 화훼장식 디자인 프로세스**: [1단계] 고객 상담 → [2단계] 개념 설정 → [3단계] 고객 분석(용도 및 목적 파악, 트렌드 분석, 디자인 방향 설정) → [4단계] 재료 계획(형태, 색채, 질감 설정), 가격 분류 → [5단계] 디자인 전개(전체) → [6단계] 형태 디자인 전개, 식물 소재 및 부소재 색채 결정 적용 → [7단계] 디자인 채택 → [8단계] 디자인 제작
- **버진로드(virgin road)**: 결혼식장의 입구에서 단상 앞까지 이르는 중앙 통로
- **오브제(objet)형 꽃길장식**: 버진로드와 하객들의 좌석 사이에 화기나 오브제를 놓아 장식하는 형태
- **교회형 꽃길장식(chapel design)**: 기독교나 천주교 결혼예식에서 비롯된 화훼장식 연출
- **TPO**: 결혼 시기(Time)는 언제인지, 결혼 장소(Place)는 실내인지 실외인지 또는 종교적인 장소에서 진행한다면 고려해야 하는 것은 무엇인지 등을 분명히 이해하고 그 목적(Object)에 일치하도록 구성해야 한다.

5. 장례유형별 화훼장식 지도

- **서양의 장례 화훼장식**: 관장식(casket cover), 이젤 스프레이(easel spray), 리스(wreath), 바스켓(basket) 등
- **장례식 화훼장식의 특성**: 2~3일의 여유밖에 없으므로 주문과 제작, 배달 등이 신속하게 이루어져야 한다. 장례용 화훼장식의 크기와 스타일, 사용되는 꽃의 종류는 고객의 요구에 따라 다르게 제작하며 꽃은 가장 아름다운 상태인 70~80% 정도 개화된 상태가 좋다.

6. 행사별 화훼장식 지도

- **행사의 성격별 분류**: 축하, 애도, 기념, 상업용, 전시 등으로 분류
- **연회용 행사장식**: 시즌 행사장식, 가족 행사장식, 기업 이벤트 행사장식, 축하 이벤트 행사장식
- **전시회용 행사장식**: 전시회 행사장식, 박람회 행사장식, 발

표회 행사장식

- **행사의 종류에 따른 화훼장식**: 돌잔치 화훼장식, 회갑연 · 고희연 · 산수연, 파티 및 단체 행사, 전시회용 화훼장식
- **행사별 화훼장식의 종류**: 입구장식, 테이블장식, 단상장식, 벽면 및 천장장식, 로비장식 및 계단장식

CHAPTER 2 화훼장식 서양형 디자인

1. 서양형 전통적 기법 디자인

- **반구형(dome style)**: 테이블을 장식하는 대표적인 화형으로 구를 절반으로 나눈 모양
- **수평형(horizontal)**: 수직보다 수평을 강조한 화형
- **수직형(vertical)**: 강하게 상승하는 운동감이 있는 디자인으로 넓이보다는 높이를 강조한 화형
- **삼각형(triangular)**: 기하학적 디자인으로 엄숙하고 안정감 있는 화형
- **L자형(L-style)**: 알파벳 L자와 같은 형으로 좌우가 비대칭인 화형
- **초승달형(crescent)**: 바로크 시대에 유행했던 초승달 모양의 화형
- **비대칭 삼각형(asymmetrical triangular style)**: 엄격한 좌우대칭의 삼각형에서 벗어나 다양하고 자연스러운 형태의 구성
- **피라미드형(pyramid)**: 밑면이 정사각형인 모양을 입체적으로 구성한 화형
- **역T자형(inverted-T)**: 알파벳 T를 거꾸로 세워 놓은 듯한 화형
- **사선형(diagonal)**: 방향감과 운동감, 속도감과 리듬감이 가장 강한 화형
- **S자형(hogarth curve)**: 알파벳 S자 형태로 구성된 것
- **서양형 신고전주의 형태**: 피닉스 디자인(phoenix design), 폭포형 디자인(waterfall design), 비더마이어(biedermeier), 밀드플레(mille de fleur)
- **피닉스 디자인(phoenix design)**: 사막의 불사조가 불속에서 날아오르는 것처럼 만들어진 형태
- **폭포형 디자인(waterfall design)**: 폭포가 흘러내리는 모습을 형상화한 디자인

- **비더마이어(biedermeier)**: 꽃을 빈 공간 없이 빽빽하게 꽂은 형태
- **밀드플레(mille de fleur)**: 19C 낭만주의를 대표하는 양식으로 '수천 송이의 꽃'이라는 의미

2. 서양형 현대적 기법 디자인

- **서양형 현대적 기법 디자인**: 장식적 형태(decorative design), 식물생장 형태(vegetative design), 병행 형태(parallel design), 선-형 형태(formal-liner design)

3. 서양형 자유화 기법 디자인

- **서양형 자유화 기법 디자인 종류**: 행잉 디자인, 교차 디자인, 조경적 디자인, 식물학적 디자인, 웨스턴라인 디자인, 뉴컨벤션 디자인
- **자유화형 서양형 화훼장식의 특징**: 나라마다, 문화마다, 시대마다 다양하게 표현한다.
- **행잉 디자인의 종류**: 벽걸이장식, 현수(懸垂) 플라워 볼, 퓨엔드(few end) 디자인
- **트렌드와 고객 요구에 맞는 서양형 화훼장식의 종류**: 오브제(objet) 디자인, 구조(structure) 디자인, 대형 장식물(large ornament)

4. 서양형 고객맞춤형 디자인

- **디자인 요소**: 점(dot), 선(line), 면, 형태(form), 방향(direction), 공간(space), 질감(texture), 깊이(depht), 색채(color)
- **직선의 종류**: 수직선(vertical line), 수평선(horizontal line), 사선(diagonal line)
- **교차선의 종류**: 수직 교차, 사선 교차, 수평 교차
- **화훼장식 디자인에 이용되는 선의 종류**: 물체선, 암시적인 선, 심리적인 선
- **가상의 선(virtual line)**: 실제로는 없으나 실제의 선과 선 사이에 암묵적으로 있어 보이는 선이다.
- **공간(space)의 종류**: 양화적 공간(positive space), 음화적 공간(negative space), 열린 공간(voids)
- **배색**: 톤 온 톤(tone on tone), 톤 인 톤(tone in tone), 그라데이션(gradation), 세퍼레이션(separation), 비콜로르(bicolore), 트리콜로르(tricolore)
- **이상적 배색의 비율**: 주조색 70%, 보조색 25%, 강조색 5%

- **가산 혼합의 3원색**: 빨강(Red-R), 초록(Green-G), 파랑(Blue-B)

- **감산 혼합의 3원색**: 시안(Cyan-C), 마젠타(Magenta-M), 노랑(Yellow-Y)

- **요하네스 이튼(Itten)의 색 체계**: [1차색] 세 가지 기본 원색(Red, Yellow, Blue), [2차색] 12색상환을 기준으로 두 개의 1차색을 혼합했을 때 만들어지는 색(Orange, Green, Violet), [3차색] 1차색과 2차색을 혼합하여 만들어지는 색(Red-Orange, Yellow-Orange, Yellow-Green, Blue-Green, Blue-Violet, Red-Violet)

- **먼셀의 색 체계**: 빨강, 노랑, 파랑, 녹색, 보라의 다섯 가지 색을 기본색으로 중간색 청록, 남색, 자주, 주황, 연두색을 배치하여 10색상을 구성하였다.

- **오스트발트(Ostwald) 색 체계**: 빨강, 노랑, 초록, 파랑을 기본으로 중간에 주황, 연두, 청록, 보라를 더하여 여덟 가지 색상으로 만들고 이것을 다시 스물 네 가지 색상으로 구성한다.

- **디자인 원리**: 구성(composition), 통일(unity), 조화(harmony), 균형(balance), 강조(accent), 비율(proportion), 율동(rhythm), 대비(contrast)

- **디자인 원리의 정의**: 디자인 요소를 기본으로 식물의 특성과 구상하는 작품의 목적에 맞게 표현할 수 있는 기초적인 방법

CHAPTER 3 화훼장식 한국형 디자인

1. 한국형 기본화형 디자인

- **한국형 기본화형 특징**: 선과 여백의 미를 중시한다. 화형을 이루는 요소에는 주지, 종지, 꽃이 있다. 화형의 기본 구성은 천지인(天地人)을 사상으로 세 개의 주지가 중심이 된다.

- **주지의 길이**: [1주지] 화기의 1.5~2배를 사용, [2주지] 1주지의 3/4 또는 2/3, [3주지] 2주지의 3/4 또는 2/3, [종지] 길이는 주지보다 짧게 표현하며 주지의 부족한 점을 보충하여 깊이감을 완성

- **한국 꽃꽂이 기본 도구**: 침봉, 플로랄 폼(floral foam), 철사, 꽃가위, 전정 가위, 플라이어·니퍼, 물올리기 펌프, 분무기, 칼·톱, 망치

- **침봉**: 꽃이나 절지를 수반에 고정시키는 데 필요한 도구

- **플로랄 폼(floral foam)**: 서양식 꽃꽂이에 많이 쓰이며 흡

수성과 보수성이 좋은 합성 수지 제품

- **철사**: 쇠로 만든 가는 줄

- **꽃가위**: 초본류의 가지를 자르거나 정리하는 데 필요한 도구

- **전정 가위**: 두꺼운 식물 재료나 나뭇가지를 자를 때 사용하는 도구

- **플라이어·니퍼**: 철사 종류의 금속을 자르는 데 사용하는 도구

- **물올리기 펌프**: 연꽃, 제비꽃처럼 물올림이 좋지 않은 재료에 물을 주입할 때 사용하는 도구

- **칼·톱**: 굵은 가지를 가위로 자를 수 없을 때 사용하는 도구

- **망치**: 가지의 질이 단단하여 잘 꽂히지 않는 굵은 가지나 고목을 침봉에 고정할 때 가볍게 두드려서 고정시킬 수 있는 도구

- **한국 꽃꽂이 화기(花器)**: 수반, 화병, 콤포트(compote), 그 밖의 화기

- **콤포트**: 굽이 있는 화기

- **한국 꽃꽂이 재료의 종류**: 자연 재료, 가공 재료, 기타 재료

- **재료 물올리기의 종류**: 열탕처리, 탄화처리, 펌프 주입, 물속자르기

2. 한국형 응용화형 디자인

- **한국형 자유화형의 의미**: 시대의 흐름과 변화를 반영하여 재료의 특성을 자신만의 표현 방식으로 재해석하여 디자인의 다양성과 창의성을 표현한 것

3. 한국형 고객맞춤형 디자인

- **비례(比例)**: 부분과 부분 사이 또는 전체와 부분 사이의 크기와 상호 관계

- **황금비례**: 한 선분을 두 부분으로 나눌 때에 전체에 대한 큰 부분의 비와 큰 부분에 대한 작은 부분의 비가 같도록 나눈 것. 그 비는 1.618:1로서 가로와 세로가 황금비인 직사각형은 고대 그리스 이래로 가장 아름답고 조화를 이룬 모양으로 평가받는다.

MEMO

PART

1

화훼장식 기획 및 매장관리

화훼장식 매장운영관리

이 단원은 이렇게!

화훼장식 매장운영관리란 합리적으로 매장을 운영하고 지속적인 고객관리를 통해 판매율을 높이는 전체적인 매장운영·관리시스템으로서 고객관리, 입출금, 회계, 안전, 인사관리를 포함해요. **고객을 분류하는 것과 고객을 관리하는 것, 매장의 재정과 직원을 관리하고 안전사항을 준수하는 것 등을 중점적으로 알아 두는 것이 중요해요. 중요한 내용에는 ✿ 표시를 하였으니 참고하세요.**

출제 경향 마스터 ✿

▸ 고객관리가 필요한 이유는 무엇인가?

▸ 고객관리는 어떻게 하는 것인가?

꽃 TIP

고객관리의 분류

▸ **고객정보 분석(customer analysis):** 고객정보를 DB로 구축하고 이를 분석하여 광고나 판촉에 이용한다. 고객의 입장에서는 관심 있는 정보가 제공되므로 주의 깊게 보게 되고 이는 자연스럽게 구매로 이어진다.

▸ **고객관리 운영(customer service):** 고객의 정보를 바탕으로 판촉을 진행하거나 고객이 느낀 의문점이나 문제점을 해결해 주고 고객충성도를 높임으로써 고객층을 확대하고 단골고객을 확보하는 활동이다.

확인! OX

1. 고객을 대상으로 제공하는 서비스는 사실상 무상이다.
(O , ×)

2. 상품을 구매한 고객에 대한 사후관리는 반드시 필요하다.
(O , ×)

3. 고객관리를 위해서는 먼저 고객정보를 관리하는 것이 중요하다. (O , ×)

정답 1. × 2. ○ 3. ○

01 고객관리

사업 성패를 좌우하는 결정적 요인은 얼마나 많은 고객을 확보하느냐에 달려 있으므로 사업의 첫 출발은 고객관리에 있다. 고객을 세분화하여 분류하고 맞춤화된 제품을 목표 고객에게 제공함으로써 신규고객을 지속적으로 유치하고, 기존고객을 고정고객화, 우량고객화함으로써 기업이 성장할 수 있는 것이다. 즉, 고객관계관리(customer relationship management)는 기존고객의 충성도를 높이고, 소개고객 유입을 강화하는 관리 전략이다.

고객관리에 있어 고객을 대상으로 제공되는 서비스가 무상이 아닌 것처럼 고객이 기업에 돈을 내고 상품을 구매했다면 기업은 그에 따른 사후관리를 반드시 제공하여야 한다. 고객관리를 통해 단골고객으로 전환하고 이 고객을 오래 유지하려면 매출에 따른 고객관리도 필요하다. 한 기업에 100만 원의 매출을 제공한 고객과 1,000만 원의 매출을 제공한 고객의 서비스가 같다면 고객의 입장에서 불만의 소지가 있을 수 있다. 상위 우수고객들에게 더 많은 혜택과 서비스를 제공하는 것이 기업이 안정적으로 성장하는 데 중요한 역할을 할 수 있다.

은행, 항공사, 호텔 등 다른 분야의 서비스 업계에서는 핵심 우량고객들에게 차별화된 관리 프로그램을 진행해오고 있었다. VIP 마케팅이라고도 하는 이러한 핵심 고객관리 프로그램은 고객의 생활 전반에 걸쳐 강력한 유대 관계를 형성함으로써 초우량고객의 이탈을 방지함과 동시에 다양한 니즈(needs)를 포착하여 더욱 수익성 높은 거래 관계를 이끌어 내기 위한 주요 도구로 사용되고 있다.

| 1 | 고객정보

고객의 니즈를 파악하는 것이 중요하다. 고객의 정보는 이름, 주소, 성별, 나이, 직업, 가족 관계, 선호하는 상품, 선물하는 대상 등을 기록하여 저장해 놓는 것이 좋다.

① **고객정보수집** ☆
  ㉠ 고객관리카드를 작성한다.
  - 전화 또는 인터넷을 통해 상담, 주문한 고객과의 상담일지를 토대로 작성한다.
  - 매장방문고객에게 직접 고객관리카드 작성을 요청할 수도 있다.
  - 고객관리카드 작성 시 고객의 각종 기념일과 행사를 파악한다.
  - 고객의 이용 실적, 선호하는 화훼상품, 선호하는 문구나 메시지 등을 파악할 수 있다.
  ㉡ 반복적 거래에 대한 정보를 입력한다.
  - 화훼상품정보: 화훼상품의 종류와 용도, 금액, 주로 사용하는 화훼상품의 디자인 등을 파악한다.
  - 전달 메시지: 고객이 주로 사용하는 메시지 문구와 리본 출력 시 표기될 직함 등을 저장해 놓는다.
  - 화훼상품 배송지정보: 구매한 화훼상품이 주로 배송되는 장소를 파악한다.
  ㉢ 단계별 리스트를 분류한다. ☆
  - 고객의 구매최근성, 구매빈도 및 횟수, 평균금액, 대금결제내역 등을 분석하여 단계별 리스트를 작성한다.

② **고객의 분류**: 고객의 세분화는 고객의 특성을 좀 더 명확히 파악하고 이에 따라 전략적인 마케팅 활동을 기획해 나갈 수 있는 기반이 마련된다. 하지만 분류 자체가 각 계층별 개별 소비자의 특성까지 모두 반영하는 것은 아니므로 마케팅의 모든 문제를 해결해 줄 수는 없다. 또한 고객 특성은 끊임없이 변화하기 때문에 매장의 고객 분류 방법도 끊임없는 평가와 개선이 이루어져야 한다.
  ㉠ 관계별 분류

내부고객	종업원, 동료 상사 등의 고객
외부고객	거래처, 일반소비자, 기관, 주주
중간고객	도매상, 중간상(기업과 최종소비자 사이의 가치전달 고객)

  ㉡ 행동 결과에 따른 분류 ☆☆

잠재고객	자사의 제품이나 서비스를 구매하지 않은 사람들 중에서 향후 자사의 고객이 될 수 있는 잠재력을 가지고 있는 집단
신규고객	잠재고객들 중 처음으로 구매를 하고 난 후의 고객
기존고객	신규고객들 중 2회 이상 구매하여 안정화 단계에 들어선 고객
단골고객	기존고객들 중 가치와 기대 수준이 지속적으로 충족되어 반복적으로 구매하는 고객. 기업과 강한 유대 관계를 형성하고 있기 때문에 중대한 문제가 발생하지 않는다면 제품에 대해 더 이상 재평가하지 않는다.
이탈고객	기업의 이탈 기준에 의해 더 이상 자사의 제품이나 서비스를 이용하지 않는 고객

🌸 **TIP**

상담일지 작성 내용
▸ 고객이 좋아하는 스타일
▸ 꽃 상품의 주문 목적
▸ 받는 대상자에 대한 정보
▸ 꽃이 사용될 장소
▸ 꽃이 사용될 시간
▸ 원하는 상품의 분류(절화, 분화, 가공화)
▸ 예산 비용
▸ 배송 여부
▸ 고객을 기억하기 위한 정보나 특이사항

🌸 **TIP**

주문서 작성 내용
▸ 고객의 이름, 연락처, 주소 등
▸ 상품의 종류
▸ 상품의 가격
▸ 배송 여부 및 시간
▸ 배송 시 받는 고객의 연락처
▸ 카드나 리본에 넣을 메시지
▸ 그 외 특이사항

확인! OX

1. 반복적인 거래에 대한 정보만 입력한다. (○, ×)

2. 매장에 방문한 고객에게 직접 고객관리카드 작성을 요청할 수 있다. (○, ×)

3. 고객관리카드 작성 시 받는 사람의 정보만 요청하면 된다. (○, ×)

정답 1. × 2. ○ 3. ×

확인! OX

1. 고객의 분류는 한 번 해 놓으면 장기 사용이 가능하다.
(○, ×)

2. 신규고객들 중 2회 이상 구매하여 안정화 단계에 들어선 고객을 단골고객이라고 한다. (○, ×)

3. 관계별로 고객을 구분하였을 때 거래처는 외부고객에 해당한다. (○, ×)

정답 1. × 2. × 3. ○

ⓒ 소비 패턴에 따른 분류

관습적 집단	특정 상품의 선호도가 높아 반복적으로 구매하는 집단
감성적 집단	유행에 민감하고 독특한 상품에 대한 호응이 높은 집단
합리적 집단	합리적인 동기에 의해 구매하는 집단
유동적 집단	충동적으로 구매하는 집단
가격 중심 집단	저렴한 상품 위주로 구매하는 집단
신소비 집단	특별한 구매 형태가 없는 집단

ⓔ 참여 관점에 따른 분류

직접고객	일반소비자로서 제품 또는 서비스를 구입하는 고객
간접고객	다른 사람을 통해서 제품이나 서비스를 구입하는 고객
내부고객	매장운영자나 직원의 가족, 지인 등의 고객
한계고객	구매량이 적거나 지리적으로 멀리 떨어져 있어 방문 판매원을 판매촉진 수단으로 이용하는 것이 기업의 생산성이나 원가관리 측면에서 바람직하지 못한 의미의 고객

| 2 | 고객관리

기업이 성공하려면 기존고객이 이탈하지 않아야 한다. 고정고객 유지율이 5% 증가하면 업소의 이윤은 25%에서 최대 80%까지 증가하기 때문이다. 또한 신규고객의 유치에 따른 유지비용 절감 효과도 기대할 수 있다. 따라서 신규고객, 기존고객, 단골고객, 이탈고객 등 고객의 특성에 따라 차별화된 전략이 필요하다.

> ❋ 이것만은 꼭
>
> **고객관리의 목적**
> • 신규고객을 발굴한다.
> • 잠재고객을 실고객으로 전환한다.
> • 고객의 이탈을 방지한다.
> • 기존고객의 재구매를 유도한다.
> • 고객충성도를 증진한다.
> • 고객서비스의 질이 향상된다.
> • 신규고객의 유치에 따른 유지비용 절감 효과가 있다.

① 고객관리의 방법

㉠ 고객의 각종 기념일과 행사에 맞춰 이벤트를 기획하여 제공한다.

㉡ 이용 실적에 따른 이벤트를 제공한다. 이는 고객을 등급별로 나누어 차별화한 관리가 필요하다. 예를 들어, 백화점의 경우 전체 고객 중 상위 20%가 전체 매출의 80%를 창출한다. 이는 은행의 경우도 마찬가지로 전체 예금고객 중 상위 20%의 고객이 전체 이익의 80%를 창출한다.

㉢ 화훼상품에 대한 관심도를 높일 수 있도록 화훼관련 축제 및 전시회정보를 수시로 체크하여 제시하고 초대권 등을 확보하여 제공한다.

㉣ 계절과 시기에 따라 적절한 상품의 정보를 파악한다.

• 계절에 관계없이 출하되는 상품이 있는가 하면 특정 계절에만 나오는 상품들이 있으니 계절별 화훼상품을 파악하여야 고객의 주문과 요구에 맞는 상담이 가능하다.

• 어버이날에는 카네이션, 성년의 날에는 장미 등 특정 시기에 필요한 물품의 출하 시기를 알고 그에 맞춰 준비할 수 있어야 한다.

• 새롭게 출시되는 최신 화훼장식품을 익히고 응용할 줄 알아야 한다.

② 고객관리의 개선 방향 ☆

㉠ 고객 기준의 명확화

㉡ 고객에 대한 정확한 서비스

㉢ 차별화된 서비스

㉣ 기존의 기업자원 활용

③ 고객관리의 전략 ☆☆

㉠ 교차 판매(cross-selling): 판매자가 기존고객에게 다른 상품이나 서비스를 함께 또는 추가 구매하도록 유도하여 기업의 부가적인 이익을 창출하는 판매 전략이다.

㉡ 추가 판매(up-selling): 하나의 제품이나 서비스를 제공하는 과정에서 고객이 더 높은 가격의 상품이나 서비스를 구입하도록 유도하는 마케팅 기법이다.

㉢ 고객구매행동 분석요소(RFM): 고객가치를 단순한 방법으로 다양한 관점에서 잘 설명해 줄 수 있으며 이를 계량화하여 순위를 매길 수 있다는 장점들 때문에 현재 많은 마케팅 담당자들이 사용하고 있다. RFM의 일반적인 모형은 다음과 같다. ☆

TIP

고객순자산가치(customer equity): 고객을 기업의 중요한 자본 혹은 순자산이라는 개념으로 관리하겠다는 의미로서, 기업의 모든 고객이 기업에 제공하는 재무적 기여의 총합을 말한다.

TIP

롱테일 법칙(long tail theory): 크리스 앤더슨(Chris Anderson)이 만든 개념. 20%의 핵심고객으로부터 80%의 매출이 나온다는 파레토 법칙과 반대된다는 의미에서 역파레토 법칙이라고 한다. 비주류 틈새시장의 규모가 기존 주류시장의 규모만큼 커지는 현상이다.

확인! OX

1. 고객관리의 목적은 잠재고객을 실고객으로 전환하는 데 있다. (O, ×)

2. 고객관리를 할 때는 고객의 분류에 따라 평등한 전략이 필요하다. (O, ×)

정답 1. ○ 2. ×

고객유형별 매출관리

▶ 일반고객: 전체 고객 중 60~70%로 전체 매출의 50% 미만에 영향을 준다.
▶ 우량고객: 전체 고객 중 10%로 전체 매출의 50% 정도에 영향을 준다.

★ 알아 두면 좋아요 ★

고객유지 전략

▶ 데이터마이닝(data mining): 인구 통계학적 데이터 및 거래 형태에 관한 데이터 분석 기법을 통하여 고객의 이탈 가능성을 예측하는 분석 기법. 통계적 기법, 인공지능 기법, 패턴인식 등을 이용하여 데이터 간의 숨겨진 상호 관련성, 분류 및 군집화, 추정 및 예측 등 유용한 정보를 추출하여 기업의 의사결정에 적용할 수 있다. 불량고객 분석 모형을 개발하고 서비스 및 상품에 대한 전략을 수립하는 데에도 사용된다.
▶ 커스터마이제이션(customization): 주문에 따라 만드는 고객맞춤화를 의미한다. 고객의 취향을 파악하고 요구사항에 맞춘 상품 또는 적합한 맥락과 내용물 등을 고객의 취향에 맞추거나 고객 스스로 자신의 선호정보를 입력하여 맞추는 것을 말한다. 고객에 대한 수익성 향상 전략 및 고객에 대한 보상 전략을 개발하는 데 쓰인다.

확인! OX

1. 하나의 제품이나 서비스를 제공하는 과정에서 고객에게 더 높은 가격의 상품이나 서비스를 구입하도록 유도하는 마케팅 기법을 업셀링이라고 한다. (O, ×)

2. 고객관리를 할 때 최근에 구매한 금액은 중요하지만 횟수는 중요하지 않다. (O, ×)

정답 1. ○ 2. ×

RFM 지수 ☆

= 최근성(Recency)+구매빈도(Frequency)+구매액(Monetary)

• R(Recency): 구매최근성
  최초 가입일에서 현재까지의 제품 또는 서비스 이용 기간을 나타내며 보편적으로 3개월 단위로 측정하여 가중치를 부여한다.
• F(Frequency): 구매빈도, 구매횟수, 최빈성
  일정 기간 동안 어느 정도의 구매가 발생하였는지를 분석하며 구매횟수가 많을수록 고객로열티가 높아진다.
• M(Monetary): 평균구매금액, 소비성
  최초 가입일로부터 현재까지 구매한 평균금액의 크기를 분석하며 평균구매금액이 많을수록 고객의 로열티는 높아진다. 주의할 점은 지나치게 높은 구매액이 존재할 경우 구매액의 구간을 설정하여 평균구매액 점수의 최대 상한선을 둬야 한다는 것이다.

ㄹ 고객평생가치(LTV; Life Time Value): 고객이 자사에게 평생에 걸쳐 제공하는 이익을 현재가치로 환산한 금액이다. 한 고객이 한 기업의 고객으로 존재하는 전체 기간 동안 기업에게 제공할 것으로 추정되는 재무적 공헌도의 합계라고도 할 수 있다. ☆

④ 불만고객관리
  ㄱ 불만고객관리의 중요성 ☆
    • 불만고객은 기업을 이탈하여 이탈고객이 된다.
    • 불만고객의 부정적인 구전 효과로 기업의 이미지가 저해되면 잠재고객을 잃을 수 있다.
    • 신속한 불만처리는 오히려 회사의 이미지 상승 및 단골고객으로의 전환 기회 가능성을 가져온다.
  ㄴ 불만고객대응법(MTP법)
    • Man(사람): 누가 해결할 것인가를 결정한다.
    • Time(시간): 언제 처리할 것인가를 결정한다.
    • Place(장소): 어디서 해결할 것인가를 결정한다.
  ㄷ 불만고객 응대의 기본 4원칙(클레임 처리의 4원칙) ☆
    • 우선 사과의 원칙: 우선 사과한다.
    • 원인 파악의 원칙: 불만사항을 듣고, 원인을 분석한다.
    • 신속 해결의 원칙: 해결책을 마련하여 친절하고 신속하게 해결한다.
      (단, 자신의 권한 외의 일은 자신이 하되 관련 부서나 담당자에게 이관하여 진행한다.)
    • 불논쟁의 원칙: 고객을 책망하지 않고 논쟁을 벌이지 않는다.
  ㄹ 고객의 불만 내용 파악 및 조치
    • 주문한 상품과 다른 상품의 배송: 잘못 출고된 경우는 즉시 교환 처리하고 배송 도중 상품이 바뀌었을 경우는 신속히 배송기사에게 확인하여 점검하고 조치한다.

- 상품의 파손: 상품의 파손으로 골격이 훼손된 경우 특정한 시간에 사용될 상품으로 사용 용도에 맞출 수 없다면 즉각 환불조치하고 교환이 가능한 시간적 여유가 있다면 교환조치한다.
- 상품 구성요소 오류: 축하 메시지나 리본 등 상품의 구성요소를 빠뜨렸다면 즉각 수정, 보완 조치한다.
- 고객 선호도에 따른 불만: 개인의 선호도에 따라 상품에 대한 불만은 주문서에 기록된 내용과 비교하여 설명하고 적극적으로 응대한다.
- 고객관리 소홀: 배송 완료 후 일정 기일이 지나 고객의 관리 소홀로 나타난 상품의 신선도 저하 및 훼손 등은 고객의 책임임을 밝히고 관리 방법상의 오류를 설명한다.
- ⑩ 고객 불만사항 해결: 불만사항에 대한 조치가 완료되면 조치 내용을 주문자에게 전달한다.
  - 상품 인수자로부터 조치 완료 확인을 받는다.
  - 조치 전과 후의 사진을 촬영한다.
  - 문제 발생 내용과 조치 결과를 상품 주문자에게 촬영한 사진과 함께 전달한다.

꽃 TIP

체리피커(cherry picker): 기업의 상품이나 서비스는 구매하지 않으면서 기업이 제공하는 혜택만 골라서 누리는 소비자

02 입출금 회계관리

회계란 기업의 특정한 경제적 거래에 대하여 정보이용자들이 합리적인 의사결정을 하는 데 유용한 재무정보를 제공하기 위한 과정을 말한다. 간단히 말하면 재료의 구입에서부터 판매에 이르기까지 전 과정에서 돈의 흐름을 정확하게 기록하고 이를 근거로 수익·결산하는 과정을 '입출금 회계관리'라고 한다. 수입과 지출내역을 관리하여 원가를 분석하고 사업장 재정운영의 투명성과 효율성을 확보하는 핵심적 업무이다.

| 1 | 회계관리

매장운영을 위한 주요 업무 중 하나는 매장에 돈이 들어오고 나가는 것을 관리하는 회계 업무이다. 회계관리란 수입과 지출을 용도와 항목에 맞도록 투명하게 관리하는 것으로 사업자는 회계를 관리하고 원가를 분석하여 결산보고서를 작성할 수 있어야 한다. 회계의 분야는 재무회계, 원가회계, 관리회계, 세무회계, 회계감사 등으로 세분화할 수 있다.

출제 경향 마스터

▶ 회계란 무엇인가?

▶ 상품의 원가를 산출하는 방법은 어떻게 되는가?

확인! OX

1. 회계관리란 수익이 많이 남도록 관리하는 것을 말한다. (O, ×)

2. 고객에게 결제할 금액을 청구하고 바로 계산서를 발행해 놓는 것이 좋다. (O, ×)

정답 1. × 2. ×

① 회계 관련 용어

　㉠ 수입: 상품 판매 등의 영업 활동을 통해 발생한 수익과 예금이자, 투자자산으로 발생한 이익으로 구분한다.

　㉡ 지출: 회사의 운영과 관련하여 지급되는 모든 비용으로 자재구입비, 인건비, 경비 등으로 구분한다.

　㉢ 결산: 회계 연도에 맞춰 회사의 재무 상태와 경영 상태를 일목요연하게 정리하는 작업으로 장부와 증빙서류를 바탕으로 수입과 지출내역을 정리하고 재고 및 자산의 감가상각비와 결손금 등을 취합하여 시산표와 재무제표를 작성한다.

　㉣ 회계관리 규정: 회계관리 규정은 매장의 회계에 관한 기준을 정하고 회계관리의 책임과 원칙, 입출금관리, 재무제표 작성 등에 관한 규정을 명시하여 부정과 오류를 예방하고 적시에 발견할 수 있도록 한다.

　㉤ 회계관리대장: 회계관리대장은 거래의 발생 사실을 날짜별로 정리하여 모든 거래내역을 파악하기에 편리하게 만든 장부를 말한다.

　㉥ 입출고 수불대장: 입출고 수불대장은 자재 및 상품의 입출고 날짜 및 입고수량, 출고수량, 재고수량을 기록한 장부를 말한다.

② 회계의 분류

　㉠ 재무회계: 투자자, 채권자, 노동조합 등 기업의 외부이해관계자들의 의사결정에 유용한 재무적 정보를 제공하는 것을 목적으로 한다. 재무회계에 작성되는 재무보고서인 재무제표에는 재무상태표, 손익계산서, 이익잉여금처분계산서, 자본변동표, 현금흐름표, 주기 및 주석이 있다.

　㉡ 관리회계: 기업 내부의 경영자가 합리적인 의사결정을 하는 데 필요한 정보를 제공하는 것을 목적으로 한다.

　㉢ 세무회계: 국가가 기업에 대하여 적절한 세금을 결정하고 부과하는 데 필요한 정보를 제공하는 것을 목적으로 한다.

③ 회계관리 순서

　㉠ 거래처 리스트에 따라 결제일에 고객에게 결제할 금액을 청구하고 청구한 금액의 입금 확인 후 계산서를 발행한다.

　㉡ 재료 구입처에 결제 청구서를 요청하고 재료 구매내역서와 비교·확인한 후 약속된 결제일에 계약된 결제 수단으로 결제한다. 결제 후 세금계산서 발행을 요청하고 보관한다.

　㉢ 원가 분석 및 원가관리에 관한 업무를 수행한다.

　㉣ 분류된 자산을 관계 법규 및 회계 기준에 따라 평가할 수 있다.

　㉤ 입출고 수불대장을 기준으로 결산보고서를 작성한다.

④ 장부기장

　㉠ 장부기장의 목적: 장부기장은 법인세 신고 납부와 내부관리를 위해 필요하다. 마케팅 계획을 수립하고 불필요한 경비를 삭감할 수 있으며 원가 분석을 통해 원가

절감과 적자 사업의 폐지를 결정지을 수 있다.

ⓒ 장부기장 시 유의점: 증빙자료를 수취하여 보관해야 하며 인건비, 사업소득, 기타 소득을 지급하는 경우 원천징수를 한다. 사업자 등록을 하기 전에 세금계산서를 받았다면 법인의 경우 복식부기를 해야 한다.

⑤ 고객과 공급거래처의 결제 방법

ⓐ 고객과의 결제 방법

> 고객의 구매내역을 확인하고 약속된 결제일을 확인하여 날짜에 맞춰 고객에게 결제할 금액을 청구한다.

⬇

> 고객에게 청구서 발송 사실을 알리고 결제를 요청한다.

⬇

> 청구한 금액의 입금이 확인되면 계산서를 발행한다.

ⓑ 공급거래처와의 결제 방법

> 청구서를 요청하고 구매내역서와 실제 구매 물량이 일치하는지 확인한다.

⬇

> 재료 구입처와 약속된 결제일에 물품대금을 지급한다.

⬇

> 세금계산서 발행을 요청하고 보관한다.

⑥ **계산서**: 사업자가 거래처와 상호간에 거래내역을 명확히 하기 위해 작성하는 것이다.

ⓐ 세금계산서: 일반 과세사업자가 발생하는 계산서로 부가가치세(10%)가 포함된 계산서를 말한다.

ⓑ 계산서: 부가가치세가 면제되는 면세사업자가 발행하는 계산서로 화훼업은 부가세 면세업에 해당한다.

ⓒ 간이 영수증: 3만 원 미만의 소액 거래 시에만 인정받을 수 있는 간이 계산서로 사업자가 아닌 일반소비자에게 발행한다.

ⓓ 계산서 발행 시 유의사항

• 계산서나 현금 영수증 발행 시 필요한 정보를 요청한다.

• 청구금액과 입금된 금액이 맞는지 확인하고 계산서를 발송한다.

• 공급자용 계산서는 따로 보관한다.

⑦ 경영 분석 ☆

  ㉠ 경영 분석의 필요성: 화원을 운영하는 목적은 순이익을 최대로 올리는 것이며 이러한 목적을 달성하기 위해서는 자금의 상태와 경영성과를 분석할 필요가 있다. 현재의 경영실태를 정확히 파악하고 과거의 경영실적과 비교를 하면서 경영상의 문제점을 찾아내고 개선하는 계기를 마련할 수 있기 때문이다.

  ㉡ 경영 분석의 분류

    • 분석의 주체에 따른 분류

외부 분석	외부의 이해관계자들에게 유익한 정보를 제공하기 위해 실시하는 것으로 신용 분석, 투자 분석, 증권 분석, 세무 분석, 감사 분석 등이 있다.
내부 분석	경영관리에 유용한 정보를 제공하기 위해 실시하는 것으로 자료 입수가 용이하여 외부 분석보다 정밀하게 분석할 수 있다.

    • 분석의 목적에 따른 분류

수익성 분석	경영주가 투자한 자본에 대하여 어느 정도 수익을 올리고 있는지 분석하는 것으로 판매액 이익률, 자본 이익률, 자본 회전율 등을 이용한다.
생산성 분석	화원의 생산성, 사회성 분석을 바탕으로 생산요소의 투입량에 대한 산출량의 관계로 표시한다. 고비용 저효율의 구조를 개선하기 위한 자료로 활용한다.
유동성 분석	화원의 자금 상황을 각종 지표에 따라 파악하는 것으로 화원의 단기적인 지불능력을 알 수 있다.
성장성 분석	화원의 규모, 경영성과 등과 관련하여 전년 대비, 동기 대비, 추세 대비 따위의 증감을 분석한다.
안정성 분석	장기간 재정적으로 건실한 상태를 지속할 수 있도록 하는 것에 중심을 둔 방법으로 고정비율, 부채비율의 분석을 통해 파악한다.

    • 업무 분야에 따른 분류: 재무 분석, 원가 분석, 비재무 분석 등이 있다.

ⓒ 경영 분석의 실제: 판매액을 바탕으로 경영 분석을 하면 경영성과의 파악이 쉽다.

수익성 분석	영업 활동의 결과로 인한 수익을 파악하고 판매 이윤을 확인할 수 있는 지표로 가장 중요한 것이 판매액 이익률 분석이다. • 판매액 이익률 = 판매이익÷판매액×100 • 자본 이익률 = 판매이익÷자본금×100 • 자본 회전율 = 판매액÷자본금×100 • 판매이익 = 판매액−판매원가−일반관리비 및 기타 영업비용
생산성 분석	일반적으로 생산성이 높아지면 수익성도 높아진다. 화원은 경영에 있어 인건비가 지출에서 차지하는 비율이 크므로 종업원의 판매 생산성을 파악해야 한다. • 판매 생산성 = 판매액÷종업원 수 • 매장 생산성 = 판매액÷매장면적 • 노동 생산성 = (판매×조수익)÷종업원 수
유동성 분석	• 유동비율 = 유동자산÷유동부채×100 • 당좌비율 = 당좌자산÷유동부채×100
성장성 분석	화원의 성장을 알아보기 위해서 화원의 판매가 일정 기간 동안 어느 정도 증가하는가를 나타내는 판매액 증가율이 중요하다. 화원의 외적 성장을 판단하기 좋으며 전년도 판매실적에 대한 당해 연도의 판매액 증가율로 계산한다. • 판매액 증가율 = (당해 연도의) 판매 증가분÷전년도 판매액×100 • 이익 증가율 = (당해 연도의) 이익 증가분÷전년도 이익×100 • (당해 연도의) 판매 증가분 = 당해 연도 판매액−전년도 판매액
안정성 분석	• 부채비율 = 타인 자본÷자기 자본×100 • 고정비율 = 고정 자산÷자기 자본×100

꽃 TIP

판매액 경상 이익률: 판매액 경상 이익률은 판매액 이익률과 유사하나 경상이익을 판매액으로 나눈 것이다. 경상이익은 영업이익에 영업 외 수익을 더하고 영업 외 비용을 빼서 구한다.

확인! OX

1. 경영 분석에서는 내부 분석보다 외부 분석이 더 정밀하다.
(○, ×)

2. 화원의 자금 상황을 파악하여 단기적인 지불능력을 알 수 있는 것을 유동성 분석이라고 한다. (○, ×)

3. 경영 분석은 과거실적을 비교하기보다는 현재의 실적만을 바탕으로 경영상의 문제점을 찾아내고 개선하는 계기를 마련하는 것이다.
(○, ×)

정답 1. × 2. ○ 3. ×

| 2 | 상품원가관리

상품 제작에 투입된 자재 및 비용을 항목별로 구분하여 작성·관리하고 총량을 계산하여 상품원가를 분석한다. 원가를 잘 관리하고 분석하면 제조, 생산 부문에서 발생하는 낭비나 손실을 개선할 수 있으며 고객이 원하는 원가 및 품질요소 등을 만족시킬 수 있다.

① 상품원가

ㄱ 원가: 원가란 제품을 생산하는 데 소비된 원래의 가치를 화폐액으로 표시한 것이다. 원가 중에서 미소멸된 부분을 자산이라고 하고 소비된 원가 가운데 수익실현에 기여한 부분을 비용, 기여하지 못한 부분을 손실이라고 한다.

ㄴ 원가의 구성요소 ☆

> * 판매가격 = 총원가 + 이윤
> * 총원가 = 제조원가 + 판매 및 일반관리비
> * 제조원가 = 재료비(직접재료비 + 간접재료비) + 노무비(직접노무비 + 간접노무비) + 제조경비(직접경비 + 간접경비)

- 재료비: 제품 생산 시 투입되는 물품의 원가
  - 직접재료비(원재료비, 외주가공비, 부품비)
  - 간접재료비(접착제, 부자재 등의 간접제조경비)
- 노무비: 제품 생산 시 투입된 인적 노무의 가치를 화폐액으로 환산한 것
  - 직접노무비(임금, 상여금, 퇴직금충당금, 복리후생비)
  - 간접노무비(생산관리, 품질관리, 생산기술, 연구개발, 구매관리)
  - 노무비 = 표준임율 × 표준작업시간 × 작업자 수 ÷ 제품수량(한 단위 작업 시 발생되는 양)
- 제조경비: 제품 생산 시 투입되는 재료비와 노무비를 제외한 부분
  - 직접경비: 제품 생산 시 발생하는 비용에 대하여 쉽게 파악이 가능하고 수식화할 수 있는 경비(기계, 전력비, 건물수선비)
  - 간접경비: 여러 제품에 공통적으로 소비되나 소비 형태가 일정하지 않은 경비(소모품비, 여비교통비, 지급수수료, 가스유류비)
  - 이윤: 판매가격에서 상품의 생산 및 판매를 위해 지출되어진 총원가를 뺀 것

ㄷ 상품원가 산출 순서: 비목별 개별원가 계산 → 직접비 + 간접비 → 제품표준원가 계산

- 기간 단위로 발생하는 원가를 계정항목별로 집계한다. 월, 분기 단위로 발생된 원가요소인 재료비, 노무비, 제조경비, 판매 및 관리비 등에 대한 상세계정을 집계 및 계산한다.
- 발생비용 중 제품원가로 직접 계산할 수 있는 비용은 각 제품별로 직접 계산한다. 직접재료비, 직접노무비, 직접제조경비 등은 제품에 직접 원가를 반영한다.
- 제조간접비는 합리적인 배부 기준에 의거해 간접노무비율, 간접경비비율을 산출하여 제조직접비에 제조간접비를 배부하여 노무임률, 제조경비율을 계산한다.
  - 제조경비 = 제조경비율 × 표준시간
  - 노무비 = 노무임률 × 표준시간 × 작업자 수

ⓔ 상품원가산출법: 상품원가를 산출하는 방법은 실제 소요된 원가를 계산하는 사후원가계산법과 표준적으로 소요되는 비용으로 원가를 계산하는 사전원가계산법으로 나뉜다.

실제원가계산(사후원가계산)	표준원가계산(사전원가계산)
비목별 원가계산 → 활동별 원가계산, 부문별 원가계산 → 제품별 원가계산÷생산수량 → 단위당 실제원가	표준단가×표준소비량, 표준임율×표준시간 → 표준원가×생산수량 → 공정별 제품별 표준원가계산
제품을 제조 및 판매하기 위해 실제로 발생한 비용을 집계, 계산한 것이 실제원가이다. 제품 생산에 소비된 재화의 소비액을 집계하고 일정한 기간 동안 생산수량을 환산하여 일정한 기준으로 계산한다. 제품 생산 형태에 따라 크게 개별 원가계산과 종합 원가계산으로 구분된다.	모든 원가요소에 대하여 표준이 되는 원가요소를 산정하고 이를 실제 발행한 원가와 비교하여 성과 평가에 반영하고 그 차이에 대한 원인 파악 및 개선 활동으로 연계하여 관리하는 제도이다.

② 상품원가 분석

ⓐ 절화, 분화 등 원자재와 소품 및 포장재 등의 부자재 구입비용
- 원자재 구매비용: 절화, 분화, 가공화 등에 1본 이상이 사용되어 중심이 되는 원자재의 종류와 수량, 단가를 파악한다.
- 부자재 구매비용: 재료, 소품, 포장재 등 보조적으로 사용되는 자재의 종류와 수량, 단가를 파악한다.

ⓑ 고정장비 구입비용과 사무용품 등의 소모품 구입비용
- 배송용 차량 구입, 꽃가위 등의 모든 장비 및 공구 구입비용을 파악한다.
- 복사용지, 잉크 카트리지, 회계장부 등 소모품 구입비용을 파악한다.

ⓒ 고정지출 비용
- 매장 임대료, 관리비, 전기료 및 통신비 등 매장을 관리하는 데 사용되는 비용을 파악한다.
- 인건비, 식사비, 피복비, 직원의 4대 보험, 복리후생비 등의 비용을 파악한다.
- 종합소득세 등의 세금과 세무, 회계처리를 위해 필요한 비용을 파악한다.

ⓓ 재고량 파악: 사용 가능한 재고와 상품으로 가치를 상실하여 사용 불가능으로 폐기될 재고 물량을 파악한다.

ⓔ 원가 분석

ⓕ 원가절감 방안의 수립: 과다하게 소모되거나 버려지는 항목을 파악하여 대책을 마련한다.
- 재고 원인을 파악하여 적절한 대응책을 마련한다.
  - 불량 자재: 자재 구매담당의 확인과 자재 구입처에 대한 환불처리를 요구한다.
  - 관리 소홀: 식물의 특성상 물 관리, 환기, 채광 등에 특별한 주의를 요구한다.
  - 작업 중 파손: 작업자의 작업 태도의 문제점을 지적하고 주의 환기를 요청한다.
- 소모품의 효율적 사용으로 낭비를 줄인다.
  - 소모품: 상품 제작 및 포장에 필요한 끈, 와이어 리본 등과 사무업무에 필요한 자재들로 잉크, 복사 용지 등이 있다.
  - 소모품의 사용 정도를 파악하고 낭비되지 않도록 한다.

🌸 TIP

가격 결정의 방법: 원가 중심의 가격 설정, 구매자 중심의 가격 설정, 경쟁자 중심의 가격 설정

🌸 TIP

작업 도중 파손된 자재나 불량 자재도 재고수량에 합산한다. 폐기되는 자재의 수량을 매입 원장에 따로 기입하면 좋다.

| 3 | 결산보고서

① 자산관리

　⊙ 자산: 기업이 소유하고 있는 경제적 자원을 뜻하며 미래에 경제적 효익을 창출할 것으로 기대되는 자원을 포함한다.

　⊙ 자산의 종류: 유동자산(당좌자산, 재고자산)과 비유동자산(투자자산, 유형자산, 무형자산)으로 구분한다.

　⊙ 자산의 종류

　　• 비유동자산(고정자산): 비유동자산은 보통 단기간(보통 1년 이내)에 현금으로 전환할 수 없는 자산을 말한다. 회사의 일상적 경영 활동에 영향을 받지 않고 존재한다.

　　　– 유형자산: 회사가 사업을 하는 데 필요한, 눈으로 확인이 가능한 자산

　　　　예 토지, 건물, 장비(차량, 꽃냉장고, 난방기구, 가시제거기 등), 공구(꽃가위, 니퍼, 펜치, 드릴 등), 사무용기기(컴퓨터, 전화기, 카메라 등)

　　　– 무형자산: 형태는 존재하지 않지만 회사의 자산가치로 인정되는 자산

　　　　예 임대보증금, 권리금, 특허권, 상표권 등

　　　– 투자자산: 투자를 목적으로 보유하는 자산

　　　　예 장기예탁 예금, 부동산, 임차보증금, 장기대여료 등

　　• 유동자산: 유동자산은 보통 단기간(보통 1년 이내)에 현금화가 가능한 자산을 말한다. 예금, 판매 미수금, 재고상품 등 현금으로 전환 가능한 환금성 자산으로서 회사의 경영에 따라 수시로 변화한다.

　　　– 당좌자산: 현금 대신 결제할 수 있는 채권, 주식

　　　– 재고자산: 정상적인 영업 과정에서 판매 목적을 위하여 보유하는 자산, 또는 판매를 목적으로 한 생산 과정에 있는 자산, 그리고 제작된 상품을 포함하여 상품을 만들 수 있는 원자재와 부자재 등을 포함한다.

　　　– 기타 유동자산: 상품이나 원재료 등의 매입을 위해 미리 지급한 금액을 선급금이라 하며 임차료 등과 같은 비용 항목에 대하여 미리 지급한 금액을 선급비용이라고 한다.

② 재무 관련 용어

　⊙ 부채: 기업이 미래의 어느 시점에서 현금이나 기타 재화 등을 상환해야 되는 것을 말한다.

　⊙ 수익: 기업은 수익창출을 목적으로 하며 제품의 판매나 생산 등을 통하여 자산이 증가하거나 부채가 감소하는 것을 말한다. 수익에 대한 파악은 실물자산의 유출과 현금자산의 유입으로 볼 수 있다. 통상적으로 수익에서 비용을 제외한 것을 순이익이라고 한다.

　⊙ 비용: 수익을 창출하기 위해 자산이 유출 또는 사용되는 것을 말한다. 통상 판매비와 관리비로 분류되며, 급여, 복리후생비, 임차비, 세금, 연구비 등 매출원가에 속하지 않는 모든 영업비용을 포함한다.

　⊙ 이익: 수익에서 비용을 차감한 잔액을 말한다.

　⊙ 손실: 소비된 원가 가운데 수익실현에 기여하지 못한 부분을 말한다.

ⓑ 자본(소유주지분): 자산총액에서 부채를 차감한 순 자산액으로 소유주의 몫인 금액을 말한다.
- 자본금: 자본금 계정은 발행주식의 액면가액을 말하는 것이다.
- 자본잉여금: 주식발행초과금과 기타 자본잉여금으로 구분되며 기타 자본잉여금에는 자기주식처분이익, 감자차익, 전환권대가 등이 포함된다.
- 이익잉여금: 법정준비금, 임의적립금, 당기말 미처분 이익잉여금으로 구분한다.

③ 결산보고서 작성 ☆
ㄱ 매입, 매출을 분석하여 입출고 수불대장을 작성
- 매입 분석자료: 매입원장, 매입처별 거래내역, 품목별 매입 통계현황, 일자별 매입장부
- 매출 분석자료: 매출원장, 고객별 매출내역, 상품별 매출내역, 일자별 매출장부, 입금 통계현황
ㄴ 인건비, 임대료 등 고정 비용과 매장운영비, 경상비 등의 지출내역 작성
ㄷ 재무제표 작성
- 대차대조표: 기업의 재무 상태를 명확히 보고하기 위하여 대차대조표일 현재의 자산, 부채 및 자본을 표시한 표
- 이익잉여금 처분계산서: 기업의 이익처분에 관한 내용을 나타내는 재무보고서

❋ 이것만은 꼭

손익계산서
- 손익계산서는 기업의 경영성과를 명백히 보고하기 위하여 그 회계 기간에 속하는 모든 수익과 이에 대응하는 모든 비용을 나타내는 표이다. ☆☆
- 기업회계 기준에서는 손익계산서를 보고식으로 작성하도록 하고 있다.
- 손익계산서에는 매출총이익, 영업이익, 법인세비용차감전순이익, 당기순이익의 총 4가지 이익이 있다.

🌸 TIP

감가상각비: 유형자산을 취득하여 처분할 때까지 유형자산의 이용 기간 내에 감소된 용역잠재력

🌸 TIP

대차대조표와 손익계산서의 비교: 대차대조표가 일정 시점의 자산·부채 및 자본금액을 나타내는 정태적 보고서라면 손익계산서는 일정 기간 동안의 기업 순자산의 변동 원인을 나타내는 동태적 보고서이다.

출제 경향 마스터 ✿

▸ 작업공간에서 위험요소에는 어떤 것들이 있는가?

▸ 안전교육의 종류에는 무엇이 있는가?

🌸 TIP

산업재해의 발생원인

▸ 사람의 작업 활동에 따르는 결함

▸ 기계설비 및 장치 등의 결함

★ 알아 두면 좋아요 ★

재해방지를 위한 안전관리 조직의 목적

▸ 작업표준, 주변 정돈 개선으로 능률 향상

▸ 사고·재해에 대한 불필요한 경비 감소

▸ 생산 계획의 근거 제공을 통해 생산목표 설정

▸ 사업주의 솔선수범과 근로자의 적극적 참여를 통한 인간관계 개선

확인! OX

1. 컷팅 작업 중에는 간단한 다른 작업을 동시에 진행할 수 있다. (○, ×)

2. 연동하우스 매장의 경우 차륜형 대형 소화기를 비치해야 한다. (○, ×)

정답 1. × 2. ○

03 안전관리

안전관리란 생산성의 향상과 재해로부터의 손실을 최소화하기 위하여 행하는 것으로 사업장에서 작업 중 발생하는 인사사고 및 재화의 손실을 예방하고 건강한 근로조건을 확보하기 위한 제반 업무를 뜻한다. 현재의 기술로 천재지변의 재해를 미연에 방지한다는 것은 어려운 일이지만 예측 가능한 재해는 안전관리를 통하여 예방할 수 있으므로 사업장에서의 안전관리가 중요하다. 이와 관련하여 산업안전 보건법은 '산업안전·보건에 관한 기준을 확립하고 그 책임의 재료를 명확하게 하여 산업재해를 예방하고 쾌적한 작업 환경을 조성함으로써 근로자의 안전과 보건을 유지·증진함을 목적으로 한다.'라고 명시하고 있다. 따라서 사업장에서는 안전관리 규정을 준수하고 작업장이나 기계·기구를 안전 상태로 유지해야 한다. 또한 직원들에게 안전교육을 정기적으로 실시하여 안전사고 발생 시 신속하게 대처할 수 있도록 준비해 두어야 한다.

| 1 | 작업공간 위험요인

① 작업장 배치

㉠ 모든 공구나 재료는 자기 위치에 있어야 한다.

㉡ 공구, 재료 및 제어 장치는 사용 위치에 가까이 두도록 한다.

㉢ 공구나 재료는 작업동작이 원활하게 수행되도록 위치를 정해 준다.

㉣ 작업자가 잘 보면서 작업할 수 있도록 적절한 조명을 설치한다.

㉤ 작업자가 작업 중에 자세를 변경할 수 있도록 작업대와 의자 높이가 조정되도록 한다.

② 불안전한 공구: 도구 및 장비는 지정된 장소에서 사용해야 하며 장비 사용 전에 장비 및 안전 장치의 정상적인 작동 여부를 확인해야 한다. 잘못된 장비의 사용으로 발생할 수 있는 위험요인은 사전에 파악하여 제거하고 작업이 끝나면 전원플러그를 뽑아 전원을 차단하는 것이 좋다.

㉠ 전동 장비 작동 점검: 스위치의 작동 및 동작 부위의 조임이 단단한지 확인하여 작동 중 분리, 이탈로 인한 사고가 나지 않도록 한다. 또한 작업 전 안전커버, 과부하 시 정지 기능 등의 안전 장치의 작동 여부를 확인한다.

㉡ 컷팅공구 점검: 컷팅 작업 시 장비의 점검과 작업 반경 내 적치물을 제거한다. 컷팅작업 중에는 다른 작업을 동시에 진행하지 않도록 하여야 하며 위급 상황 시 작동 중인 장비를 정지시킨 후 행동한다.

③ 작업장 주변의 적치물 ⭐⭐

㉠ 온풍기 등 난방기구 주변의 가연성 물질을 제거한다.

㉡ 작업장 내 소화기 위치를 확인한다.

ⓒ 소규모 단일 매장에는 소형 포말소화기로 화재진압이 가능하나 연동하우스 매장의 경우 차륜형 대형 소화기를 비치할 필요가 있다.

④ 화재 위험성 물질
　㉠ 폭발성 물질: 가열·마찰·충격 또는 다른 화학물질과의 접촉 등을 통해 산소나 산화제의 공급이 없더라도 폭발 등 격렬한 반응을 일으킬 수 있는 고체나 액체
　㉡ 발화성 물질: 스스로 발화하거나 물과 접촉하여 발화하는 등 발화가 용이하고 가연성 가스가 발생할 수 있는 물질
　㉢ 산화성 물질의 저장 및 취급 방법
　　• 가열, 충격, 마찰 등을 피한다.
　　• 환기가 잘 되고 서늘한 곳에 저장한다.
　　• 가연물이나 다른 약품과의 접촉을 피한다.
　　• 용기의 파손 및 위험물의 누설에 주의한다.
　　• 조해성이 있는 것은 습기에 주의하며 용기는 밀폐하여 저장한다.

⑤ 행잉 작업 시 주의사항
　㉠ 행잉 작업 시 작업자가 올라서기 위한 사다리 등을 설치할 때는 바닥이 완벽하게 평탄한지 확인하고 주변의 위험요소를 파악하여 제거한다.
　㉡ 접이식 사다리는 완전하게 펴고 난 후에 오른다.
　㉢ 공중에서 작업을 하므로 미리 작업에 필요한 장비와 공구를 파악하여 작업할 위치에 준비해 둔다.

| 2 | 매장 안전관리

사업주가 사고예방을 위하여 안전관리에 관심을 기울임으로써 근로자의 의욕에 영향을 미치고 생산능력의 향상을 가져올 수 있다. 가장 효율적인 생산 수단은 안전한 작업 방법을 시행함으로써 근로자 자신을 보호함은 물론 향상된 생산능률을 통하여 효과적 기업경영을 달성하는 것이다.

① **안전보건교육**: 사업주는 근로자의 생명과 건강을 지키기 위해 '산업안전보건법'에 따라 일상적, 정기적으로 직원에 대한 안전교육을 실시하여 안전사고를 사전에 방지할 수 있도록 해야 한다. 안전보건교육은 작업장에서 필요로 하는 안전지식을 알려 줄 뿐만 아니라 작업장에서 안전한 기능과 태도를 몸에 배도록 하여 생산성을 높이는 역할을 한다. 따라서 단편적인 이론 교육으로 그칠 것이 아니라 작업장에서의 구체화된 행동으로서 활용되어야 한다. 즉 사고가 발생하지 않도록 안전관리 지침에 따라 장비와 도구를 사용하여야 하며, 사고 발생 시 신속하게 대처할 수 있도록 교육, 훈련되어야 한다.

🌸 **TIP**

안전관리의 목표
▶ 사용지침에 따른 장비 사용
▶ 위험요인 파악
▶ 위험요소 제거
▶ 안전관리 매뉴얼 작성
▶ 관리와 점검에 대한 교육
▶ 능률의 극대화
▶ 안전사고 발생 시 제반조치
▶ 재해로 인한 재산 및 인적 손실 예방

🌸 **TIP**
▶ 안전의 3요소: 관리, 기술, 교육
▶ 경영의 3요소: 자본, 기술, 인간

확인! OX
1. 안전관리의 목표 중에 하나는 능률의 극대화이다.
(O, ×)

정답 1. ○

재해예방의 4원칙
▸ 손실 우연의 원칙
▸ 원인 계기의 원칙
▸ 예방 가능의 원칙
▸ 대책 선정의 원칙

★ 알아 두면 좋아요 ★

안전교육의 3단계
▸ 안전지식의 교육
▸ 안전기능의 교육
▸ 안전태도의 교육

TIP

안전관리 매뉴얼은 사고 발생 시 인명의 구난과 신고, 사고 확대 방지를 위한 행동 요령 등을 담아 작성하는 것이 좋다.

TIP

교육계획표의 기재 내용
▸ 교육의 종류 및 교육 대상
▸ 교육 과목 및 교육 내용
▸ 교육 시간 및 시기
▸ 교육 장소
▸ 교육 방법
▸ 교육 담당자 및 강사

ⓐ 작업장 안전관리 매뉴얼: 안전사고를 사전에 방지하기 위해 지켜야 할 기본적인 내용과 사고 발생 시 취해야 할 행동 요령을 기록한 것이다. 안전관리 지침을 바탕으로 장비사용 수칙을 만들고 작업장 내 작업공간 정면에 게시한다.

작업장 안전수칙	작업자 기본수칙
• 안전장비 착용 및 장비점검 후 사용 • 장비 담당자 외 사용금지 • 불안전한 공구 사용금지 • 장비 청소는 장비 정지 후 사용 • 높은 곳에서 물건 던지는 것 금지 • 작업 종료 시 정비 및 안전점검	• 작업지시서 확인 • 작업장 주변 위험요소 제거 • 작업대 및 적합한 공구 준비 • 작업 중 잡담 금지 • 작업 종료 후 정리정돈

ⓑ 직원에 대한 정기적인 안전관리교육: 교육은 사고예방에 관한 안전점검 이론과 안전 사고 시 구난 과정에 대한 실습교육으로 나누어 한다. 5인 이상 사업장의 경우 안전관리 담당자를 선임하고 연 1회 이상 관계부처에서 시행하는 안전관리교육을 이수하여야 한다. 일반적으로 화훼업장은 2~3인의 소규모 사업장이 많으므로 자체적으로 안전관리교육을 시행한다.

• 안전관리교육 계획
  – 당해 사업장 관련 재해 발생 상황 등 필요한 정보를 수집한다.
  – 실무 관계자의 의견을 충분히 반영한다.
  – 안전교육 시행 체계와의 관련을 고려한다.
  – 정부규정에 의한 교육에만 그치지 말아야 한다.
  – 교육 내용을 어떠한 방법으로 가르쳐야 하는지 순서를 정하는 것이 좋다.
  – 지도안이 작성되면 어떠한 교재나 교육자료를 사용하면 될지를 결정한다.
  – 교육할 수 있는 강사를 선정한다.
• 교육 내용
  – 신규직원에 대한 안전교육
  – 일상적인 점검과 지적
  – 정기적인 교육과 훈련

확인! OX

1. 안전보건교육은 이론적인 지식의 교육일 뿐이다. (O, ×)

정답 1. ×

교육 방법

- 강의법: 기본적인 교육 방법으로 초보적인 단계에 효과가 크다. 단시간에 많은 내용을 교육하는 경우에 좋으며 언제 어디서나 가능하다는 장점이 있다. 하지만 일방적으로 실시되고 교육받는 사람이 어느 정도 높은 안전지식을 갖고 있는 경우에는 효과가 낮다.
- 시범: 어떤 기능이나 작업 과정을 학습시키기 위해 분명한 동작을 제시하는 교육 방법이다.
- 반복법: 이미 학습한 내용이나 기능을 반복해서 이야기하거나 실연하도록 하는 교육 방법이다.
- 토의법: 교육 대상 수가 10~20명이면 좋고 초보자가 아닌, 안전지식과 안전관리에 대한 경험을 갖고 있는 자를 대상으로 할 때 효과적이다. 포럼, 심포지엄, 패널 디스커션, 대화, 버즈 세션 등의 방법이 있다.
- 실연법: 학습자가 이미 설명을 듣거나 시범을 보고 알게 된 지식이나 기능을 교사의 지휘나 감독 아래 직접 연습해 보게 하는 교육 방법이다.
- 프로그램 학습법: 수업 프로그램이 프로그램 학습의 원리에 의하여 만들어지고 학생의 자기학습 속도에 따른 학습이 허용되어 있는 상태에서 학습자가 프로그램 자료를 가지고 단독으로 학습하도록 하는 교육 방법이다.
- 모의법: 실제의 장면이나 상태와 극히 유사한 상황을 인위적으로 만들어 그 속에서 학습하도록 하는 교육 방법이다.
- 시청각법: 교육 대상자 수가 많고 교육 대상자 간 학습능력의 차이가 큰 경우 효과가 좋은 집단 안전교육 방법이다.
- 사례연구법: 먼저 사례를 제시하고 문제적 사실들과 그의 상호 관계에 대하여 검토하며 대책을 토의하는 방식으로 토의법을 응용한 교육 기법이다.

ⓒ 감전에 대한 예방: 누전에 의한 감전의 위험을 방지하기 위하여 충전부가 노출되어 항상 적정 상태를 유지하고 있는지를 점검하고 이상이 발견되면 즉시 보수하여야 한다. 비닐하우스로 이뤄진 화훼 판매 시설의 경우 전선이 노출되어 있어 연결부와 피복의 상태를 정기적으로 점검해야 한다.

ⓔ 안전사고 시 대처 방법

- 사고 진압: 사고 발생 시 사고가 확대되지 않도록 사고 원인을 파악하고 제거한다. 장비 사용 중 발생한 사고는 즉시 장비의 작동을 멈추고 전원을 차단해야 한다.
- 인명 구조: 부상자의 부상 정도를 파악하여 비치된 응급 의약품으로 응급처치를 하고 위급 시 119 안전센터에 사고를 신고하여 부상자의 이송을 요청한다.
- 사고 수습 및 재발 방지: 노후화된 장비나 시설에 의한 사고라면, 해당 물품을 교체해야 하고 작업자의 부주의로 인한 사고라면 안전관리교육을 검토하고 강화 계획을 세운다.

② 유해물질 및 약품관리

㉠ 유해물질관리: 작업장에서 사용하는 유해물질은 지정된 장소에 보관하고 관계자 외에는 사용을 제한하도록 한다. 또 그 위험성을 표기하여 보관 장소에 눈에 띄도록 게시해야 한다.

㉡ 구급약품관리: 작업장 내에 응급 의약품을 준비하여 사고가 났을 때 즉시 사용할 수 있도록 지정된 장소에 약품을 비치해 두어야 한다.

㉢ 소독 및 방역 안전수칙: 병원균의 침입을 막기 위하여 정기적으로 방역을 하고 식물에 좋지 않은 해충 및 병이 발생했을 때 즉각적인 소독을 실시해야 한다. 이때 작업자는 안전을 위해 긴팔 옷과 마스크를 착용하고 바람을 등진 채 약재를 살포해

야 한다.

- 방역: 밀폐된 실내공간에 여러 식물이 반입되다 보면 병원균에 노출될 가능성이 높다. 정기적으로 살균제와 살충제를 살포하여 병원균의 번식을 예방한다.
- 소독: 해충이나 유해균으로부터 공격을 당한 식물이 보이면 즉각 원인을 찾아 적합한 약재를 살포하여 병원균을 박멸하고 증식을 차단한다.

③ 작업공간의 정리
  ㉠ 작업장 주변의 위험요소를 제거한다.
  ㉡ 적합한 작업대와 공구를 준비한다.
  ㉢ 작업 중에는 작업에 집중하며 종료 후 정돈을 하여 다치는 일이 없게 한다.

④ 화재예방점검: 화재의 원인이 되는 요인을 파악할 수 있는 지식과 화재진압 장비의 사용법 등을 습득하고 있어야 한다.
  ㉠ 화재요인
    - 사업장에서 사용하는 장비 및 전열기구 사용량을 초과하는 전압
    - 배선 및 전열기구의 누전
    - 전열기구 주변의 인화성 물질
  ㉡ 폭발 및 화재 방지
    - 가스 누설 위험장소에는 밀폐공간을 두지 말아야 한다.
    - 점화원의 적정한 관리가 필요하다.
    - 가연성 가스가 발생하지 않도록 한다.
    - 국소박이 장치 등의 환기설비를 설치하는 것이 좋다.
  ㉢ 안전조치사항: 화재를 초동진압하기 위한 적정 용량의 소화기를 비치하고 사용 방법을 습득하고 있어야 한다. 소규모 단일 매장에는 소형 포말소화기로 진압이 가능하나 연동하우스 매장의 경우 차륜형 대형 소화기를 비치할 필요가 있다.
    - 폭발성 인화성 물질 대비: 자동경보 장치, 통풍 장치, 환기 장치, 제진 장치 등을 설치
    - 가연성 가스 취급 시 폭발·화재·누출을 방지하기 위한 방호 장치가 없을 경우: 환기, 제진, 통풍

| 3 | 응급처치

① **응급조치 방법**: 작업 도중 빈번하게 발생하는 안전사고는 물건을 운반하다 일어나는 허리와 무릎 부상, 가위 등 컷팅 공구에 의한 절단사고, 행잉작업 시 일어나기 쉬운 추락에 의한 골절사고 등이 있다. 사고 발생 시에는 다음과 같이 사고 원인을 파악하고 처치한다. 먼저 부상자를 편안한 자세로 눕히고 부상 부위를 지혈하는 등의 조치를 취한다. 가벼운 상처의 경우 지혈제를 뿌리고 소독된 거즈로 감싸는 것으로 응급처치를 할 수 있으나 부상의 정도가 심하면 부상 부위를 심장보다 높게 위치하도록 하고 부상부위 위쪽을 압박붕대나 삼각대로 강하게 압박하여 피를 멎게 하고 냉찜질을 한다. 응급 시 부상자의 고통을 줄이고 빠른 회복을 돕기 위해 가장 우선적으로 119 재난 신고 및 환자이송 요청을 한다. 따라서 평소 인근 병원의 위치나 연락처를 파악하고 있는 것이 좋다.

② **안전사고 사례별 상황대처 방법**
  ⊙ 작업 중 인사사고: 부상의 정도를 파악하고 응급조치를 취할 수 있는 지식이 필요하다.
  ⓛ 배송 중 교통사고: 부상자의 구호 및 사고신고와 부상자 이송을 요청하고 보험처리 및 차량의 견인, 사고 현장의 촬영과 사고 경위를 기록한다.
  ⓒ 작업장 화재: 신속한 화재진압을 위해 소화기의 사용 방법을 숙지하고 화재가 번지지 않도록 방화라인을 조성한 후 소방차의 진입이 용이하도록 공간을 확보한다.

04 인사관리

사업장 인력확보, 직원의 채용 및 관리, 인력개발, 감독 및 직원의 업무분장과 업무효율성을 높이도록 하는 업무를 '인사관리'라 한다. 사업장 현황에 맞게 사업장 인력운용 계획을 세우고 직원을 채용, 관리·감독하며 업무의 상호 유기적 협력과 효율적 운용을 관장할 수 있어야 한다.

| 1 | 인사관리

인사관리란 본질적으로 직무와 사람과의 관계를 관리하는 것이다. 나아가 전략적인 인사관리란 인사관리를 조직의 목적과 비전에 잘 통합하여 전략 프로세스와 잘 연계되도록 하고 경영관리 기능들 간에 조화를 이루어서 조직의 전략 목적을 효율적으로 달성하는 과정을 의미한다.

출제 경향 마스터

▸ 직원을 채용하고 관리하는 방법은 무엇인가?

▸ 직원의 임금 체계는 어떻게 되는가?

① **인사 운용 계획**: 사업장 규모와 사업 계획, 작업 내용에 맞게 인력의 수요와 공급을 예측하여 모집·선발하여야 한다.

  ㉠ 수요인력의 결정: 연간 사업 계획을 검토하여 사업수행에 필요한 인력의 수요와 직무능력 수준을 결정한다.

  ㉡ 채용 방법의 결정

   • 안정적 사업 운영을 위해 상시적으로 필요한 인력과 특정사업 기간 동안 한시적으로 필요한 인력을 구분하여 정규직 직원과 인턴사원, 비정규직 직원의 채용을 사업적, 경제적 효율성에 입각해 검토하여 결정한다.
   • 매장운영관리, 상품 제작과 상품관리, 배송담당 등의 인력이 필요하다.

  ㉢ 한시적 인력운용: 특정사업 기간 동안 한시적으로 필요한 인력은 비정규직 직원을 채용한다. 비정규직은 정규직 근로자와 노동 관계가 다른 근로자로서 통상적으로는 기간제, 단시간 근로자를 지칭한다.

② **인사채용**

  ㉠ 인사채용 순서

직원채용 공고: 업무 내용, 근무 장소 및 시간, 경력 여부, 임금 및 대우 등을 작성하여 공고한다. ☆

  ⬇

서류 검토 및 면접 실시: 이력서, 학력 및 경력증명서, 주민등록등본 및 초본, 자기소개서 등의 서류를 검토 후 면접하여 심사한다.

  ⬇

채용 및 근로계약서: 근로계약서는 고용노동부에서 제시하는 표준 근로계약서를 참고하여 근로계약 기간, 근로 시간, 근무 장소, 임금, 임금지급 기일 등을 명시한다.

  ⬇

임금지급: 임금은 지정된 날짜에 지급하며 다음 내용을 포함한다. (기본급, 연장근로 및 휴일근로수당, 연·월차 유급휴가, 복리후생비, 4대 보험료 정산 등)

  ㉡ 선발 면접 종류 ☆☆

비구조적 면접	피면접자에게 최대한 의사표시의 자유를 주면서 피면접자에 대한 폭 넓은 정보를 수집하는 면접법이다.
구조적 면접	직무에 관한 전문능력 파악을 위해 질문사항을 미리 준비하는 것으로 대부분 상황 면접에 해당한다.
패널 면접	여러 명의 면접자가 한 명의 지원자를 면접하는 방식이다.
집단 면접	여러 명의 면접위원이 여러 명의 피면접자를 대상으로 실시하는 면접이다.

스트레스 면접	스트레스가 많은 직무에 대한 종업원 선발에서 사용되는 방법으로 고의적으로 스트레스를 유발하는 질문을 한다.
블라인드 면접	학력, 연령 등의 조건보다는 능력이나 성과가 강조되면서 능력에 중점을 두어 선발하기 위한 방식이다.

③ 인사관리 운용

㉠ 인사관리 파일 작성: 직원명부를 작성하고 직원이 제출한 이력서를 비롯한 서류와 근로계약서를 포함한 인사관리 파일을 만든다.

• 직무 분석을 위한 자료 수집 방법

면접법	직무 담당자 또는 감독자와의 면접을 통해 직무정보를 획득하는 방법이다.
설문지법	구조화된 설문지를 이용하여 직무에 대한 정보를 얻는 방법이다.
관찰법	직무 분석자가 직무 담당자의 직무수행 장면을 관찰하고 관찰결과를 기록함으로써 직무정보를 얻는 방법이다.
결합법	여러 가지 직무 분석 방법을 합하여 사용하는 방법이다.
중요사건법	종업원의 중요사건으로 직무를 분석하는 기법으로 인사 평가에도 쓰인다.

㉡ 근무 평가: 객관적인 평가를 위해 근무시간 기록부, 인사고과표, 시간 외 근무 등의 근무태도 및 업무실적을 평가하는 양식을 만든다. 직무 분석을 하여 근무자에게 맞는 직무를 주고 근무 평가를 통하여 직무에 충실하도록 하며 성과측정으로 포상을 해주어 직원의 능력 향상과 더불어 의욕적인 근무 생활을 하도록 한다.

• 직무 평가 방법

서열법	다른 직무와 비교하여 상대적 중요성에 따라 주관적으로 직무의 서열을 매기는 방법이다.
분류법	평가하려는 직무를 사전에 규정된 등급 혹은 부서에 배정함으로서 직무를 평가하는 방법이다.
점수법	직무를 구성하는 중요한 직무요소를 찾아 등급화한 후 점수를 부여하고 그 점수를 합산하여 평가하는 방법이다.
요소비교법	기준 직무를 선정하고 그 기준 직무에 대해 지급되는 임금액을 평가요소에 배분하여 기준 직무를 평가요소별로 서열화한 다음 기준 직무의 평가요소와 평가하려는 직무의 평가요소를 비교하여 직무의 상대적 가치를 수량적으로 평가하는 방법이다.

• 성과 평가의 목적

– 전략적 목적: 효과적인 평가를 통해 조직이 사업목표를 달성하도록 돕는다.

– 관리적 목적: 보상, 복리후생, 표창 등에 사용된다.

– 발전적 목적: 종업원의 지식과 기술을 발전시킨다.

• 성과 측정의 방법

– 특성 평가: 종업원의 성격, 의사결정 능력, 조직에 대한 충성도, 커뮤니케이션 능력 등의 특성을 평가한다.

– 행동 평가

종류	방법
체크리스트법	종업원의 능력, 근무 상태 등을 기록하여 체크한 후 일정 채점기준 표를 통하여 평가
중요사건법	평가 기간에 나타난 효과적 성공, 실패에 관한 중요사건을 관찰 기록하였다가 평가
행위기준고과법	중요사건법을 기초로 성과 차원을 구체화하여 수치적으로 평가
행동관찰척도	중요사건법을 기초로 한 행위기준고과법을 변형한 평가 방법

〈성과 평가지의 예〉

측정 대상	평가 기준				
	적합성	타당성	신뢰성	수용성	구체적 피드백
특 성	2	3	2	5	1
행 동	5	4	5	3	5
결 과	7	7	7	8	6

ⓒ 포상과 징계

회사에 기여를 한 것이 있다면 포상 기준에 따라 포상을 하며 과오가 있다면 감봉이나 정직 등의 징계를 내린다.

ⓔ 정기교육 시행

• 직원교육 내용

– 신입직원교육: 사업장 내규 및 근로조건, 사업장의 전체적인 업무와 작업공정, 담당업무에 대해 교육한다.

– 직무능력교육: 정기적인 직무능력 평가와 단순작업에서부터 식물관리, 병충해 관리, 고객관리 등의 교육 계획을 세워 시행한다.

– 안전관리교육: 안전사고를 사전에 방지할 수 있도록 해야 하며 사고 발생 시 신속하게 대응할 수 있도록 정기적인 안전관리교육을 실시하여야 한다.

• 직원교육 방법

– 직장 내 교육훈련: 부여받은 직무를 수행하면서 직속상사와 선배사원이 담당하는 교육훈련으로 훈련과 생산이 직결되어 있어 경제적이고 강의장 이동이 필요치 않지만 작업수행에 지장을 받을 수도 있다.

– 직장 외 교육훈련: 교육훈련을 담당하는 전문가 또는 전문스태프에 의해 집단적으로 교육을 받는 것으로 다수종업원의 통일적 교육이 가능하고 훈련에 전념할 수 있으나 작업시간이 감소하고 경제적 부담이 생기며 교육과 현장과의 괴리가 생길 수 있다.

④ 인사관리 규정: 직원의 채용과 업무배치, 대우에 대한 지침으로 인사관리의 투명성과 공정성을 보장하기 위한 규정이다.

ⓐ 직원의 채용 및 결원보충 규정

      ⓛ 승진과 임금 규정

      ⓒ 근무 평가 및 복무 규정

      ⓔ 신분 및 권익보장 규정

      ⓜ 징계 및 포상에 관한 상벌 규정

⑤ 감성 경영의 도입

    ⓙ 호손 효과: 사람들은 누군가 관심을 가지고 지켜보면 더 분발하는데 이런 현상은 스스로 할 수 있다고 믿으면 잘하게 되는 효과로 여러 명이 함께 일할 경우 생산성이 올라가는 사회적 촉진 현상과 관련이 있다. 즉, 이런 현상을 사업장에 적용하여 보면 누군가 관심을 가지고 지켜볼 때 생산성이 향상되는 결과가 발생하는데 이를 호손 효과라고 한다.

    ⓛ 피그말리온 효과: 그리스 신화에서 유래된 것으로 누군가에 대한 사람들의 믿음이나 기대, 예측이 그 대상에게 그대로 실현되는 경향을 말하는 것이다. 즉, 긍정적으로 기대하면 상대방은 기대에 부응하는 행동을 하고 기대에 충족하는 결과를 가져온다는 것이다. 특히, 피그말리온의 핵심은 상사의 칭찬이 직원의 잠재력을 발휘하도록 하는 데 중요한 작용을 한다는 것으로 동기부여, 직무만족도와 연관이 있다.

    ⓒ 깨진 유리창의 법칙: 고객이 겪은 한 번의 불쾌한 경험, 한 명의 불친절한 직원, 정리되지 않은 매장 등 기업의 사소한 실수가 결국은 기업의 앞날을 뒤흔든다는 개념의 법칙이다.

| 2 | 고용계약서(근로계약서)

근로기준법 및 기업의 내규에 따라 사업주와 근로자 간에는 근로계약서를 작성한다. 근로자와 사업주 모두의 권리보호를 위해 반드시 작성하는 것이 좋으며, 사용자가 근로계약을 서면으로 체결하고 이를 교부하지 않으면 500만 원 이하 벌금이 부과되고, 만약 기간제 · 단시간근로자인 경우는 500만 원 이하 과태료 처분을 받을 수 있다. 근로계약서에는 근로계약기간, 근로 시간, 근무 장소, 임금, 임금지급 기일, 휴일, 연차, 유급휴가 등이 명시되어 있어야 한다.

① 임금: 사용자가 근로자의 근로의 대가로 지급하는 것으로 임금, 봉급 그 밖에 어떠한 명칭으로든지 지급하는 일체의 금품을 의미한다.

    ⓙ 임금의 개념

      • 직접보상(현금보상)

        – 기본급: 일반적으로 기본급은 임금과 봉급으로 구분된다.

        – 고과급: 성과 평가를 바탕으로 개인별로 임금을 조정하는 것이다.

        – 인센티브: 성과와 연동하여 지불되는 임금이다.

        – 이연급: 임금액 중의 일부를 저축이나 자사주, 혹은 연금에 투자하였다가 종업원의 퇴직,

TIP

주휴수당 계산법: 1주일에 20시간 일하는 사람이 개근 시
→ 주휴수당 = (20시간/40시간)×8시간×시급

TIP

시간급제와 성과급제

▶ 시간급제, 고정급제: 성과에 상관없이 일한 시간에 따라 지급되는 형식이다.
▶ 성과급제: 노동의 성과를 측정하여 임금으로 주는 형태로 동기부여가 되어 작업능률을 향상시킨다는 장점이 있으나 품질저하 및 인간관계 소외의 가능성이 있다. 대규모 기업, 생산이 쉽게 측정 가능한 단순 반복적인 작업, 작업자가 생산 수준을 통제할 수 있는 작업의 경우에 주로 적용된다.

★ 알아 두면 좋아요 ★

임금 체불

▶ 처벌: 임금을 지급하지 않으면 사업주는 3년 이하의 징역 또는 2천만 원 이하의 벌금을 받을 수 있다. 또한 체불사업주 명단에 공개되거나 신용제재의 대상이 될 수도 있다.
▶ 신고 방법: 가까운 지방고용노동관서에 신고한다. (고용노동부에 체불임금 신고 → 체불금품확인서를 신청·발급 → 법률구조공단 등에 무료법률구조신청 또는 직접소송)

확인! OX

1. 주 20시간 일하는 근로자가 1주 동안 휴일에 한 번도 못 쉬는 경우 주휴수당은 받을 수 없다. (O , ×)

2. 가까운 사이는 근로계약서를 작성하지 않고 구두로만 이야기해도 된다. (O , ×)

정답 1. × 2. ×

사망, 해고 시 현금으로 지급하는 것이다.

- 주휴수당: 주 15시간 이상 근무하는 근로자가 1주일 동안 출근한 경우 주 1회 이상의 휴일을 부여하여야 하는데, 이때 유급으로 지급하는 수당이다. 주 5일, 주 40시간 미만 근로자라도 주 15시간 이상 근로하면 시간에 비례하여 지급하여야 한다.

• 간접보상(복리후생)
- 소득보호: 근로자가 재해를 당했거나 일자리를 잃었을 때를 대비하여 소득의 일정 부분을 보장해 주는 혜택이다.
- 각종 공제: 휴양시설, 자동차, 재무설계, 식비공제 등의 혜택이다.

ⓛ 임금결정요인
• 기업의 지급능력
• 생계비 수준
• 노동의 수요·공급
• 노동생산성

ⓒ 임금지급 기준에 따른 분류
• 직능급: 직무의 내용과 직무수행능력에 따라서 기본급을 산정하고 연공적 요소를 가미한, 연공급과 직무급의 절충 형태로 능력급의 대표적인 것이라 할 수 있다.
• 직무급: 근로자가 수행하는 직무의 성격에 따라 임금이 결정된다.
• 성과급: 개인의 실적과 능력에 따라 지급되는 임금 체계이다.
• 연공급: 직무와 무관하게 학력이나 근속연수의 장단에 의해 임금 수준이 결정되는 것으로 근로자의 생활 싸이클과 일치하기 때문에 기업의 충성을 유도한다. 하지만 능력에 관계없이 임금이 지급되기 때문에 젊은층의 불만이 생길 수 있고 임금유연성을 해칠 수 있다. 한국의 대표적인 임금 체계였으나 점차 축소되고 있다.

ⓔ 임금의 종류
• 통상임금
- 근로자가 정상적인 근무를 하였을 때 받는 월 급여의 총액으로 기본급 외에 제 수당과 복리 후생비를 포함한다.
- 해고 예고수당, 연장·야간·휴일근로수당, 연차유급휴가수당, 출산전후 휴가급여 등을 포함하여 시간외수당, 주휴수당, 성과급을 제외하고 근로자에게 지급된 정기적이고 일률적인 근로대가를 뜻한다.

• 평균임금
- 산정하여야 할 사유가 발생한 날 이전 3개월 동안 그 근로자에게 지급된 임금의 총액을 그 기간의 총일수로 나눈 금액을 말한다.
- 퇴직금, 실업급여 등의 기준이 된다. 실업급여는 평균임금의 일부를 지급하며 퇴직금은 평균임금에 근속연수를 곱하여 산정한다.

• 가산임금: 연장근로, 야간근로 또는 휴일근로에 대하여 통상임금의 50/100 이상을 가산하여 지급하는 것을 말한다.

② **최저임금제도**: 국가가 노사 간의 임금결정 과정에 개입하여 임금의 최하 수준을 정하고 사용자에게 최하 수준 이상의 임금을 지급하도록 법으로 강제한 것으로 저임금 근로자를 보호하는 제도이다.
  ㉠ 최저임금제도 도입 목적
    • 사회정책적 목적: 생계비 이하의 저임금으로 인한 빈곤을 퇴치한다.
    • 산업정책적 목적: 임금의 부당한 하락을 방지하고 기업 간의 공정한 경쟁을 유도한다.
    • 경제정책적 목적: 저임금 근로자의 구매력을 증대시켜 유효수요의 축소를 방지한다.
  ㉡ 최저임금제도의 문제점
    • 노동시장에서 노동력 공급이 과잉일 시 최저임금제로 인해 근로자의 고용을 회피하여 실업률의 증가로 이어질 수 있다.
    • 최저임금으로 인건비 인상을 가져오고 기업은 이를 제조원가에 반영하여 소비자의 부담으로 이어질 수 있다.

③ **복리후생제도**: 조직구성원의 생활 수준 향상을 위해 임금 이외의 것으로 제공되는 모든 것이다. 간접적인 모든 현금 외에 현물이나 서비스 등 다양한 형태로 지급되며 합리성, 협력성, 적정성의 원칙으로 운영된다.
  ㉠ 복리후생의 목적
    • 경제적 목적: 성과향상, 조직몰입, 노동시장에서의 경쟁력 제고
    • 사회적 목적: 기업 내 주변인력 보호, 인간관계 형성 지원, 국가 사회복지 보완
    • 정치적 목적: 정부 기업에 대한 영향력 감소 및 노조의 영향력 감소
  ㉡ 복리후생의 기능
    • 우수인력의 확보
    • 근로조건의 개선 기능으로 이직의 감소
    • 동기부여 및 생산성 향상
    • 원만한 인간관계와 협력적 노사 관계 구축
    • 기업의 사회적 이미지 개선
    • 조직구성원의 생활 수준 안정화
  ㉢ 복리후생의 유형
    • 법적 복리후생: 사회보험, 퇴직금, 유급, 휴가
    • 법정 외 복리후생: 주거 지원(사택, 기숙사), 생활 지원(급식, 가족 연계 지원), 공제 · 금융 지원(경조금, 생활안정자금), 의료 · 보건 지원(병원 진료서비스), 문화 지원(전시회, 문화시설 지원) 등
  ㉣ 카페테리아식 복리후생: 선택적 복리후생제도로 자신에게 맞는 메뉴를 선택하는 새로운 복리후생제도이다. ☆

헌법에 의해 근로조건의 기준을 정한 법으로서 근로자의 기본적 생활을 보장하고, 향상시키며 국민 경제의 발전을 목적으로 하는 법이다. 따라서 사업장 내규, 인사규정, 근로계약은 이 법이 정한 기준 이하가 되어서는 안된다.

① 근로기준법 관련 용어
　　㉠ 근로자: 직업의 종류와 관계없이 임금을 목적으로 사업이나 사업장에 근로를 제공하는 자
　　㉡ 사용자
　　　　• 사업주: 그 사업을 책임지고 경영하는 주체
　　　　• 사업경영 담당자: 사업경영 일반에 대하여 권한과 책임, 사업주로부터 사업경영의 전부 또는 일부를 위임받은 자, 대외적으로 사업을 대표하거나 대리하는 자
　　　　• 사업주를 위하여 행위하는 자: 인사, 노무, 급여관리 등 근로자의 근로조건 결정 또는 근로의 실시에 관하여 지휘 명령 및 감독 권한을 가진 자

② 근로계약과 고용계약
　　㉠ 근로계약: 근로자가 사용자에게 근로를 제공하고 사용자는 이에 대하여 임금을 지급할 것을 목적으로 체결하는 계약
　　㉡ 민법상 노무제공 계약
　　　　• 고용: 당사자 일방이 상대방에 대하여 노무를 제공할 것을 약정하고 상대방이 이에 대하여 보수를 지급할 것을 약정
　　　　• 도급: 당사자의 일방이 어떤 일을 완성할 것을 약정하고, 상대방이 그 일의 결과에 대하여 보수를 지급할 것을 약정함으로써 성립하는 계약
　　　　• 위임: 당사자 일방이 상대방에 대하여 사무처리를 위탁하는 계약

③ 근로계약의 체결 금지사항
　　㉠ 위약예정의 금지: 근로계약 체결 시 근로계약 불이행에 대한 위약금 또는 손해 배상액을 예정하는 것을 금지(실제 손해액과 상관없이 일정금액 청구 금지)
　　㉡ 전차금 상계 금지: 사용자는 전차금과 근로할 것을 조건으로 임금을 상계할 수 없다.
　　㉢ 강제 저금 금지: 사용자가 근로자의 임금으로 강제 저축 금지

④ 4대 보험: 근로자의 고용안정과 국민의 건강한 삶을 위하여 국가가 운영하는 사회보장보험으로 건강보험, 국민연금, 고용보험, 산재보험을 말한다.

국민연금	• 국민의 노후 생활안정을 위해 국가가 운영하는 연금 제도로서 일반적으로 납부할 보험료를 회사와 근로자가 나누어 부담한다. • 노령, 장애 또는 사망에 연금급여를 지급한다. • 자산조사를 하지 않고 개개인의 필요에 대응하는 것이 아닌 미리 설정된 획일적인 금액을 제공한다. • 장기간에 걸쳐 생활상의 보호를 받는다.

꽃 TIP

최저임금의 사업의 종류별 구분 여부: 사업의 종류별 구분 없이 모든 사업장에 동일하게 적용

★ 알아 두면 좋아요 ★

최저시급과 최저임금
▶ 2023년: 9,620원(2022년 대비 5.0% 인상)/2,010,580원
▶ 2022년: 9,160원(2021년 대비 5.0% 인상)/1,914,440원
▶ 2021년: 8,720원(2020년 대비 1.5% 인상)/1,822,480원
▶ 2020년: 8,590원(2019년 대비 2.9% 인상)/1,795,310원
▶ 2019년: 8,350원(2018년 대비 10.9% 인상)/1,745,150원
▶ 2018년: 7,530원(2017년 대비 16.4% 인상)/1,573,770원

건강보험	• 국민의 건강 증진과 의료비 부담을 줄이기 위해 국가가 시행하는 제도로서 장기 요양보험을 포함한 보험료를 회사와 근로자가 나누어 부담한다. • 국민의 질병·부상에 대한 예방·진단·치료·재활 및 건강증진에 대하여 보험 급여를 실시하는 제도이다. • 취약 계층도 필요한 의료를 지원받도록 하여 사회보장 증진에 이바지함을 목적으로 한다.
고용보험	• 근로자의 고용안정과 직업능력개발을 위한 제도로서 납부할 보험료 중 실업급여 항목은 회사가 전액부담하며 실업급여 항목을 제외한 총액을 회사와 근로자가 나누어 부담한다. • 실직한 근로자에게 일정 기간 동안 실업급여를 지급하여 상실소득의 일부를 보상함으로써 생활안전에 기여한다. • 실직자의 복지를 증진시키는 장점이 있으나 구직노력을 의도적으로 게을리하며 실업 기간을 연장시킬 수 있는 단점이 있다.
산재보험 (산업재해 보상보험법)	• 근로자의 업무상 재해를 신속하게 처리하기 위한 '산업재해보상법'에 근거한 보험으로 보험료 전액을 회사가 부담한다. • 업무 중 예기치 못한 재해가 발생할 경우 재해 근로자와 그 가족의 생활보장을 확보하기 위한 제도이다.

⑤ **고용보험법**: 이 법은 고용보험의 시행을 통하여 실업의 예방, 고용의 촉진 및 근로자의 직업능력의 개발과 향상을 꾀하고, 국가의 직업지도와 직업소개 기능을 강화하며, 근로자가 실업한 경우에 생활에 필요한 급여를 지급하여 근로자의 생활안정과 구직활동을 촉진함으로써 경제·사회 발전에 이바지하는 것을 목적으로 한다.

㉠ 고용보험 실업급여: 고용보험 가입 근로자가 실직하여 재취업 활동을 하는 기간에 소정의 급여를 지급함으로써 실업으로 인한 생계불안을 극복하고 생활의 안정을 도와주며 재취업의 기회를 지원해 주는 제도이다.

• 실업급여는 실업에 대한 위로금이나 고용보험료 납부의 대가로 지급되는 것이 아니다.

• 실업급여는 실업이라는 보험사고가 발생했을 때 취업하지 못한 기간에 대하여 적극적인 재취업 활동을 한 사실을 확인(실업인정)하고 지급한다.

• 실업급여 중 구직급여는 퇴직 다음날로부터 12개월이 경과하면 소정급여일수가 남아있다고 하더라도 더 이상 지급받을 수 없다.

㉡ 실업급여의 종류와 요건

• 구직급여: 이직한 피보험자가 다음의 요건을 모두 갖춘 경우에 지급한다. 다만, 제5호와 제6호는 최종 이직 당시 일용근로자였던 자만 해당한다.

1. 기준 기간 동안의 피보험 단위기간이 통산(通算)하여 180일 이상일 것

2. 근로의 의사와 능력이 있음에도 불구하고 취업(영리를 목적으로 사업을 영위하는 경우를 포함한다. 이하 이 장 및 제5장에서 같다)하지 못한 상태에 있을 것

3. 이직 사유가 수급자격의 제한 사유에 해당하지 아니할 것

4. 재취업을 위한 노력을 적극적으로 할 것

5. 수급자격 인정신청일 이전 1개월 동안의 근로일수가 10일 미만이거나 건설일용근로자(일용근로자로서 이직 당시에 「통계법」에 따라 통계청장이 고시하는 한국표준산업분류의 대분류상 건설업에 종사한 사람)로서 수급자격 인정신청일 이전 14일간 연속하여 근로내

역이 없을 것

6. 최종 이직 당시의 기준 기간 동안의 피보험 단위 기간 중 다른 사업에서 수급자격의 제한 사유에 해당하는 사유로 이직한 사실이 있는 경우에는 그 피보험 단위 기간 중 90일 이상을 일용근로자로 근로하였을 것

- 상병급여: 실업신고를 한 이후 질병·부상·출산으로 취업이 불가능하여 실업의 인정을 받지 못한 경우, 7일 이상의 질병·부상으로 취업할 수 없는 경우 증명서를 첨부하여 청구, 출산의 경우는 출산일로부터 45일간 지급

- 연장급여

훈련연장급여	실업급여 수급자로서 연령·경력 등을 고려할 때, 재취업을 위해 직업안정기관장의 직업능력개발훈련지시에 의하여 훈련을 수강하는 자
개별연장급여	취직이 특히 곤란하고 생활이 어려운 수급자로서 임금 수준, 재산 상황, 부양가족 여부 등을 고려하여 생계 지원 등이 필요한 자
특별연장급여	실업급증 등으로 재취업이 특히 어렵다고 인정되는 경우 고용노동부 장관이 일정한 기간을 정하고 동기간 내에 실업급여의 수급이 종료된 자

- 취업촉진수당

조기 재취업 수당	구직급여 수급자격자가 대기 기간(2019. 7. 16. 이후 수급자격신청을 한 건설일용근로자는 제외)이 지난 후 재취업한 날의 전날을 기준으로 잔여소정급여일수 2분의 1 이상 남기고 재취업한 경우 미지급일수의 2분의 1을 일시에 지급하는 제도 ※ 2014. 1. 1. 이전 수급자격 인정 신청자는 개정 전 시행령 적용 – 구직급여 수급 중 소정급여일수를 30일 이상 남긴 상태에서 재취직하거나 자영업을 6개월 이상 유지하고 있는 경우 잔여소정급여일수의 2분의 1(재취직 당시 55세 이상이거나 장애인의 경우에는 3분의 2)을 일시 지급
직업능력개발 수당	실업기간 중 직업안정기관장이 지시한 직업능력개발훈련을 받는 경우
광역구직 활동비	직업안정기관장의 소개로 거주지에서 편도 25km 이상 떨어진 회사에 구직 활동을 하는 경우
이주비	취업 또는 직업안정기관의 장이 지시한 직업능력개발훈련을 받기 위해 그 주거를 이전하는 경우

ⓒ 실업급여 계산법

> 구직급여 지급액 = 퇴직 전 평균임금의 60%×소정급여일수

구직급여는 상한핵과 하한액이 아래와 같이 설정되어 있다.

- 상한액: 이직일이 2019년 1월 1일 이후는 1일 66,000원
 – 2018년 1월 이후는 60,000원 / 2017년 4월 이후는 50,000원 / 2017년 1월~3월은 46,584원 / 2016년은 43,416원 / 2015년은 43,000원)
- 하한액: 퇴직 당시 최저임금법상 시간급 최저임금의 80%×1일 소정근로시간(8시간)
 – 최저임금법상의 시간급 최저임금은 매년 바뀌므로 구직급여 하한액 역시 매년 바뀐다. 2020년, 2021년, 2022년은 단서조항에 따라 2019년 하한액보다 낮은 경우 60,120원으

로 적용한다.

– 2019년 1월 이후는 1일 하한액 60,120원 / 2018년 1월 이후는 54,216원 / 2017년 4월 이후는 하한액 46,584원 / 2017년 1월~3월은 상·하한액 동일 46,584원 / 2016년은 상·하한액 동일 43,416원)

• 구직급여의 소정급여일수 〈개정 2019. 8. 27.〉

구분		피보험 기간				
연령 및 피보험 기간		1년 미만	1년 이상 3년 미만	3년 이상 5년 미만	5년 이상 10년 미만	10년 이상
이직일 현재 연령	50세 미만	120일	150일	180일	210일	240일
	50세 이상	120일	180일	210일	240일	270일

＊「장애인고용촉진 및 직업재활법」 제2조제1호에 따른 장애인은 50세 이상인 것으로 보아 위 표를 적용한다.

| 4 | 인사 관련 법규 등

최저임금법

제1장 총칙 〈개정 2008. 3. 21.〉

1조(목적) 이 법은 근로자에 대하여 임금의 최저 수준을 보장하여 근로자의 생활안정과 노동력의 질적 향상을 꾀함으로써 국민경제의 건전한 발전에 이바지하는 것을 목적으로 한다.

[전문개정 2008. 3. 21.]

제5조(최저임금액)

① 최저임금액(최저임금으로 정한 금액을 말한다. 이하 같다.)은 시간·일(日)·주(週) 또는 월(月)을 단위로 하여 정한다. 이 경우 일·주 또는 월을 단위로 하여 최저임금액을 정할 때에는 시간급(時間給)으로도 표시하여야 한다.

② 1년 이상의 기간을 정하여 근로계약을 체결하고 수습 중에 있는 근로자로서 수습을 시작한 날부터 3개월 이내인 사람에 대하여는 대통령령으로 정하는 바에 따라 제1항에 따른 최저임금액과 다른 금액으로 최저임금액을 정할 수 있다. 다만, 단순노무업무로 고용노동부장관이 정하여 고시한 직종에 종사하는 근로자는 제외한다. 〈개정 2017. 9. 19., 2020. 5. 26.〉

③ 임금이 통상적으로 도급제나 그 밖에 이와 비슷한 형태로 정하여져 있는 경우로서 제1항에 따라 최저임금액을 정하는 것이 적당하지 아니하다고 인정되면 대통령령으로 정하는 바에 따라 최저임금액을 따로 정할 수 있다.

[전문개정 2008. 3. 21.]

제6장 벌칙 〈개정 2008. 3. 21.〉

제28조(벌칙)

① 제6조제1항 또는 제2항을 위반하여 최저임금액보다 적은 임금을 지급하거나 최저임

금을 이유로 종전의 임금을 낮춘 자는 3년 이하의 징역 또는 2천만 원 이하의 벌금에 처한다. 이 경우 징역과 벌금은 병과(倂科)할 수 있다. 〈개정 2012. 2. 1.〉

② 도급인에게 제6조제7항에 따라 연대책임이 발생하여 근로감독관이 그 연대책임을 이행하도록 시정지시하였음에도 불구하고 도급인이 시정기한 내에 이를 이행하지 아니한 경우 2년 이하의 징역 또는 1천만 원 이하의 벌금에 처한다. 〈신설 2012. 2. 1.〉

③ 제6조의2를 위반하여 의견을 듣지 아니한 자는 500만 원 이하의 벌금에 처한다. 〈신설 2018. 6. 12.〉

[전문개정 2008. 3. 21.]

근로기준법

제11조(적용 범위)

① 이 법은 상시 5명 이상의 근로자를 사용하는 모든 사업 또는 사업장에 적용한다. 다만, 동거하는 친족만을 사용하는 사업 또는 사업장과 가사(家事) 사용인에 대하여는 적용하지 아니한다.

② 상시 4명 이하의 근로자를 사용하는 사업 또는 사업장에 대하여는 대통령령으로 정하는 바에 따라 이 법의 일부 규정을 적용할 수 있다.

③ 이 법을 적용하는 경우에 상시 사용하는 근로자 수를 산정하는 방법은 대통령령으로 정한다. 〈신설 2008. 3. 21.〉

제14조(법령 주요 내용 등의 게시)

① 사용자는 이 법과 이 법에 따른 대통령령의 주요 내용과 취업규칙을 근로자가 자유롭게 열람할 수 있는 장소에 항상 게시하거나 갖추어 두어 근로자에게 널리 알려야 한다. 〈개정 2021. 1. 5.〉

② 사용자는 제1항에 따른 대통령령 중 기숙사에 관한 규정과 제99조제1항에 따른 기숙사규칙을 기숙사에 게시하거나 갖추어 두어 기숙(寄宿)하는 근로자에게 널리 알려야 한다.

[제목개정 2021. 1. 5.]

제17조(근로조건의 명시)

① 사용자는 근로계약을 체결할 때에 근로자에게 다음 각 호의 사항을 명시하여야 한다. 근로계약 체결 후 다음 각 호의 사항을 변경하는 경우에도 또한 같다. 〈개정 2010. 5. 25.〉

  1. 임금
  2. 소정근로시간
  3. 제55조에 따른 휴일
  4. 제60조에 따른 연차 유급휴가
  5. 그 밖에 대통령령으로 정하는 근로조건

② 사용자는 제1항제1호와 관련한 임금의 구성 항목·계산 방법·지급 방법 및 제2호부터 제4호까지의 사항이 명시된 서면(「전자문서 및 전자거래 기본법」 제2조제1호에 따른 전자문서를 포함한다)을 근로자에게 교부하여야 한다. 다만, 본문에 따른 사항이 단체협약

또는 취업규칙의 변경 등 대통령령으로 정하는 사유로 인하여 변경되는 경우에는 근로자의 요구가 있으면 그 근로자에게 교부하여야 한다. 〈신설 2010. 5. 25., 2021. 1. 5.〉

제18조(단시간근로자의 근로조건)

① 단시간근로자의 근로조건은 그 사업장의 같은 종류의 업무에 종사하는 통상 근로자의 근로시간을 기준으로 산정한 비율에 따라 결정되어야 한다.

② 제1항에 따라 근로조건을 결정할 때에 기준이 되는 사항이나 그 밖에 필요한 사항은 대통령령으로 정한다.

③ 4주 동안(4주 미만으로 근로하는 경우에는 그 기간)을 평균하여 1주 동안의 소정근로시간이 15시간 미만인 근로자에 대하여는 제55조와 제60조를 적용하지 아니한다. 〈개정 2008. 3. 21.〉

제23조(해고 등의 제한)

① 사용자는 근로자에게 정당한 이유 없이 해고, 휴직, 정직, 전직, 감봉, 그 밖의 징벌(懲罰)(이하 "부당해고등"이라 한다)을 하지 못한다.

② 사용자는 근로자가 업무상 부상 또는 질병의 요양을 위하여 휴업한 기간과 그 후 30일 동안 또는 산전(産前)·산후(産後)의 여성이 이 법에 따라 휴업한 기간과 그 후 30일 동안은 해고하지 못한다. 다만, 사용자가 제84조에 따라 일시보상을 하였을 경우 또는 사업을 계속할 수 없게 된 경우에는 그러하지 아니하다.

26조(해고의 예고) 사용자는 근로자를 해고(경영상 이유에 의한 해고를 포함한다)하려면 적어도 30일 전에 예고를 하여야 하고, 30일 전에 예고를 하지 아니하였을 때에는 30일분 이상의 통상임금을 지급하여야 한다. 다만, 다음 각 호의 어느 하나에 해당하는 경우에는 그러하지 아니하다. 〈개정 2010. 6. 4., 2019. 1. 15.〉

  1. 근로자가 계속 근로한 기간이 3개월 미만인 경우

  2. 천재·사변, 그 밖의 부득이한 사유로 사업을 계속하는 것이 불가능한 경우

  3. 근로자가 고의로 사업에 막대한 지장을 초래하거나 재산상 손해를 끼친 경우로서 고용노동부령으로 정하는 사유에 해당하는 경우

제27조(해고사유등의 서면통지)

① 사용자는 근로자를 해고하려면 해고사유와 해고 시기를 서면으로 통지하여야 한다.

② 근로자에 대한 해고는 제1항에 따라 서면으로 통지하여야 효력이 있다.

③ 사용자가 제26조에 따른 해고의 예고를 해고사유와 해고 시기를 명시하여 서면으로 한 경우에는 제1항에 따른 통지를 한 것으로 본다. 〈신설 2014. 3. 24.〉

제28조(부당해고등의 구제신청)

① 사용자가 근로자에게 부당해고등을 하면 근로자는 노동위원회에 구제를 신청할 수 있다.

② 제1항에 따른 구제신청은 부당해고등이 있었던 날부터 3개월 이내에 하여야 한다.

제30조(구제명령 등)

① 노동위원회는 제29조에 따른 심문을 끝내고 부당해고등이 성립한다고 판정하면 사용자에게 구제명령을 하여야 하며, 부당해고등이 성립하지 아니한다고 판정하면 구제신청을 기각하는 결정을 하여야 한다.

② 제1항에 따른 판정, 구제명령 및 기각 결정은 사용자와 근로자에게 각각 서면으로 통지하여야 한다.

③ 노동위원회는 제1항에 따른 구제명령(해고에 대한 구제명령만을 말한다)을 할 때에 근로자가 원직복직(原職復職)을 원하지 아니하면 원직복직을 명하는 대신 근로자가 해고 기간 동안 근로를 제공하였더라면 받을 수 있었던 임금 상당액 이상의 금품을 근로자에게 지급하도록 명할 수 있다.

④ 노동위원회는 근로계약기간의 만료, 정년의 도래 등으로 근로자가 원직복직(해고 이외의 경우는 원상회복을 말한다)이 불가능한 경우에도 제1항에 따른 구제명령이나 기각 결정을 하여야 한다. 이 경우 노동위원회는 부당해고등이 성립한다고 판정하면 근로자가 해고 기간 동안 근로를 제공하였더라면 받을 수 있었던 임금 상당액에 해당하는 금품(해고 이외의 경우에는 원상회복에 준하는 금품을 말한다)을 사업주가 근로자에게 지급하도록 명할 수 있다. 〈신설 2021. 5. 18.〉

제60조(연차 유급휴가)

① 사용자는 1년간 80퍼센트 이상 출근한 근로자에게 15일의 유급휴가를 주어야 한다. 〈개정 2012. 2. 1.〉

② 사용자는 계속하여 근로한 기간이 1년 미만인 근로자 또는 1년간 80퍼센트 미만 출근한 근로자에게 1개월 개근 시 1일의 유급휴가를 주어야 한다. 〈개정 2012. 2. 1.〉

③ 삭제 〈2017. 11. 28.〉

④ 사용자는 3년 이상 계속하여 근로한 근로자에게는 제1항에 따른 휴가에 최초 1년을 초과하는 계속 근로 연수 매 2년에 대하여 1일을 가산한 유급휴가를 주어야 한다. 이 경우 가산휴가를 포함한 총 휴가 일수는 25일을 한도로 한다.

⑤ 사용자는 제1항부터 제4항까지의 규정에 따른 휴가를 근로자가 청구한 시기에 주어야 하고, 그 기간에 대하여는 취업규칙 등에서 정하는 통상임금 또는 평균임금을 지급하여야 한다. 다만, 근로자가 청구한 시기에 휴가를 주는 것이 사업운영에 막대한 지장이 있는 경우에는 그 시기를 변경할 수 있다.

⑥ 제1항 및 제2항을 적용하는 경우 다음 각 호의 어느 하나에 해당하는 기간은 출근한 것으로 본다. 〈개정 2012. 2. 1., 2017. 11. 28.〉

  1. 근로자가 업무상의 부상 또는 질병으로 휴업한 기간

  2. 임신 중의 여성이 제74조제1항부터 제3항까지의 규정에 따른 휴가로 휴업한 기간

  3. 「남녀고용평등과 일·가정 양립 지원에 관한 법률」 제19조제1항에 따른 육아휴직으로 휴업한 기간

⑦ 제1항·제2항 및 제4항에 따른 휴가는 1년간(계속하여 근로한 기간이 1년 미만인 근로자의 제2항에 따른 유급휴가는 최초 1년의 근로가 끝날 때까지의 기간을 말한다) 행사하지 아니하면 소멸된다. 다만, 사용자의 귀책사유로 사용하지 못한 경우에는 그러하지 아니하다. 〈개정 2020. 3. 31.〉

[출처: 국가법령센터(http://www.law.go.kr)]

화훼장식 매장운영관리 확인문제

01
○△✕ | ○△✕

고객관리에 대한 설명으로 알맞은 것은?

① 고객관리는 기존고객들만을 위한 것이다.
② 기존고객보다 신규고객을 창출해야 한다.
③ 효과적인 고객관리는 재구매율의 증가로 이어진다.
④ 신규고객보다 기존고객을 관리하는 비용이 더 많이 든다.

02
○△✕ | ○△✕

고객의 이탈원인으로 알맞지 않은 것은?

① 제품의 품질이 저하되어서
② 직원의 태도나 실수로 인하여
③ 직원의 친절이 부담스러워서
④ 서비스에 불만이 생겨서

03
○△✕ | ○△✕

행동 결과에 따른 고객 분류에 해당하는 고객이 아닌 것은?

① 예상고객
② 신규고객
③ 이탈고객
④ 단골고객

04
○△✕ | ○△✕

'잠재고객'에 관련된 설명으로 알맞는 것은?

① 더 이상 자사의 제품이나 서비스를 이용하지 않는 고객
② 향후 자사의 고객이 될 수 있는 고객
③ 처음 구매한 고객
④ 반복적으로 구매한 고객

해 설

01 고객관리의 목적으로는 신규고객의 유치에 따른 유지비용 절감 효과, 신규고객 발굴, 잠재고객의 실고객으로의 전환 등이 있다.
02 직원은 고객에게 항상 친절하게 응대하여야 한다.
03 행동 결과에 따라서 고객을 분류할 경우 잠재고객, 신규고객, 기존고객, 단골고객, 이탈고객 등으로 나눌 수 있다.
04 잠재고객이란 자사의 제품이나 서비스를 구매하지 않은 사람들 중에서 향후 자사의 고객이 될 수 있는 잠재력을 가지고 있는 집단을 뜻한다.

정답 01 ③ 02 ③ 03 ① 04 ②

05

◎△✕ | ◎△✕

고객관리의 개선방향이 아닌 것은?

① 기존의 기업자원 활용
② 고객 기준 명확화
③ 평등한 서비스
④ 고객에 대한 정확한 서비스

06

◎△✕ | ◎△✕

계산서 발행 시 필수기재 사항이 아닌 것은?

① 사업자 번호　　② 공급가액
③ 작성 일자　　　④ 규격

07

◎△✕ | ◎△✕

기업의 특정한 경제적 거래에 대하여 경영자나 투자자, 채권자, 정부기관 같은 다양한 정보이용자들이 합리적인 의사결정을 하는 데 유용한 재무정보를 제공하기 위한 과정을 무엇이라고 하는가?

① 회계　　　　　② 재무
③ 인사　　　　　④ 안전

08

◎△✕ | ◎△✕

아래 자료를 이용하여 기본원가를 구하면 얼마인가?

직접재료비 7,000,000원
직접노무비 3,000,000원
제조간접비 8,000,000원

① 11,000,000원　　② 10,000,000원
③ 15,000,000원　　④ 12,000,000원

09

◎△✕ | ◎△✕

8번의 자료를 이용하여 가공비(전환원가)를 구하면 얼마인가?

① 11,000,000원　　② 10,000,000원
③ 15,000,000원　　④ 12,000,000원

10

◎△✕ | ◎△✕

고정비에 해당하는 것은?

① 지급운임　　　② 포장 재료비
③ 지급하역비　　④ 임대보증금

해설

05 고객관리는 고객에 따라 차별화된 서비스가 필요하다.
06 계산서 필수기재 사항은 사업자 번호, 성명, 공급가액, 작성 일자 등이며 주소, 상호, 규격, 수량, 단가는 필수적 기재사항이 아니다.

08 기본원가 = 직접재료비 + 직접노무비
09 가공비(전환원가) = 직접노무비 + 제조간접비
10 임대보증금은 무형 고정비에 해당한다.

정답 05 ③ 06 ④ 07 ① 08 ② 09 ① 10 ④

11

◯△✕ | ◯△✕

안전의 3요소에 해당하지 않는 것은?

① 관리　　　　　② 기술
③ 자본　　　　　④ 교육

12

◯△✕ | ◯△✕

산업재해의 발생 원인이 아닌 것은?

① 자본의 부족
② 작업자의 작업 준비 부족
③ 안전지식의 부족
④ 기계 장치의 결함

13

◯△✕ | ◯△✕

화재 진압장비인 소화기에 대한 설명으로 옳지 않은 것은?

① 적정 용량의 소화기 비치 방법을 알고 있어야 한다.
② 소규모 단일 매장에는 차륜형 소화기가 필요하다.
③ 연동하우스 매장의 경우 대형 소화기가 필요하다.
④ 소화기의 사용 방법을 습득하고 있어야 한다.

14

◯△✕ | ◯△✕

안전행동의 동기를 부여하는 데 가장 적절한 교육은?

① 안전지식교육　　　② 안전기능교육
③ 안전환경교육　　　④ 안전태도교육

15

◯△✕ | ◯△✕

다음 중 교육 대상자 수가 많고 교육 대상자의 학습능력의 차이가 큰 경우 집단 안전교육 방법으로 가장 효과적인 것은?

① 실연 교육　　　　② 토의식 교육
③ 프로그램 교육　　④ 시청각 교육

16

◯△✕ | ◯△✕

연봉제에 대한 설명으로 알맞은 것은?

① 능력과 실적에 따라 보상 수준이 결정된다.
② 임금관리가 복잡해지는 면이 있다.
③ 직원들 간의 경쟁을 약화시킨다.
④ 종업원의 근속연수에 따라 정해진다.

해설

11 안전의 3요소는 관리, 기술, 교육이다.
13 소규모 단일 매장에는 소형 포말소화기가 있어야 한다.

15 시청각 교육(법)에 대한 설명이다.

정답 11 ③ 12 ① 13 ② 14 ④ 15 ④ 16 ①

17

☐△✕ | ☐△✕

다음 중 직원을 선발할 때 보는 면접에 대한 설명으로 알맞지 않은 것은?

① 면접은 종업원의 능력과 동기를 평가하는 과정이다.
② 구조적 면접은 직무에 관한 전문능력을 파악하기 위해 질문사항을 미리 준비하는 면접법이다.
③ 블라인드 면접은 능력이나 성과를 강조하는, 능력 중심의 선발 방식이다.
④ 집단 면접은 다수의 면접자가 한 명의 피면접자를 평가하는 방법이다.

18

☐△✕ | ☐△✕

다음 중 종업원의 지식 및 능력을 향상시키기 위해 기업에서 수행하는 기본적인 활동을 가장 잘 표현한 것은?

① 의사소통과 조정
② 훈련과 권한위임
③ 의사소통과 권한위임
④ 종업원에 대한 선별적 채용과 교육훈련

19

☐△✕ | ☐△✕

다음 중 면접에 관한 설명으로 알맞지 않은 것은?

① 집단 면접을 통해 우열비교를 할 수 있다.
② 패널 면접은 다수의 면접자가 한 명의 피면접자를 평가하는 것이다.
③ 스트레스 면접은 스트레스를 주지 않는 편안한 분위기를 주어 평가하는 방법이다.
④ 면접을 통하여 종업원의 능력을 가늠할 수 있다.

20

☐△✕ | ☐△✕

다음 설명에 해당하는 것은?

> 사람들은 누군가 관심을 가지고 지켜보면 더 분발한다. 그런 현상은 할 수 있다고 믿으면 잘하는 효과로 여러 명이 함께 일하면 생산성이 올라가는 현상과도 관련이 있다.

① 피그말리온 효과
② 호손 효과
③ 나비 효과
④ 분발 효과

해설

17 집단 면접은 다수의 면접자가 다수의 피면접자를 평가하는 방법이다.

18 종업원의 지식 및 능력을 향상시키기 위해서는 종업원에 대한 선별적 채용과 교육훈련 등이 반드시 필요하다.

19 스트레스 면접은 압박 면접이라고도 하며 공격적인 질문을 하여 위기대처능력과 인내심 등을 평가하는 면접 방법이다.

정답 17 ④ 18 ④ 19 ③ 20 ②

화훼장식 매장 디스플레이

이 단원은 이렇게!

화훼장식 매장 디스플레이는 화훼상품을 가치 있게 표현하여 고객의 호기심을 유발하고 매장 내로 고객을 끌어들이는 역할을 해요. 이 단원은 매장 디스플레이를 기획하고 테마별 판매상품을 연출하여 상품을 진열하고 배치하는 과정이에요. **디스플레이의 목적과 방법, 상품의 진열 방법**에 대하여 알아 두어야 해요.

01 화훼장식 판매상품 연출

최초의 상인들은 손님들을 매장으로 끌어들이기 위해서 보란듯이 자신의 이름을 내세우거나 현재 영업 중이라는 사실과 자기의 제품에 대한 자부심을 보여 주기 위해 제품을 거리의 테이블이나 창가에 진열했다.

오늘날 플로리스트들 역시 활짝 핀 꽃으로 쇼윈도를 장식할 뿐 아니라 꽃의 향기와 컬러로 손님들을 끌기 위해 사람들이 지나다니는 길목에 꽃을 늘어놓기도 한다.

이러한 화훼상품의 연출은 소비자에게 상품을 보여 주는 소통 단계로서 고객의 구매 심리를 직접적으로 자극할 수 있다. 또한 상품 이외에도 컬러, 소품, 그리고 분위기를 자아내는 조명 등으로 사람들의 이목을 끄는 구성을 할 수 있다. 예를 들어 주제와 상품의 특징을 명확히 파악하고 특색 있는 연출로 시즌 감각을 느끼게 해 주면 좋다.

최근에는 삶의 질이 높아지고 구매고객들의 수준이 높아짐에 따라 국내에 입점한 해외 플라워 매장 체인점의 영향을 받거나 타 플라워 매장과 차별화를 도모하기 위해 쇼윈도 디스플레이와 상품 진열에 많은 정성을 쏟고 있다.

특히 인터넷의 발달로 가정 내에서 쉽게 쇼핑을 할 수 있게 되면서 매장에서 고객의 관심을 끌어들여 구매를 하도록 하는 디스플레이가 더욱 더 중요한 요소가 되었다.

아마 한 번쯤은 쇼윈도 앞에 서서 쇼윈도 디스플레이에 감탄하거나 판매되는 물건을 보느라 잠시 길을 멈춘 경험을 한 적이 있을 것이다. 여기에 그 상점에 들어가 물건을 하나 구매하게 된다면 그 매장은 상품 진열의 연출 효과를 본 것이라 할 수 있겠다.

하지만 디스플레이를 바꾼다고 해서 갑작스럽게 판매가 많아지는 것은 아니므로 브랜드 자체의 이미지가 발전하는, 보다 장기적인 효과가 더 중요하다는 것을 알아야 한다.

| 1 | 매장 디스플레이 기획

매장 디스플레이는 제품을 최대한 돋보이게 하는 것이 가장 중요하며 이는 매장의 분위기, 기능, 디자인이 복합적으로 어우러졌을 때 가능하다. 상품을 파는 것뿐만 아니라 계절에 앞서 신상품을 소개하기도 하므로 유행, 새로운 소재와 색상, 신상품에 대한 정보를 바탕으로 예산에 맞는 계획을 세워야 하며 매장의 이미지와 스타일에 주목하게 만들어야 한다.

① 디스플레이: 디스플레이는 상품을 아름답고 매력적으로 제시하여 소비자가 구매를 결정하도록 만드는 기법이다. 그 즉시 판매가 일어나는 것은 아닐지라도 미래의 판매를 유도할 수 있도록 우선적으로 보는 이에게 강한 인상을 심어 주어야 한다.

ㄱ 디스플레이 역할
- 디스플레이의 역할은 시선을 사로잡아 상품에 다가오도록 하여 매장이 제시한 이미지와 스타일에 주목하게 만드는 것이다.
- 디스플레이는 상품을 파는 것뿐만 아니라 계절에 앞서 계절감을 느낄 수 있는 신상품을 소개하기도 하고 트렌드나 새로운 아이디어를 알려 주기도 한다.

ㄴ 디스플레이의 목적
- 상품을 보여 주고 홍보함으로써 판매를 일으킨다.
- 매장 앞을 지나는 발길을 멈추게 한다.
- 구매자가 매장 안으로 들어오도록 유도한다.
- 매장의 시각적 이미지를 창조하고 제고한다.
- 고객을 즐겁게 하고 유익한 쇼핑 경험을 제공한다.
- 신상품을 소개한다.
- 상품의 연출법과 다가오는 계절감, 트렌드 등을 알려준다.

ㄷ 디스플레이 연출 시 유의사항
- 연출하는 화훼상품의 주제를 차별화하여 제시한다.
- 화훼상품 고유의 특징을 명확하게 보여 주고 분류하는 것이 좋다.
- 연출할 대상인 화훼상품의 관리 및 상태에 유의한다.
- 화훼상품의 장점을 잘 살리고 주의를 끌기 위해서 특색 있는 연출이 필요하다.
- 나타내고자 하는 화훼상품의 특징을 잘 살리고 분류를 명확하게 한다.
- 쇼윈도와 매장 내의 디스플레이는 유기적으로 연결되어야 한다.

② 비주얼 머천다이징(VMD; Visual Merchandising): 비주얼 머천다이징이란 시각적인 판매촉진 전략으로 시각적 매체를 통해 상품을 매력 있게 연출하여 판매로 이어지게 하는 것이다. 디스플레이와 비주얼 머천다이징의 궁극적인 목표는 상품 판매를 위해 상품과 매장의 컨셉을 최상의 상태로 보여 주는 것이다. 특히 비주얼 머천다이징은 디스플레이의 단순한 상품 진열에서 한 걸음 더 나아가 상품을 효과적으로 어필하여 고객과 상품이 만나는 구매시점에서 구매력을 높이고 매장의 이미지를 부각하는 것이 중요하다. 쇼윈도의 연출을 통해 매장을 강조하면서 아울러 매장 안의 진열 상태 역시

꽃 TIP

비주얼 머천다이징과 디스플레이의 차이

▶ 개념: 디스플레이는 상품을 아름답고 매력적으로 제시하여 소비자가 구매를 결정하도록 만드는 기법이다. 비주얼 머천다이징은 이보다 좀 더 확장된 개념으로 상품은 물론 매장의 이미지를 함께 팔기 위한 목적을 가진다.

▶ 시점: 디스플레이는 미적인 관점에서 상품을 아름답게 보여 주기 위한 것으로 구매 시점에 필요한 표현 전략인 반면 비주얼 머천다이징은 브랜드나 매장이 지향하는 이미지를 구체화하여 상품의 기획부터 판매까지 모든 과정이 어우러지는 마케팅 전략이다.

확인! OX

1. 디스플레이는 그 즉시 판매가 일어나도록 해야 한다.
(O , ×)

2. 디스플레이는 상품 판매뿐만 아니라 트렌드나 아이디어를 제공한다. (O , ×)

정답 1. × 2. ○

쇼윈도에서 보여 주었던 이미지와 통일해야 한다. 쇼윈도는 항상 특정 제품을 홍보하기 위해서만 사용될 필요는 없다. 미래의 잠재적인 고객들로 하여금 가던 길을 멈추고 매장을 보게 하기 위해 디자인될 수도 있는 것이다. ☆

㉠ VMD의 목적: 매장과 상품의 이미지와 판매 효율을 높이고 차별화 전략을 활용하여 즐거운 쇼핑 분위기를 제공해 효율적인 매장을 구성하는 데 목적을 두고 있다.

㉡ VMD 연출: 상품 계획과 매장 프로모션 계획을 기본으로 테마를 추출해 내고 프리젠테이션 계획에 따라 매장을 전개하여 시즌에 맞는 독창적이고 차별화된 매장을 소비자에게 보여야 한다.

㉢ VMD 구성요소: VP(Visual Presentation), PP(Point of sale Presentation), IP(Item Presentation)

- VP: 점포에서 시선을 가장 끄는 쇼윈도가 입구 쪽에 제시되며 층별, 코너별, 주요 스테이지도 포함하고 있다. 매장의 전체적인 이미지를 보여 주는 것으로 테크닉적인 디스플레이보다 테마의 표현이 중요하다.

- PP: 분류된 상품의 판매 포인트를 보여 주는 것으로 소비자의 시선이 닿는 벽면의 스테이지나 선반의 상단 그리고 행거 집기 등이 해당되며 판매의 적기와 시즌의 변화에 따라 수시로 변화를 주는 것이 좋다. 소비자의 동선을 매장 구석구석으로 확대해서 구매나 판매효율을 높이는 역할을 하므로 소비자의 동선을 막지 않는 진열 위치를 선정해야 한다.

- IP: 알기 쉽고, 만지기 쉽고, 선택하기 쉽고, 사기 쉽게 분류하여 진열하는 것이다. 쇼케이스, 선반, 행거 등이 속하며 컬러, 사이즈, 수량 등의 상황을 표현한다. 판매원의 도움 없이도 원하는 상품을 쉽게 찾을 수 있도록 소비자에게 편의를 제공한다. 실제 판매가 이루어지는 곳이기도 하며 매장의 대부분을 차지하는 곳이기도 하다.

③ 공간에 따른 매장 디스플레이 기획

㉠ 파사드: 건축물의 정면을 차지하는 주된 출입구로 매장의 전체적인 디스플레이의 역할을 담당한다. 간판, 출입문, 양쪽 기둥, 차양으로 구성되며 모두가 하나의 콘셉트로 디자인되어야 한다.

- 간판: 간판은 다양한 상점 속에서 매장을 식별하는 기능을 수행하며 매장의 상품이미지 및 특징을 상징적으로 보여 준다.

- 쇼윈도: 쇼윈도는 상품의 품격을 보여 주며 매장의 독창성 및 화훼상품의 가치와 정보를 전달할 수 있어야 한다.

㉡ 매장공간

- 도입공간: 외부에서 판매공간까지 진입하는 부분으로 보통 상품 전시나 서비스공간으로 사용거나 공공의 공간으로 개방하기도 한다.

- 상품 전시공간: 진열장, 쇼케이스, 진열대 및 선반 등의 상품 전시공간을 말한다. 벽을 수직적 구성요소로 디스플레이할 경우 일반적으로 높이에 따라 상단 부분은 PP, 중간 부분은 IP 진열을 하고 행거나 선반을 통하여 시즌별 상품을 다양하게 사용하기도 한다.

- 서비스공간: 휴게실, 고객용 화장실, 포장대, 카운터 등이 있다.

© 동선: 고객의 이동을 예측하여 상품의 배치와 배열을 잘 이룬 동선 계획은 고객이 매장에 들어와 구석구석 빠짐없이 돌아본 후 나갈 때까지 가능한 한 많은 상품을 효율적으로 볼 수 있도록 한다.

④ 상품에 따른 매장 디스플레이 기획: 상품을 기획하거나 매장 디스플레이 계획을 세울 때 가장 먼저 해야 하는 것이 고객층의 파악이다. 매장을 방문하고 물건을 구매하는 대상을 확실히 인지해야 상품이나 매장의 컨셉을 명확하게 정하여 차별화하고 소구력을 높일 수 있다.

㉠ 주고객 설정: 고객의 연령, 직업, 라이프 스타일, 선호 상품 등 주고객층의 특징을 설정하여야 한다. 즉, 주고객층이 결정되려면 고객층의 특성을 구체화하기 위해 요소별로 분석하여 정리하고 특성에 맞는 연출테마를 설정하여 시각화해 보는 것이 좋다.

㉡ 매장 이미지 설정: 매장 이미지란 매장의 전반적인 인상을 말하는 것으로 취급 상품, 상품 가격, 서비스 등의 객관적 속성과 쾌적한 매장 분위기, 편의성, 만족감 등의 소비자 심리를 나타내는 주관적 속성으로 이루어져 있다. 주고객층이 결정되면 구체적인 분석을 거쳐 이에 맞는 매장 이미지를 잡는다. 고객이 선호할 만하고 즐겨 찾을 것으로 예상되는 공간을 표현할 수 있는 컨셉과 전체적인 매장 이미지를 정한 후 좀 더 세부적으로 디스플레이에 사용할 색채와 소재 등을 표로 정리하여 매장 이미지를 결정한다. 매장 이미지가 구축되면 매장 전체의 콘셉트가 정해지고 이어서 연출테마와 함께 연간 디스플레이 계획표가 만들어진다.

㉢ 연간 계획서와 디스플레이 계획서 작성: 연간 계획을 세울 때에는 계절별, 월별, 테마별로 나누어 작성하는 것이 좋다. 이때 판매와 연결될 수 있는 모든 이벤트를 고려해야 하며, 보통 졸업식과 입학식, 인사이동, 밸런타인데이, 화이트데이, 로즈데이, 부부의 날, 어버이날, 스승의 날, 빼빼로데이, 크리스마스 등의 테마로 이벤트를 구분한다. 이벤트 날짜의 일정 기간 이전부터 디스플레이를 진행하여야 소비자들이 행사에 사용할 상품을 계획할 수 있으며 신상품 입점 시기에 맞춰 매장과 쇼윈도의 분위기를 항상 새롭고 신선하게 유지할 수 있다. 또한 우리나라는 사계절이 확실하므로 계절감이 잘 나타나는 소품으로 고객의 시선을 끌어 디스플레이에 주목하도록 한다.

㉣ 매장의 효과적인 디스플레이를 위한 테마 선정: 쇼윈도나 스테이지 연출에 강한 인상을 주고 판매까지 연결되게 하려면 매장의 이미지를 뚜렷하게 할 수 있는 테마를 정하는 것이 좋다. 테마를 정하는 방법으로는 상품 자체를 테마로 삼거나 방법, 색상이나 특정일, 라이프 스타일 등을 기준으로 정할 수 있다.

| 2 | 테마별 판매상품 연출

쇼윈도 테마와 구성이 매장 안으로 들어와 매장 내 디스플레이까지 연결되는 경우 고객들에게 보다 강렬한 메시지를 전달할 수 있다. 상품 배치는 상품을 성격에 따라 그룹화하고 고객의 수요와 심리 및 행동을 예측하여 배치하는 것으로 매장 계획의 가장 기본이며 소비자에게 편리한 매장을 제공하는 서비스의 기본이다. 상품을 고르기 쉬운 진열 상태와 사기 쉬운 공간 분할로 연출할 수 있으며 이것은 매장 내 체류 시간과 이동 거리 등 동선에도 영향을 준다. 고객 동선과 통로 폭, 체류 시간 등 최적의 쇼핑 환경을 구성하여 매출로 연결될 수 있도록 하며 디스플레이 구역을 마련하여 시즌 디스플레이를 연출하면 더욱 효과적이다.

🌸 TIP

연출 환경 분석의 과정
주고객층 선정 → 화훼상품의 트렌드 조사 → 화훼상품의 시즌별 판매 적기 선정 → 부분연출 방식 수립(출입구, 쇼윈도, 진열장, 선반, 천장, 벽면 등) → 이벤트 방법 연구 → 화훼상품 재고 파악과 제공수량 준비

① **상품 위주의 연출법**: 상품의 정보를 위주로 표현하는 방법으로 품목별, 금액별, 용도별, 색상별로 연출할 수 있다.

한 품목 디스플레이	하나의 상품만 보여 준다. 고급스럽고 깔끔하며 집중도가 높다.
동일 상품군 디스플레이	한 가지 종류의 상품만 보여 준다. 스타일이나 색상은 다르더라도 같은 종류인 것이다. 예를 들면 꽃다발만 모아 스타일이나 색상별로 진열하는 경우이다. 관련성이나 공통점이 있는 제품끼리 진열을 할 경우 자연스럽게 어울린다.
관련 상품 디스플레이	종류는 다르지만 관련성이나 공통점이 있어 서로 잘 어울리는 상품들을 같이 진열하는 것이다. 예를 들면 컨셉을 웨딩으로 잡을 경우 화관, 부케, 화동바구니, 그리고 그와 어울리는 테이블장식 등을 함께 진열하는 것도 관련 상품 디스플레이가 된다.
혼합 디스플레이	여러 가지 상품을 함께 진열하는 것이다. 서로 관련이 없어도 함께 진열하되 전체적인 분위기는 통일하는 것이 좋다.

② **사실적 연출법**: 쇼윈도나 매장 안의 일정 장소에 실물의 특정 공간을 그대로 묘사해 놓는 연출법이다. 이 방법은 폐쇄된 쇼윈도에서 가장 통제적이고 효과적인 방법이라 할 수 있으며 사실적으로 묘사하되 실제 크기보다 축소하여 만들 수 있다. 수입상품의 경우 이국적인 장면을 연출하는 것도 사실적 연출 방법으로서 매우 효과적이다. 이러한 사실적 연출법은 방문 고객들에게 실감나는 체험과 친근감을 느끼게 한다.

③ **사용상황 연출법**: 여러 상품이 사용되는 실제 환경을 제시하여 해당 상품의 용도를 생생하게 묘사하는 방법이다. 예를 들어 이러한 연출법에서는 연출에 사용되는 소품들이 바로 판매를 위한 상품이 된다. 예쁜 러그가 깔린 테이블 위에 테이블장식과 초장식, 와인잔 등을 연출하였을 경우 테이블장식을 바로 구매해 갈 수 있는 연출 방법이다.

④ **반사실적 연출법**: 사실적 연출법을 하기에 시간, 공간, 예산 등이 부족할 때 반사실적 또는 간단한 연출을 선호한다. 사실적 디스플레이의 가장 핵심적인 부분만 표현하고 생략된 부분은 보는 이의 상상에 맡긴다. 이 연출 방법은 간단하지만 효과적이며 사실적 연출법처럼 상품보다 더 정교한 배경의 묘사로 인하여 상품 자체가 가려질 염려도 없다.

⑤ **추상적 연출법**: 상품의 특성을 부각시키기 위해 주변에 다양한 선과 형태를 추가하는 방법이다. 이 방법은 상품만 두드러지고 추상적인 배경은 특별한 의미가 없다 하더라도 보는 이로 하여금 의식하지 못한 상태에서 어떤 반응을 일으킬 수 있다. 간결한 표현으로 설득력 있는 연출을 할 수 있어 고급스럽지만 난이도가 있기 때문에 표현에 어려움이 있다.

⑥ **층계식 연출법**: 서로 다른 상품군들을 한 공간에 진열할 때 효과적인 연출법이다. 잘못 연출할 경우 산만해 보이거나 특정군만 유독 돋보일 수 있으니 전체적인 균형을 맞춰 상품이 잘 보일 수 있도록 높이가 다른 진열대에 전시하여 각 그룹이 분리된 개체로 보이게 해야 한다.

| 3 | 트렌드 분석

평소 최신 유행하는 국내외의 트렌드정보를 수집하고 분석하여야 한다. 그리하여 디자인의 흐름에 대하여 조사하고 트렌드 변혁 기간을 알아야 한다. 디자인의 트렌드에 대하여 알기 위해서는 디자인 관련 전시회나 박람회 등의 디자인을 참고할 수도 있다. 하지만 이는 소비자에 대한 서비스 방향과 여기에 맞는 디자인을 구분할 수 있는 능력이 전제가 되어야 한다.

인터넷 및 SNS 발달로 화훼상품의 소비 트렌드도 변화하였다. 소비자의 정보 습득 방법이 다양해지고 소비자의 욕구가 발달하면서 화훼는 더 높은 상품가치를 가지게 되었다. 따라서 꽃을 여러 가지 방법으로 가공하고 디자인하여 고객의 요구에 맞는 상품을 제작함으로써 화훼상품의 부가가치를 높여야 한다. 즉, 플로리스트는 트렌드에 맞는 다양한 디자인을 추구하면서도 고객의 요구와도 잘 맞는 화훼상품을 제작하는 것이 중요하다.

고객에게 보이는 진열공간은 매장의 수익에 큰 영향을 미치므로 매우 중요하다. 진열은 판매 목적을 위한 상품을 특징과 성격별로 고객에게 효과적으로 나타내기 위해 배치하는 것이기 때문이다. 즉, 진열은 고객으로 하여금 상품 구매동기를 만들어 주는 것이며 고객의 주의를 끌어 구매 욕구를 자극하여 상품을 구입하게 하는 역할을 한다. 이처럼 상품 진열은 화훼상품을 고르기 쉽도록 진열하는 데에도 목적이 있지만 관리 및 판매가 쉽도록 하여 합리적인 작업공간을 만드는 데에도 목적이 있다. 나아가 진열은 점포 내외의 공간을 연출하며 장식보다는 정보 제공을 목적으로 한다. 이때 화훼매장은 상품을 제작하고 판매를 위한 포장을 하는 작업공간과 식물 재료와 부재료, 기타 관련 자재를 보관하는 저장공간, 그리고 상품 전시와 판매를 유도하는 진열공간으로 나누어 볼 수 있다.

| 1 | 상품 진열 계획

① 상품의 연출과 진열의 구별

　㉠ 상품 연출: 상품의 가치를 표현하여 진열한 부분으로 화훼상품의 장점을 부각하여 고객의 호기심을 유발하고 매장 내로 고객을 끌어들이는 역할을 담당한다. ☆

　㉡ 상품 진열: 매장공간의 위치와 사용, 중요도를 기준으로 판매상품을 효과적으로 선별하여 상품의 종류와 목적에 따라 진열할 수 있다. 또한 고객이 상품을 선택하기 쉽고 구매하기 편리하도록 상품을 분류하여 진열한다. ☆

② 진열의 요령 ☆☆

　㉠ 상품을 사기 쉽도록 가격을 표시하는 것이 좋다.

　㉡ 고르기 쉽고 손에 닿기 쉬워야 한다.

　㉢ 관계있는 상품끼리 모아 고객의 눈길을 끌도록 해야 한다.

　㉣ 상품의 가격, 재고, 회전 속도를 고려하여야 한다.

　㉤ 상품의 신선도를 높이는 진열이어야 한다.

　㉥ 중앙에는 주목성 있는 상품을 진열해야 한다.

출제 경향 마스터

▶ 연출과 진열은 어떻게 구별되는가?

▶ 상품의 진열 방법은 무엇이 있는가?

꽃 TIP

진열의 목적: 흥미(구매동기)유발, 욕구자극, 구매동기유발, 상품의 구입

확인! OX

1. 진열은 점포 내외의 공간을 연출하고 장식하는 것을 목적으로 한다. (O, ×)

2. 상품의 가격은 표시하지 않는 것이 좋다. (O, ×)

정답 1. × 2. ×

진열의 원칙(A.I.D.M.A.원칙)

- Attention(주의): 동선을 따라 걸으면서 고객이 상품을 보며 주의를 집중할 수 있는 요소로 점포의 진열을 통하여 관심을 집중시킨다. 대조적 조명, POP 광고, 소도구를 이용하여 고객의 시선을 끈다. 상품의 주목성이 있는지 주의하며 연출해야 한다.
- Interest(흥미유발): 주의를 집중한 요소와 상품에 흥미를 가질 수 있도록 상품을 배치하고 고객에게 시간적 여유를 제공한다.
- Desire(욕망): 고객이 갖고자 하는 욕구를 불러일으킨다. 상품을 보고 자신이 구매한 후의 이미지를 연상할 수 있도록 진열하는 것이 좋다.
- Memory(기억): 가격이나 상품의 특징을 알고 상품을 관찰하며 기억하여 재방문할 수 있도록 한다.
- Action(구매행동): 상품 설명, 적절한 가격 제시가 고객의 구매행동으로 이어질 수 있도록 한다.

③ 진열 계획 순서

　㉠ 매장 형태에 따른 상품 진열을 계획한다.

　㉡ 고객의 동선을 고려하여 상품 진열을 계획한다.

　㉢ 계절감을 살리고 매장의 이미지를 매장 외부에서 볼 수 있도록 계획한다.

　㉣ 분식물을 통한 식물 진열공간을 계획한다. 크기별, 계절별, 색상별, 종류별 등 식물의 특성을 고려하는 것이 좋다.

　㉤ 장식장에 가공화 상품의 진열을 계획한다.

　㉥ 꽃 냉장고의 진열을 계획한다.

　㉦ 고객의 시선이 멈추는 곳에 주력상품 등을 연출한다.

　㉧ 꽃다발, 꽃바구니 등 작업할 수 있는 공간도 인테리어요소로 활용하여 진열을 계획한다.

　㉨ 사무용 집기 등과 함께 결제할 수 있는 카운터 공간 진열을 계획한다.

　㉩ 고객과 간단하게 상담하거나 휴식할 수 있는 공간 진열을 계획한다.

| 2 | 상품 진열 방법

① 상품 진열의 기술적인 방법

　㉠ 붙이기: 평면적 이미지의 평면 진열로 자연스러운 상품 연출이 가능하다.

　㉡ 행잉: 움직이는 느낌을 주어 경쾌감이 들며 입체감을 준다.

　㉢ 놓기: 행거, 장식장, 테이블 등에 진열한다.

　㉣ 넣어 두기: 고액의 상품이거나 만지면 손상이 쉬운 상품은 쇼케이스 안에 넣는다.

② 진열 형태에 따른 방법 ✿

수직 진열	사용별, 용도별로 유사한 상품을 세로로 진열하는 방법이다. 각각의 상품을 고객이 균등하게 볼 수 있는 기회를 제공하는 평등한 진열 형태이다. 고객의 시선을 수직으로 이동시키며 화훼상품을 효과적으로 보이게 한다. 제품의 보충이 쉽고 기능적인 진열 방법이다.
수평 진열	사용별, 용도별로 유사한 상품을 가로로 진열하는 방법이다. 파노라마식 진열이라고도 하며 고객의 시선을 수평으로 만드는 진열 방식이다. 벽 설치물에 가장 적합하며 같은 컬러 혹은 같은 스타일의 제품들로 배열하는 것이 좋다. 예를 들면 사각화기를 일렬로 진열하는 것을 말한다. 이런 진열 방식은 나중에 물건을 보충하기도 쉽고 더 기능적이다. 이때 설치물의 위, 아래에 제품을 놓을 때는 눈높이에 맞추어 진열하는 것이 좋다.
샌드위치 진열	동일 진열대의 잘 팔리는 상품 곁에 수익은 높으나 잘 팔리지 않는 상품을 함께 진열하면 고객 눈에 잘 띄게 되어 구입을 유도할 수 있다. 즉, 잘 팔리지 않는 상품의 광고 효과가 있다.
라이트업 진열	상품명이 좌측에서 우측으로 표기되어 있어 이것을 읽기 위해 사람의 시선도 좌에서 우로 움직인다. 동일 상품 중에서 우측에 고가격·고수익·대용량의 상품을 진열하는 형태이다.
전진 입체 진열	고객이 바라볼 때 정면으로 향하게 하는 기본 진열 방법으로 고객의 눈에 잘 띄도록 입체적으로 진열하는 방법이다.
컬러 컨트롤 진열	제품의 컬러를 이용해 시각적 효과를 살리는 방법은 상품 전시에 있어서 가장 간단하고 기본적인 방법이다. 고객이 상품 구매동기를 느끼도록 조명 효과와 연계하여 컬러 중심의 배열을 하는 진열 방법으로 기능적으로 강렬한 디스플레이를 연출할 수 있다. 이러한 진열 방법은 제품 보충 및 관리가 쉽다. 또한 벽 설치물과 미드플로어 설치물 모두에 적용할 수 있다.

③ 화훼상품 유형별 진열 방법

절화상품	품종별, 색상별로 분류하여 진열할 수 있다. 신선도 유지를 위해 꽃 냉장고 안에 진열하는 것이 좋으며 투명한 화기에 넣거나 특이한 물통에 넣어 전시의 효과를 더할 수 있다. 또한 꽃과 함께 장식할 수 있는 화병이나 바구니 등의 재료들을 가까이 진열하는 것도 좋다.
분화상품	주로 꽃이 핀 식물은 앞쪽으로 배치하고 잎이 큰 식물이나 관엽 식물은 뒤쪽으로 배치한다. 향이 나는 식물이나 꽃이 화려한 식물, 작은 크기의 관엽 식물 등은 창가에 진열하거나 입구 진열장에 진열하여 고객의 흥미를 유발한다. 상품의 종류와 크기, 가격대, 색채가 비슷한 것끼리 모아 상품 코너마다 가격과 설명 등을 비치하여 진열 자체가 상품의 정보를 제공하도록 한다. 분식물 코너 옆에는 화분관리에 필요한 가위, 분무기, 영양제, 배양토, 화분 등의 재료를 판매하는 코너를 만들어 진열하면 좋다.
가공화 상품	프리저브드, 압화, 드라이 플라워, 조화 등의 상품은 완성된 형태로 진열하는 것이 좋다. 완성되지 않은 재료들 옆에는 상품 제작에 필요한 화기나 장식용품을 함께 진열하면 좋다. 가공화 상품들은 습기나 열 등에 민감하게 반응하는 제품들이 있으므로 주의하여 보관한다.
부자재	화분을 꾸밀 수 있는 액세서리나 메시지 카드, 조화나 프리저브드를 장식할 수 있는 장식물들을 일부 공간에 진열하여 고객의 시선을 끌 수 있다.

④ 계절상품의 진열

사계절이 뚜렷한 우리나라는 계절이 오기 전에 미리 계절감을 느낄 수 있는 화훼상품 및 소품을 연출하여 화훼상품의 강한 인상을 심어 주고 구매를 촉진한다.

봄	봄을 느낄 수 있는 식물로 생동감을 느끼게 하여 집안에 두면 봄기운을 느낄 수 있다는 생각으로 유도하며 구매의 욕구를 느끼게 한다. 예 초화류나 구근류(튤립, 수선화, 히아신스, 데이지) 등
여름	투명한 화기나 물에서 키울 수 있는 식물들을 진열하여 더운 여름에 시원함을 느낄 수 있도록 한다. 예 수생 식물(부레옥잠), 관엽 식물(고무나무, 파키라, 스파티필럼) 등
가을	단풍이 들거나 열매가 맺히는 식물들로 가을을 느낄 수 있도록 하거나 가을에 피는 대표적인 꽃을 진열하여 구매욕을 자극한다. 예 색이 화려하거나 열매가 있는 것(국화, 남천), 절화(백일홍, 퐁퐁국화, 달리아) 등
겨울	겨울에 꽃이 피는 동백이나 화려한 느낌의 포인세티아 등을 진열하면 좋다. 예 종려, 동백, 전나무, 포인세티아 등

⑤ 특정일의 진열: 기념일에 맞는 스토리를 기획하여 특정 시기에 잘 판매되는 상품의 종류를 효율적으로 연출할 수 있도록 한다. 또한 미리 구매 계획을 세울 수 있도록 정보를 제공할 수 있다.

2월	졸업식과 입학식에는 일반 꽃다발뿐만 아니라 인형이 들어간 꽃다발, 사탕 꽃다발, 비누 꽃다발 등 다양한 종류의 꽃다발이 있다. 각기 아이디어 상품들을 진열해 놓으면 좋다. 예 졸업식, 입학식, 밸런타인데이
5월	장미 꽃다발, 카네이션 코르사주, 카네이션 꽃다발, 꽃 박스, 용돈 박스 등 테마를 나타내는 꽃을 주로 한 여러 상품들을 만들어 진열한다. 예 로즈데이, 성년의 날(장미), 어버이날, 스승의 날(카네이션)
12월	한 달 정도 전부터 미리 관련된 꽃장식이나 초장식 등을 진열하여 파티를 계획하도록 유도한다. 크리스마스는 파티와 연관하여 컬러 트렌드에 맞추고 공간별 장식품들을 만들어 진열하면 좋다. 예 크리스마스 상품

⑥ 매장 내 테마별 상품 진열 방식

  ㉠ 선택하기 쉬운 진열 방식: 품목별, 색상별, 구매 동선, 계산대를 활용한 진열 방식
  ㉡ 주목을 끄는 진열 방식: 소도구나 소품을 활용, POP 광고를 활용, 계절성이나 특별한 상품군의 특성을 활용한 진열 방식
  ㉢ 가치를 높이는 진열 방식: 계절상품, 기념일상품, 고가품 등의 진열 방식
  ㉣ 신선도를 높이는 진열 방식: 청결한 진열, 밝은 진열, 신속한 진열, 컬러 컨트롤 진열 방식

⑦ 재고의 진열

  ㉠ 세일상품들을 매장 앞에 배치해 고객들이 할인 상품을 돌아보다 매장 내에 있는 비할인 아이템으로 들어가도록 유도할 수 있다.
  ㉡ 세일상품을 매장 뒤편에 배치해 손님들이 정가 아이템을 뚫고 가는 방향으로 활용할 수 있다.

경제적이고 효율적인 매장을 연출하기 위해서는 제한된 공간을 잘 활용해야 하며 그러려면 매장 자체의 환경을 잘 파악하여야 한다. 매장 환경조사가 끝나면 그에 맞는 디스플레이 방법을 구성하고 배치하여야 한다. 그리하여 고객이 매장의 안쪽까지 들어와 상품을 보고 상품을 구매할 수 있도록 한다.

🌱 **출제 경향 마스터**

▸ 매장의 공간구성은 어떻게 되어 있는가?

▸ 매장 디스플레이 방법에는 어떤 것들이 있는가?

| 1 | 매장 환경조사

① 쇼윈도 기초 환경조사

ㄱ 규격: 쇼윈도의 정해진 규격은 없지만 상점의 위치, 규모, 성격 등을 고려하고 폭, 깊이, 높이 등 건축 설계 시 정해진 규격에 맞춰 디스플레이 장소를 조사한다.

ㄴ 윈도 유리면: 이미 설계된 유리면의 사이즈 조정이 불가피하므로 연출 의도를 고려하여 연출 내용과 어울리도록 구성하는 것이 좋다. 또한 햇빛을 직접 받으면 작품 및 상품의 변질이 우려되므로 상품 보호 필름을 사용하는 것이 효과적이다.

ㄷ 바닥면: 바닥은 작품의 무게를 감당할 수 있는 튼튼한 소재를 사용하고 더러움이 타지 않도록 적절한 마감 재료를 사용한다. 바닥에 플라스틱판을 덧씌우고 여러 색상의 페인트를 칠하거나 천 또는 종이, 인조 잔디 등 다양한 재료를 입히면 본래 바닥을 손상하지 않고 분위기를 바꿀 수 있다.

ㄹ 벽면: 디스플레이 벽면은 상품을 붙이거나 거는 방법으로 이용되며 연출의 의도에 따라 색을 넣어 상황에 맞게 사용할 수 있다. 페인트를 칠할 경우 여러 번 덧칠을 해야 하고 기상 상태에 따라 건조할 때까지 많은 시간이 걸릴 수 있으므로 참고해야 한다. 시즌별 교체에 따른 비용을 감안하여 기획한다.

ㅁ 천장: 천장에 매달아 디스플레이하는 방법으로 무게를 감당할 수 있는지의 여부가 가장 중요하다. 특히 연출에 사용되는 조명 기구의 위치를 자유롭게 조절할 수 있으며 고객의 시선을 생각하여 계획한다.

ㅂ 출입문: 크기가 보통 폭 900mm, 높이 2,100mm 정도는 되어야 자유롭게 집기 및 오브제의 이동이 가능하다. 문은 중앙보다 옆면에 위치해야 내부의 연출물 설치에 유용하다.

ㅅ 콘센트: 기존 설치 조명 외의 의도에 의한 조명 설치 시 콘센트의 적절한 배치가 중요하다. 선이 노출되거나 고객의 이동에 불편을 주지 않도록 마감에 신경을 쓴다.

ㅇ 되비침 현상: 태양광의 특성상 주간에는 쇼윈도 외부가 더 밝게 보이기 때문에 안쪽의 내용물은 보이지 않는다. 이를 막기 위해 차양을 설치하거나 유리면의 각도를 조절하여 빛이 반사되지 않도록 하는 방법을 사용한다.

ㅈ 냉난방: 화훼상품의 쇼윈도가 햇빛을 직접 받는 위치에 있을 경우 화훼상품의 변색 및 손상이 유발될 수 있다. 따라서 한낮에는 냉난방 및 환기 시설을 활용하여 화훼상품의 최적 상태를 유지한다.

② 쇼윈도 디스플레이의 공간적 구성요소: 쇼윈도는 고객이 처음 매장을 접하는 공간이므로 상품, 계절감, 테마 등을 신중히 고려하여 디스플레이 기획을 진행한다.

　㉠ 기본요소(천장, 바닥, 벽): 쇼윈도 내 가장 기본적인 요소로 벽과 천장의 형태에 따라 쇼윈도가 분류되고 분위기 형성에 중요한 역할을 한다.

　　• 바닥: 고객의 시각과 상품의 진열 높이를 고려하여 설정한다.

　　• 벽: 상품을 붙이거나 걸 수 있으며 폐쇄형이나 반개방형일 경우 상품의 이미지를 부각할 수 있는 중요한 요소이다.

　　• 천장: 천장의 높낮이는 쇼윈도 내의 분위기 결정에 중요한 요소이다.

　㉡ 조명: 조명은 색채와 더불어 고객에게 시각적으로 강한 이미지를 제공한다. 하지만 낮에는 반사 현상에 유의하여야 한다.

　㉢ 소도구(소품): 쇼윈도 내의 테마를 보다 이해하기 쉽고 선명하게 표출하기 위해 사용되는 보조물이다. 소도구 선택 전에 상품의 특성, 표현하고자 하는 감각 또는 이미지, 테마의 의도, 주변의 상황, 사용하는 기간 등을 미리 확인한다. 테이블보, 진열대, 오브제 등 상품과 어울리는 소품을 최대한 활용하는 것이 좋다.

　㉣ 색채: 쇼윈도 내의 이미지 결정에 가장 중요한 요인으로 매장 내부와의 조화도 필요하다. 상품이 가지고 있는 색채를 통해 상품의 분류와 배치가 이루어지며 상호 이미지를 연관시켜 색채를 계획한다.

③ 플라워 샵 내부공간

　㉠ 서비스공간: 꽃을 파는 공간으로 팸플릿이 있으면 좋다.

　㉡ 작업공간: 모든 도구와 재료들이 준비되어 있어야 하며 작업하기 쉬운 공간이여야 한다. 냉장고, 싱크대, 키에 맞는 테이블 등이 근거리에 있어야 한다.

　㉢ 창고: 분화를 심거나 재고품 등을 보관해 둘 수 있는 창고가 있는 것이 좋다.

| 2 | 매장 디스플레이 구성

① 윈도우(window): 윈도우는 매장의 얼굴이면서 동시에 실내와 실외를 하나로 연결하는 중요한 커뮤니케이션의 공간이 된다. 더불어 소비자의 시선을 끌어 매장 내로 들어온 고객이 구매 욕구를 느낄 수 있도록 하며, 이를 통해 고객에게 즐거움을 주고 매장에 대한 좋은 이미지를 갖게 하는 것이 중요하다. 따라서 윈도우 작업은 자주 밖으로 나가 확인하면서 하는 것이 좋고, 다른 공간과 다르게 채광, 통풍, 조망 등의 외적인 요인도 고려해야 한다.

② 소품: 화훼상품에 어울리는 소품을 활용하는 것은 매장 연출뿐만 아니라 고객의 구매 욕구를 일으키는 역할을 한다. 테마를 강조할 수 있으며 계절감을 살려 상품을 돋보이게 할 뿐만 아니라 상품에 대한 이해를 높이고 특성을 부각할 수도 있다. 고객들의 시선을 끌 것 같은 곳에 소품을 놓되 제일 중요한 것은 상품이므로 소품은 항상 상품과 어울려야 한다. 소품이 상품보다 더 주목되면 역효과를 가져올 수 있으므로 고객의 주

의를 끌고 연출 테마를 보완할 수 있는 정도에서 매장이나 상품 이미지와 어울리는 것으로 선택해야 한다. 디스플레이를 교체할 때는 상품에 맞춰 소품도 바꿔야 새로운 느낌을 준다. 때로는 소품만 변화를 줘도 달라진 분위기를 연출할 수 있다. 매달아야 할 소품은 먼저 배치해야 하며 안전하게 연결하거나 천장 망에 고정시켜야 한다. 무엇보다도 매장 연출자는 화훼상품에 어울리는 소품의 연관성 및 용도에 대한 내용을 기획에 반영하여야 하므로 화훼상품에 대한 충분한 이해와 지식을 가져야 한다.

③ 조명: 매장에 가장 잘 어울리는 조명을 선택하여 매장의 상품을 부각하고 깨끗하고 밝은 이미지의 매장을 연출해야 한다. 특히 매장 조명은 화훼상품의 특성상 식물의 생육에 많은 도움을 주고 화훼상품을 돋보이게 하여 매출을 높이는 데 일조한다는 것을 기억해야 한다. 조명을 조절할 때 조명빛이 제대로 제품에 집중되는지 확인하기 위한 간단한 방법은 램프 앞에 손을 흔들어 그 그림자가 어디에 떨어지는지 보면 된다. 특히 고객들이 눈이 부셔 상품을 제대로 못 볼 수 있으니 주의하여야 한다. 또한 낮과 밤에 사용하는 조명의 양은 서로 구분되는 것이 좋다. 햇빛이 비치는 낮은 이를 보충하기 위해 더 많은 조명이 필요하며 밤에는 주변이 어두워 주변에 겨룰 만한 다른 빛이 없기 때문에 적은 조명으로 조절하는 것이 좋다.

㉠ 기본 조명(플러드 조명): 매장 전체의 기본이 되는 조명으로 광범위하고 균일한 밝기를 유지해야 한다. 천장에 부착된 조명 장치부터 매장 전체를 비추는 조명으로 상품을 구별하고 매장을 안내하며 이용객의 행동에 불편을 주지 않도록 돕는다.

㉡ 상품 조명(스팟 조명): 연출 부분을 중점적으로 밝게 하여 상품에 대한 주목률과 가치를 높이는 조명이다. 쇼윈도, 진열대, 스테이지 등 상품을 보여 주거나 판매하는 장소에 강조점이나 하이라이트 램프로 사용된다. 상품 좌우의 조도 차이를 3~5배로 두면 입체감이 두드러진다. 광원을 선택할 때 입체감이나 질감을 살리고 싶은 경우 지향성이 강해야 하며 광택을 강조하고 싶다면 휘도가 높은 광원이 좋다. 상품 조명은 일반적으로 휘도가 높은 스포트라이트가 많으므로 광원이 눈에 자극을 주지 않도록 부착 위치나 조사 각도에 유의해야 한다. 조명은 발산하는 열과 자외선이 많아 상품을 변질시킬 수 있으므로 상품과는 적당한 거리를 유지해야 하며 상품을 자주 교체해 주는 것이 좋다.

㉢ 장식 조명: 빛 자체의 연출성과 장식 효과를 기대하여 사용되는 조명으로 매장 내부와 외부에서 독특한 분위기와 개성을 느끼게 한다.

④ 집기: 매장에 활용되는 집기는 진열과 연출의 기본이 되며 상품의 이미지전달에 기여하므로 매장을 개성 있게 만드는 데 큰 역할을 한다. 다양한 디자인의 집기들은 개성 있는 분위기를 연출하는 데 결정적인 요인이 되므로 상품의 디스플레이에 따라 공간과 조화롭게 보이도록 배치해야 한다.

㉠ 쇼케이스: 쇼케이스는 쉽게 더러워지거나 파손, 도난되기 쉬운 상품에 사용된다. 고객이 상품을 꺼내보기 쉽지 않다는 단점이 있으나 신상품이나 상품의 홍보를 위한 POP 광고물, 시즌 연출 소품 등을 활용한 VP 연출을 통해 고객의 시선을 유도하는 공간으로 활용된다.

🌸 TIP

휘도: 광원(光源)의 단위 면적당 밝기의 정도를 의미한다.

확인! OX

1. 윈도우는 안에서만 확인하며 작업해도 된다. (O , ×)

2. 조명은 고객들의 눈부심을 고려하며 설치해야 한다. (O , ×)

정답 1. × 2. ○

ⓛ 선반: 쇼케이스 진열상품보다는 저가 품목의 상품을 진열하는 집기로 여러 형태를 다량으로 진열할 수 있다. 특히, PP에 해당하는 공간 진열을 하면 효과적이다. 고정 선반은 유동성은 없을지 몰라도 시각적으로 멋있어 보일 수 있다.

ⓒ 디스플레이 테이블: 매장 출입구 부근에 쇼윈도의 역할을 할 수 있도록 테이블에 주력 상품이나 홍보하고자 하는 상품을 활용하여 VP 연출을 하면 좋다. 고객의 접근을 유도하고 점포의 이미지를 결정하는 데 중요한 역할을 한다.

ⓔ 테스터: 새로운 상품의 샘플을 전시하여 고객이 직접 테스트할 수 있도록 하는 기능성 집기이다. 브랜드와 상품의 동질성을 부각하는 역할을 하며 다양한 디자인과 컬러로 점포의 이미지를 향상시키는 역할을 한다.

ⓜ 판매대: 기획상품이나 바겐세일상품 등의 저가상품을 판매하기 위한 진열을 하는 집기로서 덤핑 진열에 활용한다.

ⓗ 계산대: 계산대는 항상 전문적으로 보여야 하며 붐비지 않고 사용하기 편리하게 유지되어야 한다.

| 3 | 매장 디스플레이 방법과 배치

① 쇼윈도 디스플레이: 쇼윈도 디스플레이에 사용할 제품을 골라 놓고 준비를 한 후 쇼윈도에 연출한다.

ⓐ 혼합형: 상품의 특성과 이미지를 적절하게 혼합하여 흥미로운 오브제를 연출하는 혼합형 쇼윈도 디스플레이는 주로 백화점, 전문점, 일반 소매점에서 볼 수 있는 형태로서 상품의 이미지를 잘 나타낸다는 특성이 있다.

ⓑ 상품 위주형: 보통 소형 소매점 및 전문점에서 많이 볼 수 있는 형태의 연출로 대부분의 쇼윈도가 취급상품을 진열함으로써 고객의 욕구를 자극하는 것이 특징이다. 다양한 상품을 보여 주는 공간이므로 보통 매장과 별도의 벽이 없이 윈도우의 면적 비율이 비교적 크다. 고객이 상품을 비교하고 선택하는 것을 돕도록 상품 정보를 POP를 사용해 연출하여 판매를 높이는 디스플레이 형태이다.

ⓒ 이미지 위주형: 상품의 정보를 전달하기보다는 매장의 이미지 표현에 중점을 둔 쇼윈도 디스플레이 형태이다. 주로 동일 업종이 밀집된 경우 장점을 부각하여 사람의 시선을 끌 수 있도록 하기 위한 형태로 상품보다 특별한 오브제를 활용하여 독특한 연출성과 예술성을 겸비한다.

🌸 TIP
디스플레이의 실행 과정
주제의 결정 → 공간의 특성 조사 분석 → 구상과 스케치 → 도면과 서류 작성 → 연습 → 재료의 구입과 준비 → 제작 및 시공 → 운반 및 설치 → 평가

② 매장 형태에 따른 디스플레이 ★★

　　㉠ 외장 진열: 점포의 성격을 한눈에 알리고, 고객의 발걸음이 점포 내로 연결되도록
　　유도하는 역할

개방형 진열	창을 통해서 화원의 내부를 볼 수 있는 형태로 내부 진열 자체가 홍보가 되어 고객에게 친밀감을 줄 수 있다. 하지만 진열을 잘못하였을 경우 지저분해 보일 수 있으니 청결에 유의해야 한다. 주로 분화류를 진열하며 냉난방의 효과는 떨어진다. 크기가 작거나 회전율이 좋은 상품을 주로 진열한다.
폐쇄형 진열	화원 내부와 분리되어 있는 형태로 창 주위를 폐쇄하여 전시공간을 만들어 화원의 내부가 밖에서 보이지 않도록 하는 유형이다. 독립된 공간으로 자유로운 디스플레이가 가능하고 화원의 개성을 표현하기에 좋다. 우아하고 고급스러운 이미지의 진열이다.
반 개방형 진열	폐쇄형과 개방형의 중간 형태로 커튼이나 블라인드로 일부를 가려 밖에서 화원 내부가 부분적으로 보이게 하는 형태이다. 폐쇄형과 개방형의 장점들을 활용할 수 있어 좋지만 복합형이므로 혼란스럽지 않도록 세심한 주의가 필요하다.

　　㉡ 내장 진열

섬형(아일랜드식) 진열	진열 방향을 모든 방향에서 볼 수 있도록 설치한 형태로 백화점이나 마트 등에 독립적으로 설치한 형태이다. 진열대를 쉽게 이동할 수 있도록 바퀴가 달린 진열대를 이용하는 것이 좋다. 고객이 사방에서 볼 수 있도록 하기 때문에 특정한 테마가 있을 시 효과적인 판매 전략이 될 수 있다. 통로의 폭과 진열대의 폭을 고려하여 고객의 동선에 지장이 없도록 한다.
창가(마그네틱) 진열	구매의도가 없는 잠재고객에게 흥미를 유도할 수 있도록 창가에 진열하는 형태로 고객을 자석처럼 점포 안으로 끌어들이기 쉽다고 해서 마그네틱 진열이라고도 한다. 일반적인 진열 방법과 테마별 진열 방법이 있다. 테마별 진열은 주기적으로 테마에 맞추어 1~2개월 전에 미리 전시하여 볼거리를 제공할 수 있다. 점포 안쪽은 깨끗하고 세련된 이미지로 연출하여 동행객이나 고객을 점포 안으로 끌어들이는 데 주안점을 둔다.
샘플 진열	고객이 쉽게 볼 수 있고 만질 수 있도록 진열하는 방법이다. 회전율이 높은 상품을 진열한다.

③ 융합서비스 공간의 디스플레이 형태(플라워 카페): 최근 플라워 샵과 식음료 및 바리스타 서비스 매장이 융합된 플라워 카페의 형태가 늘어나면서 플로리스트와 커피 바리스타의 업무를 효율적으로 융합할 수 있는 디스플레이가 증가하고 있다. 화훼 식물과 커피의 이미지를 극대화할 수 있는 가공화 응용상품과 허브 식물, 디퓨저 등의 다양한 상품들을 활용한 디스플레이로 매장을 운영하고 있다.

꽃 TIP

내장 진열 시 주의해야 할 점
▶ 잘 계획된 동선의 흐름으로 고객의 이동을 유도해야 한다.
▶ 점포의 통로는 고객의 동선에 따라 여러 각도로 관심을 끄는 주요 상품을 전시함으로써 고객들의 시선을 하나의 관심에서 다른 관심으로 이동시키게 된다.
▶ 벽면에는 포인트를 주어 상품의 진열공간으로 활용한다.
▶ 계산대 주변은 핵심상품, 구매상품, 회전이 잘 되는 상품 또는 이익이 높은 상품으로 진열하는 것이 좋다.
▶ 식물의 초장(초본 식물의 지표에서 선단까지의 길이)이 짧거나 볼륨이 작은 상품은 앞쪽에 진열하고, 초장이 길거나 볼륨이 큰 상품은 뒤쪽에 배치하여 진열의 안정감을 준다.
▶ 매장의 조명은 매장 분위기를 고급스럽게 만들어 주고 상품을 부각하는 효과가 있으므로 잘 활용한다.

④ 디스플레이 배치

㉠ 화훼디자인을 통한 쇼윈도 디스플레이를 실행한다.

- 계절적 화훼 재료를 이용한 쇼윈도 디스플레이를 통해 계절감과 생동감을 표현한다.
- 자연이 주는 색채감을 살려 표현한다.
- 크리스마스. 핼러윈데이, 밸런타인데이 등 특정일에는 테마의 전달에 용이한 식물 소재를 이용한다.
- 그린이라는 색채를 통해 안정감, 편안함을 느낄 수 있도록 하고 인위적인 장식품에서 볼 수 없는 신선함, 부드러움을 살려서 작업한다.
- 디자인의 유행을 분석하여 새로운 기법, 표현을 가미하여 활용한다.

㉡ 매장 디스플레이 상품 및 작품을 배치한다.

- 쇼윈도 및 매장의 진열과 연출, 상품 배치 방법, POP 광고 등 다양한 구성요소들을 반영하여 차별화된 디스플레이로 배치한다.
- 화훼상품 연출 시 상품의 콘셉트를 정확히 반영하고 고객 시선의 높이, 매장 내부의 밝기, 진열대 등을 고려하여 각 시즌에 맞는 디스플레이 계획을 세운다.
- 플라워 매장은 규모가 작은 공간이 대부분이므로 동선 확보에 주의하여 디스플레이를 계획하고 상품배치를 자주 변화시켜 매장에 생동감을 준다.
- 상품의 성격에 따라 작품을 그룹화하고 고객의 수요와 심리 및 행동을 예측하여 배치한다.

01

☐△☒ | ☐△☒

VMD 구성요소에 대한 설명 중 옳지 않은 것은?

① IP – 개개의 상품을 분류하여 보고 고르기 쉽게 진열하는 것이다.
② PP – 분류된 상품의 판매 포인트를 보여 주는 것이다.
③ VP – 매장의 전체적인 이미지를 보여 주는 것이다.
④ VP – 테크닉적인 디스플레이가 중요하다.

03

☐△☒ | ☐△☒

디스플레이에 대한 설명으로 틀린 것은?

① 상품의 이미지전달과 홍보를 위한 장식 효과를 고려하는 것은 필수적이다.
② 다양한 공간에서 이루어지는 장식공간의 특성보다는 상품 진열대의 장식에 신경을 써야 한다.
③ 화훼상품 고유의 특징이 명확하게 보이도록 분류하는 것이 좋다.
④ 4계절의 특성상 계절에 따라 변화를 주어 홍보하는 것이 좋다.

02

☐△☒ | ☐△☒

상품을 판매하는 것뿐만 아니라 매장의 이미지를 팔기 위한 목적을 가지고 있는 것을 무엇이라고 하는가?

① 비주얼 머천다이징
② 디스플레이
③ VP
④ PP

04

☐△☒ | ☐△☒

다음 중 상품 위주의 연출법은?

① 혼합 연출법
② 사실적 연출법
③ 사용상황 연출법
④ 추상적 연출법

해설

01 VP는 테크닉적인 디스플레이보다 테마의 표현이 중요하다.

04 상품 위주의 연출법은 한 품목 연출법, 동일 상품군 연출법, 관련 상품 연출법, 혼합 연출법 등이 있다.

정답 **01** ④ **02** ① **03** ② **04** ①

05

□△☒ | □△☒

서로 다른 외양의 상품군을 한 공간에 연출할 때 효과적인 연출 방법으로 낮은 단에서 높은 단으로 차례차례 시선을 이동하면서 상품군을 하나씩 보는 데 유리한 연출법은?

① 추상적 연출법　　② 사실적 연출법
③ 반사실적 연출법　④ 층계식 연출법

06

□△☒ | □△☒

디스플레이의 목적과 관련이 없는 것은?

① 진열된 상품만을 즉시 판매하기 위함이다.
② 상품을 보여 주고 홍보함으로써 판매를 일으킨다.
③ 구매자가 매장 안으로 들어오도록 유도한다.
④ 상품의 연출법이나 트렌드 등을 알려 준다.

07

□△☒ | □△☒

VMD의 구성요소 중 알기 쉽고 만지기 쉽고 선택하기 쉽고 사기 쉽게 분류하여 진열하는 것을 무엇이라고 하는가?

① VP　　　　　　② VIP
③ IP　　　　　　④ PP

08

□△☒ | □△☒

디스플레이를 계획하면서 고객층을 파악할 때 분석요소가 아닌 것은?

① 고객의 연령　　② 고객의 직업
③ 고객 선호도　　④ 고객의 이름

09

□△☒ | □△☒

다음 진열의 원칙 중 주의(Attention) 유발을 위한 가장 효과적인 요소는?

① 가격　　　　　② 상품정보
③ 쇼핑 시간　　　④ 조명

10

□△☒ | □△☒

고객의 흥미(Interest) 유발을 위한 가장 효과적인 요소는?

① 소도구　　　　② 진열의 초점
③ 조명　　　　　④ 분수 설치

해설

06 진열된 상품 자체에 관심이 없더라도 잠재적 수요자를 대상으로 자극을 주고 호기심을 일으켜 매장으로 발길을 유도하는 것이다.

09 고객의 주의를 끌기 위해서는 점포의 진열, POP 광고, 조명, 소도구 등을 이용한다.

11

◯△✕ | ◯△✕

화훼상품의 진열 방법에 대한 설명으로 잘못된 것은?

① 고객이 상품을 선택하기 쉽게 진열한다.
② 상품의 종류별로 진열하는 것이 좋다.
③ 고객의 호기심을 유발할 수 있는 진열이 좋다.
④ 최대한 다양하고 많은 물건을 진열하는 것이 중요하다.

12

◯△✕ | ◯△✕

진열의 원칙에 해당하지 않는 것은?

① 구매행동　　　　　② 충동
③ 기억　　　　　　　④ 흥미유발

13

◯△✕ | ◯△✕

벽 설치물에 가장 적합한 진열 방법으로 한 제품을 놓는 것이 여러 제품을 놓는 것보다 효과적이며 물건을 보충하기도 쉽고 기능적이다. 또한 같은 컬러나 같은 스타일의 제품별로 배열하면 좋은 진열 방법은?

① 컬러 진열　　　　② 수평적 진열
③ 섬형 진열　　　　④ 라이트업 진열

14

◯△✕ | ◯△✕

상품 진열 방법 중 효과적인 방법이 아닌 것은?

① 상품에 가격을 표시하는 것이 좋다.
② 같은 용도별 상품끼리 모아 놓는다.
③ 고객의 동선을 고려하여 진열한다.
④ 시선이 많이 닿는 곳에 잘 팔리지 않는 상품을 진열하여 관심을 유도한다.

15

◯△✕ | ◯△✕

소매화원의 외장 진열 방법 중 개방형 진열에 대한 설명으로 옳은 것은?

① 고객에게 친밀감을 준다.
② 청결에 신경 쓰지 않아도 된다는 장점이 있다.
③ 주로 절화류를 진열한다.
④ 크기가 크더라도 튀는 상품들을 배치하는 것이 좋다.

16

◯△✕ | ◯△✕

소매화원의 외장 진열 방법 중 개방형 진열의 특징으로 옳지 않은 것은?

① 회전이 쉬운 상품으로 진열한다.
② 주로 작거나 꽃이 피는 분화류를 진열한다.
③ 내부 분위기와는 다른 상품을 진열한다.
④ 고객과의 친밀한 관계를 유도하는 형태이다.

해설

11 매장공간의 사용도와 중요도에 따라 판매상품을 효과적으로 선별하는 것이 좋다.

12 진열의 원칙은 주의, 흥미유발, 욕망, 기억, 구매행동이다.

14 시선이 많이 닿는 곳에 주력상품을 진열하는 것이 좋다.

정답　**11** ④　**12** ②　**13** ③　**14** ④　**15** ①　**16** ③

17

◯△✕ | ◯△✕

상품 진열 방법 중 효과적인 방법으로 가장 거리가 먼 것은?

① 앞쪽에는 안정감을 위해 키가 작은 식물들을 주로 진열한다.
② 상품을 종류별로 분류하여 진열하는 것이 좋다.
③ 시선이 잘 닿지 않는 곳에 잘 팔리는 상품을 진열하여 구매를 유도한다.
④ 상품에 가격을 표시하는 것이 좋다.

18

◯△✕ | ◯△✕

화훼류 상품의 진열 효과를 올리기 위한 점검사항이 아닌 것은?

① 고객의 동선을 잘 파악하여 진열하였는가?
② 계산대 주위가 잘 정리되어 있는가?
③ 기간이 지난 홍보물이 부착되어 있는가?
④ 계산대 주위에 잘 안 팔리는 물건을 잘 진열해 놓았는가?

19

◯△✕ | ◯△✕

플라워 샵의 내부 조명에 대한 설명으로 거리가 먼 것은?

① 식물의 광합성에 도움을 준다.
② 스팟 조명의 사용으로 주목률과 가치를 높인다.
③ 고객을 끌어들인다.
④ 기본 조명은 균일한 밝기를 유지하는 것이 좋다.

20

◯△✕ | ◯△✕

물건 판매의 진열 요령으로 좋지 않은 것은?

① 변화율이 낮은 상품도 진열한다.
② 고객의 동선을 파악하여 진열한다.
③ 중앙에는 핵심상품을 진열하는 것이 좋다.
④ 크기별로 진열하되 용도별로 구별하지 않는 것이 좋다.

해설

18 계산대 주변은 핵심상품, 구매상품, 회전이 잘되는 상품 또는 이익이 높은 상품을 진열하는 것이 좋다.

정답 17 ③ 18 ④ 19 ③ 20 ④

CHAPTER 3

화훼장식 상품 기획

이 단원은 이렇게!

화훼장식 상품 기획은 고객의 요구를 분석하여 상품을 구상하고 실행예산을 수립한 후 상품을 기획하는 능력을 말해요. **고객요구도, 포지셔닝, 절화의 품질 기준, 실행예산을 세울 때의 가격책정법** 등을 알아 두어야 해요.

---

01 상품 구상

고객이 요구하는 상품을 상담일지와 주문서에 따라 구상하고 필요한 재료와 규격, 수량을 파악하여 디자인하는 것이다. 간단한 상품의 경우는 상품 제작계획서가 생략될 수 있으며, 상품주문서에 기재된 내용을 바탕으로 제작을 하면 된다.

| 1 | 상품 구상

① 상품의 구성요소

　㉠ 상품기능: 특징, 품질, 스타일 등으로 구성된다.

　㉡ 상표: 특정 판매업자의 제품 및 서비스를 다른 판매업자들로부터 차별화하기 위해 사용하는 명칭, 상징, 기호, 로고 등이다.

　㉢ 포장: 제품기능, 의사전달기능, 가격기능을 수행하며 마케팅에 도움을 주는 중요한 판촉 도구이다.

　㉣ 고객서비스: 고객이 중요하다고 생각할 만한 요소를 중요도에 따라 충족시켜 주어야 하며 서비스 수준도 고객이 기대하는 수준과 경쟁사의 수준을 모두 고려해야 한다.

② 고객의 요구도 분석

　㉠ 고객의 요구사항 및 목적 파악 ☆

　　• 생일, 축하, 개업, 취임, 출산 등 어떤 용도로 구매하는지 파악한다.

　　• 꽃다발, 꽃바구니, 화환, 분화상품 등의 구매상품의 종류 및 특이사항을 파악한다.

　　• 고객의 예상가격 범위에서 고객이 원하는 상품을 파악한다.

　㉡ 상담일지 및 견적서 작성: 상품의 종류, 상품 디자인, 상품의 가격, 상품의 용도, 상품 설치 장소, 상품 배송 일자, 상품 메시지 등의 상담일지를 작성하고 상담일지를 통한 견적서를 작성한다. 견적서에는 인건비, 이윤, 세금 및 부대비용을 포함하여 상품의 원가를 산정한 후 작성한다.

　㉢ 주문서 작성: 상담일지 및 견적서를 바탕으로 실제 세부사항이 적힌 주문서를 작

⚙ 출제 경향 마스터

▸ 상품을 구상할 때 중요한 요소는 무엇인가?

▸ 포지셔닝이란 무엇인가?

꽃 TIP

고객 요구도 파악에 필요한 능력

▸ 지식: 상품 디자인, 상품의 용도 및 상품 재료에 대한 풍부한 지식

▸ 기술: 견적서 작성, 다양한 고객층의 요구 파악, 배송 장소나 상품 설치 장소에 대한 이해도, 상품원가 산정 능력 등과 관련된 기술

▸ 태도: 고객의 요구를 적극적으로 수용하고 어떤 상품을 원하는지 파악하려는 태도, 주문한 상품에 대한 분석적 태도, 주어진 업무에 대한 성실성, 친절한 응대, 부당한 요구에 적절히 대항하며 원만한 협의를 이끌어 내려는 태도

확인! OX

1. 간단한 상품의 경우에도 상품 제작 계획서가 필요하다.
　　　　　　(○, ×)

2. 상품을 구상할 때는 고객의 요구도를 먼저 분석해야 한다.
　　　　　　(○, ×)

정답 1. × 2. ○

고객의 구매에 따른 제품의 개념

▶ 핵심제품: 소비자들이 제품을 구입할 경우 그들이 실제로 구입하고자 하는 핵심적인 이익이나 문제를 해결해 주는 서비스 예 갈증해소의 욕구, 아름다워지려는 소망 등

▶ 유형제품: 핵심적인 효용을 유형의 제품으로 형상화한 모습을 일반적으로 상품이라고 한다. 즉, 유형제품은 구체적으로 드러난 물리적 속성이라 할 수 있다. 예 브랜드 커피, 품질, 스타일, 상표, 포장 등

▶ 확장제품: 핵심제품과 유형제품을 지원하는 추가적인 서비스와 혜택 예 보증, A/S, 구매 시 배달서비스 등

꽃 TIP

▶ 절화상품 제작: 절단된 생화를 이용하여 꽃다발, 꽃바구니, 플라워 박스 등의 상품을 제작하는 것으로 일정 기간 동안 두고 감상할 수 있다.

▶ 분화상품 제작: 주로 뿌리가 있는 식물을 화기에 심어 판매하는 것으로 다육정원, 관엽정원, 디시가든, 테라리움 등이 있으며 잘 관리하면 장기적으로 감상할 수 있는 상품이다.

▶ 가공화 상품 제작: 살아 있지 않은 건조화, 프리저브드, 조화 등을 이용하여 새로운 상품으로 재탄생시키는 상품이다.

확인! OX

1. 기업이 의도하는 제품 이미지를 고객의 마음속에 인식시키는 것을 포지셔닝이라고 한다. (○, ×)

2. 상품 디자인 기획 시 고객상담일지를 꼭 참고하여야 한다. (○, ×)

정답 1. ○ 2. ○

성한다. 상품명, 고객명, 고객연락처, 수신인, 수신인 연락처, 배송 일자, 설치 장소, 전달 메시지 등을 고려하여 작성한다.

ⓔ 상품 설치 장소 선정: 상담일지와 주문서에 따른 상품 설치 장소를 선정해야 한다. 상품의 크기, 무게, 고객의 요구도에 따라 상품을 설치할 장소를 사전 답사하여 설치 장소에 대해 미리 파악하고 배송 방법과 배송 인력을 준비하는 것이 좋다.

ⓜ 상품원가 산정: 상품원가는 고정비와 변동비로 나누어 구분할 수 있다. 고정비에는 임대료, 인건비 등이 포함되며 변동비에는 원재료비, 배송료 등의 제반경비들이 포함된다. 원재료비는 순수한 꽃 재료와 부자재뿐만 아니라 폐기처분되는 재료나 상품 제작 과정에서 손실되는 재료까지도 포함한다.

③ 상품의 유형과 용도
ⓐ 상품 유형: 절화상품, 분화상품, 가공화 상품
ⓑ 상품 용도: 개인 행사(이벤트), 기업 행사
- 개인 행사: 프러포즈, 결혼, 돌잔치, 생일, 기념일, 승진 퇴임 등
- 기업 행사: 신제품발표회, 창립기념일, 이/취임식, 교육행사 등

④ 상품 구상 시 유의할 점
ⓐ 간단한 상품은 상품주문서에 기재된 내용을 바탕으로 구상 후 제작하면 된다.
ⓑ 고가의 상품이나 대량 주문 제작 시 상품 제작계획서를 작성하는 것이 좋다.
ⓒ 제작계획서에는 물품구매에서 상품 배송 전까지의 과정, 인력, 자금, 시간 등을 기재하는 것이 좋다.

⑤ 포지셔닝(positioning) ★★
ⓐ 포지셔닝의 개념: 기업이 의도하는 제품 개념과 이미지를 고객의 마음속에 위치시키는 것으로 쉽게 말하여 시장에서 위치를 잡는 일이다.
ⓑ 포지셔닝 전략
- 소비자들의 인식 속의 현재 포지션을 파악한다.
- 장기적인 관점에서 경쟁우위 및 소비자의 관심을 끌 수 있는 포지션을 탐색·발견한다.
- 동일 포지션상의 경쟁업체에 대한 분석을 명확하게 한다.
- 자사의 시간과 비용, 규모의 성장률 등을 고려하여 단계적인 포지셔닝 전략을 수립한다.
- 신속한 마케팅 계획과 실행을 통한 포지션을 획득한다.
- 획득한 포지션의 지속적인 유지 및 강화 노력이 필요하다.
ⓒ 포지셔닝 전략의 차별화 변수
- 상품 차별화: 속성, 성능, 적합성, 내구성
- 지원서비스 차별화: 용이한 주문, 적기 배달
- 인적자원 차별화: 직원의 능력, 예절, 믿음성, 전문성
- 유통채널 차별화: 범위, 전문지식, 성과
- 이미지 차별화: 심벌, 문자, 시청각 매체

| 2 | 상품 디자인

상품을 완성하는 데 가장 중요한 요인 중 하나이다.

① 상품 디자인
 ㉠ 고객 상담일지와 주문서에 기재된 상품 내용을 구체화하는 단계이다.
 ㉡ 화훼 재료에 대한 지식, 상품 디자인에 대한 지식을 숙지해야 한다.
 ㉢ 디자이너의 생각을 표현할 정도의 드로잉 실력을 갖추고 있으면 좋다.
 ㉣ 드로잉은 간단한 미술 도구를 활용하여 그리거나 컴퓨터 그래픽 프로그램을 활용하여 그리기도 한다.

② 상품 디자인 과정
 ㉠ 고객의 요구도에 맞는 가장 중요한 컨셉을 잡는다.
 ㉡ 어떤 상품을 만들어야 하는지 주제를 설정한다.
 ㉢ 상품의 큰 형태를 잡는다.
 ㉣ 상품의 색상을 결정한다.
 ㉤ 상품의 디테일한 질감을 결정한다.
 ㉥ 필요한 주재료와 부재료를 결정한다.

| 3 | 상품 재료

① 상품 재료 준비의 필요성: 상품은 재료의 품질과 수량에 따라 상품의 완성도에 큰 영향을 받는다. 예를 들어 특정 생화의 경우 특정 시기에만 생산되기도 한다. 따라서 시기별 생화 재료의 판매 유무를 파악하는 것은 디자이너의 기본적인 일이라고 할 수 있으며, 이에 대한 준비가 되어 있지 않을 경우 사회적 · 기후적 요인에 의하여 필요한 재료를 예상한 가격이나 원하는 수량만큼 확보하지 못할 수도 있다. 특히 일반적으로 쓰지 않는 특이한 재료들은 미리 도매상에 주문을 하여 물량을 확보하는 것이 중요하다.

② 상품 재료 준비 사항
 ㉠ 재료의 판매 유무, 규격, 수량을 파악한다.
 ㉡ 특이한 재료는 미리 도매상에 주문하여 물량을 확보한다.

꽃 **TIP**

제품 포지셔닝: 자사제품이 경쟁제품과 다른, 차별적인 경쟁우위요인을 확보하여 고객의 니즈를 보다 잘 충족해 줄 수 있다는 인식을 심어 주는 과정이다.

꽃 **TIP**

드로잉: 이미지를 설명하기 위해 연필, 펜 등으로 형태를 묘사하여 대상을 재현하는 그래픽 과정이다. 프리핸드 드로잉은 손으로 그린 것을 말하며, 도구나 기계를 사용하여 그린 것은 투시도라고 한다.

02 실행예산 수립

실행예산이란 경비, 이윤 등 각종 부대비용을 제외하고 순수하게 상품 또는 작품을 제작하는 데 소요되는 실비를 말한다. 계획서에 따라 재료의 품목을 조사한 후 재료구매목록을 작성하고 시장조사를 실시한다. 이를 통해 실행예산을 수립함으로서 계획적이고 능률적으로 소요자금을 준비할 수 있다.

| 1 | 재료구매목록

① 재료품목조사: 화훼 재료와 부재료로 구분하며 규격은 특대, 대, 중, 소가 기준이 된다. 단위는 낱개 또는 단으로 나눈다.
  ㉠ 주재료 및 부재료 파악
    • 주재료: 절화, 분화, 가공화 등으로 상품을 분류한다.
    • 부재료: 화기나 플로랄 폼, 철사의 종류 등이 얼마나 필요한지 파악한다.
  ㉡ 가격정보 파악
    • 절화 도매시장: 터미널 꽃시장은 재배농가에게서 위탁을 받아 판매하고 금액의 일부를 판매 수수료로 받는다. 일부 도매상의 경우 경매를 통해 낙찰된 절화를 판매하기도 한다. 도매의 경우 한 단씩 판매하며 절화의 종류에 따라 단이 묶인 개수가 다르므로 개수 파악을 명확히 하여야 한다.
    • 분화 도매시장: 대도시 주변에 중소화훼단지가 형성되어 있다. 서울의 경우 과천, 양주, 원당 등 산재해 있다.
    • 가공화 도매시장: 절화도매시장에 위치한 부재료 상가에서 함께 취급한다.

② 시장조사 ✿
  ㉠ 조사한 품목별 재료에 따라 시장조사를 한다. 절화상품용 식물 재료와 부재료를 구분해서 시장조사를 하는 것이 바람직하다. 절화상품용 식물 재료는 시장별로 가격이나 품질의 차이가 있기 때문에 구매계획서를 기준으로 시장조사를 해야 한다. 부재료는 인터넷을 통한 시장조사도 가능하다.
  ㉡ 절화의 경우 도매시장의 요일별·날짜별로 가격의 차이가 있으며 시즌별로도 큰 차이가 있을 수 있다. 수입꽃의 경우 시장에 유입되는 날짜를 잘 알고 있는 것이 좋다. 원가판별(화훼시세)은 한국농수산식품유통공사 aT 화훼공판장 홈페이지의 경매 시세를 검색하여 기간별 절화의 경매원가를 확인할 수 있다.
  ㉢ 시장조사의 단계 ✿
    • 기초조사: 기본적인 정보를 기존의 시장조사 보고서, 매출보고서, 회계장부, 인터넷 등으로 먼저 실시하는 조사이다. 기본적인 시장규모, 시장추세, 생산량 통계, 판매량 통계 등 시장전반에 걸친 정보를 얻을 수 있다.
    • 기획조사: 상업적인 조사기관을 이용하여 판매, 구매, 유통 등의 자료를 정기적으로 수집한 후 원하는 고객에게 정기적으로 계약 판매를 할 수 있다. 원하는 자료만 골라서 조사할 수

있다는 장점이 있다.

- 직접조사: 기초조사나 기획조사를 하였으나 자료가 충분치 않을 때 직접 시장조사를 하면 더 많은 정보를 얻을 수 있다.

③ **구매계획서:** 구매계획서는 매주 작성하여야 하며 웨딩이나 파티 등의 특별한 행사가 있을 경우에는 그 행사에 대한 구매계획서를 작성한다.

ㄱ 작성일, 구매 예정 일자, 작성자 이름을 기입한다.

ㄴ 제작하고자 하는 상품의 품명과 이에 따라 필요한 재료목록을 기입한다.

ㄷ 생화의 재료명과 수량, 단가, 금액이 작성되어야 한다.

ㄹ 부재료의 종류, 단가, 수량을 정확히 기입하여야 한다.

ㅁ 구매계획서를 작성할 때는 사전 시장조사를 하는 것이 좋다.

ㅂ 예상지출금액을 산정하고 예산 합계액을 초과하지 않았는지 확인한다.

ㅅ 최종 검토 후 구매내역을 확정한다.

④ **절화의 품질에 따른 적절한 구매 재료:** 절화의 품질 평가 기준을 이해하면 매입 시 좋은 품질의 절화를 선택하는 데 도움이 된다. ☆

ㄱ 외적 품질

- 꽃: 꽃의 종류와 품종, 모양, 크기의 균일성, 색, 개화도, 향기, 병해충의 상해, 오염 상태 등을 상세히 나누어 평가한다.

- 잎: 병해충, 농약의 잔재, 물리적 상처 등이 없이 고유의 색을 신선하게 유지하고 있는 것이 좋다. 잎이 누렇게 변했거나 떨어지는 것, 물리적 상처나 병충해, 각종 오염 등은 품질이 낮아지는 원인이 된다.

- 줄기: 줄기의 길이, 곧음, 굵기, 강도 등에 따라 평가한다. 꽃의 크기에 비해 줄기가 지나치게 가늘면 꽃의 무게를 감당하지 못해 목 구부러짐 현상이 생기기도 하며, 반대로 꽃의 크기에 비해 줄기가 굵으면 시각적으로 비율이 맞지 않아 보인다. 즉, 줄기는 너무 굵거나 가늘지 않으면서 휘지 않고 강한 것이 좋다.

ㄴ 내적 품질: 외적 품질 평가가 높다 할지라도 화병에서 수명이 짧으면 상품가치가 하락할 정도로 절화의 수명은 중요하다. 그러나 사실 이것은 유통 과정에서의 식별과 평가가 어렵다. 물 부패에 의한 도관 폐쇄, 에틸렌에 의한 낙화, 위조, 증산의 불균형 등 신선도를 잃게 하는 데에는 다양한 원인이 있고 품종에 따른 차이도 발생할 수 있기 때문이다.

ㄷ 사회적 요소: 시대의 유행이나 경제사정에 따라 움직이기 쉬운 변동 품질이다. 나아가 이들 요인은 외적 및 내적 품질에 관여하여 최종적인 품질 평가라 할 수 있는 시장가격에까지 큰 영향을 미친다.

이것만은 꼭!

상품별 구매 요령

- **절화:** 꽃의 모양이 좋고 물올림이 잘 된, 깨끗하고 신선한 절화를 선택한다. 꽃이 너무 피거나 너무 피지 않은 것보다 적당히 핀 것이 좋으며, 화색이 선명하고 향기가 좋아야 한다. 줄기가 두껍고 단단하며 곧은 것이 좋다. 잎사귀는 마르지 않고 신선한 것이 좋다.
- **분화:** 뿌리가 튼튼하고 도장이 되지 않은 것, 잎이 많은 것을 선택한다. 오랫동안 팔리지 않아 겉흙이 딱딱하게 굳은 것은 피하는 것이 좋다.
- **관엽식물:** 전체적으로 균형이 잡히고 병든 잎이나 상처가 없으며 고유의 색과 모양이 뚜렷한 것, 뿌리가 튼튼한 것을 선택한다.

⑤ 절화와 분화의 품질 평가 기준

㉠ 절화의 품질 평가 기준 ☆

항목	기준	배점
절화 상태 (25)	꽃과 줄기가 기계적 또는 해충, 응애, 병에 의한 피해가 없는 것	10
	외관상 신선하고 꽃의 구성 요소가 양호하며 노화의 징조가 없는 것	15
형태 (30)	외형이 바른 것	10
	지나치게 어린 봉오리 또는 개화하지 않은 것	5
	잎이 균일한 것	5
	꽃의 크기, 화경의 길이와 두께 간의 균형이 양호한 것	10
색 (25)	화색이 선명한 것	10
	균일하고 품종의 특성을 잘 나타내고 있는 것	5
	퇴색되지 않은 것	5
	농약 살포의 흔적이 없는 것	5
줄기와 잎 (20)	줄기가 튼튼하고 곧은 것	10
	잎의 색이 적당하고 황백화 또는 괴사 증상이 없는 것	5
	농약의 잔류물이 없는 것	5

㉡ 분화의 품질 평가 기준

항목	기준	배점
분화 상태 (20)	외관이 신선하고 내용이 충실하며, 노화증상이 없는 것	10
	꽃이나 줄기에 기계적인 상처나 병충해 피해가 없는 것	10
재배 (20)	꽃의 크기와 수가 품종에 알맞은 것	20
형태 (20)	식물체가 용기에 비하여 지나치게 크거나 작지 않고 균형이 맞는 것	10
	좋은 형태를 가진 것	10
색깔 (20)	꽃의 색깔이 선명하고 깨끗한 것	10
	시든 것이나 잔류물이 없는 것	10

줄기와 잎 (20)	식물의 줄기가 강하여 스스로 지탱하는 것 (보통 지주가 필요한 것은 제외)	10
	시든 것이나 잔류물이 없는 것	10

⑥ 재료구매목록 및 구매처 작성

   ㉠ 구매 일자, 구매목록표, 구매처 목록표, 작성자의 소속 · 직위 · 이름을 기입한다.

   ㉡ 구매한 상품의 품명과 재료별 거래처, 이에 따른 필요한 재료목록을 기입한다.

   ㉢ 재료별 규격 · 단위 · 금액 · 수량 · 총액을 기입한다.

   ㉣ 구매한 목록표를 확인하고 구매가 잘 이루어졌는지 확인한다.

   ㉤ 지출총액을 확인하고 매입 예산액을 초과하지 않았는지 확인한다.

   ㉥ 재료별 거래처의 세부사항(업체명, 위치, 연락처 등)을 기입한다.

   ㉦ 구매처 목록표에 제외된 거래처가 없는지 확인한다.

   ㉧ 최종검토 후 구매내역을 확정한다.

| 2 | 실행예산

예산은 기업의 전반적인 계획의 일부분으로서 경영 활동의 계획을 공식적으로 계량화하여 표현한 것이다. 이 예산을 작성하는 행위를 예산 편성이라고 하고 예산을 통하여 기업 활동을 통제하는 것을 예산 통제라고 한다. 실행예산을 수립할 때는 화훼 재료, 화훼 부재료, 인건비, 제반경비, 예비비 등을 포함하는 것이 좋다.

① 예산 기간

   ㉠ 운영예산은 대개 1년을 기준으로 작성하는 것이 좋다. 이 1년은 회사의 회계 연도와 일치해야 하는데 이는 예산과 실적을 비교할 수 있어야 하기 때문이다. 실제로 많은 기업들이 시간이 지남에 따라 예산자료의 검토와 재조정을 용이하게 하기 위하여 1년 예산을 분기별로 나누어 작성한다.

   ㉡ 특히 화훼시장의 경우 절화시장의 도매가 변동이 잦으므로 주별, 월별 실행예산서를 작성하는 것이 구매 계획을 세우는 데 도움이 된다.

② 실행예산서

   ㉠ 판매가격: 기본적인 가격책정은 공급과 수용에 의하여 조절된다. 나아가 매장에서 월별 회계를 이해하고 판매수익을 올리며 이를 바탕으로 더 좋은 상품을 제작하고 이익을 얻을 수 있는 가격을 책정한다.

     • 가격의 개념: 판매자가 제공하는 상품에 그에 관련된 서비스를 더한 대가

🌸 TIP

화훼류 경매 시세: '한국농수산식품유통공사 aT 화훼공판장' 홈페이지에 의하면 화훼류 경매 시세는 양재동 화훼공판장 중도매인들이 전자식 경매를 통하여 낙찰받은 가격이다. 중도매인들의 제비용 등이 전혀 포함되어 있지 않으므로 도소매 구입금액과는 차이가 있으나, 화훼류 경매 시세를 통해 현재 화훼 시세를 인지하고 변동 시기나 원인을 분석하여 원가를 예측하는 데 도움이 된다고 한다.

★ 알아 두면 좋아요 ★

정부공사예정가격: 정부가 국고 부담으로 공사 등을 발주할 때 기준이 되는 입찰상한가격. 정부공사낙찰가격은 예정가격 이하 수준에서 결정되며, 예정가격은 실제거래가격을 원칙으로 하되 적정한 거래실례가 없을 때는 원가계산을 통해 산정한다. 시설공사의 경우엔 원가계산에 따라 예정가격을 결정하는데 여기에는 재료비와 노무비, 경비, 일반관리비, 이윤 등이 포함된다. 산정 방법은 수요기관에서 내놓은 설계가격을 바탕으로 조달청에서 별도로 원가계산을 통해 조사가격을 산출, 조사가격에서 일정비율(보통 2~4%)을 삭감해 책정하고 있다.

가격의 구성요소

- 판매가격 = 매입원가(매입가격＋매입비용)＋마진(영업비용＋이익)
  - 매입원가: 매입가격＋매입비용(운임, 운송비, 보험료, 보관료 등)
  - 판매원가: 매입원가＋영업비(포장비, 발송비, 광고비, 직원 월급 등)
  - 마진: 판매가격－매입원가
  - 마진율: 판매가격에 대한 마진의 비율

ⓛ 가격결정요인

- 내부요인
  - 가격목표: 가격목표는 마케팅목표와 같아야 하며 시장 확대와 경쟁력 확보를 목적으로 한다.
  - 마케팅 혼합 전략: 가격은 기타 혼합요인과 조화를 이루어야 한다.
  - 원가 구조: 기업의 원가 구조는 가격의 하한선을 제공한다.

- 외부요인
  - 제품시장 및 수요특성: 가격은 시장 상태와 소비자들의 수요탄력성에 따라 달라진다.
  - 경쟁제품의 가격 및 품질: 경쟁제품은 자사제품의 가격을 결정하는 데 지침을 제공하며 자사제품의 품질에 따라 상대적으로 가격이 결정된다.
  - 법적요인: 정부정책이나 법적 규제는 가격결정에 영향을 준다.

ⓒ 가격책정 방법 ☆

- 백분율분할 가격책정법: 판매가격은 경영비, 상품원가, 순수익 등으로 구성되며 해당 매장의 특성을 고려하여 비율을 적절히 조절한다. 상품의 원가 백분율에 근거를 두나 상품의 원가가 판매처에 따라 달라질 수 있으므로 매장에 맞는 백분율을 정하는 것이 좋다.

> 총판매가(100%) = 경영비(55%)＋상품의 원가(35%)＋순수익(10%)

- 표준비 가격책정법: 매장에서 가격을 결정하는 가장 일반적인 방법이다. 표준도매가에 노동비, 운영비, 이윤 등을 고려하여 도매가를 두 배 또는 그 이상으로 가산하는 표준화된 이율을 적용하여 가격을 산출한다. 기본적인 재료의 도매가격에 작품 제작비, 포장비, 배송비, 유지 관리비, 재고부담비 등이 반영되는 것으로 융통성 있는 가격책정법이다. 바구니 용기나 수반, 화병 등은 별도 산정하며 훼손될 수 있는 품목들은 조금 더 높은 비율로 책정될 수 있다.

- 인건비(노동비)를 포함한 가격책정법: 각 품목의 도매가에 의해 결정한다. 예를 들어 분화상품은 식물도매 가격의 3~5배와 부재료 도매가격의 2배를 더한 총액에 제품에 투입되는 전문 기술에 따른 인건비를 20~25% 정도 합한 가격이다.

> 예 판매액 = 노동비＋재료비＋예비비
> 노동비 = {(생화가격×3)＋(부재료가격×2)}×0.25
> 재료비 = (생화가격×3)＋(부재료가격×2)

- 원가가산 가격결정법: 원가에 일정한 이익을 가산한 가격을 판매가격으로 결정하는 방식이다. 제품의 원가와 이익률만을 이용하여 가격을 결정하기 때문에 적용하기 쉽고 내부자료만으로 가격을 산출할 수 있다는 장점이 있다. 재화나 서비스에 대한 가격탄력성이 크지 않고 경쟁이 치열하지 않을 경우 활용된다. 다만, 시장의 수요상황, 경쟁사의 가격 등을 고려하지 않는다는 한계가 있다.

$$가격 = 제품단위원가 + 표준이익$$
$$= 단위원가 / (1 - 예상판매수익율)$$

- 목표수익률 가산법: 기업이 투자에 대한 목표수익률을 달성할 수 있도록 가격을 산정하는 방법이다.

$$가격 = 단위원가 + \{(투자액 \times 목표수익률) / 예상판매량\}$$

- 경쟁중심가격법: 자사제품의 비용 및 수요예상이 곤란하거나 경쟁자의 반응이 불확실한 경우 경쟁자가격을 기준으로 가격을 산정하는 방법이다.
- 소비자 기대 수준 가격결정법: 구매자의 기대치를 기준으로 가격을 산정하는 방법으로 가격의 상한선을 제공해 준다.

③ 실행예산서 작성
  ㉠ 매주 금요일 다음 주의 상품주문을 기준으로 주별 상품 예산을 계획한다.
  ㉡ 전년도 같은 달의 실행예산서를 검토하여 해당 금액을 입력한다.
  ㉢ 전년도 같은 달의 매출과 상품 판매를 확인하고 예상 실행예산서를 작성한다.
  ㉣ 제품을 만들기 위해 필요한 재료와 재료별 수량을 산정하여 작성한다.
  ㉤ 현재 화훼시장에서 거래되는 재료별 시세를 조사하여 재료별 매입예산서에는 단가, 판매금액, 재료예산금액이 있어야 한다.
  ㉥ 인건비, 임대료, 공과금, 기타경비 지출액을 기입한다.
  ㉦ 예산 합계액을 산출한 후 비교하여 이번 달의 예상 수익을 검토하고 필요 부분을 수정한다.
  ㉧ 실행예산서를 최종 확정한다.

TIP

원가가산 가격결정법의 단점
▸ 공급업자의 이익이 확실하게 보장되어 있어 원가절감의 동기가 없고 오히려 원가를 부풀릴 수 있다.
▸ 투하된 자본에 일정수익률을 보장하는 방법으로 이익을 결정하는 경우에는 지나치게 많은 자본을 투입할 가능성이 있다.
▸ 전부원가접근법과 총원가접근법은 가격결정의 기초가 되는 원가에 고정비가 포함되므로 제품별 고정비의 배부가 왜곡되는 경우에는 잘못된 가격결정을 내릴 가능성이 있다.
▸ 가격을 결정할 때 제품의 수요와 경쟁기업의 반응을 무시할 수 있다.

TIP

가격책정 방법
▸ 침투가격정책: 경쟁 제품보다 낮은 가격대로 책정
▸ 고가가격정책: 경쟁 제품보다 높은 가격대로 책정
▸ 명성가격정책: 고가품보다 더 높은 가격대로 책정

03 / 상품 기획

작품의 목적에 따라 방향을 정하게 되며 작품의 성격과 가치가 어느 정도 결정되는 단계
이다. 상담일지와 주문서에 따라 상품 제작계획서가 고객요구에 적합한지 분석하고 상품
제작계획서와 실행예산서를 통해 상품 제작설계서를 작성할 수 있다.

| 1 | 상품 제작 계획

① 상품 제작의 정보를 분석한다.
  ㉠ 상담일지, 주문서에 기재된 내용을 확인하고 기존의 유사상품 사례연구를 통해 제
    작에 필요한 기본적인 사항에 대해 분석한다.
  ㉡ 제작할 상품의 차별화를 위해 경쟁업체의 경쟁상품 사례를 조사하여 유사한 사항
    이나 참고할 사항이 있는지 확인한다.
  ㉢ 트렌드 설명회, 전시회 등을 참관하거나 서적, 잡지, 인터넷을 통해 자료를 수집하
    여 최신 경향에 대해서 분석한다.
  ㉣ 해외 시장조사를 실시하여 상품 제작에 필요한 참고사항에 대하여 조사한다.

② 상품 제작 계획을 한다.
  ㉠ 기획회의: 상품 제작에 소요되는 예산과 제작할 물량, 생산원가 등을 계획한다. 상
    품구성 계획에서 단일상품, 혼합상품, 세트상품 등 다양한 상품 조합에 대하여 회
    의한다.
  ㉡ 디자인개발: 정보 분석과 상품 기획회의 단계에서 논의되었거나 도출된 의견들
    을 종합하여 디자인 시안을 마련한다. 시안이 정해지면 이를 바탕으로 시제품을 제
    작한다.
  ㉢ 품평회: 제작이 완료된 시제품에 대하여 품평회를 열어서 매장의 임원, 매니저, 직
    원 등의 의견을 수렴한 후 디자인, 재료, 컬러 등을 수정·보완한다. 경우에 따라
    서는 상품 제작을 의뢰한 고객에게 시제품에 대한 의견을 듣고 피드백할 수 있다.

③ 상품 제작 설계도를 작성한다.
  ㉠ 설계도의 종류

구분	특징
스케치	상품을 간단하게 표현한 것으로 상품 구성을 통해 소요되는 주재료를 파악하고, 연필, 드로잉 펜, 볼펜, 샤프 등으로 스케치한다.
개념도	아이디어 개발을 위한 기초적인 디자인을 시각화한 도면이다. 디자인 초기의 아이디어를 스케치한 개략적인 제도이며 단순한 평면적인 형태로 나타낸다.
정면도	제작할 상품을 정면으로 바라보고 그린 것으로 상품의 크기에 맞춰 축적하여 그린다.
평면도	제작할 상품을 위에서 바라보고 그린 것으로 상품의 크기에 맞춰 축적하여 그린다.

측면도	제작할 상품을 측면에서 바라보고 그린 것으로 상품의 크기에 맞춰 축적하여 그린다.
입면도 및 상세도	입면도는 작품을 수직으로 바라보고 그린 것으로 입체적으로 투영된 모습을 크기에 맞춰 축적하여 그린 도면이다. 상세도면이 필요한 경우 상세도를 그린다.

ⓒ 도면 용지 및 선의 종류

- 도면 용지의 종류: 도면을 그리는 제도 용지에는 모눈종이라고도 하는 방안지, 반투과성인 트레이싱지, 순백의 고급 도화지인 켄트지 등이 있다.
- 선의 종류

구분	굵기	선의 굵기	용도
실선	굵은선	0.8mm	단면의 외형이나 외곽을 표시
	중간선	0.5mm	사물의 외형을 표시
	가는선	0.3mm 이하	치수를 기입하기 위해 표시
허선	파선	－ －－ － － －	물체의 보이지 않는 부분을 표시
	1점 쇄선	－ · － · － · － ·	물체의 중심이나 기준을 표시
	2점 쇄선	－ ·· － · － ·· － ·	1점 쇄선과 구분하며 가상으로 표시

| 2 | 작업지시서

작업지시는 업체 간 혹은 부서 간에 계약이 체결된 것을 전제로 한다. 이때 작업지시서는 거래처나 제작 부서에 필요한 업무를 지시하기 위하여 작성하는 것이다. 작업지시의 내용으로는 제작 방법, 재료의 종류, 상품 크기, 색상 등의 제작에 필요한 사항들과 물건의 배송, 거래, 기타 업무사항들을 기재할 수 있다. 특히, 디자인의 형태와 제작 과정에서의 유의사항에 대하여 명확하고 자세히 기재하여 제작 시 발생할 수 있는 오류나 위험요소를 줄여야 한다. 필요에 따라서 상품도면 및 상세도, 시제품 이미지 사진을 첨부할 수 있다.

작업지시서 기재 내용 ☆
- 상품명 기재
- 작업 담당자의 기본정보와 날짜
- 상품가격과 제작수량
- 제작에 필요한 재료의 종류와 품질
- 작업의 방법과 순서
- 작품의 색상, 소재의 크기 등 상품의 기본사항
- 주의사항 및 고객 요구사항
- 제작 기법, 마무리 정도를 규정
- 현장설치가 필요한 경우 현장작업조건을 고려한 준비사항과 마무리사항
- 제작 완료 후 검품 방법
- 완성된 상품의 관리 방법
- 기타 주의사항

| 3 | 화훼장식의 기능 ✿

① **장식적 기능**: 생활공간, 상업공간, 예술적인 공간 등에서 다양한 형태로 장식하는 기능을 한다. 실내외 장식으로서 아름다운 공간을 연출하여 건물과 공간에 이미지 상승 효과가 있으며 살아있는 식물이 주는 생동감이 자연 친화적인 분위기를 유도한다. 또한 계절별 식물의 변화에서도 아름다움을 준다.

② **건축적 기능**: 공원이나 놀이동산 등에 꽃을 이용한 탑, 조형물 등은 시선을 끌고 호기심을 불러일으키는 효과가 있고 건물 외벽을 감싸는 덩굴성 식물들은 건축미와 더불어 건물의 온도를 조절하는 효과가 있다.

③ **심리적 기능**: 식물의 녹색은 시각적, 심리적으로 안정감을 주어 삶의 질을 높여 준다. 또한 분식물을 가꾸면서 생기는 성취감, 책임감 등으로 인하여 자존감이 높아지고 자아성찰의 효과를 누리기도 한다.

④ **환경적 기능**: 공기정화 기능으로 이산화탄소를 흡수하고 산소를 방출하는 식물의 광합성은 포름알데히드 등 유해물질을 흡수한다. 또한 증산작용으로 습도를 유지하며 온도 조절, 음이온 발생 등의 이로운 역할도 하고 있다. 또한 향기를 제공하는 허브식물이나 꽃은 그 성분에 따라 스트레스 해소 등의 효과를 주기도 한다.

⑤ **교육적 기능**: 식물을 지속적으로 유지하고 관리하기 위해서는 식물에 대한 기본 지식이 필요하다. 식물의 생장과 생리에 대한 지식을 습득하는 과정에서 자연학습의 기회를 얻을 수 있으며, 관찰력과 집중력을 높일 수 있다.

⑥ **치료적 기능**: 꽃의 색상을 보고 향기를 맡는 행위를 통해 안정감을 느낄 수 있고, 소근육 및 대근육을 이용한 작업이 가능하며, 호흡 및 근육계 등에 치료 효과를 느낄 수 있다.

⑦ **경제적 기능**: 화훼장식물을 이용한 상업적 공간연출은 사람들의 시선을 끌 뿐만 아니라 편안한 분위기를 제공하여 매출의 증대에 기여할 수 있다. 또한 화훼상품의 판매를 통해 경제적 소득을 얻을 수 있으며, 쾌적한 분위기 조성으로 일의 능률을 높이고 이를 통한 수익 증가도 기대할 수 있다.

확인문제

01
☐△✕ | ☐△✕

자사제품이 경쟁제품과 다른 차별적 경쟁우위요인을 확보하여 고객의 니즈를 보다 잘 충족시켜 줄 수 있다는 인식을 만들어가는 과정을 무엇이라고 하는가?

① 제품 포지셔닝
② 고객관리
③ 상품 홍보
④ 상품 기획

02
☐△✕ | ☐△✕

고객의 요구도 분석사항에 대한 설명으로 옳지 않은 것은?

① 어떤 용도로 구매하는지 파악해야 한다.
② 구매상품의 종류 및 특이사항을 파악한다.
③ 주문하는 고객의 취향에 맞으면 용도에 맞지 않아도 된다.
④ 주문서 작성 시 고객명과 연락처를 꼭 기재하여야 한다.

03
☐△✕ | ☐△✕

상품의 구성요소 중 상품의 기능에 해당하지 않는 것은?

① 특징
② 포장
③ 품질
④ 스타일

04
☐△✕ | ☐△✕

특정 판매업자의 제품 및 서비스를 다른 판매업자들로부터 차별화하기 위해 사용하는 명칭, 기호, 로고 등을 무엇이라고 하는가?

① 상표
② 포장
③ 품질
④ 가격

해설

01 제품 포지셔닝은 기업이 의도하는 제품 개념과 이미지를 고객의 마음속에 위치시키는 것이다.

02 제품은 사용 용도에 맞게 추천해 주는 것이 좋다.

정답 **01** ① **02** ③ **03** ② **04** ①

05

□△✕ | □△✕

상품 구상 시 유의할 점으로 옳지 않은 것은?

① 간단한 상품의 경우 상품주문서에 기재된 내용을 바탕으로 구상 후 제작하면 된다.
② 상품의 가격이 고가이거나 상품을 대량 주문하는 경우 상품 제작계획서를 작성하는 것이 좋다.
③ 제작계획서에는 물품 구매에서 상품 제작까지의 과정만 기재하는 것이 좋다.
④ 상품 구상 시 고객의 요구사항을 잘 숙지하여야 한다.

06

□△✕ | □△✕

자사제품의 비용 및 수요예상이 곤란하거나 경쟁자의 반응이 불확실한 경우 경쟁자가격을 기준으로 가격을 산정하는 가격설정 방법은 무엇인가?

① 원가가산법
② 경쟁중심가격법
③ 목표수익률가산법
④ 소비자 기대 수준 가격책정법

07

□△✕ | □△✕

절화의 품질요소 중 내적 품질에 해당하는 것은?

① 절화의 크기
② 절화의 길이
③ 절화의 형태
④ 절화의 수명

08

□△✕ | □△✕

절화의 품질을 떨어뜨리는 주요한 요인이 아닌 것은?

① 양분의 축적
② 도관의 막힘
③ 에틸렌 발생
④ 병해 발생

09

□△✕ | □△✕

절화의 품질을 평가하는 기준이 아닌 것은?

① 전처리 유무
② 절화의 형태
③ 줄기의 길이
④ 병충해 유무

해설

05 제작계획서에는 물품 구매에서 상품 배송 전까지의 과정, 인력, 자금, 시간 등을 기재하는 것이 좋다.

07 절화의 내적 품질요소 중 절화의 수명은 가장 중요하다. 외적 품질 평가가 높다 할지라도 화병에서 수명이 짧으면 상품가치가 하락하게 된다.

08 양분의 축적은 화색 발현 및 유지에 도움이 될 수 있다.

정답 05 ③ 06 ② 07 ④ 08 ① 09 ①

10

◯△✕ | ◯△✕

절화의 품질요소 중 외적 품질 기준에 해당하지 않는 것은?

① 절화의 수명
② 물리적 상처
③ 꽃, 줄기, 잎의 균형
④ 화색의 선명도

12

◯△✕ | ◯△✕

경쟁제품보다 낮은 가격대를 책정하는 가격책정 방법을 무엇이라고 하는가?

① 원가가산 가격정책
② 명성가격정책
③ 고가가격정책
④ 침투가격정책

11

◯△✕ | ◯△✕

백분율분할 가격책정법에 의하여 가격을 책정하였을 때 판매액이 20,000원인 분화류를 판매하였다면 순이익은 얼마인가?

① 2,000원
② 4,000원
③ 7,000원
④ 11,000원

13

◯△✕ | ◯△✕

카네이션 다발을 만드는데 카네이션의 원가가 15,000원이고 인건비는 판매가격의 20%, 운영비는 판매가격의 25%, 순이익은 판매가격의 15%라고 했을 때 카네이션 다발의 총판매가격은? (단, '판매가격 = 상품원가＋인건비＋운영비＋순이익'이다.)

① 30,000원
② 37,500원
③ 42,500원
④ 45,000원

해설

10 절화의 수명은 내적 품질 기준이다.

11 '총판매액(100%) = 경영비(55%)＋상품원가(35%)＋순이익(10%)'이므로 20,000원의 10%인 2,000원이다.

12 ①의 원가가산 가격정책은 '원가＋일정한 이익 = 판매가격'으로 결정하는 방식이다. ②의 명성가격정책은 고가품보다 더 높은 가격대로 책정하는 것이고, ③의 고가가격정책은 경쟁제품보다 높은 가격대로 책정하는 것이며, ④의 침투가격정책은 경쟁제품보다 낮은 가격대로 책정하는 것이다.

13 $15{,}000 + 0.2a + 0.25a + 0.15a = a$
$a(1 - 0.2 - 0.25 - 0.15) = 15{,}000$
$0.4a = 15{,}000$
$a = 37{,}500$

정답 **10** ① **11** ① **12** ④ **13** ②

14

☐○△✕ | ☐○△✕

재화나 서비스의 원가에 일정한 이익률을 고려하여 시장 가격을 결정하는 방식에 해당하는 것은?

① 원가가산 가격결정
② 침투가격결정
③ 명성가격결정
④ 백분율분할 가격결정

15

☐○△✕ | ☐○△✕

어느 소매점에서 1개월 간 고객 수가 600명이고, 상품의 단가는 100,000원, 상품의 마진율이 20%라고 했을 때 월 매출액은?

① 6,000,000원
② 1,200,000원
③ 4,800,000원
④ 60,000,000원

16

☐○△✕ | ☐○△✕

다음은 화훼장식의 기능 중 어떤 기능에 대한 설명인가?

> 건물벽을 덮는 덩굴성 식물이나 놀이동산에서 꽃을 이용한 탑, 조형물 등은 호기심을 불러일으키는 효과가 있다.

① 심리적 기능
② 환경적 기능
③ 건축적 기능
④ 교육적 기능

17

☐○△✕ | ☐○△✕

화훼장식 기능에 해당하는 내용으로 가장 옳은 것은?

① 장식적 기능 – 무대장식
② 교육적 기능 – 공기정화
③ 치료적 기능 – 자연학습
④ 경제적 기능 – 녹색의 편안함

해설

15 상품의 판매액×고객 수 = 매출액
100,000×600 = 60,000,000

16 건물외벽을 감싸는 덩굴성 식물들은 건축미와 더불어 건물의 온도를 조절하는 효과를 가져온다.

17 ②의 공기정화는 환경적 기능, ③의 자연학습은 교육적 기능, ④의 녹색의 편안함은 심리적 기능에 해당된다.

정답 **14** ① **15** ④ **16** ③ **17** ①

18

○△✕ | ○△✕

거래처나 제작 부서에 필요한 업무를 지시하기 위하여 작성하는 것을 무엇이라고 하는가?

① 견적서
② 작업지시서
③ 주문서
④ 계산서

19

○△✕ | ○△✕

작업지시서에 기재할 수 있는 내용이 아닌 것은?

① 제작 시 재료의 종류
② 제작 방법
③ 완성된 상품의 관리 방법
④ 홍보 방법

20

○△✕ | ○△✕

상품 제작 계획 시 제작이 완료된 시제품에 대하여 매장의 임원, 매니저, 직원 등의 피드백을 받아 디자인, 재료, 컬러 등을 수정하고 보완하는 것을 무엇이라고 하는가?

① 품평회
② 디자인개발
③ 기획회의
④ 작업지시

해설

19 작업지시서에는 제작 방법, 재료의 종류, 상품 크기 및 색상 등 제작에 필요한 사항들과 완성된 상품의 관리 방법, 거래, 배송 등에 관한 정보를 기재할 수 있다.

20 상품 제작에 소요되는 예산과 제작할 물량, 생산원가 등을 계획하는 것을 '기획회의(③)'라고 하고, 정보 분석과 상품 기획회의 단계에서 논의되었거나 도출된 의견들을 종합하여 디자인 시안을 마련하는 것을 '디자인개발(②)'이라고 한다. 제작이 완료된 시제품은 '품평회(①)'를 열어서 매장의 임원, 매니저, 직원 등의 의견을 수렴한 후 디자인, 재료, 컬러 등을 수정·보완한다.

정답 **18** ② **19** ④ **20** ①

CHAPTER 4

화훼장식 상품 홍보

이 단원은 이렇게!

화훼장식 상품 홍보란 상품 판매를 촉진할 수 있는 전시와 홍보 방법을 기획하여 상품을 전시하고 홍보하여 평가하는 능력을 말해요. **고객선호도 분석 방법과 홍보 방법, 전시 기법, 만족도조사 등을 기억해야 해요.**

출제 경향 마스터 ☀

▸ 상품 홍보를 위해 해야 할 일에는 무엇이 있는가?

▸ 고객만족도조사의 목적은 무엇인가?

🌼 **TIP**

홍보 계획의 과정
상품 홍보 및 시장조사 → 고객선호도 조사 → 상품 홍보 방법 선정 → 홍보계획서 작성 → 홍보예산서 작성

---

01 / **상품 홍보 기획**

홍보란 일반 대중에게 널리 정보를 알리는 것을 말하며, 상품 홍보는 매출증대를 목적으로 기업의 상품을 대중들에게 알려서 상품에 대한 인식이나 이해를 높이는 활동을 말한다. 일반적으로 상품 홍보는 먼저 상품 특성에 따른 홍보 시장조사를 한 후 고객선호도를 분석하고 이에 따라 상품 홍보 방법을 선택하는 식으로 이루어진다. 선택 후 홍보계획서를 작성한 후에는 홍보예산서를 작성하고 상품을 홍보하면 된다. ☆

│1│ 홍보 계획

① 상품 홍보 및 시장조사를 실시한다.
  ㉠ 제품, 시장, 수요, 소비자, 경쟁업체 등을 조사하는 것이다.
  ㉡ 상품 개념 및 인식조사: 상품의 특성상 종류, 가격, 품질이 구매에 어떤 영향을 미치는지 알아야 한다.
  ㉢ 목표시장조사: 목표시장을 선정하기 위해 먼저 시장을 세분화하고 다양한 소비자를 대상으로 설문조사를 한다. 의견이나 태도 등의 동질성에 따라 몇 개의 집단으로 구분하는 것이 좋다.
  ㉣ 매체조사: 기존고객과 방문고객에 대한 조사, SNS 조사 등을 토대로 하여 고객의 소비 형태를 파악하는 것이 중요하므로 목표시장에 적합한 매체를 선정하여야 한다.

② 고객선호도를 조사한다.
  ㉠ 오프라인조사: 직접 관찰 방법, 대인 면접, 전화, 우편물을 이용한 대인 질문 방법
  ㉡ 온라인조사: 인터넷을 이용한 홈페이지, 이메일, SNS, 빅데이터 분석 등의 방법

③ 상품 홍보 방법을 선정한다.

> 홍보 대상 목표고객을 설정 → 목표고객에 대한 메시지 도달 시점 선정 → 소요예산 산정 → 집행가능예산 책정 → 최적의 홍보매체 선정 → 홍보매체에 따른 홍보 방법 기획

④ 홍보계획서를 작성한다.
  ㉠ 상품명, 홍보의 주제, 홍보 프로그램, 홍보 대상, 홍보 기간을 기재한다.
  ㉡ 홍보의 목표와 방향을 설정할 때는 수치로 표현하는 것이 좋다.
  ㉢ 언론기관 홍보, 홈페이지 게재, 플래카드 설치, 유인물 제작 및 배포 등 홍보의 방법을 기재한다.
  ㉣ 홍보의 내용은 가능한 구체적으로 기재한다.
  ㉤ 홍보에 필요한 비용 산출 후 예산을 기재할 때는 향후 계획이 차질 없이 잘 진행될 수 있도록 자세히 기재하는 것이 좋다.

〈홍보계획서의 예〉

분류	내용		
상품명	카네이션 상품		
홍보 주제	어버이날		
홍보 프로그램	감사의 마음 표현하기	담당자	홍길동
홍보 대상	20대~50대		
홍보 기간	2025년 4월 20일~2025년 5월 8일		
홍보목표	1. 부모님께 감사의 표현으로 카네이션 선물하기 2. 매출목표: 65,000,000원 (10만 원 상품 500개, 5만 원 상품 300개) 3. 마음을 전하고 기뻐하는 부모님을 상상하기		
홍보 방법	인터넷 고객 10,000명에게 DM발송 주요 기업 및 SNS 활동가에게 상품 샘플 배송		
홍보 내용	어버이날 선물로 카네이션 상품		

홍보비용 및 예산	1. 샘플 제작
	  10개*35,000원 = 350,000원
	  10개*20,000원 = 200,000원
	  총 550,000원
	2. 고객 대상 무료 이벤트
	  6개*35,000원 = 210,000원
	  5개*20,000원 = 100,000원
	  총 310,000원		

⑤ 홍보예산서를 작성한다.
  ㉠ 홍보 부서와 담당자를 기재한다.
  ㉡ 홍보에 쓴 비용을 항목별로 자세히 기재한다.
  ㉢ 항목별 예산액, 전년도 예산액, 비교 증감을 기재한다.
  ㉣ 예산액, 전년도 예산액, 비교 증감의 총액을 기재하여 전체적인 예산액을 알아볼 수 있도록 한다.

〈홍보예산서의 예〉

부서	마케팅 부서	담당자	홍길동
항목	예산액(원)	전년도 예산액(원)	비교증감(원)
카달로그 제작 3,000*1000	3,000,000	2,000,000	↑1,000,000
지역신문 광고비 1,500,000*2	3,000,000	3,600,000	↓600,000
상품 홍보 리플릿 2,000*1,000	2,000,000	1,500,000	↑500,000
홍보 광고판 제작 100,000*10	1,000,000	1,000,000	0
홍보판 실사 출력 200,000*1	200,000	300,000	↓100,000
플래카드 제작 60,000*10	600,000	550,000	↑50,000
총액	9,800,000	8,950,000	↑850,000

⑥ 홍보예산 계산법
  ㉠ 총매출 대비 비율법: 전체 매출총액 대비 1% 등의 비율을 정해서 적용하는 방법이다. 가장 일반적인 사용 방법으로 다음 연도의 상품 판매량이 예측되면 판매 대비 비율을 적용하여 예산을 결정한다. 사용이 편리하다는 장점이 있으나 상품의 마진율을 고려하지 않은 채 매출만을 고려한다는 단점이 있다.
  ㉡ 전년 대비 증액법: 홍보예산을 책정하는 데 있어서 전년도에 1,000만 원을 홍보예산으로 사용하였다면 올해는 전년 대비 10%를 증액하여 1,100만 원을 사용하는 방법이다. 즉, 전년도에 대비하여 일정량을 증액하는 것을 말한다.
  ㉢ 총이윤 대비 비율법: 총매출 대비 비율법과 비슷한 방법으로 발생한 총이윤에 대비하여 비율을 정하고 적용하는 방법이다. 예를 들면 총 이윤이 1억이 발생하였을 경우 10%를 적용하면 1,000만 원이 홍보비로 책정되는 것이다. 사용이 편리하지만 매년 홍보예산비율을 수정해야 하는 단점이 있다.
  ㉣ 판매 단위 할당법: 다음 연도의 총판매량이 예측되면 단위당 고정 홍보비를 적용하는 것으로 사용이 편리하다. 판매가 성공적일 경우 더 많은 홍보비가 지출되며, 매년 홍보예산 비율을 수정해야 한다. 잦은 예산 산정의 가능성도 존재한다.
  ㉤ 판매점 지출법: 체인점이나 가맹점, 또는 매장이 여러 개 있을 경우 각 매장당 일

정 금액을 책정하여 홍보비를 지출하는 방식이다. 총 홍보비 및 지역별 예산 편성
이 가능하나 환경 변화에 적극적으로 대응하기는 힘들다.

ⓑ 경쟁사 비교법: 경쟁업체의 홍보 지출을 자사에 대입해서 경쟁업체 기준으로 홍보
예산을 계획하는 것이다. 사용이 편리하지만 경쟁업체의 홍보 활동에 지속적으로
주의를 기울여야 하며, 기업의 목표, 환경 변화에 적극 대처하기 힘들다.

ⓢ 목표 과업법: 마케팅과 홍보의 목표를 달성하고자 하는 홍보예산 방법으로 전체적
인 홍보 계획을 수립하여 진행한다. 그러나 과업달성을 위해 얼마만큼의 홍보예산
이 필요한지 판단하기 쉽지 않다.

ⓞ 지불능력 기준법: 업체에서 지불이 가능한 범위 내에서 홍보비를 책정하여 지출하
는 것이다. 소규모 업체의 경우 홍보에 지출할 수 있는 비용이 한정적이므로 이 방
법이 적합하다.

| 2 | 고객선호도 분석

목표에 맞는 상품 홍보 방법을 찾기 위해서는 고객선호도를 분석하여야 한다. 고객선호
도는 오프라인조사와 온라인조사로 알아볼 수 있다. 조사를 통해 수집한 자료는 선호도
에 따라 집단별로 구분하여 분석한 후 목표시장을 선정한다.

① 오프라인조사
　ㄱ 직접관찰 방법: 조사자가 직접 대상을 관찰하며 자료를 수집하는 방법을 말한다.
　ㄴ 대인질문 방법: 대인 면접, 전화, 우편물을 이용한 설문조사를 통하여 의견을 수렴
　　하는 방법을 말한다. ☆

대인 면접조사	조사자가 응답자를 직접 만나서 조사하는 방법이다. 다른 조사 방법에 비해 자세한 질문을 할 수 있으며, 기타 관련 정보도 얻을 수 있다. 하지만 조사비용과 시간이 많이 들며 조사 외적인 요인들로부터 오류가 발생할 가능성이 높다는 단점이 있다.
우편조사	조사자가 우편으로 설문지를 발송하면 응답자가 설문 내용에 응답 후 조사자에게 반송하는 방법이다. 대상의 범위가 넓고 비교적 저렴한 비용으로 진행할 수 있지만 다른 조사 방법에 비해 응답률이 아주 낮다는 단점이 있다.
전화조사	전화를 이용하여 조사하는 방법으로 면접조사에 비해 비용과 시간이 비교적 적게 들지만 조사할 수 있는 설문 문항 수에 제한이 있고 화훼디자인을 보여 줄 수 없어 설문 내용에도 한계가 있다. 또한 응답자를 통제할 수 있는 방법이 한정된다는 단점이 있다.

② 온라인조사: 전 세계로 연결되어 있는 인터넷을 이용하여 시간이나 장소의 제한에서
벗어나 신속하게 많은 응답자를 확보할 수 있다는 장점 때문에 널리 이용되고 있는 조
사 방법이다.
　ㄱ 홈페이지조사: 홈페이지에 방문하는 고정 방문자의 수가 많아야 효과가 있다. 또
　　한 설문 문항이 많으면 응답률이 낮을 수 있어 설문에 응할 시 이벤트를 하는 등의

방법을 고려하는 것이 좋다.

ⓛ 이메일조사: 설문 문항을 작성하여 이메일을 발송하면 대상자가 응답한 내용을 재발송하는 조사 방법이다.

ⓒ SNS조사: 간편하면서도 즉각적인 반응을 확인할 수 있으나 간단한 설문에 한정된다.

ⓔ 빅데이터 자료 분석: 많은 수의 고객들의 정보를 데이터로 정리하여 연관 있는 패턴이나 규칙을 발견하는 방법이다. 정보의 원천이 정확하여 신뢰성이 높고 양적으로도 방대한 양의 데이터를 바탕으로 한다.

③ **목표시장**: 목표시장은 소비자들의 구매 패턴에 따라 형성되는 시장 유형을 말한다. 시장을 세분화하기 위해 다양한 소비자를 동질성에 따라 몇 개의 집단으로 구분하는 것이 바람직하다.

| 3 | 상품 홍보

① 홍보 대상에 따른 홍보 ☆

ⓐ 대내적 홍보: 조직체의 구성원이나 그 사람의 가족, 고객, 거래처, 지역사회 등을 대상으로 하는 것을 말한다.

ⓑ 대외적 홍보: 대내적 홍보의 대상을 제외한 일반 대중들을 대상으로 한다. 언론, 정부, 각종 사회단체 등이 대상이 된다.

② 매체 구분에 따른 홍보: 기존고객의 정보나 SNS조사 등을 토대로 소비자 구매패턴을 파악하여 목표시장에 따라 적합한 홍보매체를 선정한다. ☆

ⓐ 인쇄매체

신문	홍보하고자 하는 메시지를 다수의 대중에게 전달해 주는 전통적인 매체이다. 독자층이 광범위하고 비용이 상대적으로 저렴하다. 하지만 사람들이 광고 자체를 읽지 않고 지나치는 경우가 많고 특히 젊은 계층은 무관심하다는 단점이 있다.
잡지	주간지, 월간지, 계간지 등 일정한 간격을 두고 정기적으로 간행되는 정기 간행물이다. 잡지마다 독자가 세분화되어 있고 독자의 관여도가 높다.
전단	일정 지역의 광범위한 개인을 대상으로 하는 판촉 수단이다. 지역을 한정할 수 있고 의외로 많이 읽혀지고 있다. 주로 개업하기 전에 아파트 단지 및 주택가 등을 대상으로 홍보하거나 아파트의 우편함을 이용하여 배포한다.
직접우편 (DM; Direct Mail advertising)	선정된 소비자 개개인에게 우편으로 홍보 메시지를 전달하는 방법이다. 주로 단골고객을 대상으로 꽃 상품의 정보를 정기적으로 제공하며, 종류로는 브로마이드, 카탈로그, 소책자 등이 있다.
태그(tag)	화훼매장의 이미지를 높여 주는 데 중요한 역할을 한다. 매장 이미지에 따라 브랜드 가치를 나타낼 수 있으며 꽃다발이나 꽃바구니의 상품에 부착하기 용이하다. 태그에 로고, 상호, 전화번호 등을 기재해서 상품을 받는 사람에게 매장을 홍보할 수 있다.

스티커	적은 비용으로 다양하게 활용할 수 있는 판촉물로서 절화나 분화 포장 시 붙여서 홍보에 이용할 수 있다.
달력	고객이 오랫동안 보관할 확률이 많다는 장점이 있어 제작비 이상의 효과를 기대할 수 있다. 계절에 맞는 매장의 주요 상품을 위주로 이미지를 제작하여 만드는 것이 좋으며 단골고객, 잠재고객이 많은 회사 등에 배포하면 큰 도움이 된다.

ⓛ 전파매체

라디오	장소와 시간의 제약이 없으며 불특정 다수에게 전달하는 매체이다.
TV	실감 있고 설득력 있는 최적의 홍보매체로 고화질로 시청이 가능해지면서 더욱 전달 효과가 높아지고 있다. 많은 고객에게 노출될 수 있으며 물건과 사용방법을 직접 볼 수 있다는 장점이 있다. 하지만 광고비의 부담이 크다.
인터넷 홈페이지	지속적이고 즉각적인 홍보가 가능하며 적은 비용으로도 운용이 가능하다. 자유게시판 등으로 다양한 의견을 수렴할 수 있으며 시공간의 제약 없이 세계적으로 홍보가 가능하다.
이메일	적은 비용으로 신속한 홍보가 가능하고 기존고객이나 특정 잠재고객을 정확히 선정하여 홍보할 수 있다는 장점이 있다.
SNS	스마트폰이 대중화되면서 각광받는 형태의 매체이다. 시공간의 제약 없이 전 세계를 대상으로 다양하고 많은 양의 정보를 빠르게 공유할 수 있으나 사생활 노출의 위험성이 있고 허위 사실의 구분이 어렵다.

ⓒ 옥외 광고매체

야외 광고	전통적인 광고 형태로서 일정한 지역의 불특정 다수가 볼 수 있도록 건축물 외부에 부착하는 간판, 게시판, 네온사인 등과 건축물 옥상이나 도로 주변에 전시하는 옥외 광고판이 있다. 다양한 메시지를 실을 수 있으나 수용자에 대한 측정이 어려우며, 단순하고 짧은 내용만 전달이 가능하다. 경기장 주변, 차량 통행이 많은 지역 등 사람들의 이동이 많은 곳에 설치하는 것이 효과가 좋다.
교통 광고	버스, 지하철, 택시 등 대중교통 수단과 교통시설을 이용하는 광고물이다. 비교적 저렴한 비용으로 장기간 노출이 가능하며 지역을 선별할 수 있다는 장점이 있으나 광고물의 훼손 우려와 광고상품에 대한 인식 저하가 문제시될 수 있다.

ⓡ 각종 후원 활동: 상품의 수익금 일부를 기부하는 것으로 매장의 이미지 향상과 함께 상품 홍보 효과를 가져온다. 유통기관을 이용한 광고에서 소비자가 상품 구매 시 광고, SNS 등을 통해 각종 후원 활동에 대한 정보를 전달받을 수 있다.

③ 홍보물 제작의 단계

ⓒ 제작 준비: 홍보물 제작의 계획 단계로 홍보할 상품이나 브랜드의 주제 등 홍보물에 들어갈 내용을 세부적으로 준비하여야 한다.

ⓛ 레이아웃 제작: 홍보물의 전체적인 디자인 형태를 만드는 단계이다. 글씨체, 이미지 등 여러 가지 요소들을 다듬어서 초안을 만든다.

ⓒ 출판 단계: 조판과 아트 제작이 끝나면 페이지를 조합하여 인쇄 전 작업을 통해 확인 후 이상이 없으면 출력을 한다.

④ 판매촉진: 소비자에게 특정 제품이나 서비스를 소개한 후 다량 판매를 이끌어 내기 위하여 단기간 이용을 목적으로 설계한 다양한 자극적 도구들이다. ☆

㉠ 판촉 대상에 따른 판촉물

소비자 대상	견본 쿠폰, 현금 환불 조건, 소액할인, 프리미엄, 경품, 무료 사용, 단골손님 혜택, 구매 시점 전시 및 시연
중간상인 대상	가격 인하, 무료제품, 광고 및 전시공제
기업 및 판매원 대상	전시회 및 회합, 판매원을 위한 경연회, 특별 광고

㉡ 가격 유형에 따른 판촉물

- 가격 판매촉진

쿠폰	구매자에게 명시된 제품을 할인된 가격으로 제공한다는 증빙서이다. 반복구매를 촉진하고 경쟁 브랜드의 구매자를 자사 브랜드의 구매자로 전환하는 데 효과적이다. 판매촉진 목적에 맞는 표적시장에만 정확하게 배포하기가 비교적 쉽다. 가격민감도가 높은 구매자들은 쿠폰으로 할인혜택을 받으려 하기 때문에 경쟁상품 간 가격차별화의 수단이 되고 결과적으로 기업의 이익을 높일 수 있다.
보너스 팩	같은 상품 또는 관련된 상품 여러 개를 묶어서 싼 가격에 판매하는 것이다. 한번 구입하였으나 특별한 이유 없이 그 상품에 정착하지 않았던 고객에게 만족감을 주며 가격 전략 면에서도 할인의 이미지가 없어 좋은 판매촉진 수단이다.
가격할인	한정된 수량의 상품에만 제조업자 측에서 특별한 할인처리를 하는 방법이다. 고객에게 가격할인을 인식시켜서 상품의 구입으로 연결되도록 하는 방법이다.

- 비가격 판매촉진: 직접적으로 상품의 가격을 할인해 주는 것은 아니기 때문에 상품가격 자체의 변화는 없으나 제품 사용 기회를 제공함으로써 상품에 대한 호감도를 높여 구매를 유도하는 방법이다.

견본 제공(Sample)	잠재고객층에게 상품 샘플을 배포하고 실제로 그 상품을 사용하게 하여 구매의욕을 자극하는 방법이다. 판매 대상 상품과 동일하거나 작은 크기의 상품을 고객에게 무료제공하거나 대여하면 고객은 그 상품을 직접 사용하고 편익을 확인하는 과정에서 상품과 친숙해짐으로써 구매에 대한 확신을 얻게 된다. 다만 많은 비용이 소요되므로 목표액 이상 판매되어야 효율적인 방법이다.
고정고객 우대	회사의 제품이나 서비스를 정기적으로 사용하는 고정고객에게 구매량이나 액수에 비례한 현금이나 제품 또는 서비스 등을 보상해 줌으로써 고객의 지속적 방문을 촉진한다.
콘테스트	소비자의 사용 후기 중 가장 우수한 것을 선정하여 상품을 증정한다.
스탬프	일정 구입금액에 상당하는 스탬프를 모아서 규정된 종이에 부착하여 제시하거나 송부하면 준비된 경품을 받을 수 있도록 한다.

⑤ 광고의 기능

    ㉠ 마케팅적 기능: 광고는 기업의 마케팅 목적을 달성하기 위한 촉진 수단이다.

    ㉡ 커뮤니케이션 기능: 기업은 광고를 통하여 제품과 서비스의 정보를 고객에게 전달하고 상품을 구매하도록 설득한다.

    ㉢ 경제적 기능: 광고를 통한 소비의 촉진은 기업 간의 경쟁을 통한 우수제품의 생산을 증대한다.

    ㉣ 사회적 기능: 고객이 상품에 대해 합리적인 가치판단을 할 수 있도록 소비자에게 알 권리를 제공하여 기본권을 충족해 준다.

    ㉤ 문화적 기능: 광고는 사회의 문화를 비추는 거울임에 동시에 그것을 선도하고 창출하는 역할을 한다.

⑥ 상품 광고의 유형

    ㉠ 비교 광고: 대상과의 비교를 통해 장점을 강조한다.

    ㉡ 단면 광고: 일화나 생활 속 단면을 보여 준다.

    ㉢ 증언식 광고: 제품을 사용해 본 소비자나 유명인의 증언이 등장한다.

    ㉣ 포스트모던 광고: 전달하는 메시지는 있지만 해석은 따로 제공하지 않는다.

    ㉤ 티저 광고: 브랜드를 밝히지 않고 호기심을 유발하여 주의 집중을 꾀한다.

    ㉥ 하드셀 광고: 제품의 특징이 주는 이익을 강력하게 소구한다.

    ㉦ 소프트 광고: 제품을 내세우지 않고 자연스럽게 유도한다.

---

02 / 상품전시

전시란 교육 · 감상 · 계몽 · 광고 · 판매 · 서비스 · 장식 등의 정보 전달을 하기 위하여 정해진 공간에 상품을 적절하게 배치하는 것이다. 홍보계획서에 따라 전시작품을 배치하기 위해 공간구성을 하고 전시계획서를 작성하여 전시 목적에 적합한 화훼장식 작품을 적절한 전시 기법에 따라 전시하는 과정이다. ☆

| 1 | 전시 계획

전시 디자인과 공공 디스플레이는 상업적 목적이든 공공을 위한 갤러리나 미술관이든 상관없이 전 세계적으로 일상생활의 중요한 일부분이 되고 있다. 우리는 과거보다 더 많이 여행하고 더 많은 것들을 보며 전시를 위해 인위적으로 조성된 환경에도 더 열광적으로 반응한다.

전시라는 말은 박람회(exhibition)에서 유래한 것으로 '토니베넷'이 "전시는 눈으로 소통하는 것이다."라고 말한 것처럼 전시는 매우 효율적인 소통매체이다. 충분한 시간을 가지고 특정 주제에 대해 많은 정보를 얻으려는 사람들은 잘 관리된 전시회를 방문하면 되는데, 이러한 전시회는 필요한 정보를 쉽게 이해할 수 있는 3차원적 여정의 형태로 구성되어 있다. 또한 전시는 깊이 있는 이해를 얻고자 하는 사람들에게 흥미롭고 심층적인 정보를 제공하고 고객에게 다양한 경험의 기회를 마련해 준다. 따라서 많은 고객들이 방문하는 잘 구성된 전시회는 그 전시 기간 동안 다른 마케팅 수단에 비해 보다 효과적인 마케팅 수단이 될 수 있다.

❋ 이것만은 꼭!

전시를 준비하는 순서
전시 기획 → 주제 선정 → 작가 선정 → 전시 기법 선택 → 표현 → 전시

① **전시계획서 작성**: 계획서에 따라 전시회의 성공 여부가 결정된다고 볼 수 있다. 가능한 구체적이고 세밀하게 준비하는 것이 좋다.
   ㉠ 조직위원 위촉 및 전시회 추진 일정 수립
   ㉡ 전시 주요사항(컨셉 및 주제, 전시 기간, 전시 장소) 선정
   ㉢ 전시 세부사항(전시출품자 추천, 작품 수 배정, 주최 · 주관 · 후원) 선정

〈전시계획서의 예〉

전시계획서				
전시명	자연을 이용하는 공간기획자			
주최 기관	(사)새울림원예복지협회			
전시 기간	20○○년 11월 30일 ～ 20○○년 12월 2일(3박4일)			
전시 장소	광주 시청 로비			
전시 시간	AM 10:00 ～ PM 6:00			
전시 배경	플라워디자인의 홍보 및 생활 속 플라워			
전시 컨셉	플라워 인테리어			
전시 주제	공간 속의 꽃			
테마	웨딩장식	부케, 바디장식 각 1작품 5디자이너	벽장식	각 1작품 5디자이너
	콜라주	각 1작품 5디자이너	테이블장식	각 1작품 5디자이너
	드로잉	각 5작품 5디자이너	크란츠	각 1작품 5디자이너
	식물 심기	각 1작품 5디자이너	공간장식	각 1작품 5디자이너
전시 규모	총 면적 1,080m²			
전시수량	디자이너 5명, 총 65점 전시			
전시 홍보 방법	– 화훼시장에 포스터 전시 – 관련기관 및 협회 안내장 발송 – 관련 교육기관 팸플릿 발송			
전시 연출 기법	– 중앙을 포함하여 6개 구역으로 구분하여 웨딩장식, 식물 심기, 벽장식, 테이블, 크란츠로 전시하고 입구에는 콜라주로, 중앙에는 드로잉으로 전시한 후 동선 체크 – 기타 필요한 자재 조명은 기본사항 제공			

② 전시 계획을 위한 전시 홍보

㉠ 전시 홍보의 단계

- 홍보예산 수립: 홍보에 필요한 항목을 도출하고 홍보물 제작에 소요되는 예산을 수립한다.
- 홍보대행업체 선정: 홍보대행업체를 공모하여 제안서, 홍보비, 업체 규모, 업체 경력 등 다양한 항목에 대하여 평가한다. 평가 결과에 따라 업체를 선정 후 계약을 체결한다.
- 홍보 방법 선정: 홍보업체의 제안과 기존의 홍보 계획을 비교하여 홍보 방법을 수정 및 선정하고 홍보 세부 계획을 수립한다.
- 홍보물 제작 및 배포: 소규모 화훼작품전시회의 경우 일반적으로 관련 잡지에 광고를 하거나 도매시장에 팸플릿을 배부하고 포스터를 붙인다. 또한 관련 교육기관에 카탈로그나 초대장 등을 전달하기도 한다. 전시의 규모가 크다면 전시 홍보에 많은 비용을 투입하고 준비하는 것이 좋다.

ⓛ 홍보물의 종류와 특징 ✿

보도자료	홍보는 보도자료의 제작으로 시작된다. 보도자료는 전시의 특징, 기간, 장소, 전시 시간, 입장료, 부대 행사 등 전시를 전체적으로 파악할 수 있도록 준비하는 것이 좋다. 방송에 보도자료를 전달하고자 할 때는 전문 기자를 찾기 어려울 수 있으므로 기자간담회를 개최하는 것도 좋은 방법 중의 하나이다. 또한 장기간 열리는 전시회의 경우 전시 기간 내내 잊지 않고 홍보될 수 있도록 단계별 홍보 활동을 하는 것이 좋다. 예 신문, 방송
인쇄물	인쇄물은 주로 전시정보의 제공과 기록 등을 위해 만들어진다. 인쇄물의 발송은 관련 교육기관이나 관련 협회, 도매시장 등에 하는 것이 좋다. 특히 교육기관은 단체관람을 현장학습의 기회로 삼는 경우가 많기 때문에 좋은 홍보 기회가 될 수 있다. 예 포스터, 전단, 초대권, 전시티켓, 카탈로그 • 포스터, 전단: 매체가 다양해지면서 과거에 비하여 홍보 효과가 다소 떨어지지만 여전히 중요한 전시정보전달이다. • 입장권(초대권): 전시 입장권(초대권)에는 주제, 이용 시간, 장소, 교통편, 가격 등의 정보를 표시한다. 입장권은 예상 관객 수를 고려하여 적당히 제작하는 것이 좋다. • 카탈로그: 전시의 규모나 기간 등을 고려하여 종이 재질, 제작 부수, 디자인을 정하고 예산에 맞추어 제작해야 한다. 전시회의 주제나 작품, 작가에 대한 설명이 들어갈 수 있다.
인터넷 및 기타	최근 인터넷의 발달로 인하여 SNS의 노출이나 개인 메일 발송을 통하여 홍보하는 것도 좋은 방법이 될 수 있다.

③ 전시 기획

  ⓐ 전시예산 수립: 대관료, 전시장 연출비 및 행사비, 시공비, 전시 진행비, 도록 제작비 등을 포함한다. 시공비용은 운송, 재료, 각각의 품목을 제작하고 설치하는 데 필요한 여러 요인을 포함한다.

  ⓑ 전시 대행업체 선정: 대규모 전시의 경우 전시 전문업체가 대행하여 전시를 진행한다.

  ⓒ 전시 연출 기법 선정: 전시대, 테이블 및 의자, 조명 등의 용품을 활용하여 작품에 맞는 연출 기법을 선정하고 전시에 활용한다.

  ⓓ 전시공간 구성: 관람객의 동선, 작품의 장르와 크기, 수량, 특성 등에 따라 배치한다.

④ **작품 전시**: 작품의 설치는 최소 전시회 하루 전, 경우에 따라서는 한 달 전부터 설치한다. 되도록이면 전시 작품은 어느 정도 완성된 상태로 준비해 가면 좋은데, 제한된 시간 내에서 현장에서 발생하는 시간의 오차 범위를 줄일 수 있기 때문이다. 작품을 운송할 때는 작품이 훼손되거나 파손되지 않도록 적절한 재료나 용기로 포장하여야 한다. 전시설치가 완료되면 도록을 만들기 위한 사진을 촬영한다. 또 전시회 개회식을 위한 리허설을 진행하면서 인사말, 격려사, 시상식 등에 차질이 생기지 않도록 반복하여 연습한다. 식전 행사로 축하공연을 하기도 한다. 개회식에서는 초청한 내·외빈들의 의전을 위한 안내요원을 배치한다. 전시회 기간 동안은 안내요원을 배치하여 작품의 안내 및 작품이 훼손되지 않도록 주의한다.

⑤ **전시작품 철수**: 전시가 종료되면 바로 철수를 진행한다. 일반적으로 철수에는 하루의 시간이 제공되며 작품이 훼손되지 않도록 나무상자, 종이 박스, 충전재 등으로 작품을 보호하여 옮기는 것이 좋다. 특히 작품이 큰 경우 분해하여 이동하는 것이 바람직하다. 절화는 전시 종료와 함께 관상가치가 급격히 하락하므로 폐기하고 기타 기자재나 용기 등은 재활용할 수 있도록 한다. 분화나 가공화는 건물의 로비나 관련 기관에 홍보용으로 재전시할 수도 있다.

⑥ **전시 후 평가**: 전시가 종료되면 설문지 등을 통하여 전시 결과에 대한 평가를 하는 것이 좋다. 이는 전시회에서 잘못된 부분이 재발하는 것을 방지하고 다음 전시회를 기획할 때 필요한 자료로 사용할 수 있기 때문이다. 또 다음 전시회를 위한 전시장소 또는 주관 기관을 선정하고 전시회 도록을 발간하여 배포한다.

| 2 | 전시 환경

① **전시 장소** ✿

전시의 규모나 참가 작가의 수, 작품의 수 등에 따라 전시공간을 섭외하고 선정한다. 유명한 전시장의 경우 2~3년 전부터 대관 계약이 완료된 경우도 많아서 전시 규모에 따라 전시장을 미리 확보해 두는 것이 중요하다. 또한 일부 전시물들은 크기가 너무 커서 특정 장소에만 전시할 수 있거나 운반이 어려운 경우가 있으니 전시물의 이동 경로나 운반 통로 등을 확인해 보아야 한다. 습도와 온도, 조명의 밝기 등은 전시물에 영향을 주므로 전시 장소의 내부와 주변 환경을 잘 알아 둘 필요가 있다.

② **개방형 전시공간의 특징**

㉠ 주변 경관을 배경으로 전시물을 설치하는 것이다.

㉡ 전시물과 주변 환경과의 조화를 이루는 매력이 있다.

㉢ 햇빛이나 계절에 따른 변화를 고려해야 한다.

㉣ 자외선과 강한 빛에 의해 손상될 수 있는 전시물을 전시하는 데는 부적합하다.

③ **폐쇄형 전시공간의 특징**

㉠ 주변 경관을 볼 수 없기 때문에 전시물과 전시 메시지에 집중할 수 있다.

㉡ 조명이 햇빛에 의해 방해를 받지 않기 때문에 자유롭게 조명의 변화를 통하여 전시물의 중요도를 강조할 수 있다.

㉢ 폐쇄된 환경에 오래 머물러 있으면 압박감을 느낄 수 있다.

④ **주의사항**

㉠ 관람자와 전시물 사이에 불필요한 장애물을 설치하지 않는다.

㉡ 관람자들이 가능한 한 전시물을 가까운 거리에서 볼 수 있게 한다.

㉢ 모든 관람자들에게 동등한 접근성을 제공할 수 있도록 한다.

㉣ 습도, 온도, 조명 등이 전시물에 영향을 줄 수 있으므로 주의하여야 한다.

확인! OX

1. 전시장은 되도록 관람자들이 가깝게 전시물을 볼 수 있게 하면 좋다.　(○, ×)

2. 습도, 온도 등은 전시물에 영향을 줄 수 있다.　(○, ×)

정답 1. ○ 2. ○

⑩ 전시물이 전시되는 이유가 명확하게 전달될 수 있도록 한다.

| 3 | 전시 기법 ✿

벽면 전시, 바닥 전시, 천장 전시, 입체 전시 등의 방법으로 전시할 수 있다.

① **벽면 전시**: 2차원의 전시물이 주 대상이며 전시판을 사용하여 벽면에 부착하는 전시 기법이다. 주로 플라워 콜라주나 플라워 벽장식 등의 작품을 전시할 때 사용한다.

- 전시판을 사용하여 벽면에 부착하는 전시 기법으로 관람자의 시선을 고려하여 배치한다. 또 벽면에 실물을 걸어 전시할 경우 스포트라이트를 사용해서 작품을 강조하고 단순히 배경적인 효과만 줄 경우에는 전시물의 부각을 위해 가능한 한 중성화한다.
- 그림이나 사진, 그래픽, 설명판 등을 벽면에 부착할 경우에는 전시물과 시각적 혼란이 일어나지 않도록 색, 질감, 규격 등에 입체감을 주어서 전시한다.
- 벽면 전시의 형태

벽면전시관 전시	벽면에 부착하거나 거는 형식으로 정면에서 볼 때 시각성이 요구된다. 바닥이나 천장과 연속하여 전시가 가능하다.
벽면진열장 전시	진열장 전체를 진열하기도 하며 단위 진열을 하기도 한다.
알코브벽 전시	벽을 오목하게 하여 전시하는 방법으로 시각적 집약성이 높고 정면에서의 시선을 중심으로 하는 전시이다.
알코브진열장 전시	진열장 형식보다 깊이가 깊어진 형태로 배경판을 보조전시면으로 활용할 수 있다.
돌출진열대 전시	벽면을 배경으로 하는 입체물 전시로 보존성이 문제되지 않는 반 입체 전시물의 전시에 효과적이다.
돌출진열장 전시	벽면 일부가 도출되어 진열장으로 보존성이 요구되는 전시물에 효과적이다.

② **바닥 전시**: 바닥면을 이용하는 전시로 입체적 전시가 가능하며, 3차원 전시물인 조각, 공예 패션, 디자인 등을 전시할 수 있다.

- 시각적으로 집중을 요구할 수 있으나 벽면 전시와 혼합하여 사용할 경우 관람 동선에 혼란을 유발하고 관람 시선에도 영향을 주게 되므로 세심한 주의가 필요하다.
- 바닥 전시의 형태

평면 바닥 전시	일반적으로, 낮은 형태의 작품이 전시에 적합하다. 벽면 측 바닥 전시일 경우 벽면 표시와 연결하면 효과적이다.
가라앉은 바닥 전시	바닥면을 기존 바닥면보다 낮게 하여 전시하는 방법이다. 평면 바닥 전시보다 확대된 시각을 형성하며, 3차원 입체물 전시와 복합 전시가 가능하다.
경사진 바닥 전시	바닥면의 한쪽을 돌출시켜 경사진 바닥면으로 구성한 전시이다. 평면 바닥보다 편안한 시각으로 볼 수 있으며, 연관이 있는 내용 전시에 유리하다.

입체복합 바닥 전시	가라앉은 바닥면에 입체 전시를 복합한 형식으로 대형 입체물 전시에 적합하다.

③ 천장 전시(행잉 전시): 2~3차원의 전시물을 전시하는 데 적합하다. 천장면 자체가 전시면이 될 수도 있고 천장에 달아매는 방식을 취할 수도 있다.
- 천장 전시의 형태

천장면 전시	천장에 전시물을 그대로 부착하는 방법이다.
달아매기 전시	천장면에 전시물을 매어 다는 방법으로 다이나믹한 효과를 얻을 수 있다. 조형물이나 설치물에 적합하다.

④ 입체 전시: 전시공간에 놓인 전시물의 독립된 연출 기법으로 아일랜드, 하모니카, 파노라마, 디오라마 전시 기법 등이 있다. ☆☆
- 입체 전시의 형태

독립진열대 전시	벽면으로부터 거리를 두고 전면이 노출된 상태로 전시하는 방법으로 사방에서 관람할 수 있다. 비교적 대형물이나 보존성의 요구가 크지 않은 입체물의 전시에 적합하다.
독립진열장 전시	독립된 진열장을 사용하여 전시하는 방법이다. 보존성이 요구되는 작품의 전시에 적합하며 전시케이스는 고정케이스와 가동케이스 두 가지가 있다.
전시관 입체구성 전시	전시관을 입체적으로 구성하여 전시하는 방법이다. 하나의 주제 아래 연관된 내용물을 전시하면 효과적이다.
다중면 전시	입체물 전시와 유리 스크린면의 보조 설명을 복합한 형식으로 전시의 의도에 따라 2~4면에서의 관람이 가능하다.
아일랜드 전시	벽면과 천장의 한계를 떠나 바닥에 떠있는 섬들과 같이 공간적으로 배치하는 전시 방법이다.
하모니카 전시	전시공간이 하모니카의 흡입구처럼 동일한 공간으로 연속되게 전시하는 방법이다. 항목 구분이 짧은 것에 적합하며 전시 체계를 질서 있게 할 수 있다.
파노라마 전시	배경스크린과 실물을 놓고 재현하는 방식으로 연속된 주제를 가진 작품들 간의 연관성을 표현하기에 좋다.
디오라마 전시	풍경이나 그림을 배경으로 두고 모형으로 하나의 장면을 만들어 전시하는 것이다. 파노라마는 실제 환경에 가깝도록 하는 것에 비하여 디오라마는 축소 모형으로 배치한다는 것이 다르다.
복원 전경 연출 전시	특정한 시대, 환경, 장면 등을 설정하여 데이터를 도입한 후 현장감 있게 연출할 수 있다. 체험을 통하여 관람자의 감성을 자극할 수 있다.

| 4 | 전시 기구

전시공간에는 여러 전시 기구들이 필요하다. 조명이나 배경, 음향, 영상 등에 따라 특정한 분위기를 조성하고 전시회의 주제에 깊이를 더할 수 있기 때문이다. 즉, 전시 기구는 관람객이 작품을 감상하고 정보를 받아들이는 방식에 큰 영향을 준다고 할 수 있다. 따라서 사전에 조명시설, 조명트랙, 적절한 다운라이트 등이 있는지 점검하고 전원 공급과 조명의 배관·배선에 대해서도 미리 확인해 두어야 한다. 또한 관람자가 편하고 안정된 분위기에서 관람할 수 있도록 하는 것이 중요하다.

① 전시 시설: 전시물을 진열하기 위한 시설이다.

  ㉠ 진열장: 진열장은 실내 환경이나 관람자에 의하여 손상될 위험이 있는 전시물을 보호하기 위한 것으로 전시장에서 자주 사용하고 있는 시설 중에 하나이다. 다양한 형태와 구조를 가지고 있으며 이동시키기 어려운 벽부형 진열장과 이동이 가능한 독립형 진열장으로 나눌 수 있다.

벽부형 진열장	독립형 진열장
전시실 벽면에 부착된 것으로 부피를 많이 차지하므로 넓은 전시장에서 사용하는 것이 좋다. 일반적으로 진열장의 높이는 높아야 넓고 쾌적한 느낌을 주고 원거리에서 보았을 때 시각적인 안정감도 얻을 수 있다. 진열장 내부와 외부의 통풍을 고려한 설계가 필요하며 먼지 제거를 위한 필터를 설치하는 것이 좋다.	바퀴가 달려 있어 장소를 옮겨가며 진열이 가능하나 전시 중에는 고정해 두고 움직이지 않도록 하는 것이 중요하다. 소형이나 중형 크기의 작품을 진열하는 것이 좋으며, 크기에 따라 전시실의 벽면이나 중심부에 놓을 수 있다. 조명 박스는 대부분 낮으며 주로 형광 램프를 활용한다.

  ㉡ 진열대: 전시물을 올려놓고 감상하기 편하도록 받쳐 주는 역할을 한다. 편안한 상태에서 전시물을 감상할 수 있도록 바닥의 높이를 고려해야 하며 전시물을 부각시키려면 색감이나 질감은 두드러지지 않는 것이 좋다. 바닥면이나 내부 벽면의 재질 및 색감을 사용하는 것도 하나의 방법이다. 그러나 간혹 특수한 성격을 가진 전시물은 전시 효과를 극대화하기 위하여 일부러 배경색이나 질감을 독특하게 표현하는 경우도 있다.

진열장 외부받침대	진열장 내부받침대
진열장의 밀폐된 공간이 전시물을 보호하고 정리하기 위한 것과 달리 전시물의 보존에 특별한 제한이 없고 거리감이 없이 감상할 수 있도록 한다.	청소, 관리, 이동 등이 편리하도록 바닥에 고정시키지 않으며 모서리와 표면 등의 세부 마감 처리에 유의하여 이로 인한 전시물의 손상이 없도록 한다.

© 전시관: 진열장과 진열대를 제외한, 진열이 가능한 벽면을 말한다. 벽 자체에 패널이나 전시물을 걸 수 있고, 선반을 이용하여 전시를 할 수도 있다.

② 음향: 음향은 전시물의 분위기를 뒷받침하고 작품에 깊이를 더한다. 따라서 음향 시스템의 구성과 설치면에서 충분한 연구가 이루어져야 한다. 음향 효과가 필요한 연출이나 전시물에서는 천장, 벽, 바닥을 통해 음의 발성과 소음처리가 이루어져야 하므로 스피커의 용도를 충분히 이해하여 최대의 효과를 가져 오게 한다.

② **전시 조명**: 조명은 관람객이 작품을 정확하게 보고 작가의 의도를 충분히 표현할 수 있도록 하는 데 중요한 역할을 한다.

- 전시 관람은 특히 밝은 곳에서 어두운 곳(또는 반대)으로 이동하는 것을 신중하게 고려해야 한다. 대낮에 어두운 영화관 안에 있다가 갑자기 밖으로 나오면 밝은 햇빛으로 인해 눈이 부시고, 몇 분이 지난 후에야 형태나 색상 등을 인식할 수 있다. 이처럼 전시장에서도 눈을 편안하게 해주어야 관람을 하기에 좋다. 또한 낮은 밝기에 적응했을 때 조명의 미세한 변화는 큰 효과를 발휘할 수 있다.

- 전시 조명은 전시물의 온도와 그 주변 온도의 상승에 의한 상대 습도의 저하 및 건조에 의한 균열 등을 방지하는 수단까지 강구해야 한다. 특히 화훼장식품 전시의 경우 강한 조명에 의하여 꽃과 식물이 시들 수 있으니 빛의 강도와 특성을 고려해야 한다.

악센트 조명 ☆	환경 조명 ☆
전시물에 초점을 맞춘 조명을 말한다. 배경이 되는 전체 조명보다 밝은 조명을 쏘아 전시물과 배경 간의 대조를 만들어 내는데, 이것은 극적인 분위기를 전달하고 관람자가 전시물에 집중할 수 있게 한다.	공간 전체에 걸쳐서 빛을 균등하게 비추는 것이 중요하다. 기본 조명의 조도가 너무 높으면 다른 조명의 효과를 상실할 수 있으므로 주의해야 한다.
대형 전시물은 각각의 작품에 개별 조명을 비추는 것이 어렵기 때문에 악센트 조명이 최소화된 환경 조명을 선호할 수도 있다.	

③ **조명 기구**: 조명 기구는 설치의 용이함, 성능, 유연성, 유지·관리, 외부 형태 등을 포함한 여러 가지 사항들을 고려해야 한다. 조명 기구를 선택한 후에는 램프를 선택해야 하는데 램프는 수명, 색, 온도, 연색성, 전원출력, 컨트롤옵션 같은 요인들에 신경을 써야 한다.

03 상품 홍보 평가

상품 홍보 평가란 상품 홍보가 원하는 방향으로 제대로 실행되었는지, 그 가치는 얼마나 되는지 알아보는 것이다. 상품 홍보에 대한 만족도를 조사하고 수집한 의견에 따라 상품 홍보 방법을 평가·분석하여 상품 홍보평가서를 작성한다. 상품 홍보 평가 결과를 상품 개발과 판매에 반영하는 과정으로 고객만족의 개념, 만족도조사 방법에 대하여 알아 두는 것이 좋다.

| 1 | 만족도조사

상품의 홍보 활동을 통해 소비자나 기업고객이 늘어났거나 상품의 판매가 증가하였는지 등의 구체적인 홍보 결과가 나타나야 한다. 개인고객은 만족도조사를 통해 즉각적인 반응을 얻을 수 있으나 기업고객은 발주하는 담당자와 상품을 받는 고객의 만족도가 상이할 수 있음에 주의해야 한다.

① 고객 만족의 개념 ☆☆

  ㉠ 고객 기대 > 제품 또는 서비스 → 고객 불만

  ㉡ 고객 기대 = 제품 또는 서비스 → 고객 만족

  ㉢ 고객 기대 < 제품 또는 서비스 → 고객 감동

② 고객 만족의 3요소: 상품, 서비스, 기업 이미지

직접요소	• 상품(품질, 기능, 성능, 효율, 가격, 고객 데이터베이스, 디자인, 컬러, 향기, 편리성 등) • 서비스(점포 분위기, 판매원의 접객 매너, A/S 등)
간접요소	• 기업 이미지(사회공헌도, 환경보호 활동 등)

③ 고객 만족의 효과 ☆

  ㉠ 고객의 충성도를 높여 재구매 고객을 확보할 수 있다.

  ㉡ 장기적으로는 비용을 절감할 수 있다.

  ㉢ 최대의 광고 효과를 준다.

  ㉣ 고객의 불만족을 개선하면 기업의 성장에 큰 도움이 된다.

  ㉤ 시장우위를 가져와 타 기업의 진입을 막을 수 있다.

④ 고객 만족 효과를 저해하는 요인

  ㉠ 최고경영자의 고객 만족에 관한 몰이해

  ㉡ 단순한 논리에 대한 불신

  ㉢ 무형적 하부 구조의 낙후

🌸 TIP

고객 만족의 필요성

▸ 주변 환경 변화의 측면: 시장
  개방화 및 경제의 활성화, 고
  객의 자각

▸ 기업의 측면: 신규고객 창출
  과 기존고객 유지비용, 고객
  불만의 구전 효과, 인류사회
  의 측면, 고객 만족된 제품을
  생산함으로서 지역 사회 및
  인류사회에 공헌

▸ 개인적 측면: 사내 직원의 불
  만 감소 및 일에 대한 자긍심
  고취, 신용사회의 초석

★ 알아 두면 좋아요 ★

상품에 대한 고객의 불만사항이
발생하면 즉시 대처해야 한다.
상품의 파손, 변형 등 중대한 하
자 발생 시에는 교환 또는 환불
등의 조치를 취하고 개인의 취
향에 따른 상품 불만은 주문서
에 기록된 내용과 비교하여 설
명하고 적극적으로 응대한다.
소비자분쟁의 해결 기준은 소비
자보호법을 따르면 된다.

확인! OX

1. 고객의 기대보다 제품의 품질
   과 서비스가 더 좋다면 그것
   은 고객 감동으로 이어진다.
                        (O, ×)

2. 고객 만족으로는 광고 효과
   가 없다.   (O, ×)

정답 1. O 2. ×

⑤ 만족도조사 방법 ☆

  ㉠ 조사 시기: 배송 직원을 통한 현장조사, 상품 인도 후 유무선 통신을 이용한 조사, 정기적인 설문조사 등이 있다.

  ㉡ 조사 방법

배송 직원을 통한 현장조사	상품을 배송하고 포장을 해체하여 인수자에게 전달한 후 인수자의 반응과 상품 만족도를 조사한다. 상품의 상태가 제작된 상태를 온전히 유지하고 있는지 확인하고 약속된 시간에 전달되었는지 확인한다.
설문조사 방법	면접설문조사, 전화설문조사, 자기기입식 설문조사 등이 있다. 어떤 방법을 사용할 것인지 연구 목적, 조사 내용, 조사 대상, 소요 시간 및 비용, 응답률, 응답 민감도 등을 고려하여 결정하여야 한다. • 설문지 기입 주체에 따른 분류: 응답자 자기 기입 방식, 조사원 기입 방식 • 조사 방법에 따른 분류: 면접조사, 전화조사, 우편조사, 온라인조사 등
표본추출 방법	모집단 구성원 중 실제 설문에 응답하는 사람들을 표본이라고 하고, 표본을 추출하는 과정을 표본 추출이라고 한다.
상품 평가 방법	실제 구매했던 소비자는 만족할 경우 재구매를 하거나 구매 후기에 좋은 평가를 남기고, 불만족할 경우 재구매를 하지 않거나 구매 후기에 부정적인 평가를 남긴다. 시제품이나 샘플을 표본 가구나 소비자에게 나누어 주고 실제 생활 속에서 사용해 보도록 한 뒤 소비자의 반응을 조사하는 방법도 있다.

⑥ 만족도조사 항목

  ㉠ 화훼상품 종류의 구성과 가격의 적절성

  ㉡ 구입한 화훼상품의 품질

  ㉢ 화훼상품에 대한 정보 제공

  ㉣ 상품 구매 후 관리 방법 안내

  ㉤ 매장의 상품 홍보 및 마케팅의 적절성

  ㉥ 상품 구입 전의 기대치와 구입 후의 만족도

  ㉦ 고객의 요구사항에 대한 해결 만족도

⑦ 고객만족도 측정 시 유의사항

  ㉠ 측정지표가 고객의 요구를 정확히 반영하여야 한다.

  ㉡ 종업원들이 측정지표를 잘 이해할 수 있어야 한다.

  ㉢ 측정지표 개발에 이해당사자가 참여해야 한다.

  ㉣ 평가 방법은 객관적이어야 한다.

  ㉤ 만족도조사가 정기적으로 이루어져야 한다.

⑧ 고객만족도조사의 효과

  ㉠ 서비스 기업의 성과를 과학적으로 측정할 수 있다.

  ㉡ 고객을 위한 투자의 근거이자 경영진의 의사결정 수단이 된다.

  ㉢ 고객 만족 서비스를 위한 교육과 훈련의 자료가 된다.

  ㉣ 고객의 욕구에 따라 서비스를 할 수 있는 길잡이가 된다.

| 2 | 상품 홍보 평가

상품 홍보 평가는 상품의 홍보가 잘 되어 매출에 영향을 주었는지 확인하고 그 결과를 상품 개발과 판매에 반영하여 더 나은 매출목표를 세우는 데 영향을 미친다. 상품 홍보 평가는 여론 및 소비자조사, 미디어 보도 내용 분석, 비즈니스 결과치(시장점유율 및 판매기록 등), 기업주가, 브랜드 자산 평가 등을 통해 객관적으로 입증된 홍보를 대상으로 한다.

① 홍보평가서 작성: 준비, 실행, 영향 등 3단계로 나누고 각 단계의 요소를 측정함으로써 그 효과를 파악할 수 있도록 작성한다.

〈홍보평가서의 예〉

홍보평가서						
홍보 프로그램	밸런타인데이 꽃다발		홍보 대상		매장 주변 직장인	
홍보 기간	20○○년 1월 14일 ~ 20○○년 2월 14일					
담당 부서	마케팅부서	담당 직원	홍길동	평가자	성춘향	
평가 항목 및 내용	평가 내용	매우 좋음 5	좋음 4	보통 3	미흡 2	매우 미흡 1
홍보 주제	홍보물은 홍보 주제에 잘 맞는가?					
	홍보 주제가 트랜드에 적합한가?					
	주제에 대한 대중의 친밀도가 높은가?					
홍보 프로그램	프로그램의 운영이 원활하였나?					
	홍보 기간이 충분하였는가?					
홍보 내용	홍보물이 기획대로 제작되었는가?					
	홍보 내용이 충분히 전달되었는가?					
	고객의 참여를 충분히 끌어냈는가?					
홍보비용 및 예산	홍보 예산 범위 안에서 지출되었는가?					
	비용규모가 적절하였는가?					
	항목별 비용분할이 잘 이뤄졌는가?					
홍보 업무	팀 내 업무분담이 잘 이뤄졌는가?					
	협력이 잘 이뤄졌는가?					

* 위 내용은 평가 준비에 도움을 주기 위한 범위이며, 위 내용 외에 추가로 평가 항목 및 내용을 선정하여 감정할 수 있음.

② 상품 홍보 효과에 대한 만족도조사

　㉠ 상품 홍보목적: 홍보 활동을 통하여 소비자나 기업고객이 증가하였는지 등의 홍보 결과를 확인한다.

　㉡ 표적시장에 따른 조사: 기업고객의 경우 발주하는 담당자와 상품을 보내는 명의자의 만족도가 상이할 수 있다.

③ 상품 홍보 효과 측정

　㉠ 홍보목표의 구체적인 설정: 홍보 효과를 측정하기 위해서는 홍보목표를 구체적으로 설정하고, 측정한 홍보 효과는 차기 홍보목표에 반영하여야 한다.

　㉡ 소비자 반응 단계의 이해: 조사전문가는 홍보에 노출된 소비자가 어떤 반응의 과정을 거치는지를 알고 있어야 한다. 이는 조사 내용의 선정 및 적절한 조사 방법의 설계를 가능하게 하며 조사 결과의 해석에 대한 정확성을 높여 주기 때문이다.

　㉢ 사전테스트에 대한 인식 제고: 홍보 집행 전 효과조사에 대한 인식이 개선되어야 한다. 사전 효과조사는 홍보의 질을 향상시켜 실제 홍보 시 효과를 높일 수 있기 때문이다.

　㉣ 조사 방법에 대한 이해: 자료 수집 방법, 실험 설계 방법, 설문지 작성 절차, 표본의 추출 방법, 자료의 분석 방법 등을 충분히 이해하고 있는 조사전문가는 많지 않다. 조사자는 적절한 조사 방법과 조사 절차를 설계하고 이를 통제할 수 있는 능력을 갖추어야 한다.

④ 상품 홍보 결과의 피드백 수렴: 비즈니스 결과치(여론 및 소비자조사, 미디어 보도내용 분석, 시장점유율 및 판매기록 등), 기업주, 브랜드 자산 평가 등을 통해 홍보 효과에 대한 평가는 냉정하면서 합리적 태도로 접근해야 한다. 또한 조사 결과는 다음 홍보목표 설정에 반영되도록 피드백시스템이 마련되어야 한다. 수정할 부분에 대한 계획을 세우고 이를 실천하며 다시 그것을 지속적으로 점검하는 일은 상품 홍보 전 과정에 있어 중요한 흐름이다. 따라서 직선형이 아닌 원형(순환형)의 루프시스템을 갖추고 꾸준히 상품 홍보 기획과 평가의 과정을 반복하여야 할 것이다.

01

□△✕ | □△✕

다음 중 마케팅의 4P에 해당하지 않는 것은?

① Product
② Price
③ Promotion
④ Process

02

□△✕ | □△✕

다음 홍보 방법과 관련된 매체는?

> 불특정 다수를 향해 다량의 메시지를 전달하는 특징이 있으며 전파를 타고 전달되므로 장소의 제약이 없다.

① 라디오
② 이메일
③ 야외 광고
④ 잡지

03

□△✕ | □△✕

고객선호도조사 방법으로 오프라인조사 방법에 해당하지 않는 것은?

① 직접 관찰 방법
② 소인 면접조사
③ 우편조사
④ 전화조사

04

□△✕ | □△✕

무이자 할부 서비스나 동영상 형태의 사용설명서 제공 등으로 소비자의 구매 장벽을 낮춰 주는 전략은 다음 4C 중 어디에 속하는가?

① Convenience(편리성)
② Cost(고객)
③ Customer(비용)
④ Communication(의사소통)

해설

01 마케팅의 핵심요소인 4P는 Product(제품), Price(가격), Place(장소), Promotion(촉진)을 말한다.

03 오프라인조사 방법으로 대인 면접조사, 우편조사, 전화조사, 직접 관찰 방법 등이 있다.

정답 01 ④ 02 ① 03 ② 04 ①

05

◎△✕ | ◎△✕

전체 매출총액 대비 일정 비율을 정해서 적용하는 홍보 예산 방법은 무엇인가?

① 경쟁사 비교법
② 전년 대비 증액법
③ 총이윤 대비 비율법
④ 총매출 대비 비율법

06

◎△✕ | ◎△✕

고객선호도조사 중 조사자가 응답자를 직접 만나서 필요한 정보를 획득하는 조사 방법을 무엇이라고 하는가?

① 대인 면접조사
② 직접 관찰 방법
③ 우편조사
④ 전화조사

07

◎△✕ | ◎△✕

고객선호도조사 방법 중 온라인조사 방법에 해당하지 않는 것은?

① 홈페이지를 이용한 조사
② 이메일을 이용한 조사
③ 우편조사
④ 빅데이터 자료분석을 활용한 조사

08

◎△✕ | ◎△✕

아일랜드, 하모니카, 디오라마 등 전시공간 내 전시물을 독립적으로 전시하는 기법을 무엇이라고 하는가?

① 입체 전시
② 바닥 전시
③ 행잉 전시
④ 벽면 전시

해설

05 총매출 대비 비율법이란 전체 매출총액에 대비한 일정 비율을 정해서 적용하는 방법이다. 사용이 편리하다는 장점이 있으나 상품의 마진율을 고려하지 않은 채 매출만을 고려한다는 단점도 있다.

07 우편조사는 오프라인조사 방법에 해당한다.

정답 **05** ④ **06** ① **07** ③ **08** ①

09

○△✕ | ○△✕

전시물의 벽면과 천장의 한계를 벗어나 바닥에 떠 있는 섬들과 같이 주로 입체물을 중심으로 하여 배치하는 전시 기법을 무엇이라고 하는가?

① 하모니카 전시
② 파노라마 전시
③ 아일랜드 전시
④ 디오라마 전시

11

○△✕ | ○△✕

입체 전시에 해당하지 않는 것은?

① 파노라마 전시
② 벽면 전시
③ 디오라마 전시
④ 아일랜드 전시

12

○△✕ | ○△✕

전시 조명에 대한 설명으로 옳지 않은 것은?

① 동선에 따라 명암의 차이를 크게 만들어야 리듬감이 있다.
② 관람자가 낮은 밝기에 적응했을 때 조명의 미세한 변화가 큰 효과를 발휘할 수 있다.
③ 조명은 관람객이 작품을 정확하게 보는 데 중요한 역할을 한다.
④ 살아 있는 화훼장식품의 경우 강한 조명에 의하여 꽃과 식물이 시들 수 있으니 주의하여야 한다.

10

○△✕ | ○△✕

전시 조명에 대한 설명으로 옳지 않은 것은?

① 작품이 돋보이도록 빛의 강도가 센 것이 좋다.
② 건조에 의한 균열을 방지하는 수단을 강구해야 한다.
③ 작품을 잘 표현할 수 있도록 설치하여야 한다.
④ 빛의 온도로 인한 상대습도를 고려하여야 한다.

해설

10 작품에 따라 조명의 강도를 조절해야 한다.
11 입체 전시에는 다중면 전시, 아일랜드 전시, 디오라마 전시, 파노라마 전시, 하모니카 전시 등이 있다.

12 밝고 어두움의 차이를 작게 하여 관람자의 눈을 편안하게 해 주는 것이 좋다.

정답 **09** ③ **10** ① **11** ② **12** ①

13

☐△✕ | ☐△✕

전시 장비 중 이동이 가능하여 장소를 옮겨 다니며 진열이 가능한 진열장을 무엇이라고 하는가?

① 바닥 진열장
② 천장 진열장
③ 독립형 진열장
④ 벽부형 진열장

15

☐△✕ | ☐△✕

고객의 기대와 동일한 제품 및 서비스를 제공받는 것을 무엇이라고 하는가?

① 고객 불만
② 고객 감동
③ 고객 충족
④ 고객 만족

14

☐△✕ | ☐△✕

교육 · 감상 · 계몽 · 광고 · 판매 · 서비스 · 장식 등을 위하여 전시물과 관람자 사이에 존재하는 메시지를 전달하는 수단을 무엇이라고 하는가?

① 전시
② 홍보
③ 진열
④ 광고

16

☐△✕ | ☐△✕

고객 만족의 3요소가 아닌 것은?

① 편리성
② 제품
③ 서비스
④ 기업 이미지

해설

13 진열장은 이동시키기 어려운 벽부형 진열장과 이동이 가능한 독립형 진열장으로 나눌 수 있다.

15 고객 불만은 고객의 기대가 제품 또는 서비스보다 클 때, 고객 만족은 고객의 기대와 동일한 제품 또는 서비스가 제공되었을 때, 고객 감동은 고객의 기대보다 제품 또는 서비

스가 좋을 때 발생한다.

16 고객 만족의 3요소는 제품, 서비스, 기업 이미지이다.

정답 **13** ③ **14** ① **15** ④ **16** ①

17

○△✕ │ ○△✕

고객만족도조사에 쓰이는 설문조사 방법이 아닌 것은?

① 자기기입식 설문조사
② 전화 설문조사
③ 표본추출 설문조사
④ 면접 설문조사

19

○△✕ │ ○△✕

다음 설명에 해당하는 고객만족도 측정의 원칙은 무엇인가?

만족도조사가 설문을 통해 이루어지는 경우에 설문지의 설계와 설문 내용의 해석은 설문조사에서뿐만 아니라 인터뷰조사나 데이터조사 등 모든 프로세스에 있어매우 중요한 요소이다. 이때 설문조사의 경우 조사목적에 맞게 답변이 나올 수 있도록 설계해야 하며 주관적인 생각은 배재해야 한다.

① 계속성의 원칙
② 정확성의 원칙
③ 정량성의 원칙
④ 독립성의 원칙

18

○△✕ │ ○△✕

설문조사의 방법 중 설문지 기입 주체에 따른 분류에 해당하는 것은?

① 면접조사
② 조사원 기입 방식
③ 온라인조사
④ 전화조사

20

○△✕ │ ○△✕

고객 만족의 필요성 중 주변 환경 변화의 측면으로 가장 적절한 것은?

① 신규고객 창출
② 사내 직원의 불만 감소
③ 경쟁의 가속화 및 시장 개방화
④ 일에 대한 자긍심 고취

해설

17 고객만족도를 측정하는 설문조사의 방법에는 면접, 전화, 자기기입식 등이 있다.

18 설문지 기입 주체에 따른 만족도조사 방법에는 응답자 자기 기입 방식과 조사원 기입 방식이 있다.

19 정확한 조사 및 해석을 통한 고객만족도조사가 이루어져야 한다는 것은 정확성의 원칙이다.

20 고객 만족의 필요성 중 주변 환경 변화의 측면에는 시장 개방화 및 경제 활성화, 고객의 자각 등이 있다.

정답 **17** ③ **18** ② **19** ② **20** ③

2

화훼장식 상품 제작

화훼장식 절화 응용상품 제작

이 단원은 이렇게!

화훼장식 절화 응용상품 제작에서는 절화상품의 구매, 준비, 제작 단계에서 알아야 할 내용을 다루어요. **절화의 형태적 분류, 절화상품의 종류, 절화의 생리**에 대해 공부하고, 작업공간을 정리하는 방법 등에 대해 기억해 두어야 해요. 중요한 내용에는 ✿ 표시를 하였으니 참고하세요.

출제 경향 마스터 ✿

▸ 동양형 화훼장식과 서양형 화훼장식의 가장 큰 차이는 무엇인가?

▸ 절화의 형태적 분류법은 무엇인가?

01 | 양식별 화훼장식 절화상품 제작

| 1 | 동양형 화훼장식 절화상품

한국, 중국, 일본은 지리적으로 가까우며 상호 유대 관계를 가져 서로 상당한 영향을 주고받는다. 화훼 문화에 있어서도 공통적으로 여백의 미를 추구하면서도 각 나라의 특색을 갖는다. 체계적으로 계승된 꽃꽂이는 각 나라를 대표할 수 있는 전통적인 꽃꽂이라고 할 수 있다. 작품의 기본 형태는 한·중·일 모두 주지를 중앙에 똑바로 세우는 직립 형태로 표현하며 세부적인 형태는 각 나라별로 차이가 있다.

① 한국형 화훼상품

ㄱ 선과 여백을 강조하고 전통적인 화도를 강조한다. 정적이고 심상적인 표현으로 자연과 인간의 감정에 의한 갈등이나 내면 세계의 이념을 사실적 또는 비사실적으로 표현한다.

ㄴ 나무를 주소재로 하며, 주된 도구는 침봉을 사용한다.

ㄷ 실용성을 목적으로 하기보다는 감상용이나 전시용으로 사용하며, 기본 형태의 화형에는 세 개의 주지가 기본적으로 구성된다. 삼각형의 원리를 이용하여 천(天), 지(地), 인(人)의 기본 3선이 자연스럽게 조화를 이루도록 표현한다.

ㄹ 자연스러움을 강조하면서도 간결함을 추구한다. 한국의 꽃꽂이는 적당한 양식을 갖추나 여백처리와 선의 각도 변화가 크지 않고 형식에 지나치게 얽매이지 않아 부드럽고 온화한 특징을 가지고 있다.

ㅁ 꽃꽂이의 종류로는 직립형(바로 세우는 형), 경사형(기울이는 형), 하수형(흘러내리는 형), 분리형(나누어 꽂는 형), 응용형 등이 있다.

ㅂ 제작 방법

• 주소재로 각 형태별 주지를 잡아 침봉에 꽂는다. 1주지는 작품의 크기를 결정하고 2주지는 폭이나 넓이를 강조하며 3주지는 균형 및 조화를 나타낸다.

• 주지를 표현하고자 하는 의도에 맞게 종지를 꽂는다. 이때 종지는 부지로서 주지를 도와주는 역할을 한다.

확인! OX

1. 동양형 화훼상품은 주로 선과 여백을 강조하는 상품들이다. (O , ×)

2. 동양형 화훼상품은 주로 꽃 소재가 중심이 된다. (O , ×)

정답 1. O 2. ×

- 밑받침을 꽂아 마무리한다.

② 중국형 화훼상품
  ㉠ 대범하면서도 자연스러움을 추구하는 특징이 있으며, 때로는 정교함도 잘 표현하여 무게감 있는 것이 특징이다.
  ㉡ 꽃꽂이의 종류로는 병화, 반화, 람화 등이 있다.

③ 일본형 화훼상품
  ㉠ 세분화된 양식과 격식의 과정이 있으며 섬세한 특징이 있다. 궁중 전통 꽃꽂이를 비교하였을 때 일본은 한국보다 다양한 소재를 사용하여 화려하고, 섬세한 여백의 분할로 인공적인 기교를 많이 사용하는 편이다.
  ㉡ 꽃꽂이를 이케바나라고 하며, 그 종류로는 릿카, 세이카, 모리바나 등이 있다.

| 2 | 서양형 화훼장식 절화상품

① 서양형 화훼상품
  ㉠ 기하학적이거나 도식적인 형태가 주를 이룬다.
  ㉡ 꽃이 중심 소재가 되어 화려함을 추구하고 실용적이며 선물 또는 이벤트 등 상업적인 목적으로 활용하기에 적당하다.
  ㉢ 플로랄 폼을 사용하거나 묶음 작업을 하는 것이 대부분이며 유리관, 파라핀 등 다양한 고정물이 사용된다.

② 화훼상품의 종류: 꽃꽂이, 꽃다발, 꽃바구니, 꽃 박스, 화병꽂이 등이 있다.

③ 서양형 꽃꽂이: 부채형, 삼각형, 수직형, 역T형, 스프레이 셰이프, L자형 등이 있다.

| 3 | 양식별 절화의 종류, 정의 및 특성 등

① 절화의 정의 및 특성
  ㉠ 꽃 상품에 이용하기 위해 뿌리를 잘라낸 화훼 소재이다. 상태에 따라 생화 또는 건조화로 구분되며 실·내외 장식으로 많이 이용된다.
  ㉡ 일반적으로 생화를 사용하려면 꽃이 절단되는 순간부터 노화되기까지 최대한 신선하게 유지하는 것이 중요하다. 그러기 위해서는 꽃에 수분을 공급하고, 꽃을 미생물로부터 보호해 주어야 한다. 특히 수분 공급을 위하여 아래 절단면은 최대한 사선으로 잘라 도관을 넓혀 주는 것이 좋다. 단, 전시회나 기타 특이 상황에서 수분 공급이 원활하지 않을 경우에는 파라핀 처리 등으로 줄기 끝의 노출 부분을 최소화하여 수분이 빠져나가지 않도록 처리하기도 한다.

② 절화의 종류

　㉠ 절화의 형태적 분류 ✩✩

라인 플라워 (Line flower)	선(line)처럼 보이는 꽃을 뜻한다. 일반적으로 작은 꽃 여러 송이가 긴 줄기를 따라 수상화서나 총상화서의 종류로 핀 것이 많다. 긴 형태의 절화로 높이, 넓이, 깊이 등 작품의 전체적인 형태를 구성하는 데 효과적으로 이용되며 디자인을 할 때 제일 우선적으로 배치한다. 예 글라디올라스, 리아트리스, 델피니움, 스토크, 금어초 등
폼 플라워 (Form flower)	독특한 형태(form)를 가진 꽃을 뜻한다. 일반적으로 형태가 분명하고 화려하여 작품에서 포인트로 사용하기 위해 주위에 충분한 공간을 두고 재료가 잘 보이도록 사용하는 경우가 많다. 예 극락조화, 방크시아, 프로테아, 안스리움, 헬리코니아, 글로리오사 등
매스 플라워 (Mass flower)	덩어리(mass)가 진 꽃을 뜻한다. 일반적으로 한 줄기에 하나의 꽃이 달려 있으며 큰 공간을 메우는 꽃들이 많다. 작품에 손쉽게 부피감을 실을 수 있으며 높이와 깊이를 다양하게 하여 작품의 리듬감을 표현한다. 예 거베라, 장미, 카네이션, 아네모네, 라넌큘러스, 리시언셔스 등
필러 플라워 (Filler flower)	일반적으로 한 줄기에서 여러 줄기가 뻗어 나온 끝에 꽃이 달린 형태가 많다. 주로 작은 공간을 메워서 작품을 완성시키는 역할을 한다. 예 소국, 스타티스, 라이스 플라워, 솔리다스터, 스프레이카네이션, 미스티블루 등

　㉡ 절엽의 형태적 분류

라인절엽	멀리서 보면 선의 형태를 지니는 잎 소재를 뜻한다. 라인 플라워와 함께 작품의 골격이나 윤곽을 세우는 데 사용된다. 예 스틸그라스, 버들, 부들, 잎새란, 말채 등
폼절엽	형태가 분명하고 화려한 모습을 가지고 있는 잎 소재를 뜻한다. 폼 플라워와 함께 시각적으로 강조하는 역할을 하는 경우가 많다. 예 몬스테라, 필로덴드론 셀로움, 엽란, 극락조화 등
매스절엽	부피감이 있는 잎 소재를 뜻한다. 주로 작품의 공간을 메우는 데 사용된다. 예 레몬, 루스커스, 유칼립투스 등
필러절엽	작은 공간을 메울 수 있는 잎 소재를 뜻한다. 예 편백 등

출제 경향 마스터

▶ 절화상품 제작 시 유의해야 할 것은 무엇인가?

▶ 절화상품의 물올림 방법은 무엇인가?

02 / 종류별 화훼장식 절화상품 제작

| 1 | 절화상품 종류

① 꽃바구니: 플로랄 폼을 이용하여 꽃을 바구니에 꽂는 형태로 우리나라에서 가장 많이 판매되고 있는 상품이다. 운반하기 간편하여 선물하기 좋으나 일반화기보다 방수처리를 잘 해 주어야 한다.

　㉠ 꽃바구니 작업 순서

　　• 절엽으로 플로랄 폼을 가리도록 2/3 정도 기본 작업을 한다.

- 높이, 너비, 깊이의 기준이 될 꽃을 선정한 후 전체적인 구도를 고려하여 꽂는다.
- 선정한 꽃 주변에 그루핑 형태로 다른 꽃들을 꽂아 준다. 이때 꽃의 위치는 사방에서 꽃을 볼 수 있도록 배치해야 한다.
- 전체적으로 폼이 보이지 않도록 꽂아졌는지 확인한 후 마무리한다.
ⓒ 꽃바구니 작업 시 유의사항 ☆
- 물이 새지 않도록 방수되는 비닐을 깔아 주는 것이 좋다.
- 플로랄 폼이 물을 흡수할 때는 압력을 가하지 않는 것이 좋다. 그래야 플로랄 폼이 물을 충분히 흡수할 수 있기 때문이다.
- 절화가 물을 잘 흡수할 수 있도록 절단면은 사선으로 자르는 것이 좋다.
- 플로랄 폼이 바구니에 단단히 고정되어 있도록 적당한 깊이로 꽂는 것이 좋다.
- 플로랄 폼 안에 들어갈 줄기 부분은 잎사귀나 이물질을 제거하는 것이 좋다.
- 완성된 바구니에서 플로랄 폼은 보이지 않도록 처리하는 것이 좋다.

② **꽃다발**: 손으로 꽃을 잡아 끈으로 묶는 형태로 핸드타이드 혹은 스트라우스라고도 한다. 주로 한 면을 위주로 보는 증정용 꽃다발과 사방에서 볼 수 있는 라운드 꽃다발로 나뉜다.
ⓐ 꽃다발 작업 순서
- 재료를 줄기의 아래로부터 10~15cm 정도 다듬은 후 종류별로 나눈다.
- 중심의 꽃은 제일 크고 예쁜 것으로 선택하여 절엽과 함께 잡는다.
- 파랄레 또는 스파이럴 기법을 사용하여 한 방향으로 잡는다.
- 매스절엽을 사용하여 꽃과 꽃 사이의 공간을 확보하며 잡는다.
- 면끈 등으로 바인딩 포인트(묶기 적당한 위치)를 묶어 한 번에 풀 수 있도록 한다.
- 전체적으로 비슷한 길이로 자르고 줄기의 끝은 사선으로 처리하는 것이 좋다.
ⓑ 꽃다발 제작 시 유의사항 ☆☆
- 단단히 묶여 있어야 한다.
- 묶인 부분 아래에 이물질이 없어야 한다.
- 전체적인 길이가 비슷해야 한다.
- 끝을 사선으로 잘라야 한다.
- 꽃의 줄기가 상하지 않게 한 방향으로 되어 있어야 한다.
- 꽃이 상하지 않도록 높낮이를 조정하여 배열하여야 한다.

③ **꽃 상자**: 최근 유행하여 판매되는 상품으로 정사각형, 직사각형, 원형, 하트 박스, 2단 박스 등 여러 모양의 상자에 플로랄 폼을 이용하여 장식하는 형태이다. 시즌상품으로 주로 사용되며 최근에는 용돈이나 마카롱 등의 다른 선물들과 함께 데코레이션하는 등 다양한 상품들이 나오고 있다.

④ **화환(wreath, krants)**: 주로 생화나 조화를 둥그렇게 만든 것을 말하며 축하나 애도의 뜻을 표할 때 사용한다. 둥근 모양은 처음과 끝이 없는 영원성을 상징하고 주된 재료인 상록수는 영원한 삶을 뜻한다. 우리나라에서는 일반적으로 근조화환과 축하화환으

로 나누며 기존에는 2단, 3단, 5단의 부채 모양으로 제작하였으나 최근에는 다양한 모양으로 제작하고 있다.

⑤ **화병꽃이**: 다양한 모양의 화병에 꽃을 꽂을 때 보다 아름답게 꽂기 위한 방법이다. 집안에서 활용하거나 파티나 전시장의 디스플레이에 많이 활용된다.

⑥ **센터피스**: 주로 테이블의 중앙에 놓는 꽃장식을 말한다. 회의용, 행사용, 결혼식 등의 음식테이블 혹은 장식테이블에 사용될 수 있으며 장소, 목적, 음식물의 조건에 따라 다르게 구성하여야 한다. 사방에서 꽃을 볼 수 있도록 제작해야 하며 테이블에 앉았을 때 상대방의 시선을 저해하지 않도록 디자인한다. 가까운 거리에서 상품을 보기 때문에 세밀하게 처리해야 하며 지나치게 향기가 진한 꽃은 사용을 자제한다.

⑦ **부케**: 신부를 위한 꽃다발을 뜻하는 것으로 병을 물리치거나 순결의 의미로 쓰이기도 했다. 테크닉적 분류로 플로랄 폼 홀더 부케, 내추럴 스템 부케, 와이어링 부케, 멜리아 부케 등이 있다.

플로랄 폼 홀더 부케	플로랄 폼이 들어있는 부케 홀더에 꽃꽂이를 하듯 꽃을 꽂아 원형의 형태가 되도록 한다.
내추럴 스템 부케	줄기가 자연스럽게 노출되도록 만드는 부케로 병렬형이나 나선형 기법을 사용하여 잡는다.
와이어링 부케	부케 디자인을 결정한 후 디자인에 맞게 부케의 길이를 재단한다. 재단된 부케를 와이어를 이용하여 줄기 끝부분에 소재에 맞는 여러 가지 기법으로 감은 후 플로랄 테이프를 감는다. 테이프가 감긴 재료들을 다시 하나하나 붙여 고정하여 부케를 완성한다. 가볍게 쥐기 쉽고 길이의 제약이 없는 장점이 있지만 제작 시간이 오래 걸린다.
멜리아 부케	중심부에 큰 송이의 꽃을 넣고 꽃잎 한 장씩 겹겹이 붙여 전체가 큰 한 송이 꽃처럼 보이도록 만드는 부케로 로즈멜리아, 릴리멜리아 등이 있다.

⑧ **부토니에르**: 신랑의 턱시도 옷깃에 장식하는 꽃으로 신부의 부케와 함께 사용되는 경우가 많다. 남성이 꽃을 바치며 청혼을 하면 여성이 그것을 받아들인다는 의미로 선물받은 꽃다발에서 한두 송이를 뽑아 남성에게 되돌려 주는 것에서 비롯되었다는 말이 있다.

⑨ **코르사주**: 여인의 허리를 중심으로 상반신이나 의복에 장식하는 작은 꽃묶음을 말한다. 어버이날이나 스승의 날, 결혼식(양가 부모님)에서 주로 사용된다.

⑩ **갈란드**: 꽃과 잎을 이용하여 길게 만든 것을 말한다. 철사를 사용하여 엮어 만들기도 하고 나뭇가지를 이용하여 이어 만들기도 한다. 실내외 벽이나 천장을 장식하는 용도로 많이 사용된다.

⑪ **침봉꽃꽂이**: 소재와 꽃을 침봉이라는 소재를 이용하여 고정하며 선과 여백을 강조하여 감상용이나 전시용으로 사용한다.

| 2 | 절화상품 재료

화훼절화장식을 위해서는 생화뿐만 아니라 절화를 담을 수 있는 식물 소재 외의 용기, 장식물 등의 재료와 도구들이 필요하다.

① 절단 재료
  ㉠ 가위: 식물의 줄기나 잎, 가지 등을 다듬는 데 사용된다.
    • 가위의 종류
      – 꽃가위: 초본성 절화의 잎, 줄기를 자르는 데 사용하며 화훼장식에서 가장 많이 이용된다.
      – 전정 가위: 굵고 단단한 목본류의 가지를 자를 때 이용한다.
      – 공예 가위: 리본, 직물, 종이, 장식 호일을 자를 때 이용한다.
      – 철사 가위: 철사와 철사가 든 조화의 줄기를 자를 때 이용한다.
      – 핑킹 가위: 리본, 부직포, 포장재의 장식 효과를 위해서 사용한다.
  ㉡ 칼
    • 소재나 플로랄 폼을 자를 때 사용한다.
    • 절화의 줄기 절단 시 칼을 이용하면 절단면이 깨끗하게 잘려 세포의 파괴를 줄이고 부패의 속도를 늦출 수 있으며 물올림에 좋다.
    • 꽃칼 사용법: 왼손으로 재료를 잡고 오른손에 칼을 쥔 다음 엄지와 칼의 날 사이에 줄기를 끼우고 경사지게 자른다.
  ㉢ 니퍼 및 펜치: 자르고 집고 돌리는 기능을 할 수 있고 철망이나 철사를 자르거나 조이는 역할을 한다.

② 고정 재료
  ㉠ 플로랄 폼
    • 가장 많이 사용하는 고정 재료로 화훼류를 자유자재로 디자인하기 편하다.
    • 절화에 물을 공급해 주고 고정해 주는 역할을 하며 재사용이 불가능하다.
    • 플로랄 폼이 꽃에 물을 잘 공급하기 위해서는 물을 충분히 머금고 있어야 한다. 그러기 위해서는 플로랄 폼이 서서히 스스로 물을 흡수할 때까지 기다려야 한다. 만일 억지로 압력을 가하면 전체적으로 물이 흡수되지 않아 플로랄 폼의 물을 공급하는 능력이 떨어질 수 있다.
  ㉡ 침봉
    • 화기 안에서 꽃이나 소재를 고정해 주는 도구로서 쇠로 된 작은 판에 짧은 핀이 촘촘히 박혀 있다. 원형, 타원형, 사각형 등 다양한 모양이 있다.
    • 동양 꽃꽂이를 할 때 주로 사용하며 재사용이 가능하다.
    • 꽃이나 나무를 꽂기는 쉽지 않으나 도관의 막힘이 적어 물을 잘 공급해 준다.
    • 물에 담겨 있어야 하므로 반드시 녹슬지 않는 재료로 제작해야 한다.
  ㉢ 묶음 도구
    • 케이블타이: 무거운 소재나 힘이 들어가는 소재를 쉽게 고정할 수 있는 재료이다. 한쪽 구멍에 다른 쪽 끝부분을 끼워 잡아당기면 고정이 되며 재사용은 불가능하다.
    • 라피아: 라피아야자 잎에서 뽑아낸 섬유를 말린 것으로 물에 담가 사용하며 자연적인 고정

재료이다.
- 기타: 마끈, 가죽끈 등이 있다.
② 테이프
- 플로랄 테이프: 테이프를 잡아당기면 접착성이 생기므로 당겨가며 사용해야 한다. 주로 꽃의 줄기가 약하여 철사로 지지할 때나 코르사주, 부토니에르, 화관, 갈란드 등을 제작할 때 철사를 감싸는 용도로 사용된다.
- 폼접착 테이프: 플로랄 폼이나 철망을 용기에 고정할 때 사용하는 방수 테이프이다.
- 플로랄 클레이: 핀 홀더나 침봉 등을 화기에 고정시키는 데 사용하는 납작한 껌 모양의 점토이다. 클레이를 붙일 화기 바닥에는 물기가 없어야 하며 소량의 클레이를 화기 바닥에 놓고 세게 누르면서 붙인다.
③ 홀더
- 핀 홀더: 넓은 면적에 플로랄 폼을 고정해 주는 뾰족한 도구이다.
- 부케 홀더: 폼이 고정되어 부케 제작을 용이하게 해주는 부케 손잡이이다.
④ 접착제
- 콜드 글루(생화용 접착제): 생화 줄기에 직접 묻혀 고정하는 튜브 타입과 넓은 면에 분사하여 사용하는 스프레이 타입이 있다.
- 핫 글루: 글루스틱을 꽂아 전기를 이용하여 녹이는 글루건과 팬에 전기를 이용하여 녹여 여러 사람이 동시에 사용 가능한 글루팬이 있다.
⑤ 철
- 철사: 굵기에 따라 번호가 매겨져 있다. 번호가 높을수록 가는 철사이다.
- 치킨망, 네트망: 철사로 엮어져 있는 망으로 폼이 부서지지 않게 감싸거나 구조물 이용 등에 사용한다.

③ 용기
- 유리: 내부가 투명하게 보여 시원한 느낌을 줄 수 있으나 깨질 수 있어 조심히 다루어야 한다. 플로랄 폼을 사용한다면 유리 안쪽에 큰 잎사귀 등을 넣어 연출할 수 있고, 플로랄 폼을 사용하지 않는다면 줄기를 고정하기 위해 장식돌이나 모래 등을 사용하여 여러 가지 형태로 연출이 가능하다.
- 플라스틱: 가격이 저렴하며, 가벼워서 파손의 위험이 적다. 모양과 크기, 색채가 다양하여 여러 가지 용도로 사용 가능하며 이동이 간편하다. 하지만 고급스럽지 않다는 단점이 있다.
- 바구니: 여러 가지 재료와 색으로 제작되며 이동이 간편하여 상품으로 자주 사용된다. 플로랄 폼을 주로 사용하므로 물이 새지 않도록 안쪽에 방수처리용 비닐을 사용하는 것이 좋다.
- 도자기: 값이 비싸고, 무거워서 파손의 위험이 높다. 하지만 우아한 느낌이 나서 동양적인 화훼장식에 주로 사용된다. 내구성과 방수성이 우수하다.
- 금속화기: 일반적인 금속화기는 광택이 있고 질감이 매끈하며 단단하여 그래픽적인 느낌을 주기 쉽다. 반면 녹슨 금속화기는 자연에서 자연스럽게 퇴화된 느낌으로

오히려 자연적인 느낌을 줄 수 있다.

④ 기타 재료
　㉠ 철사: 컬러 와이어, 지 철사, 누드 철사 등이 있다.
　　• 짧은 줄기를 길게 사용할 때, 무거운 꽃이나 약한 줄기를 지지하거나 고정할 때 등 다양한 상황에 사용한다. 작품의 무게를 줄이거나 자유롭게 디자인할 수 있다.
　　• 철사의 굵기가 표시된 경우 숫자가 낮아질수록 굵어진다.
　㉡ 워터픽: 절화를 공중에 매달거나 구조물에 매달 때 물을 공급하는 것으로 줄기가 짧거나 수분 공급이 어려운 상황에서 주로 이용한다. 꽃의 가격이 고가이거나 이동 시 시드는 것을 방지할 때 유용하며, 보통 유리나 플라스틱 재질로 만들어진다.
　㉢ 포장 재료: 색과 재질, 규격이 다양하고 장식적으로 강조하거나 꽃을 보호해 주는 역할을 한다. 대표적인 포장지로 마, 부직포, 폴리프로필렌, 종이 등의 재질이 있다.
　㉣ 리본: 오간디, 공단 등 재료의 종류와 두께가 다양하여 여러 절화상품에 사용된다.
　㉤ 가시제거기: 줄기 등에서 가시와 잎을 쉽게 제거하기 위한 도구이다. 줄기를 넣고 제거기가 고정될 정도로 누르며 아래로 훑어 내린다. 이때 너무 세게 잡아 줄기에 상처가 생기지 않도록 주의한다.
　㉥ 부케스탠드: 신부화를 제작하거나 전시할 때 고정하기 위한 도구이다.
　㉦ 회전테이블: 사방화 제작 시 작품을 쉽게 제작할 수 있으며 강의 시에도 사방에 식물을 보여 주기 위해 사용할 수 있다.
　㉧ 드릴: 나무나 아크릴 등에 구멍을 뚫거나 와이어를 꼴 때 사용한다.
　㉨ 앞치마: 식물체에서 분비되는 여러 가지 물질로부터 의복을 보호하고 가시나 철사를 막아 주므로 작업을 편하게 할 수 있다.
　㉩ 물통: 절화를 보관하는 용기로 절화의 종류와 크기에 따라 물통의 크기, 높이와 형태를 정하여 사용하는 것이 좋다.

| 3 | 종류별 절화 생리

절화는 수확과 함께 줄기를 통한 양분과 수분의 흡수가 차단되며 여러 가지 외부 환경 변화에 의해 쉽게 시들게 된다.

① 절화의 호흡
　㉠ 절화의 온도가 높아지면 호흡을 증가시켜 저장물질의 소모가 많아지고, 온도가 내려가면 호흡량이 줄어든다. 따라서 꽃을 자른 후에는 온도를 낮추어 보관하는 것이 좋다.
　㉡ 절화는 산소 농도가 너무 낮으면 무기 호흡으로 품질이 손상되고 이산화탄소가 높으면 장해를 일으킬 수도 있다.

② 절화의 수분균형과 증산작용

　㉠ 수분균형: 흡수량이 증산량과 같거나 많은 환경을 의미한다. 수분의 흡수량에 비해 증산량이 많아지면 수분 부족 현상이 일어나 수분균형이 깨지고 절화가 시들게 되므로 절화 위조(쇠약하여 마름)의 원인이 된다.

　㉡ 증산작용: 증산은 식물체 안의 수분이 수증기가 되어 공기 중으로 나오는 현상으로 증산량은 엽면적, 온도, 광, 바람 등에 영향을 받는다. 따라서 증산을 억제하는 것이 품질유지에 좋다. 증산을 억제하기 위해서는 수확한 절화를 건조한 바람이나 직사광이 없는 곳에서 보관하고 저온 고습 상태를 유지하는 것이 좋다.

　㉢ 절화의 물올림이 원활하지 않은 경우
　　• 유관 속 폐쇄로 인하여 절화의 물올림이 잘 되지 않을 수 있다.
　　• 도관의 기포 발생으로 수분 상승이 억제될 수 있다.
　　• 단백질, 펙틴 폴리페놀 등의 점착물이 쌓여 도관이 폐쇄되는 경우가 있다.
　　• 박테리아 등의 미생물로 인한 도관 폐쇄·절단·으깨짐 등으로 물올림이 잘 되지 않을 수 있다.
　　• 유액 분비로 인해 절구가 굳는 경우 탄화처리나 열탕처리를 실시한 후 물올림이 잘 되지 않을 수도 있다.

③ 에틸렌 영향과 노화 현상

　㉠ 에틸렌을 발생시키는 주원인
　　• 에틸렌은 식물의 노화를 촉진하는 자연 호르몬이다. 공기 중의 불완전연소의 부산물로서 발생하거나 내연기관에서 발생한다.
　　• 고등 식물의 많은 부분에서 생산되지만 그 생산율은 조직 종류의 발달단계에 따라 다르며 잎의 탈리(벗어나 따로 떨어짐), 꽃의 노쇠, 열매의 성숙 과정에서 크게 증가한다.
　　• 절화가 상처, 한랭, 질병, 고온 등의 스트레스를 받는 환경에 처할 경우 에틸렌 생합성(생물체에서 물질을 합성하는 일)이 일어난다. 특히, 고온의 상태나 암상태의 저장 및 수송 시 다량 발생한다.

　㉡ 에틸렌에 의한 피해 증상의 예
　　• 알스트로메리아의 기형화, 꽃잎의 흑변, 꽃잎 탈피
　　• 카네이션의 꽃잎 말림, 꽃잎 위조
　　• 튤립의 꽃잎 말림, 꽃의 청색화, 노화 촉진
　　• 금어초, 델피니움의 꽃잎 탈피, 노화 촉진
　　• 장미의 봉오리 개화억제, 꽃잎의 청색화, 노화촉진
　　• 나리의 꽃눈 고사, 꽃잎 탈락
　　• 숙근안개초의 꽃잎 위조, 꽃잎 탈락

　㉢ 에틸렌 억제 방법
　　• 적당히 낮은 온도와 산소, 적당히 높은 이산화탄소, 적당한 감압 상태 등의 환경을 제공한다.
　　• 에틸렌작용 억제제인 STS, 에틸렌 생합성 억제제인 AVG, AOA 등을 활용해 에틸렌을 억제할 수도 있다.

• 식물을 에틸렌 생성량이 많은 만개한 꽃, 과일, 채소류와 함께 저장하지 않는다.
• 가능하면 어린 봉우리 때 수확한다.

④ 절화의 기타 생리
• 굴성: 외부의 작용에 의해 줄기나 꽃이 구부러지는 정도를 말한다. 꽃에 따라 빛을 향하여 구부러지는 굴광성과 중력의 힘에 의해 구부러지는 굴지성이 있다.

⑤ 절화의 종류별 생리
㉠ 장미
• 재배 시 광도가 낮으면 목 굽음 현상이 나타나거나 색이 연해진다. 광도가 높으면 장미의 꽃이 작아진다.
• 고온에서는 꽃이 짧아지고 색이 연해지며 저온에서는 꽃대가 굵어지고 색이 진해진다.
• 수확 후 관리에 따라 습도가 높을수록 썩기 쉽고 꽃에 습진이 생긴다. 당을 첨가하면 영양공급으로 인해 화색이 선명해진다.
㉡ 거베라
• 재배 시 광도가 낮으면 줄기 굽음 현상이 일어난다.
• 수확 후 다습한 환경에서 곰팡이가 잘 생긴다.
㉢ 카네이션
• 재배 시 광도가 낮으면 줄기 굽음 현상이 나타나거나 색이 연해진다.
• 고온에서는 꽃잎이 짧아지고 색이 연해진다.
• 수확 후 다습한 환경에서는 꽃받침 부분이 잘 썩는다.
㉣ 나리
• 재배 시 광도가 높으면 꽃잎에 반점이 생긴다.

| 4 | 종류별 절화상품 및 품질유지관리 ☆

① 꽃다발
㉠ 수분 공급: 꽃다발은 플로랄 폼을 사용하지 않기 때문에 수분 공급에 각별히 주의하는 것이 좋다. 꽃다발 제작 후 예상 이동 시간이 길다면 줄기 끝부분에 물주머니 처리를 해 주어 신선도를 더 오래 유지할 수 있다. 특히 여름에는 짧은 시간에도 절화가 시들 수 있으니 이동 시간을 꼭 체크한 후 처리해 주는 것이 좋다.
㉡ 기타 품질관리
• 꽃다발의 줄기 끝부분은 사선처리되어야 한다.
• 전체적으로 줄기의 길이를 비슷하게 하여 전체적으로 고르게 물올림이 되도록 해야 한다.
• 다발은 단단히 풀리지 않도록 묶는다.
• 묶인 부분과 아래 부분에는 이물질이 없도록 하여 수분 공급 시 물의 오염도를 줄인다.
• 꽃다발의 꽃 중에 꺾여 있거나 상처가 난 꽃은 정리해야 한다.

② 꽃바구니

　ㄱ 수분 공급: 꽃바구니는 쉽게 이동 가능한 상품이지만 여름에는 쉽게 시들 수 있으므로 상품 제작 후 플로랄 폼뿐만 아니라 꽃바구니 위에도 충분히 수분을 공급해 주는 것이 좋다.

　ㄴ 기타 품질관리

　　• 꽃바구니 이동 시 꽃이 빠지지 않을 정도의 깊이로 꽂혀 있어야 한다.

　　• 꽃바구니 이동 시 물이 새지 않는지 확인하여야 한다.

　　• 플로랄 폼이나 고정 장치가 보이지 않게 마무리되었는지 점검해야 한다.

③ 꽃 박스

　ㄱ 고정 장치가 보이지 않게 마무리되었는지 점검해야 한다.

　ㄴ 꽃이 눌리거나 상하지 않았는지 확인하여야 한다.

④ 화병꽃이

　ㄱ 줄기의 끝부분이 물에 닿아 있는지 확인하여야 한다.

　ㄴ 물이 닿는 부분에 잎사귀나 다른 이물질이 제거되었는지 확인하여야 한다.

　ㄷ 화병의 꽃 중 꺾이거나 상처 난 꽃은 정리해야 한다.

　ㄹ 화병 안의 물속에 수명 연장제를 넣어주면 좋다.

⑤ 카네이션 코르사주

　ㄱ 잎을 헤어핀의 와이어 기법을 활용하여 철사로 만든다.

　ㄴ 철사를 플로랄 테이프로 감는다.

　ㄷ 꽃은 각각에 맞는 와이어 기법으로 만든다.

　ㄹ 꽃과 잎을 조립하여 플로랄 테이프로 마무리한다.

⑥ 신부화

　ㄱ 와이어 테크닉을 사용하여 신부화를 제작할 경우에는 사용될 소재를 채취하여 물 올림을 해야 상품의 신선도를 유지할 수 있다.

　ㄴ 완성된 후에는 분무를 충분히 하고 포장하여 꽃 냉장고나 서늘한 장소에 보관해야 한다.

　ㄷ 플로랄 폼에 꽂아 만드는 홀더 부케의 경우 재료가 플로랄 폼에서 빠지지 않도록 본드처리를 해 주어야 한다.

　ㄹ 자연 줄기를 그대로 묶어서 다발 형태로 만든 내추럴 스템 부케를 만들 경우 사용하기 전까지 서늘한 곳에서 물 공급을 하여 보관하는 것이 좋다.

| 5 | 절화의 관리

① 구매한 절화의 이동 시 관리 요령: 일반 소비자는 절화 이동 시 온도나 광선을 따로 조절하지 않는 경우가 많으므로 여름철의 강한 광선이나 고온 상태에서 절화의 노화를

꽃TIP

와이어링(wiring) 테크닉: 영국식 테크닉으로 꽃줄기와 잎을 재단한 길이로 잘라 철사처리한 후 테이핑을 한다. 자유로운 형태로 만들 수 있어 장식적이고 가볍다.

급격히 진행시킬 수 있다.

② 장식 전의 처리 방법

　㉠ 절단: 구입한 식물 소재는 장식할 장소로 옮긴 후 반드시 재절단하는 것이 좋다.

　　• 절단 전 꽃가위, 꽃칼은 깨끗하게 소독해서 사용한다.

　　• 절단 시 조직이 망가지지 않도록 주의해야 한다. 예리한 날을 가진 가위나 칼을 사용하여 사선으로 절단하면 절단면이 노출되는 면적이 커지면서 조직이 으깨지거나 절단되지 않는다.

　　• 절단 후 절단 부위는 공기와 닿는 부분을 최소화하여 건조해지지 않도록 주의하고 직사광선을 피해야 한다.

　㉡ 전처리: 물올림이 원활하지 않은 절화 소재는 전처리를 해야 한다. ☆

목본성 줄기의 전처리	목본성 식물 소재는 경사지게 절단하는 것보다 줄기 끝에서 2.5~5cm의 수피(껍질)를 제거한 후 가위로 2.5cm 정도 쪼개는 것이 더 좋다. 망치로 두드리면 세균에 감염되기 쉬우므로 주의하고, 가위를 약 60초 동안 끓는 물에 담가서 줄기 부분을 전처리한 후 35~40℃의 물에 2시간 정도 물올림 후 사용하면 좋다. 장미의 경우에는 가위로 가시를 제거해야 한다.
유액처리	식물에 따라 절단 부위에서 분비물이 나오는 경우가 있는데 유액이 잘린 면에 묻으면 수분 흡수를 방해한다. 잘린 면 위를 약 2~3cm 정도 쪼갠 다음 30초 정도 라이터나 성냥불 등으로 태워 분비물이 더 이상 나오지 않도록 탄화처리를 한다. 분비물이 응고되어 수분의 흡수를 방해하지 않도록 하여 미온수에 담가 물을 흡수시킨다.
봄에 개화하는 구근식물 소재의 처리	튤립, 히아신스, 수선화 등은 특별한 처리가 필요한데 줄기 끝의 백화된 조직을 잘라내야 물올림이 좋아져 절화의 수명이 연장된다. 또한 봄에 개화하는 구근 소재 중 일부는 줄기에서 즙액이 나와 수명을 단축시키므로 수화처리 전 물통에 밤새 담가서 줄기에 있는 즙액이 충분히 빠져나오도록 한다.
시든 꽃의 처리	시든 증상을 보이는 잎이나 꽃 소재의 식물 중 장미 등 목본성 식물의 경우 열탕처리를 하면 효과적이다. 꽃봉오리를 감싸고 80~90℃의 뜨거운 물에 줄기의 아랫부분의 2.5cm 정도를 1분간 담가 처리한다. 이 처리 방법은 미생물을 소독할 수 있는 부가적인 효과도 있다.
시든 줄기의 처리	튤립같이 개화된 식물 소재는 장식 전 수화처리 동안 줄기가 싱싱하지 않고 흐느적거리며 처지는 경우가 있다. 이럴 때는 줄기 부위를 축축한 신문지로 감싼 후 수직으로 세워 밤새 물통에 담가 두면 된다.
큰 잎 절엽 소재의 처리	잎을 깨끗이 씻고 절엽 소재 전체를 물에 담가 놓는다.

　㉢ 물올림(컨디셔닝)

　　• 순서

　　　– 비금속성의 깨끗한 물통을 준비한다.

　　　– 준비한 물통에 물을 채운 후 절화보존제를 넣는다.

　　　– 포장지, 고무줄, 끈 등을 제거한다.

　　　– 가시, 잎 등을 제거한다.

　　　– 물속자르기를 한 후 실온에서 1시간 정도 적응시킨다.

　　　– 냉장고에 보관할 것과 실온에서 보관할 것을 분류하여 보관한다.

• 주의사항 ☆
  - 물이 닿는 부분에는 잎사귀가 없어야 하지만 물이 닿지 않는 곳에는 잎사귀가 있는 것이 좋다.
  - 자른 단면이 수액이나 유액으로 막히지 않도록 주의한다.
  - 꽃잎의 앞면은 증산작용을 하고 뒷면은 호흡작용을 하기 때문에 스프레이 시 꽃잎의 뒷면에 하는 것이 좋다.
  - 물올림을 하는 물 안에 미생물이나 박테리아가 번식하지 않도록 주의한다.

• 물올림 방법 ☆☆

구분	방법 및 특징	적용 가능한 식물
물속에서 자르기	물속에서 절화를 자르는 방법으로 공기 유입 없이 바로 수분을 빨아들일 수 있음.	장미, 카네이션, 거베라, 튤립, 백합 등
열탕처리	끓는 물에 수 초간 담갔다가 꺼내어 수분장력을 이용하는 방법	국화, 스토크, 안개, 금어초, 리아트리스 등
탄화처리	줄기의 절단면 주변에 불을 가하여 그을려 자극을 주는 방법	국화, 모란, 스토크, 포인세티아, 작약 등
줄기 두드림	수분 흡수가 어려운 식물의 흡수면을 넓혀 주기 위한 방법	월계수, 목련, 정금나무 등
화학처리	소금, 식초, 초산염, 알코올 등의 화학적 매개물을 활용하는 방법	라넌큘러스, 억새, 칸나, 부바르디아 등

③ 절화냉장고 관리

㉠ 온도: 10℃(9°~15℃) 안팎으로 보관하는 것이 좋으며, 계절에 따라 여름에는 조금 높이고 겨울에는 조금 낮춰 주는 것이 좋다. 이는 외부와의 온도 차이가 크면 여름에는 꽃이 급격히 시들고 겨울에는 어는 현상이 일어날 수 있기 때문이다. 그 외에도 꽃 냉장고를 사용하면 온도가 낮아 식물의 호흡률과 증산율이 낮아지고 열량 소모가 외부에 비해 거의 없으며 박테리아 성장과 에틸렌 가스 발생이 줄어서 절화의 수명이 연장되는 효과가 있다.

㉡ 습도: 60~70%의 습도를 유지하여 건조해지는 것을 막고 증산작용을 최대한 억제하는 것이 좋다. 많은 양의 절화를 바짝 붙여 놓으면 통풍이 되지 않아 습도가 높아지고 저온과 높은 습도에서 빠르게 번식하는 곰팡이가 생긴다. 따라서 꽃과 꽃 사이의 간격 유지를 해 주는 것이 중요하다.

㉢ 위생 상태: 정기적으로 청소하며 상한 꽃이나 잎을 제거하고 물은 최소한 2~3일에 한 번씩 갈아 주는 것이 좋다. 특히 여름철에는 기온이 높아 미생물 발생률이 높고 그로 인하여 물의 색이 변하고 악취가 날 수 있다. 미생물들이 많을수록 절화의 수분 흡수를 막아 절화의 신선도에 영양을 미치므로 청결한 상태를 유지하여야 한다.

④ 절화보존제의 사용: 절화의 수명을 연장할 목적으로 당분, 살균제, 유기산, 에틸렌 생성 및 작용억제제, 생장조절물질, 무기염, 계면활성제 등으로 이루어진 보존제를 사용

할 수 있다. 절화보존제는 분말, 액체, 고체 등의 형태가 있으며 각각의 사용 방법과 적당량에 유의하여 사용해야 한다. 절화보존제의 양이 너무 적을 경우 충분한 효과를 볼 수 없고 반대로 양이 지나치게 많을 경우 절화 조직이 상할 수 있다.

03 용도별 화훼장식 절화상품 제작

| 1 | 용도별 절화상품

① 생활공간용

    ㉠ 주거용 공간, 사무용 공간, 상업용 공간 등에 놓이는 절화상품들이다. 예 화병꽂이, 테이블장식, 리스, 갈란드 등

    ㉡ 실내외 공간인 벽면, 바닥, 창가, 선반 등에 화훼장식품을 배치할 수 있다.

    ㉢ 더 나은 실내 환경을 제공하며 업무의 효율성을 높이고 매장의 분위기를 상승시킨다.

② 결혼식용

    ㉠ 결혼식장 장식: 센터피스, 꽃길, 테이블장식, 케이크장식, 액자장식 등의 꽃장식이 있다. 전체적인 컨셉을 정한 후 신랑과 신부가 돋보일 수 있도록 디자인한다.

    ㉡ 신부 부케 및 신부장식: 결혼식에서 신부가 드는 꽃다발을 일컬어 신부 부케라고 하며 테크닉에 따라 홀더형 부케, 내추럴 스템 부케, 와이어 부케 등으로 나뉜다. 신부를 돋보이게 하기 위하여 헤어장식이나 팔찌장식 등에 꽃을 사용하기도 한다.

    ㉢ 부토니에르 및 코르사주: 신부에 맞추어 신랑의 양복 깃 버튼홀에 꽂는 꽃장식을 부토니에르라고 한다. 보통 신부의 부케와 비슷한 재료의 꽃으로 작은 사이즈의 꽃다발을 만들어 신랑신부의 양가 부모님의 한복 고름이나 사회자나 주례자의 양복 윗주머니에 다는 경우가 대부분이다. 편의상 코사지라고 부르기도 하는데, 원래 코사지는 코르사주라는 프랑스어로 여성의 상반신에 장식하는 것을 의미했으며 작은 꽃다발 형태로 알려져 있다.

    ㉣ 웨딩카장식: 신랑신부가 예식 후 신혼여행을 갈 때 타는 차를 장식하는 것이다. 운전 시에 이탈되지 않도록 단단히 고정하여야 하고, 시야를 가리지 않도록 장식하여야 한다.

③ 장례용

    ㉠ 빈소제단 장식: 제단 위를 꽃으로 장식하거나 근조 바구니로 꾸민다. 장례식장의 환경에 따라 장식을 달리 표현할 수 있어야 한다.

    ㉡ 영정장식: 스티로폼으로 외곽선을 만들고 형태를 정한 다음 가장자리는 리본으로 처리한다.

✿ 출제 경향 마스터

▸ 용도별 절화상품에는 어떤 것들이 있는가?

▸ 절화수명에 영향을 미치는 환경요인은 무엇인가?

ⓒ 근조화환: 친분 관계에 있는 사람이 애도의 표시로 보내는 것이다. 플라스틱이나 목재 오브제를 사용하며 리본에 보내는 이의 이름이나 소속, 간단한 메시지를 프린트하여 전달한다.

ⓔ 관장식

- 싱글 앤드 스프레이(single end spray): 관뚜껑의 1/2을 장식하는 것으로 관 뚜껑을 반 정도 열어 놓고 고인의 얼굴을 보여 준다.
- 더블 앤드 스프레이(double end spray): 관의 전체를 장식하는 것으로 관 뚜껑을 닫고 관 뚜껑 중심에서 수평형으로 장식하여 아래로 흐름을 준다.

ⓜ 차량장식: 차량의 종류에 따라 장식의 다양성을 표현할 수 있으며 장례 행사의 규모, 거리 차량의 이동 속도 등을 유의하며 제작한다.

ⓗ 조문화 장식

- 리스: 불멸, 영원의 뜻으로 제작하여 관 위에 놓거나 스탠드 위에 장식한다.
- 꽃다발: 성묘에 갈 때 많이 이용한다.
- 꽃바구니: 제단 옆을 장식하거나 묘지에 가지고 가기도 한다.

④ 종교용

ⓐ 개신교

- 대림절(강림절, 대강절): 대림절 기간 동안 강대상이나 성천대 위를 장식하는 대림초는 '영원한 삶'을 뜻하는 둥근 모양의 대림환에 꽂는 모양으로 장식한다. 주로 상록수를 이용하며 보라색, 자주색, 청색 등이 주로 사용된다. 열매 등으로 장식을 더하기도 한다.
- 성탄절: 강단 화훼장식의 하나인 성탄목을 이용한 장식 풍습은 6~7세기 유럽 사람들이 성탄 전야에 아담과 하와의 연극놀이 장식으로 생명나무를 사용한 것에서 유래하였다. 전통적으로 사용한 색은 흰색과 황금색, 적색, 초록색 등이며 예수 성탄 축일에는 구유를 꾸미고 트리를 장식하며 장식 조명을 사용한다.
- 주현절: 하나님의 구원이 예수그리스도를 통해 인류에게 나타나는 것을 기념하는 절기로 주로 흰색과 녹색을 사용하여 꽃꽂이를 하거나 공간을 장식한다.
- 사순절: 그리스도의 수난을 기리는 날로 고난의 상징인 가시, 채찍, 못 등의 재료를 통해 고난을 통한 구속의 진리, 고난과 참회, 인내를 표현한다. 주로 보라색과 붉은색을 사용한다.
- 부활절: 부활하신 예수의 승리와 기쁨, 소망의 상징으로 흰색을 사용한다.
- 오순절(성령강림절): 성령의 불을 상징하는 붉은색을 주로 사용한다.

ⓑ 불교

- 재료나 형태에서는 특별히 상징성을 강조하지 않지만, 꽃이 놓이는 환경, 즉 법당 내부 배경의 색채는 고려하여야 한다. 부처님 오신 날(음력 사월초파일), 출가재일(음력 2월 8일), 성도재일(음력 12월 8일), 열반재일(음력 2월 15일), 우란분재(음력 7월 15일) 등의 행사가 있으며 법당의 내부, 외부 그리고 연결되는 통로 등을 장식할 수 있다.

ⓒ 천주교

- 대림성탄: 네 개의 촛불로 꾸며진 대림환의 둥근 모양은 우주, 세상, 시간 등을 상징하며, 주요 소재인 상록수는 시들지 않는 생명과 희망을 나타낸다.

- 예수성탄: 화려하지 않게 구유를 꾸미고 별을 이용하여 트리를 장식하며, 빛으로 오신 아기 예수를 강조한다.
- 예수 부활 대축일: 새 생명을 나타낼 수 있도록 화훼장식 디자인을 한다.
- 성령강림 대축일: 붉은색을 주조색으로 하여 성령을 불, 바람, 비둘기 등으로 상징적으로 표현한다. 성령칠은이나 성령의 아홉 가지 열매는 다양한 형태나 색채, 소재로 표현한다.
- 삼위일체 대축일: 삼위(三位, 성부 · 성자 · 성령)를 소재, 형태, 색채, 크기, 높이 등의 변화를 주어 구성하며 일체(一體, 동일한 인격)는 원형 형태로 강조한다.

⑤ 축하 선물용
　㉠ 꽃다발, 꽃바구니, 꽃 박스 등 주로 이동에 용이한 상품들이 판매된다.
　㉡ 기념일별 대표 상품
- 입학식 및 졸업식: 사진 찍기에 이용되는 꽃다발이 주로 판매된다.
- 밸런타인데이, 화이트데이: 사랑하는 연인에게 꽃과 함께 초콜릿이나 사탕을 선물하며 고백하는 날이다. 장미를 이용한 꽃다발이나 꽃 박스 등이 주로 판매된다.
- 어버이날, 스승의 날 : 존경의 의미로 카네이션을 이용한 코르사주, 꽃다발, 꽃바구니, 꽃 박스 등이 판매된다.
- 성년의 날, 로즈데이, 부부의 날: 주로 장미를 이용한 꽃 상품이 주로 판매된다.
- 기타 기념일: 생일, 결혼기념일, 출산기념, 돌이나 회갑잔치 등에 다양한 꽃이 축하 선물로 판매된다.

| 2 | 용도별 절화 생리

절화는 용도별로 크게 실내와 실외에서 제작된다.

① **실내의 경우**: 줄기 끝부분의 수분 공급과 꽃이 피어있는 공중의 습도를 조절하여 절화의 신선도를 유지해 주는 것이 중요하다. 서늘하고 통풍이 잘 되는 곳에 두어 증산을 억제하는 것이 좋다.

② **실외의 경우**: 온도가 높을수록 호흡을 증가시켜 저장 물질의 소모가 많아지고 이것은 절화장식품의 수명이 짧아지는 요인이 된다. 또한 상처, 침수, 한랭, 질병, 고온, 저광도, 가뭄 등에서 오는 환경적 스트레스는 꽃의 노화를 촉진하는 에틸렌 생합성을 유도한다. 따라서 행사 전 수분 공급을 충분히 해 주어야 하며 절화를 위한 장소 선정에 유의하여야 한다.

| 3 | 용도별 절화상품 및 품질유지관리

① 절화수명 환경요인 ☆

절화상품의 품질에서 절화의 신선도는 매우 중요하다. 절단된 직후부터 수명이 감소하므로 유통, 보관하는 과정에서의 취급 요령이 중요하다. 일반적으로는 직사광선을 피하고 서늘하고 통풍이 잘 되는 곳에 두는 것이 꽃의 수명을 오래가게 한다.

습도	고온다습한 환경에서는 미생물이 번식하거나 꽃이 부패하기 쉽다. 또한 습도가 낮아지면 수분을 공급받는 속도보다 증산이 빠르게 일어나 꽃이 쉽게 건조해져 시들게 된다.
온도	절화를 보관하는 곳의 온도가 높으면 개화 속도가 빨라지고 양분의 소모가 급격히 일어난다. 따라서 보존 온도를 낮추는 것이 절화의 수명을 연장하는 방법이 될 수 있다.
빛	절화는 커팅과 동시에 광합성 과정이 멈춰, 많은 빛을 필요로 하지 않으므로 직사광선을 피하게 해 주는 것이 좋다.
에틸렌 가스	노후하거나 상한 꽃은 에틸렌 가스를 발생시킨다. 에틸렌 가스의 농도가 높아지면 잎이 노랗게 되는 황화 현상이 생기거나 절화의 노후가 더욱 빨라진다.
당	당분은 절화에서 노화의 속도를 지연시키는 주요 영양분이다. 적절한 당도는 절화의 호흡작용을 돕고 활력을 주어 신선도를 높이는 데 도움이 된다.
미생물	미생물은 줄기의 도관을 막아 수분 흡수를 방해하거나 줄기와 물을 부패시키므로 미생물의 성장을 막도록 해야 한다.

② 절화보존제의 구성성분과 종류 ☆☆

당	가장 효과적인 에너지원으로 기공의 기능성을 높여 주고 수명을 연장한다. 또한, 꽃잎의 세포 팽압을 유지하고 화색을 선명하게 하며 개화를 촉진한다. 종류에는 자당(sucrose), 포도당(glucose), 과당(fructose) 등이 있다.
살균제	박테리아 등의 미생물 증식과 꽃의 목이 굽어지는 현상을 막는다. 에너지 공급원인 당과 함께 사용해야 한다. 종류에는 질산은($AgNO_3$), 8-HQS, 8-HQC, 황산알루미늄($Al_2(SO_4)_3$) 등이 있다.
에틸렌 억제제	에틸렌은 노화를 촉진하는 호르몬으로, 꽃잎의 위조와 낙화를 일으키며 수명을 단축하는 가장 큰 원인이 된다. 억제제의 종류에는 STS, AOA 등이 있다.
생장조절 물질	노화를 지연시키는 것으로서 BA, ABA, 시토키닌(cytokinin) 등이 있다.
기타 물질	구연산, 아스코르비산, 황산, 칼슘 등이 있다.

③ 전처리제 및 후처리제

전처리제	절화를 수확한 후 유통하기 전 또는 유통하는 과정에서 식물의 신선도를 유지하기 위해 쓰는 처리제이다. 에틸렌 억제제(STS, AOA, 1-MCP), 흡수촉진과 살균효과가 있는 계면활성제, 잎의 황화를 방지하는 지베릴린, 염소계 및 제4급 암모늄계 살균제를 절화의 종류에 따라 적절히 사용한다.
후처리제	소매상이나 소비자가 침지해 둘 때 쓰는 처리제이다. 당살균제, 에틸렌 억제제가 적당히 함유되어야 하며 경우에 따라 BA, GA 등이 첨가된 것도 있다. 소비자가 간편하게 이용할 수 있는 사이다나 콜라를 25~50%로 희석한 용액도 절화의 수명 연장에 도움이 된다.

| 1 | 작업공간 정리

① 생화 정리

　㉠ 상품 제작 후 남은 재료는 재료의 길이, 종류, 특성에 따라 물통을 준비하여 재정리한다. 이때 재사용이 가능한 재료와 폐기할 재료를 구분한다.

　㉡ 절엽의 종류 중 짧은 것은 물에 보관하지 않고 물 스프레이를 하여 신문에 싸서 공기를 차단하고 꽃 냉장고에 보관한다.

② 도구 정리

　㉠ 도구는 공구함이나 도구 진열대에 정리하여 보관한다.

　㉡ 부자재는 사용하고 남은 경우 분류하여 보관한다.

　　• 철사: 철사는 종류별로 지 철사, 알루미늄 철사, 카파 와이어 등으로 분류하고 철사의 번호별로 나누어 정리한다.

　　• 리본: 리본은 크기, 색, 종류별로 나누어 정리한다. 봉으로 끼워서 보관하면 추후 잘라서 사용하기 쉽다.

　　• 포장지: 크기, 색, 종류별로 나누어 정리하고 자주 사용하는 것과 아닌 것의 위치를 정하여 정리하는 것이 좋다.

　　• 액세서리: 각종 액세서리는 투명 상자에 분리하여 정리하여야 찾기 쉽다.

　　• 플로랄 폼: 물에 한번 젖었다가 마른 플로랄 폼은 물올림의 기능이 현저히 떨어지므로 사용 전까지 물속에 담근 상태로 보관하여야 한다.

　　• 그 외의 핀이나 작은 물건들은 보관함에 넣어 안전하게 정리한다.

　㉢ 약품이나 스프레이는 뚜껑을 잘 닫아 직사광선을 피해 보관한다.

③ 작업 테이블 및 공간 정리

　㉠ 작업 테이블은 다음 작업을 위해 깨끗이 정리한다.

　㉡ 작업공간 아래 바닥을 깨끗이 청소한다.

　㉢ 사용 후 빈 물통은 깨끗이 씻어 잘 말린 후 정리한다.

　㉣ 개수대에 식물의 잎이나 찌꺼기가 남지 않도록 청소한다.

| 2 | 절화상품 재고관리 ✿

① 재고관리의 목적: 재고관리는 수요에 맞게 제품을 생산하고 품절로 인한 손실과 총 재고비용(재고유지비용 및 구매비용의 합)을 최소화하는 것을 목적으로 한다.

② 재고관리의 방법 및 효과: 보유하고 있는 재료나 물품의 종류 및 수량을 파악하기 위하여 재고 관리표를 작성하는 것이 좋다. 작업 완료 후 작업 시 사용한 재료의 재고사

항, 판매사항, 입고사항 등을 표기하면서 주기적으로 관리하면 재료의 남은 수량을 쉽게 파악할 수 있다. 또한, 재고가 부족하여 불시에 작품을 진행할 수 없는 상황을 미연에 방지하고 모든 상품의 흐름을 파악할 수 있으며 실제 작업량보다 초과되어 폐기되는 양을 줄여 손실을 낮출 수 있다. 물건 구입 시에는 한 번에 많은 양을 구입하는 것보다 자주 재료를 구입하여 재고량을 줄이고 고객에게 신선한 상태의 상품을 제공하는 것이 좋다.

| 3 | 절화상품 폐기물관리

① 손상을 입거나 상품성이 떨어지는 소재는 구분하여 폐기한다.
② 꽃이나 잎의 줄기가 길 경우 쓰레기 봉지가 찢어질 수 있으니 10cm 간격으로 잘라서 버리는 것이 좋다.
③ 사용한 플로랄 폼은 재사용이 불가능하므로 물을 꼭 짜서 부피를 줄여서 버리는 것이 좋다.

01
◯ △ ✕ ┃ ◯ △ ✕

절화의 에틸렌 피해를 최소화하는 방법으로 옳지 않은 것은?

① 가능하면 꽃이 피었을 때 수확하는 것이 좋다.
② 성숙한 과일과 채소류는 함께 저장하지 않는다.
③ 작업장 내부는 자주 환기하여 주는 것이 좋다.
④ 절화는 수확 즉시 저온저장하는 것이 좋다.

02
◯ △ ✕ ┃ ◯ △ ✕

절화의 줄기를 물속에서 재절단하는 이유로 옳지 않은 것은?

① 수분 흡수를 방해하는 공기 유입을 방지하기 위함이다.
② 수압에 의해 수분의 흡수를 용이하게 한다.
③ 절화의 수명을 연장할 수 있다.
④ 장미의 꽃 목 굽음 현상을 막기 위함이다.

03
◯ △ ✕ ┃ ◯ △ ✕

절화의 에틸렌 피해 증상이 아닌 것은?

① 노화 촉진
② 개화 촉진
③ 수명 연장
④ 꽃잎 탈리

04
◯ △ ✕ ┃ ◯ △ ✕

화훼장식에 사용되는 재료와 관련된 설명으로 옳은 것은?

① 워터픽은 줄기가 짧거나 수분 공급이 어려운 상태에서 사용하는 재료이다.
② 플로랄 폼은 윗부분만 적셔도 사용하기에 충분하다.
③ 플로랄 폼은 물을 흡수시키기 위해 손으로 누르는 것이 좋다.
④ 생화본드를 사용할 때는 절화의 끝을 말려 주는 것이 좋다.

해설

01 가능하면 어린 봉오리 때 수확하는 것이 좋다.

03 에틸렌은 개화와 노화를 촉진시키고 수명을 단축시킨다.

정답 **01** ① **02** ④ **03** ③ **04** ①

05

절화 줄기를 고정하기 위한 재료가 아닌 것은?

① 플로랄 폼
② 침봉
③ 치킨망
④ 파라핀

07

플로랄 폼의 사용 방법으로 옳지 않은 것은?

① 꽃을 꽂기 전에 충분히 물에 적셔 주는 것이 좋다.
② 한번 꽂은 자리는 다시 메워지지 않으므로 수정 시 다른 자리에 꽂는 것이 좋다.
③ 플로랄 폼이 물을 흡수할 때는 살짝 눌러 주는 것이 좋다.
④ 용기 내에서 플로랄 폼을 고정할 때는 방수 테이프를 사용하는 것이 좋다.

06

절화를 이용한 상품에 대한 설명으로 옳지 않은 것은?

① 꽃다발을 묶을 때는 꽃이 상하지 않도록 느슨하게 묶어야 한다.
② 신부 부케의 신선도는 최소 24시간 유지되어야 한다.
③ 라운드 부케의 줄기 배열은 나선형 또는 병렬형이다.
④ 리스는 링 모양으로 만들어 1:1.618:1의 황금비율로 제작한다.

08

절화를 다루는 방법으로 옳지 않은 것은?

① 숙성된 과일과 함께 저장하지 않는다.
② 줄기에서 즙액이 분비되는 것은 찬물에 담그거나 자른 면에서 2~3cm 정도 쪼갠 후 사용한다.
③ 목본성 절화는 가위를 60초 동안 끓는 물에 담가서 줄기 부분을 전처리한 후 35~40℃ 물에 2시간 정도 물올림 후 사용하면 좋다.
④ 가시나 잎은 제거하지 않고 물에 담그는 것이 좋다.

해설

05 파라핀은 줄기를 고정하기 위함이 아니라 수분 방출을 늦추기 위하여 사용된다.

06 꽃다발을 묶을 때는 풀어지지 않도록 단단히 묶어야 한다.

07 플로랄 폼이 스스로 물을 흡수할 때까지 기다려 주는 것이 좋다.

08 잎이 있는 부분은 미생물 번식이 용이하므로 물이 닿는 부분의 잎은 제거해 주는 것이 좋다.

정답 05 ④ 06 ① 07 ③ 08 ④

09

☐△✕ | ☐△✕

내추럴 스템 부케 제작에 대한 설명으로 옳지 않은 것은?

① 나선형이나 파랄레의 형태로 제작할 수 있다.
② 홀더에 꽂아서 제작하는 방식의 부케이다.
③ 묶는 점 아랫부분의 줄기는 깨끗이 다듬어져 있어야 한다.
④ 묶는 지점은 단단히 묶어야 한다.

10

☐△✕ | ☐△✕

꽃다발 제작 시 유의사항으로 옳지 않은 것은?

① 줄기는 주로 나선형으로 잡는다.
② 손과 접촉되는 시간이 길수록 노화가 촉진되므로 단시간에 완성하는 것이 좋다.
③ 전체적인 길이는 일정하지 않고 차이가 크도록 잡는다.
④ 줄기의 끝은 사선으로 잘라야 한다.

11

☐△✕ | ☐△✕

매장에서 절화를 관리하는 방법으로 거리가 먼 것은?

① 물에 닿는 부분의 잎사귀는 제거한다.
② 줄기의 끝을 사선으로 잘라 물에 담근다.
③ 물은 매일 한 번씩 규칙적으로 갈아 준다.
④ 종류를 구분하기 위해 가져온 꽃의 포장을 풀지 않는다.

12

☐△✕ | ☐△✕

절화의 저온수송의 장점이 아닌 것은?

① 급격한 수분손실 방지
② 꽃잎 내의 저장영양분의 분해 촉진
③ 개화 속도를 늦춤
④ 절화의 수명 연장

해설

09 홀더에 꽂아서 제작하는 부케는 홀더형 부케라고 한다.
10 꽃다발을 물에 꽂아 놓을 때 줄기 간에 길이의 차이가 있으면 전체적으로 물 공급이 원활하지 않다.
11 포장을 풀어 통풍이 잘 되도록 관리하는 것이 좋다.
12 저온수송은 식물체 내의 저장영양분의 분해를 억제하여 신선도 유지에 도움이 된다.

정답 **09** ② **10** ③ **11** ④ **12** ②

13

☐△☒ | ☐△☒

작품 제작을 위한 고정 도구 중 재사용이 가능하고 납작하여 부피감을 주지 않는다는 장점이 있으나 다양한 형태의 조형이 어려우며 이동이 불편하고 작품의 크기나 양에 제한이 있는 재료는 무엇인가?

① 침봉
② 플로랄 폼
③ 철망
④ 워터픽

15

☐△☒ | ☐△☒

신부 부케 제작 시 주의해야 할 점이 아닌 것은?

① 홀더 사용 시 수분 공급을 할 수 있어 꽃의 양에 제약이 없다.
② 신부의 드레스에 부케가 상하지 않도록 주의해야 한다.
③ 무겁지 않게 제작하는 것이 좋다.
④ 24시간 동안 유지 가능하게 만들면 된다.

14

☐△☒ | ☐△☒

한국의 장례식에 사용하기에 가장 적합한 꽃은?

① 핑크 장미
② 보라색 라일락
③ 흰 국화
④ 주황색 카네이션

16

☐△☒ | ☐△☒

절화장식품의 관리에 대한 설명으로 옳지 않은 것은?

① 절화에 따라서는 다른 꽃을 시들게 하는 꽃도 있어 특성을 알아 두는 것이 좋다.
② 광합성을 위해 직사광선이 비치는 곳에 두는 것이 좋다.
③ 시든 꽃은 제거해 주는 것이 좋다.
④ 숙성된 과일 옆에 두지 않는 것이 좋다.

해설

15 홀더 안 플로랄 폼의 양이 정해져 있어 꽃의 양에 제약이 있다.

16 직사광선은 피하는 것이 좋다.

정답 **13** ① **14** ③ **15** ① **16** ②

17

○△✕ | ○△✕

꽃의 형태별 용도가 잘못된 것은?

① 라인 플라워 – 스토크, 델피니움
② 폼 플라워 – 안스리움, 극락조화
③ 매스 플라워 – 소국, 스프레이 카네이션
④ 필러 플라워 – 안개, 스타티스

18

○△✕ | ○△✕

절화의 수명을 연장하기 위한 방법으로 옳은 것은?

① 실내 온도는 낮고 상대 습도는 50~60%로 낮게 한다.
② 실내 온도는 낮고 상대 습도는 70~80%로 높게 한다.
③ 통풍이 잘 되고 직사광선이 잘 들어오는 곳에 둔다.
④ 통풍이 안 되고 온도가 높은 곳에 둔다.

19

○△✕ | ○△✕

절화 보관 중 도관 폐쇄 현상을 일으켜 절화의 수분 흡수를 억제하는 요인은?

① 에틸렌
② 증산작용
③ 이산화탄소
④ 미생물

20

○△✕ | ○△✕

절화 작업 시 철사에 대한 설명으로 옳지 않은 것은?

① 철사의 굵기는 숫자가 높아질수록 굵어진다.
② 장식물의 뼈대나 고정용으로 이용한다.
③ 번호가 없는 다양한 색상의 철사류가 있다.
④ 꽃의 줄기가 힘이 없을 때 덧대기도 한다.

해설

17 소국과 스프레이 카네이션은 필러 플라워에 속한다.

20 철사의 굵기는 숫자가 낮아질수록 굵어진다.

2

화훼장식 가공화 응용상품 제작

이 단원은 이렇게!

화훼장식 가공화 응용상품 제작은 가공화 상품 작업 준비, 압화상품 제작, 보존화 상품 제작, 작업공간 정리의 다섯 가지로 나눌 수 있어요. **각각의 특징과 각각의 디자인, 도구, 안전관리에 대하여** 알아 두어야 해요.

출제 경향 마스터

▶ 가공화의 상품관리는 어떻게 해야 하는가?

▶ 가공화의 종류, 정의, 특성은 무엇인가?

---

01 / 가공화 상품 작업 준비

| 1 | 가공화 상품관리

① 관리 시 주의사항

  ㉠ 공기 중에 노출되는 시간을 최소로 줄인다.

  ㉡ 습기가 있는 곳은 피하고 건조 상태를 계속 유지한다.

  ㉢ 탈취제 등을 넣으면 곰팡이 발생을 방지할 수 있다.

  ㉣ 고온 상태가 되면 자외선으로 인해 퇴색되기 때문에 햇빛에 노출되지 않도록 한다.

  ㉤ 보존 상자의 상품 용기 등 빈곳에 실리카겔과 습기제거제를 넣어서 습기를 철저히 방지한다.

  ㉥ 상품의 꽃 재료 등을 만질 때는 손으로 만지지 않고 핀셋을 이용한다.

② 보관 시 주의사항

  ㉠ 보관 장소의 청결 상태가 깨끗해야 한다.

  ㉡ 보관 장소의 적절한 습도가 유지되어야 한다.

  ㉢ 직사광선이 차단되고 수분 접촉 방지가 되어야 한다.

  ㉣ 가공화별 적절한 보관 포장재 및 적절한 용기를 사용해야 한다.

  ㉤ 재료별 식별이 가능하도록 표시하고 입·출고 시 정리정돈을 잘 해야 한다.

| 2 | 가공화 상품 재료

① 인조화
   ㉠ 생화로 판매되고 있는 꽃 대부분을 인조화로 만들 수 있다.
   ㉡ 인조화는 아주 작은 꽃에서 아주 큰 꽃까지 크기와 관계없이 만들 수 있다.
   ㉢ 식물이 생장하는 데 조건이 불리하거나 실내 조명을 많이 사용하는 곳에 주로 이용된다.
   ㉣ 인조화의 재료 정리 보관
     • 형태가 흐트러지지 않고 보호받을 수 있도록 비닐로 포장한다.
     • 탈색 및 변형을 막기 위하여 직사광선을 피해서 보관한다.
     • 크기가 작은 것은 비닐봉지에 넣어서 보관한다.

② 건조화(dry flower)
   ㉠ 건조화의 종류는 자연 속에서 자라는 모든 식물이 해당된다.
   ㉡ 건조화는 작은 식물에서부터 큰 식물까지 다양한 크기로 제작이 가능하다.
   ㉢ 건조화는 인조화에 비해 자연미가 있어서 선호도가 높다.
   ㉣ 건조화의 사용 용도는 제한적이지 않고 어디에서나 사용이 가능하며 경제적 부담이 적다.
   ㉤ 상대 습도가 높은 곳에서는 보관이 쉽지 않으며 곰팡이에 노출될 수도 있다는 단점이 있다.
   ㉥ 건조화의 재료 정리 보관
     • 짧은 시간 보관 시 공중습도가 낮은 곳에서 거꾸로 매달아 보관한다.
     • 파손될 위험이 있으므로 세워서 보관한다.
     • 직사광선을 받게 되면 탈색이 되므로 직사광선을 피해서 보관한다.
     • 습기가 차지 않도록 흡습제와 함께 비닐로 싸서 보관한다.

③ 압화
   ㉠ 압화는 압력을 가하여 말린 꽃을 예술적으로 승화시키고 평면적으로 장식하는 예술이다.
   ㉡ 압화의 응용 범위는 매우 넓어 장식품, 생활용품 등 다양한 형태로 제작할 수 있다.
   ㉢ 압화는 꽃을 평면으로 말리기 때문에 조형성은 적은 편이다.
   ㉣ 압화 재료들은 수분의 재흡수를 방지하기 위하여 투명한 비닐 주머니에 넣어 고른 평면의 건조한 곳에 보관한다.
   ㉤ 투명한 비닐에 넣은 후 습기제거제와 함께 다시 상자에 넣어 주는 방법도 있다.
   ㉥ 햇볕과 온도에도 민감하여 취급 시 주의한다.
   ㉦ 압화 재료 정리 보관
     • 글라신 페이퍼에 보관한다.
     • 꽃 보관 봉투를 이용하여 보관한다.
     • 진공팩을 이용하여 보관한다.

★ 알아 두면 좋아요 ★

가공화 장식
▶ 건조화: 건조화는 다양한 방법으로 건조하여 생산하며 수분 공급이 필요하지 않으므로 오랫동안 감상할 수 있으며, 다양한 장식물 제작이 가능하다.
▶ 압화: 압화는 압력을 가하여 말린 꽃을 작가의 창의성을 발휘하여 평면적으로 표현하는 평면 조형 예술이다.
▶ 포푸리: 프랑스어로 '발효시킨 항아리'라는 뜻이다. 건조된 꽃과 잎, 향나무, 식물의 뿌리에 향기가 있는 오일을 첨가한 후 2~6주 간 숙성시켜 식물의 색상, 질감, 모양, 향기 등을 동시에 느낄 수 있도록 제작한다.
▶ 망사잎(Skeleton): 망사잎은 엽육 조직을 인위적으로 제거한 후 엽맥만 남겨 두고 탈색과 염색, 건조 과정을 거쳐서 다양한 색상으로 제작한다.
▶ 박피: 나뭇가지의 껍질을 벗겨 하얀 수피(樹皮)가 보이도록 가공한다. 박피된 소재는 다양한 색으로 염색할 수 있으며, 오랫동안 보관이 가능하여 대형 구조물에 많이 이용된다.
▶ 표백: 하이포아염소산염, 아염소산 나트륨, 과산화수소 등을 물속에 용해하여 표백한다. 이때 사용하는 용기는 플라스틱이나 유리, 에나멜로 된 것이어야 한다.

🌸 **TIP**

글라신 페이퍼(glassine paper): 식품, 담배, 약품 따위의 포장지로 쓰는 반투명의 얇은 종이

④ 보존화(preserved flower)

　㉠ 보존화(프리저브드 플라워)는 생화의 아름다움을 그대로 장기간 보존할 수 있도록 특수 보존액을 사용해 탈수, 탈색, 착색, 보존, 건조 단계를 거쳐 만든 새로운 개념의 꽃이다.

　㉡ 온도와 습도에 따라 3~5년 동안 모습이 그대로 유지되며 건조화와는 다르게 부드러운 촉감과 탄력을 유지한다.

　㉢ 염색으로 색을 나타내기 때문에 생화에서 볼 수 없는 다양한 색상의 꽃을 표현할 수 있다.

　㉣ 생화의 질감과 아름다운 색을 즐길 수 있으므로 장소와 용도에 관계없이 선물, 인테리어, 디스플레이 등 다양하게 이용할 수 있다.

　㉤ 보존화 프리저브드 재료 정리 보관

　　• 보존화(프리저브드 플라워) 전용 용기에 넣어서 보관한다.

　　• 방습제와 함께 넣어서 보관한다.

　　• 재료의 반·출입 시 편리하도록 박스에 별도 표시를 해 놓는다.

　　• 직사광선과 습기가 없는 장소에 보관한다.

| 3 | 가공화의 종류, 정의 및 특성 등

① 가공화의 종류

　㉠ 인조화

　　• 일반적으로 조화라고 부른다.

　　• 재질은 종이, 헝겊, 실, 금속, 도기, 유리, 피혁, 목재 등이 있다.

　　• 현대는 플라스틱을 이용하여 만들고 있다.

　　• 생화로 판매되는 대부분의 꽃은 인조화로 제작이 가능하다.

　　• 디자인상 활용 범위가 넓고 장기간 장식에 주로 많이 이용하고 있다.

　　• 실내외 어떤 환경 조건에서도 설치가 가능하다.

　㉡ 건조화(dry flower)

　　• 건조화의 특징

　　　– 수명이 짧은, 살아 있는 식물을 여러 가지 기법으로 건조하여 가공한 것으로 오랫동안 감상하고 즐길 수 있다.

　　　– 자연에서 자라는 모든 식물이 대상이 되므로 크기와 형태가 다양하다.

　　　– 생화에 비해 장식 수명에 제한이 적어 언제 어디서나 사용이 가능하고 관리가 편해서 장기간 보존이 가능하다.

　　　– 계절의 영향이 적기 때문에 작품 창작을 자유롭게 할 수 있다.

　　• 건조화의 채집 시기

　　　– 맑은 날 한낮에 채집하는 것이 가장 좋다.

　　　– 성숙도가 적당하여 관상 가치가 최상의 상태에 있을 때 채집하는 것이 좋다.

　　　– 밀짚꽃과 같이 이미 건조한 경우는 건조 과정에서도 개화가 진행되므로 만개한 꽃을 채취

하여 건조하면 꽃잎이 쉽게 분리되고 꽃의 형태도 좋지 않으므로 사용하지 않는다.

- 소재의 채취 부위: 열매, 줄기, 뿌리, 가지, 잎, 덩굴 등 다양한 부위가 사용된다.

채취 부위	건조 소재
꽃 이용	장미, 로단세, 스타티스, 홍화, 카스피아, 천일홍, 밀짚꽃
줄기 이용	등나무, 다래덩굴, 칡덩굴
열매 이용	노박덩굴, 망개, 꽈리

- 건조화를 만드는 과정에서 변색되는 이유: 색소체는 엽록체, 유색체, 백색체처럼 식물의 색을 나타내도록 하는 세포 기관이다. 절화 상태인 말린 꽃의 색소체는 시간이 지날수록 에틸렌의 영향을 받아 노화 촉진, 엽록소 파괴, 증산작용 촉진, 조직 연화 등으로 퇴화되기 때문에 색이 변하게 된다.
- 건조화의 건조 방법
  - 자연 건조: 자연의 공기를 이용하여 식물체의 수분을 제거하는 방법이다. 섬유소가 많고 함수량이 적으며, 화형이 작고, 줄기가 짧은 식물체의 건조에 많이 이용된다. 습도 40~50%의 그늘 중 통기성이 좋은 곳에서 말리는 것이 좋다.

구분	방법	예
거꾸로 매달아 말리기	가장 많이 사용하는 방법으로 소재를 한 다발씩 묶은 다음 꽃이 아래로 늘어지게 하여 건조시키는 방법이다. 건조하고 통풍이 잘되는 장소에 직사광선을 피해서 매달아 둔다.	아스틸베, 숙근안개초, 밀짚꽃, 천일홍, 스타티스, 장미 등
평평히 눕혀 말리기	그늘진 마루, 선반, 덤불 위에 소재를 눕혀서 말리는 방법이다.	조, 수수, 벼이삭, 보리, 라벤더, 소루쟁이, 죽순 등
바로 세워 말리기	세워서 말리는 방법으로 재료의 부피가 크거나 섬세한 형태를 가진 꽃에 이용된다.	수국, 알리움, 참억새풀, 부들, 달맞이꽃, 창포의 열매, 옥수수 등
그물에서 말리기	꽃이나 열매가 큰 소재의 줄기를 그물의 구멍에 꽂아 건조시키는 방법이다.	아티초크, 프로테아 등
상자에서 말리기	소재를 상자에 넣어 말리는 방법이다.	이끼류, 꼬투리, 나무의 열매 등
자생지에서 말리기	꽃이 피어 있는 장소에서 결실의 철이 지나 그대로 건조된 상태로 채집하는 꽃이나 열매를 의미한다.	달맞이꽃, 노박덩굴, 솔방울, 강아지풀, 오리나무열매 등

  - 열풍 건조: 소재에 적당히 열을 가하여 수분이 빠르게 증발되도록 하는 방법이다. 건조하는 데 시간이 비교적 짧으나(60~80℃에서 12시간 정도) 건조 시설이 따로 필요하므로 많은 비용이 든다는 단점이 있다. 예를 들어 장미는 색과 향을 고려할 경우 40℃가 가장 적절하고, 향기를 고려하지 않을 경우 품종에 관계없이 40~50℃가 적절하며 60℃에서 색이 잘 유지되는 품종도 있다.
  - 동결 건조: 꽃을 빠르게 얼린 후 수분을 승화시켜 건조하는 방법이다. 꽃이 수축되거나 찌그러지는 일이 거의 없으며, 색상도 그대로 유지되는 장점이 있다.
  - 저온 건조: 소재를 0℃ 이상 10℃ 이하의 저온에 두어 건조시키는 방법이다. 비교적 좋은

꽃 TIP
▶ 가온 건조법: 소재에 적당히 열을 가함으로써 식물체 내의 원형질을 파괴하여 수분을 빠르게 증발시키는 방법으로 전자레인지를 이용하기도 한다. 열풍 건조법도 가온 건조법 중 하나이다.

색깔을 보존할 수 있으며, 수분이 많은 식물을 건조할 때 사용하기 좋다. 그러나 건조하는 데 시간이 오래 걸리며, 시설비의 부담이 크다는 단점이 있다.

- 글리세린 흡수 후 건조: 글리세린은 지방과 기름을 섞은 무색의 액체로 잎을 보존·가공하는 데 사용할 수 있다. 이 방법은 잎을 유연하게 하고, 보다 자연스러운 상태로 보존·가공할 수 있고 큰 재료들에도 적용할 수 있다는 장점이 있다.
- 매몰 건조: 흡수력이 강하고 가는 입자로 된 재료를 이용하여 식물 소재를 매몰시켜 건조시키는 방법이다.

구분	특징
모래와 붕사	• 가는 모래와 붕사를 2:1의 비율로 섞어 건조제로 사용할 수 있다. • 꽃을 말리는 데 1~2주 정도 걸린다. • 붕사는 일반 잡화점의 세제 용품 코너에서 구입할 수 있다.
옥수수 가루와 붕사	• 옥수수 가루와 붕사를 10:3의 비율로 섞어 건조제로 사용할 수 있다. • 꽃을 말리는 데 3~7일 정도 걸린다. • 두 가루를 섞은 다음 체에 치면 가루가 골고루 잘 섞이며, 가루가 가볍기 때문에 연약한 꽃에 사용하면 좋다.
키티 리터 (kitty litter)	• 찰흙 가루로 만든 키티 리터를 건조제로 사용할 수 있다. • 찰흙 가루는 흡수력이 좋아서 반복해서 사용이 가능하다. • 입자가 너무 큰 것은 건조제로 부적합하므로, 체에 쳐서 큰 덩어리는 버리고 입자가 작은 것을 사용한다.
실리카겔	• 규산(silicic adid)의 건조 상태의 겔(gel)로 강한 흡수력을 지닌 물질이며 자체 무게의 40%까지 흡수가 가능하다. • 비싼 편이지만, 사용하기 편리하고 영구히 사용할 수 있다는 장점이 있다. • 꽃을 빨리 말리고 꽃의 자연적인 색상을 잘 보존시켜 준다. • 청색의 실리카겔은 수분을 흡수하면 분홍색으로 바뀌고, 이것을 말리면 다시 원래의 청색으로 돌아온다.

- 누름(중압) 건조: 식물체에 적당한 압력을 가하여 건조시키는 방법으로 주로 압화 소재를 건조시키는 데 많이 이용된다. 갈피, 누름판, 다리미, 돌 등이 이용된다.
- 감압 건조: 일정한 양의 공기를 추출하여 진공 상태로 만든 밀폐 용기에 식물체를 넣어 식물체 내의 수분이 신속히 증발 또는 승화되도록 하는 것으로 공기를 건조 매체로 이용하여 건조시키는 방법이다.
• 건조 소재를 이용한 장식물의 특징
- 꽃꽂이, 꽃다발, 리스, 갈란드, 형상물, 콜라주 제작방법은 생화와 거의 비슷하며 건조 소재는 플로랄 폼에 줄기를 꽂거나 글루건으로 접착한다.
- 대형 조형물 건조 소재는 규모가 크고 자유로운 형태의 조형물로 다양하게 제작할 수 있으며 디스플레이 또는 무대장식, 예술품으로 많이 이용된다.
ⓒ 압화(pressed flower)
• 압화의 특징
- 압화는 입체적인 건조화(드라이 플라워)에 비해서 평면적인 눌림꽃이며 건조화의 한 부분으로 볼 수 있다.
- 장식용 압화의 제작은 19세기 후반 영국의 빅토리아 여왕 시대에 궁중의 여인들에 의해 본격적으로 시작되었다.

TIP

글리세린 흡수를 이용한 건조 과정

▶ 글리세린과 40℃의 물을 1:2 또는 1:3의 비율로 섞어 용액을 만든다.
▶ 섞은 용액을 용기에 10~12cm 높이로 붓는다.
▶ 줄기 아랫부분을 사선으로 잘라 용액에 넣는다.
▶ 잎이 떠오르지 않도록 무거운 물건으로 올려 준다.
▶ 줄기를 자른 후 잎을 글리세린 용액에 4일에서 2주일 정도 담근다.
▶ 가공 과정 중에 필요하면 용액을 보충한다.
▶ 잎이 글리세린 용액을 흡수하면 올리브색이나 청동색으로 변한다.
▶ 글리세린 용액에서 잎을 꺼낸 즉시 찬물에 담근다.
▶ 이 과정이 끝나면 잎을 거꾸로 매달아 말린다.
▶ 건조 기간은 1~2주일 걸린다.

- 회화적인 느낌을 강조하여 구성한다.
- 자연 소재를 평면으로 말리기 때문에 조형성은 적지만 꽃, 식물의 줄기, 잎, 야채, 버섯, 과일 등 다양한 재료로 만들 수 있다.
- 압화는 제작이 쉬워서 누구나 쉽게 만들 수 있으며 주의력, 집중력, 인내력 등을 기를 수 있다.
- 압화의 재료로 적당한 꽃
  - 꽃잎의 수분 함량이 적은 꽃
  - 화색이 선명하고 두께가 얇은 꽃
  - 꽃의 구조가 간단하고 꽃잎이 작고 주름이 적은 꽃
  - 대표적으로 패랭이, 유채, 산수유꽃, 냉이꽃, 델피니움, 코스모스, 팬지 등이 있다.
- 압화의 건조 방법
  - 건조제를 이용한 압화: 건조제로는 주로 실리카겔이 사용되는데, 이 실리카겔 사이에 꽃이나 꽃잎을 끼워서 수분을 빠르게 제거하여 건조한다. 매몰 건조와 비슷하지만 평면적으로 제작되므로 과립이 굵거나 거칠면 꽃잎에 울퉁불퉁한 요철이 생길 수 있다.
  - 다리미를 이용한 압화: 꽃이나 잎을 흡수지 사이에 끼우고 이것을 다시 신문지에 끼운 뒤 가정용 다리미로 가볍게 눌러 탈수하는 방법으로, 변색이나 퇴색되기 쉽다.
  - 돌을 이용한 압화: 가장 일반적인 방법으로 누름돌로 꽃을 눌러 말리는 것을 말한다.
- 압화의 채집 시간: 압화의 채집 시간은 오전 10~12시가 적당하다. 이른 시간에는 이슬이 있어 수분 함량이 높으므로 건조하는 데 시간이 많이 걸리며 오후 2~3시에는 햇빛이 강해서 변색될 수 있다.
- 압화를 이용한 장식: 책갈피, 엽서, 카드, 명함, 휴대폰 걸이, 열쇠고리, 쟁반, 스탠드, 보석함, 액자 등이 있다.

ⓔ 보존화(preserved flower)
- 생화를 이용하여 만들며 인조화와 건조화의 단점을 극복하고 유연성을 지니고 있으므로 생화의 느낌을 유지한 채 장기간 보존할 수 있다.
- 색상은 다양하지만 가격이 비싸 소비자들이 사용하기가 부담스럽다.
- 특수 용액을 이용하여 탈수, 탈색, 염색, 건조의 과정을 거쳐 만들어진다.

② 가공화의 정의 및 특성
ⓐ 화훼류는 생산, 출하된 상태로 사용하기도 하지만 용도와 목적에 따라서 매우 다양하게 가공한 후 사용하기도 한다.
ⓑ 가공 전의 식물과는 달리 가공화는 디자인상 활용이 광범위하고 장기간 장식에 이용할 수 있다는 장점이 있다.
ⓒ 가공 방법에 따라 인조화, 건조화, 압화, 보존화로 나눈다.
ⓓ 크게는 압화, 보존화, 건조화 같은 자연 가공화와 자연 소재의 형태를 모방하여 제작한 인조화로 구분할 수도 있다.

출제 경향 마스터 ✿

▸ 압화상품 재료의 특징은 무엇
  인가?

▸ 압화상품관리는 어떻게 해야
  하는가?

★ **알아 두면 좋아요** ★

압화의 재료로 적합하지 않은 꽃
▸ 꽃잎의 각도가 너무 큰 꽃
▸ 꽃잎의 형태가 복잡한 꽃
▸ 수분 함량이 많은 꽃
▸ 주름이 많은 꽃잎을 가진 꽃

★ **알아 두면 좋아요** ★

압화상품 제작 시 디자인의 요
소(점, 선, 면, 형태, 방향, 공간,
질감, 깊이, 색채)와 원리(구성,
통일, 조화, 강조, 비율, 율동,
대비)를 적용하여 제작하는 것
이 중요하다.

02 압화상품 제작

| 1 | 압화상품 재료

압화는 입체적인 드라이 플라워에 비해서 평면적인 눌림꽃이며 건조화의 한 부분이다. 그러므로 재료는 꽃잎의 수분 함량이 적은 꽃과 화색이 선명하고 두께가 얇은 꽃이 좋다.

구분	예
색이 선명하고 크기가 적당한 소재	수선화, 프리지어, 할미꽃, 금잔화 등
구조가 간단하고 꽃잎이 적은 소재	팬지, 코스모스, 시클라멘, 양귀비 등
두께가 적당하고 수분량이 적은 소재	클레마티스, 작약, 안개꽃, 데이지 등
평면적인 그린 소재	네프로네피스, 아이비 등

| 2 | 압화상품 디자인

① 압화상품은 가구 장식뿐만 아니라 생활용품, 악세서리 등 다양한 곳에 사용된다.
  예 예단 봉투, 열쇠고리, 거울, 장신구, 인테리어 소품, 전등, 갓 등

② **압화상품 디자인의 구도법**: 압화의 디자인은 플라워 디자인과 비슷하지만 플라워 디자인은 입체이며 압화는 평면이므로 다소 차이가 있다. 근래에는 다양한 구도법이 사용되고 있다.

구분	의미	예
자연생태 구도법	자연에서 보는 수목이나 꽃의 모습을 그대로 화면에 재현하는 구도법	수평 구도, 수직 구도, 수직 전후 구도, 경사 상하 구도, 경사지고 드리워진 구도, 경사지고 직립한 구도 등
조형의 구도법	조형의 형태에 따라 분류하는 조형의 구도법	자연 생태 구도법의 한 종류로 세로형 구도, 가로형 구도, 정사각형 구도, 원형 구도, 부채형 구도 등
조합의 구도법	다양한 종류의 소재를 다시 조합하는 구도 방식. 형태가 안정적임	모자형 구도, L자형 구도, 원형 구도, C자형 구도, 초승달형 구도, 역T형 구도, 방사형 구도 등

③ **절화와 가공화 장식물의 표현 기법**: 화훼장식의 기법은 현대 디자인에서 매우 다양하게 사용되고 있다. 작품을 제작하기 위한 기능적인 역할을 함과 동시에 디자인의 일부가 되어 장식적인 역할도 하므로 디자인의 일부로 사용되기도 한다. 화훼 장식의 특성이나 형태·종류에 따라서 사용되는 기법에 차이가 있다. ✰✰

ㄱ 베이싱(basing) 기법: 작품의 베이스가 되는 부분의 완성도를 높이기 위해 사용되는 기법으로 형태, 색상, 질감의 대비를 주는 데 효과적이다.

테라싱(terracing, 계단식) 기법	납작한 모양의 유사한 재료를 수직 또는 수평으로 꽂아 계단처럼 표현하는 기법이다.
파베(pave, 보석 박기) 기법	보석 공예에서 유래된 기법으로 보석을 박듯이 꽃들을 빈 공간 없이 빽빽하게 부착하는 기법이다.
필로잉(pillowing, 둥근 언덕 / 베개 모양) 기법	쿠션, 베개, 구름, 언덕 등의 모양을 형성하며 아랫부분에 낮게 배치하여 볼륨감을 주는 기법이다.
스태킹(stacking, 쌓기) 기법	재료와 재료 사이에 공간을 주지 않고 장작을 쌓는 것처럼 질서 정연하게 쌓아 올리는 기법으로 매우 입체적이다.
클러스터링(clustering, 무리화 / 뭉치 꽂이 / 무리 짓기) 기법	송이를 이룬다는 뜻으로 가치가 낮거나 작은 소재들을 색상과 질감이 같은 개체끼리 묶어 하나의 덩어리로 모으는 기법이다.
레이어링(layering, 겹치기 / 포개기) 기법	같은 소재를 나란히 포개어 겹치는 기법으로 재료와 재료 사이에 공간이 없이 겹쳐 쌓는다.

ㄴ 묶는(uniting, 소재 결합) 기법: 여러 가지 소재를 묶거나 결합하는 기법으로 장식이나 소재의 물리적 결합을 목적으로 할 때 활용한다.

밴딩(banding, 묶기) 기법	기능성보다는 장식성을 목적으로 한다. 소재의 줄기 부분을 묶는 기법으로 작품의 한 부분을 강조할 때도 쓰인다.
바인딩(binding, 결속) 기법	주로 기능성을 목적으로 하여 세 개 이상의 줄기를 묶는 기법으로 디자인의 안전성을 위해 재료를 함께 묶는다. 병행 꽃다발의 경우 장식적으로도 사용된다.
번들링(bundling) 기법	볏단, 옥수수, 계피 막대 등 유사하거나 동일한 소재들을 모아 다발로 묶어서 장식하는 방법이다.
타잉(tying) 기법	소재의 줄기 부분을 끈이나 줄 등으로 단단하게 고정하여 묶는 방법이다.
와인딩(winding) 기법	소재를 휘어 감는 방법이다.

ㄷ 디자인 기법: 화훼장식에서 시각적인 움직임을 강조하거나 독립적으로 사용할 수 있지만 지나치게 많이 사용하게 되면 작품이 조화롭지 못하고 오히려 작품의 단점이 될 수도 있다.

쉐도잉(shadowing, 그림자 / 음영) 기법	그림자 효과를 내는 기법으로 소재의 위나 아래쪽에 같은 소재를 하나 더 배치한다.
조닝(zoning, 구역 나누기 / 구획 짓기) 기법	소재의 색상이나 종류를 구역화하는 기법이다. 그룹핑 기법과 비슷하나 꽃의 높이나 특징이 구역별로 나타나며 이때 한정된 구역이 존(zone)을 의미한다.
패러렐(parallel, 평행) 기법	각각의 줄기나 줄기의 그룹들이 선이 향하는 방향에 따라 평행을 이루도록 일정한 간격을 유지하여 배열하는 기법이다. 수직 평행, 수평 평행, 사선 평행 등이 있다.
프레이밍(framing, 구상) 기법	작품 안의 어떤 특정 부분을 강조하기 위하여 테두리를 만드는 기법으로 소재를 가장자리에 배치하여 테두리처럼 만드는 기법이다.

시퀀싱(sequencing, 차례) 기법	소재의 크기, 색상, 높이를 점차적으로 변화시킴으로써 리듬감을 표현하기 좋은 기법이다. 점진적 변화와 패턴을 창조한다.
그룹핑(grouping, 모으기 / 집단화) 기법	같은 종류의 소재들을 모아 각각의 특성이 돋보이게 하는 기법이다.
베일링(veiling) 기법	가볍고 투명한 막을 여러 겹으로 만드는 기법으로 아랫부분에 배치한 재료들은 가볍게 표현한다. 아스파라거스, 베어그라스, 스마일락스, 금속 실, 엔젤헤어 등을 주재료로 사용할 수 있다.
리무빙(removing) 기법	꽃잎을 제거하여 전혀 다른 형태로 변화시키는 방법이다. 장미, 거베라, 해바라기 등을 주재료로 사용할 수 있다.
쉘터링(sheltering) 기법	감싸거나 둘러싸서 안에 있는 재료를 보호하고 내용물을 강조하거나 호기심을 유발하는 방법이다.
마사징(massaging) 기법	가지나 줄기를 손으로 부드럽게 마사지하듯 만져 주어 굽히거나 곡선을 만들어 주는 방법이다.
섹셔닝(sectioning) 기법	소재와 소재 또는 한 구역과 다른 구역을 구분하는 방법이다.

ㄹ 철사 다루기 기법

트위스팅 메소드 (twisting method)	하나씩 철사처리하기에 지나치게 작은 꽃(필러 플라워)이나 가지, 줄기를 모아서 묶는 방법이다. 직접 철사를 관통시키거나 줄기 혹은 잎에 꽂아 줄 수 없을 때 활용한다. 예 아스파라거스, 숙근안개초, 리모니움 등
피어싱 메소드 (piercing method)	꽃받침이나 씨방, 줄기 등에 가로지르기로 와이어를 통과시킨 후 양쪽 철사를 직각으로 구부려 감는 방법이다. 예 장미, 카네이션, 금잔화, 달리아 등
크로스 메소드 (cross method)	피어싱 기법을 쓰되 두 줄의 철사를 십자 모양이 되게 꽂아 내려서 꽃을 안정되게 하고 꽃이 필요 이상 개화되지 않도록 하는 기법이다. 예 장미, 카네이션, 백합 등
인서션 메소드 (insertion method)	줄기가 약하거나 줄기 속이 비어 있는 상태의 꽃을 자연 줄기 그대로 살리고 싶을 때 와이어를 줄기 속에서 수직으로(아래에서 위로) 꽂아 주는 방법이다. 예 거베라, 라넌큘러스, 수선화, 칼라, 아네모네 등
훅 메소드 (hook method)	주로 국화과 식물에 처리하는 것으로 와이어 끝을 1cm 가량 갈고리 모양으로 구부려서 화관 위에서부터 찔러 넣고 갈고리 모양이 꽃 속에 묻혀 보이지 않을 때까지 아래로 당겨 준다. 두상화서의 많은 소화들이 흘러내리지 않도록 하고, 화관의 머리 방향을 조절해 줄 수 있는 방법이다.
헤어핀 메소드 (hairpin method)	주로 평면적인 잎에 많이 사용한다. 철사로 잎의 1/2~1/3 지점을 살짝 뜬 후 줄기 방향으로 U자로 구부려 내리는 방법이다. 예 아이비, 스킨답서스, 동백 등
소잉 메소드 (sewing method)	꽃잎을 두세 장 겹쳐서 철사로 바느질하듯 와이어로 떠 주는 방법으로 늘어지기 쉬운 잎을 고정하거나 통꽃류를 한꺼번에 철사처리할 때 많이 사용한다. 예 군자란, 나리, 용담, 도라지 등
루핑 메소드 (looping method)	철사를 동그란 고리 모양으로 만든 후 관이나 통 모양으로 핀 꽃의 윗부분에서 꽂아 내려 인공 줄기를 만들어 고정시키는 방법이다. 예 수선화, 프리지어, 히아신스, 부바르디아 등

꽃 TIP

두상화서: 꽃들이 빽빽하게 피어있는 생김새로 무리지어 피는 꽃들은 모두 민들레꽃처럼 꽃턱 위에서 핀다. 종류로는 엉겅퀴, 국화, 맨드라미, 거베라, 해바라기, 코스모스, 백일홍 등이 있다.

시큐어링 메소드 (securing method)	줄기가 약하거나 곡선을 내기 위해 구부려 주어야 할 때 나선형으로 줄기를 감아 보강해 주는 것이다. 예 프리지어, 금어초, 은방울꽃, 유칼립투스 등
익스텐션 메소드 (extension method)	줄기가 짧거나 사용한 철사가 약할 때 철사로 줄기를 연장해 주는 방법이다. 철사처리를 한 부케를 제작하거나 페더링한 철사를 보강할 때 활용한다.
페더링(feathering) 기법	큰 꽃의 꽃잎을 분해하여 가벼운 깃털처럼 새로운 꽃으로 만드는 방법이다.
개더링(gathering) 기법	분화된 꽃잎을 모아서 크기나 모양에 변화를 주는 방법이다.
컬리큐즈(curlicues) 기법	철사에 플로랄 테이프를 감은 후 그 위에 리본을 감아 여러 가지 모양을 내는 것이다.
클러치(clutch) 기법	난 종류에 많이 사용하며 난 얼굴을 하나하나 와이어링할 때 사용한다. 예 카틀레야, 호접란 등

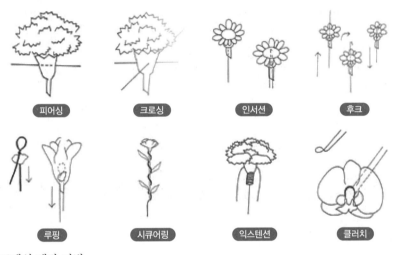

| 피어싱 | 크로싱 | 인서션 | 후크 |
| 루핑 | 시큐어링 | 익스텐션 | 클러치 |

ⓜ 프레임 제작 기법

클램핑(clamping) 기법	소재를 빽빽하게 밀집시키고 그 사이에 다른 소재를 고정시키는 방법이다.
프로핑(propping) 기법	소재를 고정하거나 지탱하기 위한 수단으로 버팀목 같은 역할을 한다.
노팅(knotting) 기법	소재와 소재를 묶어서 고정하는 기법으로 구조를 짜는 데 가장 많이 이용된다.
커넥션(connection) 기법	용기와 소재를 결합해서 용기의 부족한 부분을 보완하는 역할을 한다. 이때 용기와 구조물을 단단하게 결합하여야 한다.
피닝(pinning) 기법	끝이 날카로운 핀을 이용하여 고정하는 방법으로 재료를 원하는 위치에 고정할 때 활용한다.

| 3 | 압화상품 관리

① 일반적으로 부패 현상을 가져오는 기본요소로 높은 온도와 습도가 있다.
② 건조한 상태를 유지하고 햇빛을 차단하는 것이 좋은 보관 방법이다.
③ 자외선 차단 필름을 이용하여 작품을 제작하면 작품을 더 잘 보호할 수 있다.

| 4 | 압화의 종류, 정의 및 특성 등

① 압화의 정의 및 특성
    ㉠ 압화는 평면적 건조화로서 식물에 압력을 가하여 눌러 말린 형태이며 누름꽃으로 불린다. 흔히 산이나 들판에서 볼 수 있는 야생화의 꽃과 잎, 줄기 등을 채집하여 인공적인 기술로 누르고 건조하여 회화적인 느낌으로 구성한 것을 말한다.
    ㉡ 평면으로 말리기 때문에 조형성은 적지만 다양한 소재를 이용하여 제작하기 때문에 자연 풍경, 회화, 인물의 표현 등 다양한 표현을 할 수 있다.

② **압화의 종류**: 압화의 종류는 식물의 줄기와 잎, 꽃, 야채나 버섯 등 다양하게 존재한다.

03 보존화 상품 제작

출제 경향 마스터
▶ 보존화 상품 재료의 특징은 무엇인가?
▶ 보존화의 상품관리 방법은 무엇인가?
▶ 보존화의 종류는 무엇인가?

| 1 | 보존화 상품 재료

꽃의 크기가 작을수록 가공하기에 편리하며 색상 또한 진한 색보다는 연한 색이 탈색이 잘되어 가공하기에 좋다. 또한 적당히 개화가 되고 신선한 상태일수록 상품을 제작하기 적합하다.

구분	예
꽃의 크기가 작은 소재	안개꽃, 천일홍, 시네신스, 투베로즈 등
꽃잎이 두껍고 단단하며 여러 겹으로 이루어진 소재	장미, 달리아, 카네이션, 국화, 거베라 등
적당히 두껍고 단단한 잎 소재	유칼립투스, 아이비, 로즈마리, 루스커스, 신종 루스커스 등
작은 열매류	미니솔방울, 연밥, 스타아니스 등

확인! OX
1. 보존화 상품 재료는 연한 색보다 진한 색의 탈색이 더 잘 된다. (O, ×)
정답 1. ×

| 2 | 보존화 상품 디자인

① 플라워 박스
  ㉠ 플로럴 폼 나이프를 이용하여 우레탄 폼을 박스의 가로, 세로 사이즈에 맞추어 재단한다.
  ㉡ 글루건을 이용해 우레탄 폼 바닥에 글루를 충분히 도포한다.
  ㉢ 박스 바닥면에 잘 밀착되도록 손으로 살짝 눌러 고정한다.
  ㉣ 와이어링된 보존화 소재를 짧게 잘라 끝 부분에 접착제를 바르고 플로럴 폼에 꽂는다.
  ㉤ 다른 컬러의 소재를 가까이 배치하여 같은 컬러가 뭉치지 않도록 공간을 메워 준다.
  ㉥ 전체적으로 빈 공간이 없도록 필러 소재를 꽂아 형태를 완성한다.

② 센터피스
  ㉠ 드라이 폼을 화기 크기에 맞추어 재단한 뒤 드라이 폼 밑면에 접착제를 도포해 화기 바닥면에 부착한다.
  ㉡ 모스를 U핀 처리를 하여 드라이 폼 바닥을 가려줘도 되며 생략도 가능하다.
  ㉢ 매스 플라워를 사용하여 리듬감 있게 배치를 해 준다.
  ㉣ 작은 필러 플라워를 이용하여 부드럽게 연결해 주며 조화롭게 꽂아준다.
  ㉤ 잎 소재로 마무리하며 깊이감 있게 완성한다.
  ㉥ 보우를 매어 주고 완성한다.

| 3 | 보존화 상품관리

① 보존화는 온도, 습도, 건조 등 환경 변화에 민감하므로 변화가 심한 장소를 피하고 직사광선을 피하여 관리한다.
② 건조가 심한 경우에는 상품이 손상되기 쉬우므로 냉·난방기 등을 피해서 관리한다.
③ 습기를 흡수한 경우에는 햇빛이 있는 장소에서 잠깐 건조하거나 방습제를 넣어 건조한다.
④ 상품 마무리 후에 스프레이 코팅제를 뿌려 주면 습기에 의한 피해를 줄이며 수명 연장에도 도움을 준다.
⑤ 상품에 묻은 먼지 제거 시 부드러운 재료의 먼지떨이나 공기압축기(에어컴프레서)를 활용하여 제거하면 효과적이다.

꽃 TIP

보존화 상품 디자인은 제작하는 소재의 특성상 물올림을 필요로 하지 않는다. 따라서 재료를 꽂거나 접착제를 이용하여 붙이는 방법으로 진행하며, 절화로 제작이 가능한 디자인은 디자인의 요소와 원리를 이용하여 모두 보존화로도 제작이 가능하다.

| 4 | 보존화의 종류, 정의 및 특성 등

① 보존화의 정의 및 특성
　　㉠ 보존화는 생화를 장기간 보존할 수 있도록 특수용액을 사용하여 탈수, 탈색, 착색, 보존, 건조 단계를 거쳐 제작한 신개념의 드라이 플라워이다.
　　㉡ 자연 건조된 건조화에 비해 바스락거리지 않고 부서짐이 덜한 유연성과 부드러움을 지니고 있어서 생화에 가까운 느낌을 가지고 있다. 또한 다양한 색상으로 염색이 가능하여 전문적 디자인을 표현하기에 용이하며 장기간 장식용으로 활용하기에 좋다.

② 보존화의 종류
　　㉠ 절화류: 장미, 카네이션, 국화, 시네신스, 안개꽃, 미스티 블루, 수국, 스타티스 등이 있다.
　　㉡ 절엽류: 스마일락스, 루스커스, 아이비, 루모라고사리, 맥문동아재비 등이 있다.

출제 경향 미스터

▸ 가공화의 안전관리는 어떻게 해야 하는가?

▸ 가공화 제작 시 각 도구의 사용법은 무엇인가?

04 작업공간 정리

| 1 | 가공화 안전관리

① 가공화는 다른 절화나 분화류의 상품 제작과는 달리 전기설비, 화학약품, 기계설비 등을 취급해야 하므로 작업 시에 철저한 안전관리가 필요하다.
② 작업 후에 발생하는 폐기물의 종류에 따라 처리 방법을 달리해야 한다.
③ 가공화 제작 시 사용하는 화학약품은 무단 폐기 시 환경오염이 심각하기 때문에 폐기물처리 규정에 따라 처리하여야 한다.

| 2 | 가공화 재고관리

① 인조화
　　㉠ 인조화는 다른 가공화에 비해 보관이 용이한 편이다.
　　㉡ 먼지가 앉지 않도록 비닐로 커버해서 보관하는 것이 좋다.
　　㉢ 직사광선에 장시간 노출되면 탈색되기 쉽다.

② 드라이 플라워

　　㉠ 건조화는 특성상 다루는 과정에서 쉽게 부서지는 특성이 있으므로 상품 제작 후에 종류별로 조심스럽게 분류하여 정리한다.

　　㉡ 습기에 약해서 종이에 싼 채로 보관하면 눅눅해지므로 비닐 등으로 밀폐하여 보관한다.

　　㉢ 건조화를 높이 쌓아 보관하면 부서지기 쉽다.

　　㉣ 햇빛에 장시간 노출하면 탈색되기 쉽다.

③ 압화

　　㉠ 압화는 어린 잎, 꽃, 줄기 등을 이용하기 때문에 함부로 다루면 꽃잎이 떨어지거나 잎과 줄기들이 찢어지기 쉽다. 따라서 압화를 다룰 때는 재료가 상하지 않도록 조심스럽게 정리하여야 한다.

　　㉡ 식물의 기관별로 분류하여 투명한 봉투에 넣고 습기가 차지 않도록 실리카겔과 같이 보관하면 좋다.

　　㉢ 세워서 보관하는 것보다는 눕혀서 평면 상태로 보관하는 것이 좋다.

④ 보존화(preserved flower)

　　㉠ 프리저브(preserve)는 '보존하다'라는 의미로 생화와 같이 보존된 상태를 말한다.

　　㉡ 보존화는 볼륨감이 있으므로 한 송이씩 습기가 차지 않도록 유의하여 보관한다.

| 3 | 가공화 폐기물관리

① 인조화의 경우 플라스틱 수지로 되어 있어 환경오염물이 될 수 있으므로 산업폐기물로 처리한다.

② 작업 후에 남은 재료는 재사용이 가능한지를 판단하여 사용 가능한 재료는 후에 다시 사용할 수 있도록 보관하고 사용이 불가한 재료는 폐기물처리 규정에 따라 처리한다.

③ 폐기물 중 일반 쓰레기는 쓰레기 종량제 봉투에 담아 처리한다.

④ 분리수거가 가능한 유리, 플라스틱, 비닐, 고철 등은 분리수거하여 배출한다.

⑤ 가공화 제작 시 발생하는 화학약품은 플라스틱 수집 용기에 담아 보관하며 플라스틱 수집 용기의 외부에는 '화학폐기물' 스티커를 부착해야 한다. 수집 용기가 가득 찼을 경우 화학 폐기물 전문업체에 연락하여 배출한다.

확인! OX

1. 압화는 세워서 보관하기 보다는 눕혀서 평면 상태로 보관하는 것이 좋다. (O, ×)

2. 작업 후에 발생하는 폐기물 종류에 따라 처리 방법을 달리 해야 한다. (O, ×)

3. 분리수거가 가능한 유리, 플라스틱, 비닐, 고철 등은 분리수거하여 배출한다. (O, ×)

정답 1. O 2. O 3. O

| 4 | 가공화 도구

① 기본 제작 도구 및 재료

    ㉠ 플로리스트 가위: 일반 가위와 달리 짧은 톱니 모양의 날을 가지고 있어서 가지가 잘 걸리지 않으며 식물 소재를 쉽게 자를 수 있다.

    ㉡ 니퍼: 강한 철사를 쉽게 절단할 수 있어 사용이 용이하다.

    ㉢ 칼: 문구용 칼로 식물 소재를 가공하기 전 섬세하게 분해하거나 절개처리를 할 때 유용하게 사용한다.

    ㉣ 핀셋: 손가락이 닿지 않는 부분을 집거나 손에 닿으면 안 되는 약품을 사용하는 등 섬세한 작업에 사용한다.

    ㉤ 유틸리티 가위: 길고 날카로운 날을 가진 일반 가위이다. 사이즈가 작고 정밀 가공된 가위를 사용할 경우 섬세한 작업이 가능하며 식물 소재 이외에 사용한다.

    ㉥ 롱 노우즈: 긴 집게를 이용하여 물건을 조립하거나 수리할 때 혹은 깊숙한 틈새에 있는 작은 부품을 집거나 조일 때 사용한다.

    ㉦ 펜치: 절단용 공구로서 동선이나 철선류를 자를 때나 물건을 집거나 조일 때 사용한다.

    ㉧ 플로럴 폼 나이프: 칼날이 28cm 정도로 길고 가늘어 플로럴 폼을 자르기에 적당한 도구이다. 플로럴 폼을 등분하거나 모서리에 면을 만들 때 사용한다.

    ㉨ 드라이버: 나사못이나 작은 나사를 돌려 박기 위해 사용한다.

    ㉩ 건조대: 금속이나 목재 막대를 네트형으로 교차시켜 만든 받침대를 뜻하며 소재 가공 시 용액처리가 끝난 소재를 건조하기 위한 받침으로 사용한다.

    ㉪ 실리카겔: 겔 타입의 규산 입자로 흡수성이 강하여 꽃을 보존하는 데 가장 좋은 소재이다.

    ㉫ 우드스틱: 가늘고 긴 형태의 나무 막대로 압화를 고정할 때 주로 사용하며 끝이 뾰족하여 소재를 손질할 때 사용하기도 한다.

    ㉬ 스프레이: 분사할 경우 원액이 표면에 균일하게 분무되어 얇은 피막을 형성한다. 가공화의 기초 작업 또는 상품 제작 후 상품의 표면을 보호하기 위해 분무한다.

    ㉭ 마스크: 약품에서 발생하는 유해 가스 또는 연기 등으로부터 호흡기를 보호하기 위한 착용구이다. 코와 입을 가려 주며 소재는 거즈를 많이 사용한다.

② 건조화 제작 도구와 재료

    ㉠ 글리세린: 무색무취의 액체로 방부작용이 있어 용액제를 이용한 건조화 가공 시 사용된다.

    ㉡ 드라이 플라워 전용용액: 드라이 플라워를 가공하기 전에 2시간 정도 용액처리 후 건조하면 자연 건조 시 나타나는 특유의 수축 현상을 방지할 수 있다. 발색을 위해 컬러 염료가 포함된 것도 있다.

③ 압화 제작 도구와 재료

    ㉠ 프레스보드: 프레스보드와 벨트로 구성되어 있으며 건조 매트와 식물 소재를 고정

🌸 TIP

장갑은 일회용 장갑, 라텍스 장갑, 비닐장갑, 고무장갑 등이 있으며 가공화 작업 시 용액 등이 피부에 직접 닿지 않도록 보호하기 위해 착용한다.

해 준다. 또한 식물을 고정하여 이동할 때 용이하며 프레스보드 위에 무게를 가해 누르거나 벨트로 단단히 묶어 무거운 것으로 누르지 않고 프레스 하는 것도 가능 하다.

ⓛ 건조 매트: 쿠션감이 있고 식물의 높낮이 모양대로 빈틈없이 밀착된다. 식물의 수축과 변형을 방지해 주며, 표면이 부직포로 되어 있는 흡습지는 식물의 수분을 흡수한다. 사용한 건조 매트는 재사용이 가능하며 S, M, L 세 가지의 사이즈가 있다. 예를 들어 'S6'은 S사이즈 6장을 의미하는 것이다.

ⓒ 메시: 두께가 얇은 잎이나 수분이 많은 야채나 과일을 건조할 때 사용하는 전용 천이다. 꽃 화지나 꽃 배열 용지를 사용하여 소재를 건조 후 간단하게 제거할 수 있다.

ⓡ 사포: 압화 가공 시 잎이나 꽃의 엽맥을 살짝 긁어서 수분이 잘 빠져 나오도록 할 때 사용한다.

ⓜ 건조제: 부직포 또는 종이 재질의 봉투에 실리카겔이 들어 있는 흡습제이다. 수분을 흡수하면 전자레인지에 돌려서 건조 후에 반복적으로 사용할 수 있다.

ⓗ 꽃 보관 봉투: 꽃 보관 봉투는 홀더, 건조 시트, 봉투로 이어져 있으며 산소, 수분, 빛을 차단시켜 압화를 보관하기 적합하다.

ⓢ UV 수지액: 태양광선(자외선)과 UV 조사기에 의해 경화(응고)되는 수지액으로 태양광선으로 경화시킬 때는 다소 시간이 걸린다. 코팅액으로 최고급인 수지액은 맑고 투명감이 있으며 유리, 플라스틱, 도자기, 금속 등의 소품에 잘 어울려 고급스러운 작품을 만들 수 있다.

ⓞ 스펀지: 꽃받침이 두꺼운 소재를 압화로 가공할 때 소재의 뒷면에 대어 주름을 예방할 때 쓴다.

ⓩ 적화처리액: 건조되면서 변색된 식물 소재를 본래의 색으로 환원하는 데 쓰는 산성액을 뜻한다. 예를 들어 본래에는 빨간색 꽃이었으나 압화 제작 과정에서 암적색으로 변해버린 꽃에 적화처리액을 바르면 본래의 붉은색으로 환원된다.

ⓩ UV 조사기: 압화작품 제작 과정에서 UV 수지액을 바른 후 수지액을 응고시키는 기계이다.

④ 보존화 제작 도구와 재료

ⓞ 꽃 보호 캡: 원뿔 형태의 얇은 플라스틱 캡으로 다양한 사이즈의 보호 캡을 꽃의 크기나 화형에 맞추어 사용한다.

ⓛ 너트: 소재를 가공할 때 가벼운 소재가 용액에 충분히 잠길 수 있도록 소재에 무게감을 주기 위해서 사용한다. 부품을 고정하기 위해 스패너로 볼트에 끼워 사용하는 결합용 부품으로 일반적인 모양은 육각형이나 사각형, 팔각형으로 된 것도 있다.

ⓒ 염료: 탈색된 소재를 원하는 컬러로 염색하기 위해 베타용액처리 시 염료를 섞어서 사용한다. 밝은 컬러부터 사용하는 것이 좋으며 염료의 형태나 제조사에 따라 색상 차이가 있으므로 기호에 맞게 선택하여 사용한다.

ⓡ 알파용액: 자연 소재의 탈색·탈수 처리를 위해 사용하는 에탄올 베이스 용액이다.

ⓜ 베타용액: 탈색된 소재의 형태와 텍스처를 유지하고 보존하기 위한 용액이다.

ⓗ 일액형 보존화 용액: 알파용액-베타용액처리 과정을 거치지 않고 쉽게 보존화를 만들 수 있도록 조제한 용액이다. 가공 과정이 단순하고 쉽기 때문에 보존화를 처음 가공할 때 적합하다.

ⓢ 그린용액: 유칼립투스와 같은 그린 소재를 보존화로 가공하기 위한 전용용액이다. 일액형으로 조제되어 사용이 편리하며 그린 소재 전용 염료를 조색하여 원하는 컬러로 조정할 수 있다.

| 5 | 작업공간 및 도구에 관한 사항

① 작업공간의 상태

ⓐ 작업공간은 기본적으로 정리정돈이 잘 되어 있어야 한다.

ⓑ 작업장 내 이동 통로가 충분히 확보되어 있어야 하며 통로를 막는 물건이 있으면 안 된다.

ⓒ 전선 피복이 훼손되지 않도록 주의한다. 특히, 작업장 내 보행로에 전선이 노출되어 보행에 지장을 주면 안 된다.

ⓓ 제작 도구들이 방치되지 않고 제자리에 있어야 한다. 특히, 제작 시 사용했던 재료들은 모두 제자리에 정리를 해 두어야 한다.

② 도구

ⓐ 사용한 장비와 기기를 안전하고 바르게 보관하여 다음 작업 시 바로 사용할 수 있게 한다.

ⓑ 오염된 작업 도구는 세척, 건조, 정리하여 보관한다.

ⓒ 전열 기구는 온도가 충분히 내려간 후에 정리하여 보관한다.

ⓓ 작업 설비와 도구에 따라 적합한 약품을 사용하여 세척, 관리한다.

화훼장식 가공화 응용상품 제작 **확인문제**

01

◯△✕ | ◯△✕

가공화 상품관리에 대한 설명으로 알맞지 않은 것은?

① 공기 중에 노출되는 기회는 최소화한다.
② 가공화는 건조한 상태로 계속 유지한다.
③ 탈취제 등을 넣으면 곰팡이 발생을 방지할 수 있다.
④ 건조 상태를 유지하기 위해서 지속적으로 햇빛에 노출시켜야 한다.

02

◯△✕ | ◯△✕

인조화에 대한 설명으로 알맞지 않은 것은?

① 인조화의 종류에는 자연 속에서 자라는 모든 식물이 해당된다.
② 생화로 판매되고 있는 꽃 대부분을 인조화로 만들 수 있다.
③ 인조화는 아주 작은 꽃에서 아주 큰 꽃까지 크기에 관계없이 만들 수 있다.
④ 식물이 생장하기에 조건이 불리한 곳이나 실내 조명을 많이 사용하는 곳에 주로 이용된다.

03

◯△✕ | ◯△✕

다음 설명에 해당하는 도구의 이름으로 알맞은 것은?

> 긴 집게를 이용하여 물건을 조립하거나 수리 시 깊숙한 틈새에 있는 작은 부품을 집거나 조이는 데 사용한다.

① 니퍼
② 롱 노우즈
③ 펜치
④ 핀셋

04

◯△✕ | ◯△✕

다음 중 묶는 기법에 해당하지 않는 것은?

① 밴딩(banding) 기법
② 번들링(bundling) 기법
③ 바인딩(binding) 기법
④ 쉐도잉(shadowing) 기법

해설

01 가공화는 고온 상태가 되면 자외선으로 인해 퇴색되기 때문에 가급적 햇빛에 노출되지 않도록 한다.
02 자연 속에서 자라는 모든 식물에 해당하는 것은 건조화이다.

04 쉐도잉 기법은 그림자 효과를 내는 기법으로, 소재의 위나 아래쪽에 같은 소재를 하나 더 배치하는 기법이다.

정답 01 ④ 02 ① 03 ② 04 ④

05

□△✕ | □△✕

헤어핀 메소드(hairpin method)는 주로 평면적인 잎에 많이 사용하며, 철사로 잎의 1/2~1/3 지점을 살짝 뜬 후 줄기 방향으로 U자로 구부려 내리는 방법이다. 이 기법을 사용할 수 있는 잎 소재로 알맞은 것은?

① 안개초
② 거베라
③ 아이비
④ 장미

06

□△✕ | □△✕

다음 중 압화의 재료로 알맞은 꽃은?

① 꽃잎의 각도가 너무 큰 꽃
② 잎의 형태가 단순한 꽃
③ 수분 함량이 많은 꽃
④ 주름이 많은 꽃잎을 가진 꽃

07

□△✕ | □△✕

컬리큐즈(curlicues)에 대한 설명으로 알맞은 것은?

① 철사에 플로랄 테이프를 감은 후 그 위에 리본을 감아 여러 가지 모양을 내는 것이다.
② 분화된 꽃잎을 모아서 크기나 모양에 변화를 주는 방법이다.
③ 줄기가 약하거나 곡선을 내기 위해 구부려 주어야 할 때 나선형으로 와이어를 줄기에 감아 보강해 주는 것이다.
④ 고리 덧대기로 와이어를 고리 형으로 만든 후 관이나 통 모양으로 핀 꽃의 윗부분에서 꽂아 내려 인공 줄기를 만들어 고정시키는 방법이다.

08

□△✕ | □△✕

가공화 폐기물관리에 대한 설명으로 알맞지 않은 것은?

① 인조화의 경우 플라스틱 수지로 되어 있어 환경오염물이 될 수 있으므로 산업폐기물로 처리한다.
② 작업 후에 남은 재료는 재사용이 가능한지를 판단하여 사용 가능한 재료는 후에 다시 사용할 수 있도록 보관하고 사용이 불가한 재료는 폐기물처리 규정에 따라 처리한다.
③ 폐기물 중 일반 쓰레기는 파란색 일반 봉투에 담아 처리한다.
④ 분리수거가 가능한 유리, 플라스틱, 비닐, 고철 등은 분리수거하여 배출한다.

해설

05 ①은 트위스팅 메소드, ②는 인서션 메소드, ④는 피어싱 메소드를 사용할 수 있다.

06 압화의 재료로는 꽃잎의 수분 함량과 주름이 적은 것이 적당하다. 또한 꽃잎이 작고 두께가 얇을수록 좋으며 화색이 선명하고 꽃의 구조는 간단해야 한다.

07 ②는 개더링, ③은 시큐어링 메소드, ④는 루핑 메소드에 대한 설명이다.

08 폐기물 중 일반 쓰레기는 쓰레기 종량제 봉투에 담아 처리한다.

정답 05 ③ 06 ② 07 ① 08 ③

09

☐△✕ | ☐△✕

압화를 제작할 때 사용하는 도구와 재료로 알맞은 것은?

① 프레스보드
② 너트
③ 꽃 보호 캡
④ 알파용액

11

☐△✕ | ☐△✕

다음 중 프레임 제작 기법으로 알맞지 않은 것은?

① 클램핑 기법
② 프로핑 기법
③ 인서션 기법
④ 커넥션 기법

10

☐△✕ | ☐△✕

작업공간 및 도구에 관한 사항에서 알맞지 않은 것은?

① 작업공간은 정리정돈이 잘 되어 있어야 한다.
② 작업장 내 이동 통로가 충분히 확보되어 있어야 하며 통로를 막는 물건이 있으면 안 된다.
③ 제작 도구들이 방치되지 않고 제자리에 있어야 한다.
④ 제작 시 사용했던 재료들은 다음에 사용할 경우를 생각해서 사용한 자리에 그대로 둔다.

12

☐△✕ | ☐△✕

보존화 상품관리에서 알맞지 않은 것은?

① 보존화는 환경 변화에 민감하므로 온도, 습도, 건조 등의 변화가 심한 장소를 피하고 직사광선에 주의하여 관리한다.
② 심하게 건조한 경우에는 상품이 손상되기 쉬우므로 냉·난방기 등을 피해서 관리한다.
③ 습기를 흡수한 경우에는 햇빛이 있는 장소에서 잠깐 건조시키거나 방습제를 넣어 건조한다.
④ 상품 제작 마무리 후에 스프레이 코팅제를 뿌려 주면 습기에 의한 피해가 늘어나므로 사용하면 안 된다.

해설

09 프레스보드는 프레스보드와 벨트로 구성되어 있으며 건조 매트와 식물 소재를 고정해 준다. 한편 너트, 꽃 보호 캡, 알파용액은 모두 보존화를 제작할 때 사용하는 도구와 재료이다.

10 제작 시 사용했던 재료들은 모두 제자리에 정리해 두어야 한다.

11 인서션 기법은 철사 다루기 기법이다.

12 상품 마무리 후에 스프레이 코팅제를 뿌려 주면 습기에 의한 피해를 줄일 수 있고 보존화의 수명도 연장할 수 있다.

정답 09 ① 10 ④ 11 ③ 12 ④

13

☐△✕ | ☐△✕

다음 설명에 해당하는 가공화의 종류로 알맞은 것은?

> 특성상 다루는 과정에서 쉽게 부서지는 특성이 있으므로 상품 제작 후에 종류별로 조심스럽게 분류하여 정리한다.

① 절화
② 건조화
③ 인조화
④ 보존화

14

☐△✕ | ☐△✕

가공화 기본 제작 도구 및 재료로 알맞지 않은 것은?

① 플로리스트 가위
② 니퍼
③ 배수망
④ 핀셋

15

☐△✕ | ☐△✕

압화의 채집 시간으로 가장 알맞은 것은?

① 오전 10시~오후 12시
② 오전 6시~오후 12시
③ 오후 1시~오후 6시
④ 오후 12시~오후 3시

16

☐△✕ | ☐△✕

( ) 안에 들어갈 말로 알맞지 않은 것은?

> 화훼류는 용도와 목적에 따른 가공 방법을 기준으로 (A), 압화, 염색화, (B) 등으로 나눌 수 있다.

① A: 절화   B: 보존화
② A: 인조화   B: 보존화
③ A: 건조화   B: 인조화
④ A: 건조화   B: 보존화

해설

14 배수망은 분식물 도구이다.

15 이른 시간에는 이슬이 있어 수분 함량이 높기 때문에 상품을 건조하는데 시간이 많이 걸리며 오후 2~3시에는 햇빛이 강해서 상품이 변색될 수 있다.

16 화훼류는 가공 방법에 따라 인조화, 건조화, 압화, 보존화로 나눈다. 절화는 가공되지 않은, 잘린 꽃이다.

정답 13 ② 14 ③ 15 ① 16 ①

17

ＯＡＸ｜ＯＡＸ

압화상품 재료로 알맞지 않은 것은?

① 수선화
② 할미꽃
③ 코스모스
④ 극락조화

18

ＯＡＸ｜ＯＡＸ

보석 공예에서 유래된 것으로 보석을 박듯이 꽃들을 빈 공간 없이 빽빽하게 디자인하는 기법으로 알맞은 것은?

① 파베(pave)
② 스태킹(stacking)
③ 테라싱(terracing)
④ 레이어링(layering)

19

ＯＡＸ｜ＯＡＸ

그림자 효과를 내는 것으로 소재의 위나 아래쪽에 같은 소재를 하나 더 배치하는 기법으로 알맞은 것은?

① 조닝(zoning) 기법
② 쉐도잉(shadwing) 기법
③ 그룹핑(grouping) 기법
④ 베일링(veiling) 기법

20

ＯＡＸ｜ＯＡＸ

압화의 코팅액으로 맑고 투명감이 있으며 유리, 플라스틱, 도자기, 금속 등 소품에 잘 어울려 고급스러운 작품을 만드는 데 알맞은 것은?

① 염료
② 베타용액
③ 알파용액
④ UV 수지액

> **해설**
>
> **17** 극락조화는 절화의 종류로, 형태적인 분류에서는 폼 플라워에 해당한다.
>
> **20** 염료, 베타용액, 알파용액은 모두 보존화 용액이다.

정답 **17** ④ **18** ① **19** ② **20** ④

CHAPTER 3

화훼장식 분화상품 제작

이 단원은 이렇게!

화훼장식 분화상품 제작에서 공부할 내용은 크게 분화상품 재료 분류와 분화상품 작업 준비 두 가지 예요. 특히, **분화상품 재료, 토양 분화의 종류, 분화의 생리**에 대하여 알아 두어야 해요.

출제 경향 마스터

▶ 토양의 종류에는 무엇이 있는가?
▶ 식물의 분류 중 식물학적 분류와 원예학적 분류는 어떻게 되는가?

꽃 TIP

가위의 종류: 재단 가위(수공 가위), 철사 가위, 꽃가위 등

---

01 분화상품 재료 분류

│1│ 분화상품 재료

① 기본 도구

　㉠ 칼: 뿌리나 잎을 자를 때 사용한다.

　㉡ 가위: 분식물을 정리할 때 사용한다.

　㉢ 꽃삽: 분식물을 옮겨 심을 때 사용한다.

　㉣ 물뿌리개: 용기에 물을 채우거나 식물을 심은 후 토양에 물을 줄 때 사용한다.

　㉤ 호미: 토양을 잘고 부드럽게 부수거나 잡초를 제거할 때 사용한다.

　㉥ 체: 토양 입자를 크기별로 선별할 때 사용한다.

　㉦ 갈고리: 토양을 섞고 고를 때 사용한다.

　㉧ 배수망: 식물을 심을 용기 밑면의 배수공을 막아 주어 용토가 새어나가지 않도록 하기 위하여 사용한다.

　㉨ 폴리호일: 알루미늄 호일에 비닐 코팅을 한 것으로 분화 포장지에 사용한다.

　㉩ 소농기구
　　• 괭이: 흙덩어리를 부수는 데 사용한다.
　　• 레이크: 흙의 표면을 고르는 데 사용한다.

② 기타 도구 및 부재료

　㉠ 라벨(label): 종이, 판지, 섬유 등에 제품명, 품질, 수신인의 주소 등을 기록하여 상품에 부착하는 소형 인쇄물이다.

　㉡ 스티커: 앞면에는 인쇄가 되어 있고 뒷면에는 접착제가 묻어 있어 쉽게 붙일 수 있는 형태의 인쇄물로, 포장 마무리 단계에서 사용할 수 있다.

　㉢ 태그: 라벨에 구멍을 내어 끈 또는 고무줄로 용기의 상단에 매달아 연출한다. 형태가 다양하고 표면 인쇄를 고급스럽게 처리하여 장식적인 측면을 강조할 수 있다. 인쇄 내용은 상품의 정보, 취급 방법, 간단한 메시지 등 스티커보다 많은 정보를 넣을 수 있다.

확인! OX

1. 꽃삽은 흙덩어리를 부수는 데 사용한다.　　(○, ×)

　　　　　　정답 1. ×

ⓔ 스테이플러: 철침으로 종이 등을 철하는 집게형 기구로 포장지나 보우 등을 고정하는 데 사용한다.

　　ⓜ 철사 종류: 보우 제작 및 포장 시 묶음 작업을 할 때 사용한다. 바인드 와이어, 지철사, 빵끈 등이 있다.

　　ⓗ 난 태슬: 끈이나 띠 등에 장식으로 다는 여러 가닥의 실로, 동양란 포장 시 사용한다.

　　ⓢ 네임 픽: 상품의 이름을 적는 용도로 사용한다.

　　ⓞ 테이프 종류: 양면 테이프, 스카치 테이프 등으로 포장지 접착용으로 사용한다.

③ 포장지

　　㉠ 크라프트지: 표백하지 않은 크라프트 펄프를 주원료로 한다. 재질이 강해서 다양한 종류의 쇼핑백으로 제조되며 활용도가 높다.

　　㉡ 부직포: 섬유사가 얽혀 있어 올이 풀리지 않고 부드러워 다양하게 사용이 되며 물에 강한 특징을 가지고 있다. 종류로는 롤, 사각, 원형 등이 있다.

　　㉢ opp(oriented poly propylene): pp보다 질기고 투명성 및 표면 광택이 좋으며 방습 효과가 있어서 화분 포장에 좋다. 종류로는 플로드지, 꽃무늬 펀칭 롤, opp 롤, opp 한 송이용, opp 시트지 등이 있다.

　　㉣ pp(poly propylene): opp와 성질이 비슷하며 투명도나 늘어나는 성질이 적고 만지면 바스락거리는 소리가 난다. 쇼핑백으로도 많이 사용된다.

　　㉤ 주름지: 종이에 주름이 많이 잡혀 있어서 신축성이 좋다. 난 화분을 포장할 때 많이 사용한다.

　　㉥ 마: 약간 거친 질감이지만 절화나 분화 포장 시 겉에 사용하기에 편하다. 송이마, 내추럴마, 아바카, 벌납마, 일반마, 대마 등이 있다.

　　㉦ 보자기: '복을 싼다'는 의미를 가지고 있으며 최근에는 예단, 함 등의 용도로 난 종류 포장에 많이 이용하고 있다.

　　㉧ 망사: 망사로 된 포장지로 속지보다는 겉 부분 포장에 많이 이용한다. 볼륨감 있는 포장을 할 때 사용하면 적절하며 종류에는 스노우 망사, 점 망사, 사선 망사 등이 있다.

④ 리본

　　㉠ 공단 리본: 유광과 무광이 있으며 표면이 매끄럽고 광택이 있으나 마찰에 약한 특징이 있다. 글씨 리본보다는 장식 리본으로 많이 이용하고 있다.

　　㉡ 오간디(organdy) 리본: 얇고 부드러우며 하늘거려서 풍성한 느낌이 난다. 다른 리본과 배색하여 사용하기에 좋아 활용도가 높다.

　　㉢ 샤무드 리본: 초극세사 부직포 인공 피혁으로 천연 가죽과 비슷한 모양을 하고 있다. 포장을 하지 않는 화분 등에 악센트로 사용하면 좋다.

⑤ **구슬**: 리본과 같이 장식용이나 포인트용으로 주로 사용되며 특히, 동양란 포장에 많이 활용된다. 종류에는 줄 구슬, 난 구슬, 국화무늬 구슬, 구슬 체인 등이 있다.

꽃 TIP

보우(bow): 리본으로 만든 장식물로 상품을 더욱 돋보이게 한다는 장점이 있지만 너무 화려하게 제작하면 오히려 상품을 압도하므로 상품에 맞추어서 제작하도록 한다.

확인! OX

1. 난을 포장할 때 주름지를 많이 이용한다.　　(O, ×)

2. 예단이나 함 등에는 보자기를 많이 이용한다. (O, ×)

정답 1. ○ 2. ○

⑥ 철사(wire)

㉠ 철사의 종류

- 절단 직선 철사: 다양한 굵기의 절단된 철사로, 다양한 방법으로 사용한다.
- 지 철사와 코팅 철사: 지 철사에는 백색, 녹색, 갈색 등의 종이가 감겨 있는 것이 있고, 코팅 철사에는 에나멜 등으로 코팅된 것이 있다. 재료를 묶거나 고정할 때 주로 사용한다.
- 릴 철사, 패들 와이어와 스풀 와이어: 실패와 같은 목재나 둥근 테에 감겨 있으며, 주로 커다란 소재를 감거나 갈란드를 만들 때 쓴다. 굵기에 따라 가는 것은 식물 재료를 연결하거나 묶을 때 사용하고 굵은 것은 형태를 잡아 뼈대를 만들 때 사용한다.
- 색 철사: 다양한 색을 활용하여 장식적으로 활용도가 높으며 기능적으로도 여러 방면에 쓸 수 있다.
- 뷰리온 철사: 당기면 늘어나는 철사로 장식적인 디자인에 많이 이용한다.
- 엔젤 헤어: 머리카락이 엉킨 모양으로 다양한 색상이 있으며 장식적인 디자인에 사용한다. 철사의 종류 중 굵기가 가장 가늘며 섬세하다.

㉡ 철사의 규격과 용도

- 화훼장식 디자인에 사용하는 철사는 무게와 지름의 크기에 따라 다양한 규격을 가지고 있다.
- 화훼장식에 주로 쓰이는 철사는 #16~36이다.
- 철사가 굵을수록 표준 수치는 작아진다.

〈철사의 규격별 사용 범위〉

규격 (#)	철사 직경 (mm)	사용 범위
16	1.45	• 무거운 재료를 지지할 때, 작품의 형태를 잡을 때 뼈대로 사용한다. • 웨딩이나 근조 등 크고 무거운 디자인에 사용한다.
18	1.25	
19	1.00	
20	0.90	
22	0.71	일반적인 줄기를 지지하거나 길이를 연장할 때 사용한다. 예 카네이션, 장미, 심비디움 등
24	0.60	가벼운 꽃이나 열매 등에 철사처리를 할 때 사용한다.
26	0.46	약한 줄기를 지지할 때 사용한다.
28	0.38	일반적인 꽃과 잎에 철사처리를 할 때 사용한다.
30	0.32	연약한 꽃과 잎을 철사처리를 할 때 사용한다. 예 델피니움, 프리지어, 아이비 등
32	0.28	
34	0.24	코르사주, 신부화의 재료들을 묶을 때 사용한다.
36	0.20	꽃잎과 같은 매우 섬세한 재료를 장식할 때 사용한다.

㉢ 철사처리를 하는 이유

- 원하는 지점에 꽃과 잎을 배치할 수 있다.
- 줄기 대신 사용하여 작품의 부피와 무게를 줄일 수 있다.
- 무거운 꽃이나 약한 줄기를 지지하거나 고정할 수 있다.

※ 단, 올바른 규격의 철사를 사용하는 것이 중요하다.

| 2 | 토양

① 토양을 이루는 3요소
　ㄱ 고상: 고체 부분의 토양 입자 – 무기성분(45%), 유기성분(5%)
　ㄴ 액상: 토양 입자 사이의 공극을 채우고 있는 물(25%)
　ㄷ 기상: 토양 입자 사이의 공극을 채우고 있는 공기(25%)

② 토양의 역할
　ㄱ 기계적으로 식물을 지탱한다.
　ㄴ 수분과 양분을 저장한 후 공급한다.
　ㄷ 미생물의 생육과 유기물의 분해가 이루어지는 장소이다.

③ 토양의 단면
　ㄱ 토양을 지표면에서부터 땅속으로 수직으로 잘랐을 때 나타나는 면을 토양 단면이라 한다. 즉, 유기물층, 무기물층의 두 개 이상의 토양층위들이 모여서 이루어진 것으로 서로 다른 토양이나 바위 등으로 구성이 되는데 토양 단면은 오랜 기간 동안 복잡한 과정을 통해 형성된다.
　ㄴ 토양의 다양한 층위
　　• O층(유기물층): 낙엽, 동식물 사체, 분해된 유기물 등으로 구성되는 낙엽층이다.
　　• A층(무기물층, 용탈층): 부식화된 유기물이 풍부하게 함유된 광물질의 맨 윗부분으로 유기물층인 O층과 함께 표토로 분류한다. 암색을 띠고 물리성이 좋으며, 대부분 입단 구조가 발달되어 식물 생육에 유익하다.
　　• B층(집적층): 부식되는 양이 용탈층(A층)보다 적다. 공극, 즉 작은 구멍이나 빈틈이 적고 토양 입자가 단단하며 갈색 또는 황갈색을 띠고 있다. 용탈층(A층)에서 형성된 물질이 용탈되어 집적되며 집적층으로서의 특성이 가장 명료한 층이다.
　　• C층(모재층, 풍화암석): 무기물층으로 아직 토양 생성작용을 받지 않는 모재의 층이다. 토양의 발달은 식생의 종류, 모암의 종류에 따라 다르며, 모암은 그 자리에서 붕괴되거나 중력, 바람, 물, 빙하에 의해 다른 곳으로 운반된다.

④ 토성(흙의 성분)
　ㄱ 사토: 점토 함량이 12.5% 이하인 토양이다.
　　• 투수성, 통기성이 좋아서 투수성을 높이는 소재로 주로 이용한다. 그러나 토양 침식이 심하고 보수력, 보비력이 약해 양분이 결핍되기 쉬우며 건조에 의한 피해도 입기 쉽다. 따라서 점토를 객토하고 유기질을 증식하여 토성을 개량해야 한다.
　　• 주로 배합토 또는 삽목 용토로 이용한다.

꽃 TIP

무기물층, 용탈층: 토양 속을 흐르는 물이 물에 녹는 성분을 녹여서 유실·제거하는 지층이라는 의미에서 용탈층이라고도 한다.

꽃 TIP

모재: 토양으로 발달하기 전 원래의 물질이다. 화학적 풍화를 다소 받은 광물 또는 유기물들이 이에 해당하며, 이들은 토양 생성 과정을 거쳐 토양층으로 발달한다.

     ⓛ 사양토: 점토 함량이 12.5~25%인 사질 양토이다.
- 양토보다는 모래의 함량이 많다. 모래에 진흙이 비교적 적게 섞여 부드러운 흙으로 투수성과 통기성이 좋고 양분의 분해가 빨라서 농작물 심기에 적합한 토양이다. 우리나라의 토양은 주로 사양토에 속한다.
- 초화류, 구근류, 관엽 식물 생산에 적합하다.

     ⓒ 양토: 점토 함량이 25~37.5%인 토양이다.
- 사토와 점토가 거의 같은 비율로 혼합되어 있는 토양으로 여러 입자의 크기를 고루 포함하고 있다.
- 보수력, 보비력, 통기성이 좋아서 채소류 및 노지 재배에 적합하다.

     ⓔ 식양토: 점토 함량이 37.5~50%인 토양이다.
- 점질 양토라고도 하며 양토보다는 보수력, 보비력이 좋다.
- 작물 재배에 적합하나 통기성이 떨어진다.

     ⓜ 식토: 점토 함량이 50% 이상이다.
- 다량의 양분이 있어 화학적 성질은 좋으나 투수성, 투기성이 불량하다.
- 토양 입자의 응집력이 크며 점성과 가연성이 크고 마를 때는 딱딱하게 굳어져 갈아엎기가 힘들다. 따라서 식물 재배에는 대체로 좋지 않은 토양이다.

⑤ 토양의 구조: 식물이 생육하는 데 적합한 토양은 입단 구조의 형태를 가진 토양이다. 입단 구조의 토양은 물과 공기의 유통이 잘 되고 수분과 공기의 함량이 적당하다.

단립 구조(홑알 구조)	입단 구조(떼알 구조)
• 토양을 구성하는 입자가 뭉쳐 있지 않고 흩어져 있는 구조를 말한다. • 공극이 작아 공기나 물이 잘 통하지 않는 구조이다. • 식물의 생육에 부정적인 영향을 미친다.	• 토양 입자가 몇 개씩 한데 뭉쳐 덩어리 상태로 배열되어 있는 구조를 말한다. • 공기가 있는 대공극과 물이 있는 소공극이 공존한다. • 단립 구조보다 생산성이 높다.

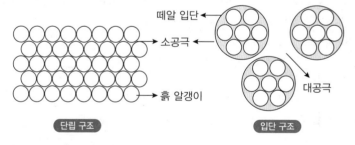

⑥ 토양의 화학적 성질

     ⊙ 양이온 치환 용량(CEC; Cation Exchange Capacity, 염기 치환 용량)
- 100g의 토양이 보유하는 치환성 양이온의 총량을 mg으로 표기한 것이다.
- 양이온 치환 용량의 수치가 클수록 식물이 생육할 때 흡수하는 유효 양분이 많은 것이므로 토양 완충력이 좋다는 의미이다.
- 양이온 치환 용량의 수치가 클수록 식물에 피해 없이 더 많은 양의 비료를 줄 수 있고 비료를 자주 시비할 필요가 없다.

ⓒ 토양의 산도(pH; potential of hydrogen)

- pH는 물의 산성이나 알칼리성의 정도를 나타내는 수치로서 수소 이온 농도의 지수이다.
- 토양의 산도에 따라 토양 속 영양분의 흡수량에 차이가 있다.
- 산도에 따라 미생물의 활동에도 영향을 미친다.

토양 산도	종류
알칼리성 (pH 7 이상)	제라니움, 금잔화, 선인장, 다육 식물, 독일붓꽃 등
중성 (pH 7)	장미, 카네이션, 거베라, 팬지, 개나리, 시네라리아 등
약산성 (pH 5~7)	페튜니아, 국화, 장미, 시클라멘, 나리, 아네모네 등
강산성 (pH 5 이하)	철쭉, 클레마티스, 보스톤고사리, 치자나무, 은방울꽃, 아게라텀 등

- 토양의 pH가 중요한 이유는 토양 속의 모든 양분들이 산도에 따라 뿌리에 흡수되는 정도가 다르기 때문이다.
- 강산성이나 강알칼리성 토양은 객토를 통해 개량을 해야 한다. 강산성은 석회석 분말을 토양에 섞고, 강알칼리성은 피트모스나 부엽토와 같은 유기물질, 또는 유황분이나 철분을 넣어 준다.
- 지속적으로 인공 비료를 사용하게 되면 토양이 산성화된다. 토양이 강산성을 띠게 되면 알루미늄과 망간의 용해도가 증가하여 식물에 독성을 끼친다.

⑦ **토양 소독**: 대부분 토양에는 병원균, 잡초 종자 등이 섞여 있으므로 소독을 통해 토양의 유해 미생물과 잡초를 제거하는 것이 바람직하다.

㉠ 열에 의한 소독

- 태양열 소독: 한여름에 시설하우스 내에서 이용하는 방법이다. 토양 온도를 높이고 열전달이 잘 되게 하기 위해서는 적절한 수분이 필요하다. 단, 비닐을 덮어서 토양 온도를 높이게 되면 토양의 유해 미생물이 죽는 반면 유익한 미생물도 함께 죽는 단점이 있다. 토양 피복 기간은 약 30일 정도 소요된다.
- 소토법: 토양의 양이 적을 때 사용하는 방법이다. 철판이나 가로로 쪼갠 드럼통에 토양을 10cm 정도의 두께로 고르게 깐 다음 물을 뿌리면서 가열하여 소독하는 것이다. 토양의 온도가 약 70℃가 되면 10분 정도 두었다가 완전히 식힌 후 사용한다.
- 증기 소독법: 30분간 토양을 82℃ 이상 완전히 찐 후 사용하는 방법이다. 살균 효과와 안정성이 높으며 증기 소독기의 이용, 피복 후 증기 주입 등 여러 가지 처리 방법이 있다.
- 저온 살균: 뜨거운 수증기에 공기를 넣어서 온도를 낮추어 70℃로 공급하는 방법이다. 토양 온도를 일정하게 70℃로 유지하면 유해 미생물을 죽일 수 있고, 열에 강한 유익한 미생물(퇴비부숙균 등)은 죽지 않는 장점이 있다. 또한 토양이 무균화되어 일부 병원 미생물의 우점화로 인한 병해 증가를 막을 수 있다.
- 유기물 혼합 제조: 유기물이 분해될 때 높은 온도를 내는 것을 이용한 방법이다. 유기물은 분해될 때 50~70℃의 발열 현상을 일으키는데 이것은 저온 살균의 온도와 비슷하다. 따라

서 토양에 유기물 분해균 등 유익한 미생물이 우점하게 되면 열 발생에 의하여 병원균이 사멸하여 병원균의 밀도가 떨어지는 효과가 발생한다.

ⓒ 약품에 의한 소독
- 약제 소독법: 메틸브로마이드, 싸이론, 클로로피크린 등의 토양 소독용 훈증제를 이용하는 방법이다. 가격이 비싸고 독성이 강하여 안전사고의 위험이 있으나 적절한 토양 소독 효과가 있다. 토양을 30cm 두께로 깔고 사방에 5cm 깊이의 구멍을 뚫어 3~5cc 정도의 약을 주입한 후 구멍을 흙으로 덮는다. 그 위를 비닐로 피복하여 밀폐한 다음 10일 이상 지나면 비닐을 제거한 뒤 7~10일간 잘 뒤적여 가스를 완전히 뺀 후 사용한다. 소독 시 지온은 적어도 11℃ 이상 되어야 효과가 좋다.

⑧ 토양의 종류 및 특징
ⓙ 자연 토양
- 산 흙 또는 밭 흙: 경작하지 않은 깨끗한 흙으로 유기질 성분이 거의 없는 토양이다. 토양 입자가 균일하도록 체로 쳐서 이용해야 한다. 혼합토를 조성할 때 흙에 무게를 주어서 식재된 식물을 지지할 수 있도록 하며 토양의 물리적 성질을 조성하는 데 이용한다.
- 마사토: 바위가 풍화되고 부스러져서 형성된 토양으로 입자의 크기에 따라 균일하게 구분하여 사용된다. 입자가 굵은 것은 바닥에 깔기 위한 재료로 이용되며 입자가 가는 것은 혼합토 조성용으로 쓰이거나 흙 쌓기용으로 이용된다.
- 화산회토: 제주나 일본의 화산 지대에서 채취할 수 있는 화산재의 일종으로 가볍고 다공질이다. 흙의 색깔도 검은색, 붉은색, 노란색으로 다양하며 비료분이 거의 없으나 보수력과 통기성이 좋아 쓰이는 용도가 다양하다.
- 모래: 석영이 풍화되어 모난 부분이 없어지고 둥글어진 것으로 입자의 크기가 0.5~0.2mm 정도 되는 것을 말한다. 보비력과 보수력은 없으나 배수성과 통기성이 좋으며 깨끗하기 때문에 선인장을 이용한 장식이나 다른 장식에서 마무리용 또는 혼합토 조성에 쓰인다.

ⓛ 인공 토양 ✿✿
- 배양토: 조합토로 여러 가지 재료를 배합하여 서로 다른 성질이 재배하고자 하는 식물에 맞도록 특별히 조제하는 흙을 말한다. 자연적으로 생성된 토양이 아니라 펄라이트, 부엽, 피트모스, 왕겨 등을 적당량 배합하여 만든다.

ⓒ 유기질 토양
- 부엽토: 퇴적된 나뭇잎을 완전히 썩힌 것으로, 섬유질이 많고 썩은 다음 쉽게 부스러지지 않아 이용하기에 좋다. 보수력, 보비력이 좋고, 통기성이 양호하여 모래와 함께 기본 재료로 많이 사용된다. 특히, 흙을 팽연화하여 물리적 성질을 오랫동안 좋게 지속시킨다. 주로 활엽수의 낙엽이 유효 성분이 많고 부숙이 빨리 이루어져 많이 사용되며, 침엽수의 낙엽은 식물의 발근에 해로운 테레빈유를 함유하고 있어 부엽토의 재료로 쓰지 않는다.
- 피트모스: 수태 및 양치류가 지각이 변동될 때 늪이나 땅속에 묻혀 썩은 것이다. 통기성이 좋고 유기질이 풍부하며 입자가 굵어서 식물 생육에 좋다. 보수력은 건물중(乾物重)의 15배나 될 정도로 좋고 pH 3.2~4.5의 강산성 토양이다. 특히 수입품은 유기물의 함량이 많고 보비력 및 보수력이 좋으므로 부엽토 대신 사용하기도 한다.

- 왕겨숯: 벼의 왕겨를 300℃ 전후의 온도에서 연소시켜 만든 훈탄이다. pH 8.0의 강한 알칼리성이므로 화단에서는 씻어서 사용해야 한다. 흙에서도 잘 썩지 않고 통기성과 배수성이 좋아서 선인장과 다육 식물, 국화의 배합토에 이용한다.

- 수태: 신선하고 혼합물이 없는 이끼를 건조한 것으로 수분을 충분히 흡수시킨 뒤 사용한다. 물주머니가 있어서 건물중의 10~20배까지 물을 흡수하며 pH 3.5~4.0의 강산성이어서 잘 썩지 않는다. 이러한 성질을 이용하여 용토 표면에 깔아 수분 증발을 방지하고 미적 효과를 내는 데 주로 이용한다. 또한 보수성과 통기성이 양호하여 안스리움, 난초, 양란, 아나나스, 천남성(天南星)과 식물이나 착생 식물의 재배, 삽목 파종에도 이용하고 다습한 환경을 좋아하는 관엽 식물 재배나 끈끈이주걱, 사라세니아 등 식충 식물의 배양에도 쓰인다.

- 바크: 활엽수, 침엽수 등의 나무 껍질을 잘게 빻아 발효시키거나 살균처리한 것을 말한다. 보수성이 좋아 노출된 지표면을 덮는 데 쓰거나 수분 증발을 억제하기 위한 피복용으로 사용하며 모래, 펄라이트 등과 혼합해서 쓰기도 한다. 양란이나 관엽 식물 재배 시 많이 사용한다.

ㄹ 광물질 인공 토양

- 버미큘라이트: 남미와 미국에서 생산되며 마그네슘과 철이 포함된 알루미늄 실리케이트 계통의 질석 원석을 약 1,000℃ 이상의 고열로 처리한 인공 용토이다. 운모를 함유하는 경량토이며, 중량이 모래의 1/15 정도로 가볍고 모래의 3배 정도 흡수할 수 있어 보수력이 좋고 비료 성분은 전혀 없다. 열의 전도가 잘 되지 않고 병충해와 잡초의 걱정이 없어서 삽목 용토와 파종상의 복토용으로 많이 쓰인다.

- 펄라이트: 진주암을 760~1,200℃에서 고열처리한 것으로 원광석의 10배 이상으로 부풀어진 회백색의 알맹이를 말한다. 공극이 적고 흡수력이 강하며 양분이 전혀 없는 무균 토양이다. 실내 정원, 옥상 정원에 많이 사용하며, 카네이션이나 국화 등을 삽목할 때는 모래를 30~50% 섞어서 사용하면 좋다. 모래보다 86% 가볍기 때문에 관수하면 물에 떠서 움직이기 쉬운데, 다른 재료와 섞어서 사용하면 통기성, 보수성이 좋고 토양이 부드러워지므로 세근의 발육이 좋아진다. 굵은 것은 굵은 모래를 대용할 때, 가는 것은 용토와 혼합하여 뿌리의 공기 유통을 좋게 할 때 사용하거나 테라리움과 같이 가벼운 용토가 필요한 경우 이용하기 좋다.

- 하이드로볼: 5~15mm 크기로 만든 황토를 1,000℃ 이상 고열로 살균처리한 것이다. 식물 재배에 적합하도록 입자 내에 다공층이 많게 제조한 무균 인공 경석으로 보수성, 보비성, 흡수성, 통기성이 좋으며 뿌리 발달에 양호하다. 따라서 통기성이 중요한 뿌리가 굵은 식물에 적합하여 주로 난을 심을 때 이용하였으나 현재는 화분 용토, 수경 재배, 테라리움 등의 장식 용토로도 많이 사용한다. 입자의 크기별로 용도에 따라 사용하며 제1호가 제일 작고 제6호가 제일 크다. 강한 햇빛에는 쉽게 건조되며, 관수를 자주 하면 과습해질 우려가 있다.

- 암면: 현무암이나 안산암 같은 화성암을 1,600℃에서 용해한 다음 이것을 공기 또는 수증기로 불어서 섬유상으로 만든 후 압축 열처리한 제품이다. 가볍고 통기성 및 보비성이 좋아 파종, 삽목, 화분, 테라리움에 적합하며 팬시용에 많이 사용된다. 특히 수경 재배에 주로 이용된다. 완전 소독되어 있는 상태이며, 탄소와 질소 성분은 함유되어 있지 않다.

◎ 특수 토양

- 오스만다: 양치류의 일종인 고비류의 뿌리를 말려서 3~4cm 길이로 자른 다음 주로 기근성 식물을 심을 때 사용한다. 강산성이므로 씻어서 사용해야 하며 카틀레야, 덴드로비움 등의 양란 재배 시 적당하다.
- 키아데아: 인도, 대만 등에서 자생하는 상록목본의 고사리과 식물로 검은 기근이 줄기에 두껍게 얽혀 자란다. 높이는 8m 정도이고, 직경은 30cm까지 자라는데 이것을 단면으로 잘라서 기생난이나 덩굴성 관엽 식물(몬스테라, 박쥐란, 양란, 풍란)을 감아올릴 때 사용한다. 가볍고 수분의 흡수성과 보습성이 좋은 이상적인 배양 재료이다.
- 천연인회석: 난을 재배하는 흙으로 태안반도 부근에서 채취하여 개발된다. 질소, 인산, 칼륨이 많이 함유되어 있으며 동·식물과 미생물이 유기화 과정을 거치면서 풍화, 퇴적되어 생성된 것이다. 매우 무겁고 날카로워 다른 배양토와 혼합하여 사용하는 것이 좋다.
- 제오라이트: 규산, 철, 마그네슘, 인산 등이 많이 함유되어 있고 양이온 치환 용량이 크다. 토양의 산성을 중화시키는 역할을 하며 보수성과 통기성이 좋다. 또한 병충해에 대한 저항성이 강하여 뿌리가 튼튼하게 자란다.
- 제주 경석: 제주도의 화산 분화에 의해 생긴 다공질의 적색 토양으로 보수력이 강해 잘 마르지 않고 배수력은 약해 과습할 우려가 있다. 흑갈색의 경석과 적갈색의 연석이 있다.
- 녹소토: 엷은 황갈색 덩어리의 공극이 많은 흙으로 무게가 가볍다. 보수력과 보비력이 좋으며, 잘 마르지 않는다. 물에 잘 뜨고 잘 부서진다. 난의 뿌리를 굵게 뻗도록 하는 토양이다.
- 일향토: 한란 재배 시 많이 사용하는 수입 용토이다. 통기성과 물빠짐이 좋고, 표면이 둥글게 생겨서 뿌리 뻗음이 좋다. 단, 물을 흡수하는 시간이 늦고 물에 뜨는 결점이 있어 건조해지기 쉽다. 하이드로볼, 마사토 등과 혼합하여 사용하기도 한다.

| 3 | 분화상품 용기

① 용기의 형태에 따른 구분

얕은 타원형 분	분의 깊이가 얕고 형이 타원형으로 주로 군식이나 돌붙임 등에 잘 어울린다.
장방형 분	사각형 형태로 가장 많이 쓰이는 분이다. 크기와 길이는 다양하다.
정방형 분	정사각형의 모양을 하고 있으며 깊이가 있는 분은 교목에 잘 어울린다.

② 용기의 재료에 따른 구분

㉠ 흙 화분

	장점	일반 점토를 재료로 제작하였기 때문에 보수성, 흡수성, 통기성이 매우 좋고, 수분과 공기가 교환이 되므로 과습을 피할 수 있고 뿌리의 생육에도 좋다.
	단점	겨울에 동파될 수 있고 견고하지도 못하다.

ⓛ 자기 화분

장점	디자인이 예쁘고 견고하다. 직사광선을 받아도 온도의 변화가 적어 뿌리의 생육에 좋다.
단점	통기성이 나쁘다. 즉, 화분 표면으로 수분과 공기의 교환이 제한적이므로 관수를 자주 하면 습해를 받을 우려가 있다.

ⓒ 플라스틱 화분

장점	가격이 저렴하고 가벼우며 화분 바닥을 통한 배수성과 통기성이 좋다. 또한 가볍고 잘 깨지지 않으며 성형 및 가공이 쉬우므로 다양한 형태의 디자인이 가능하다.
단점	직사광선을 받으면 토양의 온도가 빨리 올라가고 화분의 표면으로 공기와 수분이 전혀 빠져 나가지 못하므로 뿌리가 과습의 피해를 입을 수 있다.

ⓔ 돌 화분

장점	내구성이 강하며 흙이 마르지 않고 다양한 디자인을 할 수 있다. 무게감이 있어서 안정적이다.
단점	무게가 너무 무거워서 이동하기가 힘들다.

ⓜ 메탈 화분

장점	디자인이나 컬러에 있어 자유롭다.
단점	녹슬 염려가 있으므로 코팅처리가 되어 있어야 하며, 가장자리는 손을 다칠 위험이 있으므로 주의해야 한다.

ⓗ 비닐 화분

장점	가볍고 쉽게 옮길 수 있어 모종 생산 또는 미니 분화상품 제작에 이용한다.
단점	견고하지 못하고 약하다.

ⓢ 고무 화분

장점	떨어뜨려도 깨지지 않으며 이동도 쉽고 다양한 모양으로 제작이 가능하다.
단점	재질적인 면에서 디자인이 아름답지 못하다.

ⓞ 옹기 화분

장점	황토로 만들어진 그릇으로 공기가 통하고 숨을 쉰다.
단점	충격에 약하고 무겁다.

ⓩ 종이 화분

장점	물에 젖지 않고 잘 썩는 특수한 재질로 만들어진 천연 화분이다.
단점	견고성이 약하기 때문에 대형 화분으로는 사용하기 힘들다.

③ 용기의 위치에 따른 구분

벽걸이형	한쪽 면을 벽에 붙여서 연출하기 때문에 앞에서만 감상할 수 있다.
공중걸이형	높은 천장에 걸어서 장식하기 때문에 사방에서 감상할 수 있다.

분화류 운송 시 주의사항
▶ 운송 전에 충분히 관수한다.
▶ 분화를 심한 바람에 노출하거
나 밀폐된 상태로 운송하지
않는다.
▶ 온도가 떨어지는 날 특히 겨
울철 밤 시간대에는 운송을
피한다. 반드시 운송이 필요한
경우에는 보온을 하여 분화가
냉해를 입지 않도록 한다.
▶ 여름철에는 강한 직사광선을
피하여 운송한다.
▶ 살균, 소독이 필요한 식물은
미리 살균제·살충제로 소독
한 후에 운송한다.
▶ 포장을 할 경우에는 운송 시
생길 수 있는 물리적 장해, 수
분 손실, 온도 변화를 고려
한다.

| 4 | 분화의 종류, 정의 및 특성 등

① 분화의 종류
  ㉠ 관화 식물: 꽃을 감상하는 식물이다. 예 동양란, 서양란, 제라니움, 국화, 안스리움, 철쭉류, 시클라멘, 시네라리아, 재스민 등
  ㉡ 관엽 식물: 잎을 감상하는 식물로 원산지는 열대나 아열대가 많다.

구분	예
파인애플과	네오레겔리아, 구즈마니아 등
야자과	관음죽, 종려죽, 테이블야자, 아레카야자 등
천남성과	알로카시아, 안스리움, 스파티필럼, 스킨답서스, 싱고니움, 필로덴드론 등
드라세나류	와네키, 콤팩타, 트리컬러 레인보우, 마지나타, 콘시나, 리플렉사 바리에가타 등
고무나무류	인도고무나무, 벤자민고무나무, 떡갈잎고무나무, 벵갈고무나무 등

  ㉢ 관실 식물: 열매를 감상하는 식물이다. 예 귤나무, 탱자나무, 백량금, 산호수, 피라칸타, 꽃 고추, 모과나무 등
  ㉣ 허브류: 독특한 향이 나는 식물이다. 예 로즈마리, 라벤더, 바질, 애플민트, 장미허브, 레몬밤 등
  ㉤ 식충 식물: 벌레잡이 식물이다. 예 파리지옥, 네펜데스, 끈끈이주걱 등
  ㉥ 선인장 및 다육 식물: 저수조직이 발달한 식물로 많은 물을 필요로 하지 않는다. 예 공작선인장, 부채선인장, 게발선인장, 칼랑코에류, 크라슐라속, 산세베리아 등

② 분화의 정의 및 특성
  ㉠ 정의
    • 꽃은 물론 잎, 줄기까지 같이 감상하는 완전한 식물로 분식물을 장식하는 것을 말한다.
    • 식물이 뿌리, 줄기, 꽃, 잎 등 온전한 상태로 화분과 같은 화기나 땅에 직접 심어 장식 효과를 준다.
  ㉡ 특성
    • 분화는 절화와는 달리 식물이 생장하고 생활 환경을 이어가기 때문에 그에 따른 적당한 환경 조성과 관리가 지속적으로 필요하다.
    • 분화에 필요한 관리는 광관리, 온도관리, 영양관리, 관수관리, 병해충관리 등이 있다.
    • 분화를 이용한 연출 또는 장식을 하기 위해서는 식물에 대한 정확한 이해와 지식을 가지고 있어야 한다.

| 5 | 식물 분류

① 식물학적 분류
  ㉠ 식물 형태나 생리·생태적 특성을 비교하여 식물이 가진 고유한 특징을 기준으로 분류하는 방법이다. 생물 상호간에 유연 관계를 진화적 측면에서 계통에 따라 분류

하는 과학적 방식이다.

ⓒ 실용적으로 분류한 단위는 과 단위 이하이고, 최소 기본 단위는 종이다. 과는 유사
성이 있는 속의 집합으로 서로 화기 구조와 생태적 특성이 비슷하므로 근연종의 특
성을 이해하는 데 유용하다. 하위분류군 단위로 갈수록 유연 관계는 더욱 가깝다.

❋ 이것만은 꼭

분류 기준 ☆☆

계(界, kingdom) > 문(門, phylum) > 강(綱, class) > 목(目, order) > 과(科, family) > 속(屬,
genus) > 종(種, species) > 아종(亞種, subspecies) > 변종(變種, variety) > 품종(品種, forma)
> 재배종(栽培種, cultiva)

분류 기준	주요 내용
계	식물계, 동물계로 분류
문	꽃이 피는 식물(현화 식물), 꽃이 피지 않는 민꽃 식물(은화 식물)이 있고 꽃이 피는 식물 중 겉씨 식물(나자 식물)과 속씨 식물(피자 식물)로 구분
강	외떡잎식물강, 쌍떡잎식물강
목	식물의 번식 방법, 생김새 등 비슷한 특징에 따라 분류
과	형태와 생태학적, 유전적으로 분류 예 백합과, 선인장과
속	유사성을 가지는 종의 모임 예 미나리아재비속, 장미속
종	분류학상 최소 기본 단위로, 상호 생식이 가능한 집단

ⓒ 학명: 국제적으로 통용되는 명칭으로 학술적인 것에 이용하고, 표기는 속명과 종
명을 연이어 쓰는 2명법을 사용한다. 학명의 표기는 라틴어로 쓰고, 이탤릭체로 표
기하거나 밑줄을 그어 학명임을 나타낸다. ☆☆

학명 = 속명+종명+명명자(var.cv.formal.cl)

속명　　종명　　명명자
예 장미 *Rosa hybrida* Hortorum
이탤릭체　　인쇄체

- 속명의 첫 글자는 이탤릭체 대문자로 시작한다.
- 종명은 이탤릭체 소문자로 쓴다.
- 끝에는 명명자, 기재자 명을 붙이는데 첫 글자는 인쇄체 대문자로 표기한다.
- 명명자가 두 명 이상일 경우 'A et B'라고 표기한다.
- 명명자와 기재자가 다를 경우에는 'A ex B'라고 표기한다.
- 속명이나 종명은 원산지, 꽃, 잎, 향기에서 유래하는 것이 많다.
- 세분하여 아종, 변종, 품종을 나타내는 경우에는 삼명법으로 표시한다.
- A×B로 적힌 식물의 경우 종간교잡종이라는 의미이다.

꽃 **TIP**

▶ 이명법: 속명과 종명으로만 구성된다.
▶ 삼명법: 종명 뒤에 아종명이나 변종명을 쓰는 것이 삼명법이다.

- 속명+종명+var.+변종명
  - → var.: variety의 약자
- 속명+종명+cv.+원예품종명
  - → cv.: cultivar의 약자
- 속명+sp.(복수는 spp.)
  - → 의미: ○○속으로 추정되는 밝혀지지 않은 종
  - → sp.: species의 약자, 하나의 종을 의미
  - → spp.: species의 복수, 여러 종을 지칭
- 속명+종명+ssp.+아종명
  - → 의미: ○○속 ○○의 아종 ○○

ㄹ 일반명: 식물의 특징을 가장 잘 표현하여 각 나라별 언어로 부르는 이름으로 나라와 지역마다 서로 다르기 때문에 지방명이라고도 부른다. ⭐⭐

ㅁ 학명과 일반명의 비교

구분	학명	일반명
장점	• 전 세계적으로 통용되는 식물의 명칭이다. 정확하고 안정적이다. • 이름 안에 정보가 포함되어 있으며, 생물학적으로 이용이 가능하다.	• 각 나라별 언어로 사용되어 이해가 쉽고, 기억하기 편하다.
단점	• 이름이 어려워 기억하기 힘들다. • 라틴어로 쓰여 읽기가 어렵다. • 엄격하게 표기법이 규제되어 있다.	• 비과학적이고, 학술적으로 사용하기 어렵다. • 같은 언어를 사용하는 사람들만 알 수 있다. • 서로 다른 이름을 같은 이름으로 부르거나 같은 이름을 다른 이름으로 부르는 등 오류가 있어 통용어로 사용하기 어렵다.

② 원예학적 분류: 재배, 생산 등 이용 면에서 실용적 입장을 고려했을 때 화훼 재료의 취급에 편리하여 가장 널리 사용되고 있으며, 인위적 분류라고도 한다.

ㄱ 1년초와 2년초

- 1년초: 종자를 파종하여 1년 이내에 개화와 결실을 맺는 초본성 화훼로 파종기에 따라 춘파와 추파로 구분한다.
  - 춘파 일년초: 봄에 씨를 뿌려 발아하고 여름에 생장해 일장이 짧아지는 가을에 개화하는 단일 식물이 많다. 보통 열대 및 아열대 원산으로 고온과 건조에 강하지만 저온에는 약하다.
    - 예 페튜니아, 코스모스, 해바라기, 샐비어, 과꽃, 나팔꽃, 봉선화, 맨드라미, 천일홍, 콜레우스, 색비름, 채송화, 천인국, 일일초, 아게라텀, 메리골드, 분꽃, 한련화, 백일홍, 미모사(신경초) 등
  - 추파 일년초: 가을이나 초겨울에 파종하여 이듬해 봄 또는 여름의 장일 환경에서 개화하며 저온에서 잘 자라는 초화류이다. 주로 온대나 아한대원산이 많으며, 저온을 거쳐야 화아 분화가 일어난다. 추위에 강하나 건조에 약하며, 비옥한 토양에서 잘 자란다.

예 금잔화, 팬지, 물망초, 유채, 금어초, 스위트피, 데이지, 시네라리아, 프리뮬러, 알리섬, 고데치아, 센토레아, 주머니꽃, 안개꽃, 루피너스, 버베나, 칼세올라리아 등

- 2년초: 파종 후 1~2년 이내에 개화하고 생명을 다하는 초화류이다. 개화 시에는 춘화처리를 하여 저온에 두어야 꽃을 피운다.

　　예 양배추, 석죽, 종꽃, 접시꽃, 디기탈리스, 초롱꽃, 스위트윌리엄, 패랭이꽃, 물망초, 양귀비 등

ⓛ 숙근초: 파종된 종자가 발아하여 생장하다가 겨울이 되면 지상부는 사라지고, 지하부의 뿌리는 살아남아 다음 해에 생육을 계속하는 초화를 말하며, 다년초라고도 한다. 삽목이나 포기 나누기 등으로 영양 번식이 가능하다. 숙근초 재배 시 토양은 고체 50%, 액체 25%, 기체 25%로 구성된 3상의 비율이 물리적 성질로 적합하다. 화학적으로는 약산성(pH 5.0~6.5)의 토양이 적합하다. ☆

구분	예
노지 숙근초 (내한성 강)	도라지, 구절초, 작약, 숙근안개초, 붓꽃, 꽃창포, 원추리, 비비추, 매발톱꽃, 캄파눌라, 리아트리스, 함박꽃, 숙근플록스, 꽃잔디 등
반노지 숙근초	국화, 카네이션 등
온실 숙근초 (내한성 약)	군자란, 칼랑코에, 거베라, 문주란, 아프리칸 바이올렛, 안스리움, 베고니아, 제라니움, 일일초 등

ⓒ 구근류: 숙근초의 일종으로 불량한 환경을 견디기 위해 영양분을 비축하여 식물체의 일부가 비대해진 형태이다. 일정 기간 휴면이 필요하며, 심는 시기와 비대해진 위치에 따라 나눌 수 있다. ☆☆

- 심는 시기에 따른 분류
  - 춘식구근: 노지 월동이 불가능하여, 가을에 캐내어 월동시킨 후 봄에 심는다. 주로 아열대 구근 식물이 많다. 예 칸나, 아마릴리스, 달리아, 글라디올러스, 글로리오사, 수련 등
  - 추식구근: 가을경 노지에 심어 저온에 월동시키면 봄에 개화하는 종류로 온대 구근 식물이 많다. 예 무스카리, 히아신스, 수선화, 백합, 크로커스, 스노우드롭, 프리지어, 나팔나리, 아이리스, 튤립 등
- 비대해진 위치에 따른 분류
  - 인경(비늘줄기): 잎이 저장기관으로 비대해진 것으로 피막이 있는 것은 유피인경, 없는 것은 무피인경이다.
    - ⓐ 유피인경 예 구근아이리스, 알리움, 히아신스, 무스카리, 수선화, 오니소갈룸, 튤립, 아마릴리스, 개상사화, 상사화, 석산 등
    - ⓑ 무피인경 예 백합, 프리틸라리아, 나리 등
  - 구경(구슬·알줄기): 줄기 마디의 아랫부분이 비대해진 것으로, 마디와 피막이 있다. 예 글라디올러스, 크로커스, 익시아, 프리지어, 리아트리스, 구근아이리스, 와소니아 등
  - 괴경(덩이줄기): 줄기에 영양분이 저장되어 둥근 모양으로 자란 것으로 피막과 마디가 없다. 예 칼라, 칼라디움, 구근베고니아, 감자, 시클라멘, 아네모네, 글록시니아 등
  - 근경(뿌리줄기): 땅속 줄기가 비대해져 둥근 모양을 이루는 것이다. 괴경보다는 비대 정도가 적고, 기존의 지하경(땅속줄기) 모양을 그대로 유지한다. 예 칸나, 아이리스, 알스트로메리아, 꽃생강, 은방울꽃, 수련 등

꽃 TIP

▶ 화아(花芽): 자라서 꽃이 될 눈
▶ 화아 분화(花芽分化): 식물이 자라는 중에 영양 조건, 자란 기간, 기온 및 볕을 쬔 시간 따위의 필요한 조건이 다 차서 꽃눈을 달게 되는 일

– 괴근(덩이뿌리): 뿌리에 양분이 저장되어 비대해진 것으로 생장점은 구와 연결된 줄기 아랫부분에 있다. 例 글로리오사, 라넌큘러스, 달리아, 작약, 고구마, 도라지 등

〈구근류의 비교〉 ☆☆

구분	인경	구경	괴경	근경	괴근
형태	비늘줄기	구슬·알줄기	덩이줄기	뿌리줄기	덩이뿌리
비대 부위	잎	줄기 마디 하단	줄기	지하경	뿌리
번식법	인편 번식	자구 번식	자구 번식, 모구절단 번식	자구 번식, 모구절단 번식	자구 번식, 모구절단 번식
대표 식물	백합, 수선화, 튤립	프리지어, 익시아, 크로커스	칼라, 칼라디움, 감자	칸나, 아이리스, 꽃생강	고구마, 달리아, 작약

ㄹ 화목류: 관상가치가 있는 꽃(관화), 잎(관엽), 열매(관실)를 보기 위해 가꾸는 목본 식물로 정원, 공원, 가로수에 이용되는 식물이며, 교목, 관목, 덩굴성 식물, 상록성 수목 등으로 나뉜다.
- 교목: 보통 2m 이상 자라며 하나의 굵은 줄기가 명확하고 줄기의 생명이 길다.
  - 관화수 例 이팝나무, 아까시나무, 매화, 벚나무, 동백나무, 목련, 산사나무, 꽃아카시아 등
  - 관엽수 例 단풍나무, 소나무, 향나무, 삼나무, 버드나무, 개비자나무 등
  - 관실수 例 모과나무, 꽃아그배나무, 꽃사과나무 등
- 관목: 보통 2m 이하로 여러 개의 줄기로 갈라지며 각 줄기의 수명이 짧다.
  - 관화수 例 개나리, 장미, 진달래, 조팝나무, 무궁화, 동백, 황매화, 철쭉, 치자나무 등
  - 관엽수 例 사철나무, 회양목, 식나무, 쥐똥나무 등
  - 관실수 例 백량금, 남천, 죽절초, 피라칸사 등
- 덩굴성 식물: 줄기가 하늘을 향하지 않고, 지면을 기거나, 다른 식물이나 물체에 부착하여 자라는 식물을 말한다. 例 능소화, 등나무, 담쟁이덩굴, 부겐빌레아, 아이비, 나팔꽃, 덩굴강낭콩, 환삼덩굴, 달뿌리풀, 뱀딸기, 덩굴장미, 포도, 칡 등
- 상록성 수목: 낙엽수와 달리 계절에 상관없이 늘 잎이 푸른 것을 의미한다. 낙엽이 생기지 않는 것이 아니라 상시로 수명이 다한 잎을 떨구고 새로운 잎을 만들어 낸다. 잎이 좁은 상록 침엽수와 잎이 넓은 상록 활엽수로 나뉘는데 북쪽 지방으로 갈수록 상록 침엽수가 많고, 남쪽 지방으로 갈수록 상록 활엽수가 많다. 例 동백나무, 붉가시나무, 가시나무, 치자나무, 후박나무, 개비자나무, 소나무, 전나무, 익소라 등

ㅁ 다육 식물과 선인장: 건조한 환경에 잘 견딜 수 있도록 잎과 줄기에 많은 수분을 저장한 식물로 선인장도 다육에 속한다. 삽목, 접목, 분주 등 영양 번식으로 개체를 늘릴 수 있고, 광 요구도가 높다.
- 다육 식물: 건조 지역이나 고산 지역 등 열악한 환경에서 살아남기 위해 줄기나 잎이 비대해진 식물로, 모양이 독특한 것이 많다. 가시가 없는 종류, 잎의 기부 또는 줄기의 일부가 가시로 변한 종류 등이 있다. 광 요구도가 높은 편이며, 건조한 환경을 좋아한다. 例 용설란, 꽃기린, 칼랑코에, 세듐, 알로에, 산세베리아 등

- 선인장: 퇴화한 잎이 가시나 털 모양으로 변하여 자신을 보호한다. 사막과 같은 건조지에 자생하는 것이 많으며, 대부분이 건생 식물이다. 3아과(나뭇잎선인장아과, 부채선인장아과, 기둥선인장아과), 200여 속, 3,000여 종이 있다. 예 기둥선인장, 게발선인장, 공작선인장 등

ⓑ 관엽 식물: 온실 식물 가운데 잎의 모양, 색, 무늬 등이 독특하여 관상하는 초목본의 식물을 말한다. 주로 아열대 식물이 많다. 항상 푸른 잎을 유지하며, 낮은 온도와 고광도의 빛을 좋아하지 않는다. 보통 13~32℃에서 생장하고, 8℃ 이하에서는 생장을 멈춘다. 일반종 외에 대나무류, 야자류, 고사리류, 식충 식물 등이 있다.
- 일반종: 잎을 주로 감상하지만 아나나스와 아펠란드라와 같이 잎과 꽃을 동시에 감상할 수 있는 종도 있다. 예 고무나무, 필로덴드론, 몬스테라, 아나나스류, 아스파라거스, 페페로미아, 산세베리아, 크로톤 등
- 대나무류: 목질로서 줄기 가운데 공간과 마디가 있으며 47속, 1,250종이 있다. 예 왕대, 오죽, 맹종죽 등
- 야자류: 야자류 식물은 열대 식물로서 잎줄기의 부드러운 곡선이 인테리어용으로 선호도가 높다. 공기정화 능력과 유해물질 제거 능력이 뛰어나며, 239속, 3,300종이 있다. 예 아레카야자, 관음죽, 테이블야자, 종려죽, 피닉스야자, 켄차야자 등
- 고사리류: 꽃이 없다고 하여 은화 식물이라고도 하며, 9,000종 이상이 있다. 예 보스톤고사리, 프테리스, 박쥐란, 아디안텀 등
- 식충 식물: 곤충을 잡아서 영양원의 일부로 이용하는 벌레잡이 식물로 7과 13속이 있다. 예 벌레잡이통풀, 끈끈이주걱, 네펜데스 등

ⓒ 난과 식물: 식물 중 가장 진화되어 있으며, 약 800속, 6만여 종이 존재한다. 85% 정도가 열대 및 아열대에 자생하며, 저온 다습한 환경에서 잘 자란다. 원산지와 생장습성에 따라 분류할 수 있다.
- 원산지에 따른 분류
  - 동양란: 한국, 중국, 일본에 자생하는 난으로 비교적 내한성이 강하다. 예 춘란, 건란, 풍란, 소심란, 보세란, 한란, 자란, 콩짜개난, 새우난, 복주머니난, 석곡, 사철란 등
  - 서양란: 동남아와 중남미의 열대 및 아열대 원산의 난이 대부분이다. 지생종도 있지만 대부분 착생종이다. 예 덴드로비움, 팔레놉시스, 심비디움, 카틀레야, 반다, 온시디움, 헤마리아, 마스데발리아, 밀토니아, 오돈토글로섬, 파피오페딜럼, 학정란 등
- 생장 습성에 따른 분류
  - 지생란: 땅에서 뿌리를 내리고 자라는 난의 종류로 대부분이 동양난이지만, 서양란 중 심비디움 속에 해당하는 일부가 지생란의 성격을 가지고 있는 것도 있다.
    예 춘란, 건란, 소심란, 보춘, 한란, 파피오페딜룸 등
  - 착생란: 땅에 뿌리를 내리지 않고 바위나 큰 나무에 붙어서 살며 대부분이 서양란이다. 뿌리가 공기 중에 노출된 상태로 자라며, 주변 습기를 흡수해 생장하는 특성을 갖고 있어 기근이 매우 발달해 있다.
    예 카틀레야, 덴드로비움, 팔레놉시스, 나도풍란, 지네발란 등
- 줄기 형태에 따른 분류
  - 단경성란: 줄기가 분지가 되지 않는 것으로서 주로 직립성이다. 보통 근경과 위구경을 형

꽃 TIP

관엽 식물의 특징
▸ 계절에 따른 생리적 변화가 적어서 휴면기가 짧거나 없기 때문에 항상 푸른 잎을 감상할 수 있다.
▸ 원산지는 열대나 아열대가 많다.
▸ 음지나 반 음지에서 잘 자란다.
▸ 직사광선에 오랫동안 노출되면 잎의 색이 누렇게 변하거나 타들어가며, 낮은 온도에서는 냉해를 입거나 생육을 멈추기도 한다.
▸ 크로톤, 포인세티아처럼 화려한 색을 지닌 관엽 식물도 있다.

성하지 않으며, 한 줄기의 끝에서 잎이 계속 나오는 생장을 한다.

 예 팔레놉시스, 반다, 나도풍란, 풍란 등

 – 복경성란: 분지성이 강한 것으로 위구경을 갖는 것이 일반적이다. 지난해 생장한 위구경 의 기부로부터 새로운 순이 올라온다.

 예 카틀레야, 심비디움, 덴드로비움, 새우난초, 온시디움 등

단경성란   복경성란

◎ 수생 식물: 물과 친화력이 높은 식물군으로 물속이나 물가에서 자라며, 식물체 전 부 또는 대부분이 물속에 잠겨 있는 관다발 식물로 통기 조직이 발달되어 있다. 침 수 식물, 정수 식물, 부엽 식물, 부유 식물 등으로 나눌 수 있다.

- 침수 식물: 뿌리는 물 밑바닥에 고착하고, 식물체 전부가 수면 아래에 있는 식물이다. 예 검 정말, 물수세미, 붕어마름 등
- 정수 식물: 줄기 밑 부분이 수면 아래 있는 식물이다.

 예 갈대, 부들, 벗풀, 연꽃 등

- 부엽 식물: 뿌리는 물 밑바닥으로 고착하고, 잎은 수면에 떠 있는 식물이다.

 예 수염마름, 순채, 가시연, 노랑어리연꽃 등

- 부유 식물: 잎과 줄기가 수면 아래에 있으면서 뿌리가 없거나 아주 빈약한 식물이다. 예 벌 레먹이말, 통발, 좀개구리밥 등

㉧ 야생 식물: 산이나 들에 자생하는 식물 중 관상가치가 있는 초목식물이다. 예 여 뀌, 비비추, 맥문동, 진달래, 마삭줄, 해오라비난초, 개구리밥 등

㉨ 식충 식물: 곤충을 잡아서 영양을 섭취하는 식물로 곤충을 잡는 기관에 따라 포획 형, 포충낭형, 끈끈이형, 함정문형, 유도형의 다섯 가지로 분류한다. ☆

- 포획형: 잎을 빠르게 접어서 먹이를 잡는 방법이다. 예 파리지옥(Dionaea muscipula), 벌레 먹이말(Aldrovanda vesiculosa) 등
- 포충낭형: 식충 식물의 포엽이 수동 형태로 바뀐 것이다. 주머니 형태로 변형된 잎 속에서 소화 효소나 공생 세균의 활동으로 먹이를 소화한다. 입구는 좁고 밑 부분은 넓은 형태를 띄 고 있으며, 벌레를 유혹하기 위한 색과 향을 발한다. 주머니 안쪽은 벌레가 들어가기는 쉬우 나 밖으로 나오기 어렵도록 섬모가 거꾸로 나온다. 예 사라세니아(Sarracenia), 벌레잡이통 풀(Nepenthaceae), 브로키니아(Brocchinia reducta) 등
- 끈끈이형: 끈끈한 액체(점액)를 분비하여 먹이를 잡는다. 예 끈끈이귀개(Drosera), 트리피오 필룸 펠타툼(Triphyophyllum peltatum) 등
- 함정문형: 통발(Utricularia) 종류는 이름 그대로 물고기를 잡기 위한 도구처럼 생긴 함정을

가지고 있다. 예 통발(Utricularia) 등

- 유도형: 미생물이 포충낭에 들어오면 안쪽을 향하여 나있는 선모를 따라서 포충낭의 깊은 쪽으로 이동하도록 유도하여 소화시키는 식물이다. 예 겐리시아(Genlisea) 등

ㅋ 반입 식물: 잎에 무늬가 있고 색이 두 가지 이상으로 되어 있어 아름다운 잎을 관상하는 식물을 말한다. 해부학적으로 반엽의 일반적인 특징은 엽록소가 결핍되어 있거나 세포 간극에 있는 공기로 말미암아 광선이 반사되어 은백색을 띠기도 하며, 엽록소가 적고 조직은 축소되어 있다는 것이다. 예 색비름, 꽃양배추, 베고니아, 동백, 백량금, 죽절초, 자금우, 아펠란드라, 페페로미아, 만년청, 엽란, 석창포, 식나무, 풍란, 한란, 석곡 등

ㅌ 허브 식물: 기원전 4세기경 그리스의 학자 테오프라스토스(Theophrastos)가 처음으로 사용하였으며, 잎이나 줄기, 뿌리, 꽃 등이 식용과 약용으로 쓰이거나 향과 향미로 이용되는 모든 초본 식물이다. 지금은 약용, 향수, 요리, 살균, 미용 등 다양하게 이용되고 있다. 원산지는 주로 지중해 연안, 유럽, 서남아시아 등이 있으며 생육 환경은 배수가 잘되고 통풍이 좋으며 양지 바른 곳이다.

- 서양 허브 식물 종류: 라벤더, 바질, 세이지, 레몬 밤, 로즈마리, 민트류, 타임 등
- 우리나라 허브 식물 종류: 파, 마늘, 쑥, 창포, 쑥갓, 깻잎, 방아잎 등

③ 실용적 분류

ㄱ 관상 부위에 따른 분류

- 관화 식물: 주로 꽃을 감상하는 화훼를 말한다. 예 국화, 금어초, 팬지, 금잔화, 튤립, 수선화 등
- 관엽 식물: 아름답거나 독특한 잎을 감상하는 화훼류를 말한다. 예 색비름, 콜레우스, 드라세나, 관엽베고니아, 고무나무, 아스파라거스, 야자류, 소철 등
- 관실 식물: 주로 열매를 감상하는 화훼를 말한다. 예 석류나무, 피라칸사, 꽃사과나무, 모과나무, 호랑가시나무, 귤나무 등
- 줄기를 감상하는 식물: 주로 줄기를 감상하는 식물을 말한다. 예 선인장류와 다육 식물 등

ㄴ 이용 형태에 따른 분류

- 절화용: 키가 크고 아름다운 꽃을 뿌리가 잘려진 상태로 줄기째 생산하기 위해 재배하는 것이다. 절화는 주로 실내장식을 위해 꽃꽂이로 가장 많이 이용되고 코르사주, 꽃다발, 꽃바구니 등의 재료로도 사용된다. 절화의 상태에 따라 생화 또는 건조화로 구분된다. 예 국화, 장미, 백합, 석죽, 안개초, 나리, 카네이션, 아이리스, 거베라, 프리지어, 튤립, 글라디올러스, 금어초, 칼라, 아마릴리스, 작약, 스타티스, 해바라기, 리시안서스, 리아트리스, 극락조화, 스톡, 달리아, 공작초, 알스트로메리아, 안스리움 등
- 절지용: 절화장식에 사용되는 가지로, 한국 전통 꽃꽂이에서 많이 사용했으나 현대 꽃장식에서도 점점 이용이 늘어나고 있다. 골격과 선을 표현할 때 이용한다. 예 말채, 곱슬버들, 화살나무, 홍가시나무, 청미래덩굴, 조팝나무 등
- 절엽용: 잎의 모양, 형태, 색, 무늬 등이 아름다워 절화장식에 사용하는 잎 종류를 말한다. 예 몬스테라, 아레카, 엽란, 호엽란, 코르딜리네, 팔손이, 구즈마니아, 크로톤 등
- 분화용: 성장하는 모습을 감상하는 것으로 식물이 자라남과 함께 지속적인 유지관리가 필요

하며, 식물의 특성에 따라 놓이는 자리를 고려해야 한다. 기호에 따라 관엽 식물, 관화 식물, 난, 허브 식물, 식충 식물 등 다양하게 판매된다. 예 베고니아, 시클라멘, 포인세티아, 몬스테라, 드라세나, 고무나무, 야자류, 철쭉류, 선인장류, 관음죽, 소철, 난류 등

- 화단용 모종 재배: 집단적으로 화단에 심을 모종을 생산하는 것을 말한다. 예 팬지, 페튜니아, 메리골드, 샐비어, 패랭이꽃, 데이지, 프리뮬러, 과꽃, 금어초 등
- 정원수 재배: 정원에 심겨질 상록수, 꽃나무류 및 울타리용 조경 수목 등을 생산하는 것이다. 실외 정원과 실내 정원에 각각 쓰이는 종류가 다르다. 실외공간을 장식하는 정원수는 온대 지역의 목본 식물을 주로 식재하며, 관상가치가 있어야 한다. 예 장미, 라일락, 단풍나무, 주목, 목련, 향나무, 회양목 등
- 건조 소재용: 근래에 건조 소재에 대한 관심이 높아짐에 따라 건조 소재의 꽃다발, 장식품, 포푸리(향낭) 등에 다양하게 활용되고 있다.
    - 자연 건조 소재 예 스타티스, 카스피아, 천일홍, 안개, 헬리크리섬, 시네신스, 청미래덩굴, 다래덩굴 등
    - 가공 건조 소재 예 삼지닥나무, 탱자나무, 등나무, 버들류 등
    - 열매·씨앗 건조 소재 예 연밥, 꽃고추, 유채, 냉이, 참깨, 해바라기, 보리, 밀, 수수, 모과나무 등

④ 생육 습성에 따른 분류

㉠ 일조 시간의 장단에 따른 분류

장일 식물	일조 시간이 한계 일장보다 길어지면 개화하는 화훼류를 말한다. 예 과꽃, 금잔화, 시네라리아, 글라디올러스, 금어초, 거베라, 스톡, 꽃양배추, 나리류, 기생초, 델피니움, 꽃양귀비, 디디스커스, 붉은 제충국, 스카비오사, 스키잔더스, 시네라리아, 쑥갓, 나팔나리, 안개초 등
단일 식물	일조 시간이 한계 일장보다 짧아지면 개화하는 화훼를 말한다. 예 국화, 포인세티아, 코스모스, 프리지어, 나팔꽃, 스테비아, 봉선화, 달리아, 맨드라미 등
중일성 식물	일조 시간의 장단과 관계없이 개화하는 화훼를 말한다. 예 카네이션, 시클라멘, 히아신스, 수선화, 제라니움, 팬지, 튤립, 나팔수선, 칼라, 히아신스, 무스카리, 디기탈리스, 프리뮬러 등

㉡ 광량의 다소에 따른 분류

양생 식물	잎이 비교적 두껍고 꽃이 많이 피며 양지에서 잘 자라는 화훼를 말한다. 예 나팔꽃, 샐비어, 페튜니아, 장미, 무궁화, 매화, 루드베키아, 맨드라미, 미모사, 백일홍, 분꽃, 산세베리아, 색비름, 선인장류, 제라니움, 채송화, 팬지, 페튜니아, 해받이꽃 등
음생 식물	잎이 비교적 넓고 그루당 잎의 수가 적으며 음지에서 잘 자라는 화훼를 말한다. 예 스킨답서스, 금전수, 마리안느, 셀렘, 행운목, 산세베리아, 드라세나 드라코, 드라세나 콤팩타 등
중생 식물	광량의 많고 적음과 관계없이 어느 곳이나 잘 자라는 화훼를 말한다. 예 킹벤자민, 폴리셔스, 극락조, 알로카시아, 크로톤, 마지나타, 안스리움 등

㉢ 수분 요구도에 따른 분류

건생 식물	공중 습도가 높더라도 건조한 토양에서 잘 자라는 화훼를 말한다. 예 선인장, 용설란, 알로에 등

습생 식물	습기가 충분히 있어야 잘 자라고 건조하거나 물에 담겨 있거나 물이 흐르는 환경에서는 생육이 불량한 화훼를 말한다. 예 꽃창포, 제비붓꽃, 연미붓꽃, 황창포, 은방울꽃, 물망초, 원추리, 사라세니아, 파리지옥, 끈끈이주걱, 칼라, 아프리칸 바이올렛, 양치 식물 등
수생 식물	적당한 생육 조건으로 반드시 뿌리 부분이 물속에 있어야 잘 자라는 화훼를 말한다. 예 연, 수련, 물옥잠화, 부평초, 시페루스류 등

02 / 분화상품 작업 준비

⚙ 출제 경향 마스터

▸ 분화의 관수 요령은 무엇인가?

▸ 분화의 생리는 어떻게 되는가?

| 1 | 분화상품 선행 작업

① 충분한 작업공간을 확보하고 안전에 유의하여 작업한다.
② 꽃가위 등 도구를 사용할 경우 다치지 않도록 안전에 유의하여 사용한다.
③ 실내의 분화 식물은 수분 증발이 많지 않기 때문에 호스 사용보다는 분무기를 이용하여 엽면에 살포한다.
④ 상품 용기를 선정할 때 상품 제작 용도에 맞게 선택하여 조화롭게 제작한다.
⑤ 토양 재료 선정 시 분화상품의 종류에 따라서 생육에 적합한 토양 재료를 준비하여야 한다.

| 2 | 분화 관수

① 관수 방법 ☆☆
  ㉠ 유수 관수: 고랑에 일정량의 물을 흐르게 하여 서서히 뿌리까지 스며들게 하는 관수법이다. 고랑 관수라고 부르기도 한다.

장점	관수 장치가 거의 필요하지 않아 경제적이고, 물이 식물체에 닿지 않고 흙이 묻지 않아 깨끗하며 토양 표면이 굳어지지 않는다.
단점	물의 소모가 많고 고른 관수가 거의 불가능하다. 배수가 불량한 토양에서는 비능률적이며, 실질적으로 불필요한 부분부터 관수되어 관수량 조절이 어렵다.

  ㉡ 호스 관수: 수도에 호스를 연결하고 호수 끝에 노즐을 장치하여 관수하는 방법이다. 가정원예나 소규모 관수에 많이 이용되고 있다.

장점	시설비가 적고 설치가 간단하다.
단점	이동이 불편하고 넓은 면적에는 이용하기 힘들다.

ⓒ 다공 파이프 관수: 플라스틱 파이프에 구멍을 내어 직접 살수하는 방법이다. 또는 지하에 묻어서 이용하기도 한다.

장점	내구성이 강하고 많은 면적에 효과적으로 관수할 수 있다.
단점	초기 시설비가 많이 든다.

ⓔ 다공 튜브 관수: 호스 또는 튜브에 구멍을 내어 직접 관수하는 방법이다.

장점	값싸고 설치가 쉽다.
단점	좁은 면적 관수에 적합하나 파이프 관수에 비해 내구성이 약하며 수질이 나쁘면 구멍이 막힐 수 있다.

ⓜ 스프링클러 관수: 높은 압력을 이용하여 노즐이 회전하면서 수평으로 물이 분사되어 관수하는 방법으로 대형 온실이나 하우스에서 많이 사용한다.

장점	시간당 관수량이 많아서 빠른 관수에 좋다.
단점	물이 잎과 줄기에 직접 닿아서 병이 발생할 우려가 있다.

ⓗ 미스트 관수: 미세한 분출구를 통하여 안개 상태로 분산하는 방법이다. 까다로운 관리가 필요한 번식상에는 필수라고 할 수 있다.

장점	관수 및 공기 습도 조절, 온도 조절이 용이하다.
단점	시설비가 많이 들고 노즐이 잘 막힌다는 단점이 있다.

ⓢ 점적 관수: 튜브의 끝에서 물방울이 떨어지거나 천천히 흐르게 하여 원하는 부위에만 관수하는 방법이다. 표면 토양의 유실이 없고 소량의 물로 넓은 면적을 효과적으로 균일하게 관수할 수 있다. 비료성분을 혼합하여 시비를 겸할 수 있다.

장점	표토가 굳어지지 않고 유수량이 적어 높은 수압을 요구하지 않는다.
단점	수질에 따라 막힐 위험이 있어 여과 장치가 필요하다.

ⓞ 지중 관수: 지하의 급수관에서 물이 스며 나오게 하는 관수 방법이다.

장점	과습해지지 않아 병해가 없다.
단점	시설비가 많이 들고 유지가 까다롭다.

ⓩ 저면 관수: 화분 밑의 배수공을 통하여 모세관으로 물이 스며 올라오도록 하는 방법이다. 온실이나 하우스의 벤치에서 화분을 재배할 때 많이 사용한다.

장점	수분이 전체 토양에 골고루 퍼져서 작물이 물을 흡수하기에 좋다.
단점	속잎에 물이 고여서 마르지 않고 속잎 물의 온도와 밖의 온도 차이가 생기면, 속잎부터 물러져 염부병이 진행될 수도 있다. 또한 세균이나 곰팡이에 감염될 경우 식물 전체로 균이 퍼지기 쉽다.

② 관수 요령: 관수량과 관수 횟수는 식물의 수분 요구도, 생장 단계, 환경 조건 및 계절에 따라 조절해야 한다.

ⓐ 토양의 수분이 많으면 토양 내의 공기 유통이 불량해져 뿌리의 통기가 잘 이루어지지 않으므로 배수가 잘 되어야 한다.

ⓛ 관수하는 물의 온도는 대체로 식물을 재배하는 장소의 기온이나 토양의 온도와 비슷한 것이 좋다. 특히 엽수(잎에 물을 줌) 시 지나치게 낮은 온도의 물을 사용하면 저온으로 인한 피해가 생길 수 있다. 그러므로 상온과 비슷한 온도의 물을 관수할 것을 권장한다.

ⓒ 계절에 따라서는 겨울에는 조금 따뜻한 시간대에 주고, 지나치게 차가운 물은 피한다. 반대로 한여름에는 아주 더운 시간대는 피해서 관수한다. 예를 들어 여름에는 아침에 1회 관수하고 저녁에 더위로 건조가 심하면 1회 더 관수한다.

ⓔ 재배하는 동안 규칙적으로 관수하면 성장 매체의 지나친 염도를 막을 수 있다.

ⓜ 물은 수돗물, 샘물, 빗물, 시냇물 등을 이용할 수 있으나 수질은 연수가 가장 좋다. 빗물은 산소량이 많고 질소도 함유하고 있어서 어느 식물에나 가장 좋다.

ⓗ 화분 표토가 건조해졌을 때 화분 배수구 밑으로 빠져나올 정도로 흠뻑 주되 1~2분이 지나도 흘러나오지 않을 경우에는 배양토를 교체해야 한다. 지나친 관수는 뿌리의 통기를 저해해 식물체에 해로운 영향을 미침에 유의한다.

ⓢ 관수 장치는 식물의 특성, 재배 방법, 수질과 수량, 가격 등을 고려하여 결정해야 한다. 고장이 적고, 사용이 편리하며, 노동력이 적게 들수록 좋다.

| 3 | 분화 생리

① 광합성과 호흡

ⓐ 광합성: 엽록소에서 일어나는 반응으로 물과 이산화탄소를 흡수하고 빛에너지를 이용해 탄수화물을 합성하는 과정으로 탄소 동화작용이라고 부르기도 한다. 즉, 빛에너지를 이용하는 반응이므로 빛이 없으면 진행될 수 없다.

- 광합성에 영향을 미치는 요인: 빛의 세기와 파장, 온도, 이산화탄소의 농도 등
- 광합성의 분류
  - 명반응(light reactions): 빛에너지를 이용하여 물을 분해함으로써 에너지를 얻는 반응이다. 즉, 엽록소가 태양에너지를 흡수하고 전자전달 과정을 경유하여 환원형 조효소인 NADPH가 태양에너지를 흡수한 후 전자전달 과정에서 ATP라는 화학에너지를 만드는 과정이다. 물의 광분해에 의하여 수소를 공급함과 동시에 산소를 방출한다.
  - 암반응(dark reactions): 명반응으로 얻어진 에너지로 이산화탄소를 고정하는 반응이다. 즉, 엽록체의 기질에서 명반응의 결과 얻어진 수소공급체와 ATP를 이용하여 탄산가스를 환원시켜 포도당을 만드는 과정이다. 생성된 포도당은 전분, 셀룰로오스, 다당류 외에도 단백질, 지질 등의 기본 재료로 이용된다.

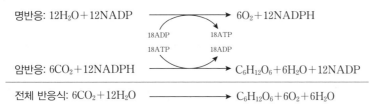

$$\text{명반응: } 12H_2O + 12NADP \longrightarrow 6O_2 + 12NADPH$$
$$18ADP \quad 18ATP$$
$$18ATP \quad 18ADP$$
$$\text{암반응: } 6CO_2 + 12NADPH \longrightarrow C_6H_{12}O_6 + 6H_2O + 12NADP$$

$$\text{전체 반응식: } 6CO_2 + 12H_2O \longrightarrow C_6H_{12}O_6 + 6O_2 + 6H_2O$$

- 광합성 원리에 따른 식물의 분류: 암반응 과정에서 생성되는 탄소화합물(유기물질) 및 환경

(비, 온도, 물)에 대한 반응의 형태를 기준으로 한다.

C3	• 주로 온대 식물에서 나타난다. • C3 식물은 CO_2가 부족한 조건에서는 광호흡과 같은 에너지 낭비가 없다.
C4	• 주로 열대 식물에서 나타난다. • C4식물은 CO_2를 농축시켜 캘빈회로를 돌리기 때문에 에너지 측면에서 낭비가 적다.
CAM	• 선인장과 같은 고온건조지역에서 나타난다. • 뜨거운 낮에는 기공을 닫고 기온이 내려간 밤에 기공을 열어 CO_2를 흡수한 후 낮에 기공을 닫은 채로 캘빈회로를 통해 고정함으로써 수분 손실을 최소한으로 억제할 수 있다.

• 광포화점과 광보상점 ✿✿
  – 광포화점(light saturation point): 일반적으로 광합성은 빛의 강도와 비례하여 증가하나 일정 한도에 이르면 증가폭이 감소하며 마침내는 더 이상 증가하지 않는다. 이와 같이 광선의 세기가 증가해도 광합성 속도가 더 이상 증가하지 않는 점을 광포화점이라고 한다.
  – 광보상점(light compensation point): 식물에 의한 이산화탄소의 흡수량과 방출량이 같아져서 식물체가 외부공기 중에서 실질적으로 흡수하는 이산화탄소의 양이 0이 되는 빛의 강도를 말한다. 식물은 광보상점 이상의 빛이 공급되어야 생장이 가능하다.

ⓛ 호흡: 미토콘드리아에서 일어나는 반응으로, 산소를 이용하여 생물체 내의 탄수화물을 분해하는 과정에서 에너지를 얻는다.
  • 광합성에서 얻은 포도당은 호흡에서 산화되어 생물이 이용할 수 있는 생물에너지(ATP), 이산화탄소, 물을 생성하므로 호흡은 광합성의 역반응이라고 볼 수 있다.
  • 호흡을 통해 만들어진 이산화탄소는 기공으로 방출되며, 물은 증산작용으로 방출되고 에너지는 식물이 살아가는 데 이용된다.
  • 식물이 살아 있다는 것은 호흡작용을 통해 체내에 저장된 양분을 소모하는 과정이다. 그 결과로 에너지의 생산, 양분의 소모, 맹아와 같은 생장현상이 나타난다.
  • 호흡의 대사경로는 '해당 작용 → 아세틸 CoA 형성 → TCA 회로(크랩스 회로) → 전자전달 과정'으로 연결된다. 이외에도 5탄당 인산회로라는 경로가 일정 비율로 존재하여 NADPH를 공급하고, 핵산, 단백질, 안토시안, 페놀 등의 각종 방향족 화합물의 생성에 기여한다.
  • 혐기성 호흡: 호흡 중 산소의 농도가 지나치게 낮으면 진행되는 것으로 알코올, 아세트알데히드, 젖산 등이 생성·축적되어 이취가 나는 원인이 된다. 해당 작용의 결과로 생성된 피루브산이 아세트알데히드나 에탄올이 생성되는 방향으로 진행되고 이 결과 세포의 손상이 나타나면서 맛과 향기가 변하기 때문이다.

② 내성 범위와 최소량의 법칙
  ㉠ 내성 범위(range of tolerance): 생물의 생육이 가능한 무생물적 환경요인의 범위를 의미한다.
    • 생물이 살아갈 수 있는 환경요인의 최소치에서 최대치를 말하며 특정 생물의 생존 가능 범위이다. 즉 모든 생물은 살아가기 위해 적정한 환경요인을 가지고 있으며 각 환경의 내성 범위 내에 있어야 건강하게 생장할 수 있다.
    • 내성 범위가 넓은 종은 넓은 지역에 분포가 가능하고 환경조건이 부적합한 경우에는 자신을 환경에 적응시키거나 아니면 도태된다.

ⓛ 제한요인과 최소량의 법칙
- 제한요인(limiting factor): 생물의 생육 및 분포는 온도, 물, 바람, 토양 및 바위 등의 환경요 인들에 의해 결정된다. 이러한 환경요인이 다른 요인에 비해 너무 많거나 조건이 까다로워서 생물의 생활을 제한하는 것을 제한요인이라 한다.
- 최소량의 법칙(law of minimum): 식물의 성장은 공급이 부족한 양분 중 최소량의 양분에 의 해 제한된다는 원리이다. 독일의 J.F.리비히가 주장하여 '리비히의 최소량 법칙'이라고 부른 다. 일반적인 식물의 성장은 최소량의 공급 양분에 의존해서 생장한다.

③ 음수와 양수: '내음성'은 식물이 적은 광량에서도 동화작용을 할 수 있는 성질로서 음 지에서 식물이 생존할 수 있는 능력을 말한다. 이 내음성에 따라 식물은 양수와 음수 로 구분할 수 있다.
- ㉠ 양수: 광포화점이 높아 광도가 높은 환경에서는 햇빛을 효율적으로 활용하여 생육 이 좋지만 광량이 적은 환경에서는 충분한 생육이 불가능하다.
- ㉡ 음수: 광포화점이 낮아 적은 광량에서도 충분한 생육이 가능하고 낮은 광도에서도 광합성을 효율적으로 한다. 보상점이 낮으며 호흡량도 적어서 그늘에서도 잘 자라 며 반대로 강한 햇빛에 지속적으로 노출되면 생육이 좋지 않고 불량해진다.

| 4 | 분화상품 환경

① 빛
- ㉠ 광도(빛의 세기): 식물이 받는 빛의 강도를 의미한다. 광도는 식물의 광합성을 주 관하는 주요 요인으로 식물의 종류에 따라 필요로 하는 광량이 다르다.
  - 대부분의 식물은 일정 광도까지는 빛이 밝을수록 광합성량이 많지만 일정 수준을 넘어가면 광합성량이 지속적으로 증가하지는 않는다.
  - 빛이 없으면 식물은 생육할 수 없고, 호흡에 의한 영양분 소모만 일어나므로 생장이 일어나 지 않는다.
  - 광보상점: 광보상점 이하의 광도에서는 광합성으로 축적하는 영양분보다 호흡에 의해 소비 하는 영양분이 더 많아 결국은 식물이 더 이상 자라지 않고 죽게 된다.
  - 광포화점: 광보상점 이후로 광도를 계속 높여가다 보면 광합성량이 그에 따라 증가하다가 더 이상 증가하지 않는 지점을 말한다.
    - 같은 작물이라도 저(低)광도에서 자라게 되면 광보상점과 광포화점이 낮아진다.
    - 원예작물은 종류에 따라 광보상점과 광포화점이 다른데 양지 식물이 음지 식물보다 광포 화점과 광보상점이 높다.

구분	예
양생 식물	국화, 데이지, 루드베키아, 백일홍, 봉선화, 선인장, 소나무, 소철, 솜다 리, 수선화, 아게라텀, 아마릴리스, 용설란, 유카, 제라니움, 채송화, 칼랑 코에, 코스모스, 콜레우스, 크로톤, 튤립, 팬지, 프리뮬러, 해바라기, 향나 무, 히아신스, 호야 등

확인! OX

1. 식물이 받는 빛의 강도를 광 도라고 한다.   (○, ×)

2. 광보상점은 광도를 조금씩 높일 때 이산화탄소의 방출 량과 흡수량이 같아지는 지 점을 말한다.   (○, ×)

정답 1. ○ 2. ○

중생 식물 (반음지 식물)	관음죽, 군자란, 난과 식물, 남천, 단풍나무, 동백나무, 드라세나, 베고니아, 라일락, 벤자민고무나무, 봉선화, 샐비어, 싱고니움, 접란, 쥐똥나무, 철쭉, 파키라 등
음생 식물	은방울꽃, 옥잠화, 고사리, 드라세나, 디벤바키아, 맥문동, 베고니아, 산세베리아, 산호수, 스킨답서스, 스파티필룸, 아스파라거스, 안스리움, 야자류, 페페로미아, 필로덴드론 등

- 저광도의 영향(양지 식물을 음지에서 재배할 경우) ☆☆
  - 단위 면적당 잎의 수가 적어지고 엽록체의 수가 많아져서 잎의 색깔이 진해진다. 개별 잎은 넓어지고 두께가 얇아지며 초장은 길어진다. 지나치게 낮은 광도에서는 잎이 황록색으로 변하고 아래 부분부터 떨어지기도 한다.
  - 분지의 발생이 억제되며 줄기나 잎자루(엽병)가 연약하고 가늘게 자란다.
  - 화아 분화와 발육이 억제되며 광도가 낮을수록 개화 시기가 늦어진다.
  - 광합성 능력이 떨어져 생산량 감소 즉, 저장기관의 발달이 억제된다. 뿌리의 발육저하로 양분과 수분의 흡수가 원활하게 이루어지지 않으며, 관상 식물은 관상가치가 떨어지고 과채류는 착과율이 떨어지며 기형과가 생기기도 한다.
  - 광의 부족 현상은 인공조명으로 보충할 수 있으며 최소 500lux 이상 유지되어야 한다.
- 고광도의 영향(음지 식물을 양지에서 재배할 경우) ☆☆
  - 잎이 작아지고 두꺼워진다. 또한 잎의 가장자리에 있는 결각의 깊이는 얕아져서 윤곽이 흐릿해진다. 광이 더욱 강해지면 잎은 황록색을 띠다가 황갈색으로 변하여 떨어지며, 강한 햇빛을 받으면 엽록소가 파괴되어 일소 현상이 일어나기도 한다.
  - 줄기의 길이는 짧아져 키가 작아진다.
  - 고광도에서 자란 절화가 저광도에서 자란 것보다 수명이 길다. 절화의 체내에 충분한 탄수화물(영양분)을 함유하고 있기 때문이다. 그러나 과도한 광도는 조직의 적색화, 잎의 반점, 갈변, 낙엽을 야기할 수도 있다.
- ㉡ 일장(빛의 길이): 하루 24시간을 밤낮으로 나누었을 때 낮에 해당하는 길이를 말한다. ☆☆
  - 일장 효과(광주기성, 광주성, 광주기 반응, 광주 반응)는 일장이 식물의 꽃눈분화, 개화, 발육, 휴면 및 성표현 등에 영향을 미치는 현상을 말한다.
  - 식물은 일장을 잎, 특히 어린잎에서 강하게 감지한다. 변화를 감지한 잎은 자극물질을 정아로 전달하고, 전달된 물질에 의해 꽃눈분화가 이루어진다.
  - 밝기가 상대적으로 길 때를 장일이라고 하며 밝기가 상대적으로 짧을 때를 단일이라고 한다.
    - 장일 식물: 낮의 길이가 한계일장(약 12시간)보다 긴 일장조건에서 꽃이 피는 식물 예 데이지, 루드베키아, 과꽃, 금잔화, 금어초 등
    - 단일 식물: 낮의 길이가 한계일장보다 짧아졌을 때 꽃이 피는 식물 예 국화, 봉선화, 나팔꽃, 달리아, 맨드라미 등
    - 중성 식물: 일장과 상관없이 생육일수가 경과하여 어느 정도 자라면 꽃이 피는 식물 예 장미, 시클라멘, 제라늄, 튤립, 패랭이꽃, 팬지 등
- ㉢ 광질: 태양광선은 각기 다른 파장을 갖는 여러 가지 광선이 혼합되어 있다. 그중에 식물과 관련이 있는 자연광의 종류는 가시광선, 적외선, 자외선이 있다.

꽃 TIP

일소현상(日燒現象): 강한 햇빛을 오래 받아서 식물의 잎, 과실, 줄기 따위의 조직에 이상이 생기는 현상

★ 알아 두면 좋아요 ★

차광 재배(차광처리)
▶ 자연일장이 긴 계절에 단일 식물의 화아를 형성하여 개화를 촉진할 때 사용한다.
▶ 해가 지기 전부터 해가 뜰 때까지 암막으로 차광하여 암기(暗期)를 길게 만드는 방법이다.
▶ 단일 식물인 국화를 여름에 개화시킬 때 주로 사용한다.

전조 재배(장일처리)
▶ 일장이 짧은 가을과 겨울에 단일 식물의 개화를 억제하기 위하여 사용한다.
▶ 아침, 저녁에 보광을 해주거나 오후 10시부터 새벽 2시 사이에 빛을 공급해 준다.
▶ 단일 식물인 국화의 개화를 가을, 겨울에 지연시킬 때 주로 사용한다.

- 가시광선: 생육에 크게 영향을 미치는 파장이다. 우리가 눈으로 볼 수 있는 광선 (380~780nm)으로 식물에 관여하는 파장의 범위는 300~800nm이다. 그중 430nm 부근의 청색광과 600nm 부근의 적색광이 광합성에 가장 크게 관여한다.
- 적외선: 개화와 화아 분화에 크게 관련이 있다.
- 자외선: 화색이 잘 발현되게 해준다.

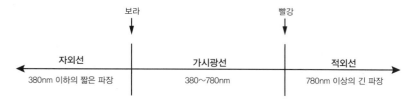

ⓐ 인공광: 실내 환경은 광도, 광질, 일장의 변화로 광합성, 형태 형성 등의 생리 활동에 변화가 유기된다. 특히 낮은 광도에 의해 엽면적 증가, 호흡량 증가, CO_2 방출량 증가 등의 현상이 일어난다. 또한 뿌리의 발육 억제 및 수분 흡수 억제에 따라 관상가치가 저하되어 인공적으로 광선을 공급해 주는 것이 좋다.

종류	식물의 반응	특징
백열등	• 잎의 색이 옅어지고 잎이 얇아지고 길어진다. • 줄기가 지나치게 자라고 길어지며 개화, 결실, 노화가 빨라진다.	• 청색 파장을 방사하는 광원과 조합하여 이용한다. • 빛의 방향을 조절하여 식물의 인상적인 그림자를 연출한다.
형광등	• 잎의 면적이 넓어진다. • 줄기가 서서히 길어지고 개화가 늦어진다.	• 식물 생장을 위해 가장 보편적으로 사용한다. • 에너지 효율이 낮으나 광도도 낮으므로 천장 높이 3m 이상에는 부적당하다.
수은등	• 줄기가 서서히 길어지고 개화가 늦어진다.	• 에너지 효율성이 좋지만 자외선 파장으로 인하여 식물에 해를 끼칠 수 있다.
할로겐등	• 잎의 면적이 넓어진다. • 줄기가 가늘고 길게 자라며 개화가 늦어진다.	• 높은 천장에 사용해도 좋다.
나트륨등	• 잎의 색이 짙어지고 면적이 넓어진다. • 줄기가 천천히 두껍게 자라며, 개화는 늦어진다.	• 전기 소모량이 적고 광도가 높아 효율적이다. • 연색성이 좋지 않아 전체 조명으로는 부적당하다. • 식물의 계속적인 생육을 의도할 때는 할로겐등과 조합하여 사용한다.
LED	• 형광등과 유사하나 각 파장대별로 혼합 이용이 가능하므로 식물의 반응도 상황에 따라 달라진다.	• 차세대 식물광원으로 주목받고 있다. • 전력비가 저렴하고 반영구적이지만 시설비가 고가이다.

② 온도

㉠ 생육적온: 식물의 생육이 가장 잘 되는 온도를 의미한다.
  - 생육이 가능한 온도 범위에서 온도가 높을수록 생육이 빨라지고 온도가 낮을수록 생육이 지연된다.

• 화훼류의 생육적온은 식물마다 다르며 한계 온도에 가깝거나 떨어지게 되면 여러 가지 생리 장해가 발생해 생육이 불량해진다. 보통 열대성 식물은 25~30℃, 아열대성 식물은 20~25℃, 온대성 식물은 15~20℃의 범위에서 가장 잘 자란다.

• 생육적온은 낮과 밤의 온도가 다른데 밤의 온도가 너무 높으면 호흡 속도가 빨라져 낮에 합성한 탄수화물의 소모가 심해지므로 생장이 불량해진다.

• 영양생장기에는 온도를 약간 높게 관리하며, 생식생장기에는 온도를 약간 낮게 관리하여 화아 분화, 개화, 결실 등 생식 생장을 촉진한다.

ⓒ 저온과 고온 : 식물이 생육 한계 온도에 가까워지거나 생육 한계 온도를 벗어나게 되면 대사작용에 이상이 생겨 여러 가지 장해가 생긴다. 품질이 떨어지기도 하고 심할 경우 생육이 정지되기도 한다.

• 저온에서의 변화

– 냉해(저온 장해) : 0℃ 이상에서는 장해 현상이 일어나더라도 조직 내의 동결은 일어나지 않기 때문에 온도가 상승하면 생육이 회복된다. 다만, 토양에서 양분과 수분을 흡수하지 못하고 동화작용과 양분의 전류가 나빠져 생육이 억제될 수 있다. 잎의 착색, 낙엽 현상 등의 문제를 일으키기도 한다.

– 동해(한해, 상해) : 물조직이 동결되어 동사하는 현상으로 온도가 상승하여도 식물체의 생장이 회복되지 않는다.

• 고온에서의 변화

– 생산량 저하 : 일반적으로 작물의 광합성 속도는 최대 온도의 영역이 있어서 이보다 높거나 낮으면 그만큼 저하되는 반면 호흡률은 온도가 상승할수록 증가한다. 즉, 특정 온도 이상으로 높아지게 되면 광합성량은 한계치에 도달하게 되고 호흡량은 지속적으로 증가하여 광합성 산물을 과도하게 소모하고 건물 생산량을 저하시키게 된다. 건물중의 저하는 절화가 연약하고 도장하게 되는 원인이 되어 볼륨이 부족해지는 등 품질의 저하로 이어진다.

– 개화 지연 : 화아 분화 이후에 적온 한계가 낮아져 고온으로 인한 화아 발달의 지연이 개화에 영향을 주는 것이다. 개화의 지연 정도는 식물의 종류나 품종에 따라 다르게 나타난다.

– 꽃의 형태 이상 : 꽃의 종류에 따라 다양한 형태 이상이 생긴다.

꽃의 종류	형태 이상
장미, 국화	화판의 발달이나 신장이 불량하게 되고, 화판의 수가 감소되고 꽃이 작아진다.
숙근안개초	수술이 화판화하여 겹꽃으로 되는데, 소화의 수술이 형성되는 시기에 고온이 지속되면 수술의 화판화가 정지되지 않고 다수의 화판이 형성되어 기형화가 된다.
카네이션	꽃받침이 생리적 장해로 인해 갈라지는 악할의 형태가 나타난다.
프리지어	꽃이 엉성하게 붙는다.
스토크, 백합	꽃봉오리가 떨어진다.

– 꽃의 수명 단축과 물올림의 불량 : 식물은 온도가 생육적온보다 높으면 증산량이 많아져 마르기 쉽고, 호흡 속도가 빨라져 저장양분이 많이 소모되어 연약해진다. 또 줄기의 신장이 불량해지거나 꽃이 소형화되는 장해가 일어나기도 한다. 고온에서 화아 분화가 되지 않거나 화아 발달이 늦어져 개화가 늦어지기도 한다.

– 화색의 퇴색: 주로 안토시아닌 계열 색소의 발현이 고온에 의해 크게 저해된다. 보통 안토시아닌계 색소는 화판의 표피세포에서 당에 결합하여 색상을 발현하는데, 고온에 노출되면 호흡 속도가 빨라져 당의 소모가 빨라지기 때문에 화색발현이 불량해진다.

– 충해와 약해의 발생: 온도가 높아질수록 해충이 알에서 성충으로 발육하는 기간이 짧아져 다량 발생하게 되고 이를 방제하기 위해 살충제를 과하게 살포하게 된다. 또 고온에서는 생육적온보다 약해가 발생하기 쉬워진다.

ⓒ 주야간 온도차(DIF; difference between day and night temperatures): 낮 온도에서 밤 온도를 뺀 값을 말한다. ☆☆

• 식물의 생육적온은 낮과 밤에 따라 다르다. 특히 밤의 온도가 필요 이상으로 높아지게 되면, 호흡 속도가 빨라져 낮에 합성한 탄수화물의 소모가 심해지므로 생장이 지연된다. 일반적으로 밤낮의 온도 차이는 5~10℃ 정도가 좋다.

• 온도 조건을 일정하게 하는 것보다 낮에는 다소 높게 관리하고, 밤에는 낮은 온도 조건에서 관리하면 동화물질의 축적이 많아져서 생육에 유리해진다.

• 주야간의 편차가 클수록(DIF값이 클수록) 광합성을 한 영양분이 밤에 소모되고 남은 양분을 축적할 수 있어 식물의 신장이 증가된다. 반면 편차가 적어지면(DIF값이 작아지면) 신장은 억제된다.

– 예민한 식물: 나팔백합, 스카시백합, 오리엔탈나리, 패랭이꽃, 국화, 포인세티아, 샐비어, 맨드라미, 후크시아, 거베라, 봉선화, 페튜니아, 버베나, 베고니아, 금어초, 제라니움, 장미 등

– 둔감한 식물: 튤립, 히아신스, 수선, 메리골드, 도라지, 과꽃, 아시아틱 나리 등

ⓔ 생육 온도별 생육 차이 ☆

생육 온도	생육 양상
최고 온도(maximum temperature)	• 온도가 높을수록 호흡이 빨라진다. • 생육 속도가 빨라진다. • 증산량이 많아진다.
최적 온도(optimum temperature)	• 생육에 가장 적합하다. • 생육 품질이 좋다.
최저 온도(minimum temperature)	• 생육이 지연되며 생식 생장으로 전환이 지연된다. • 생육이 불량해진다.
한계 온도(critical temperature)	• 한계 온도와 가까워질수록 여러 가지 장해가 발생하며 품질이 저하된다. • 한계 온도를 넘으면 식물체가 고사한다.

③ 수분

ⓐ 식물은 체내의 80~90%가 물로 이루어져 있으므로 수분은 식물의 몸체를 이루는 중요한 요소이다. 또한 식물은 증산작용을 통해 지속적으로 물을 흡수하고 배출하며, 빛과 함께 광합성작용을 하여 탄수화물을 합성해 내기도 하다. 뿐만 아니라 토양에서 양분을 흡수하거나 운반하는 역할을 하여 체내의 물이 부족할 경우 개화불능을 겪거나 고사되기도 한다.

ⓑ 수분 요구도: 종, 환경, 생육 시기 등에 따라 수분 요구도가 다르다.

꽃 TIP

▶ 침수성 식물: 식물체 대부분이 물속에 잠겨있는 식물을 말한다. 예 나사말, 검정말, 말즘 등
▶ 부엽성 식물: 뿌리는 토양에 있되 잎만 물위로 뜨는 식물을 말한다. 예 마름, 연, 순채 등
▶ 정수성 식물: 물가에 나는 식물을 말한다. 예 부처꽃, 갈대, 부들, 노랑꽃창포 등
▶ 부유성 식물: 수중이나 수면에 떠서 돌아다니는 식물을 말한다. 예 통발, 개구리밥, 생이가래 등

- 수생 식물: 식물체의 일부분이나 전체가 물속에서 생육하는 식물로 뿌리를 땅속에 고착하는 식물과 물속에 떠다니는 부유성 식물로 나누고, 고착하는 식물은 다시 침수성, 부엽성, 정수성으로 나눈다.
- 육상 식물: 육상에 살고 있는 모든 식물로 대부분의 종자 식물이 포함된다.
  - 습생 식물: 물가나 습지에서 생육하는 식물을 말한다. 예 붓꽃, 꽃창포, 억새, 골풀, 알로카시아, 버들, 낙우송 등
  - 건생 식물: 사막, 높은 산과 같이 건조한 지역에서 생육하는 식물을 말한다. 예 선인장, 다육식물, 땅채송화, 노간주나무, 바위솔, 알로에, 용설란, 소나무, 향나무 등
  - 중생 식물: 건생 식물과 습생 식물의 중간 성격으로 보통 땅에서 생육하며 대부분의 화훼류가 여기에 속한다. 같은 중생 식물이라고 하더라도 필요한 수분은 조금씩 다르다.

ⓒ 수분관리
- 공중 습도
  - 공중 습도가 높을 때: 대기 중의 상대 습도가 높으면, 병이 쉽게 생기며 증산이 원활하지 않아 토양의 양분을 잘 흡수하지 못하게 된다. 또한 식물의 생육이 위축되고, 뿌리의 발육도 불량해지며, 광도와 기온이 떨어져 광합성 효율이 낮아진다.
  - 공중 습도가 낮을 때: 대기 중의 상대 습도가 감소하면 지나친 수분의 증발로 식물이 쉽게 시든다. 공중 습도가 낮으면 증산이 과도하게 일어나게 되어 잎 끝이 마르고 윤기가 없어져 관상가치가 떨어진다.
  - 선인장의 습도는 30~40%, 동양란은 60~70%, 열대 관엽 식물류는 70~80%가 적절하다.
- 토양 수분: 토양에 함유되어 있는 수분의 양은 토양의 종류, 지하수위, 강우, 온도, 시비횟수, 관수량에 따라 달라진다.
  - 토양 수분 함량이 부족할 경우: 생육과 개화에 영향을 받으며 식물이 고사하기도 한다.
  - 토양 수분 함량이 과다할 경우: 토양 속의 공기 함량을 감소시켜 공기 유통이 불량해진다. 뿌리 발달이 부진해지며, 토양 미생물의 활동이 억제되어 유기물의 분해가 잘 이루어지지 않는다.

④ 토양
㉠ 토양의 3상 4성분

3상	4성분
고상	무기성분(45%), 유기성분(5%)
액상	토양 수분(25%)
기상	공기(25%)

㉡ 토양의 역할
- 기계적으로 식물을 지탱한다.
- 수분과 양분을 저장한 후 공급한다.
- 미생물의 생육과 유기물을 분해한다.

㉢ 토성: 토양 내 자갈을 제외한 모래, 미사와 점토의 함량비에 의해 나타나는 토양의

성질을 의미한다.

- 자갈은 2mm 이상, 모래는 2mm~0.002mm 이하, 점토는 0.002mm 이하의 토양 입자를 말한다. 즉 일반적으로 입자의 크기는 '자갈 〉 모래 〉 점토'순이라 볼 수 있다.
- 모래와 점토의 구성비에 따라 사토, 사양토, 양토, 점질양토 등으로 구분한다.

② 좋은 토양의 조건 ★★
- 식물이 이용할 수 있는 유효 수분과 양분이 풍부해야 한다.
- 배수성과 통기성이 좋아야 한다.
- 식물의 생육에 도움을 주는 유익한 미생물이 풍부해야 하며 식물이 요구하는 적절한 산도가 맞추어져야 한다.
- 토양 속에는 식물의 뿌리가 잘 뻗을 수 있는 공간이 있어야 한다.
- 입단 구조와 같이 토양의 물리적 성질이 좋아야 한다.

⑤ 공기

㉠ 공기 물질: 공기는 질소 78%, 산소 21%, 아르곤 0.9%, 이산화탄소 0.03% 등의 비율로 구성되어 있다.
- 산소는 모든 생물의 호흡에 절대적으로 필요하고, 이산화탄소는 식물의 광합성에 반드시 필요하다.
- 공기 중의 이산화탄소 농도는 0.03%이지만 밀폐된 온실과 같은 경우에는 환기량이 적어서 이산화탄소 부족으로 광합성이 억제되기도 하므로 이산화탄소를 인위적으로 공급하여 광합성 효율을 높여준다.

㉡ 공해 물질
- 아황산가스(SO_2): 석탄이나 가솔린을 태울 때 이에 혼합되어 있는 황의 산화로 발생한다.
  – 대부분의 식물은 0.3~1ppm의 아황산가스에 8시간 정도 노출되면 피해를 입는다.
  – 잎이 얇아지고 엽맥 사이에 흰줄 모양을 보이며, 황화 현상이 일어난다.

구분	종류
아황산가스에 약한 종류	제라니움, 베고니아, 국화, 과꽃, 칸나, 콜레우스, 코스모스, 매리골드, 나팔꽃, 글라디올러스, 장미, 버베나, 백일홍 등
아황산가스에 강한 종류	꽃사과, 꽃복숭아, 서양측백나무, 라일락 등

- 오존(O_3): 산화력이 강한 미청색의 기체로 특유의 냄새가 있다.
  – 오존은 표피 세포 아래의 책상 세포를 파괴하고 엽록소까지 파괴하여 오존가스에 노출될 경우 작고 많은 백색 반점이 생긴다.
  – 생육의 어린 단계에서 오존에 의한 피해가 크고 이는 아황산가스에 의한 것보다 크게 나타난다.

구분	종류
오존가스에 매우 약한 종류	제라니움, 베고니아, 국화, 꽃사과, 라일락, 초롱꽃, 페튜니아 등
오존가스에 보통인 종류	적송, 벚나무, 가지, 장미, 미국꽝꽝나무, 피나무 등
오존가스에 강한 종류	카네이션, 콜레우스, 봉선화, 신경초, 불두화, 버베나 등

• 불화수소(HF): 공기 중에서는 불화수소 형태로, 토양에서는 불소 원소의 형태로 존재한다.
  - 공장 지대에서 많이 발생하며, 불소는 작물에 독성이 매우 강해 ppb 농도에서 배출 및 환경 기준이 설정되어 있다.
  - 불화수소에 접촉 시 주로 잎의 선단부에 불소가 많이 집적되어 잎의 가장자리부터 말라죽는 피해 증상이 나타난다.

구분	종류
불화수소에 약한 종류	제라니움, 과꽃, 꽃사과, 꽃복숭아, 글라디올러스, 튤립, 라일락, 장미, 치자 등
불화수소에 보통인 종류	재스민, 향나무, 무궁화, 배롱나무 등
불화수소에 강한 종류	해바라기, 크로톤, 카리사 등

• 기타: 이외의 공해 물질로는 탄화수소, 질소산화물, 일산화탄소, 염화수소, 암모니아, 에틸렌, 연기, 안개 등을 들 수 있다. 특히 에틸렌은 식물 호르몬의 일종으로 자동차, 화학 공장 등에서도 배출되지만, 하우스 내의 난방에 의해서도 발생하는 만큼 겨울철 난방에 의한 재배 시 각별히 주의해야 한다.

⑥ 비료: 식물이 자라는 데 필수 원소로는 탄소(C), 산소(O), 수소(H), 질소(N), 칼륨(K), 칼슘(Ca), 인(P), 마그네슘(Mg), 철(Fe), 황(S), 망간(Mn), 구리(Cu), 아연(Zn), 붕소(B), 염소(Cl), 몰리브덴(Mo) 등이 있다.

㉠ 다량원소: 식물이 정상적으로 자라는 데 필요한 많은 양의 영양 요소를 보충해 주는 원소이다.

• 질소(N)
  - 식물 전체 구성 성분 중 2~4%에 해당한다. 가장 많이 요구되는 성분으로 식물체 내의 질소 동화작용의 원료로 단백질을 합성한다.
  - 식물체의 주요 물질인 아미노산, 핵산, 엽록체, 효소 등의 구성 성분이다.
  - 영양 생장과 밀접한 관계가 있으며 생식 생장 전까지 줄기나 잎을 무성하게 하고 광합성 작용을 활발하게 한다.
  - 과다: 질소 동화작용에 에너지가 많이 소모되어 세포벽의 구성 성분인 탄수화물의 집적이 적어진다. 그 결과 식물이 웃자라고 개화가 지연된다. 조직이 약해져 잘 쓰러지고, 병해충이 쉽게 발생하기도 한다.
  - 부족: 잎이 작아지고 오래된 잎부터 노랗게 변하거나 떨어진다. 생장이 억제되고, 일부 식물의 경우 노엽(老葉)에서 안토시아닌이 축적되어 붉게 변한다.

• 인산(P)
  - 탄수화물과 에너지 대사에 영향을 주며 뿌리 발육이나 줄기의 신장, 꽃·열매·종자의 형성에 많은 영향을 끼치는 양분이다. 생식 생장으로 넘어갈 때 시비한다.
  - 단백질, 인지질, 효소 등의 구성 요소이다.
  - 개화와 결실을 촉진하며, 내한성과 내병성을 높여 준다.
  - 꽃이나 열매를 관상하는 장미나 카네이션과 같은 식물을 재배할 때 중요한 성분이다. 과실의 경우에는 산을 줄이고 당도를 높여 품질을 좋게 한다.

– 일반적으로 새로운 잎이나 뿌리 선단 등 대사 활동이 왕성한 분열 조직에 많이 함유되어 있다.

– 과다: 개화가 빨리 이루어지고 꽃의 개수가 많으며 열매는 작아진다. 빠른 개화로 인해 노화가 촉진된다.

– 부족: 잎이 점점 작아지고, 신장이 억제되며, 마디 사이가 짧아진다. 잎 주위가 보라색으로 변하거나 꽃, 열매의 결실이 나빠지기도 한다.

• 칼륨(K)

– 식물체 내의 탄수화물 합성과 단백질 함량을 높여준다. 세포의 pH를 조절하고 여러 대사 과정의 효소시스템을 유지하기도 한다. 다른 광물질의 흡수와 전류에 영향을 미친다.

– 식물의 수분 흡수, 섬유소 생성, 성숙을 촉진하고 내건조성, 내한성, 내병충성을 높이는 효과가 있다.

– 식물 호르몬과 상조하여 식물 분열조직의 생장을 유도하고, 엽육 세포의 삼투압을 낮게 하며 기공 개폐작용에 관여한다. 뿌리, 줄기, 가지의 발육과 발달을 활발하게 한다.

– 광합성(탄소 동화작용) 산물의 생성 및 운반을 크게 촉진한다.

– 종류: 재, 황산칼륨, 염화칼륨 등

– 과다: 칼슘, 마그네슘의 결핍을 유발한다.

– 부족: 뿌리가 부실해져 쓰러지기 쉽고 병충해의 피해 정도가 상승한다. 잎의 주변이 황화되면서 오래된 잎에서부터 젊은 잎으로 확대되어 생장이 억제된다. 그 외에도 뿌리가 썩거나 백화가 일어나기도 한다.

• 칼슘(Ca)

– 세포 분열과 효소의 활성, 질소의 대사, 원형질 기능에 필수적이다.

– 칼슘은 주로 잎에 많고 뿌리에서는 흡수가 잘 되지 않으며 체내에서 이동도 어렵다.

– 식물체 내에서 이동성이 없으며 결핍 증상은 보통 정단 부분에서 먼저 나타난다.

– 세포막을 견고하게 하고 식물 조직의 구조를 만든다. 세포를 튼튼하게 하고 해로운 물질의 침투를 막아준다.

– 흙의 산성화를 막아주는 토질 개선제로 이용된다.

– 비료 성분의 흡수를 도와준다.

– 꽃눈 형성에 영향을 준다.

– 종류: 석회질소, 초목회, 소석회

– 과다: 망간, 붕소, 철, 아연 등의 결핍 유발

– 부족: 줄기 끝이 죽고 생장을 계속할 수 없게 된다. 세포벽이나 조직이 붕괴되어 쉽게 병에 걸리며, 잎끝 말림, 새 촉과 어린잎의 모양이 일그러지거나 황화 현상이 일어난다.

• 마그네슘(Mg)

– 엽록소의 주성분이며 효소를 활성화하고 탄수화물 대사에도 관여한다.

– 주로 대사가 왕성한 어린 세포 조직에 많고 식물이 성숙됨에 따라 종자에 축적된다.

– 인산의 흡수와 이동과 대사작용에 관여한다.

– 체관에서 이동이 쉬워 오래된 잎에서 어린 잎으로 잘 이동되는 편이다.

– 과다: 생육이 불량해지고, 칼륨의 흡수가 저해되어 과실이 비대해지지 않고 기형과가 많

이 발생한다.

- 부족: 엽록소 생성이 불량하게 된다. 황화, 백화 현상이 나타나며 잎이 낙엽화한다.

- 황(S)

  - 단백질 합성의 필수 원소이며, 원형질의 구성과 효소를 생성하고 호흡에서 중요한 역할을 한다. 세포 분열을 활성화하고, 단백질, 엽록소를 생성한다.

  - 산화·환원과 생장 조절에 관여한다.

  - 과다: 토양을 산성화하고 뿌리썩음병을 유발한다.

  - 부족: 생육이 억제되고, 새로 돋은 잎이 황화된다. 생장과 질소 고정 능력이 저하되어 줄기의 마디 사이가 짧아지고, 후기에는 칼륨의 결핍증과 비슷해진다.

ⓛ 미량원소: 식물의 생존에 필수적인 원소 중 상대적으로 식물에 의한 요구량이 적은 원소이다.

- 철(Fe)

  - 엽록소의 구성 성분이며 높은 pH에서 식물을 재배할 때 흔히 결핍 증상이 발생한다.

  - 호흡작용 시 산소를 운반하며, 산화·환원 반응에 관여한다.

  - 과다: 인산과 망간의 결핍을 초래한다.

  - 부족: 어린 조직에서 항상 먼저 일어나며, 엽맥 사이가 녹황색에서 황록색 점으로 변해간다.

- 붕소(B)

  - 세포벽의 미세 구조 성분으로 세포 분열이나 통도 조직 형성, 조직의 분화 등에 필수 성분이다.

  - 식물체 내 칼슘의 이동을 돕는 역할을 한다.

  - 과다: 잎이 황화되어 고사한다.

  - 부족: 마디 사이가 짧아지고 줄기와 잎이 경화된다. 생장이 지연되고, 미성숙 잎의 기형이 발생한다. 생장점이 고사되고 잎자루가 코르크화된다.

- 망간(Mn)

  - 광합성에 관여하며 체내에서 옥신 함량을 조절한다. 산화·환원 반응의 촉매 역할을 한다.

  - 과다: 옥신 함량이 감소되어 식물의 생장이 억제된다. 생육이 정지하고, 잎 선단에 갈색반점이 생긴다. 잎이 노화하고 이상 낙엽이 생긴다.

  - 부족: 잎의 소형화, 황화, 황백화 현상이 발생하고 화색이 엷어지며 소형화된다.

- 아연(Zn)

  - 효소의 구성 성분으로 호르몬(IAA)을 합성한다. 단백질과 전분을 합성하고 효소작용을 활성화한다.

  - 과다: 새 잎에 황화 현상이 발생하며, 적갈색 반점이 생기고 잎의 노화 및 이상 낙엽이 발생한다.

  - 부족: 일반적으로 잎에 반점이 생긴다. 작은 잎이 겹겹이 포개지고 마디가 짧아지며 비정상적인 세포의 생장을 보인다. 왜화 현상이 발생하며 뿌리의 끝이 정상적이지 못하다.

- 구리(Cu)

  - 효소의 구성 성분이다. 호흡작용에 관여하며, 엽록소를 생성한다.

  - 과다: 뿌리 신장이 억제되며, 생육이 불량해지고 잎이 황백화된다.

– 부족: 심각한 발육 장애를 일으킨다. 끝부분의 잎이 매우 작아지거나 모여서 난다. 어린잎이 황백화되고 시든다.

- 몰리브덴(Mo)
  – 질소 동화에 필수 성분이다. 산화·환원 반응의 전자전달자 역할을 한다.
  – 과다: 잎이 황백화된다.
  – 부족: 강산성에서 나타나며, 잎이 위축되고 기형이 된다. 왜화되고, 잎의 가장자리가 감기는 현상이 발생한다.

ⓒ 비료 종류
- 무기질 비료
  – 무기화합물 형태의 비료(화학 비료의 대부분)로 효과는 빠르지만 지속성은 나쁘다.
  – 비료의 공정 규격에서 사용하는 방법, 성분, 비료의 형태에 따라 다양하게 분류한다.
  – 무기질 비료를 장시간 사용하면 염류가 토양에 과다하게 축적되어 장애를 일으키거나 토양이 산성화되는 단점이 있다.
  – 종류: 질소질 비료, 인산질 비료, 칼륨질 비료, 복합 비료, 미량요소 비료 등
- 유기질 비료
  – 천연 유기화합물 형태의 비료로 동물성과 식물성 유기질 비료가 있으며 효과는 늦지만 장기간 지속되는 장점이 있다. 하지만 좋지 않은 냄새가 나기 때문에 실내 재배에서 사용이 어렵다.
  – 종류: 깻묵, 계분, 골분 등

ⓓ 비료의 형태
- 액체 비료: 액상 형태의 원예용 비료이다.
- 고체 비료: 아주 작은 알갱이 형태나 분말 형태로 되어 있으며 토양에 직접 뿌려 주거나 물에 녹여서 사용할 수도 있다.
- 기체 비료: 가스의 형태로 되어 있으며 이산화탄소, 에틸렌 등이 있다.

⑦ 병충해
ⓐ 병해: 식물의 생육 환경이 좋지 않을 때 많이 생긴다.

구분	종류 및 감염 경로	증상	치료
곰팡이병	잘록병, 역병, 흰가루병, 녹병, 줄기녹병, 반점병, 시들음병 등에 의해 감염된다.	반점, 변색, 위조, 부패, 변형, 분비 등을 일으키고, 균사나 균핵 등이 노출된다.	채광과 통풍에 신경을 쓰며 발생 초기에 살균제를 살포하는 것이 효과적이다.
세균병	근두암종병, 무름병, 풋마름병 등에 의해 감염된다.	반점, 변형, 변색, 고사 등이 따른다.	항생제로 치료한다.
바이러스병	진딧물과 같은 매개충이나 기계적 접촉, 영양 번식 등에 의해 감염된다.	잎, 줄기, 꽃 등에 모자이크, 황화, 괴저 증상이 나타난다.	치료가 힘들기 때문에 예방에 힘써야 한다. 매개충의 회피 및 방제, 무병 종묘의 이용, 전염원의 제거, 저항성 품종 이용, 항바이러스제를 이용한다.

★ 알아 두면 좋아요 ★

병해충 방제법

▶ 경종적 방제: 농약을 사용하지 않고 저항성 품종 재배 또는 합리적인 시비 등의 재배 방법을 이용하여 병충해를 관리하는 방법이다.

▶ 물리적 방제: 물리적인 수단을 이용하여 병충해를 관리하는 방법으로 물, 열, 광선, 초음파, 고주파, 방사선 등 기계적 방제법도 이에 포함된다.

▶ 생물학적 방제: 생물 간의 상호작용을 이용하여 병충해를 감소시키거나 제거하는 방법이다.

▶ 화학적 방제: 약제(살균제, 제초제, 살충제)를 이용하여 병충해나 잡초 등을 방제하는 방법이다.

ⓒ 충해: 주로 건조할 때 많이 발생한다. 큰 벌레는 나무 젓가락으로 제거하고, 작은 벌레는 살충제를 살포한다.

식해성 해충	잎, 줄기, 꽃봉오리, 뿌리 등을 갉아 먹는 해충이다. 나방 및 나비류의 유충, 풍뎅이류, 달팽이류 등이 있다.
흡즙성 해충	잎, 줄기, 꽃잎, 뿌리 등으로부터 즙액을 빨아먹는 해충이다. 일반적으로 크기가 아주 작고 주로 잎 뒤에 서식하기 때문에 초기에는 발견하기 어렵다. 증식이 빠르므로 초기에 살충제를 살포하여 방제한다. 종류는 진딧물, 응애, 총채벌레, 깍지벌레, 온실가루이, 선충 등이 있다.

ⓒ 살균제와 살충제

구분		예
살균제	보르도액	역병, 탄저병, 흑점병, 낙엽병, 갈반병, 적성병, 회색곰팡이병 등
	수화유황제	흰가루병, 흑성병, 녹병, 붉은곰팡이병 등
	오소사이드	흑반병, 탄저병, 역병, 회색곰팡이병 등
	지네브제	탄저병, 흑반병, 역병, 녹병, 적성병 등
살충제	제충국 유제	진딧물, 매미, 털벌레 등
	마라티온 유제	진딧물, 총채벌레, 응애, 배추벌레, 가루이, 개각충 등
	켈셀유제	응애류의 알, 유충, 성충 등
	수미티온	진딧물, 총채벌레, 잎말이 충, 개각충 등

🌸 TIP

살균제·살충제 살포 시 유의사항
▸ 농도를 정확히 지켜 조제하여야 한다.
▸ 조기에 살포하며 작업자는 마스크, 장갑을 착용하는 등 규칙을 철저히 지켜야 한다.
▸ 기상조건에 주의하며 특히 바람이 심하게 부는 날은 피하고 작업 시에는 바람을 등지고 살포한다.
▸ 혼용에 주의한다.
▸ 취급 및 보관에 주의한다.

출제 경향 마스터 ✷
▸ 분화상품 기반 작업의 순서는 어떻게 되는가?
▸ 분화상품 디자인에는 어떠한 종류가 있는가?

03 분화상품 제작

| 1 | 분화상품 기반(준비 등) 작업

① 작업지시서를 확인한다.
　㉠ 작업명(상품명), 작업 내용, 작업 시 주의사항 등을 확인한다.
　㉡ 작업지시서에 따라 작업 과정을 수행한다.
　㉢ 작업을 시작할 때는 시작 시간을, 작업을 완료한 후에는 완료 시간을 기입한다.

② 작업장을 배치한다.
　㉠ 작업에 필요한 공간을 확보한다.
　㉡ 시설, 장비, 비품, 인력을 배치한다.

③ 선행 작업을 한다.
　㉠ 식물의 뿌리 상태를 확인한다.
　㉡ 분갈이 전 식물의 수분 공급 상태를 확인한다.

ⓒ 식물에 적합한 토양 성분을 확인한다.
ⓔ 토양의 병충해 감염 여부를 확인한다.

④ **화기 선정 및 토양 재료를 선정한다.**
　ⓐ 화기를 선정한다.
　ⓑ 토양 재료를 준비한다.

⑤ **기초 작업을 준비한다.**
　ⓐ 기반재를 준비한다.
　ⓑ 식물 재료를 점검한다.
　ⓒ 기초 배수 작업을 한다.
　ⓔ 관수를 한다.

| 2 | 분화상품 디자인

① **분식물장식의 기본 방법**
　ⓐ 하나의 용기에 한 종류의 식물을 심는 것이 관리하기에 쉽다.
　ⓑ 두 종류 이상의 식물을 식재할 때에는 생육 습성이 비슷한 것끼리 식재해야 한다.
　ⓒ 생육 습성은 관수, 광, 온도, 습도 등을 고려해야 한다.
　ⓔ 디자인의 원리와 요소를 적용하면 더 아름답게 제작할 수 있다.

② **용기 내 식물의 배치와 구성 방법** ☆
　ⓐ 다양한 종류의 식물을 함께 식재할 경우에는 식물의 형태에 따라 교목 식물, 관목 식물, 지피 식물의 세 가지로 나누고 식재한다.
　ⓑ 사방에서 감상하는 분식물일 경우 키가 큰 식물은 가운데에 배치하고, 작은 식물은 그 주변에 배치한다.
　ⓒ 한쪽에서 감상하는 분식물일 경우 키가 큰 식물은 뒤쪽에 배치하고, 작은 식물은 앞쪽에 배치한다.
　ⓔ 시선이 집중되는 부분에는 꽃이 피는 화려한 식물 또는 모양과 색이 돋보이는 식물을 배치한다.
　ⓜ 식물을 배치하는 방법에는 식생적 구성과 장식적 구성, 대칭과 비대칭 등이 있다.
　ⓗ 다양한 첨경물과 조형물, 나뭇가지, 돌 등을 이용하면 자연스러운 느낌을 줄 수 있다.

③ **디자인의 종류**
　ⓐ 분경(plant arrangement of landscape style): 한국의 전통 식물로 자연의 절경을 축소하여 표현한 것이다.
　　• 주로 자생 식물을 이용하여 자생지의 식생 상태를 나타낸다.
　　• 도자기, 도기, 돌, 평석, 고목 등이 이용된다.

배송 시 유의사항
▸ 배송 전에 주문서를 살펴보고 상품이 주문서와 일치하는지 확인한다.
▸ 글씨 리본이 정확하게 출력되었는지 확인한다.
▸ 배송 시간과 장소, 받는 사람 등을 확인한다.
▸ 상품의 특성에 맞는 배송 방법을 선택하고 포장 상태를 확인한다.
▸ 상품인수증에 서명을 받은 후 주문자에게 배달이 완료되었음을 알린다.

숯 분경: 숯을 용기에 배치한 후에 착생 식물을 이용하여 자연스럽게 장식하는 것으로 인테리어 효과가 높다. 숯은 습기제거에 뛰어난 효과가 있으며, 공기 중 유해 물질을 제거해 준다. 음이온을 방출하여 공기를 정화하며, 전자제품에서 발생하는 전자파 차단에도 효과적이다.

- 분경의 종류
  - 초본 분경: 분식물, 특히 초화류를 많이 이용하여 장식한다.
  - 목본 분경: 고목(枯木)이나 목본류와 함께 선태 식물, 양치 식물 등의 착생 식물을 이용하여 장식한다.
  - 석 분경: 돌과 함께 착생 식물을 이용하여 장식한다.
  - 이끼 분경: 주 소재로 이끼를 사용하며 초화류 등과 함께 자연을 표현한다.

ⓛ 디시가든(dish garden): 접시와 같이 깊이가 얕은 용기에 정원의 형태를 연출하는 것으로 1960년대 미국에서 유행하였다.
  - 주로 키가 작고 생육 속도가 느린 식물을 식재한다.
  - 토양은 악취가 없고, 깨끗이 소독된 무균이어야 한다. 일반 상토, 부엽토, 마사토, 펄라이트, 질석, 숯가루, 자갈 등이 이용된다.
  - 식물의 선택은 광, 온도, 그리고 수분의 요구도가 비슷한 식물끼리 심고 사방으로 골고루 잘 자랄 수 있게 배치하여 심는다.

ⓒ 테라리움(terrarium): 라틴어 'terra(흙)'+'arium(용기, 방)'의 합성어로 유리 용기 내에 작은 식물을 심어 감상하는 것이다. ☆☆
  - 테라리움의 종류
    - 밀폐형 테라리움: 습도가 높기 때문에 습기에 잘 견디는 식물이 좋다.
    - 개방형 테라리움: 건조에 강한 식물을 식재하는 것이 좋다.
  - 테라리움의 관리 방법
    - 식물 배식 직후 음지에서 관리한다.
    - 재배 온도는 20℃ 내외에서 관리한다.
    - 액비를 낮은 농도로 희석해서 시비한다.
    - 밀폐형은 물이 순환하므로 식물의 상태를 보고 관수한다.
    - 투명하고 배수구가 없는 밀폐형 용기는 배수층을 깔고 토양에서 발생되는 유해 물질 제거에 좋은 숯을 깔아 주면 더욱 좋다.

ⓔ 비바리움(vivarium): 'viva(동물)'+'arium(용기, 방)'의 합성어로 유리 용기 속에 도마뱀, 뱀, 개구리, 이구아나 등의 동물과 식물이 어우러져 공생할 수 있는 생육 조건을 만든 것이다.

ⓜ 아쿠아리움(aquarium): 'aqua(물)'+'arium(용기, 방)'의 합성어로 유리 용기 속에 연못을 만들어 시페러스와 같은 수생 식물을 심고 물속에 거북이나 관상용 물고기를 넣어서 키우는 것이다.

ⓗ 공중걸이와 벽걸이(hanging basket): 식재한 덩굴성 식물을 주로 천장이나 벽을 이용하여 달아 놓은 장식이다.
  - 좁은 공간을 실용적으로 활용할 수 있다
  - 빛을 충분히 받기 어려우므로 음지 식물을 식재하는 것이 좋고, 관수가 불편하므로 건조에 강한 식물을 식재하는 것이 좋다.
  - 사용되는 종류로는 스킨답서스, 러브체인, 아이비, 페튜니아 등이 있다.

ⓐ 토피어리(topiary): 고대 로마의 귀족들은 자연 그대로의 식물을 인공적으로 전정

1. 생육 습성은 관수, 광, 두 가지만 고려하면 된다. (O, ×)

2. 디시가든은 한국의 전통 식물을 이용하여 아름다운 자연의 특징적인 부분의 절경을 축소, 표현한 것이다. (O, ×)

3. 공중걸이와 벽걸이(hanging basket)는 좁은 공간을 실용적으로 잘 활용할 수 있다. (O, ×)

정답 1. × 2. × 3. ○

하여 특수한 형태를 만들어 장식하였다. 이는 17세기 프랑스의 정원 양식으로 이어졌으며 최근에는 생화나 건조화를 이용하여 제작하기도 한다.

- 토피어리의 종류
  - 야외 토피어리: 정원, 공원 등의 식물을 동물, 구(球), 하트 등 각종 기하학적인 형태로 만들어 놓고 감상하는 것이다.
  - 분식 토피어리: 이끼로 동물 모양을 만들고 그곳에 덩굴성 식물을 이용하여 식재하는 것이다.
  - 전정형: 전통적인 방법으로 수목을 가위와 손으로 잘라 만드는 것이다.
  - 꽂는 형: 드라이 플라워, 절화, 포토 식물을 와이어나 플로랄 폼에 꽂아 제작하는 것이다.
  - 심는 형: 프레임을 제작한 뒤 프레임 전체나 일부에 식물을 심어 제작하는 것이다.
  - 유인형: 다양한 형태로 프레임을 만들어 화분에 꽂고 식물을 유인하여 형태를 따라 감겨지게 제작하는 것이다.

◎ 착생 식물(epiphyte)장식: 다른 식물이나 물체에 붙어 생장하는 식물이다. ★★
- 공기 식물(air plant, 에어플랜트)이라고 불리기도 하며, 토양을 배지로 하지 않고 다른 지지물이나 공중에서 수분과 무기물을 양분으로 취하여 생장한다.
- 특별한 토양이나 배지가 필요하지 않고 공중에 매달아 쉽게 디자인할 수 있어 편리하고 열대의 느낌을 연출하기에 좋다.
- 착생 식물장식으로 사용되는 종류
  - 난과 예 석곡, 풍란, 반다 카틀레아, 팔레놉시스, 병아리 난초, 박쥐란 등
  - 파인애플과 예 구즈마니아, 틸란드시아, 브리시아 등
  - 기타 예 기린초, 바위솔, 줄사철, 콩짜개, 마삭줄 등

㉣ 수경 재배(water culture): 흙을 사용하지 않고 물속에서 재배하는 방법으로 물 재배라고도 한다.
- 투명한 용기를 사용하면 뿌리의 생육 과정을 육안으로 관찰할 수 있으며, 아름다운 돌이나 구슬은 장식 효과와 함께 식물을 지지하는 역할을 한다.
- 물속에 숯을 넣어주면 유해물질을 흡수해 물이 잘 썩지 않는다.
- 수경 재배 시 전기 전도도는 1~3ms/cm가 적당하며, pH는 약산성 상태인 5~7 사이가 적당하다.
- 수경 재배에 적합한 식물에는 양분의 저장 기관이 발달한 구근류의 히아신스, 수선화, 아마릴리스 등이 있다. 주로 싱고니움(syngonium podophyllum), 수련(nymphaea hybrid), 히아신스(hyacinthus orientallis), 접란(chlorphytum comosum) 등이 많이 이용된다.

㉢ 다육 식물 심기(cacti garden): 다양한 종류의 작은 선인장, 다육 식물 등으로 나무나 돌을 곁들어서 장식한다. 용기에 배수구가 없을 경우에는 반드시 용기의 바닥에 돌이나 난석을 이용하여 배수층을 만들어 주어야 한다.

㉠ 난과 식물
- 동양란: 온대 기후에 주로 자생하는 난이다.
  - 종류: 춘란, 한란, 건란, 보세란, 새우난초, 금새우난초, 개불알난초, 해오라비난, 은난초 등이 있다.

확인! OX

1. 야외 토피어리는 식물을 인공적으로 동물 형태, 구형, 하트, 기하학적 형태 등으로 만들어 감상하는 것이다
(○, ×)

정답 1. ○

– 식재 방법: 난석을 아래부터 대립, 중립, 소립의 순서로 사용해야 뿌리가 잘 내리고 물빠짐도 좋다.

• 서양란: 동남아, 중남미 등 열대 지방에서 자생하고 주로 영국과 프랑스 등의 유럽에서 새로 육종된 난을 말한다.

– 종류: 온시디움, 카틀레야, 심비디움, 덴드로비움, 덴파레, 팔레놉시스(호접란) 등이 있다.

– 식재 방법: 주로 바크나 수태를 사용하여 식재하며 관엽 소품(아이비, 호야, 산호수, 천냥금) 등으로 장식을 더해 준다.

꽃 TIP

배수 보조 재료: 굵고 둥근 자갈, 난석, 발포 스티로폼, 하이드로볼, 배수망 등

④ 분화상품 제작 시 수행 순서 ✿✿

㉠ 목적 설정: 고객의 요구와 사용 목적에 따라 분화상품 유형을 선정한다.

㉡ 식물 선정: 분화상품의 유형에 따라 적합한 식물을 선정한다. 뿌리의 상태가 양호하며 병충해가 없으며 수형이 균형 잡힌 식물이어야 함에 유의한다.

㉢ 화기 선정: 제작 목적과 식물의 크기 등을 고려하여 적절한 화기를 선정한다.

㉣ 기초 작업 실시: 작업지시서에 의해 분화상품의 디자인을 구성하고, 용기에 맞게 배수 보조 재료를 이용하여 기초 작업을 한다.

㉤ 기반 조성: 식물 생육에 필요한 기반이 되는 재료를 선정하는 데 식물, 생육 환경, 화기 등을 고려하여 선정한다.

㉥ 분화상품 제작: 분화상품의 종류에 맞게 분화상품을 제작한다.

㉦ 첨경물장식 및 보조 재료 설치: 분화 디자인에 어울리는 첨경물 또는 장식물로 장식하여 디자인의 완성도를 높여 준다.

㉧ 관수 및 유지관리 실시: 식물에 맞는 관수법과 양분관리, 병충해관리, 차광 등 유지관리를 실시한다.

출제 경향 마스터 ✿

▶ 분화의 도구에는 어떠한 종류가 있는가?

▶ 분화의 폐기물관리 및 작업공간 정리는 어떻게 해야 하는가?

04 작업공간 정리

| 1 | 분화 도구

① 작업실

㉠ 작업실은 적절한 광도, 습도, 온도를 유지해 주는 것이 가장 중요하며 관수 및 배수가 가능한 곳이어야 한다.

㉡ 여러 가지 종류 및 크기의 용기나 식물을 보관해야 하므로 규모는 큰 것이 좋다.

㉢ 기자재 및 도구들을 보관할 수 있는 장소가 따로 확보되어야 한다.

② 기기

    ㉠ 토양 혼합기: 토양 재료를 비율에 맞게 넣어 혼합하는 기기로 수동식과 자동식이 있다.

    ㉡ 토양 산도 측정기: 토양의 pH(수소이온농도)를 측정하는 것이다.

    ㉢ 조도계(lux meter): 조명도를 측정하여 광 조건에 맞는 식물의 적절한 위치를 찾아 주는 기기이다.

    ㉣ 토양 수분 및 토양 염류 측정기: 토양의 수분 및 염류를 측정하여 토양의 물리성을 나타낸다.

    ㉤ 토양 수분 감지기: 관수 시기를 쉽게 알 수 있는 기기로 식물 재배에 사용하면 편리하다.

    ㉥ 온도계: 온도와 습도를 측정하는 것이다.

    ㉦ 액비 혼입기: 관수할 때 비료와 물이 바로 혼합되어 시비되도록 하는 기기이다.

    ㉧ 관수용 물통차: 호스를 이용할 수 없는 넓은 공간을 관수할 때 사용하는 것이다.

③ 도구

    ㉠ 칼: 뿌리나 잎을 자를 때 사용한다.

    ㉡ 가위: 분식물을 정리할 때 사용한다.

    ㉢ 꽃삽: 분식물을 옮겨 심을 때 사용한다.

    ㉣ 물뿌리개: 용기에 물을 채우거나 식물을 심은 후 토양에 물을 줄 때 사용한다.

    ㉤ 호미: 토양을 잘고 부드럽게 부수거나 잡초를 제거할 때 사용한다.

    ㉥ 체: 토양 입자를 크기별로 선별할 때 사용한다.

    ㉦ 갈고리: 토양을 섞고 고를 때 사용한다.

    ㉧ 배수망: 식물을 심을 때 용기의 밑면의 배수공을 막아 주어 용토가 새어나가지 않도록 사용한다.

    ㉨ 폴리호일: 알루미늄 호일에 비닐 코팅을 한 것으로 분화 포장지에 사용한다.

    ㉩ 소농기구

        • 괭이: 흙덩어리를 부수는 데 사용한다.

        • 레이크: 흙의 표면을 고르는 데 사용한다.

        • 모종삽: 새로운 화분에 옮겨 심을 때 사용한다.

④ 도구 정리 및 보관

    ㉠ 도구는 공구함이나 도구 진열대에 알아보기 편하게 정리하여 보관한다.

    ㉡ 효율적인 작업을 위하여 작업 도구를 보관하는 장소를 일정하게 정해 놓고 정리한다.

    ㉢ 작업 도구는 안전과 연결된다는 것을 기억하고, 작업 시 작업 도구가 방해가 되지 않도록 주의한다.

⑤ **부재료 정리 및 보관**: 부재료는 사용하고 남은 경우 제자리에 그대로 정리하여 보관한다.

  ⊙ 철사: 철사는 번호별로 나누어서 정리하고 지 철사, 알루미늄, 카파 와이어는 종류별로 나누어 보관한다.

  ⓛ 리본: 리본은 크기, 색깔, 종류별로 나누고, 봉에 끼워서 잘라 사용하기 편리하게 정리한다.

  ⓒ 포장지: 포장지는 재료의 특성에 따라 크기, 색깔, 종류별로 나눈다. 벽에 걸어서 정리하는 것과 눕혀서 정리하는 방법이 있다.

  ⓔ 액세서리: 액세서리 장식물은 종류가 많으므로 투명한 서랍장에 종류별로 나누어 보관하여야 사용하기에 편리하다.

| 2 | 분화 재고관리

① 재고관리는 재고관리표를 만들어 관리하는 것이 좋다.

② 재고관리표는 보유하고 있는 재료나 물품의 종류와 수량을 파악하여 관리하기 위한 서식이다.

③ 재고관리표를 이용하여 재료의 남은 수량을 파악하고 관리하면 재고가 부족하거나 초과되는 양을 조절할 수 있으므로 경제적이다.

〈재고관리표의 예〉

재고관리표										
	번호	입고일자	품명	단위	색상	입고	출고	재고	상태	조치사항 조치결과	확인
재료											
부재료											

| 3 | 분화 폐기물관리

① 폐기되는 재료는 생활쓰레기 또는 산업폐기물로 구분하여 처리한다.
② 재사용이 가능한 재료는 건조한 곳에 보관한다.
③ 생활쓰레기 중 재활용이 가능한 쓰레기는 분리수거하여야 한다.

| 4 | 작업공간 정리 ✿

① 작업공간 정리
　㉠ 작업공간은 깨끗하게 청소하고 습기나 불순물이 없도록 닦아서 건조시켜야 한다.
　㉡ 사용한 각종 도구들은 흙과 수분을 깨끗하게 제거한 후에 별도의 장소에 보관한다.
　㉢ 작업자의 건강을 고려하여 환기를 자주 하는 것이 좋다.
　㉣ 식물과 흙, 물을 다루는 작업공간의 특수성을 고려할 때 습기가 많으면 곰팡이가 생길 위험이 많으므로 습기 제거에 신경을 쓴다.
　㉤ 글루건 등 열을 가하는 기구는 충분히 온도가 내려간 후에 정리한다.

② 작업공간 안전수칙(안전보건공단 표준작업안전수칙기준)
　㉠ 작업은 질서 있게 하는 습관을 가져야 한다.
　㉡ 바닥에 위험 물질을 방치하지 않도록 한다.
　㉢ 공구 등 기타 물품을 자기 무릎 높이 이상의 위에서 던지지 않도록 한다.
　㉣ 상부에서 작업 시 그 밑으로는 통행을 금지하고 공구 등 기타 물건을 떨어뜨리지 않도록 주의한다.
　㉤ 자신의 소속 부서를 함부로 이탈하지 말아야 한다.
　㉥ 작업 중 자신의 숙련도를 믿고 방심해선 안 된다.
　㉦ 모든 안전수칙과 표지를 준수해야 한다.
　㉧ 작업 중에는 작업에만 전념해야 한다.
　㉨ 공동 작업은 서로 긴밀하게 협조하며 진행해야 한다.
　㉩ 무리한 작업은 선임자에게 보고하고 적절한 조치를 취한 후에 작업을 해야 한다.
　㉪ 교대 시에는 작업에 대한 내용을 확실하게 인수인계하여야 한다.

01

◎ △ ✕ | ◎ △ ✕

분식물장식 중 공중걸이와 벽걸이장식에 관한 설명으로 알맞지 않은 것은?

① 좁은 공간을 실용적으로 활용할 수 있다.
② 덩굴성 식물을 식재하여 매달아 장식하는 것이다.
③ 관수가 불편하므로 건조에 강한 식물을 식재하는 것이 좋다.
④ 이끼로 동물 모양을 만들고 그곳에 식물을 식재하는 것이다.

02

◎ △ ✕ | ◎ △ ✕

디시가든에 관한 설명으로 알맞지 않은 것은?

① 접시와 같이 얕은 용기에 정원의 형태를 연출한다.
② 사용되는 토양은 악취가 없고 식재에 적합한 토양을 사용한다.
③ 키가 크고 생육 속도가 빠른 식물을 식재한다.
④ 광, 온도, 수분 요구도가 비슷한 식물을 모아서 식재한다.

03

◎ △ ✕ | ◎ △ ✕

분식물장식에서 여러 식물을 모아 식재할 경우 주의할 사항으로 알맞지 않은 것은?

① 수분 요구도가 비슷해야 한다.
② 광의 조건이 비슷해야 한다.
③ 생육 온도가 비슷해야 한다.
④ 식재하는 식물의 키가 비슷해야 한다.

04

◎ △ ✕ | ◎ △ ✕

카틀레아, 석곡, 풍란, 반다 등 난과 식물과 파인애플과 식물을 이용하여 제작하는 장식법으로 알맞은 것은?

① 착생 식물 장식
② 테라리움
③ 수경 재배
④ 공중걸이

해설

01 이끼로 모양을 만들어 덩굴성 식물을 심는 것은 토피어리에 관한 설명이다.

02 디시가든은 용기의 높이가 낮으므로 식물의 키가 작고 생육 속도가 느린 식물을 식재하는 것이 좋다.

03 여러 가지 식물을 식재하는 경우 관상을 위해서 식물의 키가 비슷한 것보다 키가 다르게 식재하는 것이 좋다.

04 난과 식물과 파인애플과 식물은 착생 식물 장식의 재료로 적당하다.

정답 **01** ④ **02** ③ **03** ④ **04** ①

05

◯△☓ | ◯△☓

수경 재배에 관한 설명으로 알맞지 않은 것은?

① 특별한 토양이나 배지 없이 공중에 매달 수 있고 열대의 느낌을 내기에 좋다

② 흙을 사용하지 않고 물속에서 재배하는 방법을 말한다.

③ 투명한 용기를 사용하면 뿌리의 생육 과정을 육안으로 관찰할 수 있다.

④ 물속에 숯을 넣어주면 유해물질을 흡수해 물이 잘 썩지 않는다.

06

◯△☓ | ◯△☓

분화장식물의 제작 방법 중 용기에 관한 설명으로 알맞지 않은 것은?

① 식물이 잘 자라는 데 기능적으로 적당해야 한다.

② 식물의 형태와 장식공간을 동시에 충족해야 한다.

③ 가격이 저렴하며 파손되지 않도록 강해야 한다.

④ 분화장식물로 사용할 경우 반드시 배수구가 있어야 한다.

07

◯△☓ | ◯△☓

분식물을 제작할 때 사용하는 토양으로 알맞지 않은 것은?

① 유기물 함량이 많아야 한다.

② 통기성과 보수성이 많아야 한다.

③ 배수가 잘 되어야 한다.

④ 품질은 균일해야 하며, 잡초의 씨앗이 함유되어야 한다.

08

◯△☓ | ◯△☓

다음 중 생육 온도별 생육 차이에서 생육에 가장 적합한 온도로 알맞은 것은?

① 최고 온도

② 최적 온도

③ 최저 온도

④ 한계 온도

해설

05 특별한 토양이나 배지 없이 공중에 매달 수 있고 열대의 느낌을 연출하기 좋은 것은 착생 식물장식이다.

06 분화류의 용기 중에서 배수구가 없는 용기도 많다.

07 분식물 제작 시 쓰이는 토양에는 잡초의 씨앗이나 다른 종자가 섞여 있으면 안 된다.

08 최적 온도에서 키우는 것이 생육에 가장 적합하고 생육 품질에 좋다.

정답 05 ① 06 ④ 07 ④ 08 ②

09

○△X｜○△X

점적 관수에 대한 설명으로 알맞지 않은 것은?

① 튜브의 끝에서 물방울이 떨어지거나 천천히 흐르게 하여 원하는 부위에만 관수하는 방법이다.
② 표면 토양의 유실이 없고 소량의 물로 넓은 면적을 효과적으로 균일하게 관수할 수 있다.
③ 비료 성분을 혼합하여 시비를 겸할 수 있다.
④ 표토가 굳어지지 않고 유수량이 적어 높은 수압을 요구한다는 장점이 있다.

10

○△X｜○△X

다음 설명에 해당하는 토양의 이름으로 알맞은 것은?

> 진주암을 760~1,200℃로 고열처리하여 원광석의 10배 이상 부푼 회색의 알맹이를 말한다. 통기성과 배수성이 우수하다.

① 펄라이트
② 질석
③ 마사토
④ 난석

11

○△X｜○△X

테라리움의 관리 방법으로 알맞지 않은 것은?

① 식물 배식 직후 음지에서 관리한다.
② 재배 온도는 20℃ 내외에서 관리한다.
③ 액비를 낮은 농도로 희석해서 시비한다.
④ 밀폐형은 물이 순환하므로 관수하지 않아도 된다.

12

○△X｜○△X

수생 식물 중 침수 식물에 대한 설명으로 알맞은 것은?

① 줄기 밑 부분이 수면 아래에 있는 식물이다.
② 뿌리는 물 밑바닥에 고착하고, 식물체 전부가 수면 아래에 잠겨 있는 식물이다.
③ 뿌리는 물 밑바닥에 고착하고, 잎은 수면에 떠 있는 식물이다.
④ 잎과 줄기가 수면 아래에 있으면서 뿌리가 없거나 아주 빈약한 식물이다.

해설

09 점적 관수는 유수량이 적어 높은 수압을 요구하지 않는다.
11 밀폐형은 물이 순환하므로 식물의 상태를 확인해 가며 관수해야 한다.

12 ①은 정수 식물, ③은 부엽 식물, ④는 부유 식물에 대한 설명이다.

13

◯△✕ | ◯△✕

분식용과 절화용으로 인기가 높은 난과 식물로 알맞은 것은?

① 아이비
② 스킨답서스
③ 심비디움
④ 테이블야자

15

◯△✕ | ◯△✕

질석을 1,100℃ 정도의 고온에서 수증기를 가하여 팽창시킨 인공토양으로 알맞은 것은?

① 펄라이트
② 바크
③ 버미큘라이트
④ 마사토

16

◯△✕ | ◯△✕

작업장의 안전수칙으로 알맞지 않은 것은?

① 작업은 질서와는 상관없이 자신의 의지대로 편하게 하면 된다.
② 바닥에 위험 물질을 방치하지 않아야 한다.
③ 공구 등의 물품을 자기 무릎 높이 이상에서 던지지 말아야 한다.
④ 상부에서 작업 시 그 밑으로 통행하는 것을 금하고 물건을 떨어뜨리지 않도록 주의해야 한다.

14

◯△✕ | ◯△✕

허브의 종류로 알맞지 않은 것은?

① 칼랑코에
② 바질
③ 애플민트
④ 장미허브

해설

13 ① · ② · ④는 관엽 식물이다.

14 칼랑코에는 다육 식물이다.

16 작업장에서는 질서를 유지해야 한다.

정답 13 ③ 14 ① 15 ③ 16 ①

17

⬡▲✕ | ⬡▲✕

작업공간 정리로 알맞지 않은 것은?

① 작업공간을 깨끗하게 청소하고 습기나 불순물이 없도록 닦아서 건조해야 한다.
② 사용한 각종 도구들은 흙과 수분을 제거하지 않고 별도의 장소에 보관한다.
③ 작업공간은 작업자의 건강을 고려하여 환기를 자주 해 준다.
④ 식물과 흙, 물을 다루는 작업공간의 특수성을 고려할 때 습기가 많으면 곰팡이가 생길 위험이 많으므로 습기 제거에 신경을 쓴다.

18

⬡▲✕ | ⬡▲✕

분화 작업 시 물뿌리개의 사용 용도로 알맞은 것은?

① 토양 재료를 비율에 맞게 넣어 혼합하는 기기로 수동식과 자동식이 있다.
② 주로 작업장의 온도와 습도를 측정할 때 사용한다.
③ 용기에 물을 채우거나 식물을 심은 후 토양에 물을 줄 때 사용한다.
④ 토양의 pH(수소이온농도)를 측정하는 것이다.

19

⬡▲✕ | ⬡▲✕

생물 분류 단계 중 가장 큰 단위로 알맞은 것은?

① 종
② 속
③ 과
④ 계

20

⬡▲✕ | ⬡▲✕

대기 중 공기 물질의 비율로 알맞지 않은 것은?

① 산소 48%
② 질소 78%
③ 아르곤 0.9%
④ 이산화탄소 0.37%

해설

17 사용한 각종 도구들은 흙과 수분을 깨끗하게 제거한 후에 별도의 장소에 보관한다.

18 ①은 토양 혼합기, ②는 온도계, ④는 토양 산도 측정기에 대한 설명이다.

19 생물은 먼저 동물계와 식물계의 2군으로 나뉘며, 그 아래로 문(門), 강(綱), 목(目), 과(科), 속(屬), 종(種)의 순으로 체계가 이어진다. 따라서 생물 분류의 가장 큰 단위는 계(界)이다.

20 공기 중 산소의 비율은 약 21%이다.

정답 17 ② 18 ③ 19 ④ 20 ①

화훼디자인

CHAPTER 1

화훼장식 디자인지도

이 단원은 이렇게!

화훼장식 디자인지도는 동양형 화훼장식, 서양형 화훼장식, 종교별 화훼장식, 결혼유형별 화훼장식, 장례유형별 화훼장식, 행사별 화훼장식으로 나누어 공부하면 좋아요. 특히 **유형별 특징과 작품 평가,** **역사**에 대하여 알아 두어야 해요. 중요한 내용에는 ☆ 표시를 하였으니 참고하세요.

출제 경향 마스터 ✸

▶ 동양꽃꽂이의 특징은 무엇인가?

▶ 한국, 일본, 중국의 시대별 화훼장식의 특징은 무엇인가?

★ 알아 두면 좋아요 ★

▶ 한국형 화훼장식 기본화형: 한국 꽃꽂이 전통 기법으로서 1주지의 위치와 각도에 따라 직립형, 경사형, 하수형으로 구분하며 이들을 응용한 분리형과 복형이 있다.

▶ 한국형 화훼장식 응용화형: 직립형, 경사형, 하수형에 따라 응용 1, 응용 2, 응용 3으로 나눈다.

▶ 한국형 화훼장식 자유화형: 작가의 창의력과 예술성에 따라 자유롭게 표현하는 것이다. 기본화형을 학습한 후에 그것을 바탕으로 시대의 흐름에 맞추어 작가 자신만의 표현 방식으로 다양하게 표현하는 것이 중요하다.

🌸 TIP

수반(水盤): 꽃을 꽂거나 수석 따위를 올려놓는 데 쓰는 그릇으로 바닥이 편평하고 높이가 낮다. 고대부터 애용되었으며 대리석 · 화강암 등의 석제(石製)나 청동제 · 철제 등으로 만들었다. 원형 · 사각형 · 삼각형 등의 형태가 있다.

01 동양형 화훼장식 지도

| 1 | 동양형 화훼장식 디자인

① 한국형 화훼장식 디자인 기법

기본화형	응용화형	자유화형
• 직립형(바로 세우는 형) • 경사형(기울이는 형) • 하수형(드리우는 형) • 분리형(나누어 꽂기) • 복형(거듭 꽂기)	• 직립응용형 • 경사응용형 • 하수응용형	• 직립자유형 • 경사자유형 • 하수자유형 • 기타 트렌드에 맞는 자유형

② 기본화형: 기본화형은 한국 꽃꽂이 전통 기법으로서 1주지의 위치와 각도에 따라 직립형, 경사형, 하수형으로 구분하며 이들을 응용한 분리형과 복형이 있다.

직립형 기본화형	• 수반 꽃꽂이의 대표적인 화형으로 모든 화형의 기본이 된다. • 직립형이란 1주지를 수직선으로부터 좌, 우, 앞, 뒤로 각각 0°~15° 정도만 기울여 꽂는 것이다. 바로 세우는 형이라고도 한다. 1주지의 위치가 정해지면 2주지와 3주지는 1주지의 위치에 따라 다양하게 움직인다. 2주지와 3주지는 작품의 부피를 구성하며 선의 특징에 따라 각도가 달라질 수도 있다. • 주지가 완성되면 열린 부등변 삼각형의 형태가 된다. • 안정감과 긴장감을 동시에 주며 무게감이 있고 정적인 미가 있다.
경사형 기본화형	• 직립형에서 변화한 방식이다. • 경사형이란 1주지를 수직선으로부터 45°~60° 정도로 기울여 꽂는 것이다. 기본형에서 1주지와 2주지의 위치를 바꾸어 선의 아름다움을 나타내며, 기본형과 마찬가지로 1주지의 위치가 정해지면 2주지와 3주지는 1주지의 위치에 따라 변경된다. • 주지가 완성되면 열린 부등변 삼각형의 형태가 된다. • 운동감과 율동감을 느낄 수 있다.

하수형 기본화형	• 덩굴류나 흘러내리는 나뭇가지의 모습에서 착안한 화형이다. • 주지를 수직선으로부터 90°~180°로 늘어뜨리는 방식, 즉 수평 아래로 내리는 방식이다. 흘러내리는 형이라고도 한다. • 선의 유연함과 부드러움이 강조되어 곡선의 아름다움이 돋보이는 형으로 낮은 수반보다 높은 화기(comfort)에 더 어울린다.
분리형 기본화형	• 모든 화형을 다 응용하여 꽂을 수 있는 화형이다. • 한 개의 수반 안에 두 개 이상의 침봉을 놓고 주지를 분리하여 각 침봉에 꽂는 방식이다. 나누어 꽂기라고도 한다. 침봉의 위치는 작품의 크기와 소재의 양에 따라 공간을 두고 균형감 있게 구성한다. • 공간미를 살리면서 변화를 줄 수 있다.
복형 기본화형	• 두 개의 분리된 작품을 하나로 합쳐서 완성하는 것이다. • 화기를 두 개 이상 사용하여 독립된 두 개 이상의 화형을 꽂는 방식이다. 복합형 혹은 거듭 꽂기라고도 한다. • 합쳐지는 작품 하나하나가 독립적으로 완성미를 나타낼 수 있어야 한다.

③ **응용화형**: 응용형은 직립형, 경사형, 하수형에 따라 응용 1, 응용 2, 응용 3으로 나뉜다.

직립형 응용화형	• '직립형 기본화형'에서 1주지는 그대로 표현하면서 2주지와 3주지의 위치와 각도를 바꾸어서 표현한다. • 주지의 선이 돋보이는 화형이다.
경사형 응용화형	• '경사형 기본형'에서 2주지와 3주지의 각도와 위치에 변화를 주어 자유롭게 표현한다. • 1주지 선의 아름다움이 돋보이는 화형이다.
하수형 응용화형	• '하수형 기본형'에서 2주지와 3주지의 위치와 각도를 바꾸어서 표현한다. • 작가의 의도와 감각에 따라 기본화형의 각도 범위에서 주지를 변형하기도 한다.

④ **자유화형**: 작가의 창의력과 예술성에 따라 자유롭게 표현하는 것이다. 중요한 것은 기본화형을 학습한 후에 그것을 바탕으로 시대의 흐름에 맞추어 작가 자신만의 표현 방식으로 다양하게 표현하는 것이다.

직립형 자유화형	• 직립적인 조형으로 미적인 부분을 강조하는 화형이다. • 재료의 특징을 잘 살려서 작가가 원하는 것을 표현해 낸다.
경사형 자유화형	• 경사형 제작에 어울리는 재료를 작가가 재해석, 재구성하여 표현하는 것이다. • 부드러운 선을 멋스럽게 표현하는 것도 좋은 표현이다.
하수형 자유화형	• 기본형에서 벗어나 작가가 의도한 대로 표현이 가능하다. • 흘러내리는 선을 이용하기 때문에 행잉장식이나 벽장식에도 이용할 수 있다.
트렌드에 따른 자유화형	• 세계적인 꽃의 변화 속에서 한국의 전통과 문화를 살리고 한국의 미를 살릴 수 있는 화훼장식 디자인을 표현한다. • 공간장식으로서 상품성과 함께 생활공간에 어울리는 작품을 디자인한다. • 한국 꽃꽂이의 특징을 잘 살릴 수 있는 화기와 오브제(objet)를 개발하여 공간장식으로도 가치를 발휘할 수 있는 작품을 창작한다.

꽃 TIP

하수형에 어울리는 소재: 다래 덩굴, 청미래 덩굴, 노박 덩굴, 버들류 등

★ **알아 두면 좋아요** ★

복형 화기의 이용: 바로 세우는 기본형으로 화기 1에 1 · 2주지를, 화기 2에 3주지를 꽂아 전체적으로 하나의 화형으로 표현할 수 있다. 또는 바로 세우는 기본형을 화기 1에, 기울이는 기본형을 화기 2에 꽂아 표현할 수도 있다. 즉, 두 개 이상의 화형을 두 개 이상의 독립된 화기에 꽂는 형태로서 하나하나를 독립적으로 보았을 때 아름다움이 드러나야 하며, 여러 개의 화기를 연결하여 놓았을 때도 하나의 작품처럼 조화로움을 느낄 수 있어야 한다.

★ **알아 두면 좋아요** ★

▶ 행잉(hanging): 상품을 실이나 루프 같은 것으로 매어 늘어뜨리는 것
▶ 행잉 디자인(hanging design): 벽에 걸거나 천장에 매달아 장식할 수 있는 디자인
▶ 행잉 바스켓(hanging basket): 건물의 벽이나 차양에 화초 바구니를 매달아 장식하는 것
▶ 행잉 플랜트(hanging plants): 매달아 장식하는 화분 식물 (아이비, 핑크샤워베고니아, 틸란드시아, 스킨답서스 등)

확인! OX

1. 나누어 꽂기라고 표현하는 것은 분리형이다. (O, ×)

2. 1주지를 90°~180°까지 늘어뜨려 흘러내리는 형은 하수형이다. (O, ×)

3. 수반꽃꽂이의 대표적인 화형으로 모든 화형의 기본은 경사형이다. (O, ×)

정답 1. ○ 2. ○ 3. ×

꽃 TIP

입화(立花): 입화는 병에 꽂는 작품으로 대자연의 모습을 먼 풍경 보듯이 표현한 것이다.

꽃 TIP

입화의 종류
▸ 입화 정풍체(正風體): 현대의 건축 환경에 따라 자연의 음양의 미를 주(主)와 용(用)으로 간소화하여 표현한 것이다.
▸ 입화 신풍체(新風體): 주(主)와 용(用) 또는 주(主)와 용(用)의 곁가지의 복합 구성이다.

② 일본형 화훼장식 디자인 기법
  ㉠ 입화(立花)
   • 삼재미: 우주의 구성요소를 천(天), 지(地), 인(人)으로 분류하여 동양적인 사상을 근간으로 한다. 꽃가지는 3가지로 천지(天枝), 지지(地枝), 인지(人枝)로 설정하며 꽃가지가 향하는 방향과 크기에 변화를 주어 상징적인 의미와 역할을 부여한다. 천지는 하늘이자 양성을 상징하며 긴 꽃가지를 중심에 수직으로 꽂아 표현한다. 지지는 땅의 안정감을 나타내는 음성을 상징하며 짧고 옆으로 뻗게 하여 수평적인 느낌이 들도록 꽂는다. 인지는 천지와 지지가 조화를 이루도록 두 가지 사이에 중간 정도의 길이가 되도록 꽂는다.
   • 주지의 구성: 입화는 하나의 화기에 여러 종류의 꽃을 사용하여 재료가 갖는 특징적인 공감대를 살려 산과 들, 물가 등의 경관의 미를 표현한다. 입화의 주지는 양(陽), 음(陰), 언덕, 산봉우리, 폭포, 골짜기 등 대자연을 하나의 화기 속에 9개의 주지와 15개의 보조 주지로 표현한다.
     – 진(眞): 한 작품의 중심이 되는 가지로 먼 산을 표현하며 진을 먼저 꽂는다.
     – 정진(正眞): 가까운 산의 봉우리를 나타내는 것으로 정면으로 가운데 똑바로 서는 것처럼 꽂으며 좌우의 균형을 잡아 준다.
     – 견월(見越): 원거리의 느낌을 표현하며 깊은 산이 계속되는 곳을 나타낸다. 견월은 음화적 공간에 대담하게 뻗치게 사용하여 입체감을 나타낸다.
     – 부(副): 가까운 산을 표현하는 것으로 진을 보조하는 가지이며 진의 상태에 따라 강, 약을 다르게 사용한다.
     – 수(受): 진을 받쳐 주는 가지로 진이 무거우면 수도 무겁게 표현하며 진이 가벼우면 수도 가볍게 표현한다. 수는 조금 앞에 있는 가까운 산을 나타낸다.
     – 동(胴): 큰 덩어리의 큰 꽃을 화형의 중심에 꽂아 전체적인 안정감을 주며 폭포와 언덕, 골짜기 등을 표현한다.
     – 공(控): 수를 도와주는 역할을 하는 가지로 부의 밑에는 공보다 길게 제작되는 가지는 없으며 평야를 표현한다.
     – 흐름 가지(流): 다른 가지와는 다르게 흐르는 모습으로 부드럽고 온화한 느낌을 주어 화형(花形) 중에서 유동감이 돋보이며 마을을 표현한다.
     – 전치(前置): 마지막에 마무리 하면서 깊이감을 주어 앞쪽 경치의 아름다움을 표현하며 언덕이나 기슭을 표현한다.
     – 화기에 담긴 물: 입화가 한 폭의 산수화를 표현할 때 물은 큰 바다를 표현한다.
  ㉡ 생화(生花)
   • 정풍체(正風體) 생화: 정풍체 생화는 전통 입화를 간소하게 만든 것으로 꽂는 양식이나 수법이 입화에서 나누어진다. 이 디자인은 풀과 나무의 자연적 아름다움을 그대로 표현하여 꽂는 것으로 풀과 나무는 음과 양에 맞도록 선택한다. 풀은 앞쪽에, 나무는 뒤쪽에 배치하며 7:5:3의 비율로 부등변 삼각형이 되도록 하면서 음과 양을 하나로 표현한다. 주지의 크기는 진이 화기의 높이의 2.5배~3.5배가 되도록 제작한다.

– 주지의 구성

진	7이 진이며 사람을 나타낸다.
부	5가 부이며 하늘을 나타낸다.
체	3이 체이며 땅을 나타낸다.

– 화형의 종류

진(眞)화형	정적이고 가늘며 곧은 선으로 조용하고 위엄 있게 꽂으며 화기는 높고 날씬한 화기가 어울린다.
행(行)화형	우아하고 점잖은 움직임이 나타나도록 꽂으며 안정감 있는 화기가 어울린다.
초(草)화형	유동적이며 발랄하고 쾌활한 움직임이 나타나도록 꽂으며 화기는 수반 또는 이종화기, 벽 또는 천정에 매어 다는 화기 등 소재와 잘 어울릴 수 있는 여러 가지의 화기를 사용할 수 있다.

– 생화의 종류

일종생(一種生)	한 가지 재료로만 꽂는다.
이종생(二種生)	두 가지 재료로 꽂는다.
삼종생(三種生)	세 가지 재료로 꽂는다.

– 좌화(左), 우화(右花): 식물은 항상 태양이 비추는 곳을 향하여 자라난다. 그러므로 식물은 양(겉)과 음(속)이 생기게 된다. 좌화는 태양이 오른쪽 뒤편에서 쪼이는 경우이고 우화는 태양이 왼쪽 뒤편에서 쪼이는 경우이다.

• 신풍체(新風體) 생화: 정풍체와는 다르게 본래의 계절과 관계없는 재료 또는 생육 환경이 전혀 다른 재료들을 배합하여 제작한다. 한편으로는 동서양의 꽃을 함께 사용하여 새로운 미를 창조한다. 신풍체의 특징은 형, 색, 양, 질, 힘이 주와 용으로 대응하는 것으로 신풍체의 소재를 배합할 때는 두드러진 대조 효과와 이것을 융합시키는 요소를 찾아내어 제작하는 것이 중요하다.

• 신풍체 생화의 기본
  – 주가 되는 가지의 명칭을 주(主)와 용(用)이라 한다.
  – 음양의 사용법이 중요하다.
  – 가지는 가능한 한 홀수로 한다.
  – 곁가지는 주(主)와 용(用)을 보조한다. 그런데 너무 강한 가지는 주와 용을 죽이는 결과가 되므로 적절하게 사용해야 한다. 좌, 우, 앞, 뒤에 모두 사용할 수 있다.

• 신풍체 생화의 음양 원리

양(陽)	明 (밝음)	直 (바름)	面 (면)	進 (나아감)	動 (움직임)	大 (큼)	高 (높음)	固 (단단함)	廣 (넓음)	强 (강함)
음(陰)	暗 (어두움)	曲 (굽음)	線 (선)	止 (섬)	靜 (조용함)	小 (작음)	低 (낮음)	軟 (연함)	狹 (좁음)	弱 (약함)

• 정풍체 생화와 신풍체 생화의 차이점: 정풍체 생화는 진, 부, 체에서 일반적으로 대, 중, 소의 관계와 주종(主從)의 관계가 있다. 신풍체 생화는 기본 구성에 있어서 주(主)와 용(用)의 관계가 반드시 대(大), 소(小) 또는 주종(主從) 관계를 이루는 것은 아니다.

③ 중국형 화훼장식 디자인 기법

　㉠ 작품에 이용된 소재의 종류
　　• 소나무, 대나무, 매화, 동백, 산차화(山茶花), 수선, 서향(瑞香), 월계(月季), 천측(제라니움), 아스파라거스의 10종을 꽂는다.
　　• 중국에서 10의 숫자는 십전십미(十全十美)라 하여 완전무결해서 나무랄 데가 없다는 사자성어로 행운과 완전한 숫자를 의미하여 꽃의 종류도 10가지를 꽂는다.

　㉡ 작품의 형태
　　• 비대칭 직립 부등변 삼각형의 형태이다.
　　• 엄격한 규칙에 따른 규격화된 형태 없이 주변의 정원문화와 잘 어울리도록 자연스럽고 살아 있는 것처럼 꽂는다.

　㉢ 작품의 색채
　　• 밝고 화려한 꽃을 사용한다.
　　• 적색, 연녹색, 녹색, 흰색, 미색, 분홍색, 황색, 갈색 등 다양한 색을 이용하여 다채롭고 화려한 이미지를 표현하였다.
　　• 적색은 '행운', 흰색은 '슬픔', 녹색은 '젊음', 노란색은 '황제'의 상징으로 사용되었다.

　㉣ 여백의 분포
　　• 중국의 작품 구성은 직립 부등변 삼각형으로 소재를 하단에 많이 배치하여 무게감을 준다.
　　• 위로 올라갈수록 여백을 많이 주어 가운데 있는 가장 긴 가지가 자연스럽게 우뚝 서 있는 형태로 디자인한다.
　　• 여백은 음화적 공간으로 작품의 실체를 표현해 주며, 동양화 구도에 있어서 매우 중요한 공간이다.

　㉤ 선
　　• 자연의 근본을 있는 사실대로 표현하고자 한다.
　　• 인공을 가하지 않은 가장 자연스러운 선으로 나타낸다.

　㉥ 표현 방법
　　• 강함, 약함, 비움, 채움의 원리를 적용하여 곡선의 변화를 많이 준다.
　　• 고저장단의 순서로 꽃장식을 한다.
　　• 중국은 자연에 인위적인 표현을 하지 않는 것이 최고의 경지라고 생각한다.

　㉦ 규모
　　• 크고 높으며 웅장한 형태이다.

　㉧ 균형
　　• 대칭보다 비대칭적인 균형의 미가 발달했다.

　㉨ 화기
　　• 중국화기는 동(銅)으로 만든 병을 사용하며 화기의 형태는 병 입구에 비해 아랫부분이 더 넓은 호(壺)를 사용한다.
　　• 여러 가지 음각과 고리 모양의 부조로 더 섬세하고 화려하게 외곽을 장식한다.

　㉩ 수제
　　• 중국 전통 양식에서 꽃을 꽂을 때는 화병 입구에서 한 묶음으로 묶어 튀어나오는 것처럼 보

이도록 꽂으며 화병 입구에 기대지 않도록 제작하는 것이 특징이다.

- 수제(水際)는 화기 입구에서 줄기가 모여 5cm 또는 7cm 정도 위로 올라간 곳에서 꽃이 퍼지도록 표현하기 위해 필요한 부위이다.

| 2 | 동양형 화훼장식 작품 분석

① 한국형 화훼장식 작품 분석

㉠ 한국형 꽃꽂이는 자연의 모습을 자연스럽게 축소한 작품이다. 음양의 조화, 여백, 선의 아름다움을 표현하며 자연미와 예술미를 동시에 추구한다.

㉡ 꽃꽂이는 전체적으로 삼각 구성을 하고 있다. 기본적으로 작품을 구성하는 것은 3개의 주지로, 그 끝을 연결하면 열린 부등변 삼각형이 되는데 이것은 천(天), 지(地), 인(人)이라는 삼재를 근거로 한 것이다. 천(天), 지(地), 인(人) 사상은 만물이 하늘에서 시작되어 땅으로 내려오고 하늘과 땅 사이에 인간이 존재한다는 사상이다.

㉢ 작품 전체의 외곽 구성은 삼각 구성을 기본으로 하되 사각이나 원의 구성도 있다.

㉣ 시대의 흐름에 따라 '화훼조형예술', '꽃예술', '화훼조형' 등의 용어가 사용되었고, 현재는 화훼장식(flower design)으로 사용되고 있다.

② 일본형 화훼장식 작품 분석

㉠ 일본의 화훼장식 문화는 이케바나로 대표되며 처음 시작은 불전공화로 시작되었다. 동양의 공통적인 천(天), 지(地), 인(人) 원리가 적용되어 있다.

㉡ 일본은 형식미를 표현하는 과정에서 기교에 치우쳐, 부드러움보다는 딱딱한 느낌을 준다.

㉢ 1945년 제2차 세계대전 패전을 계기로 재료를 꽃에 제한하지 않고, 돌, 금속, 유리, 헝겊, 플라스틱 등의 이질적인 재료를 사용하여 근대조형을 시도한 반전통주의가 시작되었다. 1956년 이케바나 인터내셔널이 창립되었으며 1970년 이후부터 꽃꽂이가 대유행하였다.

③ 중국형 화훼장식 작품 분석

㉠ 고대 중국은 불교문화 유입과 더불어 삽화(揷花, 꽃꽂이)가 시작되었다.

㉡ 일반적으로 선택된 가지의 선(線)처리가 한국의 경우보다 무게가 있으며 대범하고 자연스럽다.

㉢ 람화(籃花)의 경우는 색의 조합을 대비와 유사색 조합으로 멋스럽게 표현하였으며 전체적으로 공간이 없이 볼륨 있게 처리하였다.

| 3 | 동양형 화훼장식 작품 평가

① 기술적인 부분의 평가

기준	평가 내용
줄기의 절단 각도	줄기의 절단 각도(초화류는 단면 자르기, 굵은 가지는 사선 자르기)가 적절하게 잘려 있는가?
재료 다듬기와 배치	재료 다듬기가 잘 되어 있는가?
침봉 가리기	침봉은 잘 가려져 있는가?
침봉꽂이 고정법	소재들이 침봉꽂이에 단단하게 잘 꽂혀 있는가?
줄기의 출발점 표현	줄기의 생장점(출발점)의 표현이 중심에 있는가?
물의 맑기	수반에 물이 부어져 있으며, 물이 맑고 부유물이 없는가?

② 조형적인 부분의 평가

기준	평가 내용
조형 형태 구성	조형 형태가 요구사항에 맞게 구성이 잘 되어 있는가?
강조, 초점	강조, 초점이 잘 표현되었는가?
공간, 선	공간과 선이 균형 있게 구성되어 있는가?
리듬	리듬이 잘 표현되어 있는가?
비율과 균형	비율과 균형이 적절히 잡혀 있는가?
작품의 창의력	작품이 창의력 있게 표현되었는가?

| 4 | 동양형 화훼장식의 종류, 정의, 역사 및 특성 등

① 한국형 화훼장식

ㄱ) 한국형 화훼장식의 종류

수반화	• 화훼장식 중 가장 단순한 형이다. • 침봉을 사용하여 화기에 소재를 고정하는 화예의 한 종류이다. 입구가 넓고 수면이 많이 보이는 수반의 경우 가지가 뻗는 방향이나 소재의 상태, 여백(수면)과의 어울림이 중요하다. 각각의 모양에 따라 화기와 물, 소재가 잘 조화되도록 한다. • 수반에 자연의 정경이나 아름다움을 입체적으로 담듯이 꽂는다.
병화	• 병화는 화기의 넓이보다 높이가 강조된 형이다. • 자연스럽게 소재를 화기에 꽂으며 재료의 자연스러움을 표현한다. 화기의 모양과 소재에 따라 세우는 모양도 달라지며, 소재의 길이가 짧을 때는 보조 가지로 보충해 주는 방법도 있다. • 전통적으로 이어온 고정법이 있지만 현대적인 새로운 방법을 이용하기도 하며, 클립, 철사, 플로랄 폼 등으로 고정할 수도 있다.

자유화	• 시대의 변화에 따라 시대가 요구하는 창의력이나 아름다움을 질서 있게 창작한다. 기본기를 제대로 습득하여야 가능하다. • 자유화의 종류 　– 산경화: 자연 경관을 주제로 산의 경치를 화기에 담는 작품이다. 나무, 돌, 열매, 꽃, 덩굴, 이끼 등 산에 있는 소재를 이용하여 음양의 이치에 따른 자연의 미를 표현한다. 현실적인 경치를 표현할 수도 있고 마음속 이미지를 표현할 수도 있다. 　– 풍경화: 음양의 이치에 따라 한국 고유의 풍경을 표현하는 것이다. 초화류를 주로 사용하며 이끼, 잎, 들풀, 들꽃, 물 등, 들에 있는 모든 소재들을 활용할 수 있다. 생동감 있는 자연을 표현하기도 하며 부드럽고 고요한 자연을 표현하기도 한다. 　– 다화: 다화란 차 마시는 공간을 꽃으로 장식하는 것이다. 소재로는 매, 난, 국, 죽을 주로 많이 이용한다. 자연스러운 소박함과 조화로움의 멋을 느낄 수 있도록, 기교를 부리기보다는 계절감을 느낄 수 있는 소재로 표현하는 것이 좋다. 향기가 너무 강하고 화려하거나 시든 꽃은 피해야 한다. 　– 난화: 자연의 생장 법칙과 질서를 관찰하여 화기에 반영하는 것이다. 바람이 부는 방향으로 혹은 교차로 꽃꽂이를 한다.

ⓒ 한국형 화훼장식의 정의
- 한국 고유의 배경 속에 종교적 의식과 생활 양식, 풍속 및 시대의 흐름과 지역적 특성을 바탕으로 하고 있는 꽃꽂이를 말한다.
- 작품의 구성은 시대 흐름에 맞추어 현대에 어울리게 디자인하되, 전통 양식을 기본으로 한국의 전통색, 한국 꽃꽂이의 특징, 음양오행사상 등을 잘 표현해야 한다.
- 일본, 중국과 구별하지 않고 '동양 꽃꽂이'라고 부르다가 우리 고유의 전통 화훼장식을 한국형으로 정립하면서 '한국 꽃꽂이'라고 칭하였다.

ⓒ 한국형 화훼장식의 역사 및 특성: 한국의 화훼장식은 동북아의 고유문화에 뿌리를 둔 토착문화의 하나로서 단군설화, 제천 행사, 무당의 굿에서 볼 수 있듯이 신수사상에서 기원을 찾을 수 있다. 당시 사람들은 신이 나무를 통하여 내려온다고 믿었다. 이에 나무는 신에게 접근하는 방법, 즉 종교적 용도로 사용되었으며 그 외에 감상의 대상으로도 여겨졌다. 또한 불교의 전래와 함께 불전공화가 도입되면서 다양한 표현 양식이 나타나기 시작하였다. 한편 화훼장식의 역사는 시기별로 신시 시대(神市時代), 삼국 시대, 고려 시대, 조선 시대, 현대로 나뉜다.
- 삼국 시대의 화훼장식 역사
　– 삼국 시대의 시대적 특징: 삼국 시대에는 조상신, 천신(天神), 산천신(山川神)을 섬기는 다양한 신앙의 형태가 공존하다가 중국으로부터 불교가 유입되면서 불교 의식과 더불어 불전공화(佛殿供花) 형식이 전파되었고 우리나라 고유의 꽃꽂이 양식이 발생하게 되었다. 수반화, 삼존 형식 등을 선적, 양감적, 산화의 표현 양식을 통해 제작하였으며, 일상생활 속에서 꽃꽂이가 장식으로 활용되기 시작했다.
　　ⓐ 고구려 시대의 화훼장식 역사: 고구려 시대의 화훼장식물은 하나의 조형 형식을 가지고 있으며, 종교적 용도 이외에 귀족을 중심으로 일상생활에서도 장식을 목적으로 화훼장식이 성행했다.

쌍영총(雙楹塚) 벽화, 5~6C	• 쌍영총 고분의 주실 북벽과 동벽에 꽃꽂이 작품이 그려져 있다. • 종교적인 목적과 장식, 감상 목적이 명확히 구분되지 않은 발생 단계의 작품이다. • 주실 북벽 벽화: 피장자(무덤에 묻힌 그 무덤의 주인)의 실내 생활상을 그린 것이다.
안악2호분(安岳二號墳) 동벽비천상(東壁飛天像), 5~6C	• 황해남도 안악군 대추리의 안악2호분 동벽에 있는 벽화이다. • 비천이 들고 있는 연꽃의 선과 그 배치에서 선적 표현 양식을 찾을 수 있다. 매우 우아한 선과 미려한 흐름이 아름다우며, 연꽃 줄기 곡선에서 간결함과 운동감을 느낄 수 있다.
강서대묘(江西大墓)	묘실 벽면에 네 마리의 짐승을 그린 것을 사신도(四神圖)라 하는데 연꽃·풀·나무와 함께 사방위(四方位)를 상징하는 사신(四神)을 힘을 패기 넘치게 표현하였다.

ⓑ 백제 시대의 화훼장식 역사: 백제는 일찍부터 정치나 문화가 매우 발달하여 문물을 교류하는 일환으로 중국으로부터 유교의 경전을 받아들여 가르치고 일본에 학자를 파견하여 이를 다시 전수하였다. 불교 또한 중국에서 백제를 거쳐 일본으로 전파된 것으로 이때에 불전공화(佛殿供花)가 일본에 전수되었으며, 이것이 일본 이케바나의 시초가 되었다고 알려져 있다.

무령왕 금제관식(金製冠飾)	수목을 추상화한 문양을 사용했다.
무령왕비 금제관식(金製冠飾)	연꽃을 좌우대칭으로 화반(花盤)에 꽂은 꽃꽂이 작품을 추상화한 문양이다.
칠지도(七支刀)	절지(折枝)의 입지(立枝) 형태로 꺾은 나뭇가지가 추상화된 형태이다.

ⓒ 신라 시대의 화훼장식 역사: 중국 당나라와 수나라와의 교류로 많은 문화적인 영향을 받았다. 여러 가지 유물 등에서 꽃을 대상으로 하는 그림을 찾아볼 수 있다.

• 통일신라 시대의 화훼장식 역사
 – 통일신라 시대의 시대적 특징: 삼국을 통일한 후 왕권강화를 목적으로 지방행정 조직을 대대적으로 개편하는 과정에서 중앙의 귀족문화가 지방으로 빠르게 확산되었고, 정신적 기반이었던 불교도 더욱 빠르게 발전하였다. 통일신라 시대에는 당나라와 문화적으로 활발하게 교류하면서 삼국으로 나누어져 있던 다양한 문화를 통합하여 독자적이고 정교한 예술 양식을 확립하였다.

수막새기와	항아리 모양의 큰 그릇이 놓여 있고, 거기에 꽃나무 가지가 꽂혀 있다. 그 나뭇가지가 병구에서 하나로 묶여 있고, 그 묶인 줄기는 한 주먹 정도 노출되어 있다. 일본 전통화인 릿까(立花)에 영향을 주었다.
석굴암 십일면관세음 보살 입상(十日面 觀世音菩薩立像)	11면의 얼굴을 가진 관세음보살이 연꽃송이를 삼존 형식으로 꽂은, 목이 긴 보병을 들고 있다. 비대칭인 삼각 구성의 원초적인 모습을 나타내고 있으며, 그 시대의 우아한 정감과 미감을 나타낸다.
신흥사의 돌 조각	신흥사의 법당 기단면석 돌 조각에 사각 구성 형태의 국화공화가 새겨져 있으며, 이 돌 조각은 화재 후에도 남아 대웅전 왼쪽 기단석축 모서리에 앞다리를 세워 앉아 있는 호랑이 조각과 함께 현존한다.

★ 알아 두면 좋아요 ★

▸ 동쪽은 청룡(靑龍), 서쪽은 백호(白虎), 남쪽은 주작(朱雀), 북쪽은 현무(玄武)가 위치한다.
▸ 천장에는 황룡(黃龍)이 위치하나 현재 자료로는 남아 있지 않다.
▸ 굄돌에는 인동, 연꽃 등의 식물과 비천(飛天), 비운(飛雲), 신선(神仙) 등이 그려져 있다.

- 고려 시대의 화훼장식 역사
  - 고려 시대의 시대적 특징: 불교문화의 전성기로 불전공화의 양식이 더 체계화되어 발전하였다. 귀족문화의 영향으로 화려해진 경향이 있으며 꽃의 용도가 다양해져 화병이나 수반에 꽂아 공간을 장식하거나 머리, 모자, 옷 등에 꽂아 장신구로 쓰기도 하였다. 〈고려사〉에 꽃과 관련된 기록이 남아 있다. 또한, 가화(假花)가 발달하여, 생화(生花)가 없는 계절에는 가화를 만들어 장식에 이용하였다.
    - ⓐ 가화(假花): 자연의 꽃은 아름답지만 생명이 짧아 오랫동안 감상하고 즐길 수 있는 인공의 꽃을 만들어서 사용하였다. 다양한 크기와 색상, 많은 종류의 꽃을 만들어 사용할 수 있으며 무속적인 면에서 자연의 생화보다 가화(假花)를 더 신성시하였다. 가화는 무속, 불교 의식, 민간, 궁중 등에서 다양하게 사용되었다.
    - ⓑ 가화의 종류

지화(紙花)	종이에 물을 들여 만드는 가화로 민간의식 혼례 · 회혼례 · 상제례와 불교 의식 · 무교 의식에 널리 사용하였다.
밀화(蜜花)	밀꽃을 한지에 들기름을 먹여 만든 가화로 고려 충렬왕 때 최초로 문헌에 나타났다.
사권화(絲圈花)	비단실을 오색으로 채색하여 꼬아 만든 가화이다.
모시꽃(細苧花)	삼베 또는 모시를 물들여 만든 가화이다.
보옥화(寶玉花)	금, 은, 보석, 옥으로 만든 가화로 삼국 시대 이래 상류 계층에서 금, 은, 보석, 옥으로 만든 장신구를 패용하였다.
얼음꽃(氷花)	얼음을 조각하여 만든 가화로 여기에 사용하는 얼음은 석빙고와 같은 곳에 저장해 두고 가공하여 만들었으며 고려 고종 때 이와 관련한 기록이 남아 있다.

  - 고려 시대의 꽃 담당 관직 ✩✩

관직	내용
압화사, 화주궁관 등	꽃을 간직하는 직책이다.
권화사	꽃을 꽂는 것을 담당하는 직책으로 선화주사로부터 꽃을 받아서 꽃을 꽂는 대상자들에게 차례로 꽂아 준다.
인화담원	꽃을 거두는 직책이다.
선화주사	임금이 하사하는 꽃과 술을 전달하는 역할로 꽃을 권화사에게 전달한다.

  - 고려 시대의 역사자료
    - ⓐ 수덕사 대웅전 벽화: 수덕사 대웅전의 그림은 고려 시대 불전공화의 양식을 보여 주는 좋은 자료이다.

동벽 수화도 (水花圖)	연꽃, 부용꽃, 어송화, 수초 등을 그렸다.
서벽 야화도 (野花圖)	모란, 작약, 맨드라미, 치자, 들국화 등을 그렸다.

    - ⓑ 관경변상도(觀經變相圖): 〈관무량수경〉의 본변상인 16관을 묘사한 고려 시대의 변상도이다. 관경서품변상(觀經序品變相)과 본변상(本變相) 두 가지 내용으로 그려져 있다.

관경서품변상 (觀經序品變相)	경(經)이 설해지는 동기를 그린 것이다.
본변상 (本變相)	부처님께서 보여 주셨다는 극락정토의 16관(觀)이 그려져 있다.

ⓒ 수월관음도(水月觀音圖): 수월관음은 관세음보살의 하나이다. 수월관음도에는 관음을 상징하는 버드나무를 꽂은 정병이 자주 등장한다.

• 조선 시대의 화훼장식 역사
  - 조선 시대의 시대적 특징: 고려 시대의 화려함보다는 간결하며 깨끗한 품격을 즐겼다. 여러 문헌 속에서 꽃과 꽃꽂이의 본질, 꽃꽂이 작품의 구체적 요소에 관한 귀중한 기록들이 출현했다. 꽃꽂이 작품의 다양한 양식이 발달하면서 꽃꽂이의 조형적 특성이 뚜렷해졌으며, 삼존 양식과 함께 절지류를 이용한 일지화, 기명 절지화 등이 다양하게 발달하였다. 꽃의 용도가 다양해져 사람들의 일상생활 속에 깊숙이 자리 잡게 되었다.
  - 조선 시대의 꽃 담당 관직

화장(花匠)	조선 시대 꽃꽂이와 꽃을 전문적으로 담당하는 관직이다.
분화관(分花官)	궁중 의식이 있을 때 꽃을 올리고, 나누고, 꽂고, 관리하는 임시 관직 이다.

  - 조선 시대의 꽃에 관한 전문 서적

〈조선 시대 문헌〉 ✿☆		
책 이름	저자	내용
양화소록	강희안	현존하는 조선 최초의 화훼, 원예 전문 서적
성소부부고	허균	병화사(瓶花史)에 꽃에 관한 설명을 자세히 기술
산림경제	홍만선	나무의 재배법, 화목 가꾸는 법을 자세히 기술
증보산림경제	유중림	홍만선의 〈산림경제〉를 일목요연하게 정리, 증보
오주연문장전산고	이규경	꽃꽂이의 수준과 중국과의 교류를 기술
동국세시기	홍석모	꽃에 관계된 세시풍속을 자세히 기술
임원십육지	서유구	꽃을 여러 등급의 품격으로 나누어 기술

ⓐ 양화소록(養花小錄): 조선 세조 때 문신 강희안(1417~1464)이 엮은 일종의 원예서(園藝書)로서 원명은 청천양화소록(菁川養花小錄)이다. 〈양화소록〉은 〈진산세고(晉山 世稿)〉 권 4에 들어 있다. 진산세고는 조선 전기의 문신 강희맹과 3대에 걸친 인물들의 시문이나 서발 등을 수록한 것이다. 꽃과 나무 16종을 들어 심고, 옮김의 묘법, 습도, 온도, 물 주기 등의 기술을 설명하고 있다. 현존하는, 꽃에 대한 우리나라 최초의 전문 서적이다.

ⓑ 성소부부고(惺所覆瓿藁): 광해군 3년에 저술된 책으로 조선 중기의 문신 허균(1569 ~1618)의 시문집이다. 전체 26권으로 구성되어 있는데 그중에서 부록인 한정록(閑情 錄) 중 17권의 병화사(瓶花史)에는 꽃을 병에 꽂는 방법, 화목을 선택하는 방법, 용기의 선택, 적당한 물의 조건, 꽃의 양 등의 내용이 매우 자세하게 서술되어 있다.

ⓒ 산림경제(山林經濟): 저자는 조선 숙종 때의 실학자인 홍만선(1643~1715)이다. 농업

과 일상생활에 관해 광범위한 내용을 담고 있다. 건축물 짓는 위치, 종자를 심는 시기, 토양조건, 환경 등 다양한 내용이 기술되어 있다. 원예작물이나 나무의 재배법, 화목을 가꾸는 법 등이 매우 상세하게 설명되어 있다.

ⓓ 증보산림경제(增補山林經濟): 저자인 유중림(1705~1771)은 본관이 문화(文化)이고 호는 문성(文城)이며 태의원(太醫院) 의약(醫藥)과 내의를 지냈다. 16권 12책의 필사본으로 1766년(영조 42년)에 완성했다. 홍만선의 〈산림경제〉 16 항목을 23 항목으로 늘리고 첨삭하였으며, 일목요연하게 정리, 증보하여 간행한 농사요결서(農事要訣書)이다.

ⓔ 오주연문장전산고(五洲衍文長箋散稿): 조선 후기의 실학자 이규경(1788~?)이 백과사전 형식으로 엮은 책이다. 문학에서부터 농업에 이르기까지 변증설(辨證說) 형식으로 나열하고 있다. 〈계신잡지(癸辛雜誌)〉, 〈서호지록(西湖志錄)〉, 〈향조필기(香祖筆記)〉, 〈병사(瓶史)〉 등 중국의 꽃에 대한 책들이 소개되어 있으며, 꽃꽂이의 수준과 중국과의 교류(交流) 상황을 잘 나타내고 있다. 꽃을 피우는 법, 장화(藏花), 갈고최발(羯鼓催發), 세포(細浦), 왜초(矮蕉) 등의 변종작출법(變種作出法), 제철 뒤에 꽃을 피게 하거나 핀 꽃을 오래가게 하는 방법 등에 관하여 상세하게 언급하고 있다. 구황 식물로서 감자의 중요성을 언급하고 있다.

ⓕ 동국세시기(東國歲時記): 홍석모는 이 책을 통해 우리나라의 연중 행사 및 풍속을 설명하였다. 정월부터 12월까지 1년 간의 행사, 풍속을 23 항목으로 분류하고, 분명하지 않은 것은 월내(月內)라고 표기했다. 꽃과 관련된 세시풍속에 대한 자료가 많다.

ⓖ 임원십육지(林園十六志): 순조 때의 실학자 서유구(1764~1845)가 지은 것이다. 병품(瓶品)조에서는 꽃꽂이에 사용되는 기명(器皿)을 설명하였으며, 화품(花品)조에서는 꽃을 일품구명(一品九命)에서 구품일명(九品一命)까지 여러 등급의 품격으로 나누어 분류하였다. 절지(折枝)조에서는 가지를 꺾는 방법에 대해 상세히 기술하였으며, 가지의 선택과 정리의 기준으로 조화(調和)와 균제(均齊)의 원리를 제시하였다. 끝으로 삽저(揷貯)조에서는 꽃꽂이의 조형미와 꽃을 꽂는 구체적인 방법을 서술하였다.

– 조선 시대의 궁중의례: 조선 시대에는 다양한 용도의 화훼장식이 궁중의례에 사용되었다. 의식이 개최되는 장소의 의식, 장소에 따라 꽃을 바치거나 의식이 개최되는 장소와 참석하는 사람들의 몸을 장식하는 용도 등으로 사용되었다. 궁중무용 등의 가무 행사에는 침향산, 지당판, 영지 등의 무대 소품들이 사용되기도 하였다.

화준 (花樽)	어좌(御座)의 앞 양쪽으로 두 개를 놓아 좌우를 장식하였다.
준화 (樽花)	장식용으로 사용된 큰 항아리에 온갖 화려한 꽃과 새들로 장식하여 식장의 한가운데 놓았다. 준화의 길이는 9척 5촌으로, 비취(翡翠), 물총새, 나비, 복숭아꽃 등이 장식되었다.
상화 (床花)	상화는 음식의 위를 장식하는 꽃으로 행사의 성격, 계층에 따라 종류 및 수량을 제한해 사용하였으며 연꽃을 중심으로 다양한 계절 꽃들로 장식하였다. 나라에 경사가 있을 때 벌어지는 진연에서 많이 장식하였다.
화관 (花冠)	공인, 악공, 기녀 등이 의식을 위해 모자 형태나 머리장식 형태로 사용하였다. 나라에 경사가 있을 때 벌어지는 진연에서 많이 사용되었으며, 종류에는 악공들이 사용하던 '오관', 처용무를 출 때 쓰던 '사모', 무동이 쓰던 관모인 '부용관' 등이 있다.

– 기타
　ⓐ 서화(書畫): 국가에서 도화원(圖畫院)을 설치하고 체계적인 교육을 통해 훌륭한 화원들을 배출하였다. 특히 초상화의 인물묘사와 세밀한 표현력은 중국이나 일본에 비해 매우 뛰어났다. 중국의 고전적 그림을 이해하고 자기화하여 그린 그림도 있었으나 화조화(花鳥畫), 묵죽(墨竹), 묵매(墨梅), 묵포도(墨葡萄) 등에서 새로운 한국적 특징을 가진 그림들이 나타나기도 했다.
　ⓑ 문인화(文人畫): 전문적인 화가가 아닌 사대부 계층의 사람들이 취미, 혹은 심중을 표현하기 위해 그린 그림이다. 사대부화(士大夫畫)·문인지화(文人之畫)로 불리다가 문인화(文人畫)로 점차 정착되었으며, 인물화·묵죽화·서예 등 주제에 상관없이 다양하게 그렸다.
　ⓒ 민화(民畫): 조선 후기 서민층에 유행하였으며 생활공간의 장식을 위해 그려진 그림이다. 민화는 사대부나 화원과 같은 전문가가 그린 그림이 아니라 무명화가나 서민들이 특별한 관습에 얽매이지 않고 그린 그림이라 천대받기도 하였으나 소박한 형태와 대담한 구성·아름다운 색채 등으로 인하여 오히려 정통회화보다 한국적인 미를 더욱 잘 보여 주기도 한다. 민화는 장식 장소와 용도에 따라 종류를 달리한다.

화조도	꽃과 새를 그린 그림
어해도	물고기, 게 등의 바다 생물이나 물속 모습을 그린 그림
호작도	호랑이와 까치를 그린 그림
십장생도	장수를 뜻하는 해·물·구름·돌·소나무·대나무·학·거북·사슴·불로초를 모아 그린 그림
산수도	자연의 빼어난 경치를 그린 그림
풍속도	농사짓는 모습과 같은 생활의 여러 풍속을 그린 그림
고사도	옛이야기의 내용을 그림으로 나타낸 그림
문자도	글자로 된 그림

　ⓓ 기명절지화(器皿折枝圖): 보배롭고 진귀한 제기(祭器), 식기(食器), 화기(花器) 등의 옛 그릇을 그린 기명도(器皿圖)와 꺾인 꽃, 나뭇가지 등을 그린 절지도(折枝圖)가 합쳐진 그림이다. 절지(折枝)라는 말은 글자 그대로 꺾어진(折) 가지(枝)라는 의미이며, 절지도는 초목화훼의 한 가지를 재미있게 구성하여 그린 그림을 말한다. 서양의 정물화와 비슷하지만 정물화가 사실적 묘사에 집중하는 것에 비해 기명절지화는 형태나 소재를 임의로 변형시켜 그리기도 하므로 더욱 동적인 이미지를 가진다.

• 현대
– 1910~1940년대: 일제강점기에는 일본의 문화 말살 정책으로 문화적 암흑기를 맞아 꽃꽂이 문화가 발전하지 못하고 퇴보하였으며, 학교 교과목으로 일본 화훼 양식인 이케바나가 채택되었다.
– 1950년대: 후반부터 생활이 안정되어감에 따라 여가 선용과 정서 함양을 위해 점차 활성화되기 시작하였으며 한국 전통 화훼 양식 연구가 시작되었다.
– 1960년대: 한국 전통 꽃꽂이를 과거의 것으로 한정 짓지 않고 현대적 감각으로 재창조하여 더욱 발전하게 되었다. 1965년에는 한국 최초로 꽃꽂이 협회가 창립되어 서울에서 외

국과 작품교류전이 시작되었다.

- 1970년대: 미국 웨스턴 스타일(western style)의 서양식 디자인이 유입되어 각종 전시회로 일반 대중에게 알려지기 시작했으며, 다양한 형태의 절화 장식이 이용되었다.

- 1980~1990년대: 경제 발전과 더불어 생활 수준이 향상되어 꽃 소비의 증가와 함께 큰 변화가 왔다. 전통 양식과 미국 서양식 스타일이 혼합되면서 화훼조형예술이 시작되었다. 특히 1988년 서울 올림픽 이후 문화의 개방으로 인해 세계 각국과 교류가 활발히 이루어지고 현대식 유러피안 스타일이 도입되었다.

- 2000년대: 제38회 국제기능올림픽(2005)에서는 동양권 최초로 은상을 수상하고 2005년에는 화훼장식기사 시험제도가 신설되었다. 현대에는 다양한 소재(자연 소재, 인공 소재)를 이용하여 작가의 의도에 따라 형식이나 규칙에 얽매이지 않고 꽃을 꽂고 디자인하는 자유화(free style) 개념의 현대 화훼장식이 유행하고 있다. 한편으로는 자연과 환경을 중요시한 생태화훼디자인(eco floral design)이 새롭게 연구되고 있다. 식물이 가지고 있는 자연미와 인간의 조형미를 조화롭게 하여 인간, 자연, 환경을 서로 연결하여 미적가치나 기능적 창조를 구현하는 꽃 예술의 한 분야로 인간이 자연 환경과 더불어 공존공생하는 것에 의미를 두고 있다.

② 일본형 화훼장식

㉠ 일본형 화훼장식의 종류

- 다찌바나(立花): 직립된 형태로 이케바나 초기의 형태이다. 불교의 삼구족(三具足)의 헌공화 양식으로, 총 3개의 가지가 삼각 구성을 이루도록 고정시켜 직립 형태로 만든다. 기본으로 중심이 되는 가지인 '진(眞)'과 중심 가지를 받쳐 주는 '하초(下草)'로 구성된다.

- 릿카(立花, 立華): 가장 고전적인 꽃꽂이로서, 꽃이나 꽃나무를 그대로 세운다는 뜻으로 '이케노보 센케이'에 의해 양식이 확립되었으며 소나무나 대나무 등 곧게 뻗은 소재를 사용하여 작품을 제작하는데 60cm~3m까지 다양한 높이와 크기로 제작된다. 릿카는 규모가 크고 화려하며 일정한 격식이 있다는 것이 특징이다.

- 나게이레바나(抛入花): 형식보다는 감각으로 꽂는 꽃꽂이 형태로 자유로우면서도 간소하게 표현한 비정형적인 형태이다. 밥그릇이나 일반 그릇을 이용하여 기울이고 옆으로 비스듬히 자유롭게 제작한다.

- 차바나(茶花): 선종(禪宗)의 영향으로 금욕적이고 간소한 미의식이 담긴 양식이며 1~2종의 소재로 산뜻하면서도 엄숙하게 장식하고 에도 시대에 더 간소화되고 성행했다.

- 세이카(生花): 에도 시대 성립된 꽃꽂이 양식의 하나로 릿카의 형식적인 면과 나게이레바나의 단순함과 자연스러움을 표현하였으며 3개의 주지를 이용하여 천(天), 지(地), 인(人)을 형상화하였다.

- 분진바나(文人花): 에도 시대 중기에 유행했던 디자인으로 문인들이 형식에 구애 받지 않고 자유롭게 꽃을 꽂는 것에서 이름이 붙여졌으며 1696년 명나라에서 도입된 원굉도의 저서 〈병사(瓶史)〉의 영향을 많이 받았다. 다양한 식물, 채소, 과일처럼 생활 주변에서 새로운 소재를 이용하여 제작하였다.

꽃 TIP

일본 유파에 따라서 다찌바나와 릿카를 구분하기도 하고 구분하지 않기도 한다. 구분하는 경우 다찌바나(立花), 릿카(立華)로 표현하며 구분하지 않는 경우는 릿카(立花)로 표현한다.

꽃 TIP

▶ 삼구족: 부처님께 바치는 공양품인 향, 꽃, 물, 음식 등을 담는 것을 공양구(供養具)라고 하는데 향합과 향로, 꽃바구니(華籠), 화병(華瓶), 촛대 등이 있다. 특히 기본적인 공양구인 향로, 화병, 촛대를 삼구족이라 한다.

▶ 진(眞): 신령이 나타나 머물수 있는 가지

▶ 하초(下草): 신령에게 계절의 꽃을 바친다는 의미의 가지

꽃 TIP

선종(禪宗): 참선으로 자신의 본성을 구명해서 성불함을 목표로 하는 종파. 중국에서 일본으로 전파되었다.

★ 알아 두면 좋아요 ★

▸ 전통적이며 정형적 양식: 릿카, 세이카

▸ 자연적이며 비정형적 양식: 나게이레, 모리바나

▸ 추상적이며 자유형: 지유바나, 전위화

• 모리바나: 수반 꽃꽂이 형식으로 침봉과 다양한 종류의 지지대를 사용하여 넓고 얕은 용기인 수반의 넓은 표면 위로 잘린 식물들을 배열하였다. 서양꽃과 조화를 추구한 수반화이다.

• 지유바나(자유화): 자유형으로 문인풍이 지니는 자유로운 움직임이 추가되어 있어 다소 그 감각이 다르다. 모더니즘의 정수이다.

• 전위화(前衛花): 서양의 화훼장식이 일본으로 유입되어 전통적인 형식과 화형에서 벗어나 추상적이고 실험적인 형태의 화훼장식이다.

• 화만(華鬘): 화만은 불전공양에 사용되는 일종의 꽃다발로 부처님에게 공양하기 위하여 생화나 가죽, 보석으로 가화를 만들어 불전의 난간에 달아 놓은 장식으로 야요이 시대에 나타났다.

ⓛ 일본형 화훼장식의 정의

• 일본의 이케바나는 기원전 6세기경 백제로부터 불교가 전래되면서 불교의 영향으로 불전공화(供花)가 전래되어 시작되었다. 일본 최초의 이케바나는 승려들에 의해 발전되었으며, 병이나 항아리 또는 접시에 꽃을 담아 바치는 공화의례는 승려의 중요한 일과 중의 하나였다.

• 우리나라 신수(神樹)사상과 마찬가지로 일본에서도 신령이 강림하여 나무에 깃든다는 관념이 있었으며 이를 '요리시로(依代)'라고 한다.

• 서원 건축 영향으로 새로운 공간인 응접실을 장식하면서 불교공화의 성격에서 점차 장식적인 성격이 강해지고 인공적인 기교미가 더해졌다.

ⓒ 일본형 화훼장식의 역사 및 특성: 선과 여백의 미를 추구하고 자연을 강조하는 점은 한국, 중국과 비슷하지만 일본 화훼장식은 인공적인 기교미와 세분화된 양식과 격식의 과정에서 극치의 미를 찾는다. 이케바나는 보통 3개의 나뭇가지가 하나의 하나가타(花形)로 구성되어 하늘과 땅, 사람을 상징하는 '천지인(天地人)'의 '삼재미(三才美)' 원리가 적용되었다. 이는 동양의 공통적인 문화이다. 현대의 이케바나는 미니멀리즘과의 접목으로 줄기와 잎 사이로 최소한의 꽃송이를 배치하는 구성으로 이루어진다.

• 무로마치 시대 이전(~1336년): 백제로부터 6C경 불교가 전래되면서 불전공화가 도입되어 현대 이케바나의 원조가 시작되었다. 헤이안(平安) 시대(794~1185)에는 우리나라 고려와 중국의 송나라로부터 꽃 문화가 수입되어 종교성 꽃꽂이에서 벗어나 꽃의 아름다움을 즐기는 문화가 시작되었으며 삽화(插花)에 '꽃을 꽂는다. 꽃을 수북히 담는다.'라는 표현이 등장한다.

• 무로마치 시대(1338~1573년): 무로마치 시대에는 다찌바나와 나게이레바나가 하나의 양식으로 확립되었다. 이 시기는 국제 교류가 활발하고 외국 물품이 유입되며 서원건축 양식으로 응접실이라는 새로운 공간이 생겨 불전공화의 성격에서 응접실을 꽃으로 꾸미는 장식용으로 바뀌면서 다양한 형태의 화훼장식이 나타났다. 꽃장식을 할 때 삼구족을 사용하였다.

• 아즈치모모야마 시대(1574~1603년): 모모야마 시대라고도 한다. 이 시대는 호화스럽고 화려한 시대로서 사원들 대신에 거대한 성과 저택들이 세워졌다. 실내는 호화로운 큰 벽화가 유행하였으며 따라서 꽃장식 또한 크고 화려하였다. 그렇지만 한편으로는 간결하면서도 검소한 꽃 문화도 생겨났다. 불교의 한 종파인 선종의 영향으로 16C 후반에는 차(茶) 문화가 성행하면서 차바나(茶花)가 생겨났다.

★ 알아 두면 좋아요 ★

꽃 관련 서적

▸ 삽화고실집(810년)
▸ 고금집(905년)
▸ 공화도(1140년)
▸ 삽화도(1309년)

확인! OX

1. 기본적인 공양구는 향로, 화병, 촛대이다. (O , ×)

2. 릿카(立花)는 작고 소박하게 제작한다. (O , ×)

3. 에도 시대는 상류층뿐 아니라 서민들에게도 꽃 문화가 널리 퍼졌다. (O , ×)

4. 모리바나는 수반 꽃꽂이 형식으로 침봉과 다양한 종류의 지지대를 사용하였다. (O , ×)

정답 1. O 2. × 3. O 4. O

- 에도 시대(1603~1867년): 일본 화훼장식의 황금기로 릿카와 세이카 등 다양한 화훼장식 양식이 나타났다. 쇼군(將軍)이 권력을 장악하여 전국을 통일 지배한 시기로 일본의 봉건사회 체제가 확립되었다. 상류층뿐만 아니라 무사계급 그리고 서민들에게까지 꽃 문화가 널리 퍼져 다양한 양식이 생겨나게 되었다.
- 근·현대: 메이지유신(1868년) 이후 신구 문물이 교체되는 시기이며 화훼장식을 좋아했던 무사, 상인 계급이 몰락하게 되면서 일본의 화훼장식이 쇠퇴하였다. 이케바나는 1891년 영국의 죠사이어 콘더에 의해 이케바나가 영어로 외국에 소개되면서 이케바나의 국제화가 시작되었다. 1890년대는 이케바나를 정규 과목으로 채택하여 화훼장식을 통한 신부수업과 덕의 함양을 중요한 덕목으로 삼아 배우게 하였다. 1900년대에는 모리바나가 생겨나고 자유화가 생겨나 세이카(生花)와 같이 법칙에 사로잡히지 않고 자연스럽게 꽃을 감상하는 방향으로 발전했다. 1900년대 후반에는 경제가 풍요로워지고 개인의 취미와 교양이 다양해지면서 화훼장식에 대한 관심이 증가하고 개인작가 활동이 중시되었다. 1970년대에는 서양의 조형 이론을 바탕으로 현대화(現代花)가 유행하였다.

③ 중국형 화훼장식
  ㉠ 중국형 화훼장식의 종류: 중국인들은 꽃과 도구(花器, 화기)를 이용하여 꽃을 기르고 꽃꽂이(揷花, 삽화)를 즐기면서 천인합일(天人合一)이라는 우주 생명의 융합을 중시하였다.
  - 병화(瓶花): 병(瓶)은 평안과 길상을 상징한다. 병화(瓶花)는 대부분 장엄함과 숭고함을 나타내며, 재료가 주는 '선(線)'의 미적 표현에 뛰어나다. 특히, 목본화(木本花)의 선과 자세, 우아함과 자유로운 품격을 표현한다. 병화에는 꽃대가 곧고 길며 작은 꽃이 주로 사용되었다.
  - 반화(盤花): 2000년 전 한대(漢代)에서 기원하였다. 반화의 특징은 넓고 얕은 데에 있으며 수면을 감상할 수도 있고 봄과 여름에는 시원한 청량감을 느낄 수 있다. 도기 그릇을 사용하여 지당(地塘)이나 호수를 나타내며 그 안에 돌이나 나무 등의 장식물을 배치함으로써 대자연을 나타냈다. 육조(六朝) 시대에는 불교와 결합하여, 삽화의 중요한 기물이 되었으며 형태로는 원형과 타원형이 많았다. 반화에는 꽃 자체가 크거나 만개한 꽃이 주로 사용되었다.
  - 항화(缸花): 9C경 당나라 때 시작되어, 명·청 시대에 크게 유행하였다. 항화(缸花)는 병화와 반화의 중간으로 항아리는 키가 작고 옆으로 풍성하여 가운데 부분이 큰 형태이다. 당나라 시대에 옥이나 백자로 만든 수항(水缸)이 있으며 항화에는 작은 꽃들이 모여 있는 꽃송이와 주로 목단이나 국화 등 꽃송이가 큰 꽃들이 적합하다.
  - 완화(碗花): 송(宋)과 명(明) 시대에 유행하였으며 화기의 특징은 입구가 넓고 밑으로 갈수록 좁아진다. '완화(碗花)'는 화려하면서도 단정한 느낌을 주어 일상생활 또는 격식있는 장소, 불상 앞 꽃장식으로 적합하다. 화기는 하나로 제작되기도 하고 분리형으로 2개를 사용하기도 한다. 기본 구조로는 주화(主花)와 부화(副花), 보조용 가지가 있다.
  - 통화(筒花): 북송 시대와 금(金) 나라 시대에 유행하였으며 대나무 통을 사용한다는 특징을 가지고 있다. 화기가 자연 소재로 문인화(文人花)에 가장 잘 어울리며 구조나 배치가 자유롭고 다양한 꽃들과 나뭇가지를 이용할 수 있다.
  - 람화(籃花): 당나라 때 불교에서 꽃을 바치는데 사용했던 바구니 형태의 디자인으로 송나라

🌼 TIP

일본 꽃꽂이의 명칭
▸ 이케바나: 일본 꽃꽂이의 총칭
▸ 공화(供花): 불전에 바치는 꽃
▸ 다찌바나(立花): 이케바나 초기 형태로 직립된 형태
▸ 릿카(立花/立華): 일본형 화훼장식의 대표적인 화형
▸ 나게이레바나(抛入花): 자유로우면서도 간소한 형태
▸ 차바나(茶花): 금욕적이고 간소화, 엄숙하고 산뜻한 장식
▸ 세이카(生花/格花): 생화(生花) 또는 격화(格花)
▸ 분진바나(文人花): 식물·꽃·채소·과일 등을 소재로 사용
▸ 모리바나: 수반꽃꽂이
▸ 지유바나: 현대적인 자유화
▸ 전위화: 실험적이고 추상적

때 가장 유행하였으며 원나라 때에도 이어졌다. 대부분이 부유한 궁정에서 사용되었으며, 벼슬이 높은 관리들이 선호하였다. 지금도 널리 사용하고 있는 이 바구니는 손잡이도 중요한 장식 역할을 한다.

ⓛ 중국형 화훼장식의 정의
- 중국 화훼장식의 역사는 육조(六朝) 시대에 시작되었으며 꽃과 다양한 화기(花器)를 이용하여 꽃을 기르고 꽃꽂이를 즐겨 했으며, 불전공화로도 사용되었다.
- 음양의 원리에 따라 양(남성)은 화려한 색의 굵고 강한 수직적 가지이며, 음(여성)은 부드럽고 수평적이며 휘어지는 덩굴성의 조화를 이룬다.
- 중국 문화 예술은 정교한 표현과 대범성과 자연성을 강조하는데 전통적 중국 화훼장식에서는 정교한 기교보다는 거대하고 대범한 표현을 하였다.

ⓒ 중국형 화훼장식의 역사 및 특성: 중국 문화 예술은 대체로 두 가지 경향이 공존하고 있다. 완벽에 가까운 정교미를 가지면서 무게 있는 존엄성과 대범성을 가지고 있는데 이는 꽃꽂이의 디자인에서도 나타난다. 그러나 꽃꽂이에서는 대체적으로 모든 기교를 넘어 대범성과 자연의 미를 강조한다. 또한, 전통적으로 중국 화훼장식에서는 밝은 색상의 꽃을 선호하는 경향이 있다.
- 육조 시대(229~589년): 생활 속에서 꽃을 가꾸거나 관상하며 꽃을 장식하였다. 이후 반화(盤花)와 함께 병꽂이 형식의 병공(瓶供)이 발전해 불전공화로 사용되었다.
- 수·당대(水·唐代, 581~907년): 중국 역사상 가장 화려했던 왕조로 황실이나 귀족들 사이에서 모란을 실내에 꽂는 것이 유행했다. 이전의 불전공화의 화재(花材)가 연꽃 1종이었다면 이 시대부터는 모란, 국화 등 여러 종으로 바뀌었다.
- 송대(宋代, 960~1279년): 삽화(揷花)가 민간으로 확대되었으며, 일상의 사교생활로 발전되었고 꽃꽂이가 문인들의 사예(四藝) 중 하나로 인식되었다.
  - 문인화(文人畵): 단순하고 깨끗하게 꽂는 것을 원칙으로 한다.
- 원대(元代, 1271~1368년): 화훼장식의 침체기로 송대의 화훼장식이 유지되고 문인화, 자유화, 병화가 이용되었다.
  - 심상화(心象花): 개인의 명상에 중점을 둔 삽화(揷花)이다.
  - 자유화(自由花): 구속에서 벗어나고자 하는 자유와 낭만을 표시했다.
- 명대(明代, 1368~1644년): 중국 화훼장식의 부흥기이며 성숙기이다. 꽃을 꽂는 기술과 예술성이 많이 강조되었으며 S자형 구도의 화형이 성행하였다.
- 청대(淸代, 1236~1912년): 삽화 예술은 쇠퇴기로서 분재로 점차 바뀌어 갔다. 한편, 자연미를 살리는 사경화(寫景花)와 조형미를 추구하는 조형화(造型花)가 등장하였으며, 꽃을 신격화하였다. 청나라 말기에는 일본의 꽃 양식이 유입되었는데, 18C에는 세이카 양식이 유입되고 19C말 20C초에는 모리바나 양식이 유입되어 반화(盤花)가 다시 성행하였다.
  - 사경화(寫景花): 자연을 그대로 표현했다.
  - 조형화(造型花): 조형적인 미를 추구했다.
  - 부생육기(浮生六記): 심복(沈復)의 저서로 작품의 구성법, 꽃의 선택, 기술적인 면 등의 다양한 조형 이론이 상세히 기술되어 있다. 고정 도구인 침봉의 바늘침 제작법을 기록한 것이 특징이다.

우리나라의 문화가 서구화되면서 화훼장식 분야에서도 플로리스트(florist)라는 직업과 함께 서양의 화훼장식이 자리잡았다. 서양형 화훼장식을 제작할 때는 조형 이론을 잘 숙지하여야 좋은 작품을 제작할 수 있다.

| 1 | 서양형 화훼장식 디자인

① 기하학적 기본 형태 이론

  ㉠ 수직형(vertical)
  - 방사형으로 초점을 맞추어 제작하되, 넓이보다는 높이를 강조한 디자인이다.
  - 수직의 느낌을 강조하기 위해서는 화훼의 높이를 화기의 두 배 이상이 되도록 제작하는 것이 좋다.
  - 강하게 상승하는 운동감을 가지고 있다.
  - 좁은 공간을 장식하기에 좋으며, 앞면 위주의 일방화로 제작하는 경우가 많다.

  ㉡ 수평형(horizontal)
  - 높이(수직)보다 넓이(수평)를 강조한 화형이다.
  - 안정적이고 편안한 이미지를 준다.
  - 전통적인 형태에서는 좌우가 대칭이 되게 구성하지만 응용된 형태의 경우 좌우를 비대칭으로 구성하기도 한다.
  - 수직축이 매우 짧아 테이블 센터피스(table center piece)로도 많이 사용된다.

  ㉢ 대칭 삼각형(symmetric triangular)
  - 세 개의 끝점이 정확한 삼각형 모양이다.
  - 기하학적 디자인으로 엄숙하고 안정감을 준다.
  - 대칭 삼각형과 비대칭 삼각형이 있으며, 비대칭 삼각형은 훨씬 자유로운 표현이 가능하다. 비대칭 삼각형은 형태를 구성하는 세 변의 길이와 세 각의 크기가 서로 다른 형태의 구성을 말한다.
  - 응용의 폭이 넓은 형태로 기하학적이면서 긴장감, 방향감을 강조할 수 있다.

  ㉣ 반구형(dome style)
  - 구(球)를 절반으로 나눈 모양으로 강조되는 부분 없이 전체적으로 부드러운 원의 형태를 만들어 준다.
  - 테이블을 장식하는 대표적인 화형 중 하나이다.

  ㉤ L자형(L-style)
  - 알파벳의 L자와 같은 화형으로 좌우 비대칭이다.
  - 수직선에 수평선이 결합된 형태이며 주로 직선의 소재를 사용한다.
  - 비대칭 삼각형과 비슷해질 수 있으므로 디자인에 유의한다. 특히 수직축보다 수평축의 소재를 가볍게 꽂아 주는 것이 좋다.

출제 경향 마스터

▶ 서양형 화훼장식 디자인의 종류는 무엇인가?

▶ 서양형 화훼장식 시대별 역사의 특징은 무엇인가?

확인! OX

1. 수직형은 좁은 공간을 장식할 때 좋다. (O , ×)

2. L자형은 수직보다 수평을 강조한 화형이다. (O , ×)

정답 1. ○ 2. ×

ⓗ 부채형(fan)
- 부채꼴 형태로 부드러우면서 화려한 느낌을 준다.
- 포컬 포인트를 중심으로 좌우 대칭 구성이 많이 사용된다.
- 포인트 부분에는 표정이 큰 폼 플라워를 사용하고 소재의 색상을 이용하여 입체감과 시각적 균형감을 이루도록 꽂아 준다.
- 강단이나 제단장식으로 사용한다.

ⓢ 원추형(cone)
- 밑면이 원형으로 구성된 원뿔 형태로 비잔틴 콘 양식이라고도 한다.
- 꽃, 과일, 열매, 채소 등을 소재로 이용한다.
- 반구형의 중심이 위로 높게 진출된 형태로 사방에서 볼 수 있는 사방화이다.

ⓞ 초승달형(crescent)
- 바로크 시대에 유행했던 초승달의 모양으로 구성된 것이다.
- 대칭형과 비대칭형이 있다.
- 주된 요소는 부드러운 두 곡선의 움직임을 보여 주는 것으로 선의 끝 부분은 점점 좁아지면서 부드럽고 세련된 모습을 보여 준다.

② 기하학적 응용 형태 이론
ⓐ 피라미드형(pyramid)
- 정사각형으로 된 밑면과 네 개의 삼각형으로 된 옆면이 입체적인 모양을 이루도록 구성한 형태이다.
- 공간 연출은 물론 크리스마스 트리 형태로도 이용할 수 있다.

ⓑ 역T자형(inverted−T)
- 알파벳 T를 거꾸로 세워 놓은 듯한 형태이다. 혹은 알파벳 'L' 두 개가 좌우로 겹쳐진 것처럼 보이기도 한다.
- 대칭과 비대칭 모두 가능하며 수직과 수평이 만나는 곳은 부피를 줄여서 약간의 각이 보이도록 구성해야 날씬하고 예쁜 '역T' 모양을 구성할 수 있다.
- 현대적인 실내공간장식에 적합하다.

ⓒ 사선형(diagonal)
- 사선형은 속도감, 방향감과 리듬감, 운동감이 강한 디자인이다.
- 불안정하고 변화가 많은 모양이므로 역동적이고 긴장감을 줄 수 있다.
- 사선의 상승 또는 하강의 느낌으로 안정감이 낮아지지 않도록 유의한다.

ⓓ S자형(hogarth curve)
- 알파벳의 S자 형태로 구성된 것이다.
- 자연스러운 곡선의 소재를 사용하여 율동감을 표현한다.
- 화기는 키가 큰 꽃병, 다리가 긴 콤포트 등을 많이 이용한다.

ⓔ 비대칭삼각형(asymmetrical triangular)
- 좌우대칭의 삼각형에서 벗어나 다양하고 자연스러운 형태를 구성할 수 있다.
- 단, 외곽선은 비대칭 삼각형 모양을 이루어야 한다.

- • 아래로 흐르는 사선의 형태를 표현하기 위해서는 높은 화기를 사용하는 것이 좋다.
  - ⑭ 스프레이 셰이프(spray shape)
    - • 화기나 바구니 위에 꽃다발을 얹어 놓은 것처럼 보이게 형상화한 디자인이다.
    - • 전체적인 윤곽은 타원형으로 옆에서 보는 모습이 특히 아름답다.
    - • 잘라 낸 줄기와 꽃이 함께 자연스럽게 이어지도록 꽂는다.
    - • 초점 뒷부분은 그린으로 가리고 줄기는 리본으로 묶어서, 마치 꽃을 한 다발로 묶은 것처럼 표현한다.

③ 신고전 형태 이론
  - ㉠ 피닉스 디자인(phoenix design)
    - • 방사형의 고전적인 디자인이다. 사막의 불사조가 불속에서 날아오르는 것처럼 만들어진 형태를 말한다.
    - • 아랫부분은 원형으로 빽빽하게 소재를 꽂고 중앙에는 선이 아름다운 라인형 소재들을 배치하여 분수가 솟는 듯한 모습을 표현한다.
    - • 수직적인 소재를 먼저 배치한 후 원형을 구성한다.
  - ㉡ 폭포형 디자인(waterfall design)
    - • 폼의 앞면에 늘어지는 소재를 꽂아 폭포에서 흘러내리는 물줄기를 표현한 것이다. 아스파라거스, 베어그라스, 아이비 등은 이러한 느낌을 형상화하기 좋은 소재이다.
    - • 덩굴, 작은 가지, 작은 꽃, 깃털 등의 다양한 소재들을 겹겹이 얹어 부피감을 만들며, 소재 사이에는 공간을 두어 전체적으로는 투명한 느낌을 준다.
  - ㉢ 밀드플레 디자인(mille de fleur design)
    - • 19C 낭만주의를 대표하는 양식이다.
    - • '밀드플레'는 '수천 송이의 꽃'이라는 의미를 가지고 있으며 다양한 종류와 색의 꽃을 사용하여 풍성한 느낌을 준다.
    - • 빽빽한 형태의 비더마이어와는 달리 꽃들 사이의 공간과 높낮이를 고려하여 디자인한다.
  - ㉣ 비더마이어 디자인(biedermeier design)
    - • 밀드플레 디자인과 비슷한 시기에 생긴 양식이다.
    - • 용기에 플로랄 폼을 넣고 반구형, 피라미드형, 원뿔형 등 원하는 디자인으로 고정한다.
    - • 꽃을 빈 공간 없이 빽빽하게 꽂은 형태로 중심에서 원형이나 나선형으로 돌려 주면서 같은 종류의 꽃을 모아 배열한다.

구분	기하학적 기본 형태	기하학적 응용 형태	신고전형
형태	– 수직형 – 수평형 – 대칭 삼각형 – 반구형　　– 부채형 – L자형　　– 원추형 – 초승달형	– 피라미드형 – 역T자형 – S자형 – 비대칭 삼각형 – 사선형 – 스프레이 셰이프	– 피닉스 디자인 – 폭포형 디자인 – 밀드플레 디자인 – 비더마이어 디자인
특징	고대 이집트부터 발전한 기하학적 형태가 기본이 됨	기하학적 형태를 유지하면서 방사형이나 혼합 배열을 사용하여 대칭 또는 비대칭적 균형을 이룸	전통 스타일을 창의적으로 응용하고 현대적으로 재해석함

〈서양형 화훼장식 디자인〉

④ 서양형 화훼장식 자유화형

　㉠ 뉴 컨벤션 디자인(new convention design)
　　• 식생적 병행 구성의 변형된 형태로 한 작품에서 수직선과 수평선이 강조된 디자인이다. 즉, 선들이 직각을 이루고 있기 때문에 매우 현대적인 이미지를 가지고 있다. 수직선과 수평선이 시각적으로 같은 비율을 가질 필요는 없다.
　　• 반사되는 선은 보통 수직선보다 짧으며 색상이나 종류는 수직선의 소재들과 원칙적으로 같은 것으로 한다.

　㉡ 쉘터드 디자인(sheltered design)
　　• 쉘터링 기법을 사용하여 은둔처럼 포근하게 표현한다.
　　• 소재를 테두리 안에 모을 수 있는 화기를 선택한다.

　㉢ 추상적 디자인(abstract design)
　　• 소재의 특성을 비사실적으로 표현하는 것이다.
　　• 재료를 디자인요소에 적용하고 작가의 감성과 해석을 통하여 시각적으로 표현하며 작품을 창작하는 것이다.

　㉣ 뉴 웨이브 디자인(new wave design)
　　• 새로운 물결이라는 뜻이다
　　• 페인트, 풀, 철사 등 독창적인 재료를 활용하여 작가의 작품을 표현하는 디자인이다.

⑤ 서양형 화훼장식 조형

　㉠ 질서의 종류

대칭(symmetry)	비대칭(asymmetry)
• 주그룹이 물리적으로 중심에 위치한다. • 중심점에 주그룹을 배치하며 양쪽의 무게와 거리가 동일하게 구성한다. • 색, 크기, 질감, 꽃의 양, 모양이 같은 것을 배치하여 균형을 맞춘다. • 중심점을 기준으로 엄격하고 단정하며 명확한 질서를 이루므로 안정적이다.	• 주그룹이 중심점에서 벗어나 있다. • 주그룹, 대항그룹, 보조그룹을 가지고 있다. • 그룹의 크기가 다르고 그룹들 사이에 자유로운 공간을 가지고 있다. • 자유로운 공간과 자유로운 질서를 추구한다.

★ 알아 두면 좋아요 ★

화훼장식 트렌드와 고객 변화에 따른 디자인

▶ 시대의 변화에 따라 화훼장식과 고객의 요구는 변한다.
▶ 현대적 문화와 실용성에 맞추어 창의성을 가미한 디자인이 트렌드와 고객의 요구에 맞는 디자인이다.
▶ 오브제적 디자인, 구조 디자인, 대형 장식물 등이 있다.

꽃 TIP

병행의 종류
▶ 식물 생장 구성(parallel vegetative design): 식물의 생리, 생태적인 면을 고려하여 원래 자연의 모습에 가깝게 디자인한다. 평행 자연적 디자인이라고도 한다.
　– 식물의 가치를 고려하여 높이를 결정하고 자연스러운 선과 방향을 표현하므로 대부분 비대칭(asymmetry)이다.
　– 주그룹, 대항그룹, 보조그룹으로 나누어 배치한다. 상황에 따라 많은 보조그룹을 형성할 수 있다.

ⓒ 구성 형식(서양형 화훼장식 현대화형)

- 장식적(decorative) 구성: 식물 자체가 갖고 있는 자연의 상태와는 관계없이 소재를 인위적으로 재구성하는 방법이다.
  - 대부분 대칭(symmetry) 구성으로 풍성하고 화려하며, 외곽선이 뚜렷하다.
  - 소재의 형태, 색, 질감의 효과를 중요시하며, 대가치보다는 중가치와 소가치를 다양하게 사용한다.
- 식생적(vegetative) 구성: 식물의 생리나 생태적인 면을 고려하여 원래 자연의 모습에 가깝게 디자인하는 방법이다.
  - 식물이 원래 처한 환경, 토양을 고려하며 생장형 이론에 맞게 표현한다.
  - 대부분 비대칭(asymmetry) 구성으로 주그룹, 대항그룹, 보조그룹을 나누어 배치한다.
  - 식물의 가치를 고려하여 높이를 결정하며 자연스러운 선과 방향을 표현한다.
  - 베이스 부분은 이끼, 돌, 낙엽, 나무 등을 이용하고 화기의 입구는 넓은 것을 택하는 것이 표현하기에 좋다.
- 병행(parallel) 구성
  - 소재의 70% 이상이 평행으로 배치되는 디자인이다.
  - 대칭 구성과 비대칭 구성 모두 가능하며, 소재를 꺾거나 휘게 해서 그래픽적으로 표현하기도 한다.
  - 각각의 생장점이 다르므로 정확한 표현이 요구된다.
  - 넓은 평수반이 표현하기에 좋으며, 폼은 화기 밖으로 올라오지 않도록 주의한다.
  - 수직병행(vertical parallel), 수평병행(horizontal parallel), 사선병행(diagonal parallel)으로 제작할 수 있다.
- 선-형(formal-liner) 구성: 선과 형태의 대비를 통해 돋보이게 하는 디자인이다.
  - 소재의 양과 종류가 제한적이며 대부분 비대칭 구성이다.
  - 형태와 선을 명확히 표현한다. 특히 포컬 포인트(주인공이 되는 꽃)는 개성이 강한 소재를 사용한다.
  - 화기의 선택에 있어서는 형태나 질감이 독특한 것을 선택하되 너무 화려한 것은 피한다.
- 구조적(structure) 구성: 장식적인 구성에서 파생된 형태로 소재의 구조나 질감을 강조한 구성이다.
  - 대칭 구성과 비대칭 구성 모두 가능하다.
  - 겹쳐진 소재의 특성이 돋보이게 표현한다. 소재의 질감이나 구조가 돋보이도록 인공적인 소재를 사용하기도 한다.
- 도형적(grafish) 구성: 선이나 형태의 사용으로 전체가 도형화된 디자인으로 자연적인 구성보다 인위적인 구성이 많다.
  - 대칭과 비대칭이 모두 사용되지만 비대칭으로 구성되는 경우가 많다.
  - 선을 겹치거나 인위적으로 꺾어서 그래픽적으로 구성하거나 기하학적인 형태로 구성한다. 즉, 도형적 구성에 있어서는 선의 교차가 반드시 필요하다.
- 오브제(objet) 구성: 식물의 형태를 그대로 사용하지 않고 분리, 변형하여 추상적으로 디자인하는 구성법이다.

- 물, 토양 등 환경적인 면을 고려하며 생장형 이론에 맞게 표현한다. 예를 들어 베이스 부분은 이끼, 돌, 낙엽, 나무 등을 이용하면 자연스러운 디자인이 된다.
- 화기의 입구가 넓은 것이 표현하기에 좋다.

▸ 장식적 구성(parallel decorative design): 식물 자체가 갖고 있는 자연의 상태와는 관계없이 소재를 인위적으로 재구성하는 방법이다. 평행 장식적 디자인이라고도 한다.
  - 뚜렷한 외곽선과 형태를 지닌 대칭 구성(symmetry)이 많다. 작품의 분위기는 풍성하고 화려하다.
  - 소재의 형태, 색, 질감의 효과를 중요시하며, 대가치보다는 중가치와 소가치를 다양하게 사용한다.

▸ 병행 구성(parallel graphic design): 소재 간 대칭과 비대칭의 질서를 유지하면서 뚜렷한 형태와 선을 표현하는 구성이다. 평행 그래픽 디자인이라고도 한다.
  - 소재마다 각각의 생장점이 다르므로 대칭 구성이나 비대칭 구성 모두 가능하지만 그만큼 정확한 표현이 요구된다.

🌸 **TIP**

오브제(objet)는 전시회 작품이나 디스플레이용으로 많이 이용되는 구성 형식이다.

확인! OX

1. 평행 형태는 각각의 생장점이 다르므로 정확한 표현이 요구된다. (O, ×)

2. 장식적 형태는 식물의 생리, 생태적인 면을 고려하여 자연에 가깝게 디자인한다. (O, ×)

정답 1. O 2. ×

– 대부분 무초점으로 사용되며 특정 소재가 중심이 되지 않는다.
– 작품에 사용하는 소재의 표현이 매우 자유롭다. 반드시 자연적인 소재가 강조될 필요는
없으며, 다른 물체가 강조되는 경우도 있다.
• 평면 구성: 이차원적인 구성으로 약간의 공간과 높이가 있다.
– 대부분 무초점으로 사용된다.
– 평면 구성은 평면 디자인으로 분류되지만 기존의 이차원적인 디자인과는 다른 새로운 깊
이감이나 형태, 질감 등을 표현할 수 있다.
– 가장 많이 사용되는 분야는 플로랄 콜라주(floral-collage)이다.
ⓒ 줄기 배열
• 방사선(radial)
– 작품 내의 모든 줄기를 한 개의 초점에서 사방으로 펼치듯 배치하는 것이다. 즉, 모든 줄
기의 끝은 하나의 생장점을 향하고 있다.
– 웨스턴 스타일의 기하학적 구성, 고전 스타일 대부분이 여기에 해당한다.
• 병행선(parallel)
– 작품 내의 소재들이 각자 다른 초점을 가지고 있으며 소재들의 초점은 서로 만나지 않
는다.
– 줄기의 배열이 같은 방향으로 평행을 유지한다. 수직병행, 사선병행, 수평병행, 곡선병행
등이 있다.
• 교차선(cross)
– 작품 내의 줄기가 각자 초점을 가지고 있으며 서로 교차되게 배열한다. 작품을 디자인할
때 교차선 자체가 돋보일 수 있는 디자인으로 구성하기도 한다.
– 수직 교차, 사선 교차, 수평 교차 등이 있다.
• 감는 선(wind)
– 선들이 반복적으로 사용되면서 하나의 큰 운동성이 만들어진다. 교차가 이루어지는 대부
분이 전체적인 흐름이나 운동성을 유지하고 있다. 구조적 디자인의 표현 방법으로 사용되
기도 한다. 감는 선은 초점이 따로 없으며 주로 리스에서 많이 사용된다.
– 휘어 감는 선, 기어 올라가는 선, 얼기설기 엮인 선 등이 있다.
• 줄기 배열이 없는 구성: 줄기를 짧게 꽂거나 꽃이나 열매, 잎을 붙여서 구성하는 것이다. 갈
란드, 파베, 콜라주, 필로잉 등이 해당된다.

⑥ 절화 제작 시 주의사항
㉠ 제작하는 목적(시간, 장소, 상황)을 파악한다.
㉡ 시간, 공간, 행사의 환경에 맞는 용기를 준비하고, 용기의 높이와 크기, 형태, 색
상, 재질에 따라 꽃 소재를 준비한다.
㉢ 꽃의 형태에 따라 선 꽃, 덩어리 꽃, 형태 꽃, 메우는 꽃 등으로 분류하여 용도에
맞게 사용하고, 작품의 크기는 장소, 화기의 크기, 소재의 양을 비율에 맞게 결정
한다.

ⓐ 포컬 포인트는 형태가 가장 아름답고 뚜렷한 꽃을 사용한다.

ⓜ 작품의 외곽선은 화형의 형태와 용기에 맞게 제작한다.

ⓗ 방사선 배열로 제작할 경우 꽃의 줄기는 한 점에서 나오는 것처럼 제작한다.

ⓢ 절엽류, 절지류는 절화 소재와 어울리는 소재로 선택한다.

ⓞ 정면, 측면, 배면, 윗면을 살펴서 균형, 간격, 형태가 어울리도록 제작한다.

ⓩ 플로랄 폼은 보이지 않게 제작해야 하며, 플로랄 폼에 꽃을 때, 마디, 줄기, 잎 등을 정리하여 2~3cm 정도 깊게 꽂는다. 플로랄 폼의 높이는 일반적으로 2~3cm 정도 높게 고정하고 꽃이 아래로 향하게 제작할 경우에는 작품의 크기에 따라 높이를 조정하여 고정하며, 병행형 제작 시에는 플로랄 폼이 화기 위로 올라오지 않도록 고정한다.

ⓩ 모든 소재는 물올림이 가능하도록 하고 흔들리지 않게 고정한다.

ⓚ 소재의 줄기는 물올림을 좋게 하기 위하여 45°로 사선 자르기를 한다.

ⓣ 종교 꽃꽂이나 치료적 꽃꽂이의 경우, 색상, 소재, 형태, 향기 등을 선별해야 한다.

ⓟ 부채형의 경우, 높이를 결정하는 수직 중심축에 꽂힌 중심 꽃을 기준으로 넓이를 나타내는 가로 방향의 양옆의 꽃은 반듯하게 수평으로 꽂는다.

| 2 | 서양형 화훼장식 작품 분석

① **기원:** 신전에 봉헌을 하기 위한 목적으로 시작되었다.

② **변화:** 19C까지 화훼 디자인은 자연의 모습을 사실적으로 표현하였다. 반면 20C의 화훼 디자인은 그 범위를 확장시켜 쇠, 철사, 가죽, 종이, 플라스틱, 유리, 콘크리트, 석고 등 다양한 재료를 사용하는 등의 변화를 맞이했다.

③ **특징**
　ⓐ 서양형 화훼장식 디자인은 많은 양의 소재를 풍성하고 자연스럽게 꽂아 편안한 느낌을 주는 전통적인 스타일과 세련되고 예술적인 표현을 강조하는 현대적인 스타일로 나뉜다.

　ⓛ 일반적으로는 실내장식이 화려하기 때문에 이에 따라 화훼장식도 윤곽이 뚜렷하며 색상과 형태가 강조된 디자인들이 많다.

　ⓒ 나라마다 디자인 양식이 다른 이유는 각 나라의 자연 환경, 실내 환경, 국민성, 국민의 취향 등이 크게 작용하기 때문이다.

▶ 영국: 고풍스런 건축물들과
장식품들에 잘 어울리고 조화
를 이룰 수 있는 명료한 형태
의 대칭형과 주조색에 의한
조화로 구성되는 디자인이 주
를 이룬다.
▶ 독일: 논리적이고, 창조적이
고 현대적인 감각이 특징이며
자연스러움을 강조한다.

| 3 | 서양형 화훼장식 작품 평가

① 평가의 뜻과 의의: 화훼장식에 있어서 평가란 대회 또는 시험 항목에 맞게 작품이 잘 제작되었는가를 따지는 것이다. 기본 원리와 원칙에 따라 작품의 장단점을 논하고 그 작품을 향상시킬 수 있는가에 초점을 맞춘다.

② 평가의 분류: 우리나라의 국가기술자격시험은 절대 평가로 이루어지며 합격점은 60점 이상이다.

구분	절대 평가 (목표·준거 지향 평가)	상대 평가 (규준 지향 평가)
특징	한 집단의 성적을 미리 정의된 수행 기준에 따라 평가하는 방식이다. 구체적 과제나 목표를 고려하여 검사를 제작한다.	한 집단의 득점 평균치를 기준으로 하여 그 집단 내에서 평가 대상자가 차지한 위치로 성적을 평가하는 방법이다.
장점	집단과는 관계없이 개개인의 학습 성취도를 보여줄 수 있다.	집단 속에서 개개인의 능력이 어느 정도인지 알 수 있다.
단점	집단 속에서 각자의 상대적인 능력을 파악할 수는 없다.	구체적인 학습 성취도가 불분명하고 타 집단에서 내린 평가와 모순되는 경우가 발생할 수도 있다.

③ 평가의 방법

　㉠ 독립 채점: 심사위원들이 각각 개별로 채점하는 방식으로 주관적인 항목(색채, 구성, 창의성)에 주로 적용된다.

　㉡ 합의 채점: 항목별 배점 범위 내에서 심사위원 전원의 합의를 통해 채점하는 방식이다. 객관적인 항목(기술)의 채점에 적용된다.

　㉢ 혼합 채점: 합의 채점과 독립 채점을 혼합한 방식이다. 객관적인 항목과 주관적인 항목이 혼합된 화훼장식과 같은 직종의 업무 평가에서 이용한다.

④ 국가기술자격의 평가 방법(화훼장식기능사·기사)

　㉠ 조형적인 면 평가

　　• 절화장식

　　　– 조형의 원리(구성, 통일, 균형, 조화, 비례와 규모, 리듬, 변화, 강조, 반복, 대비)와 요소(선, 형태, 색채, 질감, 공간 등)에 맞추어 작품이 만들어졌는가?

　　　– 질감의 표현이 잘 되었는가?

　　　– 작품 속에 리듬감이 잘 표현되었는가?

　　　– 작품 속에 대비가 잘 이루어졌는가?

　　　– 화기와 작품의 크기 비율이 적당한가?

　　　– 전체적인 작품의 색 표현이 좋은가?

　　　– 창의적인가?

　　　– 시각적으로 균형이 잘 잡혀 안정적인가?

　　　– 마무리 및 주변 정리가 잘 되었는가?

- 꽃다발
  - 시각적으로 균형이 잡혀 안정적인가?
  - 배열, 질감, 리듬, 대비 등을 잘 표현하였는가?
  - 전체적인 작품의 색 표현이 좋은가?
  - 창의적인가?

ⓒ 기술적인 면 평가
- 절화장식
  - 줄기가 절단 각도(45° 범위)에 맞게 절단되었는가?
  - 플로랄 폼의 마무리 처리가 잘 되었는가?
  - 사용한 재료가 잘 고정되었는가?
  - 줄기의 출발점(생장점)이 잘 표현되었는가?
  - 재료 손질과 배치(재료의 가치 표현)가 적절한가?
  - 모든 소재가 흔들림 없이 깊게(최소 3cm 이상) 꽂혀 있는가?
- 꽃다발
  - 묶음점(binding point)을 견고하게 묶었는가?
  - 줄기의 형태가 나선형으로 한 방향을 향하고 있는가?
  - 모든 줄기에 수분 공급이 원활하게 되도록 구성되었는가?
  - 묶음점(binding point) 아래의 줄기가 깨끗한가?
  - 작품의 신선도가 일정 기간 동안 유지될 수 있는가?
  - 주어진 시간 내에 적합한 기술을 사용했는가?

〈화훼장식 작품 조형성 평가 항목 및 배점의 예〉

배점항목	배점	세부항목
A 전체적인 인상	20점	• 지배적인 형태 • 시각적인 균형 • 재료 • 리듬 • 표면 구조 • 독창성, 창조성 • 재료의 대비
B 비례	10점	구성요소 간의 상대적 크기와의 관계
C 움직임	10점	• 선의 대비 • 볼륨, 점유 영역
D 색상의 구성, 배색	20점	• 주조색 • 선택 • 대비의 활용 • 리듬 • 균형, 비례
E 기본 재료의 적절한 작업	10점	• 재료의 존중

F 기능, 기교	80점	• 견고함(전체적인 작업, 낱개의 꽃들) • 물의 요구 • 물의 보유 가능성(유수공간) • 끝마무리, 깨끗함 • 기술적인 난이도, 수준

〈화훼장식 유형별 평가 항목의 예〉

화훼장식	플라워 주얼리	핸드 타이드	절화 장식	신부 장식	식물 심기	자유 주제	surprise
바인딩 포인트가 적절한가?		8		2			
모든 줄기가 스파이럴 또는 패러렐 형태인가?		2					
바인딩 포인트 아래의 이어지는 부분이나 테이프가 보이지 않는가?		1					
줄기를 45°로 잘랐는가?		2				1	1
바인딩 포인트 또는 물속의 줄기가 깊고 견고하게 잡혔는가?		2					
모든 줄기가 폼이나 튜브, 물속에 깊고 견고하게 자리 잡았는가?			8			8	8
폼이나 글루 등이 보이지 않는가?			1			1	1
급수가 가능한가?			1			1	1
재료가 신선한가?			1			1	1
폼이 견고하게 잘 고정되어 있는가?			2			2	2
마무리가 청결한가?			1			1	1
테이프, 접착제 등이 보이지 않는가?	1			1	2		
느슨하지 않고 단단하게 고정되었는가?	2			2			
손잡이의 마무리를 꼼꼼히 하였는가?				2			
제품이 신선하게 유지될 수 있는가?	1			1			
물질적인 균형이 잘 잡혔는가?				2			
급수와 물 빠짐이 원활한가?					2		
식물이 요구하는 환경조건이 마련되었는가?					2		
재료가 단단히 심어져 있으며 느슨하지 않은가?					2		
화기와 잎은 깨끗이 끝손질을 하였는가?					2		
모젤에 부착한 상태가 적절한가?	2						
운반이 가능한가?	2						
마무리가 잘 되었는가?	2						

⑤ 국제기능올림픽 및 국내경기대회
　　㉠ 채점 대상은 구성, 색상, 창의성, 기술 능력 등 4개 항목이다.
　　㉡ 구성 40%, 색상 20%, 창의성 10%, 기술 능력 30%가 기본 비율이지만, 각 작품의
　　　 특성이나 주제에 따라 이 비율은 유동적으로 변할 수 있다.
　　㉢ 구성, 색상, 창의성은 심사위원의 주관적인 평가에 의한 개별 채점 방식을 취하고,
　　　 기술 능력에 대해서는 심사위원의 객관적 평가에 의한 합의 채점 방식을 취한다.

〈국제기능올림픽 및 국내경기대회 화훼장식 부분의 채점기준표의 예(2008년 수정)〉

항목	내용	채점 방식	배점 비율
구성 (composition)	형태(shape), 형식(style), 구조적인 방법, 재료의 존중과 가치, 비율, 시각적 균형, 재료의 우월성에 따른 사용(형태, 질감, 표면 구조, 대비, 움직임, 볼륨, 선, 방향)	주관적 (개별 채점)	40%
색상 (color)	색상의 비율, 색상 이용의 우월성, 색상을 통한 아이디어의 표현, 색상 구성, 톤, 음영(shade), 농담(tint), 색상의 가치, 색상의 배치	주관적 (개별 채점)	20%
창의성 (idea)	독창력(창의성, 신선미, 긴장감), 독특함, 주어진 과제 해석 능력, 선택 소재의 디자인 능력, 아이디어의 시간 내 완성 가능 여부	주관적 (개별 채점)	10%
기술 능력 (technique)	깔끔함, 적합한 기술 내용, 작업의 안정성, 기술적 균형, 물 공급의 가능성, 기술적 난이도	객관적 (합의 채점)	30%
합계			100%

＊단, 배점 비율은 전체의 20% 이내에서 과제의 특성에 따라 변경 가능하다.
＊채점의 배점 기준은 과제 출제 위원이 정한 점수를 우선으로 한다.

| 4 | 서양형 화훼장식의 종류, 정의, 역사 및 특성 등

① 서양형 화훼장식의 종류
　　㉠ 꽃꽂이(flower arrangement)
　　　• 꽃꽂이의 의미: 꽃꽂이는 여러 가지 꽃과 잎 소재, 가지류를 적절히 배합한 후 적합한 용기
　　　　와 도구를 이용하여 아름답게 배열하는 행위를 말한다.
　　　• 서양 꽃꽂이의 의미: '플라워 어레인지먼트(flower arrangement)'라고 부른다. '플라워'는 재
　　　　료를 의미하며 '어레인지먼트'는 배치와 정리의 의미를 내포한다. 즉, 재료들을 조화롭게 배
　　　　치하여 구성한다는 의미이다.
　　　• 서양 꽃꽂이의 목적: 종교적 의미와 더불어 이벤트, 신체장식, 공간장식 등 상업적인 측면에
　　　　서도 많이 발달하였다.
　　　• 서양형 꽃꽂이의 역사: 서양 꽃꽂이는 일반적으로 미국식과 유러피안식으로 분류한다.
　　　　– 미국식(western style): BC 29C 고대 이집트가 발생지이며, 영국을 거쳐 미국에서 발전하
　　　　　였다. 기하학적인 구성에 전체적인 형태(form)와 색채(color)를 중요시하며, 정서 순화의
　　　　　측면 외에 직업적 생활 수단, 소득 증대의 기능을 바탕으로 한 동적이며 장식화된 생활 예

술의 특성을 지니고 있다. 기본 형태, 고전 형태, 자연적 디자인(natural design), 선적 디자인(linear design), 실험적 디자인(experimental design)으로 나뉜다.

– 유러피언식(european style): 독일 중심의 유럽에서 식물의 가치, 운동성, 질감, 색상 등을 표현하기 위한 구성 이론을 중심으로 발전해왔다. 20C 중반 전통적 형태로부터 벗어나고자 하는 화훼장식가들의 생각과 제작 과정을 거쳐 네덜란드, 프랑스, 벨기에 등을 중심으로 북유럽 국가에서 발전하였으며, 디자인면에서 자연적 구성과 인위적 구성으로 나뉘었다. 개별적인 꽃의 개성(구조미, 상징적 질서미, 색채미, 질감 등)과 움직임 등을 구성하는 개념을 중심으로, 고정된 형태를 따르는 것이 아닌 원래 자연의 모습 그대로 구성하는 특성을 지니고 있다.

ⓛ 꽃다발

- 꽃다발의 의미: 꽃을 묶어 다발을 만든 것으로서 용도를 기준으로 감상용, 선물용 등으로 나눌 수 있다. 고대 이집트 시대부터 사용되었으며, 중세 시대에는 상업적으로 보편화된 장식품이 되었다.
- 기본 형태에 따른 분류: 꽃다발은 기본 형태에 따라 원형, 폭포형, 초승달형, 삼각형, 응용형 등으로 나눌 수 있다.
- 조형적 분류

식생적 (vegetaive) 꽃다발	• 식물이 가지고 있는 가치가 충분히 돋보이도록 배치한다. • 식물 고유의 자연 환경, 계절성, 원산지, 운동성 등을 고려하여 생육 환경이 동일하도록 구성한다. • 자연에서 볼 수 있는 비대칭형으로 배열한다.
장식적 (decorative) 꽃다발	• 일반적으로 가장 많이 사용되는 디자인이다. 비율은 3:5:8로 전체 높이가 8이면 묶음점을 기준으로 위가 5, 아래가 3이다. • 사용하는 소재는 크기와 운동성이 다른 것을 택하여 풍성하게 표현하고, 소재들 간에는 높낮이를 주어 깊이감 있게 배치한다. • 단, 빽빽한 형태로 배열하여도 식물들이 필요로 하는 기본적인 공간은 주어야 한다. • 중심에는 꽃의 가치가 크고 직선적인 식물을 배치하고, 가장자리에는 늘어지거나 굽어진 운동성이 있는 식물을 배치하는 것이 좋다. 이때 큰 꽃다발에는 큰 꽃을, 작은 꽃다발에는 작은 꽃을 중심으로 사용하는 것이 좋다. • 배열은 대칭이나 비대칭형 모두 가능하다.
선–형적 (formai–liner) 꽃다발	• 선과 면, 선과 형태, 형태와 형태, 질감과 색의 대조로 강한 긴장감을 유발한다. • 소재는 최소화하여 적은 양으로 디자인하기 때문에 평범한 소재보다는 특수한 형태를 가진 소재가 잘 어울린다. 또한 그 소재들의 가치가 돋보일 수 있도록 작품 내에 음화적인 공간을 충분히 사용하는 것이 좋다. • 대부분 비대칭의 형태로 많이 구성된다.
병행(parallel) 꽃다발	• 수평병행, 사선병행, 수직병행으로 제작할 수 있다. • 바인딩 포인트를 하나 이상 가지고 있다. • 병행 꽃다발의 바인딩 포인트는 소재를 고정하는 기능적인 면 외에 장식적인 효과도 가지고 있다. • 꽃다발을 제작할 때 여러 제약이 따르기 때문에 사용은 적지만 독특한 배열이 돋보인다.

비더마이어 (biedermeier) 꽃다발	• 1845년경 오스트리아 빈을 중심으로 시작되었다. • 공간이나 높낮이가 거의 없이 둥글게 제작한다. • 작은 꽃도 소재로 사용할 수 있지만 자칫 답답해 보일 수도 있다.
구조적 (structure) 꽃다발	• 선이나 면의 질감이나 전체적인 구조를 강조하여 구성한다. • 질감을 강조할 경우에는 질감의 대비가 명확한 것이 좋고, 구조를 강조할 경우에는 식물의 높낮이로 만들어지는 구조도 함께 표현하는 것이 좋다. • 색이 한쪽으로 집중되는 현상, 즉 색의 밸런스가 무너지는 것을 조심해야 한다.

• 기술적 분류

나선형 꽃다발	• 모든 줄기는 한 방향의 나선형으로 움직여야 하며 서로 단단히 묶어서 중심점이 움직이지 않도록 한다. • 반드시 사선 자르기를 하되 끝부분은 물속에 잠길 수 있도록 하고 전체적인 길이는 비슷해야 한다. • 바인딩 포인트의 아래에는 잎이나 가시가 붙어 있으면 안 된다. • 원형, 타원형, 사각형, 원뿔형 등 다양한 형태로 만들 수 있으며 어떤 형태든 좌우 균형이 맞아야 한다.
병행 꽃다발	• 기본적인 조건은 나선형 꽃다발과 같다. • 모든 줄기는 병렬로 나란히 배열하며 심한 교차가 일어나서는 안 된다. • 바인딩 포인트가 2개 이상이 될 수도 있다. 바인딩 포인트는 장식적 역할도 하기 때문에 줄기가 보이는 투명한 화기를 선택하는 것이 좋다.

나선형 꽃다발

병행 꽃다발

• 꽃다발 제작 시 줄기를 처리하는 방법

　– 끈 이용: 끈으로 꽃줄기를 모아 바인딩을 한다.

　– 철사 이용: 줄기를 철사로 대체한 후 선(철사 줄기)을 구부려 디자인한다.

　– 플로랄 폼 이용: 플로랄 폼에 꽃을 꽂아서 꽃다발을 만든다.

• 꽃다발 제작 시 유의할 점

　– 줄기는 나선형, 혹은 병렬형으로 구성되며 나선형의 경우 반드시 한 방향으로 움직여야 한다.

　– 줄기의 끝은 모두 사선으로 잘라야 한다.

　– 바인딩 포인트는 단단하게 묶어야 하며 바인딩 포인트의 아래에는 어떠한 불순물도 있어서는 안 된다.

　– 물리적, 시각적으로 좌우 균형이 잘 맞아야 한다.

- 꽃다발을 디자인할 경우 포장의 역할
  - 기능적 효과: 햇빛, 바람, 온도 등의 물리적인 환경으로부터 꽃을 보호한다.
  - 미적 효과: 식물이 더 아름답고 특별하게 보이도록 한다.
- 선물용 꽃다발 제작 시 유의점 ☆
  - 용도와 요구사항에 맞게 조형 기술과 제작 기술을 적용하여 제작한다.
  - 수분 손실 방지, 상품 보호, 장식적 기능 등을 위한 포장법을 사용한다.
  - 이동 시간, 장소 등을 고려하여 물올림을 충분히 한 신선한 꽃으로 제작한다.
  - 꽃다발은 손으로 잡기 쉽게 제작하여야 하며, 물이 묻어나지 않도록 끝처리에 신경을 써야 한다.

ⓒ 꽃바구니(floral basket) ☆☆
- 꽃바구니의 의미와 기원: 바구니에 꽃을 꽂아 장식, 선물, 증정용으로 이용하는 꽃장식의 형태이다. 시작은 고대부터이며 주로 종교적인 목적으로 사용하였다. 1953년 미국에서 오아시스라는 상품명으로 개발된 플로랄 폼은 물을 흡수시켜 생화를 장식하는 새로운 부자재로 활성화되었다.
- 꽃바구니의 형태와 종류
  - 원형(round) 꽃바구니: 둥근 원의 형태를 가지고 있는 디자인이다. 비더마이어 디자인과 같이 음화적인 공간이 전혀 없는 원형과 음화적인 공간을 많이 가지고 있는 원형의 제작 모두 가능하다.

구분	특징
대칭·비대칭	대칭 구성만 가능하다.
생장점	모든 줄기의 생장점이 동일하여 하나의 초점을 가지고 중심으로 향하는 방사형으로 제작한다.
중심	중심은 바구니의 중앙에 위치한다.
소재의 양	사방형으로 제작하기 때문에 다른 화형에 비하여 많은 양이 사용된다.
소재의 길이	작품의 형태에 따라 소재의 길이는 비슷하게 제작한다.
베이싱 처리	플로랄 폼이 보이지 않게 처리한다.

  - 병행(parallel) 꽃바구니: 대부분의 소재가 평행으로 배치되어야 한다. 병행된 교차도 가능하다.

구분	특징
대칭·비대칭	대칭 구성, 비대칭 구성 모두 가능하다.
생장점	소재마다 각기 다른 여러 개의 생장점을 가진다.
소재의 양	적은 양으로도 효과적으로 나타낸다.
길이	소재의 가치에 따라 길이를 다르게 꽂아 준다.
베이싱처리	베이싱(basing)처리가 간결해야 병행이 더 돋보인다.

- 선물용 꽃바구니 제작 시 유의점 ☆
  - 용도와 요구사항에 맞게 조형 기술과 제작 기술을 적용하여 제작하는 것이 기본이다.
  - 목적에 맞는 바구니에 플로랄 폼을 고정하고 어울리는 소재를 조합해야 한다. 또한 수분 손실 방지, 상품 보호, 장식적 기능 등을 위한 포장법을 사용하도록 한다.
  - 이동 시간, 장소 등을 고려하여 물올림을 충분히 한 신선한 꽃으로 제작해야 한다. 특히 이동 과정 중 바구니 밑으로 물이 새지 않도록 기술적으로 주의를 기울여야 한다.

ㄹ 신부화(bouquet) ☆☆
- 신부 부케의 의미와 기원: 관목을 의미하는 bush에서 온 프랑스어로 꽃이나 향이 있는 풀들의 묶음 또는 다발을 말하며, 넓게는 모든 형태의 꽃다발을 의미한다. 특히, 결혼식 때 신부용으로 쓰이는 것은 브라이덜 부케라 한다.
- 신부 부케의 용도상 종류
  - 브라이덜 부케: 신부가 결혼식 때 드는 부케이다.
  - 고잉 어웨이 부케: 신혼여행을 떠날 때 들고 가는 부케이다.
  - 쇼 부케: 부케 쇼나 피로연 때 드는 부케이다.
  - 브라이즈 메이드 부케: 신부 들러리용 부케이다.
  - 플라워걸즈 부케: 꽃을 뿌리는 소녀용 부케이다.
- 신부 부케의 기술적 분류
  - 와이어링 테크닉: 영국식 테크닉으로 꽃줄기와 꽃받침의 2~3cm 아래에서 잘라 철사처리를 한 후 테이핑한다. 자유로운 형태로 만들 수 있어 장식적이고 인위적인 느낌은 주지만 가볍다는 장점이 있다. 따라서 제작 시 철사가 보이지 않도록 주의해야 하며 신부가 다치거나 드레스가 훼손되지 않도록 마무리를 잘 하여야 한다.
  - 내추럴 스템 테크닉: 자연 줄기를 그대로 묶어서 다발 형태로 만든 부케이다. 줄기의 배치는 직선(병렬), 나선형(스파이럴) 모두 가능하다. 제작 시 주줄기가 너무 굵어 손잡이가 불편하지 않도록 주의해야 한다.
  - 혼합 테크닉: 철사처리한 것과 자연 줄기를 적당히 섞어서 사용한다. 부케의 손잡이는 신부가 편안히 잡은 상태에서 2~3cm가 남을 정도로 제작하고 리본처리를 한다.
  - 플로랄 폼 홀더 테크닉: 물에 적신 부케 홀더에 꽃을 꽂아 수분을 유지하는 방법이다. 제작 방법이 간단하고 짧은 시간에 작업할 수 있지만 신부가 들 때 무거운 것이 단점이다. 제작 시 생화용 접착제를 이용하여 꽃이 빠지지 않게 고정해야 한다.
  - 개더링 부케, 멜리아 부케: 중심에 크로스 메소드로 꽃 한 송이를 놓고 가장자리에 작은 소재들을 겹겹이 붙여 전체가 한 송이의 큰 꽃처럼 보이도록 하는 방법이다. 중심에는 주로 장미(로즈멜리아), 백합(릴리멜리아), 글라디올러스(글라멜리아) 등의 큰 꽃을 사용하며, 가장자리와 뒷면에는 아이비나 갤럭스 잎 등을 배치한 후 리본으로 마무리한다.
- 신부 부케의 형태적 분류
  - 원형(round) 부케: 원형이나 반구형 형태로 구성된다. 중세 이전부터 이어진 전통적인 형태로 콜로니얼, 노즈게이, 터지머지, 포지, 비더마이어, 클러스터 등이 있다.

콜로니얼 (colonial)	식민지(colony)라는 뜻으로 미국의 식민지 시대에 유행했던 라운드 형태의 부케이다. 두 종류, 또는 두 가지 색깔 이상의 작은 꽃을 동그랗게 모아 만든다. 부케의 가장자리에는 레이스를 사용해 둥근 받침을 만들어 준다.
노즈게이 (nosegay)	손에 들고 다니며 향을 맡을 수 있는 작고 둥근 부케이다. 꽃향기가 코를 즐겁게 해 준다고 해서 붙여진 이름으로 향기 나는 꽃을 지니고 다니면 그 향으로 각종 전염병을 예방할 수 있다는 믿음에서 이 부케를 들고 다녔다. 결혼식장에서 신부나 들러리 플라워걸이 들고 있는 부케 정도로 보면 된다.
터지머지 (tuzzy mussy)	향이 강한 꽃을 색과 종류별로 나누어 동심원 모양으로 구성한 부케이다.
포지 (posy)	손에 드는 작은 꽃다발이다. 꽃을 가득 모아 부피감과 둥근 곡선 형태를 강조하고 자연 줄기를 살리는 것이 특징적이다.
비더마이어 (biedermeier)	동심원을 따라 소재를 빽빽하게 꽂아 만드는 것으로 종류나 색이 다른 꽃으로 각 원을 구성하기도 한다. 빅토리안 비더마이어라고도 부른다.
클러스터 (cluster)	큰 꽃은 중앙에 모으고 작은 꽃이나 레이스로 가장자리에 테를 둘러 준 작은 부케이다.

- 폭포형(cascade) 부케: 원형의 본체에 갈란드를 조립하여 만드는 것이다. 원형이 자연스럽게 길어진 형태이다.
- 초승달형(crescent) 부케: 초승달 형태의 부케를 말한다. 부드러운 곡선으로 갈란드를 두 개 만들어 중심 부분에서 자연스럽게 조합한 것으로 비대칭의 형태가 많이 이용된다.
- 삼각형(triangular) 부케: 길이가 다른 세 개의 갈란드를 조립하여 삼각형 형식으로 제작한 부케이다.
- S자형(hogarth) 부케: 다른 길이의 갈란드 두 개를 S자 형태로 연결한 부케이다. 두 갈란드 비율이 1:2나 1:3의 비대칭이 되도록 구성한다.
- 암(arm) 부케: 증정용 꽃다발처럼 팔에 얹어서 들며 프레젠테이션 부케라고도 한다.

• 응용형 부케
- 포멀리니어(formal-linear) 부케: 선과 형을 강조한 특수한 부케로 가치가 높거나 형태가 특수한 소재 등을 이용하여 적은 종류와 적은 양으로 제작한다.
- 식생적(vegetative) 부케: 식물이 자라는 형태나 배열이 자연에 가깝도록 디자인한 것이다. 식물의 환경과 움직임을 고려하여 소재를 사용한다.
- 구조적(structure) 부케: 부케 표면의 질감 대비를 강조하거나 부케의 구조적 형태를 강조한 디자인이다.
- 머프(muff) 부케: 추운 지방에서 손을 보호했던 토시 모양의 디자인으로 구조물을 사용해 머프를 만들고 그 위에 꽃장식을 하거나 코르사주 형태로 만든 꽃을 붙인다.
- 파라솔(parasol) 부케: 파라솔의 형태로 만든 부케로 실내 결혼식보다는 야외 결혼식, 피로연, 가든 파티 등에 잘 어울린다.
- 드롭(drop) 부케: 갈란드로 조립하지 않고 한 송이씩 와이어링하여 그 끝을 손잡이에서 고정하여 완성한다. 움직일 때마다 움직임이 많은, 유동적인 부케이다.

– 리스(wreath) 부케: 잎이나 꽃으로 만든 갈란드를 연결해 리스 형태로 제작한 부케이다. 영원·불멸을 의미하는 리스 부케는 결혼식에서 영원히 변치 않는 사랑을 의미한다.

– 바스켓(basket) 부케: 작은 바구니에 꽃을 꽂는 디자인과 갈란드를 이용하여 부케의 주변에 꽃을 둘러 주어 바구니처럼 보이게 하는 디자인이 있다. 피로연, 약혼식, 화동용으로 많이 사용된다.

– 볼(ball) 부케: 공 모양의 디자인으로 둥근 플로랄 폼을 이용하여 꽃을 꽂아 완성하며, 플라워 볼(flower ball)이라고도 한다. 화동이 들기에 적합한 부케이다.

– 벨(bell) 부케: 웨딩 벨(wedding bell) 모양으로 컬리큐즈(curlicues)하여 만든 벨에 꽃을 어렌지한 것이다. 작은 벨을 몇 개 달고 그곳에 꽃을 배열하거나 백합으로 벨 모양을 만든 신부용 꽃다발이다.

㉤ 코르사주(corsage) ★★

• 코르사주의 의미: 프랑스 발음으로는 '꼬르사주'이며 흔히 부르는 '코사주'는 영어식 발음이다. 어원적으로는 여성의 상반신이나 의복에 장식하는 작은 꽃다발을 말한다.

• 코르사주의 용도별 종류

– 헤어 코르사주(hair corsage): 머리장식용으로 사용하는 코르사주이다.

– 숄더 코르사주(shoulder corsage): 어깨를 중심으로 어깨 앞·뒤에 걸쳐서 장식하는 데 사용한다.

– 웨이스트 코르사주(waist corsage): 허리 부위를 장식하는 데 사용한다. 주로 대형 코르사주가 사용된다.

– 바스트 코르사주(bust corsage): 가슴 부위를 장식하는 데 사용한다.

– 백사이드 코르사주(backside corsage): 등 부위를 장식하는 데 쓰이는 코르사주이다.

– 리스틀릿 코르사주(wristlet corsage): 팔이나 손목을 장식하는 팔찌 모양의 코르사주이다.

– 앵클릿 코르사주(anklet corsage): 발목이나 발목 뒤를 장식하는 데 사용하는 코르사주이다.

– 라펠 코르사주(lapel corsage): 양장이나 저고리의 옷섶을 장식하는 데 사용하는 코르사주이다.

– 부토니에르(boutonnière): 남성용 양복 옷깃의 단추 구멍에 꽂는 작은 꽃다발이다. 신랑의 부토니에르는 형태나 색을 신부 부케에 맞추어 제작한다.

– 에포렛 코르사주(epaulet corsage): 어깨 위에서 겨드랑이까지 장식하는 데 사용한다.

• 코르사주의 형태적 분류

– 포지 코르사주(posy corsage): 자연 줄기를 살린 작은 꽃다발 모양의 코르사주이다.

– 노즈게이 코르사주(nosegay corsage): 향기가 나는 작은 꽃 여러 종류를 모아서 원형으로 구성한 코르사주이다.

– 터지머지 코르사주(tuzzy muzzy corsage): 색이나 종류가 다른 작은 꽃을 종류별로 동심원으로 구성한 코르사주이다.

– 콜로니얼 코르사주(colonial corsage): '콜로니'는 식민지라는 뜻으로 미국의 식민지 시대에 라운드형으로 꽃을 장식한 것에서 기원하였다. 두 종류 또는 두 가지 색깔 이상의 작은 꽃을 동그랗게 모아 만든 것이다.

★ 알아 두면 좋아요 ★

컬리큐즈(curlicues): 철사에 플로럴 테이프를 감고 그 위에 다시 리본을 감아 장식하는 것이다. 리본은 숫자, 이니셜, 잎, 하트, 종 등 여러 가지 모양으로 만들 수 있다.

확인! OX

1. 신부 부케의 제작 시 신부의 체형은 고려하지 않아도 된다. (O, ×)

2. 웨딩 벨(wedding bell) 모양으로 컬리큐즈하여 만든 부케는 벨 부케이다. (O, ×)

3. 헤어 코르사주(hair corsage)는 머리장식용으로 사용하는 코르사주이다. (O, ×)

정답 1. × 2. ○ 3. ○

- 코르사주 제작 방법
  - 사용하는 사람과 행사의 목적에 따라 적합한 소재와 디자인 형태를 선택한다. 또한 코르사주 착용 위치를 파악한 후 옷의 색상과 사용자의 성별에 따라 제작한다.
  - 착용하기 편하게 뒷면은 평면으로 구성하고 앞면과 측면은 입체적으로 구성한다.
  - 철사의 끝맺음은 깔끔하게 처리해야 한다.
  - 물 공급이 원활하지 않으므로 건조에 강한 소재를 선택한다.
  - 부토니에르와 버튼 홀에는 리본을 기본적으로 달지 않는다.
  - 부토니에르의 소재는 신부 부케와 같은 것으로 선택하고 필러 소재로 구성한다. 버튼 홀은 한 송이의 주된 꽃으로만 구성한다.
- 코르사주 제작 시 주의사항
  - 와이어는 깔끔하게 처리하여 보이지 않게 해야 한다.
  - 옷이 상하지 않게 뒤처리를 깔끔하게 한다.
  - 착용하는 부분에 맞는 균형감이 있어야 한다.
  - 결혼식 장식일 경우 신부 부케와 조화로워야 한다.
  - 무게는 최대한 가볍게 만들어야 한다.
ⓑ 보우(bow) ★★
- 보우의 의미 : 보우는 작품을 더욱 돋보이게 하는 용도로 사용하며 부케, 코르사주, 꽃바구니 등에 다양하게 사용한다. 작품을 압도할 정도로 크고 화려한 것은 오히려 바람직하지 않은 경우가 많다.
- 보우의 종류

스파클 보우(sparkle bow)	끝을 비스듬하게 자른 리본을 둥글게 감아 내려와 불꽃처럼 형태를 만든 후 아래에서 고정한다.
로켓 보우(rocket bow)	적당한 길이로 자른 리본을 중심에서부터 양쪽을 안쪽으로 돌돌 말아가면서 로켓 모양을 만든 후 밑에서 고정한다.
롤드 보우(rolled bow)	리본을 적당한 사이즈로 자른 후 말아서 롤의 형태로 만든다.
버슬 보우(bustle bow)	리본으로 둥글게 루프를 만들어 아랫부분을 철사처리한다. 경우에 따라 루프를 여러 개 겹쳐 주는 형태로 제작할 수 있으며 부케의 가장자리에 둘러 주기도 한다.
프렌치 보우(french bow)	루프를 만들고 중심에서 꼬아 가며 만드는 보우로 반복하는 횟수에 따라 크기가 달라진다. 일반적으로 많이 사용되는 보우이다.
스프레이 보우(spray bow)	고리를 만들어 한꺼번에 조립한다.
부케 보우(bouquet bow)	리본을 선택한 후 스트리머(streamer)를 만들어 손에 쥐고 적당한 길이로 고리를 여러 번 만들어 아래로 늘어뜨린다. 원하는 크기만큼 둥근 링의 수나 크기에 변화를 줄 수 있다.

| 스파클 보우 | 로켓 보우 | 롤드 보우 |
| 버슬 보우 | 프렌치 보우 | 스프레이 보우 | 부케 보우 |

Ⓢ 리스(wreath) ⭐⭐

- 리스의 의미와 기원: 리스에서 많이 사용하는 상록수들은 영원한 삶 혹은 인생의 재탄생이 라는 윤회 사상을 포함한다. 이집트에서 화환으로 사용하였으며 우리나라에는 1900년대 초 선교사들에 의해 도입되어 지금까지 다양한 형태로 발전하였다. 장례식이나 크리스마스 장 식, 벽장식, 행잉, 테이블장식 등에 주로 이용된다.
- 리스의 비율: 가장자리의 리스 몸체와 안쪽 빈 공간 사이가 1:1.618:1일 때 가장 자연스 럽다.

  예 총 100cm → 27.8cm:44.4cm:27.8cm

  　　　　　　 1:1.618:1

- 리스의 종류
  - 식생적(vegetative) 리스: 식물 심기의 리스로 본래 식물이 가지고 있는 자연적 가치를 살 린다. 식물생장적 디자인을 중심으로 하며 주·역·부그룹으로 배치하는 것이 좋다. 리스 구조물은 대칭 형태이지만 식물은 비대칭으로 자연스럽게 장식하기도 한다.
  - 장식적(decorative) 리스: 중가지의 식물 소재를 풍성하게 사용하여 리스의 비율에 맞게 윤곽을 맞추어야 한다. 대칭 구조로 배열하며 깊이감과 공간감에 변화를 주며 배열한다. 식생적 리스와 마찬가지로 꽃들은 주·역·부그룹으로 배치하는 것이 좋다.
  - 구조적(structure) 리스: 구조적 윤곽에서 벗어나지 말아야 한다. 짜임새 있는 배열이 중요 하며 여러 가지 표면 구조를 통하여 색다른 느낌을 줄 수 있다.
- 리스 제작 시 주의사항
  - 사용 장소, 목적, 상황에 맞게 구성한다.
  - 황금비율인 1:1.618:1에 맞게 제작한다.
  - 소재를 각 공간에 적절히 배치하여 전체적인 형태가 균형을 이루도록 한다. 바닥면은 평 면으로 제작하며 윗면과 단절되지 않도록 연결감을 준다. 플로랄 폼을 고정하고 지탱하는 플라스틱 화기가 보이지 않도록 해야 한다.
  - 리스의 내부 곡선과 외부 곡선이 뚜렷하게 보이도록 제작한다.
  - 벽장식으로 이용할 경우 고리와 함께 제작한다.

🌱 TIP

리스의 다양한 표현
▶ 영어: 리스(wreath)
▶ 독일어: 크란츠(kranz)
▶ 한자어: 환(環)

◎ 갈란드(garland) ⭐⭐
- 갈란드의 의미와 기원: 절화나 절엽 등을 유연성 있게 늘어뜨리거나 길게 연결한 장식이다. 스테이로프나 와이어, 끈 등에 소재를 묶어 늘어뜨린 화관이나 꽃줄 등이 있다.
- 갈란드의 특징
  - 바디 장식 용도로 이용한다.
  - 곡선의 유연성이 두드러진다. 따라서 둥근 기둥의 둘레장식, 테이블 가장자리의 장식, 계단의 난간, 벽, 천장 등에 부드러운 분위기를 연출하기 위해 사용한다.
  - 갈란드의 두께는 일정하게 유지되어야 한다.
  - 물리적, 시각적으로 무게 균형을 맞추어 제작해야 한다. 특히 끈으로 제작 시 소재와 재료의 무게를 고려하도록 한다.
  - 절지, 절엽, 절화, 과일, 열매 종류 등 다양한 재료를 사용할 수 있다.
- 갈란드의 종류
  - 스웨그(swag): 늘어뜨리는 형태의 꽃장식 플로랄 폼에 소재를 꽂아 제작한 것이다. 지금은 갈란드와 거의 같은 의미로 사용한다.
  - 페스툰(festoon): 두 점 사이를 연결하여 줄 모양으로 장식한다. 장식하는 잎이나 꽃은 부드럽고 가벼운 소재를 선택한다.

㉣ 콜라주(Collage) ⭐⭐
- 콜라주의 의미와 기원: 풀칠해 붙인다는 뜻의 프랑스어 coller에서 유래된 말로, 재질이 다른 여러 가지 헝겊, 비닐, 타일, 나뭇조각, 종이 상표 등을 붙여 화면을 구성하는 기법이다. 화훼에서 콜라주의 시작은 12C 일본의 이세유가 여러 가지 색종이를 찢어서 붙인 것에서 유래한다. 금종이나 은종이로 꽃, 새, 별을 오려 붙이고 종이들의 찢겨진 가장자리에 먹을 묻힌 붓으로 선을 그려 산이나 강, 혹은 구름을 나타내도록 한 것이다. 1913년경부터는 피카소와 브라크가 파피에 콜레(papier colle)라는 명칭으로 작품 활동을 시도하였다. 물감으로 그림을 그리는 대신 화면에 천, 종이, 신문지, 포장지, 우표, 상표 등의 재료를 붙여서 작품을 만들었다.
- 콜라주의 구성: 압화는 평면적인 구성을 하는 데 비해 콜라주는 평면적 구성, 입체적 구성이 모두 가능한, 독특한 시각 예술이다. 특히 화훼 디자인에서의 콜라주는 2차원적인 회화적 요소와 3차원적인 식물 재료, 그 밖의 다른 재료를 혼합·구성하여 새로운 시각적 언어로 표현하는 것이다.
- 콜라주 작품의 보관: 유리나 아크릴 액자에 넣어서 대기 중 오염 물질과 습기로부터 보호하는 것이 좋다. 작품 표면에 약품을 바르거나 스프레이 처리를 하여 퇴색 및 변색을 방지하고 수분으로부터 보호하기도 한다. 단, 과하게 도포하여 하얗게 뭉치지 않도록 주의한다.

㉤ 테이블장식(table decoration)
- 테이블장식의 의미와 기원: 뷔페나 행사 시 사용되는 테이블의 아름다움을 강조하기 위해 테이블크로스, 컵, 식기, 센터피스 등의 장식품을 이용하여 테이블을 조화롭게 장식하는 것이다. 식탁 중앙부의 장식은 센터피스(center piece)라고 한다.

- 테이블장식의 종류
  - 수평형(horizontal) 테이블장식: 편안하고 부드러운 이미지를 가지고 있고 높이가 낮기 때문에 센터피스로 많이 사용된다. 중심축을 기점으로 양쪽을 대칭으로 배치하며, 수직축의 높이와 수평의 길이는 1:4의 비율로 구성하는 것이 좋다. 원형, 사각형, 마름모 등 다양한 형태로 구성할 수 있으며, 응용형으로 파라렐, 뉴 컨벤션 디자인이 있다.
  - 원형(round) 테이블장식: 중심의 초점은 방사형(radial)으로 제작하며 포컬 포인트를 작품의 중심에 둔다. 시퀀싱 기법으로 제작하면 율동감, 안정감이 생긴다.
- 테이블장식 제작 시 주의사항
  - 모임의 종류, 목적, 장소, 공간 등에 따라 다르게 제작한다.
  - 예를 들어 행사 시간이 낮인지 밤인지, 앉는 테이블인지 스탠딩 테이블인지, 테이블의 모양과 크기는 어떠한지 등을 확인하는 것이 좋다.
  - 상대방과의 시선을 고려하여 테이블 바닥에서부터 30cm 미만으로 제작하거나 아니면 아주 높게 제작하는 것이 좋다.
  - 이끼, 나무뿌리, 모래, 갈대 등과 같이 날리는 재료나 향기가 너무 진한 소재는 피하는 것이 좋다.

② 서양형 화훼장식의 정의
  ㉠ 서양에서는 일반적으로 '플라워 어레인지먼트(flower arrangement)'로 사용된다. 꽃을 포함한 다른 재료들을 계획을 통해 조화롭게 구성한다는 의미이다. 화훼장식(floral design)에서 디자인(design)이란 단어 속에는 어레인지먼트의 의미보다 더 포괄적인 의미들이 담겨있다.
  ㉡ 즉, '화훼장식'이란 꽃과 식물을 중심 소재로 하여 어떤 목적이나 의도를 가지고 세부적으로 계획하고 준비하여 초안을 작성하며 목적을 달성해 나가는 총체적인 과정을 의미한다.
  ㉢ 국내에서는 '화훼장식'이라는 용어보다 '꽃꽂이'라는 용어가 더 대중화되어 있다.

③ 서양형 화훼장식의 역사 및 특성
  ㉠ 고대의 화훼장식 역사
  - 고대 이집트(Egypt, BC 3200~AD 30)
    - 시대적 특징: 고대 이집트에서는 왕 파라오를 중심으로 역사가 전개되었다. 산과 바다로 둘러싸여 있어 자연과 관련된 신들이 다양하게 나타났는데, 사람들은 태양신 '라'를 시작으로 하여 많은 신들을 숭배하였다. 또한 '오시리스'는 죽은 자의 세계를 통치하고 '호루스'는 산 자의 세계를 통치한다고 믿었다.
    - 고대 이집트의 화훼장식은 단순하면서도 일정한 질서가 있는 반복 배열로 구성하였다. 색상은 빨강, 노랑, 파랑 등의 강한 대비가 돋보이는 배색을 사용하였다.
    - 연회의 꽃 장식을 위해 꽃을 담은 그릇을 식탁에 올려 두었으며 금이나 은으로 세공한 값비싼 꽃병에 수련이나 수련의 봉오리를 함께 담아 행렬에 쓰거나 때때로 제물로 바치기도 하였다.
    - 야생수련 '로터스(lotus)'는 여신 '이시스'를 상징하는 꽃으로서 매우 신성하게 여겨졌다.

꽃다발	미라의 가슴에 얹을 수 있도록 뒷면이 평평한 형태의 꽃다발을 제작하였으며, 단순히 둥근 형태의 꽃다발도 사용하였다.
머리장식	머리의 윗부분 중앙을 길게 장식하는 머리장식물로 주로 수련의 봉오리나 활짝 핀 것을 이용해 제작하였으며, 머리띠 형태로 엮어 고정하기도 하였다.
화환	수련, 양귀비, 수레국화, 홍화 등을 둥글게 엮어 만들었다.
갈란드, 꽃목걸이	꽃들을 줄지어 엮은 긴 갈란드와 꽃들을 꿰어 만든 목걸이를 장식용으로 사용하였다.
리스	연꽃, 양귀비, 델피니움, 국화, 밀짚꽃 등을 사용하여 제작하였다.

- 고대 그리스(Greece, BC 2000~AD 30) ☆☆
  - 시대적 특징: 인간을 위한 사상을 바탕으로 한 예술이 발달한 시기로 서양문화의 모체로 인정받고 있다. 조화미, 균형미를 추구하였으며, 건축물은 신전 건축을 중심으로 한 다양한 열주 양식이 돋보인다.
  - 이집트의 형태나 특징이 그대로 이어졌다.
  - 리스메이커(wreath maker)라는 직업이 존재하였으며, 리스를 사용하는 데 적합한 에티켓과 주로 사용하는 식물 소재 및 스타일의 상징성 등에 대해 기록한 서적들도 존재하였다.
  - BC 7C경에는 비늘 모양으로 꽃을 늘어놓는 장례용 화환(wreath)을 제작하기 시작하였으며, 결혼식에서 신부는 흰 장미로 된 화환(wreath)을 몸에 지니기도 하였다.
  - 화환 이외에도 갈란드, 화관, 코르누코피아, 자유롭고 느슨한 디자인이나 기하학적 디자인의 작품 등의 화훼장식이 사용되었다.

갈란드 (garland)	화관으로 사용하기도 하고 목에 두르기도 하였으며 건축물의 기둥이나 벽면을 장식하는 장식물의 모티프로도 많이 사용하였다. 또한 아들이 태어나면 대문에 갈란드장식을 하기도 하였다.
화환 (wreath)	장미로 만든 화환이 특히 인기가 있는 품목이었다. 월계수 화환은 경기의 승리자에게, 올리브 화환은 전투에서 귀환한 병사에게, 은매화 화환은 군중을 상대로 한 연설자에게 수여되었다.
코르누코피아 (cornucopia) ☆	다른 말로 플렌티 혼(horn of pienty)이라고 불린다. 풍요의 뿔, 그치지 않는 풍요로움을 의미하며, 꽃, 과일, 야채들로 장식용 뿔을 제작하여 사용하였다. 추수감사절이나 추수를 상징하는 꽃, 열매들이 넘쳐서 밖으로 쏟아지는 느낌이 들도록 담았다.

- 로마 시대(Rome, BC 600~AD 476)
  - 시대적 특징: 제국의 중심이었던 만큼 소비가 많고 화려한 문화를 자랑한 시기이다. 그러나 빈부의 차이가 심해 부자들은 많은 양의 꽃을 소비하는 동안 서민들은 어려운 삶을 살았던 때이기도 하다.
  - 장미로 제작된 화환을 선호하는 경향이 강했으며, 로마의 남쪽에는 온실을 이용한 장미재배가 이루어졌다.
  - 정원 조성에 있어서 정원수를 독특한 모양으로 다듬고 형태를 만드는 '토피어리(topiary)'가 유행하였다.
  - 실내장식으로는 꽃이나 과일로 만든 갈란드(garland)나 페스툰(festoon)이 많이 사용되었다.

확인! OX

1. 그리스 시대에는 화환 이외에도 갈란드, 화관, 자유롭고 느슨한 디자인, 기하학적 작품, 코르누코피아 등의 화훼장식이 사용되었다. (○, ×)

2. 비잔틴 시대에 유행하였던 원추 형태는 '비잔틴 콘'이라는 이름으로 부르기도 하였다. (○, ×)

정답 1. ○ 2. ○

- 기둥머리장식으로는 아칸서스 잎, 로터스, 파피루스 등의 모티프가 많이 이용되었다.
- 비잔틴 시대(Byzantine, 330~1453)
  - 시대적 특징: 로마제국이 분열된 후 동로마를 '비잔틴(Byzantine)'이라 불렀다. 로마가 쇠퇴하는 동안 비잔틴은 동방의 영향을 받아 화려한 색채와 장식성을 띤 초기 기독교 미술을 발전시켰으며 문명의 중심지로 자리 잡게 되었다. 모든 문화는 교회를 중심으로 발전하였으며, 로마 시대의 바실리카 형식을 기초로 한 많은 교회당이 만들어졌다.
  - 그리스나 로마 시대의 전통적 형태들이 지속적으로 사용되었다.
  - 원추형 디자인이 등장하였다. 원추형은 높이와 대칭성을 강조하면서 꽃, 과일, 잎 등을 좁게 묶어가는 방법으로 나선형의 효과를 나타내었으며, 이 시기에 유행하였던 원추 형태는 '비잔틴 콘'이라는 이름으로 부르기도 하였다.

ⓛ 중세의 화훼장식 역사
- 로마네스크(Romanesque, 950~1200)
  - 양식적 특징: 로마네스크라는 명칭은 '로마와 같은'이라는 뜻으로 1824년 드 제르빌르와 드코몽이 처음으로 사용하였다. 처음에는 로마네스크 건축이 로마 건축에서 파생되었음을 가리켰으나 오늘날에는 독자적 미술양식을 의미한다.
  - 이 시대에는 수도원이나 성의 정원에서 약용 식물이 재배되었으며 교회의 장식용으로는 백합과 장미가 재배되고 있었다.
  - 공간이 거의 없도록 외곽선이 닫힌 형태의 갈란드나 리스, 대형 화분 식물들, 구형 또는 반구형의 디자인이 주를 이루었다. 타원형, 삼각형, 원형의 디자인도 제작되었다.
  - 꽃다발의 사용을 알 수 있는 그림도 발견되는데 라운드형으로 꽃이 골고루 분포되어 있다.
- 고딕(Gothic, 1250~1500)
  - 양식적 특징: 쉬제르(Suger, 1081~1151)라는 건축가에 의해 시작되었다. 이 시기의 건축가들은 세계 건축사상 유례가 없을 정도로 높이 솟구친 내부를 가진 복잡한 구조물들을 건설하였다.
  - 건축물이 높고 길어지고 수직적인 장식들이 유행하면서, 화훼장식물도 수직적으로 솟구치는 형태가 많아졌다.
  - 일반 시민들도 장식용으로 꽃을 사용하였으며, 꽃다발이나 갈란드의 사용이 매우 빈번하였다.

ⓒ 근대의 화훼장식 역사
- 르네상스(Renaissance, 14C 후반~16C)
  - 시대적 특징: 이탈리아 피렌체에서 시작된 르네상스 시대는 왜곡되어 온 인간성을 회복하고자 하는 예술 복원(인본주의) 및 부흥 운동이다. 이탈리아어 'rina scenza'에서 어원을 찾을 수 있다.
  - 르네상스 시대의 화훼장식들은 매우 풍성하고 화려한 이미지를 보여 준다. 독립된 장식품으로 건물에 걸거나 건물을 장식하였으며 대칭 삼각형, 원형, 원뿔형, 타원형, 화관, 갈란드, 페스툰과 같이 정형화된 형태가 주류를 이루었다.
  - 다양한 예술품이나 행사에서 꽃을 아름다움의 목적 외에 상징적인 이유로 사용하기도 하였다. 예를 들어 장미는 세속적인 사랑, 흰 백합은 순결 등 꽃에 특정한 의미를 부여하였다.

🌸 **TIP**

고딕 시대의 유행 꽃: 나리, 글라디올러스, 델피니움, 장미 등을 중심으로 과거에 사용하던 그 외의 꽃들도 많이 사용되었다.

🌸 **TIP**

르네상스 시대의 유행 꽃: 목련, 작약, 양귀비, 수선화, 튤립, 장미, 붓꽃, 스토크, 히아신스, 카네이션, 매발톱꽃, 스노우드롭 등과 과거에 유행하였던 꽃들이 사용되었다.

꽃 TIP

바로크 시대의 유행 꽃: 수선화, 히아신스, 백합, 목련, 스토크, 시클라멘, 헬리오트로프, 재스민, 월계수, 카네이션, 라벤더, 로즈마리, 델피니움, 장미, 라일락, 튤립, 무스카리, 아프리칸 메리골드와 같은 꽃들이 많이 사용되었다.

꽃 TIP

로코코 시대의 유행 꽃: 백합, 팬지, 목련, 히아신스, 스토크, 시클라멘, 재스민, 헬리오트로프, 월계수, 카네이션, 라벤더, 로즈마리, 작약, 델피니움, 장미, 라일락, 튤립, 무스카리, 아프리칸 메리골드, 양귀비, 불두화 등의 꽃을 많이 사용했다.

확인! OX

1. 더치 플래미쉬는 새 둥지, 조개, 과일 등의 장식 효과를 가진 재료들도 함께 사용하였다. (○, ×)

2. 로코코(Rococo)는 조약돌, 혹은 조개 등을 토대로 한 장식 문양을 말한다. (○, ×)

정답 1. ○ 2. ○

– 금속 용기가 화기로 처음 사용되었다.

- 바로크 양식과 네덜란드(Baroque, 1600~1750) ⭐⭐
  - 시대적 특징: 바로크(Baroque)라는 용어는 '허세부리다' 혹은 '지나치게 과장되어 있다'는 부정적인 의미로 종종 사용되지만 사실 이 시기는 호화로움을 사랑하여 문화적으로 가장 화려했던 때이기도 이다.
  - 화려하고 장식적인 공간이 더욱 돋보일 수 있도록 화훼장식이 매우 광범위하게 사용되었다.
  - 대형 온실이 있어 향기로운 오렌지나무와 궁중 장식을 위한 각종 꽃이나 물품들이 사철 보관되었다. 이중 일부 식물은 주방의 요리 재료로도 쓰였다.
  - 새롭게 도입된 '비대칭 삼각형'이나 곡선적인 장식인 'S자형, 초승달형' 등의 디자인이 유행하였다. S자형은 화가 윌리엄 호가스의 이름에서 기인하여 호가스 커브(hogarth-curve)라고도 불렀다.
  - 네덜란드인들에 의해 개발된 상업적 도자기 델프트(delft)는 더 값싼 도자기로 개발되어 널리 보급되었다.
  - 금속 용기, 대리석 용기, 테라코타(terracotta)와 같은 용기들은 매우 화려해지고 그 재질도 다양해졌다. 보라색, 황금색처럼 명확하고 화려한 색들이 선호되었다.
  - 더치 플래미쉬 양식의 예술가들이 그린 꽃그림을 통해 다양한 종류의 화려하고 풍만한 꽃을 함께 사용했다는 것과 새 둥지, 조개, 과일 등의 장식 효과를 가진 재료들도 사용하였음을 알 수 있다.

- 로코코 양식(Rococo, 1723~1774)
  - 시대적 특징: 로코코(Rococo)는 조약돌이나 조개 장식을 의미하는 프랑스어 '로카이유(rocaille)'에서 온 말로 이 시기에는 동굴, 바위, 조개 따위의 장식물로 정원을 꾸미곤 했으며 이를 로코코 양식이라 불렀다. 바로크 시대의 의식성이나 장중함 등에서 벗어나 발랄함, 우아함, 아름다움, 부드러움, 세련됨을 추구하였다.
  - 색채는 일반적으로 흰색, 은색, 금색, 밝은 분홍색, 청색, 초록색이 주로 사용되었다.
  - 플라워 디자인의 형태는 바로크 시대의 곡선 디자인과 함께 부채형과 삼각형의 방사 모양이 주를 이룬다.
  - 상류사회 숙녀들 사이에서는 손에 드는 부케와 부점 보틀(bosom bottle)이라는 작은 화병에 꽃을 꽂아 가슴에 장식하는 것이 유행하였다. 그 외에도 금속 화병, 크리스탈, 네모난 화기나 바스켓, 조개 형태의 굴곡이 있는 화기, 플라워 홀더(flower holder) 등 다양한 화기들이 제작되었다.

- 영국 조지 왕조(Georgian, 1714~1820)
  - 시대적 특징: 이 시기에는 목욕 등의 위생문화가 발달하지 못하였으므로 몸에서 악취가 나지 않도록 하는 것을 매우 중요하게 생각하였다. 특히 꽃향기가 전염병 등 불결함으로부터 신체를 보호한다고 믿었기 때문에 향기 있는 꽃을 선호하였다.
  - 실내 공간을 꽃으로 장식하는 것도 매우 일상적이었다.
  - 플라워 디자인의 형태는 드라이 플라워, 여러 가지 꽃을 이용한 꽃병 장식 등과 같은 원형이 유행하였다. 그 외에 꽃을 손에 들고 다닐 수 있는 작은 노즈게이(nosegay)와 작은 꽃

다발의 형태인 터지머지(tuzzy muzzy)도 널리 이용되었으며 이것은 곧 패션의 경향이 되어 여인들은 자신들의 머리카락 사이나 목둘레, 가운 위나 허리, 어깨 위, 데칼르타지(décolletage) 안을 꽃으로 장식했다.

- 고가의 화기나 바우팟(꽃으로 장식하여 벽난로 안에 두는 용기), 정교한 세라믹 용기, 웨지우드, 은제 항아리, 도자기, 유리 제품, 목제 화기, 양쪽 손잡이 화기 등이 활용되었다.

• 비더마이어(Biedemeier, 1815~1848)

- 시대적 특징: 1850년에 시인 L. 아이히로트가 독일의 주간 신문에 연재한 〈슈바벤의 학교 교사 비더마이어의 시(詩)〉라는 작품에서 유래하여 독일과 오스트리아를 중심으로 유행하였다.
- 노즈게이와 비슷한 형태의 원형 부케로 꽃을 동심원에 빽빽이 꽂아 디자인한 부케이다.
- 장식품에도 꽃무늬가 자주 사용되었으며 실내를 꽃을 심은 화분으로 장식하기도 하였다.

• 빅토리아 시대(Victorian era, 1837~1901)

- 시대적 특징: 1837년부터 1901년까지 영국은 빅토리아 여왕이 통치하던 시기로 역사상 가장 번영하던 시대였으며, 매우 강력한 경제력과 군사력으로 세계의 중심으로 떠오르게 되었다.
- 처음으로 화훼 장식이 하나의 예술로 자리 잡았고 관련 잡지와 책들이 출간되었으며 많은 사람들이 화훼 장식을 연구하였다. 식물이나 화훼장식에 대한 사람들의 관심이 매우 높아지면서 꽃을 가꾸며 키우고 보존하거나, 그림으로 그리거나, 꽃으로 염색하는 것까지 교육이 시작되었다.
- 꽃장식을 할 때 대칭을 무시하고 초점도 없이 많은 양의 꽃을 빽빽이 꽂았다. 식탁 중앙에 놓아 장식하는 2~3단의 스탠드 이퍼른(epergne)이라는 화기가 유행하였으며 사적 모임에는 포지홀더(posy holder)를 이용한 작은 꽃다발을 들고 다녔다.
- 빅토리안 로즈(크기가 큰 장미)가 유행하였다.

• 아르누보(Art nouveau, 19C 말~20C 초)

- 시대적 특징: 아르누보는 '새로운(nouveau) 예술(art)'을 의미하는 프랑스어로 산업화 시대의 불모성에 반대하여 장식적 스타일을 중시한 사조이다. 역사적인 고전 양식들을 부정하고 자연에서 모티프(motif)를 빌려 구불구불한 선과 덩굴 같은 곡선을 위주로 한 양식으로 환하고 연한 파스텔 계통의 부드러운 색조가 유행하였다.
- 유켄트 양식(독일, jugend stil), 리버티 양식(이탈리아, stile liberty), 모더니스타(스페인, modernista), 세체치온스틸(오스트리아, sezessionstil) 등으로 불렀다.

• 아르데코(Art deco, 1925)

- 시대적 특징: 아르데코는 장식 미술을 의미하는 명칭으로 1925년 프랑스 파리의 현대 장식 산업미술 국제박람회의 약칭에서 유래되었고 그 때문에 '1925년 양식'으로도 불렸다. 이 양식은 당시 기준으로 상당히 현대적이었으며 고대 이집트와 아즈텍 문명, 재즈 시대, 신 산업 시대와 그 외 다양한 사회로부터 영향을 받은 디자인이다.
- 강하고 가늘게 구불거리는 것, 기하학적인 선과 형, 패턴이 특징적이며, 1920~1930년대 유럽과 미국에서 큰 인기를 누렸다.

ⓔ 현대의 화훼장식 역사

- 시대적 특징: 인상파, 표현주의, 야수파, 입체파, 미니멀리즘, 포스트모더니즘 등 다양한 문화가 발달하였다.
- 다양한 문화를 배경으로 화훼장식도 본격적으로 발전하였다. 형태, 색상은 시대적 유행을 반영하며 매우 능동적으로 바뀌고 있으며 계속해서 새로운 테크닉도 만들어지고 있다. 1900년대 중반 '스미더스사'가 오아시스라는 상품으로 생산하기 시작한 플로랄 폼의 개발로 화훼장식의 범위는 크게 확장되었다.
- 미니멀리즘(minimalism)
  - 시대적 특징: 미니멀(minimal)이란 일루전(illusion)의 극소화를 의미하는 것이며 되도록 단순한 요소로 최대 효과를 이루려는 사고 방식이다. 1950~1960년대 전반 미국의 전위 미술을 지배하면서 직관적·자발적인 행위를 바탕으로 하는 추상표현주의의 한 부류인 액션 페인팅에 대한 반발로 생겨났다.
  - 화훼장식 역시 미니멀리즘의 영향 하에서 자연을 중시하며 그 자연물의 특성을 살리는 것에 초점을 두었다. 따라서 화훼장식의 기본 소재는 자연 속에서 발견한 식물이다.
  - 단순하고 기본적인 형태와 선을 이용하여 최대의 효과를 표현하고자 하였다. 단순성의 추구와 기하학적 반복, 공간 구성의 체계, 자연과의 조화미 등을 특징으로 한다.
- 포스트모더니즘(postmodernism)
  - 시대적 특징: 이성중심적 사고에 대해 근본적인 회의를 내포하고 있는 사상적 경향의 총칭이다. 2차 세계대전 및 여성운동, 학생운동, 흑인 인권운동과 구조주의 이후에 일어난 해체 현상의 영향을 받았다. 1960년대 프랑스와 미국을 중심으로 일어났으며 탈 중심적 다원적 사고, 탈 이성적 사고가 특징적이다.
  - 포스트모더니즘은 화훼장식의 표현 방법과 소재에 있어서 다양성과 실험정신을 가져다주었다. 화훼장식의 다양한 표현을 위하여 다른 장르와 혼합을 시도하기도 하였으며 지방 고유의 민속 문화, 전통 문화 등을 현대적 이미지로 재구성하기도 하였다.
  - 환경오염의 심각성으로 폐품의 사용, 재활용이 가능한 소재와 마른 소재 사용, 플로랄 폼 사용 자제 등의 경향이 나타났다.
- 초기 미국·식민지 양식
  - 시대적 특징: 윌리엄스버그가 버지니아 식민지의 수도가 되었을 때를 미국의 식민지 시대라고 하며, 식민지 양식을 콜로니얼 스타일이라고 한다.
  - 초기 미국은 화훼의 약용과 식용에 관심이 높았다. 평범하고 단순한 용기(주전자, 단지)에 야생화나 풀을 장식하였으며, 부채형 또는 원형 형태로 개방적이고 소박한 형태의 서민적인 디자인을 추구하였다.
  - 생화와 드라이 플라워를 혼합하여 디자인하였으며, 꽃과 과일을 이용하여 테이블장식을 하였다.
- 신고전주의·미국연방주의
  - 시대적 특징: 영국의 조지왕조와 같은 시대로 미국이 독립전쟁에서 승리한 후 플라워 디자인은 영국의 지배를 타파하려는 모습을 지닌 신고전적인 양식이 나타났다.
  - 부채꼴 형태나 피라미드의 디자인으로 프랑스 양식의 영향을 받았으며 엄격한 직선과 대

칭 형태가 부활하였다.

- 신고전적인 양식의 화기에 작품의 크기가 크고 대칭적으로 보이게 장식하였다.
- 장미, 제라니움, 아이비 등을 자주 사용하였다.
- 미국식 빅토리아 양식
  - 시대적 특징: 유럽의 빅토리아 양식을 그대로 본뜬 것으로 낭만 시대라고도 부른다.
  - 대규모의 디자인과 소규모의 공간 디자인 등 다양한 스타일이 존재하였다.
  - 꽃과 과일을 담아 두는 용기로 금속, 도자기, 유리, 이퍼른, 장식용 은쟁반을 사용하였다.

꽃 TIP

이퍼른(epergne): 프랑스어로 '절약하다'라는 뜻이다. 프랑스에서 꼭대기에 접시를 놓은 장식 스탠드로 사용되었으며, 영국 빅토리아 시대에는 2단의 장식용 은쟁반으로서 과일과 꽃을 담은 테이블 센터피스용 화기로 활용되었다.

03 | 종교별 화훼장식 지도

| 1 | 종교별 화훼장식 디자인

① 개신교 화훼장식

㉠ 개신교 예배 의식은 교회력에 바탕을 두고 있다. '교회력'은 예수의 생애와 행적을 1년 주기로 기념하기 위해 만든 것으로 예수 그리스도의 생애를 기준으로 하여 교회가 지키는 절기나 기념일을 의미한다. 즉 교회력은 예수 그리스도의 탄생, 사역, 고난, 죽음, 부활, 성령으로 임하심, 그리고 재림 안에서 완성된 성도의 구원 역사를 매년 재현하는 것이며, '예배력'이라고도 부른다.

㉡ 개신교의 화훼장식은 예배를 위하여 제대나 강단에 설치하는 화훼작품으로 일반적인 화훼장식의 기초를 기본으로 교회력과 성서일과를 고려하여 구도, 재료, 색채 등을 구성하고 교회의 분위기에 따라 연출한다. 교회력을 중시하여 그 주일의 교육적 기획은 물론 예배공간을 아름답게 하고 교회력의 계절감을 느낄 수 있도록 디자인하는 것이 좋다.

② 천주교 화훼장식

㉠ 천주교 화훼장식인 '전례 꽃꽂이'의 개념을 정확히 파악하고 절기의 복음적 메시지에 적합한 소재를 선택하여 상징적 형태로 디자인한다.

㉡ 전례는 하느님의 영광과 인간의 성화를 지향하는 예식으로 천주교에서는 절기를 전례라고 표현하며, 전례주년을 달력으로 표시한 것을 전례력(典禮歷)이라고 한다.

③ 불교 화훼장식

㉠ 불교의 화훼장식은 재료나 형태에서는 특별히 상징성을 강조하지 않지만 색채에서는 꽃이 놓이는 법당 내부의 배경을 고려해야 한다. 즉, 공간적인 면에서 다양한 공양물과의 조화를 이루어야 하므로 차분하고 간결하게 제작한다.

㉡ 동양형 화훼장식 기법을 주로 사용하지만 전통적 서양형 화훼장식이나 유러피안 스타일의 화훼장식도 이용되고 있다.

출제 경향 마스터

▶ 종교별 화훼장식의 특징은 무엇인가?

▶ 종교별 화훼장식 작품을 평가하는 방법은 무엇인가?

▶ 종교별 화훼장식의 종류에는 무엇이 있는가?

★ 알아 두면 좋아요 ★

성당의 주요 공간

▶ 제대: 전례 꽃 작품을 표현하는 중심이 되는 장소이다. 작품의 높이나 넓이가 전례를 도우며 제대를 잘 드러나게 연출한다.

▶ 독서대: 독경대라고도 하며 예수님의 복음 선포가 시작되는 곳이다. 미사 중 '말씀의 전례' 때 독서와 복음 낭독을 하고, 신부님이 강론을 하는 곳이다.

▶ 감실: 본래는 병자 영성체, 노자 성체, 성체 공경을 위한 것이며, 추가로 미사 전례에서의 영성체를 보충하기 위해 마련한 것이다.

수미단: 수미단은 사바세계의
중심 한가운데 가장 높은 곳을
상징하는 수미산 형태의 단을
나무, 돌, 금속을 이용하여 만들
고 그 위에 불상을 안치하는 대
좌로서 쉽게 말해 법당의 불단
을 말한다. 법당 내부 정면에 위
치하며 일반적으로 상단, 중단,
하단으로 구성되어 있다. 상단
은 불국토(佛國土)의 세계를, 중
단은 진리(眞理)를 따르는 대중
을 지키는 신중의 세계를, 하단
은 인간세계의 여러 가지 모습
들을 표현함으로써 깨달음의 단
계를 차례로 보여 주고 있다. 꽃
장식은 상단을 가장 경건하게
장식하며, 하단은 생략하는 경
우도 있다.

꽃 **TIP**

▶ 부처님께 올리는 6가지 공양
물: 꽃, 향, 차, 등, 쌀, 과일
▶ 고려 시대에 이용되었던 공화
의 재료: 연, 버드나무, 대나
무, 야생화, 수생화
▶ 불교에서 연꽃의 의미: 연꽃
은 불전 공화에 대표적으로
이용되는 꽃이다. 진흙 속에
서 더러움에 물들지 않고 항
상 밝은 본성을 간직하는 꽃
으로 표현되며, 그 씨는 천년
이 지나도 발아에 적당한 조
건이 갖추어지면 꽃을 피운다
하여 불생불멸(不生不滅)을
상징한다.

확인! OX

1. 불교 화훼장식에서는 꽃이 놓
이는 환경, 즉 법당 내부의 배
경은 고려하지 않아도 된다.
(O, ×)

정답 1. ×

| 2 | 종교별 화훼장식 작품 분석

① 개신교 화훼장식

㉠ 개신교 화훼장식은 장식적인 측면을 넘어 신앙을 표현하는 하나의 수단이다. 즉, 하나님께 찬양하고 영광을 드리는 예배의 한 부분으로 영광, 감사, 신앙, 봉헌 등의 종교적 메시지들을 내포한다.

㉡ 개신교 화훼장식은 목회자의 설교 주제인 하나님의 전능하심과 섭리를 상징적으로 나타내는 독립된 묵상 자료로도 활용되어 교회 안에서 중요한 의미와 가치를 지닌다.

② 천주교 화훼장식

㉠ 천주교의 전례 꽃꽂이는 절기의 복음적 메시지와 색채에 맞게 상징적 형태로 디자인하는 화훼작품으로, 장식이나 봉헌의 의미는 물론 교훈을 전달하는 종합예술이다.

㉡ 제대 주변을 아름답게 장식하는 화훼장식은 신자들이 미사 전례에 집중하도록 돕는 효과가 있으므로 해당 주일 전례의 의미를 알고 그에 맞는 화훼장식을 하는 것이 중요하다.

③ 불교 화훼장식

㉠ 불교 의식은 불교 교단에서 행하는 의례를 통틀어 말하는 것으로 불교 교리에 근거를 두고 있다. 불가에서는 부처님께 올리는 여섯 가지 공양물 중 꽃이 있다는 특징이 있다.

㉡ 불교의 화훼장식은 꽃이 놓이는 법당 내부의 배경을 고려해야 하는데, 예를 들면 부처님의 옷 색깔이나 탱화가 가지고 있는 여러 색이 화훼장식과 어울리는지 확인해야 한다. 또한 촛대, 향로, 다기 등과 공양물이 산적해 있기 때문에 공양물과의 조화도 중요하다.

| 3 | 종교별 화훼장식 작품 평가

① 구성

㉠ 디자인 형태와 스타일
• 시각적 균형과 외형적 형태가 안정감이 있는가?

㉡ 디자인 스타일
• 고전, 현대, 시대적 세분화 평가 비율이 적당한가?

㉢ 조형의 종류(장식, 식생, 선형 등)
• 조형의 개념을 구분하여 완벽하게 제작하였는가?
• 대칭 또는 비대칭의 질서가 유지되었는가?

㉣ 작품의 외형과 윤곽이 화기와 일관성 있게 부여되었는가?

㉤ 재료의 선택과 사용
• 재료의 형태와 질감, 표면 구조가 대비를 이루고 있는가?

- 리듬감과 움직임이 표현되었는가?
- 식물 사회학적인 관점이 고려되었는가?
ⓑ 가치 형태와 동선 형태, 식물의 특성 및 소재의 가치(독립성)가 존중되었는가?
ⓢ 식물의 특징과 개성을 최대한 살렸는가?
ⓞ 비율
- 높이나 폭의 범위
- 장식용 화기와의 관계
- 식물 소재 간의 조화, 인공 소재와의 조화

② 색상
ⓐ 색상의 조화가 잘 표현이 되었는가?
ⓑ 색상의 비율이 조화롭게 표현되었는가?
ⓒ 색상의 정렬과 배치가 잘 되었는가?
ⓓ 색의 농담, 명암의 차이가 있는가?
ⓔ 색상의 가치와 색상에 의한 아이디어가 좋은가?
ⓕ 전체 작품과 주변 환경 사이의 색의 관계가 잘 표현되었는가?
ⓢ 색의 분배는 테마와 어울리게 되었는가?

③ 아이디어
ⓐ 독창성이 있는가?
ⓑ 주체의 해석을 전달하는가?
ⓒ 선택된 재료가 디자인에 적합한가?
ⓓ 시간 내에 제작할 수 있는 아이디어인가?

④ 기술
ⓐ 숙련성
- 재료를 능숙하게 잘 다루는가?
- 이용한 기술이 디자인과 잘 어울리는가?
- 소재 사용에 있어서 적절한 기술인가?
- 시간을 논리적으로 안배하였는가?
ⓑ 자연 재료와 인공 재료의 알맞은 사용법
- 올바른 테크닉을 선택하였는가?
- 소재의 정리 방법이 적절한가?
- 방수된 화기를 사용하였는가?
- 화기와 식물과의 조합이 잘 어우러지는가?

꽃 TIP

테크닉(technic): 재간 있게 부리는 기술이나 솜씨

| 4 | 종교별 화훼장식의 종류, 정의 및 특성 등

① 종교별 화훼장식의 종류

　㉠ 개신교

　　• 대림절(Advent, 강림절, 대강절): 예수 그리스도의 초림과 재림을 기념하는 절기로서 성탄절 전 4주간에 해당하는 교회력의 시작이다.

　　　– 예수님의 영접을 준비하는 의미와 장차 오실 그리스도의 재림에 대해 소망하는 희망의 절기이다.

　　　– 강대상이나 성찬대 위에 꽂는 대림초의 장식은 '영원한 삶'을 뜻하는 대림환(wreath)의 모양으로 장식한다. 대림환은 상록수를 이용하여 환을 제작하며, 열매 등으로 장식한다.

　　　– 전통적으로 보라색, 자주색, 청색을 사용한다.

　　• 성탄절(Christmas): 그리스도 탄생 절기를 말한다. 성탄절 이브(12월 24일)부터 다음 달 1월 5일까지 예수 그리스도의 탄생을 축하하는 기간으로서 그리스도의 '성육신(Incarnation)'을 기념하는 절기이다.

　　　– 강단 화훼장식의 하나인 성탄목(christmas tree)을 이용한 장식 풍습은 6~7C에 유럽 사람들이 성탄 전야에 아담과 하와의 연극 놀이를 하면서 생명나무를 장식으로 사용하고 상록수인 전나무를 가져다 놓았던 것에서 유래한다.

　　　– 예수 성탄 대축일에는 구유를 꾸미고 트리를 장식한다.

　　　– 전통적으로 흰색과 황금색, 적색, 초록색을 사용한다.

　　• 주현절(Epiphany): 하나님의 구원이 예수 그리스도를 통해 인류에게 나타나신 것을 기념하는 절기이다.

　　　– 인류를 구원하기 위해 세상의 빛으로 오신 예수 그리스도를 알리는 복음의 선교 사명을 하나님의 자녀인 개신교들이 받았음을 상기하기 위한 절기이다.

　　　– 전통적으로 흰색과 녹색을 사용한다.

　　• 사순절(Lent, 수난절)과 고난 주간(Holy week): 성회 수요일부터 부활절 이브까지 부활절을 준비하는 기간 중 일요일을 제외한 40일 동안을 의미한다.

　　　– 십자가의 공로와 고난을 통한 구속의 진리, 고난과 참회 그리고 인내를 표현한다. 고난의 상징인 가시 면류관, 채찍, 사다리, 창, 못 등을 주재료로 사용한다.

　　　– 고난의 상징인 보라색과 그리스도의 피를 상징하는 붉은색을 사용한다.

　　• 종려주일(Palm sunday): 예수 부활 대축일의 바로 전 주일을 의미한다. 수난 전 예루살렘에 들어온 예수를 향하여 많은 사람들이 종려나무 가지를 흔들며 환영한 날을 기념하기 위한 절기이다.

　　　– 종려나무나 피흘림의 고통을 상징하는 가시를 사용하여 예수님의 아픔과 고난을 형상화한다.

　　　– 월요일부터 목요일까지는 자색, 성만찬이 거행되는 때는 흰색, 예수님이 죽으신 금요일은 검은색, 토요일은 무색으로 표현한다.

　　• 부활절(Easter): 예수 그리스도가 겪은 십자가의 고난과 무덤에서의 부활을 기념하는 절기이다.

꽃 TIP

성탄절에 주로 많이 쓰이는 식물: 포인세티아, 구상나무, 편백, 소나무, 전나무

– 부활하신 예수의 승리, 기쁨, 소망의 상징으로 흰색을 사용한다.
- 추수감사주일(Thanksgiving day): 1621년 가을 플리머스의 총독 윌리엄 브래드퍼드가 수확의 풍요함을 감사하며, 그동안의 노고를 위로하는 축제를 3일 동안 열고 근처에 사는 인디언들을 초대하여 초기의 개척민들과 어울릴 수 있는 자리를 마련한 데서 유래하였다.
  – 절기의 특성 그대로 가을에 피는 꽃과 과일, 열매, 채소를 이용하여 가장 화려하고 아름답게 강단을 장식하여 영광을 나타낸다.
- 성령 강림절(Whitsunday): 부활절로부터 50일째 오는 일요일에 거행한다. 유대교의 3대 절기인 오순절(Pentecost)과 같은 날이다.
  – 성령 강림에 의한 교회의 출발, 교회의 시작과 성숙 등에 깊은 관심을 두는 절기로서 성령의 역사와 은사 및 열매를 통한 교회의 삶과 깊은 관련이 있다.
  – 전통적으로 성령의 불을 상징하는 붉은색과 비둘기나 불의 형태를 형상화하는 소재를 사용한다.
- 삼위일체 대축일(Holy trinity solemnity): 개신교의 대인 교리인 성부와 성자와 성령이 한 하나님이라는 내용의 삼위일체를 기념하는 날이다. 날짜는 성령 강림 대축일 다음 주일이다.
  – '삼위'를 소재, 형태, 색채, 크기, 높이 등에 변화를 주며 반복 구성하여 표현하고, 원형 형태로 '일체'를 강조한다.

ⓒ 천주교
- 대림 시기: 예수 성탄을 앞두고 그리스도의 강생을 기념하며 재림을 기다리는 약 4주간의 시기를 의미한다.
  – 대림절의 화훼장식은 네 개의 촛불로 꾸며진 대림환으로 둥근 모양은 우주, 세상, 시간 등을 상징한다. 네 개의 초는 대림 4주간을 의미하는 동시에 그리스도를 상징하기도 한다.
  – 상록수의 푸르름은 시들지 않는 생명과 희망을 나타낸다.
  – 대림절의 대표 색채는 보라색이며 대림 3주는 주로 붉은색이나 분홍색 초를 사용한다.
- 성탄 시기: 예수 성탄 대축일(12월 25일) 전야 저녁부터 주님 세례 축일까지의 시기를 의미한다.
  – 예수 성탄 대축일에는 구유를 꾸미고 트리를 장식한다. 구유는 화려하지 않도록 소박하게 꾸미며 별을 장식하여 빛으로 오신 아기 예수님을 강조한다.
  – 모든 색상의 꽃을 사용할 수 있으나, 주로 흰색, 빨간색, 녹색, 보라색을 사용한다.
- 사순 시기: 사순 시기는 성의 수요일부터 부활절 전날 밤까지의 기간이며 수난절이라고도 한다.
  – 죄와 세속으로부터 회개하고 참회와 보속을 통해 하느님에게로 돌아가는 때이며 하느님의 자비와 예수 그리스도의 구원이 실현되는 때이기도 하다.
  – 주로 보라색과 자주색을 많이 사용한다.
- 부활 시기: 예수 부활을 기념하고 경축하는 시기로서 예수 부활 대축일부터 성령 강림 대축일까지 50일 간 계속된다.
  – 흰 백합이나 흰색 소재들을 사용하여 부활의 주님 안에서의 기쁨을 표현한다.
  – 부활 시기의 화훼장식은 새 생명을 강하게 나타낼 수 있도록 디자인하며, 지나치게 화려한 장식을 피하여 제대가 두드러지지 않도록 한다.

확인! OX

1. 천주교에서는 성탄절 장식으로 구유를 꾸미고 트리를 장식한다. (O, ×)

2. 개신교의 추수감사절장식은 가을에 피는 꽃과 과일, 열매, 채소를 이용하여 가장 화려하고 아름다운 강단장식으로 영광을 나타낸다. (O, ×)

정답 1. ○ 2. ○

– 부활 절기에는 부활초를 켠다.

ⓒ 불교

- 부처님 오신 날: 음력 4월 초파일은 불교의 최대 경축일인 부처님 오신 날로 초파일, 욕불일, 연등절, 석존제 등으로도 불린다. 귀족들의 집안에도 당을 만들어 꽃병에 생화를 꽂아 장식하였다.

- 출가재일(음력 2월 8일): 재일(齋日)이란 재를 올리는 날, 재계(齋戒)하는 날을 말한다. 석가모니는 오직 중생의 고통을 구제하기 위하여, 세속적인 욕망을 버리고 29세 때 출가하셨다. 출가재일은 석가모니의 출가일에 불교에서 재를 올리는 날, 재계(齋戒)하는 날을 말한다.

- 열반재일(음력 2월 15일): 부처님께서는 성도하신 지 45년이 되자, 사라쌍수의 보리수 아래서 자신의 열반을 지켜보기 위하여 모인 많은 비구, 제자들을 위하여 최후의 설법을 하시고 이 세상의 모든 일을 마친 기쁨으로 열반에 드셨다.

- 우란분재(盂蘭盆齋, 음력 7월 15일): 백중맞이로서 백종, 중원, 망혼일(亡魂日)이라고도 하는, 일종의 천도재이다. 지옥이나 아귀의 세계에서 고통을 받고 있는 영혼을 구하기 위하여 베풀어지는 법회로서 원래 불교의 우란분절(盂蘭盆節)을 말한다.

- 성도재일(음력 12월 8일): 석가모니가 도를 깨우쳤다는 음력 12월 8일을 기념하는 날이다. 성도는 도(道), 즉 깨달음을 완성한다는 뜻으로 깨달음을 얻어 부처가 되는 것이므로 성불과 같은 뜻이며, 득도라고도 한다. 자비와 정진의 의미를 가진 적색을 주로 이용한다.

② 종교별 화훼장식의 정의 및 특성

㉠ 동서양을 떠나 사람들은 꽃을 다양한 용도로 사용하여 왔다. 사람이 태어날 때나 결혼이나 장례와 같은 특별한 예식을 올릴 때를 비롯하여 자연을 숭배할 때나 종교적 의식을 치를 때 등 화훼장식은 용도에 따라 끊임없이 발전해왔다.

㉡ 정의: 우리나라에서는 신단수가 종교적 의미를 부여받아 왔으며, 고대 그리스나 로마에서도 갈란드와 같은 꽃을 매개로 한 의식을 통해 신에 대한 존경심을 나타내거나 그림이나 벽화 등에 식물을 새겼다. 이러한 종교 의식의 하나로 꽃을 이용한 형태는 아름다운 꽃을 꺾어 병이나 땅에 꽂아 두는 단순한 행위를 넘어 심미적 원리와 신을 경배하는 정성, 절기 등 목적에 따른 신앙의 표현으로 발전하여 종교적 교리를 담은 '종교 화훼장식'으로 정착하였다.

㉢ 특성: 종교별 화훼장식의 특징은 종교 공간의 특성과 종교의 절기가 가지는 뜻을 잘 살려서 표현해야 한다는 것이다. 절기에 쓰이는 꽃의 색상 또한 나름의 의미가 있다. 즉, 종교별 화훼장식은 각 종교의 의식과 교리를 잘 파악하여 화훼장식으로 표현하는 것이 중요하다.

| 1 | 결혼식 유형별 화훼장식 디자인

① 실내 결혼식

　㉠ 웨딩홀: 일반적으로 가장 많이 하는 예식으로 대기실, 예식, 폐백, 식당 등이 모두 갖추어진 패키지 형식을 띠고 있다. 주차 시설까지도 완비되어 있어서 일반적으로 많이 선호하며 부모님 세대부터도 익숙한 예식의 형태이다.

　㉡ 호텔: 일반 웨딩홀과 비슷하지만 가격 면에서 비싸고 화려하며 더 고급스러운 분위기를 연출한다. 하객들에게 고급스러운 음식을 제공할 수 있으며 신랑과 신부는 호텔 시설까지 이용할 수 있는 럭셔리 웨딩이다.

　㉢ 하우스 웨딩: 최근 유행하고 있는 유형으로 특별 예식을 원하는 사람들이 많이 찾는다. 예쁘고 독특한 분위기의 펜션, 레스토랑을 빌리거나 하우스 웨딩을 목적으로 지은 건물에서 가까운 친척이나 지인만을 초대하여 파티 형태로 진행하면서 편안한 분위기를 즐길 수 있다.

② 실외 결혼식

　㉠ 최근에는 야외공원, 숲, 해변, 캠핑장, 한옥 마당 등 다양한 곳에서 결혼식이 진행된다.

　㉡ 가장 먼저 신경을 써야 하는 것은 날씨이다. 너무 덥거나 추운 날씨는 피해야 하며, 우천 시 대안을 반드시 고려해야 한다.

　㉢ 야외라는 특성상 음향기기도 신경써야 한다.

　㉣ 실외 결혼식 화훼장식의 경우 장소가 야외인 만큼 공간이 사방으로 트여 있기 때문에 집중적인 장식이 필요하다.

　㉤ 오브제를 이용할 경우 크고 높은 것을 사용하여 색다른 분위기를 연출할 수 있다. 계절감을 고려하여 실외에 어울리는 장식을 하고 분화류를 같이 사용하여 디자인하여도 좋다.

③ 전통 혼례

　㉠ 과거 양반가에서 하던 결혼식의 종류로 의미가 깊고 하객 입장에서도 보는 재미가 있어서 전통 혼례에 대한 관심이 점차 높아지고 있다.

　㉡ 특히 국제결혼이 늘어나면서 특별한 결혼식을 원하는 사람들에게 인기이다. 절차는 다소 복잡하지만 특별한 추억으로 간직할 수 있다.

④ 종교 예식

　㉠ 불교, 교회, 성당 등 종교에 맞추어 이루어지는 결혼식을 말한다. 일반 예식과 다르게 기도나 불공, 참배 등 종교의식이 많이 들어가 있다.

　㉡ 종교식은 결혼식 이상의 의미도 지니고 있다. 자신이 믿는 신에게 자신의 결혼식을 알리고 축복받기를 원하는 의식적인 면도 있으므로 엄숙하고 의미 있는 결혼식을

원하는 사람에게 좋다. 하지만 다른 종교를 가진 하객 입장에서는 다소 불편할 수도 있다.

| 2 | 결혼식 유형별 화훼장식 트렌드

① 로맨틱 웨딩
  ㉠ 특징: 부드러운 곡선, 레이스, 꽃무늬 등의 고급스럽고 화사한 느낌을 주는 장식물을 사용하여 화려하고 풍부한 느낌을 표현한다.
  ㉡ 색: 화이트(white), 핑크(pink), 아이보리(ivory), 스카이블루(sky blue) 등 파스텔톤 위주의 꽃을 사용하여 전체적인 분위기를 화사하고 밝게 표현한다.
  ㉢ 디자인: 원형(round), 구형(bowl), 원추형(cone), 타원형(oval), 부채형(fan) 등이 있으며 직선보다는 부드러운 곡선을 이용한다.
  ㉣ 꽃 종류: 장미, 수국, 부바르디아, 안개초, 라넌큘러스, 리시안셔스, 아네모네 등을 이용한다.

② 모던 웨딩
  ㉠ 특징: 모던(modern)은 현대적, 기능적, 합리적이라는 의미로 세련되고 단순한 디자인 속에서 개성을 느낄 수 있는 이미지를 추구한다. 순수한 기능과 자연 재료의 본질적인 아름다움을 모두 표현하여 제작한다.
  ㉡ 색: 단일색으로 제작하는 경우가 많지만 색의 제한은 없으며 화이트(white), 그린(green), 오렌지(orange), 레드(red), 그레이(gray) 등 신부가 원하는 색으로 제작한다.
  ㉢ 디자인: 병렬형(parallel), 쉘터드(sheltered), 파베(pave), 필로잉(pillowing), 추상적(abstract) 기법 등이 있으며 형태적으로는 자유형으로 제작한다.
  ㉣ 꽃 종류: 장미, 호접란, 칼라, 수국 등을 많이 사용한다.

③ 내추럴 웨딩
  ㉠ 특징: 친근하게 느껴지는 자연 재료를 주로 사용하여 자연에 가까운 멋을 표현하며, 풍요롭고 따뜻한 분위기와 자연스러운 선을 사용하여 여유롭고 세련되게 표현한다.
  ㉡ 색: 여러 가지 색을 섞어서 자연스러운 분위기를 표현한다.
  ㉢ 디자인: 단순한 소재를 그룹핑하여 풍성하면서 자연스러운 분위기를 연출한다.
  ㉣ 꽃 종류: 작약, 카네이션, 장미, 수국, 리시안셔스, 델피니움, 설유화, 목수국, 아이비, 조팝, 곱슬버들, 스마일락스, 유칼립투스 등 자연적인 재료를 이용하여 표현한다.

| 3 | 결혼식 화훼장식 지도

① **창의적 독창성**: 다른 곳에서는 볼 수 없는 새로운 아이디어로 독창적이고 새로운 디자인을 보여 주어야 한다.

② **미적 가능성**: 꽃의 특성과 아름다움을 잘 살려 화려함과 아름다움을 표현해야 한다.

③ **효율적 기능성**: 디자인을 중시하되 결혼식의 목적이 훼손되지 않도록 효율적인 부분도 고려해야 한다.

④ **조형적 질서성**: 조형적인 요소와 원리를 이용하여 디자인하되 조화를 이루어야 한다.

⑤ **최소의 경제성**: 최소한의 시간과 비용을 투자하여 최대의 효과를 얻을 수 있도록 한다.

⑥ 결혼식 화훼장식 디자인 프로세스

1단계	• 결혼식 화훼장식 디자인 고객 상담
2단계	• 결혼식 화훼장식 개념 설정
3단계	• 고객 분석 　– 용도 및 목적 파악 　– 트렌드 분석 　– 디자인 방향 설정
4단계	• 재료 계획(형태, 색채, 질감 설정) • 가격 분류
5단계	• 결혼식 화훼장식 디자인 전개(전체)
6단계	• 형태 디자인 전개 • 식물 소재 및 부소재 색채 결정 적용
7단계	• 결혼식 화훼장식 디자인 채택
8단계	• 결혼식 화훼장식 디자인 제작

| 4 | 결혼식 화훼장식의 종류, 정의 및 특성 등

① 결혼 화훼장식의 종류
　㉠ 신부 부케
　　• 18C 영국 조지아 시대의 사람들은 악령과 질병을 예방하는 목적에서 향기가 나는 꽃다발을 가지고 다녔다.
　　• 예전에는 순결을 상징하는 흰색의 옷과 함께 흰색의 꽃으로 결혼식에서 쓸 부케를 제작하였다. 그러나 오늘날에는 다양한 형태와 색상의 꽃다발로 발전하였다.
　　• 신부의 개성, 외관적인 요인, 결혼 형식 등 여러 가지 조건에 맞추어 디자인한다.
　㉡ 코르사주(corsage)
　　• 코르사주는 작은 꽃다발로서 결혼식이나 각종 연회와 모임에서 남녀 모두가 널리 사용하는

몸장식이다.

- 여성용은 가슴이나 어깨, 팔목, 발목 등을 장식할 수 있으며, 남성용은 양복의 버튼 홀에 달거나 포켓에 꽂고 코르사주 핀, 자석 등으로 고정시킨다. 국내에서는 가슴에 꽂는 것이 일반적이다.
- 코르사주의 형태, 재료의 선택은 의복의 색상과 재질을 고려하여 제작한다. 생화나 가공화 등을 사용하며 인공적인 소재로는 구슬, 깃털, 리본과 같은 재료를 사용할 수도 있다.

ⓒ 머리장식과 몸장식
- 머리장식은 머리 스타일 및 드레스와 조화를 이루는 것이 중요하다.
- 생화나 가공화를 이용하여 제작하는데 생화는 신선한 느낌을 줄 수 있다. 이때 생화는 쉽게 시들지 않는 소재를 사용해야 한다.
- 부케의 색상을 그대로 반영하여 제작하며, 구슬, 리본, 깃털, 철사, 액세서리 등 인공적인 소재를 사용하여 장식한다.
- 머리장식의 형태는 고리형(chaplet)과 머리띠형 화관이 있다.
- 몸장식은 작은 꽃다발이나 갈란드를 만들어 어깨, 목, 허리 뒤, 손목, 발목, 팔 등에 부착하는 방식이다.

② 결혼 예식 공간 특성에 따른 디자인
ⓐ 단상
- 단상의 꽃장식은 결혼식장의 중심이 되므로 결혼식에 참석하는 하객들 모두가 볼 수 있도록 제작한다. 즉, 단상장식은 먼 거리에서도 볼 수 있어야 하며 흰색 또는 밝은 색상의 큰 꽃을 사용하는 것이 효과적이다.
- 대칭, 비대칭 모두 제작 가능하다.
- 전체가 하나가 될 수 있도록 통일성 있게 제작하여야 한다. 단상의 색상과 형태, 뒷배경, 꽃길과도 연결되도록 한다.

ⓑ 센터피스(center piece)
- 식탁 중앙부의 장식을 센터피스라 한다. 테이블장식과 콘솔장식 등에 이용된다.
- 테이블을 장식할 경우 센터피스를 비롯해서 음식, 식기, 음악, 조명 등이 어우러져야 아름다운 테이블을 구성할 수 있다.
- 센터피스의 제작 형태로는 수평형과 원형이 있으며 주로 매스 플라워를 많이 사용한다.

ⓒ 버진로드(virgin road)
- 버진로드는 결혼식장의 입구에서 단상 앞까지 이르는 중앙 통로이다.
- 신랑 신부의 새 출발을 축하하는 의미로 흰색 천 또는 붉은색 천을 깔고, 희망과 축복을 상징하는 꽃으로 장식한다.
- 중앙 통로의 양측은 단상의 꽃과 통일하고 리본, 보우, 양초와 함께 장식한다.

꽃 TIP

화관 제작 방법: 제작되어서 나오는 고리나 머리띠에 꽃을 부착시켜서 만드는 방법과 철사나 플로랄 테이프를 이용하여 꽃을 붙여서 갈란드를 만드는 방법이 있다.

꽃 TIP

단상의 높이는 너무 높지 않게 제작하고 고급스러운 꽃을 사용하는 것이 좋다. 또한 플로랄 폼이 보이지 않게 제작하여야 한다.

꽃 TIP

테이블장식으로 케이크 테이블, 선물 테이블, 뷔페 테이블, 하객 테이블, 포토 테이블, 샴페인 테이블이 있다.

★ 알아 두면 좋아요 ★

▶ 수평형(horizontal) 센터피스: 편안하고 부드러운 이미지를 가지고 있으며, 일반적으로 대칭으로 많이 제작된다. 높이보다는 양옆의 길이가 강조되는 화형으로 수직축의 높이와 수평의 길이는 1 : 4의 비율로 구성하는 것이 좋다.
▶ 원형(round) 센터피스: 둥근 원의 형태를 가지고 있다. 정면에서는 공을 반으로 자른 모양이며 평면적으로는 원형에 방사형 배열을 가지고 있다. 사용 화기로는 주로 콤포트를 사용하며 플로랄 폼이 화기 위로 3cm 정도 올라오게 고정하여야 제작이 용이하다.

오브제(objet)형 꽃길장식	교회(chapel)형 꽃길장식
버진로드와 하객들의 좌석 사이에 화기(花器)나 오브제를 놓아 장식하는 형태로서 나무, 조명 장치, 촛불 등 여러 가지로 장식하기도 한다.	개신교나 천주교 결혼 예식에서 비롯된 화훼장식 연출이다. 좌석을 예배당처럼 두고 의자에 꽃장식을 배치한다. 공간 자체가 엄숙하며, 단상이나 입구 쪽은 포인트를 주고 꽃길은 간결하면서도 고급스럽게 연출한다.

ㄹ 웨딩 아치(wedding arch)
- 예식의 시작과 함께 조명이 밝혀지는 공간으로 신랑 신부가 식장을 향해 출발하는 장소이다.
- 사람들의 시선이 모이는 곳이기 때문에 화려하게 장식하는 것이 좋다. 다양한 기법을 사용하여 연출한다.
- 최근 단상장식과 꽃길장식(버진로드)은 작아지는 경향이 있는 반면 아치장식은 커지면서 화려해지는 경향이 있다.

ㅁ 신부대기실
- 신부대기실은 예식 시작 전 30분이나 1시간 전부터 예식 시작 시간까지 신부가 머무르며 지인 및 하객들에게 축하를 받고 사진 촬영을 하는 공간이다.
- 신부대기실의 화훼장식 디자인은 예식장에 쓰인 화훼의 색채나 형태에 맞추어 제작한다. 뒷배경이나 조명과도 조화롭게 연출한다.
- 깔끔하고 품격 있으면서도 고급스럽게 연출하며 계절감을 더하면 더욱더 좋다.

ㅂ 결혼식장 입구장식(entrance of wedding hall decoration)
- 예식장의 화훼장식은 대부분 입구부터 시작된다.
- 방명록 테이블이나 포토 테이블은 간단한 화병이나 반구형의 형태로 장식한다.
- 단상장식, 및 꽃길장식(버진로드)과 통일감 있게 장식한다.

ㅅ 폐백실
- 폐백실은 신부가 처음으로 시부모님과 시댁 어른들에게 큰절을 올리는 장소이다.
- 병풍을 배경으로 폐백상 양옆에는 꽃 장식을 하는데 단아하고 풍성하게 제작한다.

② 결혼식 화훼장식의 정의 및 특성
ㄱ 정의
- 결혼은 신랑과 신부가 부부로서 관계를 맺는 계약임과 동시에 많은 사람들에게 두 사람의 관계를 알리고 축하와 격려를 받는 신성하고 아름다운 의식이다. 그러므로 결혼 예식의 화훼장식은 결혼 예식과 공간 특성에 맞는 화훼장식 작품에 관한 모든 행위를 포함한다.
- 각자의 개성과 취향을 반영하면서도 신랑과 신부가 돋보이도록 장식한다. 축복의 분위기가 형성되어야 하며, 아름답고 화려한 분위기인 만큼 적절하게 개화된 절화를 주로 많이 사용한다.

ⓒ 특성
- 결혼 화훼장식은 TPO, 즉 시간(Time), 장소(Place), 목적(Object)에 관한 내용을 정확하게 이해하고 그에 맞게 연출해야 한다. 즉, 결혼 시기는 언제인지, 결혼 장소는 실내인지 실외인지 또는 종교적인 장소에서 진행한다면 고려해야 하는 것은 무엇인지 등을 분명히 이해하고 그 목적에 일치하도록 구성해야 한다.
- 이외에 계절적인 요소, 시간적인 의미, 신랑 신부의 연령과 취향 등을 고려하는 것도 중요하다.

출제 경향 마스터 ✿

▶ 장례식 유형별 화훼장식 디자인의 특징은 무엇인가?

▶ 장례식 화훼장식의 종류에는 무엇이 있는가?

05 장례유형별 화훼장식 지도

| 1 | 장례식 유형별 화훼장식 디자인

① 우리나라 장례 화훼장식
- ㉠ 우리나라는 근대 이후 빈소에 꽃을 바치는 문화가 형성되었다.
- ㉡ 우리 민족은 예로부터 장례 의식을 슬픈 일로만 여기는 것이 아니라 고인이 새로운 생명으로 태어나는 것에 대한 축복의 의식으로 보는 것이 죽은 조상이나 살아 있는 자손에게 모두 복이 되는 일이라고 생각하였다. 이에 따라 죽음을 맞는 의식이 가능한 한 호상이 되도록 상여를 붉은 색으로 화려하게 꾸미고 상여 소리와 회다지 소리를 정성껏 부르는 풍습이 생겨나게 되었다.
- ㉢ 장례식에 흰 국화가 사용된 것은 100여 년 전 구한말 개화기부터이며 2000년대에는 국화꽃 이외에 다양한 색상의 꽃을 사용하기 시작하였다.
- ㉣ 영정 사진은 고인의 마지막 모습을 기억하기 위해 빈소의 가장 높은 곳에 화훼장식과 함께 설치한다. 우리나라의 장례식 화훼장식은 대부분 제단 위의 사진장식과 제단장식으로 구분하는데 고인의 가족들의 요청에 따라 관장식을 하기도 한다.

② 서양 장례 화훼장식
- ㉠ 서양에서는 입관한 후에 관을 열어 시신의 얼굴을 공개하기 때문에 관을 장식하는 것이 일반적이다.
- ㉡ 서양의 장례식에서 사용되는 꽃은 꽃이 가진 아름다움을 잘 표현하기 위해 만개한 것이 많다.
- ㉢ 장례식 장식에 사용될 꽃은 고인이 좋아했던 꽃, 좋아했던 색에 의미를 두고 가족, 친지들과 합의하여 제작하도록 한다.
- ㉣ 서양의 장례 화훼장식으로는 관장식(casket cover), 이젤 스프레이(easel spray), 바스켓(basket), 리스(wreath) 등이 있다.

확인! OX

1. 결혼 화훼장식은 시간, 장소, 목적에 관한 TPO를 정확하게 이해하고 그에 맞게 연출해야 한다. (O, ×)

2. 우리나라는 입관한 후에 개관하여 시신의 얼굴을 공개하기 때문에 관을 장식하는 장례문화가 발달했다. (O, ×)

정답 1. ○ 2. ×

| 2 | 장례식 유형별 화훼장식 트렌드

① **관장식**: 관 전체 장식과 관 뚜껑 위에 놓은 장식으로 구분하며 종교적인 장식이 많고 색채가 다양하게 사용된다. 관의 디자인과 소재의 특성을 파악하여야 하며 장식의 설치와 고정 방법을 결정한 후에 제작하도록 한다.

② **리스**: 리스장식의 형태는 시작과 끝이 없는 영원, 불멸, 윤회의 뜻을 가지고 있는 원형으로 장례 화훼장식에 널리 쓰이고 있다. 전통적인 리스는 상록수를 주로 활용하여 제작하며 영원한 삶의 의미를 나타내기도 한다. 원형이 아닌 하트 형태로도 많이 제작하는데, 가운데 부분이 메워진 형태와 뚫린 형태 두 가지가 있다.

③ **납골당용 액자**: 납골당에 유골함을 모시는 장례문화가 보편화됨에 따라 납골당용 액자장식이 많아지고 있으며 대부분이 조화로 장식을 한다.

| 3 | 장례식 유형별 화훼장식 지도

① **매장**: 매장이란 시신이나 유골을 땅에 묻어 장사하는 것을 말한다. 우리나라는 유교 관습에 따라 전통적으로 매장문화가 지배하고 있고 국토의 1%가 묘지로 덮여 있다. 종교적인 부분이나 본인의 사고에 의해서 화장을 꺼리는 사람들이 주로 매장을 한다. 묘지 주변에는 잔디를 깔고, 주로 향나무나 편백나무를 식재하여 깔끔한 분위기를 표현하였다. 최근에는 고인이 좋아했던 관목류도 식재하는 경향이 늘고 있다.

② **화장**: 화장이란 시신이나 유골을 불에 태워 장사하는 것을 말한다. 유골을 분쇄하여 유골함에 넣어 납골당에 안치하거나 가족납골묘에 모시기도 한다. 화훼장식으로는 유골함 장식이 있으며 유골함을 놓는 장소에 따라 여러 가지 형태로 디자인할 수 있다. 장례 당일은 생화로 제작할 수도 있지만 후에는 조화로 장식하는 경우도 많다.

③ **수목장**: 수목장은 나무를 지정하고 이름표를 달아서 그 아래 땅을 파고 분쇄한 분골가루를 묻는 방법이다. 지면으로부터 30cm 이상의 깊이에 유골함을 묻고 생화학적으로 분해가 가능한 용기를 이용하며 골분, 흙, 용기 이외의 것을 묻어서는 안 된다. 수목장 수목 주위에 잔디를 식재하고 절화와 분화를 이용하여 장식하며 개인적인 넓은 공간을 확보한 경우에는 생전에 고인이 좋아했던 꽃이 피는 관목을 식재하여 화려한 분위기를 연출한다.

| 4 | 장례식 화훼장식의 종류, 정의 및 특성 등

① 장례식 화훼장식의 종류

　㉠ 우리나라 장례 화훼장식: 빈소에 꽃을 바치는 문화는 근대 이후에 형성되었으며 장례식에 국화꽃이 사용된 것은 구한말 개화기부터였다. 2000년대에 들어와서는 장례식에 흰 국화꽃 이외의 다양한 꽃들을 사용하기 시작하였다.

　　• 영정장식: 장례장식에서 가장 중요한 장식이다. 종교, 성별, 연령, 계절, 날씨, 액자의 크기, 사진의 색, 장례 장소 등에 따라 달라질 수 있다. 신선도가 좋은 고품질의 생화를 이용하여 3~5일 정도 보존할 수 있어야 한다. 빈소의 제단 디자인과 어울리도록 제작하고 영정 주변은 깔끔하게 마무리한다.

　　• 빈소 제단장식: 장례식장의 인테리어나 실내외 제단의 디자인에 따라 장식을 달리 할 수 있다. 고인의 사회적 인지도, 유언, 종교, 가족의 요구조건 등을 고려하여 디자인해야 하고, 날씨와 계절도 고려하여 제작한다. 천재지변, 사고사, 재난 등으로 다수의 빈소를 장식할 때는 사회적 현상까지 고려해야 한다. 사고사가 아니라 일반적인 자연사인 경우 생전 고인이 좋아했던 꽃을 사용하여 화려하게 제작하기도 한다. 물올림이 잘된 고품질의 꽃을 사용하여 3~5일 간은 생화가 보존되도록 한다. 영정 주변은 간결하면서도 강한 포인트를 주어 조문객의 시선을 영정 사진으로 자연스럽게 유도한다. 고인에 대한 존경과 가족을 위한 헌신과 노력에 감사함을 표현하며 디자인한다.

　　• 근조화환: 우리나라에서는 애도의 표시로 유족이 아닌 친분 관계가 있는 사람이 보내며 리스 형태가 이용되기도 한다. 주로 1단, 2단, 3단의 형태를 띠고 있으며, 플라스틱, 목재, 철제 오브제를 사용한다. 리본에는 보내는 이의 이름과 메시지를 첨부하여 전달함으로써 유가족들의 기억에 도움을 주도록 한다.

　　• 차량장식: 차량의 종류에 따라 장식의 다양성을 표현할 수 있다. 장례 행사의 규모, 거리, 이동 중 차량 속도, 차량 파손 등에 유의하여 제작해야 하며 운전에 방해가 되어서는 안 된다.

　㉡ 서양 장례 화훼장식: 서양의 장례식은 우리나라처럼 3~5일장을 치르지 않고 교회나 성당에서 예배를 한 후 묘지공원에 안장하거나 묘지공원에 있는 채플홀을 특정 시간에 잠시 이용하여 예배 후 안장한다.

　　• 관장식(casket cover): 관 뚜껑을 장식하는 디자인으로 관 전체 장식과 관 뚜껑 위에 놓는 장식으로 구분하며 일반적으로 꽃꽂이 형태로 제작된다. 서양에서는 입관 이후 관을 열어 시신의 얼굴을 공개하기 때문에 관을 장식하는 것이 일반적이다. 우리나라에서도 관장식을 하는 경우가 있다.

　　　– 싱글 엔드 스프레이(single end spray): 관 뚜껑의 1/2을 장식하는 것으로 관 뚜껑을 반 정도 열어 놓고 고인의 얼굴을 보여 준다.

　　　– 더블 엔드 스프레이(double end spray): 관의 전체를 장식하는 것으로 관 뚜껑을 닫고 관 뚜껑 중심에서 수평형으로 장식하여 아래로 흐름을 준다.

　　• 이젤 스프레이(easel spray): 관 옆에 세우거나 장례식장 입구에 놓는 스탠드형 장식으로 다양한 형태(리스, 하트, 타원형, 다이아몬드)와 구성으로 제작된다. 이젤 스탠드는 주로 목재나 철재로 만들며 다리가 세 개로 구성된다. 우리나라에서는 잘 사용하지 않는다.

ⓒ 조문화장식

- 리스(wreath): 불멸, 영원의 뜻으로 리스를 제작하여 관 위에 놓거나 스탠드 위를 장식한다. 덩굴, 스티로폼, 철망, 짚 등으로 만든다.
- 꽃다발: 주로 성묘를 갈 때 많이 이용한다.
- 바스켓(basket): 제단 옆을 장식하기도 하고 묘지에 가지고 가서 장식하기도 한다. 주로 일방형으로 제작한다.

② 장례식 화훼장식의 정의 및 특성

ⓐ 정의: 장례용 꽃은 고인에 대한 명복을 기리는 마음과 가족과 친지들의 슬픔을 위로하는 뜻으로 표하는 화훼장식이다.

ⓑ 특성

- 장례용 화훼장식은 사망 시간과 장례식 사이에 2~3일의 여유밖에 없으므로 주문과 제작, 배달 등이 신속하게 이루어져야 한다. 장례용 화훼장식의 크기와 스타일, 사용되는 꽃의 종류는 고객의 요구에 따라 다르게 제작하며 꽃은 가장 아름다운 상태인 70~80% 정도 개화된 것을 사용한다.
- 현재 우리나라의 장례용 화훼장식은 나름대로의 특색과 분위기를 가지고 있지만 색과 형태가 단순한 편이다. 그러나 2000년대부터는 꽃의 색상도 화려해지고 다양한 꽃을 사용하여 제작하고 있으며 외국의 장례용 화훼장식도 차차 도입될 것으로 보인다. 최근에는 장례용 화훼장식의 규모가 커지고 발달함에 따라 장례용 전문 화훼장식을 가르치는 학원이 늘어나는 추세에 있다.

꽃 TIP

일방형: 화훼장식을 할 때 벽에 두고 앞에서만 보이도록 디자인한 것을 의미한다. 예 화환, 장례식장 제단장식 등

06 행사별 화훼장식 지도

| 1 | 행사별 화훼장식 디자인

① 행사의 주체별 분류: 개인, 가족, 기업·단체, 국가 등이 행사의 주체가 될 수 있다.

주체	대상	행사
개인	개인, 가족, 기업, 단체	돌, 생일, 청혼, 결혼기념일, 파티, 친목 행사 등
가족	개인, 가족, 기업, 단체	약혼, 결혼, 환갑, 고희, 상업용 행사 등
기업, 단체	개인, 가족, 기업, 단체, 국가	기념식, 상업용 행사 등
국가	개인, 가족, 기업, 단체, 국가	기념식 등

출제 경향 마스터

▶ 행사별 화훼장식 디자인의 특징은 무엇인가?

▶ 행사별 화훼장식 트렌드와 장례식 화훼장식의 종류는 무엇인가?

확인! OX

1. 행사의 주체는 개인과 가족 둘로 나눌 수 있다. (O, ×)

2. 가족 행사장식에는 시무식, 종무식, 기업 가족 파티, 창립기념일 등이 있다. (O, ×)

정답 1. × 2. ×

② 행사의 성격별 분류: 축하, 애도, 기념, 상업용, 전시 등으로 분류할 수 있다.
  ㉠ 연회용 행사장식
    • 시즌 행사장식: 신년회, 어린이날, 어버이날, 스승의 날, 로즈 데이, 부부의 날, 성년의 날, 핼러윈, 석가탄신일, 성탄절, 송년회 등에 필요한 행사장식이다.
    • 가족 행사장식: 백일, 돌, 회갑, 고희연, 결혼기념일, 제사, 생일, 출산, 장례 등에 필요한 행사장식이다.
    • 기업 이벤트 행사장식: 시무식, 종무식, 기업 가족파티, 창립기념일, 좌담회, 신제품 출시, 이·취임식 등 업무 관련 행사에 필요한 행사장식이다.
    • 축하 이벤트 행사장식: 입학, 졸업, 합격, 당선, 청혼, 취임, 승진, 개업 등 축하를 목적으로 하는 화훼장식에 필요한 행사장식이다.
  ㉡ 전시회용 행사장식
    • 전시회 행사장식: 신기술 발표, 작품 전시, 문화 예술 전시 등과 관련된 화훼장식이다.
    • 박람회 행사장식: 산업, 문화, 농업 등 여러 분야의 박람회와 관련된 화훼장식이다.
    • 발표회 행사장식: 무용, 음악, 패션쇼, 졸업작품전 발표회 등의 행사와 관련된 화훼장식이다.

③ 행사의 종류에 따른 화훼장식
  ㉠ 돌잔치 화훼장식: 돌잔치는 아기가 태어난 지 1년이 되는 첫 생일을 축하하는 의식이다. 아기의 앞날이 번영하기를 기원하는 한국의 풍습으로 가족친지와 지인들을 초대하여 축하하는 자리이다. 일반적으로 호텔, 레스토랑, 돌잔치 전문 행사장 등에서 열린다.
    • 기원: 돌잔치의 '돌'은 열두 달을 한 바퀴 돌았다는 뜻이다. 과거에는 돌을 못 넘기고 죽는 아기가 많았기 때문에 1년을 넘기면 앞으로도 무사히 살아남는다는 뜻으로 치렀던 잔치가 지금까지 이어진 것이다.
    • 돌잡이: 돌잡이는 돌잔치에서 쌀, 활, 붓, 실, 마패, 돈 등을 펼쳐 놓고 아기가 집는 물건으로 아기의 장래를 점쳐 보는 의식이다. 요즘은 전통적으로 놓였던 물건들 이외에 현대의 직업에 따라 새로운 종류의 물건을 여럿 추가하기도 한다.
    • 돌잔치 단상장식: 테이블을 덮는 천의 색상이 전체적인 분위기에 맞도록 해야 한다. 특히 뒷면 현수막과도 색상을 맞추는 것이 좋다. 현대 돌상인지 전통 돌상인지에 따라 단상장식의 성격도 바뀐다.
    • 돌잔치 포토 테이블: 포토 테이블은 출산과 더불어 아기의 1년여의 기록들을 손님들에게 보여 주는 테이블이다. 가족 사진, 만삭 사진, 성장 액자 등의 사진과 앨범, 방명록 등을 놓고 화훼장식과 소품들을 배치한다. 요즘은 사진을 캐릭터화하여 재미있는 연출을 하기도 한다. 생화, 가공화, 분화를 이용하여 연출할 수 있으며, 강렬한 분위기보다는 부드러운 분위기를 연출하며 화병장식이 많이 이용되고 있다.
    • 돌잔치 입구장식: 참석자들이 알아볼 수 있도록 손님맞이 환영 문구와 자녀의 사진 액자, 인쇄된 부모님의 이름을 행사장 입구에 놓는다. 주로 분화로 간소하게 장식하는 경우가 많다.

구분	현대 돌상	전통 돌상
장식 도구	현대식 화기 및 장식 도구	한국 전통 용품
돌잡이	현대의 직업과 관련된 물품 (마이크, 청진기, 골프공, 야구공 등)	전통적인 직업과 관련된 물품 (쌀, 활, 붓, 엽전, 마패, 실 등)
화훼 장식	주 색채와 어울리는 생화, 가공화, 분화	전통적인 목련, 작약, 난, 모란
상차림	케이크와 현대식 떡	전통 떡과 전통 음식

ⓛ 회갑 및 고희 산수연: 포토 테이블이 없는 것이 일반적이며 성인을 대상으로 하기 때문에 차분하고 무게감 있게 연출한다. 화훼장식은 생화, 가공화, 분화를 사용할 수 있으며 음식이 높게 쌓이므로 행사 주인공의 시야를 가리지 않는 범위 내에서 연출하도록 한다.

ⓒ 파티 및 단체 행사: 파티는 파티 주최자가 여러 주제로 참가자들을 모아 진행하는 행사로 생일, 축하, 발표, 기념 등 많은 종류로 구분된다. 이때 가장 중요한 것은 주최자의 주최 목적과 행사의 특성을 잘 파악하는 것이며 화훼장식을 해야 하는 공간이 넓어서 연출이 많이 필요한 경우는 스케치나 드로잉을 통해 주최자와 논의를 한 후에 진행하는 것이 좋다.

ⓔ 전시회용 화훼장식

• 전시회: 전시회는 신기술 발표, 작품 전시, 문화 예술 전시 등과 관련된 행사이다. 화훼장식은 입구와 연회장 위주로 하게 되는데 너무 눈에 띄는 강렬한 작품보다는 부드러운 느낌으로 제작하는 것이 적절하다. 행사이니만큼 화환을 준비하는 경우도 있으며, 코르사주와 증정용 꽃다발도 함께 준비하면 좋다.

• 박람회: 박람회란 국가 또는 지역의 문화나 산업의 실태를 소개하기 위하여 관련된 각종 사물이나 상품을 진열하는 행사이다. 개막에만 화훼장식이 필요한 경우와 행사가 끝날 때까지 계속 장식을 유지해야 하는 경우가 있다. 개막에만 화훼장식이 필요한 경우는 단상장식과 코르사주, 꽃다발을 위주로 하며 행사가 끝날 때까지 화훼장식을 유지해야 하는 경우는 물 공급과 함께 참가자들의 동선과 안전성까지 고려해야 한다. 실내 환경의 영향을 받거나 물 공급이 원활하지 않아서 꽃이 시들어버린 경우는 즉시 교체하여야 한다.

| 2 | 행사별 화훼장식 트렌드

① 트렌드에 맞는 디자인을 제작, 연출하기 위해서는 다양한 분야의 트렌드를 익히고 있어야 한다.
② 트렌드가 바뀌는 변화 시점에 대해 잘 알고 있어야 한다.
③ 트렌드는 경제성, 효율성, 개성, 미적 관점 등을 고려하여 만들어진다.
④ 가장 중요한 것은 고객의 요구사항을 디자인에 반영하면서도 새로운 트렌드에 맞는 다양한 디자인으로 제작하여야 한다는 것이다.
⑤ 행사의 주제, 목적, 고객의 성향, 행사에서 화훼장식의 역할 등을 고려하여 고객이 원

확인! OX

1. 현대적인 돌상을 장식할 때 현대식 화기 및 장식 도구를 이용한다.   (O, ×)

정답 1. O

하는 디자인을 계획한다.

⑥ 고객과 의사소통하는 방법으로 드로잉(drawing)이 이용되기도 한다.

| 3 | 행사별 화훼장식 지도

① 공간 유형

　㉠ 실내공간

　　• 실내공간을 디자인하는 것은 이미 만들어진 건축공간을 대상으로 한다.

　　• 실내공간의 기본요소로는 벽, 바닥, 천장, 개구부 등이 있고 공간 분위기를 좌우하는 요소에는 마감재, 조명, 색채, 가구, 장식물 등이 있다.

　　• 화훼장식은 하나의 장식적 요소로 사용할 수 있다. 같은 공간, 같은 분위기 안에서 화훼장식의 디자인, 컬러, 트렌드를 어떻게 쓰느냐에 따라 다양한 변화와 연출이 가능하기 때문이다.

　㉡ 실외공간

　　• 실외공간은 환경적인 면에서 매우 넓은 범위를 가지고 있다.

　　• 공간이 넓은 만큼 화훼장식을 할 경우 크고 대범하게 제작하는 것이 좋다.

　　• 화훼장식에서의 실외공간은 실외전시장 및 행사공간 또는 잔디, 나무, 풀 등으로 구성된 자연 환경을 의미한다. 따라서 실외공간에 화훼장식을 할 때는 잔디, 나무, 바위 등 자연 소재를 디자인의 요소로 이용하여 장식한다.

　　• 전시회를 하기 위해서 화훼장식을 하는 경우에는 전시장을 주된 공간으로 장식한다.

② 행사장 공간 특성에 따른 화훼장식

　㉠ 행사장 공간과 화훼장식

　　• 행사장 공간장식은 행사의 주제와 장소에 따라 크게 내부공간과 외부공간으로 나뉜다. 즉, 각 공간의 특성과 행사의 주제에 맞게 공간 전체(테이블, 의자, 단상 등)에 대한 화훼장식을 할 수 있다.

　　• 내부장식은 행사의 목적이 돋보이도록 하는 기능적인 역할과 미적인 기능을 함께 갖추어야 한다. 또한 기둥을 갈란드로 장식하거나 천장을 이용하여 행잉(hanging) 작품을 설치하여 장식할 수도 있다.

　　• 행사장 공간장식은 행사장에서 동선을 유도하거나 시선을 차단하는 역할을 하기도 한다.

　㉡ 행사장 공간 특성에 따른 행사 화훼장식

　　• 행사의 종류와 행사를 진행할 장소가 정해지면 공간 특성에 맞는 화훼장식을 디자인한다.

　　• 행사장 공간장식은 공간과 행사에 따라 차이점은 있으나 주로 단상장식, 행사장 입구장식, 행사장 내부장식, 테이블장식 등으로 구분된다.

　　• 행사장 내부장식의 경우 공간의 모든 요소(테이블, 의자, 벽, 천장 등)가 포함되어 있다.

③ 디자인 원리와 요소

　㉠ 창의적 독창성: 다른 곳에서는 볼 수 없는 새로운 아이디어로 독창적이고 새로운 디자인을 보여준다.

ⓛ 미적 가능성: 꽃의 특성과 아름다움을 잘 살려 예술적 가치를 만족시킨다.

ⓒ 효율적 기능성: 디자인을 중요시하되 결혼식의 목적이 훼손되지 않도록 효율적인 부분도 고려해야 한다.

ⓔ 조형적 질서성: 조형적인 요소와 원리를 이용하여 디자인하되 조화를 이루어야 한다.

ⓗ 최소의 경제성: 화훼장식에 들어가는 시간과 비용을 최소로 투자하여 최대의 효과를 얻을 수 있도록 한다.

ⓑ 행사별 화훼장식의 프로세스

1단계	• 상품 의뢰 – 고객
2단계	• 상품 개념 설정 • 고객 분석 – 용도 및 목적 파악 – 트렌드 분석 – 디자인 방향 설정
3단계	• 재료 계획 – 형태, 색채, 질감 설정 • 가격 분류
4단계	• 상품 디자인 전개 – 전체 형태 디자인 전개 • 식물 소재 및 부소재 색채 결정 적용
5단계	• 상품 디자인 채택
6단계	• 상품 디자인 제작 및 판매

| 4 | 행사별 화훼장식의 종류, 정의 및 특성 등

① 행사별 화훼장식의 종류

ⓐ 입구장식

- 입구는 행사의 첫인상을 결정짓는 중요한 장소이다. 그러므로 행사의 주제에 맞는 디자인이 중요하며 형태와 색상은 공간의 특성을 잘 살려 제작한다.
- 입구장식은 참가자들을 환영하는 의미에서 크고 화려하게 제작하고 동선을 고려하여 설계한다.
- 안정감 있는 화기를 사용하며 안정감 있게 제작한다.

ⓑ 테이블장식

- 행사장의 만찬 테이블은 참가자들이 가장 많이 머무르는 공간이다. 식사와 대화가 이루어지는 공간이므로 식욕을 떨어뜨리는 차가운 색상은 피하며, 향이 강한 식물도 피하는 것이 좋다. 또한 갈대, 억새, 라그라스 등 흩날리는 소재는 사용하지 않는 것이 좋다.
- 높이는 상대방의 시선을 방해하지 않는 선에서 제작 연출한다.
- 식음료의 종류에 따라 세부적인 테이블 세팅(table setting)이 다르므로 상황에 따라서 어울리도록 제작한다.

확인! OX

1. 입구장식은 행사의 첫인상을 결정짓는 중요한 장식이다.
(○, ×)

정답 1. ○

ⓒ 단상장식
- 단상장식은 행사의 메인 무대를 뜻하며 단상 위에 있는 장식물, 소품, 마이크 장식까지도 포함한다.
- 단상장식은 행사의 유형에 따라 다르게 제작된다.
- 사회장의 단상은 있는 경우도 있고 없는 경우도 있다.

ⓔ 벽면 및 천장장식
- 벽에 걸거나 천장에 매달아 장식할 수 있는 디자인을 말한다.
- 디자인으로는 현수(懸垂)와 행잉(hanging) 등이 있다.
- 벽면 및 천장을 장식할 때는 안정성을 고려하여 제작한다.
- 제작 시에 시설물이 훼손되지 않도록 주의한다.

ⓜ 로비장식 및 계단장식
- 행사장에 따라 컨시어지 테이블, 안내판, 칵테일 리셉션 장소, 테이블 바 등이 포함된 경우도 있다.
- 참가자들의 시선이 집중되므로 큰 장식물을 제작하거나 행사장에 있는 기존 시설물을 이용하여 크고 화려하게 제작한다.
- 내부에 층별로 연결된 계단을 장식할 경우 난간과 계단을 행사 분위기에 맞게 연출할 수 있다. 계단이 동선으로 사용될 경우에는 계단을 장식한 화훼장식이 사람들의 동선에 방해가 되지 않도록 배치하여 파손되지 않도록 주의한다.
- 난간장식의 경우 갈란드를 이용하여 장식하기도 한다.

② 행사별 화훼장식의 정의 및 특성
ⓐ 정의: 행사별 화훼장식이란 이벤트, 전시회, 연회 등의 행사공간을 화훼로 장식하는 것을 말한다.
ⓑ 특성: 행사별 화훼장식은 시간, 장소, 목적에 관한 TPO를 정확하게 이해하고 그에 맞게 연출해야 한다.
- 즉, 행사 시기(Time), 실내외 여부, 사적인 공간 또는 기업체의 공적인 공간(Place), 목적 또는 대상(Object) 등의 요소에 화훼장식이 부합해야 한다.
- 행사별 화훼장식은 목적이나 대상을 뚜렷이 파악하여야 한다. 무엇 때문에, 누구를 위하여 행사를 진행하는지에 따라서 화훼장식의 분위기가 달라져야 하기 때문이다. 특히 사적인 행사인지, 아니면 기업 차원에서 진행하는 행사인지에 따라 화훼장식은 달라지며, 행사에 참여하는 참여자들의 연령과 취향도 중요하게 작용한다.
- 계절적인 요소와 시간적인 의미도 매우 중요하다. 예를 들어 만약 시간대가 저녁이라면 조명을 이용하여 분위기를 연출하면 좋다.

🌼 TIP
현수(懸垂): 무엇을 매달아 드리운 것

🌼 TIP
일반적으로 TPO의 O는 '상황(Occasion)'을 의미하지만, 분야에 따라 '목적(Object)'으로 대체하기도 한다.

01 ◎△✕ | ◎△✕

하나의 수반에 두 개의 침봉을 사용하는 것은?

① 직립형
② 하수형
③ 경사형
④ 분리형

02 ◎△✕ | ◎△✕

동양형 화훼장식의 특징에 대한 설명으로 가장 거리가 먼 것은?

① 기본 구성은 삼각형 구도를 가지고 있다.
② 천, 지, 인 사상을 바탕으로 한다.
③ 선과 여백의 미를 강조한다.
④ 기하학적 구성이며 면과 입체적 구성을 중요시한다.

03 ◎△✕ | ◎△✕

동양형 화훼장식의 직립형 기본화형에 대한 설명으로 알맞지 않은 것은?

① 1주지의 각도가 40°~60°이다.
② 2주지의 각도가 40°~60°이다.
③ 3주지의 각도가 70°~90°이다.
④ 구성은 부등변 삼각형 형태이다.

04 ◎△✕ | ◎△✕

다음 중 수직형 디자인에 대한 설명으로 알맞지 않은 것은?

① 초점은 방사형으로 제작한다.
② 높이가 강조되어 강하게 상승하는 운동감을 가진다.
③ 좁은 공간을 장식할 때 적합한 디자인이다.
④ 대부분 앞면 위주의 일방형보다 사방형으로 제작한다.

해설

01 분리형은 한 개의 화기에 두 개의 침봉을 사용하여 꽃꽂이를 하거나, 화기를 두 개 사용하여 소재를 나누기도 한다.

02 ④는 서양형 화훼장식의 특징이다.

03 1주지의 각도가 40°~60°인 것은 경사형 기본화형이다.

04 수직형은 대부분 앞면 위주인 일방형으로 제작한다.

정답 01 ④ 02 ④ 03 ① 04 ④

05

○△✕ | ○△✕

일본 화훼장식 중 모리바나에 대한 설명으로 알맞지 않는 것은?

① 모라바나가 유행했던 시기는 에도 시대(1603~1867) 이다.
② 넓고 얕은 용기인 수반을 이용하여 제작하였다.
③ 서양꽃과 조화를 이루어 제작하였다.
④ 침봉을 사용하여 제작하였다.

06

○△✕ | ○△✕

밀드플레 디자인에 대한 설명으로 알맞지 않은 것은?

① 다양한 종류와 다양한 색의 꽃을 사용하여 풍성한 느낌을 준다.
② 비더마이어와 같이 빽빽하게 꽂지 않고 꽃들 사이의 공간과 높낮이를 고려하여 디자인한다.
③ 네덜란드 화가들의 그림을 모방하여 만든 작품이다.
④ '수천 송이의 꽃'이라는 의미를 가지고 있다.

07

○△✕ | ○△✕

개신교 화훼장식의 특성에 대한 설명으로 알맞지 않은 것은?

① 개신교 예배 의식은 교회력에 바탕을 두고 있다.
② 주일의 교육적 기획은 물론 예배공간을 아름답게 하고 교회력의 계절감을 느낄 수 있도록 디자인한다.
③ 개신교의 화훼장식은 예배를 위하여 제대나 강단에 설치하는 것으로 일반적인 화훼장식을 기본으로 교회력과 성서일과를 고려하여 구도, 재료, 색채 등을 구성한다.
④ 재료나 형태에서는 특별히 상징성을 강조하지 않지만 꽃이 놓이는 공간의 색채에 대해서는 신경을 써야 한다.

08

○△✕ | ○△✕

종교별 화훼장식 작품 평가 시 아이디어와 관련된 내용이 아닌 것은?

① 독창성이 있는가?
② 주체의 해석을 전달하는가?
③ 선택된 재료가 디자인에 적합한가?
④ 고전, 현대, 시대적 세분화 평가 비율이 적당한가?

해설

05 모리바나가 유행하였던 시기는 근 · 현대이다.
06 17C 네덜란드 화가들의 그림을 모방하여 다양한 종류의 꽃과 과일, 조개, 곡식을 곁들여 디자인한 작품은 더치 플레미쉬이다.

07 꽃이 놓이는 공간의 색채를 고려해야 하는 것은 불교 화훼장식이다.
08 고전, 현대, 시대적 세분화 평가 비율은 디자인 스타일과 관련된 내용이다.

정답 05 ① 06 ③ 07 ④ 08 ④

09

○△Ⅹ | ○△Ⅹ

성탄절(Christmas)에 대한 설명으로 알맞지 않은 것은?

① 예수 그리스도와 관련된 날로 십자가의 고난과 무덤에서의 부활을 기념하는 때이다.
② 그리스도가 탄생한 절기를 말한다.
③ 성탄절 이브부터 1월 5일까지의 기간으로 '성육신 (Incarnation)'을 기념한다.
④ 예수 성탄 축일에는 구유를 꾸미고 트리를 장식한다.

10

○△Ⅹ | ○△Ⅹ

실외 결혼식의 특징으로 알맞은 것은?

① 일반 웨딩홀과 비슷하지만 가격 면에서 비싸고 화려하며 더 고급스러운 분위기를 연출한다.
② 가장 먼저 신경을 써야 하는 것은 날씨로, 특히 우천 시 대안 방안을 반드시 고려해야 한다.
③ 일반적으로 가장 많이 하는 결혼식 형식으로 대기실, 예식, 폐백, 식당 등이 모두 갖추어진 패키지 형식을 띠고 있다.
④ 최근 유행하고 있는 결혼식 유형이며 예쁘고 독특한 분위기나 특별 예식을 원하는 사람들이 선호한다.

11

○△Ⅹ | ○△Ⅹ

내추럴 웨딩의 특징으로 알맞은 것은?

① 세련되고 단순한 디자인 속에서 개성을 느낄 수 있는 이미지를 추구하고, 자연 재료의 본질적인 아름다움을 표현하여 제작한다.
② 곡선, 레이스, 꽃무늬 등의 고급스럽고 부드러운 느낌을 주는 화사한 장식물을 사용하여 화려하고 풍부한 느낌을 표현한다.
③ 단일색으로 제작하는 경우가 많지만 색의 제한은 없으며 화이트, 그린, 오렌지, 레드, 그레이 등 신부가 원하는 색으로 제작한다.
④ 친근하게 느껴지는 자연 재료를 주로 사용하여 자연에 가까운 멋을 표현하며, 풍요롭고 따뜻하며 자연스러운 선을 사용하여 여유롭고 세련되게 표현한다.

12

○△Ⅹ | ○△Ⅹ

신부 부케에 대한 설명으로 알맞지 않은 것은?

① 18C 영국 조지아 시대의 사람들은 악령과 질병을 예방하는 목적에서 향기가 나는 꽃다발을 가지고 다녔다.
② 신부의 개성, 외관적인 요인, 결혼 형식 등 여러 가지 조건에 맞추어 디자인을 한다.
③ 신부의 부케는 반드시 흰색과 핑크색만을 이용하여 제작한다.
④ 순결을 상징하는 흰색의 옷과 함께 흰색의 꽃으로 제작하다가 오늘날에는 다양한 형태의 꽃다발로 발전하였다.

해설

09 십자가의 고난, 부활을 기념하는 절기는 부활절(Easter)이다.

10 ①은 호텔, ③은 웨딩홀, ④는 하우스 웨딩의 특징에 해당한다.

정답 09 ① 10 ② 11 ④ 12 ③

13

○△✕ | ○△✕

중국 화훼장식에서 청대(淸代, 1236~1912년)에 대한 설명으로 알맞지 않은 것은?

① 심복(沈復)의 저서 부생육기(浮生六記)에는 작품의 구성법, 꽃의 선택, 기술적인 면 등의 다양한 조형 이론이 기술되어 있다.
② 자연미를 살리는 사경화(寫景花)와 조형미를 추구하는 조형화(造型花)가 등장하였다.
③ 19C 말 20C 초에는 세이카 양식이 유입되어 반화(盤花)가 다시 성행하였다.
④ 삽화 예술은 쇠퇴기로, 분재로 점차 바뀌어 갔다.

14

○△✕ | ○△✕

센터피스(center piece)에 대한 설명으로 알맞지 않은 것은?

① 식탁 중앙부의 장식을 의미한다.
② 제작 형태로는 수평형과 원추형이 있다.
③ 테이블을 장식할 경우 센터피스를 비롯해서 음식, 식기, 음악, 조명 등이 어우러져야 아름다운 테이블을 구성할 수 있다.
④ 테이블장식과 콘솔장식 등에 이용된다.

15

○△✕ | ○△✕

서양 장례 화훼장식에 대한 설명으로 알맞지 않은 것은?

① 서양에서는 입관한 후에 관 뚜껑을 열어 시신의 얼굴을 공개하기 때문에 관을 장식하는 것이 일반적이다.
② 꽃이 가진 아름다움을 오랫동안 유지하기 위해서 아직 꽃이 피지 않은 봉오리들을 사용한다.
③ 화훼장식에 있어서 장례식에 사용될 꽃은 고인이 좋아했던 꽃, 좋아했던 색에 의미를 두고 가족, 친지들과 합의하여 제작하도록 한다.
④ 서양의 장례 화훼장식으로는 관장식(casket cover), 이젤 스프레이(easel spray), 바스켓(basket), 리스(wreath) 등이 있다.

16

○△✕ | ○△✕

장례식 화훼장식의 특성으로 알맞지 않은 것은?

① 장례용 화훼장식은 사망 시간과 장례식 사이에 2~3일의 여유밖에 없으므로 주문과 제작, 배달 등이 신속하게 이루어져야 한다.
② 장례용 화훼장식의 크기와 스타일, 사용되는 꽃의 종류는 고객의 요구에 따라 다르게 제작한다.
③ 꽃은 가장 아름다운 상태인 70~80% 정도 개화된 것을 사용하여 제작한다.
④ 천재지변이나 대형사고 등으로 인한 합동 장례의 화훼장식은 사회적 현상이나 날씨 등을 고려하지 않아도 된다.

해설

13 19C 말 20C 초에는 모리바나 양식이 유입되었으며 세이카 양식은 18C에 유입되었다.

16 천재지변이나 사회적 참사 등으로 치르는 합동 장례는 날씨는 물론 그로 인하여 나타나는 사회적 현상 등까지 고려해서 화훼장식을 해야 한다.

정답 **13** ③ **14** ② **15** ② **16** ④

17

⭕🔺❌ | ⭕🔺❌

장례용 화훼장식에서 차량장식에 대한 설명으로 가장 알맞은 것은?

① 장례 행사의 규모, 거리, 이동 중 차량의 속도, 차량의 파손에 유의하여 제작하며 운전자의 운전에 방해되어서는 안 된다.

② 고인의 사회적 인지도, 유언, 종교, 가족의 요구 조건 등을 고려하여 디자인한다.

③ 천재지변, 사고사, 재난 등으로 다수의 빈소를 장식할 때는 사회적 현상까지 고려해야 한다.

④ 3~5일 정도 생화가 보존되도록 한다.

18

⭕🔺❌ | ⭕🔺❌

돌잔치 입구장식에 대한 설명으로 알맞은 것은?

① 포토 테이블이 없는 것이 일반적이며 성인을 대상으로 하기 때문에 차분하고 무게감 있게 연출한다.

② 일반적으로 참석자들이 알아볼 수 있도록 손님맞이 환영문구, 자녀의 사진 액자, 인쇄된 부모님의 이름을 행사장 입구에 놓는다.

③ 화훼장식은 생화, 가공화, 분화를 사용할 수 있으며, 음식이 높게 쌓이므로 행사 주인공의 시야를 가리지 않는 범위 내에서 연출하도록 한다.

④ 화환으로 장식하거나 코르사주와 증정용 꽃다발을 함께 준비한다.

19

⭕🔺❌ | ⭕🔺❌

행사별 화훼장식 트렌드에 대한 설명으로 알맞지 않은 것은?

① 트렌드에 맞는 디자인을 제작, 연출하기 위해서는 다양한 분야의 트렌드를 익히고 있어야 한다.

② 트렌드가 바뀌는 시점에 대해 잘 알고 있어야 한다.

③ 트렌드는 경제성만을 고려하여 만들어진다.

④ 고객의 요구사항과 새로운 트렌드를 모두 반영하여 다양하게 디자인하는 것이 가장 중요하다.

20

⭕🔺❌ | ⭕🔺❌

행사별 화훼장식 중 실내공간 유형의 특징으로 알맞지 않은 것은?

① 공간을 디자인하는 것은 이미 만들어진 건축공간을 대상으로 한다.

② 기본요소로는 벽, 바닥, 천장, 개구부 등이 있고 공간 분위기를 좌우하는 요소에는 마감재, 조명, 색채, 가구, 장식물 등이 있다.

③ 화훼장식은 하나의 장식적 요소로 사용할 수 없다.

④ 같은 공간, 같은 분위기 안에서도 화훼장식의 디자인, 컬러, 트렌드에 따라 다양한 연출이 가능하다.

해설

17 ②·③·④는 빈소 제단장식에 대한 설명이다.

20 화훼장식은 하나의 장식적 요소로 사용할 수 있다.

CHAPTER 2

화훼장식 서양형 디자인

이 단원은 이렇게!

화훼장식 서양형 디자인에서는 서양형 화훼장식 디자인 중에서 **전통적 기법과 현대적 기법, 자유화 기법**에 대한 전반적인 이해가 필요해요. 그리고 **고객 요구 파악과 디자인요소 및 원리**에 대해서 꼭 알고 있어야 해요.

출제 경향 마스터 ✿

▶ 서양형 기하학적 기본 형태의 종류와 특징은 무엇인가?

▶ 서양형 기하학적 응용 형태의 종류와 특징은 무엇인가?

---

01 서양형 전통적 기법 디자인

│ 1 │ 서양형 기하학적 기본 형태

고대 이집트부터 발전되어 온 기하학적 형태가 기본이다.

① **반구형(dome style)**
 ㉠ 테이블을 장식하는 대표적인 화형이다.
 ㉡ 구(球)를 절반으로 나눈 모양이다. 초점이나 강조하는 부분 없이 전체적으로 부드러운 원의 형태로 만들어 준다.

② **수평형(horizontal)**
 ㉠ 수직보다 수평을 강조한 화형이다.
 ㉡ 안정적이고 편안한 이미지를 준다.
 ㉢ 전통적인 형태에서는 좌우가 대칭이 되게 구성되지만 응용된 형태의 경우 좌우가 비대칭이 되게 구성하기도 한다.
 ㉣ 수직축이 매우 짧아 테이블 센터피스(table center piece)로도 많이 사용된다.

③ **수직형(vertical)**
 ㉠ 방사형으로 초점을 맞추어 제작하되, 넓이보다는 높이를 강조한 디자인이다.
 ㉡ 수직의 느낌을 강조하기 위해서는 화훼의 높이를 화기의 두 배 이상이 되도록 제작하는 것이 좋다.
 ㉢ 강하게 상승하는 운동감을 가지고 있다.
 ㉣ 대부분 앞면 위주의 일방화로 제작하는 경우가 많다.
 ㉤ 좁은 공간을 장식하기에 좋다.

④ **삼각형(triangular)**
 ㉠ 세 개의 끝점이 정확한 삼각형 모양이다.
 ㉡ 기하학적 디자인으로 엄숙함과 안정감을 준다.

확인! OX

1. 수직형(vertical)은 좁은 공간을 장식할 때 좋다. (O, ×)

2. 수평형은 수직축이 매우 짧아 테이블 센터피스(table center piece)로도 많이 사용된다. (O, ×)

3. 대칭 삼각형은 엄격한 좌우 대칭의 삼각형에서 벗어나 다양하고 자연스러운 형태를 구성할 수 있다. (O, ×)

정답 1. ○ 2. ○ 3. ×

ⓒ 대칭 삼각형과 비대칭 삼각형(형태를 구성하는 세 변의 길이와 세 각의 크기가 서로 다른 형태의 구성)이 있으며, 비대칭 삼각형은 훨씬 자유로운 표현이 가능하다.

ⓔ 응용의 폭이 넓은 형태로 기하학적이면서 긴장감, 방향감을 강조할 수 있다.

⑤ L자형(L-style)

ⓐ 영어의 L자와 같은 화형으로 좌우 비대칭이다.

ⓑ 수직선에 수평선이 결합된 형태이며 주로 직선의 소재를 사용한다.

ⓒ 비대칭 삼각형과 비슷해질 수 있으므로 디자인에 유의한다. 특히 수직축보다 수평축의 소재를 가볍게 꽂아 주는 것이 좋다.

⑥ 초승달형(crescent)

ⓐ 바로크 시대에 유행했던 초승달 모양이다.

ⓑ 대칭형과 비대칭형이 있다.

ⓒ 주된 요소는 부드러운 두 곡선의 움직임을 보여 주는 것으로 선의 끝부분은 점점 좁아지면서 부드럽고 세련되게 표현한다.

⑦ 부채형(fan)

ⓐ 부채꼴 형태로 부드러우면서 화려한 느낌을 준다.

ⓑ 포컬 포인트를 중심으로 좌우 대칭 구성이 많이 사용된다.

ⓒ 포인트 부분에는 표정이 큰 폼 플라워를 사용하고 소재의 색상을 이용하여 입체감과 시각적 균형감을 이루게 꽂아 준다.

ⓓ 강단이나 제단장식으로 사용한다.

⑧ 원추형(cone)

ⓐ 밑면이 원형으로 구성된 원뿔 형태로 비잔틴 콘 양식이라고도 한다.

ⓑ 꽃, 과일, 열매, 채소 등을 소재로 이용한다.

ⓒ 반구형의 중심이 위로 높게 진출된 형태로 사방에서 볼 수 있는 사방화이다.

| 2 | 서양형 기하학적 응용 형태

기본형을 기본으로 하여 두 가지 이상의 형태를 조합하거나 한 가지 형태를 반복해서 사용한다.

① 비대칭 삼각형(asymmetrical triangular style)

ⓐ 엄격한 좌우대칭의 삼각형에서 벗어나 다양하고 자연스러운 형태를 구성할 수 있다. 단, 중심축의 좌우는 비대칭이어야 한다.

ⓑ 시각적으로 무게 중심은 중심축에서 벗어나 있다.

ⓒ 세련미가 두드러진다.

② 피라미드형(pyramid)
  ㉠ 정사각형의 밑면과 네 개의 삼각형으로 된 옆면이 입체적인 모양을 이루도록 구성한 형태이다.
  ㉡ 고대 건축 양식을 토대로 하여 고안된 디자인이다.
  ㉢ 공간 연출은 물론 크리스마스 트리 형태로도 이용할 수 있다.
  ㉣ 대칭 삼각형과 반구형의 응용 형태로 볼 수 있다.

③ 역T자형(inverted-T)
  ㉠ 알파벳 T를 거꾸로 세워 놓은 형태이다. 혹은 알파벳 L 두 개가 좌우로 겹쳐진 것처럼 보이기도 한다.
  ㉡ 대칭과 비대칭이 모두 가능하며 수직과 수평이 만나는 곳은 부피를 줄여서 약간의 각이 보이도록 구성해야 날씬하고 예쁜 '역T' 모양을 만들 수 있다.
  ㉢ 현대적인 실내공간장식에 적합하다.

④ 사선형(diagonal)
  ㉠ 방향감, 운동감, 속도감, 리듬감이 가장 강한 화형이다.
  ㉡ 불안정하고 변화가 많은 모양이므로 역동적이고 긴장감을 줄 수 있다.
  ㉢ 수평형과 수직형의 응용 형태로 볼 수 있다.

⑤ S자형(hogarth curve)
  ㉠ 알파벳의 S자 형태로 구성된 것이다.
  ㉡ 자연스러운 곡선의 소재를 사용하여 율동감을 표현한다.
  ㉢ 화기는 키가 큰 꽃병, 다리가 긴 콤포트 등을 많이 이용한다.

⑥ 스프레이 셰이프(spray shape)
  ㉠ 화기나 바구니 위에 꽃다발을 얹어 놓은 것처럼 보이게 형상화한 디자인이다.
  ㉡ 전체적인 윤곽은 타원형으로 옆에서 보는 모습이 특히 아름답다.
  ㉢ 잘라 낸 줄기와 꽃이 함께 자연스럽게 이어지도록 꽂는다.
  ㉣ 초점 뒷부분은 그린 소재로 가리고 줄기는 리본으로 묶어서, 마치 꽃을 한 다발로 묶은 것처럼 표현한다.

수직형   수평형   삼각형

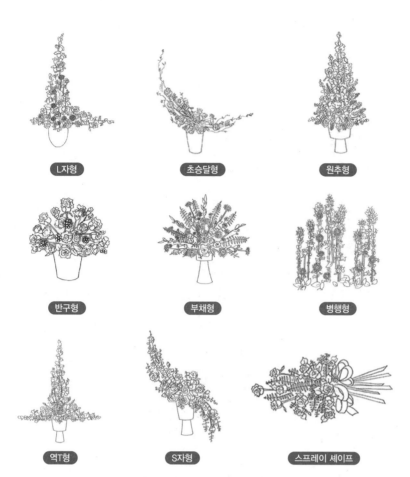

L자형　　초승달형　　원추형
반구형　　부채형　　병행형
역T형　　S자형　　스프레이 셰이프

〈화형의 강조요소에 따른 분류〉

강조요소		기하학적 기본 형태	기하학적 응용 형태
선	직선	• L자형	• 역T자형 • 사선형
	곡선		• S자형
선+면, 입체	직선+면, 입체	• 수직형 • 대칭 삼각형	• 비대칭 삼각형
	곡선+면, 입체	• 수평형 • 부채형 • 초승달형	• 스프레이 셰이프
입체		• 반구형 • 원추형	• 피라미드형

〈화형의 구성에 따른 분류〉

구성	기하학적 기본 형태	기하학적 응용 형태
한 면	• 대칭 삼각형 • L자형 • 초승달형	• 비대칭 삼각형 • 역T자형 • 사선형 • S자형

사방	• 수직형 • 수평형 • 반구형	• 피라미드형

| 3 | 서양형 신고전주의 형태

기본형과 응용형을 현대적으로 재해석한 형태이다.

① 피닉스 디자인(phoenix design)
　㉠ 방사형의 고전적인 디자인이다. 사막의 불사조가 불속에서 날아오르는 것처럼 만들어진 형태를 말한다.
　㉡ 아랫부분은 원형으로 빽빽하게 소재를 꽂고 중앙에는 선이 아름다운 라인형 소재들을 배치하여 분수가 솟는 듯한 모습을 표현한다.
　㉢ 수직적인 소재를 먼저 배치한 후 원형을 구성한다.

② 폭포형 디자인(waterfall design)
　㉠ 폭포가 흘러내리는 모습을 형상화한 디자인이다. 폼의 앞면에 늘어지는 소재를 꽂아 물줄기를 표현한다.
　㉡ 덩굴, 작은 가지, 작은 꽃, 깃털 등의 다양한 소재들을 겹겹이 얹어 부피감을 만들며, 소재 사이에 공간을 두어 전체적으로 투명한 느낌을 준다.
　㉢ 모든 소재들은 화기 뒤쪽에서 흘러나온 것처럼 구성한다.
　㉣ 줄기의 각도는 소재마다 다르게 주는 것이 좋다.

③ 비더마이어(biedermeier)
　㉠ 1800년대 서유럽에서 시작되었다.
　㉡ 용기에 넣은 플로랄 폼을 원하는 디자인(반구형, 피라미드형, 원뿔형)으로 고정한다.
　㉢ 꽃을 빈 공간 없이 빽빽하게 꽂은 형태로 중심점에서 원형이나 나선형으로 돌려 주면서 같은 종류의 꽃을 모아 배열한다.

④ 밀드플레(mille de fleur)
　㉠ 19C 낭만주의를 대표하는 양식이다.
　㉡ '밀드플레'는 '수천 송이의 꽃'이라는 의미를 가지고 있으며 다양한 종류와 색의 꽃을 사용하여 풍성한 느낌을 준다. 다양한 종류와 색의 꽃을 사용한다.
　㉢ 빽빽한 형태의 비더마이어와는 달리 꽃들 사이의 공간과 높낮이를 고려하여 디자인한다.

| 4 | 기타

① 리스(wreath) 형태

 ㉠ 환, 크란츠라고도 불리며 가운데가 비어 있는 원의 형태이다.

 ㉡ 용도별 분류에는 장례식용, 테이블장식(결혼식, 파티)용, 디스플레이용 등이 있다.

 ㉢ 황금비율인 1:1.618:1에 맞추어 작업하는 것이 좋다.

---

02 / 서양형 현대적 기법 디자인

| 1 | 장식적 형태(decorative design)

① 의의

 ㉠ 장식적 형태의 디자인은 일반적으로 화려하고 풍성하게 장식적으로 구성한다.

 ㉡ 소재의 생태적 특성을 벗어나 작가의 의도에 의해 인위적으로 재구성한 형태이다.

② 특징

 ㉠ 전체적인 구성 형태를 중요시하기 때문에 식물 하나하나의 가치는 소홀히 할 수 있다.

 ㉡ 장식적 형태의 디자인을 할 때에는 구조물을 만들거나 다양한 기술을 사용하여 표현할 수 있다.

 ㉢ 대가치보다는 중가치와 소가치의 소재로 많이 표현한다.

 ㉣ 철사, 리본, 아크릴 등 인공 재료들을 디자인의 요소로 활용하여 표현할 수 있다.

 ㉤ 주로 대칭이 많으나 비대칭인 경우도 있다.

 ㉥ 전통적 디자인의 기하학적 형태도 장식 디자인에 포함된다.

 ㉦ 현대적 기법의 서양형 화훼장식의 장식적 형태는 꽃꽂이, 꽃다발 등 다양한 형태와 기술로 제작할 수 있다.

✿ 출제 경향 마스터

▸ 장식적 형태의 의의와 특징은 무엇인가?

▸ 식물 생장 형태의 의의와 종류, 특징은 무엇인가?

| 2 | 식물 생장 형태(vegetative design)

① 의의
  ㉠ 식물 생장 형태의 디자인은 식생이나 생육 환경을 파악하여 최대한 자연스럽게 디자인하는 것이다.
  ㉡ 현대적 기법 중에서 자연에 가장 가깝게 표현한 형태이다.

② 특징
  ㉠ 식물 생장 형태는 장식적 형태와는 달리 인위적인 요소를 최대한 배제하고 자연 상태에 가깝게 제작하는 것이다.
  ㉠ 자연에 있는 모습을 그대로 모방하는 것이 아니라 자연을 재해석하는 것이다.
  ㉢ 주로 비대칭으로 제작하지만 대칭도 가능하다.
  ㉣ 줄기 배열에 따라 식물 생장적 방사형과 식물 생장적 평행형으로 분류한다. 식생 방사형은 생장점이 하나이고, 식생 평행형은 생장점이 여러 개다.

③ 종류
  ㉠ 식물 생장적 방사형(vegetative radial)
    • 하나의 생장점에서 사방으로 거미줄이나 바큇살처럼 뻗어나간 모양의 디자인이다.
    • 주그룹, 부그룹, 역그룹으로 나눈다.
    • 식물의 가치와 운동성을 파악하고 개성과 특성을 고려해서 구성한다.
    • 그룹 간에 서로 연관성이 있는 요소를 배치하여 통일감을 준다.
    • 식물 소재의 높이와 용기의 균형에 유의하여야 한다.
    • 비대칭적 구성이 많으며 황금비율을 사용하여 디자인한다.
    • 베이스 부분은 땅의 모습이 연상되는 흙, 이끼, 나뭇가지 등을 이용할 수 있다.
  ㉡ 식물 생장적 평행형(vegetative parallel)
    • 여러 개의 복수 생장점으로 평행을 이루고 있으며 꽃들 사이에 음화적 공간을 두고 있다.
    • 주그룹, 부그룹, 역그룹으로 나눈다.
    • 소재들의 가치, 형태, 운동성을 고려해서 식물이 같은 방향으로 즉, 평행을 유지하며 자라는 것처럼 표현한다.
    • 하나의 생장점에 두 개의 줄기가 꽂히지 않도록 한다.
    • 꽃의 높낮이와 그룹 사이의 공간이 자연스럽게 표현되어야 한다.
    • 주로 비대칭적 구성이다.
    • 베이스 부분은 이끼나 돌, 나무, 낙엽 등을 이용하여 자연스럽게 표현한다.

| 3 | 평행(병행) 형태(parallel design)

① 의의

　㉠ 생장점이 여러 개이며 평행적 줄기가 나열된 형태를 의미한다.

　㉡ 수직적, 사선적, 수평적 등의 다양한 평행 형태로 표현할 수 있다.

② 특징

　㉠ 소재마다 각각의 생장점이 다르므로 정확한 표현이 요구된다.

　㉡ 대칭적 구성, 비대칭적 구성 모두 가능하다.

　㉢ 소재를 휘거나 꺾어서 그래픽적으로 사용할 수 있다.

　㉣ 음화적 공간을 표현하기 위해 넓은 화기를 사용하는 것이 좋다.

　㉤ 식물들을 자연스럽게 표현하거나 병행이 돋보이는 약간의 교차는 허용한다.

③ 종류

　㉠ 병행 식생적(parallel vegetative)

　　• 식물이 자연에서 평행으로 자라는 모습이 연상되도록 디자인하는 것이다.

　　• 각 소재마다 고유한 생장점을 가지고 있다.

　　• 대부분 비대칭형으로 배열한다.

　　• 주그룹, 역그룹, 부그룹으로 구성한다.

　㉡ 병행 장식적(parallel decorative)

　　• 식물의 생태에 대한 가치보다 비식생적으로 장식적 효과에 초점을 둔다.

　　• 풍성하고 음화적 공간이 적은, 닫힌 윤곽선을 강조한다.

　　• 꽃의 양이 많아 화려한 분위기를 만들어낸다.

　　• 대부분 대칭형으로 배열하나 비대칭의 배열도 가능하다.

　　• 직선평행이 돋보인다.

　㉢ 병행 그래픽(parallel graphic)

　　• 소재들을 평행으로 배치하며 그래픽적으로 사용할 수도 있다.

　　• 작품 안에서 재료들이 명확한 형태를 가지고 있다.

　　• 형태와 선을 강조하여 추상적이고 구성적인 디자인으로 표현한다.

④ 재료의 분류

구분	특징	예
대가치 형태	• 형태적 가치가 매우 높고 개성이 뚜렷한 식물들을 분류하는 기준이 된다. • 다른 식물에 비해 지배적이고 기품이 있으며 자기 주장이 강하다. • 적은 양을 사용하였을 때 그 가치가 더 돋보인다. • 식물 자체가 많은 공간을 차지한다.	극락조화, 델피니움, 나리, 안스리움, 루피너스, 쿠르쿠마, 카틀레야, 칼라, 글로리오사, 아마릴리스 등

확인! OX

1. 대가치 형태의 꽃에는 카네이션, 라넌큘러스, 튤립, 장미, 달리아, 수선화 등이 있다.

(O, X)

정답 1. X

중가치 형태	• 일반적으로 대가치 정도로 가치는 높지 않지만 충분히 스스로의 가치를 가지고 있다. • 다른 꽃들과도 쉽게 조화를 이룬다. • 대가치에 비하여 비교적 그룹지어 표현하는 경우가 많다. • 대가치에 비해 적은 공간을 필요로 하기 때문에 밀집하여 표현하는 경우가 많다.	카네이션, 라넌큘러스, 튤립, 장미, 달리아, 수선화, 거베라, 아네모네 등
소가치 형태	• 한 줄기에 여러 송이의 작은 꽃들이 붙어있는 스프레이 타입의 꽃과 크기가 작은 꽃이 주를 이룬다. • 아주 작은 공간을 필요로 한다. • 일반적으로 대가치와 중가치 재료들의 아래쪽에 배열한다. • 작품에 따라서는 소가치의 재료들만 가지고도 아주 흥미로운 작품을 디자인할 수 도 있다.	아게라텀, 왁스플라워, 안개, 소국, 아킬레아, 공작초, 물망초, 제비꽃, 프리뮬러, 옥시플라워, 스프레이카네이션 등

| 4 | 선-형 형태(formal-liner design)

① 의의
　㉠ 작품 내에서 선과 형태의 대비를 통하여 긴장감을 유발한다.
　㉡ 소재의 양과 종류를 최대한 억제하여 사용하여야 식물의 가치 표현에 도움이 된다.

② 특징
　㉠ 대부분 비대칭형으로 구성된다.
　㉡ 형태나 선의 표현이 명확하면 좋다. 직선과 곡선의 대비, 선과 면의 대비, 질감의 대비를 통하여 작품을 돋보이게 할 수 있다.
　㉢ 중가치나 소가치보다는 대가치 소재를 사용하면 효과적이다.
　㉣ 포컬 포인트는 개성이 강한 소재로 선택한다.
　㉤ 식물이 가지고 있는 고유한 가치가 최대한 돋보이도록 한다.

| 1 | 자유 형태

① 의의
　㉠ 서양형 화훼장식은 전통적 기법과 현대적 기법을 바탕으로 한다.
　㉡ 시대의 흐름과 새로운 문화를 토대로 새로운 기법들이 만들어지고 있다.

② 특징
　㉠ 자유화형의 대표적인 특징은 나라마다, 문화마다, 시대마다 표현할 수 있는 것을
　　다양하게 표현하는 것이다.
　㉡ 전통적 기법과 현대적 기법을 바탕으로 여러 가지 디자인을 표현할 수 있다.

③ 분류
　㉠ 전통적 기법에서 응용한 디자인: 행잉 디자인(hanging design)
　　• 꽃꽂이 형태를 벽에 걸거나 천장에 매달아 장식할 수 있는 디자인이다.
　　• 행잉 디자인은 전통적 기법에서 가장 기본 형태인 반구형에서 응용된 '구형' 디자인이다.
　　• 작품의 크기를 다양하게 표현하여 넓은 공간을 효과적으로 장식할 수 있다.
　　• 하나 또는 여러 개를 반복적으로 표현할 수도 있다.
　　• 천장에 걸어서 장식하기 때문에 360° 사방형으로 제작한다.
　㉡ 현대적 기법에서 응용한 디자인: 교차 디자인
　　• 수직 교차
　　　– 좁게 교차되어 정적인 느낌을 준다.
　　　– 수직선을 기준으로 교차의 각도가 좌우 30° 내외에서 이루어진다.
　　• 사선 교차
　　　– 여러 방향에서 표현되어 역동적인 느낌을 준다.
　　　– 45°의 사선을 기준으로 교차의 각도가 위아래 30° 내외에서 이루어진다.
　　• 수평 교차
　　　– 긴 선을 가진 소재들이 수평을 유지해야 하며 부드러운 느낌을 준다.
　　　– 수평선에서 위아래로 30° 내외의 교차선이 나타난다.

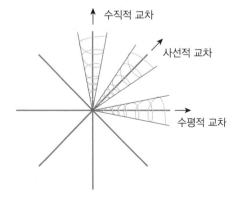

| 2 | 트렌드

① 의의

　㉠ 라이프스타일의 변화와 고객의 요구사항을 전문가의 견해로 해석하여 새로운 작품을 창출해 내는 과정을 말한다.

　㉡ 라이프스타일과 고객 요구에 적합한 디자인을 제작하기 위해서는 다양한 트렌드에 대해 알고 있어야 한다.

　㉢ 기존 기법인 전통적 기법, 현대적 기법, 자유화 기법 등을 총체적으로 응용하여 작품을 표현할 때도 있다.

　㉣ 트렌드가 변하였거나 기존 기법 외의 새로운 디자인을 요구받았을 때 경제성, 효율성, 심미성, 개성 등을 고려하여 디자인을 구상하고 제작할 수 있어야 한다.

② 트렌드와 고객 요구에 맞추어 제작하는 서양형 화훼장식의 종류

　㉠ 오브제(objet) 디자인

　　• 오브제는 불어로 '물체'를 의미한다. 즉, 디자인에 사용하는 식물의 형태나 물체를 그대로 사용하지 않고 분리 · 변형하여 창의적 · 추상적으로 디자인하는 것이다.

　　• 넓은 의미로는 살아있는 식물 소재 이외의 인공적인 재료를 일컫는 경우에 사용되기도 한다.

　　• 대부분 무초점으로 디자인한다.

　　• 트렌드와 고객의 요구에 따라서 다양한 오브제를 구성하거나 기존의 오브제를 변형하여 새로운 오브제로 디자인할 수도 있다.

　㉡ 구조적(structure) 디자인

　　• 소재의 질감이나 구조가 돋보이도록 구성한다.

　　• 재료 하나하나의 표현보다는 전체적인 구조가 돋보이도록 표현한다.

　　• 구조가 돋보이게 할 경우 충분한 공간을 필요로 한다. 전체의 구조나 질감을 강조하기 위해서 인공 소재를 첨가하기도 한다.

　　• 구조물은 작품의 소재와 이질적인 느낌이 들지 않도록 구성한다.

　　• 대칭과 비대칭 구성이 모두 사용된다.

　㉢ 대형 장식물(large ornament)

　　• 최근에 화훼장식이 발달함에 따라 다양한 장소에서 대규모의 화훼장식품을 필요로 하는 경우가 많아졌다.

　　• 대형 장식물이 이용되는 곳은 실내외 공간의 인테리어 장식, 상업용 윈도우 장식, 행사 공간 등이 있다.

　　• 화기의 한계에서 벗어나 크기가 다양하고 견고한 철 프레임 등으로 다양하게 만들어 화훼장식품을 구성하기도 한다.

| 1 | 서양형 고객 요구 파악

① 서양형 디자인 고객 상담
② 서양형 디자인 개념 설정
③ 고객 분석: 용도 및 목적 파악, 트렌드 분석, 디자인 방향 설정
④ 재료 계획(형태 · 색채 · 질감 설정): 가격 분류
⑤ 서양형 디자인 전체 전개
⑥ 서양형 형태 디자인 전개: 식물 소재 및 부소재 색채 결정
⑦ 서양형 디자인 채택
⑧ 디자인 제작

| 2 | 서양형 고객맞춤형 디자인

① **디자인**: 고객의 요구에 맞추어 화훼장식을 다음 기법들로 디자인한다.

> 서양형 전통적 기법 디자인, 서양형 현대적 기법 디자인, 서양형 자유화 기법 디자인

② **제작**
　㉠ 기초 조형 이론에 따른 재료들의 특징과 형태에 적합한 재료를 준비하여 제작한다.
　㉡ 올바른 도구를 사용하여 제작한다.
　㉢ 고객 요구에 맞는 화훼 디자인에 적합한 기술의 단계별 과정을 숙지하여 제작한다.
　㉣ 고객 요구에 맞는 화훼 디자인에 적합한 형태의 단계별 과정을 숙지하여 제작한다.
　㉤ 고객 요구에 맞는 화훼 디자인 작품의 색상, 형태, 기술을 잘 숙지하여 제작한다.
　㉥ 주변 정리 및 마무리를 잘 한다.

| 3 | 서양형 디자인 원리와 요소 ☆☆

① **디자인요소**: 화훼장식을 구성하는 시각적인 특성이자 시각적 · 조형적인 감각을 표현하기 위해 필요한 과정이다. 디자인요소로는 점, 선, 면, 형태, 방향, 공간, 질감, 깊이, 색채가 있다. ☆☆
　㉠ 점
　　• 디자인요소로서의 점: 점(point, spot)은 길이도 폭도 깊이도 없는 추상적인 개념이다. 크기는 없고 위치만을 가지고 있지만 디자인요소로서 조형의 기본 단위가 된다.
　　• 점의 특성

– 심리적 효과: 주의력을 분산 또는 집중시키며 연관성을 갖게 한다.

– 방향감: 방향성과 원근감이 나타나게 한다.

– 크기: 크기에 따라 무게, 형태, 선 등을 느끼게 한다.

– 긴장감: 넓은 지평선에 태양이 떠오를 때 집중하게 되어 시선이 머물고 긴장하여 집중력이 높아진다.

– 선과 면: 무수히 많은 점이 일렬로 연결되면 하나의 선을 이루고, 선이 모이면 면이 된다.

– 다양성: 크기가 다른 물체를 점요소로 배치하면 원근감과 다양성을 갖게 된다.

• 점요소의 화훼장식 응용: 화훼장식에서의 꽃과 열매 등은 윤곽이 뚜렷하고 가벼운 움직임을 갖는 점요소가 된다.

한 개의 점		한 개의 점이 공간에 놓이면 그 공간에는 무게감이 붙으며 색채감, 중량감, 형태의 크기에 의한 자극으로 시선과 주의력이 집중된다.
두 개의 점	크기가 같을 때	시선이 둘로 분산되어 심리적 긴장감을 불러일으키고 양쪽으로 끌어당기는 힘(장력)을 갖는다.
	크기가 다를 때	큰 쪽에 먼저 시선이 집중되었다가 작은 쪽으로 시선이 이동한다.
세 개의 점	시선 분산	세 개의 점으로 시선을 분산시킨다.
	심리적 효과	시선을 끄는 힘이 있고 바라보는 대상을 삼각형으로 느끼게 한다.
여러 개의 점	하나의 큰 점	각각의 자극이 아닌, 여러 개의 점이 모인 것은 하나의 집단을 형성하여 그 집단을 하나의 큰 점으로 여기게 한다.
	조망점	바라보는 물체의 형태, 색채, 크기, 배치에 따라 느낌이 다르고 원근감 효과를 나타낸다.

ⓒ 선 ☆

• 디자인요소로서의 선

– 선(line)은 점의 움직임에서 생기며 직선, 가는 선, 굵은 선 등으로 만들어진다.

– 선은 면적은 없지만 방향이 있다.

– 물체의 형태를 더욱 강하게 표현한다.

– 선은 크게 정적인 선과 동적인 선, 가상의 선으로 나눌 수 있다.

동적인 선	역동적이고 끊임없이 움직이는 흐름을 나타낸다. 예 사선, 지그재그선 등
정적인 선	움직이지 않고 멈추어 있는 가상의 틀과 평행한 선이다. 예 직선, 수평 등
(암시적인) 가상의 선	선이 실제적으로 연결되어 있지는 않지만 이어져 있는 것 같은 효과가 있다.

• 선의 특성

– 직선(straight line): 무한히 얇고 길게 그리고 곧게 뻗은 기하학적 요소이다. 한 방향으로 계속 나아가는 것으로 간결하고 이해하기 쉬운 성질을 지니며, 이성적이고 힘찬 느낌을 갖게 한다.

✳ 이것만은 꼭

직선의 종류

• 수직선(vertical line): 바닥에서 위로 곧게 뻗은 선으로 높이가 강조되며 안정감과 중량감이 있어
  야 한다.
• 수평선(horizontal line): 물과 하늘이 만나는 경계선을 말한다. 수평에 비중을 두어 편안하고 안
  정된 느낌이어야 한다.
• 사선(diagonal line): 비스듬하게 비껴 그은 줄로 방향성이 있고 불안전해 보일 수 있다. 작품 내
  에서는 긴장감을 유발한다.

– 곡선(curved line): 곡선의 느낌은 풍만하고 우아하며 여유가 있다. 완숙한 에너지를 느끼
  게 하고 자유로운 느낌을 주나 다소 불명확하고 부드럽다.

| 휘어 감는 선 | 기어 올라가는 선 | 얼기설기 엮인 선 |

– 교차선(cross line): 모든 줄기가 각자의 생장점을 갖고 나오면서 여러 방향으로 엇갈리어
  표현된다.

수직 교차	좁은 교차로 정적인 느낌을 준다.
사선 교차	여러 방향에서 교차하여 역동적인 느낌을 준다.
수평 교차	수평을 유지하며 부드러운 느낌을 준다.

| 수직 교차 | 사선 교차 | 수평 교차 |

– 가상의 선(virtual line): 실제로는 없으나 실제의 선과 선 사이에 암묵적으로 있어 보이는
  선이다.
• 선요소의 화훼장식 응용: 화훼장식에서는 꽃, 열매, 가지, 줄기, 잎 등이 모두 선요소로서 작
  용한다.
  – 골격 제공: 화훼장식의 선요소는 감상하는 사람의 시선을 움직여 시각적으로 전체 구성
    을 통합하는 골격이 된다.
  – 선형 소재 활용: 화훼장식에서는 줄기나 가지 또는 선형 꽃을 이용하여 선을 만들고 작품
    의 크기를 나타내거나 볼륨감을 주며, 날카로움이나 우아함을 나타내기도 한다.
  – 감정적 표현: 신속한 움직임, 평안, 숭배, 온화함 등 감정적 표현을 할 수 있다.
• 화훼장식 디자인에 이용되는 선의 종류
  – 물체선: 물체의 가장자리 선으로 실제 존재하는 선이다.

– 암시적인 선: 반복적 요소에 의해 만들어지며 시선을 움직이게 한다.

– 심리적인 선: 마음으로 물체를 연결할 때 이루어지는 선으로 화훼장식물의 꽃이나 물체에 시선을 끌게 만들 수 있다.

ⓒ 면

- 디자인요소로서의 면: 면은 공간 효과를 나타내는 중요한 요소이고 공간을 구성하는 기본적인 단위이다. 눈에 잘 보이는 기본적인 형상으로 최소한으로 축소되거나 최소한의 선으로 이루어질 때 점으로 환원된다.

- 면의 특성: 면은 선의 길이에 절대적인 지배를 받고, 선의 성격에 따라 영향을 받는다. 또한 면은 점의 밀집과 선의 집합, 선으로 둘러싸여 성립된다.

- 면의 종류

기하학적인 면	안정감과 신뢰감, 명료함과 간결함, 그리고 강한 느낌을 준다.
직선적인 면	대담함과 명쾌함, 그리고 직접적인 느낌을 준다.
유기적인 면	자유롭고 활발한 느낌을 준다.
불규칙한 면	불확실함, 방심, 무질서의 느낌을 준다.
곡면	역동성, 온화함, 유연함의 느낌을 준다.

- 면요소의 화훼장식 응용

– 화훼장식에서 넓은 잎을 주체로 한 것은 면요소에 해당된다. 잎은 아름다움을 표현하고 공간을 메우는 역할을 한다.

– 실내장식 바닥과 벽면, 천장은 사각 또는 직사각형이다. 여기에 면요소인 화훼장식, 액자, 가구 등을 배치하면 실내장식이 된다.

ⓔ 형태

- 디자인요소로서의 형태: 형태는 높이와 폭, 깊이를 기준으로 생각할 수 있다. 즉, 높이와 폭을 가진 1차원적인 평면을 형(shape)이라 하고, 형에 깊이를 포함한 입체공간을 형태(form)라고 한다.

- 디자인의 형태

– 기하학적인 형태

선 구성	직선 구성	수직형, L자형, 역T자형, 수평형
	곡선 구성	C자형, S자형
면 구성	삼각형, 사각형, 원형, 타원형, 방사형	
입체 구성	구형, 반구형, 원추형, 피라미드형	

– 기하학적인 형태의 3대 원칙

목적	언제(Time), 어디서(Place), 무엇 때문에(Object)
초점(focal point)	시각상의 초점, 기능상의 초점
조화	색상, 질감, 양감, 형태

– 기하학적인 형태의 특징

방사선 배열	한 점에서 사방으로 퍼져 나가듯이 기능상의 초점이 한 점이다.
대칭적	외형상 대칭을 이루고 있다.
믹싱	일반적으로 소재를 믹싱하여 디자인한다.

– 기하학적인 형태의 분류

구분	특징	예
전통형	• 고전적인 스타일로 화려하고 우아하다. • 단순한 조화미를 표현하며, 유행을 타지 않는다. • 주로 닫힌형으로 넓고 소담하거나 빽빽하게 디자인한다.	비더마이어 스타일
응용형	• 작가의 주장이 많이 들어간 주관적인 작품으로 변형과 결합을 주는 것이다. • 현대적 스타일로 음화적 공간이 많고 심플하다. • 주로 열린형으로 각 부분에 공간을 주어 방사상으로 퍼져 있는 부분이 있다.	동양 꽃꽂이, 병행 형태

ⓜ 방향(direction)

- 디자인요소로서의 방향: 모든 화훼장식요소에는 방향이 있다. 방향(direction)에 따라 작품의 느낌은 달라진다. 주요 3방향은 수직 방향, 수평 방향, 경사 방향이다.

- 방향의 특성
  - 수직 방향: 평형 상태로 강력한 지지력을 지니며 균형 잡힌 느낌을 가진다. 수직 방향이 강하고 수평 방향이 약할 때는 불균형에 의한 불안정감을 느끼게 된다.
  - 수평 방향: 안정감이 있고, 조용하며 수동적인 느낌을 지니고 있다. 고요한 바다나 대평원의 수평선에서 느낄 수 있다.
  - 경사 방향: 수직 방향이나 수평 방향에 비해 불안정한 자극을 주어 주의를 집중시킨다. 수평과 수직의 안이한 만족과 경험을 자극하여 활력을 주는 심리적 효과가 있다.

- 방향요소의 화훼장식 응용
  - 수직 방향: 힘차고 위엄 있는 분위기를 나타낼 수 있으며 안정감을 표현할 수 있다.
  - 수평 방향: 안정감을 추구하도록 응용할 수 있고, 다양한 수평형 양식을 창조할 수 있다.
  - 경사 방향: 여러 형태로 응용할 수 있고, 다양한 방향으로 작품을 구상하고 표현할 수 있다.

ⓗ 공간(space) ☆

- 디자인요소로서의 공간: 디자인할 공간과 디자인이 놓일 공간, 그리고 전체 공간까지 모두를 의미한다.

- 공간요소의 화훼장식 응용
  - 양화적 공간(positive space): 작품에서 소재로 채워진 부분을 말하며, 양화적 공간은 꽃이 대부분을 차지한다.
  - 음화적 공간(negative space): 소재로 채워지지 않는 부분, 즉 소재들 사이의 빈 공간을 말한다. 이 공간을 통해서 소재가 더욱 강조된다.
  - 열린 공간(voids): 꽃과 꽃 사이의 아주 큰 음화적 공간으로 선을 강조할 수 있게 도와주는 공간이다. 특히 포멀리니어(formal linear) 디자인이나 동양 꽃꽂이에서 멋진 선을 보여

🌸 **TIP**

전체 공간: 작품과 관련된 모든 공간으로 작품이 실질적으로 차지하는 공간과 작품 주변의 공간이 이 범위에 포함된다.

줄 때 많이 나타난다.

Ⓢ 질감(texture)
- 디자인요소로서의 질감: 화훼장식에서는 시각적인 표면 구조의 질감을 의미한다. 실제로 만질 수 있는 촉감과 눈으로 보고 느끼는 시각적인 촉감이 있다.
- 질감의 특징
  - 모든 재료는 고유의 표면 구조를 가진다.
  - 같은 소재라도 하나의 소재를 사용할 때와 집단으로 사용할 때는 서로 다른 질감을 보인다.
  - 질감은 항상 상대적이므로 주변 요소의 질감이나 광택 등에 따라 다르게 느껴진다.
  - 질감은 거리감, 보는 사람의 관점 등에 따라 다르게 보인다.
- 질감의 종류

질감	화훼 재료	인공 소재	느낌
거친 것	카네이션, 이끼, 홍화, 스타티스	목재, 모래, 마사토	친화감
부드러운 것	아게라텀, 맨드라미, 갈대, 팜파스그라스	솜, 털	따뜻함
딱딱한 것	열매, 대나무	플라스틱, 돌	강함, 단단함
광택이 나는 것	극락조화, 안스리움, 태산목 잎	동판, 유리, 아크릴	단단함, 현대적 차가움, 반사
실크 같은 것	아이슬랜드 포피, 스위트피, 라넌큘러스	섬유	부드러움, 우아함
도자기 같은 것	장미, 백합, 칼라, 몬스테라, 엽란, 갤럭스, 호엽란	도자기, 와이어 테라코타	매끈함, 견고함

ⓞ 깊이(depht)
- 디자인요소로서의 깊이: 디자인에서 깊이는 디자인을 입체적으로 구성하기 위해서 사용하며 공간과 밀접한 관계가 있다.
- 깊이의 특징: 소재의 크기와 길이, 색의 명도와 채도, 질감에 따라 깊이감을 표현할 수 있다. 파베(pave) 기법의 경우 깊이는 거의 느낄 수 없다.

ⓩ 색채
- 색채의 개념: 디자인요소 중 가장 감정적이다. 자연에서 볼 수 있는 대상을 통하여 색채를 구별하고 색채에 따른 감정을 지니게 된다. 또한 빛에 의해서 존재하고, 빛의 파장에 의해 시각적으로 지각되는 모든 색을 말한다.
- 색의 3요소 ☆☆
  - 색상: 색의 전체적인 명칭으로 빛의 파장에 의해 시각적으로 지각되는 모든 색을 말한다. 빨강, 노랑, 파랑 등의 이름으로 구별하고는 있지만 색상은 연속적으로 변화하는 것이므로 이름을 붙일 수 없을 정도로 무수히 많은 색상이 존재한다고 보아야 한다.
  - 명도: 색의 명암 차이로 색의 밝고 어두운 정도를 말한다. 흰색에 가까울수록 명도가 높고 검은색에 가까울수록 명도가 낮다.

고명도(tint)	순색 + 흰색
중명도(tone)	순색 + 회색
저명도(shade)	순색 + 검은색

- 채도: 색의 순수성, 즉 맑고 탁한 정도를 채도라 한다. 채도의 높고 낮음은 색의 선명도에 따라 결정된다.
- 색채의 지각
  - 색의 흡수 및 반사: 색은 광원으로 나오는 빛이 물체에 도착해서 흡수·반사·투과의 과정을 거친 후 우리 눈에 지각된다. 이 지각되는 과정에 따라 색이 다르게 보이는 것이다.
  - 색의 순응: 사람의 눈이 색에 반응하여 감수성이 변하는 것이다. 쉽게 말해 빛에 익숙해지는 현상이다.

명순응	어두운 곳에서 밝은 장소로 환경이 바뀔 때 민감도가 증가하여, 점차 밝은 빛에 익숙해지는 것이다.
암순응	밝은 곳에서 어두운 곳으로 환경이 바뀔 때 민감도가 증가하여, 점차 어둠에 익숙해지는 것이다. 명순응에 비해 적응 시간이 오래 걸린다.

- 색채의 현상
  - 흡수: 빛은 물체에 닿게 되면 일부분이 내부로 흡수되고 이것은 열에너지로 변하게 된다. 일반적으로 흰색보다는 검은색이 더 많은 빛을 흡수한다.
  - 반사: 빛의 파동이 물체의 표면에 부딪치면서 진행 방향을 바꾸는 현상이다.
  - 산란: 빛이 미립자나 다른 물체에 부딪쳐 여러 방향으로 분산되어 흩어지는 현상이다.
  - 굴절: 빛이 매개체에 들어가면서 진행 속도가 달라지고 이 때문에 파동의 방향이 바뀌는 것이다.
- 색상의 조화
  - 단일색 조화(monochromatic): 한 가지 색상 내에서 명도와 채도를 다르게 배색하는 것을 단일색 조화, 혹은 동일색 조화라 한다. 배색하기 쉽고 안정적이지만 흥미로운 배색으로 보기는 어렵다.
  - 유사 색상 조화(analogous): 하나의 색을 결정한 후 그 색의 양쪽에 위치한 두 색을 함께 배색하는 것으로 세 가지 색상 내에서 다양한 명도와 채도를 사용할 수 있다. 단일색 조화보다 약간의 변화를 느낄 수 있는 배색이다.
  - 보색 조화(complementary): 색상환에서 성격이 상반되는 양쪽의 두 색을 중심으로 배색하는 것을 보색 조화라 한다. 명도와 채도를 잘 조절한 보색 조화는 시각적인 깊이를 더할 수 있어 전문가들이 선호하는 배색이기도 한다.
  - 인접 보색 조화(near-complementary): 색상환에서 가장 대비가 심한 보색은 제외하고 이웃한 두 색을 함께 배색하는 것이다. 보색 조화에 비해 심한 대비를 피할 수 있으면서도 다양한 흥미를 느낄 수 있다.
  - 삼색 조화(triad): 색상환에서 동일한 거리에 위치한 세 개의 색상끼리의 조화이다.
  - 다색 조화(polychromatic): 다양한 색상을 한꺼번에 사용하여 디자인하는 것이다. 실험적인 배색이 가능하며 아름답지만, 명도와 채도 조절에 실패하면 전체의 균형이 깨질 수 있다.

🌸 **TIP**

순색: 하나의 색상 중에서 채도가 가장 높고 선명한 색

🌸 **TIP**

배색: 두 가지 이상의 색을 배치하여 조화를 이루게 하는 것

★ 알아 두면 좋아요 ★

보색 관계의 색상
빨강 – 초록
노랑 – 남색
파랑 – 주황
자주 – 초록
연두 – 보라

- 배색
  - 톤 온 톤(tone on tone): '톤을 겹치게 한다'는 의미로 동일 색상에서 톤의 차이를 강조한 배색이다. 다양한 톤을 이용하기 때문에 마치 수묵화의 농담을 표현한 것처럼 보이기도 한다. 명도 차이를 강조한 배색법이다.
  - 톤 인 톤(tone in tone): 비슷한 톤의 다른 색상을 이용한 배색 기법으로 색상의 차이는 있지만 비슷한 톤을 사용하였기 때문에 매우 부드럽고 편안하다.
  - 그라데이션(gradation): 그림, 사진, 인쇄물 따위에서 밝은 부분부터 어두운 부분까지 변해가는 농도의 단계이다. 색이 점차적으로 변화해 리듬감과 연속 효과를 주는 방법이다. 색상, 명도, 채도, 톤의 변화를 이용하여 표현한다.
  - 세퍼레이션(separation): 두 색이 서로 조화를 이루지 못할 때 두 색 사이에 분리색을 사용하여 부드럽게 연결해 주거나 분리하는 방법이다. 프랑스의 화학자 슈브롤이 저서 《색의 조화와 대비의 법칙》에서 '흑색 윤곽이 있으면 더 이상적인 조화가 이루어진다'며, '두 색이 부조화일 때 그 사이에 백색 또는 흑색을 더하면 조화를 얻을 수 있다'고 주장하였다. 흰색이나 검은색을 사용하여 조화를 이루는 배색이다.
  - 비콜로르(bicolore): 프랑스어로 '두 색의'라는 의미가 있다. 소재의 바탕색을 기본으로 하여 다른 한 가지 색을 무늬색으로 프린트한 것을 말한다. 국기에서 볼 수 있는 두 색의 배색도 비콜로르 배색이라 한다.
  - 트리콜로르(tricolore): 프랑스어로 '세 가지, 삼색의'라는 의미로 세 가지 색을 배치한 것을 트리콜로르 배색이라 한다. 세 가지 색상이나 톤의 조합으로 명쾌한 대비를 표현할 수 있다는 특징을 가진다.
  - 이상적 배색의 비율

    > • 주조색(70%): 작품 전체의 느낌을 전달하는 기본적인 색상이다. 가장 넓은 면을 차지하며 최소 50%는 사용해야 한다.
    > • 보조색(25%): 주조색을 도와주는 역할을 하며 적은 면을 차지한다.
    > • 강조색(5%): 강조색은 작품에 생기와 흥미를 주면서 포인트 역할을 한다.

- 색상의 대비(color contrast): 두 가지 이상 배열된 색들이 서로 영향력을 행사하거나 시각적으로 혼합되어 실제의 색채와 다르게 지각되는 현상을 말한다. ☆
  - 계시 대비: 한 색상을 보다가 시차를 두고 다른 색을 볼 때 처음 본 색의 잔상이 남아 영향을 받는 것이다.
  - 동시 대비: 두 가지 이상의 색을 시간차 없이 동시에 보았을 때 나타나는 대비 현상으로 원래의 색이 주변색의 영향으로 실제와는 다르게 지각되는 것이다.
  - 명도 대비: 인접한 두 색의 명도가 서로 영향력을 행사하여 실제와는 다른 명도로 지각되는 현상이다. 저명도의 색이 고명도의 색과 대비를 이루면 실제보다 명도가 낮아 보이지만 반대의 경우에는 실제보다 명도가 높아 보인다.
  - 한난 대비: 차가운 느낌을 주는 색과 따뜻한 느낌을 주는 색을 같이 놓았을 때 이루어지는 대비이다. 즉, 난색과 한색이 대비될수록 각각의 속성이 상승하는 것이다. 예를 들어 한색은 같은 속성을 지닌 한색과 함께 있을 때보다 난색과 함께 있을 때 더욱 차갑게 보

인다.

- 채도 대비: 서로 다른 채도를 지닌 인접한 두 색이 대비되어 서로 영향력을 행사하는 현상으로 다른 채도의 영향을 받아 실제와는 다른 채도로 지각하는 것이다. 즉, 낮은 채도와 높은 채도의 색상을 함께 배색하면 높은 채도의 색은 채도가 더 높아 보인다.

- 보색 대비: 반대되는 성격인 보색 관계의 두 색이 인접할 때 각각의 채도가 실제보다 더 높아 보이고 반대색의 성격을 더욱 뚜렷해 보이게 만드는 것이다. 색의 대비 중에서 가장 강한 대비를 보인다.

- 면적 대비: 면적에 따라서 색이 다르게 지각되는 현상이다. 같은 색이라도 면적이 작아지면 채도와 명도가 낮게 느껴지고 반대로 면적이 커지면 채도와 명도가 높게 느껴진다.

• 색의 혼합

- 가산 혼합(additive color mixture, 빛의 혼합): 빛의 색을 서로 더하면 점점 밝아지는 원리를 이용하여 혼색하는 것으로 혼합하는 색이 많을수록 명도는 높아지고 채도는 낮아진다.

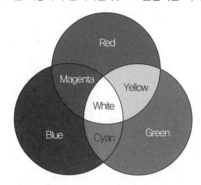

ⓐ 가산 혼합의 3원색: 빨강, 초록, 파랑
ⓑ 가산 혼합의 원리
  빨강(R)+초록(G)+파랑(B) = 하양(W)
  빨강(R)+초록(G) = 노랑(Y)
  빨강(R)+파랑(B) = 마젠타(M)
  파랑(B)+초록(G) = 시안(C)

꽃 **TIP**
▸ 마젠타(Magenta): 자주
▸ 시안(Cyan): 청록

- 감산 혼합(subtractive mixture, 색료의 혼합): 색을 서로 더하면 점점 어두워지는 원리를 이용하여 혼색하는 것으로 인쇄 잉크나 컬러슬라이드 필름 등에 많이 이용된다.

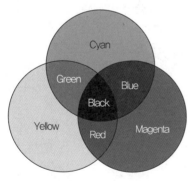

ⓐ 감산 혼합의 3원색: 시안, 마젠타, 노랑
ⓑ 감산 혼합의 원리
  시안(C)+마젠타(M)+노랑(Y) = 검정(Bk)
  마젠타(M)+노랑(Y) = 빨강(R)
  시안(C)+마젠타(M) = 파랑(B)
  시안(C)+노랑(Y) = 초록(G)

- 중간 혼합(평균 혼합): 두 가지 이상의 색이 혼합되어 그 두 색의 중간 정도 밝기로 보이는 것을 중간 혼합이라 하며, 이때 밝기의 정도는 혼색의 조건과 양에 따라 다르게 나타난다.
  ⓐ 병치 혼합: 각기 다른 색을 인접하게 배치하여 혼합하는 것이다.
  ⓑ 회전 혼합: 색팽이나 바람개비처럼 두 개 이상의 색을 회전시켜 혼합하는 것이다.

확인! **OX**

1. 보조색은 작품 전체의 느낌을 전달하는 기본적인 색상으로 최소 50%는 사용하기 때문에 가장 넓은 면을 차지한다. (○, ×)

2. 반대색의 성격을 더욱 뚜렷하게 보여 주는 것을 보색 대비라 한다. (○, ×)

정답 1. × 2. ○

• 요하네스 이튼(Itten)의 색 체계

1차색	세 가지의 기본 원색(Red, Yellow, Blue)
2차색	12색상환을 기준으로 두 개의 1차색을 혼합했을 때 만들어지는 색(Orange, Green, Violet)
3차색	1차색과 2차색을 혼합하여 만들어지는 색(Red-Orange, Yellow-Orange, Yellow-Green, Blue-Green, Blue-Violet, Red-Violet)

• 먼셀의 색 체계: 미국의 화가인 먼셀이 1905년 구성한 것을 1940년 미국 광학 협회(OSA)가 수정하여 발표한 후 지금까지 사용하고 있다. 한국산업규격(KS), 미국표준협회(ASA), 일본공업규격(JIS) 등 많은 나라에서 국가 표준체계로 사용 중이다. ☆

– 색상 체계: 빨강, 노랑, 파랑, 녹색, 보라의 다섯 색을 기본색으로 중간색 청록, 남색, 자주, 주황, 연두색을 배치하여 10색상을 구성한다. 현재는 기본 10색상을 2등분한 20색상환이 주로 쓰인다.

– 명도(value): 무채색을 기준으로 가장 이상적인 백색은 10, 이상적인 흑색은 0으로 표시한다. 하지만 완벽하게 순수한 백색과 흑색은 만들기 어렵기 때문에 명도 1에서부터 9.5까지의 단계를 사용하는 경우가 많다.

– 채도(chroma): 무채색 0을 기준으로 색의 순도가 높아질수록 숫자가 높아진다. 각각의 색상이 가지고 있는 채도는 다른데, 한색보다 난색의 채도 단계가 더 많다.

– 표기법: 색상, 명도, 채도를 숫자와 기호를 사용하여 'H V/C'로 표기하는데, 여기서 H는 색상, V는 명도, C는 채도를 나타낸다. 기본 10색상에 해당되는 색상에는 앞에 5를 붙이고 나머지 10색 앞에는 10을 붙인다.

예 [표기] 5R 5/10

[의미] 5R: R은 빨간색을 의미하고 빨간색은 기본 10색상이므로 앞에 5를 붙였다.

5/10: 명도는 5이고 채도는 10이라는 뜻이다.

– 색상의 분류

유채색					
번호	색명	기호	영문 표기	한국표준색 기호	온도감
1	빨강	R	Red	5R 4/14	따뜻한 색
2	주황	YR	Yellow Red (Orange)	5YR 6/14	따뜻한 색
3	노랑	Y	Yellow	5Y 8.5/14	
4	연두	GY	Green Yellow	5GY 7/10	중성색
5	녹색	G	Green	5G 5/10	
6	청록	BG	Blue Green (Cyan)	5BG 5/10	차가운색
7	파랑	B	Blue	5B 4/10	
8	남색	PB	Purple Blue (Violet)	5PB 3/10	
9	보라	P	Purple	5P 3/10	
10	자주	RP	Red Purple (Magenta)	5RP 4/12	중성색

무채색			
번호	색명	기호	영문 표기
1	흰색	W	White
2	회색	Gy, N	Neutral Grey(미) Neutral Gray(영)
3	검은색	S, Bk	Black

- 오스트발트(Ostwald) 색 체계
  - 독일의 색채학자 빌헬름 오스트발트(Wilhelm ostwald)가 4원색설을 기본으로 발표한 색 체계이다. 정삼각 구도의 사선 배치로 구성되어 있으며 전체적으로는 쌍원추의 형태이다.
  - 색상 체계: 빨강, 노랑, 초록, 파랑을 기본으로 중간에 주황, 연두, 청록, 보라를 더하여 여덟 가지 색상으로 만든다. 이 여덟 가지 색상을 각각 3단계로 나누어 총 24가지 색상으로 구성한다. 모든 색은 'W(백색량)+Bk(흑색량)+C(순색량) = 100'의 혼합비로 구성된다고 생각하며, W(백색량)와 Bk(흑색량)은 아래 표에 나온 8단계를 따른다고 생각한다.

기호	a	c	e	g	i	l	n	p
백색량	89	56	35	22	14	8.9	5.6	3.5
흑색량	11	44	65	78	86	91.1	94.4	96.5

  - 표기법: 색상 번호, 백색량, 흑색량의 순서로, 기호를 사용하여 표기한다.

  예 [표기] 2pa

  [의미] 2: 색상환에 있는 두 번째 색임을 가리키는 숫자

  　　p: 위의 표에서 p에 해당하는 백색량 = 3.5

  　　a: 위의 표에서 a에 해당하는 흑색량 = 11

  　　W(백색량)+Bk(흑색량)+C(순색량) = 100에 따라 C(순색량) = 85.5이다.

  　　→ 2pa는 백색이 3.5, 흑색이 11이 섞인 순색 85.5의 빨강임을 알 수 있다.

- NCS(Natural Color System) 색 체계 ☆
  - 스웨덴의 컬러센터에서 1972년 발표된 색 체계로 다른 색 체계에 비해 색을 효율적으로 정확하게 사용하기에 알맞도록 고안되어 있어 건축, 산업, 디자인과 같은 영역에서 사용한다.
  - 색 체계: 노랑, 빨강, 파랑, 녹색의 네 가지 색을 기본으로 순색의 사이를 10단계로 나누어 총 40개의 색상으로 색상환이 구성된다. 이 색상환을 기준으로 백색, 흑색의 정도에 따라 다시 세분화하여 표기한다.
  - 표기법: 톤(tone)과 색상(hue)의 구성으로 흑색량, 순색량, 색상의 순서로 기록한다.

  예 [표기] S3050-Y30R

  [의미]　(톤)　(색상)

  　　3050: 앞의 두 자리 숫자는 흑색량(30%)을, 뒤의 두 자리 숫자는 순색량(50%)을 의미. 따라서 백색량은 20임을 알 수 있다.

  　　Y30R: Y는 노랑, 30R은 Red의 양이 30임을 나타낸다.

  　　　　→ Y = 100-R에 따라 Y30R은 빨강이 30

• 색의 효과

구분	효과	예
난색 계열	자율 신경을 자극하기 쉽고, 근육을 흥분시키거나, 긴장을 촉진시킨다.	빨강, 노랑 계열
한색 계열	심리적으로 마음을 차분히 가라앉히며 진정시키는 효과가 있다.	파랑, 남색, 보라 계열
중성색 계열	색 저항감이 적고 부드럽고 화사하며, 마음을 편하게 하는 색이다.	초록, 연두, 자주, 보라

• 색채의 감정 효과
  – 색의 시인성: 색이 눈에 쉽게 띄는 성질이다. 멀리서 봤을 때 잘 보이는 색이 있는 반면 잘 보이지 않는 색도 있는데 이것은 색의 시인성에 따른 것이다. 옥외 광고물 등을 멀리서 봤을 때 잘 보이는 것을 시인성이 높다고 한다.
  – 색의 유목성: 색이 사람의 주의를 끄는 정도를 유목성이라 한다. 한색 계통보다는 난색 계통이 높은 유목성을 가지고 있으며, 배경색의 명도, 채도, 색상에 따라 유목성은 달라진다.
  – 색의 경연감: 색이 딱딱하거나 부드럽게 느껴지는 효과이다. 저명도·저채도의 색이나 저명도의 한색은 딱딱한 느낌을 주는 반면, 고명도·저채도의 색이나 고명도의 난색은 부드러운 느낌을 준다.
  – 색의 강약감: 고채도의 색은 강한 느낌을 주고, 저채도의 색은 약한 느낌을 준다.
  – 색의 팽창과 수축: 고명도의 색, 고채도의 색은 팽창되는 느낌을 주는 반면, 저채도·저명도의 색은 수축되는 느낌을 준다.
  – 색의 무게감: 고명도의 색이나 흰색은 가벼운 느낌을 주는 반면, 저명도의 색이나 검은색은 무거운 느낌을 준다.
  – 색의 진출과 후퇴: 앞으로 나와 보이거나 가깝게 보이는 색이 진출색이고, 뒤로 물러나거나 멀리 떨어져 보이는 색이 후퇴색이다. 같은 공간이라도 진출색을 쓰면 가깝게 보여 좁게 느껴지고, 후퇴색을 쓰면 뒤로 물러나 넓게 느껴진다.

진출색	따뜻한 색, 명도와 채도가 높은 색, 유채색
후퇴색	차가운 색, 명도와 채도가 낮은 색, 무채색

꽃 TIP

유목성: 신호가 얼마만큼 눈에 띄어 보이는가 하는 정도

확인! OX

1. 한색 계통의 색은 높은 유목성을 가지고 있다. (○, ×)

2. 후퇴색은 뒤로 멀어져 방이 넓게 보이고, 무채색은 유채색보다 진출되어 보인다. (○, ×)

정답 1. × 2. ×

- 한국 전통의 색
  - 오방색

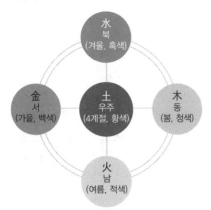

4계절	고귀한 색, 황제의 의복 제작 시 이용된다.
봄	만물이 생성하는 봄의 색이다.
여름	왕족이나 고급 관료가 사용한 고귀한 색이다.
가을	결백과 진실을 의미한다.
겨울	인간의 지혜를 관장하는 색이다.

  - 오간색: 오방색을 서로 섞어서 만들어 내는 색을 의미한다. 오방색이 양의 색이라면 오간색은 음의 색이다.

> • 적색+백색 = 홍색(紅色, 분홍색) – 기쁨과 온화함
> • 백색+청색 = 벽색(碧色, 옥색) – 이상과 희망
> • 청색+황색 = 녹색(綠色) – 평화와 생장
> • 황색+흑색 = 유황색(硫黃色) – 비옥과 풍요
> • 흑색+적색 = 자색(紫色) – 위엄과 고귀함

② **디자인의 원리**: 디자인의 요소가 디자인을 구성하는 하나하나의 작은 부분에 해당된다면 원리는 그 디자인을 실행할 수 있는 도구로 생각할 수 있다. 디자인의 원리는 디자인의 요소를 배열하는 데 기준이 되기도 한다.

　㉠ 구성(composition)
　　• 작품의 완성을 위하여 각각의 요소를 조합하여 하나로 통일되도록 체계화하는 것이다.
　　• 작품을 디자인하기 전에 절화, 절지, 절엽, 화기 및 부자재의 선택과 재료들의 적절한 배치 및 놓일 공간, 시간까지 계산하여 구상하는 과정이다.
　　• 재료를 선택할 때는 꽃의 색깔, 크기, 모양, 운동성 등 재료가 가지고 있는 본래 고유의 특성을 잘 나타낼 수 있어야 한다.
　　• 재료를 조합할 때는 서로 다른 특성을 가진 재료들이 잘 어울리도록 계획한다.

　㉡ 통일(unity)
　　• 하나하나의 요소들과 전체가 갖는 연관성을 말한다. 그러므로 통일은 부분적인 것이 아니며 전체적인 구성을 의미한다.
　　• 통일감을 위한 화기, 소재의 색과 질감, 형태의 균형, 비율, 율동을 반복하거나 강조하고 연계하여 표현한다.
　　• 통일은 전체 디자인에서 모든 구성요소와 주위 환경들이 얼마만큼 잘 어우러져 하나의 획일화된 분위기로 연출하느냐가 중요하다.

🌸 TIP
오방색은 오정색(五正色), 오색(五色), 오채(五彩)라고도 하는데, 이것은 '정해져 있는 색. 혹은 본색'이라는 의미이다. 즉 오방색은 우주 생성의 근본이 되는 다섯 가지 색이라고 할 수 있다.

🌸 TIP
디자인 원리의 정의: 디자인요소를 기본으로 식물의 특성과 구상하는 작품의 목적에 맞게 표현할 수 있는 방법

🌸 TIP
'반복'은 통일성을 나타내는 데 가장 일반적이면서 효과적인 방법이다.

> **통일감을 나타내는 요소**
> • 근접(proximate): 비슷한 형태, 질감, 크기, 간격 등을 이용하여 규칙성을 표현한다.
> • 반복(repetition): 장식에 이용되는 요소들을 반복적으로 사용하여 연관성을 준다.
> • 연계(transition): 특정한 요소와 이질적인 다른 요소를 가지고 공통적인 부분을 표현한다.

ⓒ 조화(harmony)
  • 두 개 이상의 요소가 결합하여 일치된 질서 속에 통일된 균형을 이루는 것이다.
  • 화훼장식에서의 조화는 형태, 크기, 색상, 질감, 공간, 비율 등이 잘 어우러져야 한다. 즉, 작품의 전체적인 분위기가 서로 동떨어짐이 없이 상호 간에 조화롭게 표현되어야 한다.

ⓒ 균형(balance)
  • 균형의 원리
    – 물리적 균형: 실제 소재의 중량감, 즉 동량의 소재에 의한 균형을 의미한다. 실제적인 균형이다.
    – 시각적 균형: 실제의 중량감은 다르더라도 시각적으로 보았을 때의 균형을 의미한다. 모양, 질감, 색감의 조절에 의해 좌우된다.
  • 균형의 방법
    – 대칭적 균형: 작품의 무게 중심을 기준으로 양쪽의 무게가 시각적으로 동일해 보이게 표현한다.
    – 비대칭적 균형: 양쪽의 무게가 동일하지는 않지만 시각적 안정감이 있도록 균형을 표현한다.
    – 방사상 균형: 시각적 비중이 360° 모두 동일하다. 작품을 확대하거나 강조하는 효과가 있다.
    – 개방적 균형: 전통적 균형의 법칙에서 벗어난 시각적 균형으로 새로운 형태의 스타일이다. 비대칭적 균형이 많이 보인다.

ⓜ 강조(accent)
  • 작품의 주제 및 형태를 돋보이게 하기 위한 부수적인 형태이다. 다른 재료들과 대비를 이룰 때 이루어진다.
    – 강조점(focal point): 디자인에 있어서 시선을 머무르게 하여 고정시키며 무게 중심을 잡아 주는 역할을 한다. 주로 폼 플라워를 활용하고 차가운 색보다는 따뜻한 색이 시선을 많이 끈다.
    – 강조 영역(focal area): 강조점이 있는 부분으로 작품의 한 지점이 아닌 좀 더 넓은 영역이 강조되는 곳이다.
    – 악센트(accent): 악센트는 흥미를 유도하거나 작품의 단조로움을 극복하기 위해 사용하는 경우가 많다.

ⓗ 비율(proportion)
  • 비례, 몫, 부분, 할당이라는 의미를 가진 것으로 폭, 길이, 두께, 높이 등의 치수와 비교되는 분량의 측정 관계이다.

확인! OX

1. 오방색들을 서로 섞어서 만든 것을 오간색 또는 오방간색이라고 한다. (O, ×)
2. 통일성은 하나하나의 요소들과 전체가 갖는 연관성을 말한다. 그러므로 통일은 부분적인 구성을 의미한다. (O, ×)
3. 강조는 다른 재료들과 대비를 이룰 때 이루어진다. (O, ×)

정답 1. ○ 2. × 3. ○

- 비율의 구성요소는 디자인의 높이, 넓이, 깊이의 관계로 표현한다. '1:1, 2:1, 1:3' 등 다양한 비율이 사용되지만 일반적으로 많이 사용하는 것은 '1:1.618…'의 황금비율이다.
- 황금비율의 적용
  예 3:5:8 = 화기의 높이:재료의 길이:전체 길이
- 크기의 비율
  - 과소비율 = 1:1 이하
  - 정상비율 = 1:1~1:6
  - 과다비율 = 1:6 이상

ⓐ 리듬(rhythm)
- 반복을 토대로 연결되는 시각적 운동의 관념으로, 같거나 비슷한 요소들의 반복에서 나타나는 현상이다. 통일성이 나타나며, 동적인 움직임이 보인다.
- 형태, 색, 소재, 선, 질감, 기술적 배치 또는 공간의 사용에 의해 율동을 느끼게 하여 자연스러운 시각의 움직임을 만들어 준다.
- 작품의 활력을 불어 넣는 역할을 한다.
- 리듬을 만드는 방법으로 반복(repetition)과 연계성(transition)이 있다.

ⓞ 대비(contrast)
- 서로 다른 성질을 가진 형태나 질감, 색상을 강조하는 방법이다.
- 다른 구성 성분의 것을 근접하게 사용함으로써 원래 갖고 있던 특성을 더욱 강조하고 긴장감을 조성하여 흥미를 부여한다.
- 대비감을 주기 위해서는 그룹핑을 하는 것이 효과적이며 구성요소의 크기, 면적, 거리, 색상 등도 크게 영향을 미친다.

③ 서양형 화훼장식재료의 구분
  ㉠ 라인 플라워(line flower): 꽃대 전체가 긴 선의 형태를 나타낼 수 있는 꽃이다. 한 줄기에 많은 꽃이 달린 수상화서로 된 꽃이 많으며 보통 작품의 골격과 외곽을 정해 준다. 또한 생기와 힘을 느끼게 하여 디자인에 강력하고 힘찬 느낌을 준다.
    예 절화: 리아트리스, 글라디올러스, 스토크, 금어초, 델피니움 등
      절엽: 스틸그라스, 산세베리아, 부들잎, 난잎, 잎새란 등
      절지: 개나리, 갯버들, 부들, 말채 등
  ㉡ 매스 플라워(mass flower): 꽃잎이나 작은 꽃이 많이 모여 피는 꽃으로 크고 둥근 형태를 띠고 있으며 작품에서 무게감과 안정감을 준다. 라인 플라워와 폼 플라워 사이에 꽂아 공간을 채운다.
    예 절화: 장미, 카네이션, 국화, 금잔화, 수국, 라넌큘러스 등
      절엽: 루모라고사리 등
      절지: 고무나무, 동백 등
  ㉢ 폼 플라워(form flower): 꽃 모양이 특이하고 뚜렷하여 형태적으로 시선을 끄는 대가치의 꽃으로 작품의 중심부에 꽂아 포컬 포인트를 만든다. 절엽의 경우 잎의 형태와 색이 독특해 작품에 많은 영향을 줄 수 있다.

🌱 TIP

반복
▸ 형태의 반복: 사용되는 소재의 형태를 반복하여 사용한다.
▸ 색의 반복: 사용되는 색과 유사한 색상, 명도, 채도를 반복하여 사용한다.
▸ 공간의 반복: 소재를 배치하면서 만들어지는 공간을 반복적으로 사용한다.
▸ 선의 반복: 직선, 사선, 곡선과 같은 선을 사용할 때 특정한 선을 반복하여 사용한다.

🌱 TIP

연계성(transition): 하나의 조건이 다른 조건으로 이동되는 과정이다.
예 시퀀싱(sequencing, 차례 기법), 그라데이션(gradation, 점진 기법)

확인! OX

1. 폼 플라워는 꽃 모양이 특이하고 뚜렷하여 시선을 끄는 중가치의 꽃이다. (O, ×)

정답 1. ×

ⓔ 절화: 백합, 극락조화, 카틀레야, 안스리움, 칼라, 수선화, 아이리스 등

절엽: 셀로움, 디펜바키아, 몬스테라, 엽란, 칼라디움 등

ⓔ 필러 플라워(filler flower): 작은 꽃대가 여러 개 뭉쳐 있거나, 하나의 줄기에 작고 많은 꽃이 달려 있는 형태의 꽃이다. 큰 꽃들 사이의 빈 공간을 채워 주거나 연결해 주는 역할로 특이한 개성은 없으나 다른 꽃들을 돋보이게 하고, 작품의 분위기를 부드럽게 한다.

ⓔ 절화: 안개꽃, 스타티스, 아게라텀, 스프레이 국화, 스프레이 카네이션 등

절엽: 아디안툼, 미디오그라스 등

절지: 편백, 측백, 회양목 등

01 　◯△✕│◯△✕

수평형(horizontal)에 대한 설명으로 알맞지 않은 것은?

① 수직보다 수평을 강조한 화형이다.
② 안정적이고 편안한 이미지를 준다.
③ 수평축이 매우 짧아 테이블 센터피스로도 많이 사용된다.
④ 전통적인 형태에서는 좌우가 대칭으로 구성되지만, 응용된 형태의 경우 좌우가 비대칭으로 구성되기도 한다.

02 　◯△✕│◯△✕

L자형(L-style)에 대한 설명으로 알맞지 않은 것은?

① 영어의 L자와 같은 화형으로 좌우 비대칭을 이룬다.
② 수직선에 수평선이 결합된 형태이며, 주로 직선의 소재를 사용한다.
③ 비대칭 삼각형과 비슷해질 수 있으므로 디자인에 유의한다.
④ 수직축보다 수평축 부분을 무겁게 꽂아 주는 것이 좋다.

03 　◯△✕│◯△✕

S자형(hogarth curve)에 대한 설명으로 알맞지 않은 것은?

① 영어의 S자 형태로 구성된다.
② 자연스러운 곡선의 소재를 사용하여 율동감을 표현한다.
③ 키가 큰 꽃병, 다리가 긴 콤포트 등의 용기를 많이 이용한다.
④ 양 선의 끝부분이 점점 좁아지면서 세련된 곡선을 보여 주는 스타일로 매우 부드러운 이미지를 보여 준다.

04 　◯△✕│◯△✕

폭포형 디자인(waterfall design)에 설명으로 알맞은 것은?

① 덩굴, 작은 가지, 작은 꽃, 깃털 등의 다양한 소재들을 겹겹이 얹어 부피감을 만들며, 늘어지는 소재를 사용하여 물줄기를 표현한다.
② 방사형의 고전적인 디자인 장식이다.
③ 원형의 빽빽한 디자인 중앙에 분수가 솟는 것처럼 라인 소재들을 꽂아 불꽃을 표현한다.
④ 사막의 불사조가 불속에서 날아오르는 것처럼 만들어진 형태를 말한다.

> **해설**
>
> **01** 수평형은 수직보다 수평을 강조한 화형으로 수직축이 매우 짧아 테이블장식에 많이 이용된다.
> **02** 수직축보다 수평축 부분을 가볍게 꽂아 주는 것이 좋다.
> **03** 양 선의 끝이 좁아지면서 세련된 곡선을 보여 주는 스타일은 C자형이다.
> **04** ②·③·④는 피닉스 디자인(phoenix design)이다.

정답 01 ③ 02 ④ 03 ④ 04 ①

05

○△✕ | ○△✕

리스에 관한 설명으로 알맞지 않은 것은?

① 환, 크란츠라고도 불리며, 가운데가 비어 있는 원의 형태를 띤다.
② 리스를 제작할 때는 소가치의 꽃을 많이 사용한다.
③ 용도에 따라 장례식용, 테이블장식용, 디스플레이용 등으로 분류할 수 있다.
④ 1:1.618:1의 비율을 가지고 있다.

06

○△✕ | ○△✕

현대적 기법의 서양형 화훼장식의 특징으로 알맞지 않은 것은?

① 전체적인 구성 및 형태를 중시하기 때문에 식물 하나 하나의 가치는 소홀히 할 수 있다.
② 대가치보다는 중가치와 소가치의 소재로 많이 표현한다.
③ 장식적 형태의 디자인을 할 때에는 구조물을 만들거나 다양한 기술을 사용하여 표현할 수 있다.
④ 철사, 리본, 아크릴 등 인공 재료들은 디자인요소로 활용하여 표현할 수 없다.

07

○△✕ | ○△✕

식물 생장적 방사형(vegetative radial)의 특징으로 알맞지 않은 것은?

① 하나의 생장점에서 뻗어나가는 모양의 디자인이며, 주그룹과 부그룹 둘로 나눈다.
② 식물의 가치와 운동성을 파악하고, 개성과 특성을 고려해서 구성한다.
③ 비대칭적 구성이 많으며 황금비율을 사용하여 디자인한다.
④ 그룹 간에 서로 연관성 있는 요소를 배치하여 통일감을 준다.

08

○△✕ | ○△✕

병행 형태(parallel design)의 특징으로 알맞은 것은?

① 수직, 수평, 사선 등 다양한 병행 형태로 표현할 수 있다.
② 하나의 생장점을 가진 방사형 디자인으로 주그룹, 부그룹, 역그룹으로 나눈다.
③ 작품을 디자인할 때 음화적 공간이 있으면 안 된다.
④ 대칭적 구성의 디자인만 가능하다.

해설

06 장식적 형태의 디자인에서 철사, 리본, 아크릴, 플라스틱, 알루미늄 등 인공 재료들을 디자인요소로 활용하여 표현할 수 있다.

08 ②는 식물 생장적 방사형(vegetative radial)이다.

정답 05 ② 06 ④ 07 ① 08 ①

09

병행 장식적(parallel decorative) 기법에 대한 설명으로 알맞지 않은 것은?

① 풍성하고 닫힌 윤곽선을 나타낸다.
② 꽃의 양이 많고 화려한 색을 강조한다.
③ 식물의 생태에 대한 가치보다 비식생적 장식 효과에 초점을 둔다.
④ 디자인의 특성상 대칭형만 가능하다.

11

선-형 형태(formal-liner design)에 관한 설명으로 알맞지 않은 것은?

① 대부분 비대칭으로 구성된다.
② 선과 형태, 질감의 대조를 통한 긴장감이 작품을 돋보이게 한다.
③ 중가치나 대가치 소재보다는 소가치 소재를 사용하면 더 효과적이다.
④ 형태나 선의 표현이 명확한 것이 좋다.

10

절화에서 중가치의 형태에 관한 설명으로 알맞지 않은 것은?

① 일반적으로 대가치만큼 가치가 높지는 않지만 충분히 스스로의 가치를 가지고 있다.
② 다른 꽃들과 쉽게 조화를 이루지는 못한다.
③ 대가치에 비하여 비교적 그룹을 지어 표현하는 경우가 많다.
④ 대가치에 비해 적은 공간을 필요로 하기 때문에 밀집하여 표현하는 경우가 많다.

12

트렌드와 고객 요구에 맞는 서양형 화훼장식의 종류에서 오브제(objet) 디자인의 특징으로 알맞지 않은 것은?

① 오브제는 불어로 '물체'를 의미한다.
② 디자인에 사용하는 식물의 형태나 물체를 그대로 사용하지 않고 분리·변형하여 창의적이고 추상적으로 디자인하는 것이다.
③ 넓은 의미로는 살아있는 식물 소재 이외의 인공적인 재료는 사용하면 안 된다.
④ 대부분 무초점으로 디자인한다.

해설

10 중가치는 장미, 카네이션, 리시안셔스, 아네모네, 수국, 금잔화, 라넌큘러스 등과 같은 매스 플라워(mass flower)로 작품에서 다른 꽃들과 조화를 이룬다.

11 중가치나 소가치 소재보다는 대가치 소재를 사용하면 효과적이다.

13

○△✕ | ○△✕

서양형 고객 요구 파악에서 고객 분석에 해당하지 않는 것은?

① 용도 및 목적 파악
② 트렌드 분석
③ 디자인 방향 설정
④ 식물 소재 및 부소재 색채 결정

15

○△✕ | ○△✕

면요소의 화훼장식 응용에 대한 설명으로 알맞은 것은?

① 화훼장식에서 면은 잎을 주체로 한 요소로서 잎은 단순한 아름다움과 함께 공간을 메워 주는 역할을 한다.
② 감상하는 사람의 시선을 움직여 시각적으로 전체 구성을 통합하는 골격이 된다.
③ 줄기나 가지 또는 선형의 꽃을 이용하여 작품의 크기를 나타내거나 볼륨을 주며, 날카로움이나 우아함을 나타내기도 한다.
④ 신속한 움직임, 평안함, 숭배, 온화함 등의 감정적 표현을 할 수 있다.

14

○△✕ | ○△✕

디자인요소로서 선의 특징으로 알맞지 않은 것은?

① 선(line)은 점의 움직임으로 생기며 직선, 가는 선, 굵은 선 등으로 만들어진다.
② 선은 면적은 없지만 방향성은 있다.
③ 물체의 형태를 더욱 흐리게 표현한다.
④ 선은 크게 정적인 선과 동적인 선, 가상의 선으로 나눌 수 있다.

16

○△✕ | ○△✕

디자인의 요소에서 질감의 특징으로 알맞지 않은 것은?

① 모든 재료는 고유의 표면 구조를 가진다.
② 하나의 소재를 사용할 때처럼, 같은 소재를 집단적으로 사용할 때도 질감은 동일하게 느껴진다.
③ 질감은 항상 상대적이므로 주변 요소의 질감, 광택 등에 따라 다르게 느껴진다.
④ 질감은 거리감, 보는 사람의 관점 등에 따라 다르게 보인다.

> **해설**
>
> **13** 식물 소재 및 부소재의 색채 결정은 서양형 형태의 디자인 전개에 해당한다.

정답 13 ④ 14 ③ 15 ① 16 ②

17

☐△✗ | ☐△✗

배색 중에서 트리콜로르(tricolore)에 대한 설명으로 알맞지 않은 것은?

① 프랑스어로 '세 가지'라는 의미를 가지고 있다.
② 세 가지의 색을 배색하는 것을 트리콜로르 배색이라고 한다.
③ 흰색이나 검은색을 사용하여 조화를 이루는 배색이다.
④ 세 가지 색상이나 톤의 조합으로 명쾌한 대비를 표현할 수 있다.

18

☐△✗ | ☐△✗

디자인의 원리에서 통일성(unity)에 대한 설명으로 알맞지 않은 것은?

① 통일성은 하나하나의 요소들과 전체가 갖는 연관성을 말한다.
② 통일감을 위해 화기와 소재의 색과 질감, 형태의 균형, 비율, 율동을 반복하거나 강조한다.
③ 작품의 주제와 형태를 돋보이게 하는 것으로 흥미를 유도하고 단조로움을 극복하는 효과가 있다.
④ 전체 디자인에서 모든 구성요소와 주위 환경들이 얼마만큼 잘 어우러져 하나의 획일화된 분위기로 연출하느냐가 관점이다.

19

☐△✗ | ☐△✗

디자인의 원리에서 대비(contrast)에 관한 설명으로 알맞지 않은 것은?

① 서로 다른 성질을 가진 형태나 질감, 색상을 강조하는 방법이다.
② 다른 구성 성분을 근접하게 사용함으로써 원래 갖고 있던 특성을 더욱 강조하고 긴장감을 조성하여 흥미를 부여한다.
③ 대비감을 주기 위해서는 그룹핑을 하는 것이 효과적이며, 구성요소의 크기, 면적, 거리, 색상도 크게 영향을 미친다.
④ 반복을 토대로 연결되는 시각적 운동의 관념으로, 같거나 비슷한 요소들의 반복에서 나타나는 현상이다.

20

☐△✗ | ☐△✗

라인 플라워(line flower)의 종류로 알맞지 않은 것은?

① 리아트리스, 글라디올러스
② 라넌큘러스, 카네이션
③ 금어초, 델피니움
④ 스토크, 리아트리스

해설

17 흰색과 검은색을 사용한 배색은 세퍼레이션(separation)이다.

18 작품의 주제를 돋보이게 하고 단조로움을 극복하기 위해 악센트를 사용하는 것은 '강조'이다.

19 반복을 토대로 연결되는 시각적 운동의 관념은 율동이다.

20 라넌큘러스, 카네이션은 매스 플라워(mass flower)이다.

정답 **17** ③ **18** ③ **19** ④ **20** ②

CHAPTER

3

화훼장식 한국형 디자인

이 단원은 이렇게!

화훼장식 한국형 디자인은 한국형 기본화형 디자인, 한국형 응용화형 디자인, 동양형 화훼장식 디자인, 한국형 고객맞춤형 디자인으로 나누어 공부하세요. **유형별 특징과 디자인**에 대하여 알아 두어야 해요.

출제 경향 미스터 ✿

▸ 한국형 기본화형 디자인의 특징은 무엇인가?

▸ 한국형 기본화형에서 주지의 특징과 역할은 무엇인가?

01 한국형 기본화형 디자인

| 1 | 한국형 기본화형

① 특징

　㉠ 선과 여백의 미를 중요시한다.

　㉡ 형을 이루는 요소에는 주지, 종지, 꽃이 있다.

　㉢ 화형의 기본 구성은 천(天), 지(地), 인(人) 사상으로 세 개의 주지가 중심이 되며 부등변 삼각형 구도이다.

② 주지의 역할 및 표기

구분	이름	기호	상징성
1주지	천(天)	○	작품의 높이
2주지	지(地)	□	작품의 넓이
3주지	인(人)	△	작품의 부피
종지		T	작품의 조화
꽃			작품의 포인트

③ 주지의 특징

　㉠ 1주지: 작품의 중심이 되며 주지의 위치와 방향, 구성에 따라 작품의 화형이 결정되며 작품의 크기와 형을 결정한다.

　㉡ 2주지: 작품의 넓이를 구성하며 삼각 구도에 있어서 중요한 역할을 하면서 1주지, 3주지와 함께 조화를 이룬다.

　㉢ 3주지: 3주지는 주지 중에서 가장 짧은 주지이며 1주지, 2주지와 조화와 균형을 이루면서 삼각 구도를 완성해 주는 역할을 한다.

　㉣ 종지: 주지 이외의 가지를 모두 종지라 하며 각 주지보다 짧게 꽂는다. 주지를 중심으로 전, 후, 좌, 우 가까이에 위치시킨다.

④ 주지의 길이

　　㉠ 1주지: 화기의 크기(가로＋세로)의 1.5배~2배를 사용한다.

　　㉡ 2주지: 1주지의 3/4 또는 2/3 정도를 사용한다. 1주지의 두께나 무게감에 따라 조금씩 달라질 수 있다.

　　㉢ 3주지: 2주지의 3/4 또는 2/3 정도를 사용한다.

　　㉣ 종지: 주지보다 짧게 표현하며 주지의 부족한 점을 보충하여 깊이감을 완성한다.

⑤ 초점, 출발점, 중심선

　　㉠ 초점(焦點): 작품의 구성에 있어서 초점은 작품 전체에서 시각적으로 가장 중심이 되는 곳에 위치하여 감상하는 사람의 시선을 끌기 때문에 작품의 균형감과 안정감에 기여한다.

　　㉡ 출발점: 한 작품에서 재료가 하나로 모이는 점을 말하며 출발점 수에 따라 1점 출발, 2점 출발, 다수 출발로 나누어진다.

　　㉢ 중심선: 작품 전체의 중심이 되는 수직축을 말하며 휘어있는 경우는 시각적인 수직축을 기준으로 중심선을 만든다.

⑥ 한국형 기본화형 디자인

　　㉠ 직립형(바로 세운 형)

　　　• 수반 꽃꽂이에서 모든 화형의 기본이 되는 형이다.
　　　• 1주지는 0°~15°(전후좌우)로 꽂는다.
　　　• 2주지는 40°~60°로 꽂는다.
　　　• 3주지는 70°~90°로 꽂는다.
　　　• 열린 부등변 삼각형의 형태가 된다.

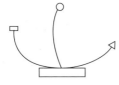

　　㉡ 경사형(기울인 형)

　　　• 직립형에서 변화한 것이다. 1주지와 2주지의 위치가 바뀌어 둘 사이의 공간을 잘 살림으로써 1주지 선의 아름다움을 잘 나타낼 수 있다.
　　　• 1주지는 40°~60°로 꽂는다.
　　　• 2주지는 0°~15°로 꽂는다.
　　　• 3주지는 70°~90°로 꽂는다.

꽃 TIP

▶ 표준 작품: 1주지의 크기가 화기(가로＋세로)의 1.5배
▶ 큰 작품: 1주지의 크기가 화기(가로＋세로)의 2배

꽃 TIP

▶ 초점: 사람들의 관심과 흥미를 집중시키는, 사물의 가장 중요한 점
▶ 출발점: 어떤 일이 시작되는 기점
▶ 중심선: 물체의 한가운데를 지나는 선

확인! OX

1. 한국형 디자인은 선과 면을 중요시한다. (○, ×)
2. 표준 작품에서 1주지의 크기는 화기(가로＋세로)의 1.5배이다. (○, ×)
3. 경사형(기울인 형)의 1주지는 40°~60°로 꽂는다. (○, ×)

정답 1. × 2. ○ 3. ○

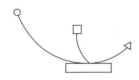 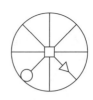

ⓒ 하수형(흘러내린 형)

- 선의 유연함과 부드러움이 돋보이는 화형이다.
- 1주지는 90°~180°로 꽂는다.
- 2주지는 0°~15°로 꽂는다.
- 3주지는 40°~60°로 꽂는다.
- 화기 아래로 흐르는 형태이므로 높은 화기가 어울린다.

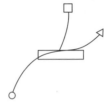 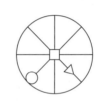

⑦ 기본 도구와 화기

ⓐ 기본 도구

- 침봉
  - 꽃이나 절지를 수반에 고정시키는 데 필요한 도구로서 납으로 된 판 위에 짧은 바늘이 촘촘히 박혀있다.
  - 꽃의 양과 화기의 크기, 무게에 따라 침봉의 크기와 사용법이 결정된다.
  - 침봉의 형태에는 원형, 타원형, 오각형, 팔각형, 직사각형 등이 있다.
- 플로랄 폼(floral foam)
  - 서양식 꽃꽂이에 많이 쓰이며 흡수성과 보수성이 좋은 합성수지 제품으로 녹색 벽돌 모양처럼 생겼다.
  - 다양한 디자인을 할 수 있는 크기와 형태가 있다.
  - 항아리나 입구가 넓은 화병에 넣어 사용하며 은박지나 비닐에 싼 다음 나무 바구니 같은 용기에 넣어서 사용할 수도 있다.
  - 많은 꽃을 꽂을 땐 편리하지만 침봉에 비하여 경제적이지 못하다.
  - 플로랄 폼 사용 시 수분을 충분히 공급한 뒤 사용하여야 한다.
- 철사
  - 화병에 꽃을 때 철사를 부드럽게 뭉쳐서 병 속에 넣어 주면 원하는 방향으로 꽃을 고정시킬 수가 있다.
  - 줄기가 가늘거나 약해서 윗부분의 무게를 감당하기 어려운 소재는 철사를 덧대어 감아 내

리거나 묶어서 가지를 보충하는 데 쓰인다.

- 꽃가위
  - 초본류의 가지를 자르거나 정리하는 데 필요한 도구이다.
  - 철사 등의 금속류에는 사용하지 않도록 한다.
  - 사용 후에는 물기를 깨끗하게 제거하고 기름수건으로 닦아 두면 다음에 사용할 때 편리하다.
- 전정 가위: 두꺼운 식물재료나 나뭇가지를 자를 때 사용하는 도구이다.
- 플라이어 · 니퍼: 철사 종류의 금속을 자르는 데 사용한다.
- 물올리기 펌프: 연꽃이나 제비꽃처럼 물올림이 좋지 않은 재료에 물을 주입할 때 사용한다.
- 분무기: 완성된 작품이나 식물에 직접 뿌려 건조를 막고 습도를 유지시켜 신선도를 보완해 주는 역할을 한다.
- 칼 · 톱
  - 굵은 가지를 가위로 자를 수 없을 때 칼이나 톱을 이용하여 자른다.
  - 소재를 자를 때 가위보다는 칼이 깨끗하게 잘리므로 소재의 수명 연장에 도움을 준다.
  - 톱 사용 시에 소재의 굵기에 따라 톱날의 굵기를 선택하여 사용한다.
- 망치: 가지의 질이 단단하여 잘 꽂히지 않는 굵은 가지나 고목들을 침봉에 고정할 때 가볍게 두드려서 고정시킨다.

ⓛ 화기(花器): 꽃을 꽂는 그릇을 말한다. 화기는 용기(用器)로서의 역할뿐 아니라 수분을 공급하는 기능적 역할과 꽃과의 조화를 이루어 작품의 아름다움을 완성시키는 미적 역할을 한다.

- 수반
  - 일반적으로 폭이 넓고 높이가 낮으며 발이 달리지 않은 화기를 일컫는다.
  - 수반의 재질로는 도자기, 석기, 목기, 유리, 플라스틱 등이 있다.
  - 수반의 형태로는 타원형, 원형, 사각형, 마름모 등이 있다.
- 화병
  - 수반의 형태와는 달리 폭이 좁고 키가 큰 화기를 말한다.
  - 화병의 재질로는 유리, 도자기, 플라스틱 등이 있다.
- 콤포트(compote)
  - 굽이 있는 것이 특징이다.
  - 수반이나 화병보다는 현대적인 감각을 많이 주는 화기이다.
  - 화병보다는 색상이나 형태가 다양하다.
  - 콤포트 자체가 꽃꽂이의 화형이나 분위기를 결정짓는 역할을 하기도 한다.
  - 높은 것과 낮은 것을 함께 사용하여 복형 작품에 이용하기도 한다.
- 변형된 화기
  - 화훼장식의 재료와 표현 방법이 문화 예술의 발달과 시대적인 흐름에 따라 다양해지면서 사실적, 비사실적, 조형적, 식생적 작품 등이 발전하였다.
  - 화기가 기능적인 역할뿐만 아니라 디자인의 한 부분이 되면서 현대적이고 장식적인 형태가 늘어나게 되었다.

꽃 TIP
물방울 입자가 미세하게 분무되는 것이 좋은 분무기이다.

★ 알아 두면 좋아요 ★
소재를 잘 다루고 조화롭게 사용하여 작품의 표현이 잘 되었더라도 사용된 화기와 소재가 어울리지 않으면 예술적 · 미적 가치가 떨어진다. 또한 작품이 놓일 공간에 따라 화기의 크기가 달라져야 하므로 화기는 신중하게 선택해야 한다.

꽃 TIP
화병의 색상은 복잡하지 않고 흰색, 검은색 같이 단순한 것이 초보자들이 작업하기에 좋다. 형태는 병의 위아래의 폭에 차이가 적을수록 작업하기에 편하다.

확인! OX
1. 녹색의 벽돌 모양처럼 생긴 플로랄 폼은 흡수성과 보수성이 좋은 합성수지 제품으로 서양식 꽃꽂이에 많이 쓰인다. (○, ×)

2. 전정 가위는 초본류의 가지를 자르거나 정리할 때 사용한다. (○, ×)

3. 콤포트(compote)는 하수형에서 많이 사용되며 굽이 있는 것이 특징이다. (○, ×)

정답 1. ○ 2. × 3. ○

TIP

변형된 화기의 종류에는 화병의 주입구가 여러 개인 것, 벽면이나 기둥에 매달 수 있는 것, 두 개의 화병이 연결된 것 등이 있다.

TIP

소쿠리: 얇고 가늘게 쪼갠 대나 싸리를 어긋나게 짜서 만든 그릇이다.

– 다양한 화기 디자인에 따라 창의적이고 예술적인 표현이 확대되고 있다.

• 그 밖의 화기: 목기, 토기, 대바구니, 소쿠리 등 우리 생활 주변에서 흔히 볼 수 있는 도구를 이용하여 수반이나 도자기에서 볼 수 없는 소박한 멋을 표현해 낸다.

⑧ 재료

㉠ 재료의 종류

• 자연 재료: 여러 가지 식물을 자연 소재라 한다. 같은 종류의 식물일지라도 계절, 기후 등 자라나는 환경에 따라서 모양이나 느낌이 달라진다.

〈계절에 따른 화훼장식의 특징〉

봄	• 사계절 중 희망찬 앞날을 비유적으로 표현할 수 있으며 묵은 가지에서 새 생명이 움트는 것을 표현할 수 있다. • 힘이 있으며 선적인 재료를 선택하는 것이 좋다. • 새싹의 잎들이 연한 색을 띠므로 꽃 또한 강렬한 색보다는 부드러운 색을 선택하는 것이 적절하다. • 봄에 꽃이 피는 화목류의 종류에는 개나리, 벚꽃, 산수유, 산당화, 목련, 설유화, 조팝, 진달래, 매화 등이 있다.
여름	• 싱그럽게 우거진 나뭇가지나 화려한 색상의 재료를 선택하면 좋다. 원색적인 강한 꽃들의 색 배합도 잘 어울린다. • 여름철에는 시원한 느낌을 주는 잎 소재를 활용하는 것이 좋다. • 여름철 소재의 종류에는 몬스테라, 수국, 부들, 아가판서스, 아레카야자, 맨드라미, 청미래덩굴 등이 있다.
가을	• 풍요로움을 나타내기 위해서는 열매가 있는 재료를 선택하는 것이 좋다. 한국적 느낌의 열매를 사용할 경우 꽃 소재도 자연스럽게 어울리는 것을 선택하는 것이 좋다. • 가을의 느낌을 표현할 수 있는 색상과 소재를 사용하여 깊이감과 무게감을 나타내도록 한다. • 가을철 소재의 종류에는 화초토마토, 수수, 노박덩굴, 조, 국화류, 억새 등이 있다.
겨울	• 겨울의 춥고 단조로운 계절감을 표현할 수 있는 재료를 소재로 선택하는 것이 좋다. • 지나간 계절을 표현하고자 할 때는 주소재를 겨울 소재로 사용하고 일부 소재는 지나간 봄, 가을 소재를 사용하여 연출하는 것이 좋다. • 겨울철 소재의 종류에는 소나무, 고목, 다래덩굴, 동백나무, 느티나무, 석화버들, 심비디움, 화살나무 등이 있다.

• 가공 재료: 자연 재료를 건조하거나 착색, 표백한 것을 말한다. 대표적으로 호랑가시나무, 갈대, 삼지닥나무, 싸리, 연밥, 부들, 납작 대나무, 라그라스 등이 있다.

• 기타 재료: 자연 재료나 가공 재료를 제외한 돌, 유리, 새의 깃털, 모래, 스티로폼, 고무, 플라스틱, 아크릴, 털실, 천, 조개껍질, 알루미늄, 철봉, 함석, 거울 등 여러 가지가 있다.

㉡ 재료 다루기

• 작품을 제작하는 데에 필요하지 않은 재료는 정리하고 필요한 재료는 사용하기 편리하도록 재료를 다듬는다.

• 재료를 자를 때는 미리 구상해 놓은 디자인과 크기에 따라 꽃과 가지가 손상되지 않도록 자른다.

• 가지, 잎, 열매, 꽃 등 특성을 잘 관찰하여 작품에 표현하고자 하는 부분을 잘 살려서 정리한다.

확인! OX

1. 가공 재료는 자연 재료를 건조하거나 착색·표백한 것이다.
(○, ×)

2. 여름에는 솔방울, 노박덩굴, 망개 등 열매 소재를 활용하는 것이 좋다. (○, ×)

정답 1. ○ 2. ×

- 곡선적인 덩굴 소재를 사용하는 경우 잎 소재는 간결하고 적은 것을 선택한다.
- 가을에 곡식류 소재를 사용할 경우 풍성한 느낌을 주는 열매 종류의 소재와 함께 사용하면 효과적이다.

ⓒ 재료 구부리기
- 일반적으로 재료의 자연스러운 선을 잘 살려서 사용하는 것이 바람직하지만 원하는 선을 표현하기 힘든 경우에는 작가가 원하는 선을 만들어서 사용한다.
- 재료별 사용법
  - 일반적인 가지: 두 손으로 재료의 양쪽을 잡고 양 엄지손가락 사이를 붙여서 구부리고자 하는 부분에 밀착하여 서서히 힘을 주어 구부린다.
  - 굵은 가지: 부러지기 쉬운 가지나 굵은 가지는 가위집을 내어 구부리거나 가위집을 낸 부분에 쐐기를 넣어 구부린다. 이때 구부리고자 하는 방향과 각도를 잘 맞추어 구부린다.
  - 잎: 붓꽃이나 난초잎과 같은 잎을 구부릴 때는 엄지손가락을 밑으로 받치고 나머지 손가락은 위로 가게 하여 손가락으로 훑듯이 구부린다. 또한 엽란이나 잎새란 같은 잎은 뒷면 중앙에 철사를 대고 스카치 테이프로 붙인 다음 원하는 모양으로 구부린다.
  - 초화류: 줄기 밑에 양 엄지손가락을 받쳐 서서히 힘을 주어 구부린다.

ⓔ 재료 물올리기
- 열탕처리: 줄기 아랫부분의 3~5cm 정도를 끓는 물에 수 초 담근 후 줄기를 다시 찬물에 넣어 물올림하는 방법이다. 꽃줄기를 끓는 물에 담글 때는 꽃이나 잎이 상하지 않도록 종이로 감싸 주는 것이 중요하다.
  예 숙근안개초, 금어초, 캄파눌라, 국화, 스토크, 해바라기, 아게라텀 등
- 탄화처리: 줄기의 절단면을 불에 태우는 방법이다. 줄기 절단면의 부패를 막고 줄기 내부의 수압을 높여 기포를 막아 주어 물 흡수를 높여 준다. 단, 화기(火氣)로 인해 꽃이 손상되지 않도록 주의해야 한다.
  예 포인세티아, 장미, 수국 등
- 펌프 주입: 주사기와 같은 주입 펌프를 줄기 속에 꽂아 강제적으로 물을 주입하는 방법이다. 물올림이 잘 되지 않고 줄기의 내부에 공간이 있는 식물에 사용하면 효과적이다.
  예 수련, 달리아, 연꽃 등
- 물속자르기: 물속에서 줄기를 잘라 줄기 속으로 유입되는 공기를 최소화하여 물올림을 높이는 방법으로 수중 절단이라 부르기도 한다. 깊이가 있는 용기를 사용하면 압력으로 인해 더 효과적이다.
  예 장미, 카네이션, 글라디올러스, 나리류, 아이리스, 알스트로에메리아 등

⑨ 재료 고정 ☆
ⓐ 초화류
- 밑 부분이 수평이 되게 직각으로 자르는 것이 고정하기에 좋다.
- 줄기가 가는 초화류나 줄기는 굵어도 부드럽고 약한 칼라 같은 화재(花材)는 종이나 플로랄 테이프로 감아서 꽂는다.
- 해바라기처럼 꽃이 커서 고개를 가누지 못하거나 줄기가 가늘어서 휘청거릴 경우 줄기에 철

꽃 TIP

열탕처리나 탄화처리는 유액이 흐르는 식물들에게 사용하기 좋은 방법이다.

꽃 TIP

화재(花材): 꽃꽂이 재료

확인! OX

1. 펌프 주입은 주사기와 같은 주입 펌프를 줄기 속에 꽂아 강제적으로 물을 주입하는 방법이다. (○, ×)

2. 탄화처리는 줄기를 물속에서 자르는 것이다. (○, ×)

정답 1. ○ 2. ×

사를 감아 꽃 표정을 바로 잡아 준다.

ⓛ 일반 가지

- 사선으로 자른 다음 가위집을 일자(-) 또는 십자(+)로 넣거나 뾰족하게 잘라서 침봉의 바늘과 바늘 사이에 끼이도록 꽂는다.
- 잘려진 면은 위쪽을 향하게 하고, 가지의 각도는 꽂은 후에 원하는 각도로 눕혀 고정하면 된다.

ⓒ 굵은 가지

- 단단하거나 굵은 가지는 밑 부분에 동여맨 보조 가지를 이용하여 꽂는다. 연필을 깎은 것처럼 깎아서 세우기도 한다.
- 고목과 같은 굵은 가지는 나무판에 못질을 한 후 고정하고 무거운 돌이나 침봉을 올려 놓아 고정한다.

ⓡ 길고 가는 가지

- 가는 가지의 밑 부분에 보조 가지를 묶어서 꽂는다.
- 가는 줄기의 경우 섬유질이 부드러운 굵은 줄기 속에 끼워서 꽂는다.

ⓜ 속이 빈 가지

- 먼저 침봉에 보조 가지(꽂는 줄기보다 가늘고 단단한 가지)를 꽂고 그 위에 속이 빈 가지가 꽂히도록 꽂아 준다.

| 1 | 한국형 응용화형

① 직립형(바로 세운 형) 응용화형

  ㉠ 응용화형에서는 기본화형의 1주지는 그대로 유지한다.

  ㉡ 작가의 해석과 감각 그리고 의도에 따라 2주지와 3주지를 변형하는 화형이다.

  ㉢ 직립형 응용 1, 직립형 응용 2, 직립형 응용 3으로 구분할 수 있다.

  • 직립형 응용 1

    – 직립형 기본화형에서 1주지는 그대로 유지하면서 2주지와 3주지의 위치를 바꾸는 화형
      이다.

    – 화형에 따라 변화가 있어야 하며 선의 특징에 따라 각도가 조금씩 차이날 수 있다.

  • 직립형 응용 2

    – 1주지는 그대로 유지한다.

    – 2주지와 3주지의 위치와 각도가 바뀌는 화형이다.

    – 작가의 감각과 의도에 따라 다양하게 응용할 수 있다.

  • 직립형 응용 3

    – 직립형 기본화형에서 2주지가 생략되는 화형이다.

    – 2주지가 생략되므로 공간을 크게 활용할 수 있다.

    – 높고 낮음의 대비로 시각적 효과를 주며 시원한 공간감과 함께 깔끔함을 느낄 수 있다.

② 경사형(기울인 형) 응용화형

  ㉠ 응용화형에서는 기본형의 1주지는 그대로 유지한다.

  ㉡ 작가의 해석 · 감각 · 의도에 따라 2주지와 3주지를 변형하는 화형이다.

  ㉢ 경사형 응용 1, 경사형 응용 2, 경사형 응용 3으로 구분할 수 있다.

  ㉣ 응용에 따라 기본화형 각도 범위에서 주지가 변형되기도 한다.

  • 경사형 응용 1

    – 경사형 기본화형에서 1주지는 그대로 유지하면서 2주지와 3주지의 위치가 바뀌는 화형
      이다.

    – 선의 특징에 따라 각도가 조금씩 차이가 날 수 있으며 화형에 변화가 있어야 한다.

  • 경사형 응용 2

    – 경사형 기본화형에서 주지의 위치와 각도가 바뀌는 화형이다.

    – 3주지의 위치가 변하는 화형으로 제작할 수도 있다.

    – 1주지와 3주지의 각도가 바뀌는 화형으로 제작할 수도 있다.

  • 경사형 응용 3

    – 경사형 기본화형에서 1주지는 그대로 유지하면서 2주지가 생략되는 화형이다.

    – 1주지와 3주지로 구성된 화형이다.

    – 2주지가 생략되어 공간 대비 효과가 크므로 시원한 공간감을 느낄 수 있다.

③ 하수형(흘러내린 형) 응용화형

　㉠ 응용화형에서는 기본화형의 1주지는 그대로 유지한다.

　㉡ 작가의 해석과 감각과 의도에 따라 2주지와 3주지를 변형하는 화형이다.

　㉢ 하수형 응용 1, 하수형 응용 2, 하수형 응용 3으로 구분할 수 있다.

　㉣ 응용에 따라 기본화형 각도 범위에서 주지가 변형되기도 한다.

　　• 하수형 응용 1

　　　– 하수형 기본화형에서 1주지는 기본형을 유지하면서 2주지와 3주지의 위치가 바뀌는 화형이다.

　　　– 선의 특징에 따라 각도가 조금씩 차이가 날 수 있으며 화형에 변화가 있어야 한다.

　　• 하수형 응용 2

　　　– 하수형 기본화형에서 주지의 위치와 각도가 바뀌는 화형이다.

　　　– 1주지와 2주지는 그대로 유지하면서 3주지의 위치나 각도만 바뀌는 화형으로 제작할 수 있다.

　　• 하수형 응용 3

　　　– 하수형 기본화형에서 1주지는 그대로 유지하면서 2주지가 생략되는 화형이다.

　　　– 2주지가 생략되어 공간의 여유감이 잘 표현되며 전체적으로는 안정감을 느낄 수 있다.

　　　– 각도차가 클수록 효과적이다.

④ 분리형(나누어 꽂기)

　㉠ 하나의 수반 내에 두 개 이상의 침봉을 사용하여 주지를 분리시켜 꽂는다.

　㉡ 공간미를 살리면서 변화를 줄 수 있다.

　㉢ 황금비율을 이용하여 3:5:8로 꽂으면 아름답다.

　㉣ 기본화형 및 응용화형에서도 응용하여 꽂을 수 있다.

　㉤ 소재의 특징에 따라 화기의 크기나 형태를 결정할 수 있다.

⑤ 복형(거듭 꽂기)

　㉠ 두 개 이상의 화형을 두 개 이상의 독립된 화기에 꽂는 형태이다.

　㉡ 작품 하나하나가 독립된 특성과 완성미를 나타낼 수 있어야 하며 연결되어 있어도 한 작품으로 보이도록 조화를 이루어야 한다.

　㉢ 두 개 이상의 화기를 이용함으로써 거리감과 앞뒤의 변화를 표현하기에 적당하다.

　㉣ 각각의 독립화형을 연결하여 꽂을 수도 있고 한 화형을 나누어 꽂아 연결할 수도 있다.

　　예 바로 세우는 기본형 또는 기울이는 기본형

　　　→ 바로 세우는 기본형을 나누어서 화기1에는 1주지와 2주지를, 화기2에는 3주지를 꽂아 전체적으로 바로 세우는 형을 제작할 수도 있다.

| 2 | 한국형 자유화형

① 자유화형의 의미
- ㉠ 시대의 흐름과 변화를 반영하여 재료의 특성을 자신만의 표현 방식으로 재해석하여 디자인의 다양성과 창의성을 표현한 것이다.
- ㉡ 동양형 화훼장식의 기본화형을 학습 후 전통에 어울리는 기본화형에서 현대적 생활 환경에 어울리는 확장된 형태의 새로운 예술적 영감을 작가의 감정과 감성으로 표현하는 것이다.

② 자유화형의 특징
- ㉠ 현대 건축물과 잘 융화되며 생활 속에 함께하는 디자인이다.
- ㉡ 자연이 주는 재료를 작가의 재해석을 통해 아름다움을 창조할 수 있다.
- ㉢ 식물의 특징을 강조하여 식물과 자연이 융화된 조화로운 조형미로 표현한다.
- ㉣ 주제의 의미보다 주제에 맞는 구도를 잘 구성하는 것이 더 중요하다.
- ㉤ 작가만의 해석, 독창성, 창의성이 두드러진다.
- ㉥ 디자인 목적에 따라 다양하게 변형된 형태의 화기를 선택하는 것이 중요하다.

③ 자유화형 기본 디자인
- ㉠ 직립형(바로 세운 형) 자유화형
  - 직립적인 기본 조형 이론을 바탕으로 자유롭게 변형하는 화형이다.
  - 목적에 따라 주재료의 특징을 재해석하여 표현한다.
- ㉡ 경사형(기울인 형) 자유화형
  - 경사형의 기본 조형 이론을 바탕으로 자유롭게 변형하는 화형이다.
  - 주요 재료의 표현 방법에 따라 전체의 흐름이 달라지므로 화형에 알맞은 재료 선택이 화형의 주제를 표현하는 데 중요한 역할을 한다.
- ㉢ 하수형(흘러내린 형) 자유화형
  - 하수형의 기본 조형 이론을 바탕으로 자유롭게 변형하는 화형이다.
  - 높은 곳에서 아래로 흐르는 표현 방법으로 다양한 실내장식과 인테리어를 병행할 수 있는 효과적인 화형이다.

④ 자유화형 복형 디자인
- ㉠ 분리형(나누어 꽂기) 자유화형
  - 현대적인 기법을 이용하여 장식적인 효과를 표현할 수 있는 화형이다.
  - 화기가 오브제 역할도 하므로 기존의 작품과는 달리 창의적이고 새로운 연출이 가능하며, 화기의 크기와 형태에 따라 작품의 크기와 디자인도 다양하게 조절할 수 있어 효과적이다.
  - 고정 도구에 제한 없이 나누어 꽂을 수 있다.
- ㉡ 복형(거듭꽂기) 자유화형
  - 하나의 작품에 하나 이상의 화기를 활용한다. 자유화요소의 구성으로 작품을 재해석하여 창의적으로 나타낼 수 있다.

- 여러 가지 화기들을 사용하므로 소재들과의 조화가 중요하다.
- 다양한 화기와 수직, 수평, 상, 하, 좌, 우 등의 연결성에 따라 디자인의 표현과 완성도가 다르다.

출제 경향 마스터 ✿

▶ 한국형 고객맞춤형 디자인에서 고객 요구 파악에 필요한 요소는 무엇인가?

▶ 한국형 고객맞춤형 디자인의 원리와 요소는 무엇인가?

03 한국형 고객맞춤형 디자인

| 1 | 한국형 고객 요구 파악

① 고객맞춤형 디자인으로 고객을 만족시킬 수 있어야 한다.
② 고객이 원하는 상품을 잘 파악하여 그에 맞는 작품을 디자인해야 한다.
③ 고객의 필요성에 의한 색채와 화형, 장소, 목적 등을 참작하여 만족도를 높여 줄 수 있는 디자인을 하여야 한다.
④ 고객 중심으로 디자인할 수 있어야 하며 작가의 주장이 강하게 표현되어서는 안 된다.

| 2 | 한국형 고객맞춤형 디자인

① 한국형 꽃 예술의 정의
  ㉠ 한국의 문화와 전통을 살리면서 세계 흐름 속에서 어울리는 주체성 있는 디자인을 창작하여야 한다.
  ㉡ 한국적인 선과 여백을 표현하여 미적인 감각을 유지하면서 경제적으로도 발전시켜야 한다.
  ㉢ 한국의 미를 표현할 수 있는 화기와 오브제 등을 개발하여 공간장식으로서의 상품적 가치를 키워야 한다.
  ㉣ 공간장식의 상품가치가 있으면서도 생활공간에 어울리는 디자인으로 발전시켜야 한다.

② 한국형 고객맞춤형 디자인
  ㉠ 전문성을 갖춘 객관적 상품을 디자인해야 한다.
  ㉡ 고객의 요구에 맞는 디자인으로 고객을 만족시켜야 한다.
  ㉢ 색채와 시간과 장소, 사용 목적에 따라 만족도를 높여 줄 수 있는 디자인으로 제작하여야 한다.
  ㉣ 고객이 처한 환경에 맞추어 고객 중심으로 제작하여야 한다.
  ㉤ 이동이 쉽게 제작하여야 한다.
  ㉥ 감상적인 효과와 장식적인 효과를 모두 내기 위해서는 한국형 디자인을 서양형으

★ 알아 두면 좋아요 ★

고객 요구에 맞는 한국형 디자인 순서

▶ 화기 선택
  – 상품적, 장식적, 이벤트적인 화기를 고객의 요구에 맞게 선택한다.
  – 한국의 정서가 느껴지는 화기가 효과적이다.
  – 이동이 용이한 화기가 효과적이다.
▶ 재료 정리
  – 목적에 적합한 기본화형 재료를 선택한다.
  – 공간과 장소에 어울리는 재료를 선택한다.
▶ 고정 도구 선택
  – 고객의 요구와 트렌드에 맞는 작품이 연출되도록 한다.
  – 목적에 맞고 자유롭게 이동 가능한 고정 도구를 선택한다.
▶ 주지와 종지 고정
  – 트렌드와 고객 요구에 맞추어 주지와 종지를 꽂는다.

로 표현할 수도 있다.

ⓐ 한국형 디자인도 생활 속의 다양한 소품이나 다양한 재료를 이용하여 표현하며, 오 브제를 이용하여 표현하면 창의적이고 상품가치를 높일 수 있다.

| 3 | 한국형 디자인 원리와 요소

① 디자인의 원리

   ㉠ 자연성(自然性)

- 자연성은 천연 그대로 자연이 가지고 있는 성질을 말한다.
- 꽃 예술에서 가장 중요한 원리로서 자연이 갖고 있는 성질, 즉 식물의 생장과 소멸, 질감, 계절감, 생장 법칙 등을 표현한다.
- 인공미가 아닌 꾸밈없고 자연스러운 아름다움을 보여 주는 것이 중요하다.

   ㉡ 생동감(生動感)

- 생동감은 살아서 움직이는 것과 같은 느낌을 말한다.
- 한국 꽃꽂이에서는 이것을 세(勢)나 기(氣)로 표현한다.
- 생동감은 식물이 성장하는 자세와 율동으로 표현할 수 있으며, 소재의 반복적 리듬, 소재의 강약, 색의 연함과 짙음의 변화로도 운동감을 표현할 수 있다.

   ㉢ 음양(陰陽)

- 음양이란 우리나라의 오랜 전통 사상으로서 우주 만물을 만들어 내는 상반되는 두 가지의 성질을 말한다.
- 즉 밤과 낮, 성장과 소멸, 해와 달, 높고 낮음, 밝고 어두움, 나타내고 숨김 등과 관련된 개념이다.
- 색채에서 양(陽)은 적색, 황색, 백색을 의미하며, 음(陰)은 청색, 흑색이다.

   ㉣ 초점(焦點)

- 초점은 사람들의 관심과 흥미를 집중시키는, 사물의 가장 중요한 점이다.
- 작품의 중요한 부분을 색채, 형태, 수, 대비 등으로 강조하여 표현하는 방법이 있다.

   ㉤ 조화(調和)

- 조화란 어긋나거나 부딪침 없이 서로 잘 어울리는 것이다.
- 서로 다른 모양의 여러 가지 소재를 사용함에 있어 형태, 색채, 질감 등의 관계를 유지하면서 작품 전체의 분위기가 잘 어우러져야 한다.
- 소재와 화기, 작품이 놓인 배경과의 관계 등 부분적인 조화와 전체적인 조화가 이루어져야 한다.

   ㉥ 균형(均衡)

- 균형은 기울거나 치우치지 않고 고른 상태를 말한다.
- 화훼에서는 전체 작품 안에서 크기, 무게, 형태, 색채 등과 같은 요소들이 균등함이나 평행을 이루고 있어야 한다.
- 형태 안에 있는 요소들이 축을 중심으로 시각적 무게의 분배가 균등하면 안정감을 갖는다.

꽃 TIP

위로 성장하려는 힘, 옆으로 뻗으려는 힘, 사방으로 확산하려는 힘, 아래로 흘러내리려는 힘 등은 생동감을 준다.

꽃 TIP

꽃꽂이에 있어서 양(陽)은 가지나 꽃잎의 앞면이고, 음(陰)은 가지나 꽃잎의 뒷면이다.

★ 알아 두면 좋아요 ★

균형의 종류

▶ 대칭적 균형: 형이나 형태의 배열이 서로 대칭적 관계에 놓이며 좌우의 시각적 배치와 비중이 동일함을 의미한다.

▶ 비대칭적 균형: 비정형적이며 중심축이 불규칙하거나 없어서 자유롭지만 좌우의 시각적 균형이 이루어져야 한다. 자연성을 중시하는 동양 꽃꽂이에서 많이 사용한다.

▶ 물리적 균형: 작품이 공간에 자리를 잡을 수 있도록 무게와 방향을 잡아 준다.

▶ 시각적 균형: 대칭이 아니더라도 작품을 보았을 때 시각적으로 균형을 느끼게 한다.

ⓐ 통일성(統一性)
- 여러 가지 부분이 모여 하나로 보이도록 작품에 질서를 주는 방법이다.
- 산만하고 부분적일 때는 완결성이 떨어져 좋은 작품이 될 수 없다. 그러므로 작품의 완성도를 높이기 위해서는 전체적으로 통일성이 있어야 한다.
- 통일감을 줄 수 있는 요소에는 선, 소재, 형태, 질감, 색채, 계절감 등이 있다.

ⓞ 비례(比例)
- 비례란 부분과 부분 사이 또는 전체와 부분 사이의 크기와 상호 관계를 말한다.
- 작품은 크기와 형태, 재질과의 관계, 색채, 소재와 화기, 장소와 형태 등이 적당한 비율로 이루어져야 한다.

ⓩ 원근(遠近)
- 원근은 먼 곳과 가까운 곳을 표현하여 작품에 입체감을 강하게 표현하는 것이다.
- 작품의 앞뒤에 높고 낮은 소재를 적절히 배치하여 넓은 폭과 거리감, 깊이감을 표현한다.
- 산과 들을 표현할 때 나무는 뒤에, 풀과 꽃 종류는 나무 앞에 배치하면 자연스럽게 원근감이 살아난다.

ⓧ 고금(古今)
- 고금은 예와 지금을 아울러 이르는 말이다.
- 지난 계절의 식물과 현 계절의 식물 간의 조화, 고목과 생목의 조화, 오래된 잎과 새싹의 조화가 이에 해당된다.

② 디자인의 요소
㉠ 점: 선과 면의 토대가 되는 구성요소이다. 크기는 없고 위치만을 가지고 있지만 디자인 요소로서 조형의 기본 단위가 된다.
㉡ 선(線): 선은 점과 점으로 이루어지는 무수한 점들의 연속으로 높이와 깊이가 없으며, 길이만 있다. 선은 감정과 표정을 가지고 있으며 동양형 화훼장식에 있어서 표현의 주제로 이용된다.
- 선의 종류와 특징
  - 직선: 곧고 강하고 정직한 느낌을 준다.
  - 수직선: 위, 아래의 방향으로 상승감과 힘을 나타낸다.
  - 수평선: 평화로움, 안정감, 휴식 등을 의미하며, 옆으로 퍼져나가는 느낌을 준다.
  - 사선: 움직임과 특정한 방향성이 나타난다.
  - 평행선: 휴식, 지루함, 만날 수 없는 영원함을 내포한다.
  - 교차선: 시선의 빠른 움직임과 확산, 집중을 표현한다.
㉢ 면: 공간을 구성하는 기본적인 단위이다. 공간을 격리 또는 폐쇄시키면서 공간감을 나타내는 중요한 기본요소이다. 눈에 잘 보이는 기본적인 형상으로 최소한으로 축소되거나 최소한의 선으로 이루어질 때 점으로 환원된다.
- 면의 종류와 특징
  - 기본적으로 평면과 곡면, 각면이 있다.
  - 정사각형: 안정감과 견고함을 준다.

– 삼각형: 긴장감과 진취적인 느낌을 준다.

– 원형: 원만하고 부드러운 느낌을 준다.

ⓔ 형태(形態): 사물의 생김새를 의미하는 것으로서 입체적 성격을 가지고 있다. 공간을 차지하고 위치를 표시하며 방향을 가리키는 형상, 크기, 색채를 가지고 있다.

ⓜ 공간(空間): 아무것도 없는 빈 곳 또는 앞뒤, 좌우, 위아래의 모든 방향으로 널리 퍼져 있는 입체적 범위를 말한다. 공간(여백)의 미는 동양형 화훼장식의 특징 중 하나로, 표현 방법으로는 소재의 나타냄과 생략, 높고 낮음, 숨김과 돌출 등이 있다.

  • 꽃꽂이에서의 공간

    – 양화적 공간: 작품의 소재로 채워진 곳을 의미한다.

    – 음화적 공간: 소재와 소재 사이의 빈 공간을 의미한다.

ⓗ 질감(質感): 질감은 소재의 표면으로부터 느껴지는 시각적인 느낌을 말하며 시각적 질감과 촉감적 질감으로 나눈다. 식물 소재는 소재의 특성에 따라 부드러운 느낌이나 딱딱한 느낌, 거친 느낌, 뾰족한 느낌, 가죽같은 느낌, 매끄러운 느낌 등으로 나타난다. 꽃꽂이에서는 질감들의 특성을 작품에 강조해 개성 있는 작품을 연출할 수 있다.

ⓢ 색채(色彩): 한국의 전통색에는 오방색과 오간색이 있다. 음양오행 사상에 따르면 양(陽)은 적색, 황색, 백색을 의미하며, 음(陰)은 청색, 흑색이다. 나아가 조상들은 오방색을 단순히 색으로만 보지 않고 방위나 계절과 관련짓거나 종교적·우주적인 철학관에 근간을 두기도 하였다. 한편 우리나라는 순한 색과 저채도 고명도의 색채를 선호하는 경향이 있다.

ⓞ 빛(光)과 물(水)

  • 빛: 방사되는 수많은 전자파 중에서 우리 눈으로 지각되는 범위를 말한다. 즉 빛은 색의 모체로서 작품의 형태, 입체감, 원근감을 나타낸다. 화훼에서는 형태에 양감의 효과를 효과적으로 표현하기 위하여 빛과 그늘을 이용한다.

  • 물: 물은 자연에 널리 분포하고 있으며 생명이 있는 모든 식물에게 필수적인 요소이다. 화훼장식에 필요한 소재 역시 주로 자연에서 얻으므로 물은 꼭 필요한 요소이다.

3 화훼장식 한국형 디자인

확인문제

01

◯△✕ | ◯△✕

한국형 기본화형의 특징으로 알맞지 않은 것은?

① 선과 여백의 미를 중요시한다.
② 형을 이루는 요소에는 주지, 종지, 꽃이 있다.
③ 화형의 기본 구성은 천지인 사상으로 세 개의 주지가 중심이 되며 부등변 삼각형 구도를 띤다.
④ 인공적인 기교를 중요시한다.

02

◯△✕ | ◯△✕

주지의 길이에 대한 설명으로 알맞지 않은 것은?

① 1주지: 화기 크기(가로＋세로)의 1.5~3배
② 2주지: 1주지의 3/4 또는 2/3
③ 3주지: 2주지의 3/4 또는 2/3
④ 종지: 주지보다 짧게 표현한다.

03

◯△✕ | ◯△✕

한국형 기본형에서 주지의 역할 및 표기이다. A, B, C의 내용으로 알맞은 것은?

	이름	기호	상징성
1주지	(A)	◯	작품의 높이
2주지	지(地)	□	(B)
3주지	인(人)	△	(C)
종 지		T	작품의 조화
꽃			작품의 포인트

    A   B   C
① 천(天), 작품의 넓이, 작품의 부피
② 천(天), 작품의 넓이, 작품의 상징성
③ 천(天), 작품의 부피, 작품의 특징
④ 천(天), 작품의 부피, 작품의 넓이

> **해설**
>
> 01 인공적인 기교를 중시하는 것은 일본형의 특징이다.
>
> 02 1주지의 길이는 화기의 크기(가로＋세로)의 1.5~2배를 사용한다.

정답 01 ④ 02 ① 03 ①

04

◯△✕ | ◯△✕

직립형(바로 세운 형)에 대한 설명으로 알맞지 않은 것은?

① 수반 꽃꽂이에서 모든 화형의 기본이 되는 형이다.
② 1주지는 0°~15°(전후좌우)로 꽂는다.
③ 2주지는 40°~60°로 꽂는다.
④ 3주지는 50°~90°로 꽂는다.

05

◯△✕ | ◯△✕

기본 도구와 화기 및 침봉에 대한 설명으로 알맞지 않은 것은?

① 꽃이나 절지를 수반에 고정시키는 데 필요한 도구로서 납으로 된 판 위에 짧은 바늘이 촘촘히 박혀있다.
② 꽃의 양과 화기의 크기, 무게에 따라 침봉의 크기와 사용법이 결정된다.
③ 침봉의 형태에는 원형만이 있다.
④ 가벼운 제품보다 무거운 제품이 꽃을 고정하기에 좋다.

06

◯△✕ | ◯△✕

수반에 대한 설명으로 알맞지 않은 것은?

① 일반적으로 발이 달리지 않은 화기를 일컫는다.
② 화병과 달리 폭이 좁고 키가 큰 화기를 말한다.
③ 수반의 재질로는 도자기, 석기, 목기, 유리, 플라스틱 등이 있다.
④ 수반의 형태로는 타원형, 원형, 사각형, 마름모 등이 있다.

07

◯△✕ | ◯△✕

가을철 소재의 종류로 알맞지 않은 것은?

① 화초토마토, 수수
② 노박덩굴, 조
③ 국화류, 청미래덩굴
④ 억새, 갈대

해설

04 3주지는 70°~90°의 각도로 꽂는다.
05 침봉의 형태는 원형, 사각형, 오각형, 팔각형, 타원형 등 다양하다.
06 폭이 좁고 키가 큰 화기는 화병이다. 일반적으로 수반은 폭이 넓고 높이가 낮은 화기를 말한다.
07 ③의 청미래덩굴은 여름철 소재이다.

정답 04 ④ 05 ③ 06 ② 07 ③

08

한국형 꽃꽂이의 재료 다루기에 대한 설명으로 알맞지 않은 것은?

① 필요하지 않은 재료는 제거하고 필요한 재료는 사용하기 편리하도록 다듬는다.

② 가지, 잎, 열매, 꽃 등의 특성을 잘 관찰하여 표현하고자 하는 부분을 잘 살려서 정리한다.

③ 재료를 자를 때는 미리 구상해 놓은 디자인과 크기에 따라 꽃과 가지가 손상이 되지 않도록 자른다.

④ 곡선적인 덩굴 소재를 사용하는 경우 잎 소재는 많이 달려 있는 것을 선택하여 사용한다.

09

절화의 물올림에서 탄화처리에 대한 설명으로 알맞지 않은 것은?

① 줄기의 절단면을 뜨거운 물에 넣었다가 빼 주는 방법이다.

② 줄기 절단면의 부패를 막고 줄기 내부의 수압을 높여 기포를 막아 줌으로써 물 흡수를 높여준다.

③ 화기(火氣)로 인해 꽃이 손상되지 않도록 주의해야 한다.

④ 적용 가능한 소재에는 포인세티아, 장미, 수국 등이 있다.

10

물올리기 방법 중 주사기와 같은 주입 펌프를 줄기 속에 꽂아 강제적으로 물을 주입하는 방법으로 알맞은 것은?

① 열탕처리

② 펌프 주입

③ 탄화처리

④ 수중 절단

11

굵은 가지 고정에 대한 설명으로 알맞지 않은 것은?

① 단단한 가지나 굵은 가지는 밑 부분에 보조 가지를 동여맨 후 보조 가지를 이용하여 꽂는다.

② 굵은 줄기의 경우 섬유질이 부드러운 굵은 줄기 속에 끼워서 꽂는다.

③ 고목과 같은 굵은 가지는 나무판에 못질을 한 후 무거운 돌이나 침봉을 올려놓아 고정한다.

④ 연필을 깎는 것처럼 깎아서 세우기도 한다.

해설

09 줄기의 절단면을 뜨거운 물에 넣었다 빼는 것은 열탕처리 방법이다.

11 섬유질이 부드러운 굵은 줄기 속에 끼워서 꽂는 것은 길고 가는 가지를 고정하는 방법이다.

정답 08 ④ 09 ① 10 ② 11 ②

12

☐△☒ | ☐△☒

분리형(나누어 꽂기)에 대한 설명으로 알맞지 않은 것은?

① 하나의 수반 내에 두 개 이상의 침봉을 사용하여 주지를 분리시킨 상태로 꽂는다.
② 공간미를 살리면서 변화를 주는 화형이다.
③ 황금비율을 이용하여 3:5:8로 꽂으면 아름답다.
④ 기본화형은 가능하지만 응용화형에서는 꽂을 수 없다.

13

☐△☒ | ☐△☒

한국형 자유화형의 특징으로 알맞지 않은 것은?

① 현대 건축물과 잘 융화되며 생활 속에 함께하는 디자인이다.
② 작가의 재해석을 통해 자연이 주는 재료의 아름다움을 창조할 수 있다.
③ 식물의 특징을 강조하여 식물과 자연이 융화된 조화로운 조형미를 표현한다.
④ 주제에 맞는 구도를 구성하기보다는 주지의 의미를 강조해야 한다.

14

☐△☒ | ☐△☒

한국형 화훼장식에서 자연 재료 중 계절에 따른 특징으로 알맞지 않는 것은?

① 봄은 희망을 상징하며 봄의 새싹이 연한 색을 띠므로 강렬하고 화려한 색상을 사용하는 것이 좋다.
② 여름철에는 시원한 느낌을 주는 잎 소재를 활용하는 것이 좋다.
③ 가을의 풍요로움을 나타내기 위해서는 열매가 있는 소재를 사용하는 것이 좋다.
④ 겨울은 겨울의 춥고 단조로운 계절감을 표현할 수 있는 재료를 소재로 선택하는 것이 좋다.

15

☐△☒ | ☐△☒

다음은 콤포트 화기에 대한 설명으로 알맞은 것은?

① 일반적으로 폭이 넓고 높이가 낮으며 발이 달리지 않은 화기를 뜻한다.
② 형태로는 타원형, 원형, 사각형, 마름모 등이 있다.
③ 굽이 있는 것이 특징이며 화기 자체가 꽃꽂이의 화형이나 분위기를 결정짓는 역할을 하기도 한다.
④ 폭이 좁고 키가 큰 화기를 말한다.

해설

12 기본화형 및 응용화형에서도 응용하여 꽂을 수 있다.
14 봄은 새싹이 연한 색을 띠므로 꽃 또한 부드러운 색을 선택하는 것이 좋다.

15 ① · ②는 수반에 대한 설명이며 ④는 화병에 대한 설명이다.

정답 12 ④ **13** ④ **14** ① **15** ③

16

◯△✕ | ◯△✕

한국형 고객 요구 파악에 대한 설명으로 알맞지 않은 것은?

① 고객이 원하는 상품을 잘 파악하여 그에 맞는 작품을 디자인해야 한다.
② 맞춤형 디자인으로 고객을 만족시킬 수 있어야 한다.
③ 고객은 화훼에 대해 지식이 없으므로 제작자의 의견대로 제작한다.
④ 고객 중심이어야 하며 작가의 주장이 강하게 표현되어서는 안 된다.

17

◯△✕ | ◯△✕

선(線)에 대한 설명으로 알맞지 않은 것은?

① 직선: 곧고 강하고 정직한 느낌을 준다.
② 수직선: 위, 아래의 방향으로 상승감과 힘을 나타낸다.
③ 수평선: 평화로움, 안정감, 휴식 등을 의미하며 옆으로 퍼져나가는 느낌을 준다.
④ 사선: 움직임이나 특정한 방향성이 없는 선이다.

18

◯△✕ | ◯△✕

한국형 디자인에서 물에 대한 설명으로 알맞은 것은?

① 자연에 널리 분포한 것으로 모든 식물에 필수적이다.
② 수많은 전자파 중에서 우리 눈으로 지각되는 범위를 말한다.
③ 화훼장식에 필요한 소재는 주로 자연에서 얻으므로 물은 중요하지 않은 요소이다.
④ 작품의 형태, 입체감, 원근감을 나타내며 양감의 효과를 효과적으로 보여 준다.

19

◯△✕ | ◯△✕

비례(比例)에 대한 설명으로 알맞은 것은?

① 여러 가지 부분을 전체로, 하나로 보이게 하여 작품에 질서를 주는 방법이다.
② 부분과 부분 사이 또는 전체와 부분 사이의 크기와 상호 관계를 말한다.
③ 형이나 형태의 배열이 서로 대칭적 관계에 놓이며 좌우의 시각적 배치와 비중이 동일함을 의미한다.
④ 작품의 중요한 부분을 색채, 형태, 수, 대비 등으로 강조하여 표현하는 방법이 있다.

해설

17 사선은 방향성이 있어 불안정해 보일 수 있으며 작품 내에서는 긴장감을 유발한다.
18 ② · ④는 빛에 관한 설명이다.

19 많고 적음, 길고 짧음, 부분과 부분, 부분과 전체에 대한 차이의 비를 비례라 한다.

정답 16 ③ **17** ④ **18** ① **19** ②

20

생동감(生動感)에 대한 설명으로 알맞지 않은 것은?

① 살아서 움직이는 것과 같은 느낌이다.
② 한국 꽃꽂이에서는 세(勢)나 기(氣)로 표현한다.
③ 식물의 성장하는 자세와 율동으로 표현한다.
④ 소재의 반복적 리듬, 소재의 강약, 색의 연함과 짙음
   의 변화로는 운동감을 표현할 수 없다.

해설

20 소재의 반복적 리듬, 소재의 강약, 색의 연함과 짙음의 변화
   로도 운동감을 표현할 수 있다.

정답 **20** ④

MEMO

실전 모의고사

PART 4

제1과목 Ⅰ 화훼장식 기획 및 매장관리

01 고객관리를 통한 기대 효과로 적절치 않은 것은?

① 휴면고객의 활성화
② 단골고객 유지
③ 고객의 기여도에 따른 전략 수립 가능
④ 이탈고객의 포기

02 고객정보관리를 위한 기준 중 고객니즈, 고객성향 정보의 요소로 가장 적절한 것은?

① 이름, 주소
② 선호하는 브랜드
③ 소득 수준
④ 가족 관계

03 고객을 적극적으로 관리하고 유도하여 고객의 가치를 극대화할 수 있는 일에 속하지 않는 것은?

① 매체 광고를 통한 고객 확보
② 잠재고객 발굴
③ 고객의 세분화관리
④ 고객과의 관계 회복

04 과거 거래의 결과로서 기업이 가지고 있는 경제적 자원은?

① 부채
② 자산
③ 자본
④ 비용

05 유동자산의 내용과 거리가 먼 것은?

① 당좌자산
② 재고자산
③ 투자자산
④ 상품

06 재해예방의 4원칙이 아닌 것은?

① 손실우연의 원칙
② 원인계기의 원칙
③ 예방가능의 원칙
④ 통계적용의 원칙

07 안전교육 방법 중 쌍방적 의사전달에 의한 교육 방식으로 최적 인원이 10~20명인 교육 방식은?

① 토의 방식
② 강의식
③ 사례연구법
④ 모의법

08 직원 채용공고를 낼 때 기재하는 내용이 아닌 것은?

① 근무 장소 ② 직장 동료
③ 근무 내용 ④ 경력 여부

09 다음 설명에 대한 현상으로 가장 알맞은 것은?

> 그리스 신화에서 유래한 것으로 누군가에 대한 사람들의 믿음이나 기대, 예측이 그 대상에게 그대로 실현되는 것을 말한다. 즉, 긍정적으로 기대하면 상대방은 그에 부응하는 행동을 하고 기대에 충족하는 결과를 낸다는 것이다. 상사의 칭찬이 직원의 잠재력을 불러일으킨다는 것도 이와 관련이 있다.

① 피그말리온 효과 ② 호손 효과
③ 나비 효과 ④ 분발 효과

10 비주얼 머천다이징의 구성요소 중에서 매장의 얼굴로서 매장의 전체적인 밸런스를 맞추고, 브랜드나 상점의 컨셉을 함축하여 표현하는 디스플레이는?

① VP ② IP
③ PP ④ VMD

11 플라워샵의 잘 된 진열과 거리가 먼 것은?

① 가을에는 계절적 느낌을 위해 소국을 진열한다.
② 특매상품 진열에는 가격을 부착하지 않는다.
③ 상품의 재고를 고려하여 진열한다.
④ 어버이날 2~3주 전 상품 샘플을 만들어 진열한다.

12 주문서 작성 시 기재하지 않아도 되는 내용은?

① 상품명 ② 고객명
③ 수신인 연락처 ④ 작업 시간

13 다음 조건에서 꽃다발의 판매가격은?

> 상품원가: 장미 3본(1본당 1,500원), 리시안셔스 6본(1본당 1,000원), 유칼립투스 7본(1본당 1,000원)
> 인건비: 판매가격의 20%
> 운영비: 판매가격의 25%
> 순이익: 판매가격의 15%
> (단, 판매가격＝상품원가＋인건비＋운영비＋순이익)

① 43,750원 ② 47,350원
③ 52,500원 ④ 56,350원

14 다음 중 매체 구분에 따른 홍보 방법이 아닌 것은?

① 대내적 홍보
② 인쇄매체 홍보
③ 인터넷 홈페이지 홍보
④ 야외 광고

15 촉진의 4가지 요소가 아닌 것은?

① 광고 ② 홍보
③ 인적판매 ④ 물적판매

16 1개에 3,000원 하는 식물을 2개에 5,000원에 묶어서 판매하는 판촉 방법을 무엇이라고 하는가?

① 샘플
② 쿠폰
③ 가격할인
④ 보너스 팩

17 전시공간을 기획할 때 고려해야 할 점이 아닌 것은?

① 관람자와 전시물 사이에 불필요한 장애물을 설치하지 않는다.
② 전시물이 상하지 않도록 관람자들이 가능한 멀리서 전시물을 볼 수 있게 한다.
③ 모든 관람자들에게 동등한 접근성을 제공할 수 있도록 한다.
④ 전시물이 전시되는 이유가 명확하게 전달될 수 있도록 한다.

18 입체적 전시가 가능하며 시각적으로 집중을 유도할 수 있으나 벽면 전시와 혼합할 경우 관람 동선에 혼란을 줄 수 있는 전시 기법은?

① 알코브벽 전시
② 파노라마 전시
③ 디오라마 전시
④ 바닥 전시

19 판촉 광고 중 상품을 판매하는 장소에서 행해지는 광고는?

① 옥외 광고
② POP 광고
③ 신문 광고
④ 라디오 광고

20 상품 홍보가 잘 되었는지 평가하는 사항으로 옳지 않은 것은?

① 상품을 구매하는 소비자의 수는 증가하였는가?
② 상품의 판매 매출은 증가하였는가?
③ 기업고객은 증가하였는가?
④ 재료 구매 지출은 줄었는가?

제2과목 ❙ 화훼장식 상품 제작

21 철사의 표준 치수 중 가장 굵은 것은?

① #24
② #22
③ #20
④ #18

22 도구 및 부재료의 보관 방법으로 적합하지 않은 것은?

① 스프레이는 화재 위험이 없는 서늘한 곳에 보관한다.
② 리본 및 포장지는 햇빛이 잘 들어오는 곳에 두어 잘 보이게 한다.
③ 플로랄 테이프는 접착성이 떨어지지 않도록 서늘한 곳에 보관한다.
④ 플로랄 폼은 상자에 넣은 채로 건조한 곳에 보관한다.

23 절화의 수명 연장제에 대한 설명으로 옳지 않은 것은?

① 절화의 수명을 연장시킨다.
② 절화의 물올림을 원활하게 해준다.
③ 고온에서도 절화의 수명을 연장시켜준다.
④ 봉오리 꽃의 개화를 돕는다.

24 에틸렌에 대한 설명으로 옳지 않은 것은?

① 에틸렌에 대한 민감도는 고온에서 감소된다.
② 에틸렌은 무색, 무취의 기체이다.
③ 에틸렌은 절화의 노화호르몬이다.
④ 에틸렌은 성숙한 과일이나 상한 꽃에서 발생한다.

25 다음 중 한국 전통 꽃꽂이 형태는?

① 부채형   ② 삼각형
③ 직립형   ④ 수평형

26 식물 소재를 철사 등에 엮어서 길게 늘어뜨린 장식물로 기둥의 둘레를 감거나 천장을 장식하는 데 사용되는 화훼장식물을 무엇이라고 하는가?

① 콜라주   ② 갈란드
③ 리스   ④ 센터피스

27 절화를 형태적으로 분류하였을 때 매스 플라워에 해당하지 않는 꽃은?

① 장미
② 달리아
③ 거베라
④ 스프레이 카네이션

28 가공화 상품관리에 대한 설명으로 알맞지 않은 것은?

① 공기는 신경 쓰지 않아도 된다.
② 건조 상태로 계속 유지한다.
③ 탈취제 등을 넣으면 곰팡이 발생을 방지할 수 있다.
④ 고온 상태가 되면 자외선으로 인해 퇴색되기 때문에 햇빛에 노출되지 않도록 한다.

29 가공화 상품 재료 중 압화의 특징으로 알맞지 않은 것은?

① 압화는 압력을 가하여 말린 꽃을 예술적으로 승화시키고 평면적으로 장식하는 예술이다.
② 압화의 응용 범위는 매우 좁아서 장식품만으로 제작할 수 있다.
③ 압화는 꽃을 평면으로 말리는 특징 때문에 조형성은 적은 편이다.
④ 압화 재료들은 투명한 비닐 주머니에 넣어 고른 평면의 건조한 곳에 보관한다.

30 스태킹(stacking, 쌓기) 기법에 대한 설명으로 알맞은 것은?

① 쿠션, 베개, 구름과 같이 둥근 언덕의 모양을 형성하며 아래 부분에 낮게 배치하여 볼륨감을 주는 기법이다.

② 납작한 모양의 유사한 재료를 수직 또는 수평으로 꽂아 계단처럼 표현하는 기법이다.

③ 재료와 재료들 사이에 공간을 주지 않고 장작을 쌓는 것처럼 질서 정연하게 쌓아 올리는 기법으로 매우 입체적인 기법이다.

④ 보석 공예에서 유래된 기법으로 보석을 박듯이 빈 공간 없이 꽃들을 빽빽하게 디자인하는 기법이다.

31 번들링(bundling) 기법으로 알맞은 것은?

① 끈이나 줄 등으로 단단하게 고정하여 묶는 방법이다.

② 볏단, 옥수수, 계피 막대 등 유사하거나 동일한 소재들을 모아 다발로 묶어서 장식하는 방법이다.

③ 소재를 휘어 감는 방법이다.

④ 기능성보다는 장식적인 목적으로 소재의 줄기 부분을 묶는 기법으로 작품의 한 부분을 강조할 때도 쓰인다.

32 베일링(veiling) 기법에 대한 설명으로 알맞은 것은?

① 가볍고 투명한 막을 여러 겹으로 만드는 기법으로 아랫부분에 배치한 재료들은 가볍게 표현한다.

② 꽃잎을 제거하여 전혀 다른 형태로 변화시키는 방법이다.

③ 감싸거나 둘러싸서 안에 있는 재료를 보호하고 내용물을 강조하거나 호기심을 유발하는 방법이다.

④ 가지나 줄기를 손으로 부드럽게 마사지하듯 만져 주어 굽히거나 곡선을 만들어 주는 방법이다.

33 철사 다루기 기법 중 트위스팅 메소드(twisting method)에 적합한 소재로 알맞은 것은?

① 장미　　　　　② 리모니움
③ 카네이션　　　④ 아이비

34 소재에 따른 철사처리 기법으로 알맞은 것은?

① 트위스팅 메소드(twisting method) – 카네이션

② 인서션 메소드(insertion method) – 백합

③ 헤어핀 메소드(hairpin method) – 국화

④ 크로스 메소드(cross method) – 장미

35 다음 중 프레임 제작 기법으로 알맞지 않은 것은?

① 클램핑(clamping) 기법
② 프로핑(propping) 기법
③ 페더링(featheruing) 기법
④ 노팅(knotting) 기법

36 보존화 상품관리로 알맞지 않은 것은?

① 보존화는 온도, 습도, 건조 등 환경 변화에 민감하므로 변화가 심한 장소를 피하고 직사광선을 피하여 관리한다.
② 건조함이 심한 경우에는 상품이 손상되기 쉬우므로 냉·난방기 등을 이용하여 관리한다.
③ 습기를 흡수한 경우에는 햇빛이 있는 장소에서 잠깐 건조시키거나 방습제를 넣어 건조시킨다.
④ 상품 마무리 후에 스프레이 코팅제를 뿌려 주면 습기에 의한 피해를 줄이며 수명 연장에도 도움을 준다.

37 보존화 제작 도구와 재료로 알맞지 않은 것은?

① 꽃 보호 캡: 원뿔 형태의 얇은 플라스틱 캡으로 다양한 사이즈의 보호 캡을 꽃의 크기나 화형에 맞추어 사용한다.
② 너트: 부품을 고정하기 위해 스패너로 볼트에 끼워 사용하는 결합용 부품으로 일반적인 모양은 육각형이나 사각형, 팔각형으로 된 것도 있다.
③ 염료: 탈색된 소재를 원하는 컬러로 염색하기 위해 베타용액 처리 시 섞어서 사용하며 밝은 컬러부터 사용하는 것이 좋다.
④ 적화처리액: 건조되면서 변색된 식물 소재를 본래의 색으로 환원시키기 위한 산성액을 뜻한다.

38 철사 사용에 대한 설명으로 알맞지 않은 것은?

① 줄기 대신 사용하여 작품의 부피와 무게를 줄일 수 없다.
② 무거운 꽃이나 약한 줄기를 지지하거나 고정할 수 있다.
③ 원하는 지점에 꽃과 잎을 배치할 수 있다.
④ 철사를 사용할 경우 올바른 규격의 철사를 사용하는 것이 중요하다.

39 토성 중 사토에 대한 설명으로 알맞지 않은 것은?

① 점토 함량이 12.5% 이하인 토양이다.
② 통기성이 좋으나 보수력 및 보비력이 약하다.
③ 투수성을 높이는 소재로 사용할 수 없다.
④ 건조에 의한 피해를 입기 쉽다.

40 부엽토에 대한 설명으로 알맞지 않은 것은?

① 섬유질이 많고 썩은 다음 쉽게 부스러지지 않아 이용하기에 좋다.
② 흙을 팽연화시켜서 물리적 성질과는 관계가 없다.
③ 보수력·보비력이 좋고, 통기성이 양호하다.
④ 모래와 함께 기본 재료로 많이 사용한다.

41 다음 중 고려 시대 화훼 문화에 대한 특징으로 알맞지 않은 것은?

① 불전공화 양식이 더욱 발전하였다.
② 꽃의 용도가 다양해져서 화병이나 수반에 꽂아 공간을 장식하였으며 신체장식을 하기도 했다.
③ 다양한 발전을 하였으며 꽃에 관한 다양하고 전문적인 서적들이 기술되었다.
④ 꽃에 관련된 관직으로 압화사, 화주궁관, 권화사, 인화담원, 선화주사가 있었다.

42 일본형 화훼장식에서 자연적이고 비정형적인 형태의 양식으로 알맞은 것은?

① 릿카
② 세이카
③ 지유바나
④ 나게이레

43 조선 시대의 특징으로 알맞지 않은 것은?

① 화려함보다는 간결하며 깨끗한 품격을 추구했다.
② 불교문화의 전성기에 따라 불전공화의 양식이 더 체계화되었다.
③ 조형적 특성으로 삼존 양식, 일지화, 기명절지화 등이 다양하게 발달하였다.
④ 꽃 담당 관직으로 화장, 분화관이 있었다.

44 다음 설명에 대한 디자인으로 알맞은 것은?

> 손에 들고 다니며 향을 맡을 수 있는 작은 부케로 신부나 들러리 플라워걸이 들고 다니는 둥근 부케이며 향기 나는 꽃을 지니고 다니면 그 향으로 각종 전염병을 예방할 수 있다고 믿었다.

① 비더마이어
② 노즈게이
③ 피닉스
④ 더치 플레미시

45 콜라주(collage)에 대한 설명으로 알맞지 않은 것은?

① 식물만을 이용하여 제작하여야 한다.
② '풀칠해 붙이다'란 뜻을 가지고 있다.
③ 평면적, 입체적 구성이 모두 가능하다.
④ 소재를 짧게 꽂거나 붙여서 구성한다.

46 화훼장식의 역사에서 르네상스 시대의 특징으로 알맞은 것은?

① 화훼장식이 하나의 예술로 자리 잡았고 이에 대한 잡지와 책들이 출간되었다.
② 빅토리안 로즈(크기가 큰 장미)가 유행하였다.
③ 사적 모임에 포지홀더(posy holder)를 이용한 작은 꽃다발을 들고 다녔다.
④ 화훼장식들은 매우 풍성하고 화려한 이미지를 준다.

47 한국형 화훼장식 작품 평가에서 기술적인 부분의 평가로 알맞지 않은 것은?

① 줄기의 절단 각도: 줄기는 적절한 절단 각도 (초화류는 단면 자르기, 굵은 가지는 사선 자르기)로 잘려져 있는가?
② 재료 다듬기와 배치: 재료 다듬기가 잘 되어 있는가?
③ 침봉의 표현: 침봉은 겉으로 잘 드러나 있는가?
④ 침봉꽂이 고정법: 침봉꽂이에 단단하게 잘 꽂혀 있는가?

48 화훼장식기능사·기사 시험의 평가 기준으로서 절화장식의 조형적인 면에 해당하지 않는 것은?

① 질감의 표현이 잘 되었는가?
② 리듬감이 잘 표현되었는가?
③ 작품 속에서 대비가 잘 이루어지는가?
④ 줄기의 출발점이 잘 표현되었는가?

49 기명절지화(器皿折枝圖)가 유행했던 시대로 알맞은 것은?

① 고구려 시대   ② 백제 시대
③ 신라 시대   ④ 조선 시대

50 테이블장식 제작 시 주의사항으로 알맞지 않은 것은?

① 모임의 종류, 목적, 장소 등에 따라 다르게 제작한다.
② 이끼, 나무뿌리, 모래, 갈대 등 날리는 재료나 지저분한 소재는 피하는 것이 좋다.
③ 상대방과의 시선을 고려하여 테이블 바닥에서부터 70cm 미만으로 제작하거나 아주 높게 제작하는 것이 좋다.
④ 행사 시간이 낮인지 밤인지, 앉는 테이블인지 스탠딩 테이블인지를 확인하는 것이 좋다.

51 고대 그리스의 화훼장식에 대한 설명으로 알맞지 않은 것은?

① 이집트 화훼장식의 형태나 특징이 그대로 이어졌다.
② BC 7C경에는 비늘 모양으로 꽃을 늘어놓는 장례식용 화환(wreath)을 제작하기 시작했다.
③ 결혼식에서 신부는 빨간 장미로 된 화환(wreath)을 몸에 지니기도 하였다.
④ 화환 이외에도 갈란드, 화관, 코르누코피아 등의 화훼장식이 사용되었다.

52 로마 시대의 화훼장식에 대한 설명으로 알맞지 않은 것은?

① 장미로 제작된 화환을 선호하는 경향이 강했으며, 로마의 남쪽에는 온실을 이용한 장미재배가 이루어졌다.
② 정원 조성에 있어서 정원수를 독특한 모양으로 다듬고 형태를 만드는 토피어리(topiary)가 유행하였다.
③ 꽃이나 과일로 만든 갈란드(garland)나 페스툰(festoon)이 실외장식으로 많이 사용되었다.
④ 기둥머리장식으로 아칸서스 잎, 로터스, 파피루스 등의 모티프가 많이 이용되었다.

53 중국의 화훼장식 특징으로 알맞지 않은 것은?

① 완벽에 가까운 정교미를 가지고 있다.
② 무게 있는 존엄성과 대범성을 가지고 있다.
③ 꽃의 색상은 밝고 화려한 색보다는 부드럽고 연한색을 주로 사용하였다.
④ 인공미를 배제한 완벽한 자연미를 추구하였다.

54 신부의 머리장식과 몸장식으로 알맞지 않은 것은?

① 결혼 예식 시간이 짧기 때문에 꽃이 시드는 속도는 중요하지 않다.
② 구슬, 리본, 깃털, 철사, 액세서리 등 인공적인 소재를 사용하여 장식한다.
③ 머리 장식의 형태는 고리형(chaplet)과 머리띠형 화관이 있다.
④ 신부용 몸 장식은 작은 꽃다발이나 갈란드를 만들어 어깨, 목, 허리 뒤, 손목, 발목, 팔 등에 부착하여 장식한다.

55 결혼식장 입구장식(entrance of wedding hall decoration)에 대한 설명으로 알맞지 않은 것은?

① 예식장의 화훼장식이 시작되는 곳이다.
② 방명록 또는 신랑 신부의 사진을 놓는 포토 테이블은 간단한 화병장식이나 반구형의 형태로 장식한다.
③ 단상장식, 버진로드와 통일감 있게 장식한다.
④ 결혼식을 축하하는 자리이므로 크고 강렬하게 장식한다.

56 빈소 제단장식에 대한 설명으로 알맞지 않은 것은?

① 물올림이 잘 된 고품질의 꽃을 사용하여 생화가 3~5일 정도 보존되도록 한다.
② 사고사가 아니라 일반적인 자연사인 경우 생전 고인이 좋아했던 꽃을 사용하여 화려하게 제작하기도 한다.
③ 영정 주변은 고인과 유족의 뜻과 관계없이 무조건 화려하게 제작한다.
④ 고인에 대한 존경과 고인이 가족을 위해 헌신하고 노력한 것에 대한 감사의 표현이 드러나도록 디자인한다.

57 로비장식 및 계단장식에 대한 설명으로 알맞지 않은 것은?

① 참가자들의 시선이 집중되므로 장식물을 크게 제작하거나 행사장에 있는 기존 시설물을 이용하여 화려하게 장식한다.

② 내부에 층별로 연결이 되어 있는 계단을 장식할 경우 난간과 계단을 행사 분위기에 맞게 연출할 수 있다.

③ 계단을 실제로 쓰는 경우는 계단을 장식한 화훼장식이 동선에 방해가 되지 않도록 제작하며 파손에도 주의해야 한다.

④ 난간장식의 경우 통행에 방해가 되므로 생략해야 한다.

58 서양형 화훼장식의 종류에서 병행 장식적(parallel decorative) 기법에 대한 설명으로 알맞지 않은 것은?

① 풍성하고 내추럴하게 열린 선을 나타낸다.

② 사용하는 꽃의 양이 많고 화려한 색을 강조한다.

③ 식물의 생태에 대한 가치보다 장식적 효과에 비중을 두고 초점을 맞춘 평행 장식 디자인이다.

④ 대부분 대칭형으로 배열하나 비대칭의 배열도 가능하다.

59 대형 장식물(large ornament)의 특징으로 알맞지 않은 것은?

① 최근에 화훼장식이 발달하면서 다양한 장소에 따라 대규모의 화훼장식품을 필요로 하게 되었다.

② 대형 장식물이 이용되는 곳은 실내외공간의 인테리어장식, 상업용 윈도우장식, 행사공간 등이 있다.

③ 대형 장식물은 철제 프레임과 절화류, 분화류를 반드시 함께 이용하여 장식해야 한다.

④ 화기의 한계에서 벗어나 크기도 다양하고 견고성이 뛰어난 다양한 철 프레임을 만들어 화훼장식품을 구성하기도 한다.

60 색상의 조화에서 배색하기 쉽고 안정적이지만 흥미로운 배색으로 보기는 어려운 것은?

① 유사 색상 조화(analogous)

② 단일색 조화(monochromatic)

③ 보색 조화(complementary)

④ 인접 보색(near-complementary)

제1과목 | 화훼장식 기획 및 매장관리

01 고객관리에 따른 마케팅 또는 고객 기여도 평가에 영향을 미치는 요소로 적절하지 않은 것은?

① 구매최근성   ② 아이템
③ 최근구매빈도   ④ 소비성

02 고객관리 시 유의할 점이 아닌 것은?

① 신규고객 유치에만 집중한다.
② 단계별 리스트를 작성하여 차별화된 이벤트를 제공한다.
③ 고객이 주로 사용하는 화훼상품정보를 파악하고 있어야 한다.
④ 고객이 상품을 지불하는 비용의 선호금액을 파악하여야 한다.

03 고객을 관계별로 분류하여 나눌 시 '내부고객'에 속하지 않는 고객은?

① 종업원   ② 타부서 직원
③ 상사   ④ 주주

04 고객관리의 전략과 가장 관계가 적은 것은?

① 구매최근성
② 구매빈도
③ 매장 방문 횟수
④ 평균구매금액

05 재무제표 중에서 일정 시점에 대한 기업의 재무상태를 알 수 있도록 해 주는 것은?

① 대차대조표
② 손익계산서
③ 재무보고서
④ 재무계획서

06 기업의 경영 성과를 명백히 보고하기 위하여 그 회계 기간에 속하는 모든 수익과 비용을 나타내는 표는?

① 대차대조표
② 결과보고서
③ 손익계산서
④ 재무보고서

07 정보이용자들의 회계정보를 이용한 투자유가증권, 부동산 등에 해당되는 것은?

① 무형자산   ② 유동자산
③ 투자자산   ④ 기타자산

08 공구 사용 작업 시 안전관리를 위한 일반적인 유의사항이 아닌 것은?

① 적합한 공구가 없을 경우 유사한 것을 선택하여 사용한다.
② 사용 전 공구에 이상이 없는지 점검한다.
③ 사용 전 공구의 사용법을 충분히 숙지하고 익힌다.
④ 공구 사용 후 제자리에 정리해 두어야 한다.

09 안전교육 방법에서의 강의법에 관한 설명으로 틀린 것은?

① 단시간에 많은 교육 내용을 전달할 수 있다.
② 전체적인 교육 내용을 제시하는 데 효과적이다.
③ 종류에는 포럼, 심포지엄, 버즈세션 등이 있다.
④ 다수의 인원에게 많은 지식과 정보를 전달할 수 있다.

10 안전점검 방법에서 일상점검의 시기로 적당하지 않은 것은?

① 작업 전   ② 작업 중
③ 작업 후   ④ 사고 발생 직후

11 종류는 다르지만 관련성이나 공통점이 있어 서로 잘 어울리고 함께 사용할 수 있는 상품을 같이 디스플레이 하는 것은?

① 한 품목 디스플레이
② 관련 상품 디스플레이
③ 동일 상품군 디스플레이
④ 혼합 디스플레이

12 연출된 상품을 모든 방향에서 볼 수 있도록 독립적으로 설치한 형태로서 보통 소형상품들을 진열하며 여러 방향에서 보이므로 연출에 주의해야 하는 진열방법은?

① 개방형   ② 폐쇄형
③ 반 개방형   ④ 섬형

13 플라워 샵의 진열 효과와 거리가 먼 것은?

① 계절을 나타내는 상품 전시
② 시선이 많이 닿는 곳에 주력상품 진열
③ 고객 동선을 최대한 짧게 진열
④ 어버이날 행사 관련 상품 진열

14 소매화원의 1개월간 고객 수는 500명, 단가는 70,000원, 상품의 마진율은 20%라고 할 때 나오는 매출액은?

① 7,000,000원
② 14,000,000원
③ 28,000,000원
④ 35,000,000원

15 백분율분할 가격 책정법에서 상품의 총판매액을 책정하는 데 포함되는 요소가 아닌 것은?

① 경영비
② 운송비
③ 상품의 원가
④ 순이익

16 판매촉진 방법 중 가격할인에 대한 설명으로 옳지 않은 것은?

① 한정된 수량의 상품에만 특별한 할인처리를 해 주는 것이다.
② 가격할인을 강조하여 상품의 구입과 연결시킨다.
③ 가격할인은 자주 많이 해 주는 것이 고객의 만족감을 높이는 방법이다.
④ 가격 판매촉진의 방법 중 하나이다.

17 전시 홍보물 중에 도매시장에 부착하거나 교육기관에 부착하며 일시, 장소, 가격, 문의 전화 등 다양한 정보를 삽입하여 한눈에 볼 수 있도록 하는 인쇄물은?

① 신문
② 옥외 광고
③ 포스터
④ 보도자료

18 전시 장소를 선정하는 방법으로 옳지 않은 것은?

① 전시 장소의 주변은 알아 둘 필요가 없다.
② 전시 규모나 참여 작가의 수에 따라 전시공간을 섭외한다.
③ 전시물 이동을 위하여 이동 경로나 운반 통로를 확인하는 것이 좋다.
④ 유명 전시장은 대관 계약이 빨리 마감되므로 미리 전시장 확보를 해 두는 것이 좋다.

19 고객의 구매 후 평가 사항에 포함되지 않는 것은?

① 제품정보
② 사용 만족도
③ A/S 서비스 요청
④ 제품의 불만족 사항

20 다음 중 고객만족도 측정의 3원칙에 해당하지 않는 것은?

① 계속성
② 정량성
③ 정확성
④ 전문성

21 절화의 노화를 촉진하는 요인이 아닌 것은?

① 도관 막힘에 의한 수분 결핍
② 호흡에 의한 양분 소모
③ 근처 노화된 꽃의 에틸렌 가스 발생
④ 적정 저온 상태의 절화 보관

22 황갈색의 섬유질로 절화를 묶거나 매듭을 만들어 장식하는 용도로 사용하는 재료는?

① 지 철사
② 라피아
③ 카파 와이어
④ 마끈

23 절화의 수명을 연장시키기 위하여 물속에서 자르는 이유는?

① 절단면의 세균 번식 방지
② 절단면의 상처 최소화
③ 수분 흡수 증진
④ 도관의 면적 증대

24 침봉에 관한 설명으로 옳지 않은 것은?

① 핀의 끝부분은 다치지 않도록 둥글게 만든다.
② 핀은 촘촘하게 꽂혀 있어야 한다.
③ 물에 오래 담가 두어도 녹슬지 않아야 한다.
④ 소재를 지탱할 수 있는 무게가 있는 것이 좋다.

25 서양형 꽃꽂이 중 역T형을 제작할 때 골격을 형성하는 소재로서 적당한 것은?

① 프리지어
② 금어초
③ 안개
④ 소국

26 꽃다발에 대한 설명으로 옳은 것은?

① 꽃다발의 싱싱한 잎은 전체적으로 제거하지 않는다.
② 단단히 묶기 위해 묶는 점은 최대한 넓게 잡는다.
③ 줄기의 길이 차이가 많이 나게 잘라서 세울 수 있도록 한다.
④ 줄기의 배열은 나선형이나 병렬형으로 제작한다.

27 절화장식품 제작 후 배치 장소로 가장 적당한 곳은?

① 겨울철 난방기 근처
② 직사광선이 들지 않는 서늘한 곳
③ 햇빛이 잘 드는 곳
④ 여름철 에어컨 앞

28 보존화에 대한 설명으로 알맞지 않은 것은?

① 보존화는 생화의 아름다움을 그대로 장기간 보존할 수 있도록 특수 보존액을 사용해 탈수, 탈색, 착색, 보존, 건조 단계를 거쳐 만든 새로운 개념의 꽃이다.

② 온도와 습도에 따라 3~5개월 동안 모습이 그대로 유지되며 건조화와 달리 부드러운 촉감과 탄력을 유지한다.

③ 염색으로 색을 나타내기 때문에 생화에서 볼 수 없는 다양한 색상의 꽃을 표현할 수 있다.

④ 생화의 질감과 아름다운 색을 즐길 수 있으므로 선물, 인테리어, 디스플레이 등 장소와 용도에 관계없이 다양하게 이용할 수 있다.

29 건조제를 이용한 압화 제작 방법으로 알맞은 것은?

① 가장 일반적인 방법으로 누름돌로 꽃을 눌러 말리는 것을 말한다.

② 꽃이나 잎을 흡수지 사이에 끼우고 이것을 다시 신문지에 끼운 뒤 가정용 다리미로 가볍게 눌러 제작한다.

③ 건조제로는 주로 실리카겔이 사용되는데, 이 실리카겔 사이에 꽃이나 꽃잎을 끼워서 수분을 빠르게 제거하여 건조하는 것을 말한다.

④ 꽃이나 잎의 수분을 탈수해서 건조하는 방법으로 변색이나 퇴색되기 쉽다.

30 가공화의 정의 및 특성에 대한 설명으로 알맞지 않은 것은?

① 화훼류는 생산, 출하된 상태로 사용하기도 하지만 용도와 목적에 따라서 매우 다양하게 가공한 후 사용하기도 한다.

② 가공 방법에 따라 건조화, 압화, 염색화, 보존화로 나눈다.

③ 압화, 보존화, 건조화와 같은 자연 가공화와 자연 소재의 형태를 모방하여 제작한 인조화로 구분된다.

④ 가공 전의 식물과는 달리 가공화는 디자인 활용이 광범위하고 단기간 장식에 주로 이용되는 장점이 있다.

31 압화상품 디자인에서 자연생태 구도법에 대한 설명으로 알맞은 것은?

① 조형의 형태에 따라 분류하는 구도법이다.

② 자연에서 보는 수목이나 꽃의 모습을 그대로 화면에 재현하는 구도법이다.

③ 수평 구도, 수직 구도만이 있다.

④ 다양한 종류의 소재를 다시 조합하는 구도 방식으로 형태가 안정적이다.

32 리무빙(removing) 기법으로 알맞은 것은?

① 감싸거나 둘러싸서 안에 있는 재료를 보호하고 내용물을 강조하거나 호기심을 유발하는 방법이다.

② 가볍고 투명한 막을 여러 겹으로 만드는 기법으로 아랫부분에 배치한 재료들은 가볍게 표현한다.

③ 특정 소재를 다른 소재와 분리하여 구역을 나누는 방법이다.

④ 꽃잎을 제거하여 전혀 다른 형태로 변화시키는 방법이다.

33 가공화 재고관리에서 인조화의 관리로 알맞지 않은 것은?

① 인조화는 다른 가공화 재료에 비해 보관관리가 힘들고 많은 신경을 써야 하는 편이다.

② 인조화는 먼지가 앉지 않도록 비닐로 커버해서 보관한다.

③ 직사광선에 장시간 노출하면 탈색되기 쉽다.

④ 습기 등 곰팡이에 주의해야 한다.

34 일액형 보존화 용액에 대한 설명으로 알맞은 것은?

① 유칼립투스와 같은 그린 소재를 보존화로 가공하기 위한 전용용액으로서 일액형으로 조제되어 사용이 편리하며 그린 소재 전용 염료를 조색하여 원하는 컬러로 조정할 수 있다.

② 탈수된 소재의 형태와 텍스처를 유지하고 보존하기 위한 용액이다.

③ 알파용액-베타용액처리 과정을 거치지 않고 소재를 쉽게 보존화로 만들 수 있도록 조제된 용액으로 가공 과정이 단순하고 쉽기 때문에 처음 보존화를 가공할 때 적합하다.

④ 자연소재의 탈색·탈수 처리를 위해 사용하는 에탄올 베이스 용액이다.

35 피트모스에 대한 설명으로 알맞지 않은 것은?

① 벼의 왕겨를 300℃ 전후의 온도에서 연소시켜 만든 훈탄이다.

② 수태 및 양치류가 지각이 변동될 때 늪이나 땅속에 묻혀 썩은 것으로 통기성이 좋고, 유기질이 풍부한데, 입자가 굵은 것이 식물 생육에 좋다.

③ 보수력은 건물중의 15배나 될 정도로 좋고 pH 3.2~4.5의 강산성이다.

④ 수입품은 유기물의 함량이 많고 보비력 및 보수력이 좋으므로 부엽토 대신 사용하기도 한다.

36 분화의 특성으로 알맞지 않은 것은?

① 분화는 절화와는 달리 식물이 생장하고 생활환경을 이어가기 때문에 그에 따른 적당한 환경 조성과 관리가 지속적으로 필요하다.

② 뿌리가 없는 식물이므로 바람이나 광선이 있는 장소는 피해야 한다.

③ 분화에 필요한 관리는 광관리, 온도관리, 영양관리, 관수관리, 병해충관리 등이 있다.

④ 분화를 이용한 연출 또는 장식이 이루어지기 때문에 식물에 대한 정확한 이해와 지식을 바탕으로 구성과 장식이 이루어진다.

37 덩굴성 식물의 종류로 알맞지 않은 것은?

① 능소화
② 등나무
③ 철쭉
④ 담쟁이덩굴

38 일조 시간의 장단에 따른 분류로 이어진 식물로 알맞은 것은?

① 장일 식물 – 페튜니아, 금잔화, 나팔꽃
② 장일 식물 – 천일홍, 글라디올러스, 아이리스
③ 단일 식물 – 포인세티아, 코스모스, 국화
④ 중일성 식물 – 장미, 수국, 공작초

39 분화상품 선행 작업으로 알맞지 않은 것은?

① 충분한 작업공간을 확보하고 안전에 유의하여 작업한다.
② 꽃가위 등 도구를 사용할 경우 다치지 않도록 안전에 유의하여 사용한다.
③ 실내의 분화 식물은 수분 증발이 많지 않기 때문에 호스를 사용하기보다는 분무기를 이용하여 엽면살포한다.
④ 상품 용기를 선정할 때에는 조화로움이 아니라 견고성을 고려하여 선택하고 제작한다.

40 관수 요령으로 알맞지 않은 것은?

① 토양 수분이 많으면 토양 내의 공기 유통이 불량해져 뿌리의 통기가 잘 이루어지지 않으므로 배수가 잘 되어야 한다.
② 관수할 때의 수온은 식물을 재배하는 장소의 기온이나 토양의 온도와 대체로 관계가 없다.

③ 관수 장치는 식물의 특성, 재배 방법, 수질과 수량, 가격 등을 고려하여 결정해야 한다. 고장이 적고, 사용이 편리하며, 노동력이 적게 들수록 좋다.
④ 물의 종류는 수돗물, 샘물, 빗물, 시냇물 등을 이용하며, 수질은 연수가 가장 좋다. 빗물은 산소량이 많고 질소도 함유하고 있어서 어느 식물에나 가장 좋다.

제3과목 ▎ 화훼디자인

41 다음 중 한국형 화훼장식 평가 방법의 기술적인 면에 해당하지 않는 것은?

① 침봉꽂이 고정법
② 침봉 가리기
③ 균형과 비율
④ 줄기의 생장점 표현

42 다음 중 한국형 화훼장식 평가 방법의 조형적인 면에 해당하지 않는 것은?

① 선, 공간
② 리듬 표현
③ 작품의 창의력
④ 줄기의 절단 각도

43 조선 시대의 화훼 장식에 대한 저자와 저서가 알맞지 않은 것은?

① 홍만선 – 양화소록
② 허균 – 성소부부고
③ 서유구 – 임원십육지
④ 홍석모 – 동국세시기

44 뉴 컨벤션 디자인의 특징으로 알맞지 않은 것은?

① 일반적으로 수평적인 선을 수직선보다 더 길게 표현한다.
② 선형을 이루며 음화적 공간이 뚜렷하게 표현된다.
③ 병행 구성에서 변형되어 수직과 수평이 같거나 비슷한 소재로 표현된다.
④ 수직의 선에 직각으로 거울에 비친 듯이 수평선을 표현한다.

45 다음 중 식물 생장 형태에 대한 설명으로 알맞지 않은 것은?

① 식물의 가치를 고려하여 높이를 결정하며 자연스러운 선과 방향을 표현한다.
② 베이스 부분은 이끼, 돌, 낙엽, 나무 등을 이용하면 자연스러운 디자인이 된다.
③ 식물의 환경, 토양을 고려할 필요가 없으며 대칭으로 구성한다.
④ 식물의 생리, 생태적인 면을 고려하여 자연에 가깝게 디자인한다.

46 절대 평가에 대한 설명으로 알맞지 않은 것은?

① 한 집단의 득점 평균치를 기준으로 그 집단 내에서 평가 대상자가 차지한 위치로 성적을 평가하는 방법이다.
② 우리나라의 국가기술자격시험은 절대 평가로 이루어지며 합격점은 60점 이상이다.
③ 구체적 과제 혹은 목표를 고려하여 검사를 제작하거나 미리 정의된 수행 기준에 따라 평가하는 것이다.
④ 한 집단의 성적을 절대적 기준에 따라 평가하는 방식으로 '목표 지향 평가' 또는 '준거 지향 평가'라고도 한다.

47 서양형 기하학적인 형태의 분류에서 응용형의 특징으로 알맞지 않은 것은?

① 작가의 주장이 많이 들어간 주관적인 작품으로 변형과 결합을 주는 것이다.
② 현대적 스타일로 음화적 공간이 많고 심플하다.
③ 주로 열린형으로 각 부분에 공간을 주어 방사선 상으로 퍼져 있는 부분이 있다.
④ 단순한 조화미를 표현하며, 유행을 타지 않는다.

48 색채 현상에 대한 설명으로 알맞지 않은 것은?

① 흡수: 빛은 물체에 닿게 되면 일부분이 내부로 흡수되어 열에너지로 변하는데, 검은색보다는 흰색이 빛을 더 많이 흡수한다.

② 반사: 빛의 파동이 물체의 표면에 부딪치면서 진행 방향을 바꾸는 현상이다.

③ 산란: 빛이 미립자나 다른 물체에 부딪쳐 여러 방향으로 분산되어 흩어지는 현상이다.

④ 굴절: 빛이 매개체에 들어가면서 진행 속도가 달라지고 이 때문에 파동의 방향이 바뀌는 것이다.

49 그라데이션(gradation)에 대한 설명으로 알맞지 않은 것은?

① 그림, 사진, 인쇄물 따위에서 밝은 부분부터 어두운 부분까지 변해가는 농도의 단계이다.

② 색이 점차적으로 변화되어 리듬감과 연속 효과를 주는 방법이다.

③ 색상, 명도, 채도, 톤의 변화를 이용하여 표현한다.

④ 소재의 바탕색을 기본으로 하여 한 색을 무늬색으로 프린트한 것을 말한다.

50 이상적 배색의 비율에 대한 설명으로 알맞지 않은 것은?

① 주조색은 작품 전체의 느낌을 전달하는 기본적인 색상이다.

② 주조색은 가장 넓은 면을 차지하는 것으로 40~80%를 사용한다.

③ 보조색은 주조색을 도와주는 역할을 하며 비교적 적은 면인 25% 정도를 차지한다.

④ 강조색은 작품에 생기와 흥미를 주면서 작품의 포인트 역할을 한다.

51 가을을 나타내는 자연 소재의 특징으로 알맞지 않은 것은?

① 풍요로움을 나타내기 위해서는 열매가 있는 재료를 선택하는 것이 좋다.

② 가을 느낌을 표현할 수 있는 색상과 소재를 사용하여 깊이감과 무게감을 표현할 수 있도록 한다.

③ 한국적 느낌의 열매를 사용할 경우 꽃 소재는 사용하지 않는 것이 좋다.

④ 가을 소재의 종류에는 화초토마토, 수수, 노박덩굴, 조, 국화류, 억새 등이 있다.

52 가공 재료에 대한 설명으로 알맞지 않은 것은?

① 자연 재료를 건조하거나 착색, 표백한 것을 말한다.
② 가공 재료의 종류로는 호랑가시나무, 갈대, 싸리, 연밥, 부들, 라그라스 등이 있다.
③ 염료로 염색한 대나무, 표백한 삼지닥 등이 대표적인 가공 재료이다.
④ 털실, 금속, 아크릴 등도 가공 재료에 포함된다.

53 한국형 화훼장식에서 초화류와 같은 재료를 고정하는 방법으로 알맞지 않은 것은?

① 밑부분이 수평이 되도록 직각으로 자르는 것이 고정하기에 좋다.
② 사선으로 자른 다음 가위집을 일자(−) 또는 십자(+)로 넣거나 뾰족하게 잘라서 침봉의 바늘과 바늘 사이에 끼이도록 꽂는다.
③ 줄기가 가는 초화류나 칼라처럼 줄기는 굵어도 부드럽고 약한 화재(花材)는 종이나 플로럴 테이프로 감아서 꽂는다.
④ 해바라기처럼 꽃이 커서 고개를 가누지 못하거나 줄기가 가늘어서 휘청거리는 경우 줄기에 철사를 감아 꽃 표정을 바로 잡아준다.

54 하수형(흘러내린 형) 응용화형에 대한 설명으로 알맞지 않은 것은?

① 응용화형에서는 기본화형의 제1주지는 그대로 유지한다.
② 작가의 해석과 감각과 의도에 따라 제2주지와 제3주지를 변형하는 화형이다.
③ 하수형 응용 1, 응용 2, 응용 3으로 구분할 수 있다.
④ 응용에 따라 기본화형 각도 범위에서 주지는 변형이 되면 안 된다.

55 한국형 화훼장식에서 시대의 흐름과 변화를 반영하여 재료의 특성을 자신만의 표현 방식으로 재해석하여 디자인의 다양성과 창의성을 표현하는 디자인으로 알맞은 것은?

① 기본형
② 응용형
③ 자유화형
④ 복형

56 일본 꽃꽂이 문화의 유래로 알맞지 않은 것은?

① 일본의 화훼장식은 7C경 한국으로부터 불교가 전래되면서 함께 도입되었다.
② 이케바나는 일반 서민들에 의해 생활 속에서 시작되었다.
③ 오노노 이모코에 의해 첫 유파인 이케보노가 창시되었다.
④ 14C경에는 이케바나의 전문 서적이 출간되었다.

57 중국의 화훼 역사로 알맞지 않은 것은?

① 당대(唐代) - 중국 역사상 가장 화려했던 왕
조로 모란을 실내에 꽂는 것이 황실이나 귀족
들 사이에서 유행했다.

② 송대(宋代) - 삽화(揷花)가 민간으로 확대되
었으며, 일상의 사교생활로 발전되었다.

③ 원대(元代) - 자연을 그대로 표현한 사경화
(寫景花)가 발달하였다.

④ 명대(明代) - 꽃을 꽂는 기술과 예술성이 많
이 강조되었다.

58 중국 꽃꽂이 문화의 유래로 알맞지 않은 것은?

① 조형화는 나뭇가지, 풀, 꽃, 잎사귀 등의 화재
(花材)를 꽃꽂이 용기, 즉 화기(花器)에 꽂은
것을 가리키는 말로서 꽃을 꽂는 기법이나 감
상하는 행위 전반을 지칭한다.

② 초기에는 봉화, 정원화, 머리장식, 옷깃장식,
바구니 등에 한정되었으나 후에 불교의 공화
로도 사용하였다.

③ 육조(六朝) 시대에는 대나무, 수선화류, 소나
무가 주로 사용되었으며 얕은 분에 꽂는 양식
으로 교의를 표현하여 이념화라는 명칭이 생
겼다.

④ 당대(唐代)에는 용기, 가위, 화대와 침수법 등
에 관한 《화구석(花九錫)》이라는 화훼 관련 전
문 서적이 출간되었다.

59 한국형 고객맞춤형 디자인으로 알맞지 않은 것은?

① 전문성 있게 객관적으로 상품을 디자인한다.

② 고객맞춤형 디자인으로 고객을 만족시킬 수
있어야 한다.

③ 색채와 시간과 장소, 사용 목적에 따라 만족도
를 높일 수 있는 디자인으로 제작하여야 한다.

④ 고객의 요구에 맞게 제작하되 이동 수단은 고
객의 사정이므로 고려하지 않아도 된다.

60 고객의 요구에 맞는 한국형 디자인에서 화기 선
택 시 주의 사항으로 알맞지 않은 것은?

① 고객의 요구에 맞게 상품적, 장식적, 이벤트
적인 화기를 선택한다.

② 한국의 정서가 느껴지는 화기가 효과적이다.

③ 이동이 용이한 화기가 효과적이다.

④ 고가의 화기만을 고집해서 사용한다.

CBT 실전 모의고사 3회

자격 종목	시험 시간	문항 수	수험 번호	성명
화훼장식산업기사	1시간 30분	60문제		

제1과목 ┃ 화훼장식 기획 및 매장관리

01 소비자에게 신제품과 고급화된 상품으로의 구매를 유도함으로써 자연스럽게 매출액의 증가, 주력제품 및 신제품의 홍보 및 판매 효과를 모두 가져다 주는 판매 전략은?

① 교차 판매 전략
② 업셀링 전략
③ 고객 유지 전략
④ 구매 유도 전략

02 다음 중 고객관리의 필요성으로 적절하지 않은 것은?

① 기업의 제품이나 서비스에 대해 만족한 고객의 구전이 신규고객의 창출로 이어질 수 있다.
② 기업 서비스나 제품에 대한 불만족이 고객 이탈로 이어지지는 않지만 기업의 이미지에는 큰 영향을 미친다.
③ 경제 성장으로 고객의 기대 수준이 높아졌다.
④ 불만족 거래의 경우 기업이 적극적인 대처를 통해 재거래율을 높일 수 있다.

03 고객 특성 파악의 기준에서 고객가치 정보요소에 해당되는 요소는?

① 선호하는 브랜드
② 가족 관계
③ 고객의 분류 등급
④ 소득 수준

04 고객기여도 평가에 영향을 미치는 요소에 속하지 않는 것은?

① 최근성
② 최빈성
③ 소비성
④ 반품 품목

05 일정 기간 동안 기업이 고객에게 제공한 재화나 용역을 제공함으로써 발생된 금액은?

① 자산
② 자본
③ 비용
④ 수익

06 재무제표의 구성요소에 대한 설명으로 틀린 것은?

① 자산이란 기업이 소유하고 있는 경제적 자원이다.
② 부채란 기업이 미래의 어느 시점에서 현금이나 기타 재화 등을 지급해야 할 의무를 말한다.
③ 이익 또는 손실이란 수익에서 비용을 차감한 잔액을 말한다.
④ 자산이 증가하거나 부채가 감소하는 것을 비용이라고 한다.

07 다음 중 기업의 이익 처분에 관한 내용을 나타내는 재무보고서로 알맞은 것은?

① 대차대조표
② 손익계산서
③ 매입·매출표
④ 이익잉여금처분계산서

08 다음 중 흥미와 학습동기를 유발하고 현실적인 문제의 학습이 가능하나 적절한 사례의 확보가 어려우며 원칙과 규정의 체계적 습득이 곤란한 교육 방식은?

① 토의법
② 사례연구법
③ 프로그램법
④ 강의법

09 토의법의 장점으로 볼 수 없는 것은?

① 스스로 사고하는 능력을 키워준다.
② 사고표현력을 길러 준다.
③ 민주적 태도의 가치관을 육성할 수 있다.
④ 내용에 대한 기초지식이 필요 없다.

10 안전교육의 목적과 거리가 가장 먼 것은?

① 제도의 정착화
② 설비의 안전화
③ 환경의 안전화
④ 행동의 안전화

11 인사를 선발하거나 채용할 때는 어떠한 기준에 의하여 선발하는 것이 좋다. 그 원칙에 해당하지 않는 것은?

① 효율성 원칙
② 형평성 원칙
③ 적합성 원칙
④ 다양성 원칙

12 직원의 직무에 대한 성과를 측정하려고 한다. 행동 평가에 해당하지 않는 것은?

① 중요사건법
② 체크리스트법
③ 의사결정 능력
④ 행동관찰척도

13 잘 팔리는 상품 곁에 수익은 높으나 잘 팔리지 않는 상품을 함께 진열하여 고객의 눈에 잘 띄게 하여 판매를 유도하는 진열 형태는?

① 샌드위치 진열
② 수평 진열
③ 라이트업 진열
④ 수직 진열

14 다음 중 내장 진열에 해당하지 않는 것은?

① 개방형
② 아일랜드형
③ 마그네틱형
④ 샘플형

15 연출 부분을 중점적으로 밝게 하여 주목률과 가치를 높이는 조명은?

① 기본 조명
② 상품 조명
③ 장식 조명
④ 환경 조명

16 가격에 대한 설명으로 옳지 않은 것은?

① 판매가격 = 매입원가＋마진
② 매입원가 = 매입가격＋매입비용
③ 판매원가 = 매입가격＋이익
④ 마진 = 판매가격－매입원가

17 매장에서 가격을 결정하는 가장 손쉬운 방법으로 각 품목의 도매가에 운영비, 노동비, 이윤 등을 고려하여 결정되는 융통성 있는 가격책정법은?

① 백분율분할 가격책정법
② 표준비 가격책정법
③ 인건비를 포함한 가격책정법
④ 원가가산 가격책정법

18 비가격적인 홍보물에 해당하는 것은?

① 쿠폰
② 샘플
③ 보너스팩
④ 가격할인

19 전시 기법의 분류에 해당하지 않는 것은?

① 벽면 전시
② 바닥 전시
③ 평면 전시
④ 입체 전시

20 고객만족의 구성요소로 간접적인 요소에 해당되는 것은?

① 사회공헌도
② 점포 분위기
③ 품질
④ 디자인

21 절화 수확 후 수분 흡수를 높이는 방법으로 옳지 않은 것은?

① 절단된 줄기의 끝에 파라핀처리를 한다.
② 줄기의 절단 부위를 끓는 물에 수 초간 담근다.
③ 줄기의 절단 부위를 수 초간 그을린다.
④ 물속에서 줄기를 절단한다.

22 플로랄 폼에 대한 설명으로 옳지 않은 것은?

① 플로랄 폼은 물을 공급해 줘야 하므로 물을 충분히 적셔 주어야 한다.
② 줄기를 꽂을 때는 한 번에 꽂아야 한다.
③ 플로랄 폼에 물을 적실 때는 압력을 가하지 않고 스스로 흡수되도록 한다.
④ 플로랄 폼은 스티로폼으로 만들어진다.

23 꽃다발을 제작할 때 사용하는 재료로 가장 적합한 것은?

① 플로랄 폼
② 침봉
③ 마끈
④ 바구니

24 꽃의 형태적 분류에 대한 설명으로 옳지 않은 것은?

① 폼 플라워는 작품을 강조하는 역할을 한다.
② 라인 플라워에는 장미, 거베라 등이 있다.
③ 매스 플라워는 큰 공간을 메우는 역할을 한다.
④ 필러 플라워는 작은 공간을 채우는 역할을 한다.

25 저장이나 운송 시 절화의 호흡작용으로 인한 품질 저하로 옳지 않은 것은?

① 호흡작용으로 인한 온도 저하
② 호흡작용으로 인한 양분의 소실
③ 포장 안의 에틸렌의 집적
④ 포장 안의 열 발생

26 절화장식에 속하는 것은?

① 테라리움
② 압화장식
③ 갈란드
④ 다육정원

27 결혼식장에서 남성의 상의 칼라에 꽂는 몸장식용 꽃디자인의 종류는?

① 코르사주
② 부토니에르
③ 부케
④ 갈란드

28 작업장공간에서 도구에 대한 설명으로 알맞지 않은 것은?

① 사용한 장비와 기기를 안전하고 바르게 보관하여 다음 작업 시에 바로 사용할 수 있게 한다.

② 오염된 작업 도구는 세척, 건조, 정리하여 보관한다.

③ 전열 기구는 온도가 충분히 내려간 후에 정리하여 보관한다.

④ 작업 설비와 도구를 세척하는 데 약품을 이용하여 세척하면 안 된다.

29 인조화의 특징으로 알맞지 않은 것은?

① 현대는 플라스틱을 이용하여 만들고 있다.

② 생화로 판매되는 대부분의 꽃은 인조화로 제작이 불가능하며 작은 필러 플라워만 가능하다.

③ 디자인에 있어 활용 범위가 넓고 장기간 장식에 많이 이용하고 있다.

④ 실내외 어떤 환경 조건에서도 설치가 가능하다.

30 마사징(massaging) 기법에 대한 설명으로 알맞은 것은?

① 작품 안의 어떤 특정 부분을 강조하기 위해 테두리를 만드는 기법으로 소재를 가장자리에 배치한다.

② 같은 종류의 소재들을 모아 각각의 특성이 돋보이게 하는 기법이다.

③ 가지나 줄기를 손으로 부드럽게 마사지하듯 만져 주어 굽히거나 곡선을 만들어 주는 방법이다.

④ 소재의 색상이나 종류를 구역화하는 기법이다.

31 인서션 메소드(insertion method)에 대한 설명으로 알맞은 것은?

① 줄기가 약하거나 속이 비어 있는 상태의 꽃을 자연 줄기 그대로 살리고 싶을 때 줄기 속 아래에서 위쪽의 수직 방향으로 꽂아 주는 방법이다.

② 꽃받침이나 씨방, 줄기 등에 가로지르기로 와이어를 통과시킨 후 양쪽 철사를 직각으로 구부려 감는 방법이다.

③ 주로 평면적인 잎에 많이 사용하며, 철사로 잎의 1/2~1/3 지점을 살짝 뜬 후 줄기 방향으로 U자로 구부려 내리는 방법이다.

④ 꽃잎을 두세 장 겹쳐서 철사로 바느질하듯 와이어로 떠 주는 방법으로 늘어지기 쉬운 잎을 고정하거나 통꽃류를 한꺼번에 철사처리할 때 많이 사용한다.

32 줄기가 짧거나 사용한 철사가 약할 때 철사로 줄기를 연장해 주는 방법으로 철사처리의 부케 제작 혹은 페더링 한 철사 보강 시 활용하는 기법은?

① 익스텐션 메소드(extension method)

② 페더링(feathering) 기법

③ 루핑 메소드(looping method)

④ 컬리큐즈(curlicues) 기법

33 보존화 상품 재료에 대한 설명으로 알맞지 않은 것은?

① 꽃의 크기가 작은 소재: 금어초, 글라디올러스, 극락조화
② 꽃잎이 두껍고 단단하며 여러 겹으로 이루어진 소재: 장미, 달리아, 카네이션, 국화
③ 적당히 두껍고 단단한 잎 소재: 유칼립투스, 아이비, 로즈마리, 루스커스
④ 작은 열매류: 미니솔방울, 연밥, 스타아니스

34 건조화 재고관리에 대한 설명으로 알맞지 않은 것은?

① 다루는 과정에서 쉽게 부서지는 특성이 있으므로 상품 제작 후에 종류별로 조심스럽게 분류하여 정리한다.
② 습기가 있어야 부서지지 않으므로 습기에 노출하여 보관한다.
③ 높이 쌓아 보관하면 부서지기 쉽다.
④ 햇빛에 장시간 노출하면 탈색이 되기 쉽다.

35 압화의 제작 재료로 쿠션감이 있어 식물 소재의 높낮이 모양대로 빈틈없이 밀착되어 식물의 수축과 변형을 방지해 주며 표면이 부직포로 되어 있는 흡습지의 이름으로 알맞은 것은?

① 건조 매트　　② 건조제
③ 실리카겔　　④ 메시

36 광합성에 대한 설명으로 알맞지 않은 것은?

① 엽록소에서 일어나는 반응으로 물과 이산화탄소를 흡수하여 빛에너지를 이용해 탄수화물을 합성하는 과정이다.
② 질소 동화작용이라고 부르기도 한다.
③ 광합성에 영향을 미치는 요인은 빛의 세기와 파장, 온도, 이산화탄소의 농도 등이 있다.
④ 광합성은 크게 빛에너지를 이용하여 물을 분해하여 에너지를 얻는 반응(명반응)과 그 에너지로 이산화탄소를 고정하는 반응(암반응) 두 가지로 나눌 수 있다.

37 저광도의 영향으로 알맞지 않은 것은?

① 단위면적당 잎의 수가 많아지고 엽록체의 수가 많아져서 잎의 색깔이 진해진다.
② 잎이 넓어지고 두께가 얇아지며 초장은 길어진다.
③ 지나치게 낮은 광도에서는 잎이 황록색으로 변하고 아랫부분부터 떨어진다.
④ 분지의 발생이 억제되며 줄기나 잎자루(엽병)가 연약하고 가늘게 자란다.

38 생육적온에 대한 설명으로 알맞지 않은 것은?

① 생육이 가능한 온도 범위에서 온도가 높을수록 생육이 빨라지고 온도가 낮을수록 생육이 지연된다.

② 화훼류의 생육적온은 식물마다 다르며 한계온도에 가까워지면 여러 가지 생리 장해가 발생해 생육이 불량해진다.

③ 열대성 식물은 25~30℃, 아열대성 식물은 20~25℃, 온대성 식물은 10~15℃의 범위에서 가장 잘 자란다.

④ 생육적온은 낮과 밤의 온도가 다른데 밤의 온도가 너무 높으면 호흡 속도가 빨라져 낮에 합성한 탄수화물의 소모가 심해지므로 생장이 불량해진다.

39 공중 습도에 관한 설명으로 알맞지 않은 것은?

① 대기 중의 상대 습도가 높으면 쉽게 발병되며 증산이 원활하지 않아 토양에서의 양분 흡수가 감소하여 식물 생육이 위축되고, 뿌리의 발육도 불량해진다.

② 공중 습도가 낮으면 증산이 과도하게 일어나게 되어 잎 끝이 마르고 윤기가 없어져 관상가치가 떨어진다.

③ 선인장의 공중 습도는 50~60%, 동양란은 60~70%, 열대 관엽 식물류는 70~80%가 적절하다.

④ 토양습도는 공중 습도와 별개의 것이므로 토양에는 항상 적절한 수분 공급이 필요하다.

40 분경의 종류로 알맞지 않은 것은?

① 초본 분경: 분식물을 장식하는 데 주로 절화류를 많이 이용하여 장식한다.

② 목본 분경: 고목이나 나무를 이용하며 주로 착생 식물과 함께 장식한다.

③ 석 분경: 돌과 함께 이끼, 양치 식물, 착생 식물을 이용하여 장식한다.

④ 이끼 분경: 주소재로 이끼를 많이 사용하며 초화류 등과 함께 자연을 표현한다.

제3과목 Ⅰ 화훼디자인

41 한국형 꽃꽂이의 기본 형태 중 나무가 기울어 자라나는 모습을 나타내는 화형으로 1주지의 각도가 40°~60°이며, 1주지 선의 아름다움을 잘 나타내는 형태에 해당하는 것은?

① 직립형   ② 경사형
③ 하수형   ④ 복형

42 일본형 화훼장식의 대표적인 양식 중 꽃이나 나무를 세운다는 뜻으로 '이케노보 센케이'에 의해 확립되었으며, 일정한 격식을 가지는 양식으로 알맞은 것은?

① 릿카
② 세이카
③ 전위화
④ 지유바나

43 한국형 화훼장식 자유화형 중 흘러내리는 선을 이용하기 때문에 행잉장식이나 벽장식에도 이용할 수 있는 것은?

① 하수형
② 직립형
③ 경사형
④ 복형

44 일본 이케바나 양식의 변천 순서로 알맞은 것은?

① 다찌바나 → 릿카 → 나게레이바나 → 세이카 → 모리바나 → 지유바나 → 전위화
② 릿카 → 다찌바나 → 세이카 → 나게레이바나 → 모리바나 → 지유바나 → 전위화
③ 다찌바나 → 릿카 → 나게레이바나 → 모리바나 → 세이카 → 지유바나 → 전위화
④ 다찌바나 → 릿카 → 나게레이바나 → 세이카 → 모리바나 → 전위화 → 지유바나

45 병화의 특징으로 알맞지 않은 것은?

① 재료가 갖는 아름다움을 자연스럽게 살려 높은 화병에 꽂는 것이다.
② 화기의 높이보다 넓이가 강조된 형이다.
③ 화기의 모양과 소재에 따라 세우는 모양이 다르다.
④ 소재의 길이가 짧을 때는 보조 가지로 보충해 주는 방법도 있다.

46 한국형 자유화의 종류로 알맞지 않은 것은?

① 산경화: 자연 경관을 주제로 산의 경치를 화기에 담는 작품으로 나무, 돌, 열매, 꽃, 덩굴, 이끼 등 산에 있는 소재를 이용한다.
② 풍경화: 음양의 이치에 따라 한국 고유의 풍경을 표현하는 것이 특징으로 초화류를 주로 사용하며 이끼, 잎, 들풀, 들꽃, 물 등 들에 있는 모든 소재들을 사용할 수 있다.
③ 다화: 다화란 차 마시는 공간을 꽃으로 장식하는 것이다. 다화의 소재로는 매, 란, 국, 죽을 주로 많이 이용하였다.
④ 난화: 자연의 생장 법칙과 질서를 관찰하여 꽂으며 바람이 부는 방향으로 꽂되 교차는 불가능하다.

47 조선 시대의 화훼장식 역사로 알맞지 않은 것은?

① 고려 시대의 특징이 그대로 이어져 화려함을 즐겼다.
② 여러 문헌 속에 꽃과 꽃꽂이의 본질, 꽃꽂이 작품의 구체적 요소에 관한 귀중한 기록들이 나타난다.
③ 꽃꽂이 작품의 다양한 양식이 발달하면서 꽃꽂이의 조형적 특성이 뚜렷해졌으며, 삼존양식과 함께 절지류를 이용한 일지화, 기명절지화 등이 다양하게 발달하였다.
④ 꽃의 용도가 다양해져 사람들의 일상생활 속에 깊숙이 자리 잡게 되었다.

48 공간 연출에서도 이용하며 크리스마스 트리 형태로도 이용할 수 있는 기하학적 응용 형태로 알맞은 것은?

① 리스형
② 사선형
③ 피라미드형
④ 원추형

49 뉴 컨벤션 디자인(new convention design)의 특징으로 알맞지 않은 것은?

① 식생적 병행 구성이 변형된 형태로 한 작품에서 수직선과 수평선이 강조된 디자인이다.
② 수직선과 수평선이 시각적으로 같은 비율을 가질 필요는 없다.
③ 선들이 직각을 이루고 있기 때문에 매우 현대적인 이미지를 가지고 있다.
④ 반사되는 선은 보통 수직선보다 길다.

50 평면 구성의 특징으로 알맞지 않은 것은?

① 이차원적인 구성으로 약간의 공간과 높이가 있다.
② 포컬 포인트는 개성이 강한 소재를 사용한다.
③ 평면 구성은 평면 디자인으로 분류되지만 기존의 이차원적인 디자인과는 다른 새로운 깊이감이나 형태, 질감 등을 표현할 수 있다.
④ 가장 많이 사용되는 분야는 플로랄 콜라주(floral collage)이다.

51 감는 선(wind)의 특징으로 알맞지 않은 것은?

① 작품 내에 사용하는 줄기가 모두 다른 초점을 가지고 있으며 서로가 교차되게 배열한다.
② 구조적 디자인의 표현 방법으로 사용되기도 한다.
③ 선들이 반복적으로 사용되면서 하나의 큰 운동성이 만들어진다.
④ 휘어 감는 선, 기어 올라가는 선, 얼기설기 엮인 선 등이 있다.

52 절대 평가에 대한 설명으로 알맞지 않은 것은?

① 한 집단의 성적을 절대적 기준에 따라 평가하는 방식으로 '목표 지향 평가' 또는 '준거 지향 평가'라고 한다.
② 구체적 과제 혹은 목표를 고려하여 검사를 제작하거나 미리 정의된 수행 기준에 따라 평가하는 것이다.
③ 우리나라의 국가기술자격시험은 절대 평가로 이루어지며 합격점은 60점 이상이다.
④ 한 집단의 득점 평균치를 기준으로 그 집단 내에서 평가 대상자가 차지한 위치로 성적을 평가하는 방법이다.

53 국가기술자격의 평가 방법에서 화훼장식 기능사 · 산업기사의 평가 기준에 해당하는 절화 줄기의 각도는?

① 25° 범위 　　② 35° 범위
③ 45° 범위 　　④ 55° 범위

54 구조적(structure) 꽃다발에 관한 설명으로 알맞지 않은 것은?

① 선과 면 표면의 질감이나 전체의 구조를 강조하여 구성한 꽃다발이다.
② 작은 꽃도 소재로 사용할 수 있지만 답답해 보이는 단점이 있다.
③ 질감을 강조하는 경우에는 질감의 대비가 명확한 것이 좋다.
④ 구조를 돋보이게 할 경우 식물의 높낮이로 만들어지는 구조도 함께 표현하는 것이 자연스럽다.

55 개더링 부케, 멜리아 부케에 대한 설명으로 알맞지 않은 것은?

① 장미를 재료로 한 기법을 로즈멜리아라고 한다.
② 백합을 재료로 한 기법을 릴리멜리아라고 한다.
③ 글라디올러스를 재료로 한 기법을 글라멜리아라고 한다.
④ 중심 부분에 트위스팅 메소드로 작은 꽃 여러 송이를 놓고 가장자리에 여러 장의 꽃잎을 겹겹이 붙여 전체가 한 송이의 큰 꽃처럼 보이도록 만든다.

56 신부화 제작 시 주의사항으로 알맞지 않은 것은?

① 신부화는 사용 시간이 짧기 때문에 견고성은 고려하지 않아도 된다.
② 결혼식이 끝날 때까지 꽃의 신선도가 유지되어야 한다.
③ 신부가 들기에 무겁거나 손으로 잡기에 어려움이 없어야 한다.
④ 드레스를 더럽히거나 상하게 하지 않아야 한다.

57 중국 화훼장식의 부흥기로 꽃을 꽂는 기술과 예술성이 많이 강조되었으며 S자형 구도의 화형이 성행하였고 장겸덕의 '병화보(瓶花譜)'가 출간된 시기로 알맞은 것은?

① 청대
② 송대
③ 육조 시대
④ 명대

58 신부대기실에 대한 특징으로 알맞지 않은 것은?

① 신부대기실은 예식 시작 30분에서 1시간 전부터 예식 시작 직전까지 신부가 머무르며 지인 및 하객들에게 축하를 받고 사진을 촬영하는 공간이다.

② 화훼장식 디자인은 예식장에 쓰인 화훼의 색채나 형태에 맞추어 조화롭게 제작해야 한다.

③ 계절감과는 상관없이 깔끔하고 품격 있으며 고급스럽게 연출하는 것이 중요하다.

④ 뒷배경이나 조명과도 조화를 이루도록 연출한다.

59 결혼식 화훼장식의 정의 및 특성으로 알맞지 않은 것은?

① 아름답고 화려한 분위기인 만큼 적절하게 개화된 절화를 주로 많이 사용한다.

② TPO는 시간(Time), 장소(Place), 목적 또는 대상(Object)을 뜻하는데 이 모든 것이 일치하지는 않아도 된다.

③ 계절적인 요소와 시간적인 의미도 매우 중요하며 고려해야 하는 여러 가지 요소들이 있다.

④ 신랑이나 신부의 연령과 취향도 중요하다.

60 유족이 아닌 친분이 있는 사람이 애도의 표시로 보내는 것으로서 리스 형태나 플라스틱, 목재, 철제 오브제를 사용하여 1단, 2단, 3단의 꽃상품을 제작하는 장례용 화훼장식은?

① 차량장식

② 근조화환

③ 영정장식

④ 빈소제단 장식

MEMO

SD에듀에서 만든 도서는 책, 그 이상의 감동입니다.

PART
5

정답 및 해설

실전 모의고사 1회 정답 및 해설

1과목	01	02	03	04	05	06	07	08	09	10	11	12	13	14	15	16	17	18	19	20
	④	②	①	②	③	④	①	②	①	①	②	④	①	①	④	④	②	④	②	④

2과목	21	22	23	24	25	26	27	28	29	30	31	32	33	34	35	36	37	38	39	40
	④	②	③	①	③	②	④	①	②	③	④	②	③	④	③	②	④	①	③	②

3과목	41	42	43	44	45	46	47	48	49	50	51	52	53	54	55	56	57	58	59	60
	③	④	②	②	①	④	②	④	④	③	③	③	①	④	③	④	①	③	②

제1과목 ▮ 화훼장식 기획 및 매장관리

01 고객관리의 목적   ○ △ X | ○ △ X
이탈고객을 포기하지 않고 잘 관리하면 실고객으로 전환시킬 수도 있다.

02 고객 특성 파악의 기준요소   ○ △ X | ○ △ X
이름, 주소, 소득 수준, 가족 관계는 고객정보요소에 해당된다.

03 고객관리의 방법   ○ △ X | ○ △ X
매체 광고를 통해 고객을 확보하는 것은 고객관리로 고객을 확보하는 것이 아니라 홍보를 통하여 고객을 확보하는 것이다.

04 결산보고서   ○ △ X | ○ △ X
과거 거래의 결과로서 기업이 가지고 있는 경제적 자원은 자산이다. 자산은 기업이 영업 활동 중에 사용하는 가치 있는 것이다.

05 자산의 종류   ○ △ X | ○ △ X
투자자산은 비유동자산에 속한다. 자산에는 유동자산과 고정자산이 있으며 유동자산에는 당좌자산, 재고자산, 기타 유동자산이 있다. 상품은 재고자산에 속한다.

06 재해예방의 4원칙   ○ △ X | ○ △ X
재해예방의 4원칙은 손실우연의 원칙, 원인계기의 원칙, 예방가능의 원칙, 대책선정의 원칙이다.

07 매장안전관리 교육 방법   ○ △ X | ○ △ X
토의 방식은 토론이나 회의를 하는 방식으로 쌍방적 의사전달에 해당한다.

08 인사채용   ○ △ X | ○ △ X
직원 채용공고를 낼 때는 근무 장소 및 시간, 근무 내용, 경력 여부, 임금 및 대우 등을 작성하여 공고한다.

09 감성경영의 도입   ○ △ X | ○ △ X
누군가에 대한 사람들의 믿음이나 기대, 예측이 그 대상에게 그대로 실현되는 경향을 피그말리온 효과라고 한다.
오답
② 호손 효과는 여러 명이 함께 일할 때 옆사람을 의식하여 생산성이 올라가는, 일종의 촉진 현상이다.

10 VDM의 구성요소   ○ △ X | ○ △ X
VMD의 구성요소인 VP는 브랜드나 상점의 컨셉을 압축하여 매장의 전체적인 이미지를 보여 주는 것이다.

④ VMD(Visual Merchandising)는 시각화와 상품 기획의 합성어로서 상품 기획(Merchandising)을 시각화(Visual)한다는 뜻이다. VMD의 구성요소는 시각적인 포인트를 주는 VP, PP, IP로 분류되는데, VP는 매장의 전체적인 이미지를 보여 주는 것이고 IP는 알기 쉽고, 만지기 쉽고, 선택하기 쉽고, 사기 쉽게 분류하는 것이다. PP는 주력상품을 매력적으로 연출하고 판매 포인트를 강조하여 소비자의 호기심을 자극하는 것이다.

11 상품의 진열 방법 ○△✕|○△✕

특매상품 진열에도 가격은 부착해야 한다.

12 주문서의 기재 내용 ○△✕|○△✕

주문서는 상품명, 고객명, 고객연락처, 수신인, 수신인 연락처, 배송일자, 설치 장소, 전달 메시지 등을 고려하여 작성한다.

13 가격의 구성요소 ○△✕|○△✕

$a = (4,500 + 6,000 + 7,000) + 0.2a + 0.25a + 0.15a$

$a = 17,500 + 0.6a$

$0.4a = 17,500$

$a = 43,750$

14 상품 홍보 방법의 구분 ○△✕|○△✕

대내적 홍보는 홍보 대상에 따른 홍보 방법에 속한다.

15 촉진의 구성요소 ○△✕|○△✕

촉진의 4가지 요소는 광고, 홍보, 인적판매, 판매촉진이다.

16 가격 유형에 따른 판촉물 ○△✕|○△✕

같은 상품의 내용물의 양을 늘린 후 할인하여 판매하는 방법을 보너스 팩이라고 한다.

17 전시 기획 시 주의사항 ○△✕|○△✕

전시공간을 기획할 때는 관람자들이 공감할 수 있도록 되도록 가까이서 전시물을 볼 수 있도록 하는 것이 좋다.

18 전시 기법 ○△✕|○△✕

바닥 전시는 바닥면을 이용하는 전시로 벽면 전시와 혼합할 경우 동선에 혼란을 줄 수 있다.

① 알코브벽 전시는 벽면을 이용하는 전시이다.
②·③ 파노라마 전시와 디오라마 전시는 입체 전시에 해당한다.

19 매체 구분에 따른 홍보 방법 ○△✕|○△✕

상품을 판매하는 장소에서는 대조적 조명, POP 광고, 소도구 등이 홍보에 활용된다.

20 상품 홍보 평가 ○△✕|○△✕

상품 홍보 평가는 상품의 홍보가 잘 되어 매출에 영향을 주었는지 확인하는 것이다. 재료 구매 지출은 상품 홍보와 관련이 없으므로 평가 대상이 아니다.

제2과목 | 화훼장식 상품 제작

21 철사의 규격 ○△✕|○△✕

철사의 번호가 작을수록 굵기가 굵은 것이다.

22 도구·재료의 정리와 보관 ○△✕|○△✕

리본이나 포장지는 햇빛을 받으면 변색될 위험이 있다.

23 절화 수명의 요인 ○△✕|○△✕

고온은 절화의 수명을 저해하는 요인이기 때문에 보조제인 수명 연장제의 효과를 보기 어렵다.

24 에틸렌 가스의 특징 ○△✕|○△✕

에틸렌에 대한 민감도는 고온에서 증가한다.

25 한국 전통 꽃꽂이의 형태 ⭕△❌|⭕△❌

한국 전통 꽃꽂이 형태는 직립형, 경사형, 하수형, 분리형, 응용형 등이 있다.

26 화훼상품의 종류 ⭕△❌|⭕△❌

꽃과 잎을 이용하여 길게 만든 것을 갈란드라고 한다.

오답
① 콜라주는 재질이 다른 여러 가지 헝겊, 비닐, 타일, 나뭇조각, 종이 상표 등을 붙여 화면을 구성하는 기법이다.
③ 리스는 가운데가 비어 있는 원형 형태의 장식이다.
④ 센터피스는 테이블의 중앙에 놓는 꽃장식이다.

27 절화의 분류 ⭕△❌|⭕△❌

스프레이 카네이션은 필러 플라워에 해당한다.

28 가공화 상품관리 ⭕△❌|⭕△❌

가공화는 공기 중에 최대한 노출되지 않도록 주의해야 한다.

29 압화의 특징 ⭕△❌|⭕△❌

압화의 응용 범위는 매우 넓어서 생활용품 및 장식품으로 제작할 수 있다.

30 화훼장식의 표현 기법 ⭕△❌|⭕△❌

스태킹 기법은 공간이 느껴지지 않도록 같은 종류의 소재를 차곡차곡 쌓아 나가는 방법이다.

오답
① 필로잉(pillowing) 기법
② 테라싱(terracing) 기법
④ 파베(pave) 기법

31 화훼장식의 표현 기법 ⭕△❌|⭕△❌

번들링 기법은 같거나 비슷한 재료들을 모아 하나의 큰 묶음으로 단단히 묶는 방법이다.

오답
① 바인딩(binding) 기법
③ 와인딩(winding) 기법
④ 밴딩(banding) 기법

32 화훼장식의 디자인 기법 ⭕△❌|⭕△❌

베일링 기법은 가볍고 투명한 막을 여러 겹으로 만드는 기법이다.

오답
② 리무빙(removing) 기법
③ 쉘터링(sheltering) 기법
④ 마사징(massaging) 기법

33 철사 다루기 기법 ⭕△❌|⭕△❌

트위스팅 메소드에 적합한 소재에는 아스파라거스, 숙근안개초, 리모니움 등이 있다.

34 철사 다루기 기법 ⭕△❌|⭕△❌

크로스 메소드에 적합한 소재에는 장미, 카네이션, 백합 등이 있다.

오답
① 트위스팅 메소드에는 아스파라거스, 숙근안개초, 리모니움 등이 적합하다.
② 인서션 메소드에는 거베라, 라넌큘러스, 수선화, 칼라, 아네모네 등이 적합하다.
③ 헤어핀 메소드에는 아이비, 스킨답서스, 동백 등이 적합하다.

35 프레임 제작 기법 ⭕△❌|⭕△❌

프레임 제작 기법에는 클램핑, 프로핑, 노팅, 커넥션, 피닝 기법 등이 있다.

오답
③ 페더링 기법은 큰 꽃의 꽃잎을 분해하여 가벼운 깃털처럼 새로운 꽃으로 만드는 철사 다루기 방법이다.

36 보존화 상품관리 ⭕△❌|⭕△❌

건조함이 심한 경우에는 상품이 손상되기 쉬우므로 냉·난방기 등을 피해서 관리해야 한다.

37 제작 도구와 재료의 분류 ⭕△❌|⭕△❌

적화처리액은 압화를 제작할 때 사용된다.

38 철사처리를 하는 이유와 주의점 ⭕△❌|⭕△❌

줄기 대신 철사를 사용하면 작품의 부피나 무게를 줄일 수 있다.

39 흙의 성분 ○△✕|○△✕

사토는 투수성, 통기성이 좋아서 투수성을 높이는 소재로 주로 사용한다.

40 토양의 종류별 특징 ○△✕|○△✕

부엽토는 흙을 팽연화하여 물리적 성질을 오랫동안 좋게 지속시킨다.

제3과목 ‖ 화훼디자인

41 고려 시대 화훼장식의 특징 ○△✕|○△✕

양화소록, 산림경제 등 전문적인 화훼 서적이 많이 발간된 것은 조선 시대이다.

42 일본 화훼장식의 종류 ○△✕|○△✕

나게이레에 대한 설명이다.

오답

①·② 전통적 또는 정형적 양식이다.
③ 추상적 또는 자유형 양식이다.

43 조선 시대 화훼장식의 특징 ○△✕|○△✕

불교문화의 전성기에 따라 불전공화의 양식이 체계화되고 발전한 것은 고려 시대이다. 조선 시대에는 유교와 실학사상의 영향으로 간결함과 소박함을 특징으로 하였다.

44 신부 부케의 종류 ○△✕|○△✕

손에 들고 다니며 향을 맡을 수 있는 작고 둥근 부케인 노즈게이는 영국 조지왕조 시대에 유행하였다.

오답

① 비더마이어는 플로랄 폼의 끝점에서 동심원을 따라 원형이나 나선형으로 내려오면서 꽃을 빽빽하게 꽂아 만드는 것이다.
③ 피닉스는 원형의 빽빽한 디자인의 중앙에 분수가 솟는 것처럼 라인 소재들을 꽂아 불사조가 날아오르는 것처럼 만드는 것이다.
④ 더치 플레미시는 17C 네덜란드 그림에서 유래된 디자인으로 꽃과 과일, 조개껍질, 곡식 등을 함께 사용하여 장식한 것이다. 타원형이나 원형으로 제작한다.

45 서양형 화훼장식의 종류 및 특징 ○△✕|○△✕

콜라주는 식물을 비롯하여 이끼, 종이, 천, 유리 등 풀칠하여 붙일 수 있는 모든 재료를 사용한다.

46 르네상스 시대 화훼장식의 특징 ○△✕|○△✕

르네상스 시대의 화훼장식들은 매우 풍성하고 화려하다.

오답

①·②·③ 빅토리아 시대(Victorianera, 1837~1901)의 특징이다.

47 한국형 화훼장식 작품 평가 ○△✕|○△✕

침봉은 감상자가 볼 수 없도록 다른 소재로 가려주거나 은폐해야 한다.

48 한국형 화훼장식 작품 평가 ○△✕|○△✕

줄기의 출발점 표현(생장점)에 대한 평가는 기술적인 면에 해당된다.

49 조선 시대 화훼장식의 특징 ○△✕|○△✕

기명절지화는 진귀한 옛 그릇을 그린 기명도(器皿圖)와 꺾인 꽃, 나뭇가지 등을 그린 절지도(折枝圖)가 합쳐진 것으로 조선 시대에 유행한 그림이다.

50 테이블장식 시 주의사항 ○△✕|○△✕

테이블장식은 상대방과의 시선을 고려하여 테이블 바닥에서부터 30cm 미만으로 제작하거나 아주 높게 제작하는 것이 좋다.

51 그리스 시대 화훼장식의 특징 ○△✕|○△✕

그리스 시대에는 신부가 흰색 장미로 된 화환(wreath)을 몸에 지니기도 하였다.

52 로마 시대의 화훼장식의 특징 ○△✕|○△✕

로마 시대에는 갈란다나 페스툰이 실내장식으로 많이 사용되었다.

53 중국 화훼장식의 특징 ○△✕|○△✕

꽃의 색상으로는 주로 밝고 화려한 색을 사용하였다.

54 결혼식장 화훼장식의 특징　◯ △ ✕ | ◯ △ ✕

결혼식 화훼장식은 쉽게 시들지 않는 소재를 사용해야 한다.

55 결혼식장 화훼장식의 특징　◯ △ ✕ | ◯ △ ✕

결혼식장 입구장식은 결혼식의 분위기를 고려하여 단상장식, 버진 로드와 통일감 있게 장식해야 한다.

56 우리나라 장례화훼장식의 특징　◯ △ ✕ | ◯ △ ✕

빈소 제단장식은 고인의 사회적 인지도, 유언, 종교, 가족의 요구 조건 등을 고려하여 디자인해야 한다.

57 행사장 화훼장식의 특징　◯ △ ✕ | ◯ △ ✕

난간은 갈란드를 이용하여 장식하기도 한다.

58 병행 형태의 디자인　◯ △ ✕ | ◯ △ ✕

병행 장식적 기법은 풍성하고 닫힌 윤곽선을 나타낸다.

59 트렌드에 맞춘 서양형 화훼장식의 종류와 특징　◯ △ ✕ | ◯ △ ✕

대형 장식물은 화기의 한계를 벗어나 다양한 프레임을 이용할 수 있으며, 절화류, 분화류, 가공화 등 모든 재료를 두루 사용할 수 있다.

60 디자인 원리와 요소　◯ △ ✕ | ◯ △ ✕

단일색 조화는 동일 색상의 명도차에 의해 얻은 색끼리의 조화이므로 흥미로운 배색이 되기 어렵다.

실전 모의고사 2회 정답 및 해설

1과목	01	02	03	04	05	06	07	08	09	10	11	12	13	14	15	16	17	18	19	20
	②	①	④	③	①	③	③	①	③	④	②	④	③	④	②	③	③	①	①	④

2과목	21	22	23	24	25	26	27	28	29	30	31	32	33	34	35	36	37	38	39	40
	④	②	③	①	②	④	②	②	③	④	②	④	③	④	①	②	③	③	④	②

3과목	41	42	43	44	45	46	47	48	49	50	51	52	53	54	55	56	57	58	59	60
	③	④	①	①	③	①	④	①	④	②	③	④	②	④	③	②	③	①	④	④

제1과목 | 화훼장식 기획 및 매장관리

01 RFM 지수 및 고객구매행동 분석요소 ⊙ △ ☒ | ⊙ △ ☒
고객관리에는 구매최근성, 최근구매빈도, 최빈성, 평균구매금액, 소비성 등의 고객구매행동 분석요소가 필요하다.

02 고객관리의 방법 ⊙ △ ☒ | ⊙ △ ☒
고객관리는 신규고객을 발굴하려는 목적도 있지만 기존고객들을 차별적으로 관리하여 기존고객의 재구매를 유도하고 고객의 이탈을 방지하는 데 목적이 있다.

03 고객의 분류 ⊙ △ ☒ | ⊙ △ ☒
주주는 외부고객에 속한다.

04 고객정보 수집 ⊙ △ ☒ | ⊙ △ ☒
고객관리를 위해서는 고객의 구매최근성, 구매빈도 및 횟수, 평균구매금액, 대금결제내역 등을 분석하여 단계별 리스트를 작성한다.

05 대차대조표 ⊙ △ ☒ | ⊙ △ ☒
일정 시점에서의 기업의 재무 상태를 일람할 수 있는 보고서는 대차대조표이다.

③ 재무보고서는 전년도와 당년의 재무정보를 작성한 보고서이다.

06 손익계산서 ⊙ △ ☒ | ⊙ △ ☒
대차대조표가 일정 시점의 자산·부채 및 자본금액을 나타내는 보고서라면 손익계산서는 일정 기간 동안의 기업 순자산의 변동 원인을 나타내는 보고서이다.

07 자산의 종류 ⊙ △ ☒ | ⊙ △ ☒
투자자산은 장기금융상품, 투자유가증권, 출자금, 주식, 투자부동산 등을 말한다.

08 작업장 안전관리 ⊙ △ ☒ | ⊙ △ ☒
화훼작업 시작 전 필요한 공구는 제대로 준비해 사용해야 한다.

09 교육 방법의 종류 ⊙ △ ☒ | ⊙ △ ☒
포럼, 심포지엄, 버즈세션 등은 토의법에 해당한다.

10 안전점검 ⊙ △ ☒ | ⊙ △ ☒
일상점검의 목적은 작업 전·중·후의 안전점검을 통하여 사전에 사고가 발생하지 않도록 하는 데 있다.

11 상품 위주의 연출법　　□△☒│□△☒

종류는 다르지만 관련성이나 공통점이 있어 서로 잘 어울리는 상품들을 같이 진열하는 것은 관련 상품 디스플레이이다.

오답

① 한 품목 디스플레이는 하나의 상품만 고급스럽고 깔끔하게 보여 주는 것으로 집중도가 높다.

③ 동일 상품군 디스플레이는 한 가지 종류의 상품만 보여 주는 것으로 관련성이나 공통점이 있는 상품들끼리 진열을 할 경우 자연스럽게 어울린다.

④ 혼합 디스플레이는 여러 가지 상품을 함께 진열하는 것이다. 서로 관련이 없지만 함께 진열하되 전체적인 분위기를 통일하는 것이 좋다.

12 매장 형태에 따른 디스플레이 방법　　□△☒│□△☒

고객이 사방에서 상품을 볼 수 있도록 독립적으로 설치한 매장 디스플레이는 섬형(아일랜드식) 진열이다.

오답

① 개방형은 창을 통해서 화원의 내부를 볼 수 있는 형태이다.

13 상품 진열 방법　　□△☒│□△☒

샵에서 고객의 동선은 최대한 길게 만드는 것이 좋다.

14 실행예산과 예산 편성　　□△☒│□△☒

상품의 판매액×고객 수 = 매출액
70,000×500 = 35,000,000

15 가격 책정 방법 – 판매가격의 구성요소　　□△☒│□△☒

총판매액(100%) = 경영비(55%)+상품의 원가(35%)+순이익(10%)

16 가격 판매촉진　　□△☒│□△☒

지나친 가격할인은 고객으로 하여금 브랜드에 대한 신뢰도를 상실시킬 우려가 있다.

17 홍보매체 선정　　□△☒│□△☒

전시 일시 및 장소, 입장료, 문의 전화 등 다양한 정보를 삽입하여 한눈에 볼 수 있도록 하는 부착형 인쇄물은 포스터이다.

18 전시 장소　　□△☒│□△☒

전시 장소를 선정할 때는 습도와 온도, 조명의 밝기 등이 전시물에 영향을 줄 수 있으므로 전시 장소의 내부 뿐만 아니라 주변에 대해서도 알아 두는 것이 좋다.

19 만족도 조사 항목　　□△☒│□△☒

제품정보 제공은 구매 전 서비스에 해당한다.

20 고객만족도 측정의 3원칙　　□△☒│□△☒

고객만족도 측정의 3원칙은 계속성(지속적인 만족도 비교), 정량성(고객의 의견을 항목별로 나누고 수치화), 정확성(정확한 조사와 해석)이다.

제2과목 ┃ 화훼장식 상품 제작

21 절화의 수명관리　　□△☒│□△☒

적정 저온 상태에서 절화를 보관하는 것은 절화의 수명 연장에 좋은 방법이다.

22 절화상품 고정 재료　　□△☒│□△☒

라피아는 섬유질이 많은 라피아 속의 식물을 가공하여 만든 재료로 주로 절화를 묶을 때 사용한다.

23 물올림 방법　　□△☒│□△☒

식물을 물속에서 자르면 기포가 들어가기 전에 수분이 들어가서 최대한 신선하게 유지할 수 있다.

24 절화상품 고정재료　　□△☒│□△☒

핀의 끝부분은 줄기가 잘 꽂힐 수 있도록 뾰족하게 만들어야 한다.

25 절엽의 형태적 분류와 용도　　□△☒│□△☒

골격을 형성하려면 라인 플라워(글라디올라스, 리아트리스, 델피니움, 스토크, 금어초 등)를 사용하는 것이 좋다.

26 꽃다발 제작 시 유의사항

오답
① 묶는 점 아래로는 잎사귀를 제거한다.
② 묶는 점은 최소화하는 것이 좋다.
③ 줄기는 물에 꽂았을 때 수분 흡수를 위하여 전체적으로 길이가 비슷한 것이 좋다.

27 절화상품의 품질유지관리

제작한 절화상품을 신선하게 유지하기 위해서는 직사광선이 들지 않는 서늘한 곳에 보관하는 것이 좋다.

28 보존화의 특징

보존화는 온도와 습도에 따라 3~5년 동안 지속 가능하다.

29 압화의 건조 방법

압화는 실리카겔 사이에 꽃이나 꽃잎을 끼워서 수분을 빠르게 제거하여 건조한 것이다.

30 가공화의 특징

가공 전의 식물과는 달리 가공화는 디자인상 활용이 광범위하고 장기간 장식에 이용할 수 있다.

31 압화상품 디자인의 구도법

자연에서 보는 수목이나 꽃의 모습을 그대로 화면에 재현하는 구도법을 자연생태 구도법이라 한다.

오답
① 조형의 구도법
④ 조합의 구도법

32 압화 디자인 기법

리무빙 기법은 장미, 거베라, 해바라기 등의 꽃잎을 제거하여 전혀 다른 형태로 변화시키는 방법이다.

오답
① 쉘터링(sheltering) 기법
② 베일링(veiling) 기법
③ 조닝(zoning) 기법

33 가공화의 재고관리

인조화는 다른 가공화 재료에 비해 보관이 용이한 편이다.

34 보존화 제작 도구와 재료

일액형 보존화 용액은 알파용액-베타용액처리 과정을 거치지 않고 쉽게 보존화를 만들 수 있도록 조제된 용액이다. 가공 과정이 단순하고 쉽기 때문에 보존화를 처음 가공할 때 사용하기 적합하다.

오답
① 그린용액
② 베타용액
④ 알파용액

35 토양 종류별 특징

벼의 왕겨를 연소시켜 만든 훈탄은 왕겨숯이다.

36 분화의 특징

분화는 뿌리, 줄기, 꽃, 잎 등이 온전한 상태의 식물을 화기나 땅에 직접 심는 것이다.

37 화목류의 분류

철쭉은 관목에 속한다.

38 생육습성에 따른 분류

국화, 포인세티아, 코스모스, 프리지어, 나팔꽃, 스테비아 등은 대표적인 단일 식물이다. 반면, 나팔꽃, 천일홍은 단일 식물이며 공작초는 장일 식물이다.

39 분화상품 선행 작업

상품 용기는 조화로움과 견고성 모두 고려하여 선택해야 한다.

40 분화의 관수 요령

관수하는 물의 온도는 대체로 식물을 재배하는 장소의 기온이나 토양의 온도와 비슷하게 맞추는 것이 좋다.

제3과목 ┃ 화훼디자인

41 한국형 화훼장식의 작품 평가 ⓞ △ ⊠ | ⓞ △ ⊠
균형과 비율은 평가 방법 중 조형적인 면에 해당된다.

42 한국형 화훼장식의 작품 평가 ⓞ △ ⊠ | ⓞ △ ⊠
줄기의 절단 각도는 평가 방법 중 기술적인 면에 해당된다.

43 조선 시대 꽃에 관한 전문 서적 ⓞ △ ⊠ | ⓞ △ ⊠
홍만선 – 산림경제 / 강희안 – 양화소록

44 서양형 화훼장식 자유화형 ⓞ △ ⊠ | ⓞ △ ⊠
뉴 컨벤션 디자인은 일반적으로 수평선보다 수직선을 더 길게 표현한다.

45 서양형 화훼장식 구성 형식 ⓞ △ ⊠ | ⓞ △ ⊠
식물 생장 형태는 자연에 가까운 디자인이기 때문에 식물의 환경, 토양을 고려해서 최대한 원래의 자연 상태에 가깝게 제작해야 하며, 대칭보다는 비대칭이 많다.

46 평가의 분류 ⓞ △ ⊠ | ⓞ △ ⊠
집단 내에서 평가 대상자가 차지한 위치로 성적을 평가하는 방법은 상대 평가이다.

47 기하학적 형태의 분류 ⓞ △ ⊠ | ⓞ △ ⊠
단순한 조화미를 표현하며, 유행을 타지 않는 것은 전통형의 특징이다.

48 색채 현상의 특징 ⓞ △ ⊠ | ⓞ △ ⊠
흰색보다는 검은색이 더 많은 빛을 흡수한다.

49 배색의 종류와 특징 ⓞ △ ⊠ | ⓞ △ ⊠
소재의 바탕색을 기본으로 하여 다른 한 가지 색을 무늬색으로 프린트한 것은 비콜로르(bicolore)이다.

50 이상적 배색의 비율 ⓞ △ ⊠ | ⓞ △ ⊠
이상적 배색의 비율은 주조색 70%, 보조색 25%, 강조색 5%이다. 그중 최소 50%는 주조색을 사용해야 한다.

51 계절에 따른 화훼장식의 특징 ⓞ △ ⊠ | ⓞ △ ⊠
한국적 느낌의 열매를 사용할 경우 꽃 소재도 자연스럽게 어울리는 것을 선택하는 것이 좋다.

52 재료의 종류 ⓞ △ ⊠ | ⓞ △ ⊠
털실, 금속, 아크릴 등은 인공 재료이다.

53 재료의 고정 방법 ⓞ △ ⊠ | ⓞ △ ⊠
재료를 사선으로 자른 후 일자나 십자로 가위집을 넣거나 뾰족하게 잘라서 침봉의 바늘과 바늘 사이에 끼이도록 꽂는 것은 초화류가 아닌 일반 가지의 고정 방식이다.

54 하수형 응용화형의 특징 ⓞ △ ⊠ | ⓞ △ ⊠
하수형 응용화형에서는 기본화형 각도 범위에서 주지가 변형되기도 한다.

55 한국형 자유화형의 특징 ⓞ △ ⊠ | ⓞ △ ⊠
시대의 변화를 반영하면서도 자신만의 표현 방식으로 재해석하여 디자인의 다양성과 창의성을 표현하는 디자인은 자유화형이다.

56 일본 꽃꽂이 문화의 유래 ⓞ △ ⊠ | ⓞ △ ⊠
이케바나는 승려들에 의해 사찰에서 시작되었다.

57 중국화형 디자인 ⓞ △ ⊠ | ⓞ △ ⊠
자연을 그대로 표현한 사경화는 청대(淸代)에 유행한 것이다.

58 중국 꽃꽂이 문화의 유래 ⓞ △ ⊠ | ⓞ △ ⊠
나뭇가지, 풀, 꽃, 잎사귀 등을 화기에 꽂은 것을 가리키는 말이자 꽃을 꽂는 기법이나 감상하는 행위 전반을 지칭하기도 하는 것은 일본의 이케바나이다.

59 한국형 고객맞춤 디자인의 특징 　 ○ △ ✕ | ○ △ ✕

고객 요구에 맞게 상품을 제작하되 이동 수단이나 시간 등도 고려하여야 한다.

60 한국형 고객맞춤 디자인의 특징 　 ○ △ ✕ | ○ △ ✕

한국형 고객맞춤형 디자인에서는 고객의 요구에 맞는 디자인으로 고객을 만족시켜야 한다.

실전 모의고사 3회 정답 및 해설

1 과목	01	02	03	04	05	06	07	08	09	10	11	12	13	14	15	16	17	18	19	20
	①	②	③	④	④	④	④	②	④	①	④	③	①	①	②	③	②	②	③	①

2 과목	21	22	23	24	25	26	27	28	29	30	31	32	33	34	35	36	37	38	39	40
	①	④	③	④	③	③	②	④	③	③	③	②	③	②	③	②	③	③	③	①

3 과목	41	42	43	44	45	46	47	48	49	50	51	52	53	54	55	56	57	58	59	60
	②	①	①	①	③	④	②	④	②	①	④	③	②	④	①	④	③	②	②

제1과목 | 화훼장식 기획 및 매장관리

01 고객관리의 전략 O △ X | O △ X
교차 판매(cross-selling)란 판매자가 기존고객에게 다른 상품이나 서비스를 함께 또는 추가 구매하도록 유도하여 기업의 부가적인 이익을 창출하는 판매 전략이다.

02 고객관리의 필요성 O △ X | O △ X
기업의 서비스나 제품에 대한 불만족은 고객 이탈로 이루어지기 쉽다.

03 고객 특성 파악의 기준요소 O △ X | O △ X
고객가치 정보요소에는 고객지갑 점유율, 고객의 분류 등급 등이 있다.

04 고객구매행동 분석요소 O △ X | O △ X
고객기여도 평가 품목에는 구매최근성, 빈도, 횟수, 최빈성, 평균구매금액, 소비성 등이 있다.

05 재무 관련 용어 O △ X | O △ X
수익은 일정 기간 동안 기업의 영업 활동 결과로 발생한 현금이나 기타 자산의 유입을 뜻한다.

06 재무 관련 용어 O △ X | O △ X
비용이란 수익을 창출하기 위하여 자산이 유출되거나 사용된 것을 말한다.

07 이익잉여금처분계산서 O △ X | O △ X
한 해에 벌어들인 수익을 이익잉여금을 통해 분배하여 기록함으로써 기업의 이익 처분에 관한 내용을 알 수 있게 해 주는 것은 이익잉여금처분계산서이다.

08 교육 방법별 특징 O △ X | O △ X
사례연구법은 흥미와 학습동기를 유발하고 현실적인 문제의 학습이 가능하게 한다. 심층적 관찰과 분석을 지향한다는 장점이 있으나 적절한 사례의 확보가 곤란하고 학습의 진보를 측정하기 어려우며 원칙과 규정의 체계적 습득이 모호하다는 단점이 있다.

09 교육 방법별 특징 O △ X | O △ X
토의법은 사전에 안전관리나 안전지식에 대한 기본지식이 있는 사람들이 참여하는 것이 좋다.

10 안전교육의 목적 O △ X | O △ X
안전교육을 하는 목적은 설비와 작업 환경을 안전하게 유지하고 작업 행동에 위험함을 제거하기 위함에 있다.

11 인사채용의 원칙 ⭕🔺❌ | ⭕🔺❌

직원을 채용할 때는 일반적으로 사업적 · 경제적 효율성, 형평성, 업무 적합성 등에 입각하여 검토한다.

12 성과측정의 방법 ⭕🔺❌ | ⭕🔺❌

의사결정 능력, 종업원의 성격, 조직의 충성도, 커뮤니케이션 기술 등은 특성 평가에 해당한다.

13 상품 진열 방법 ⭕🔺❌ | ⭕🔺❌

동일 진열대의 잘 팔리는 상품 곁에 수익은 높으나 잘 팔리지 않는 상품을 함께 배치하는 방법을 샌드위치 진열이라고 한다.

오답

② 수평 진열은 용도별로 유사한 상품을 가로로 진열하는 방법이다.

③ 라이트업 진열은 상품명이 좌측에서 우측으로 표기되어 있어 이것을 읽기 위해 사람의 시선도 좌에서 우로 움직이게 하는 배치 방식이다. 일반적으로 동일 상품군 중 고가격 · 고수익 · 대용량의 상품을 우측에 진열한다.

④ 수직 진열은 용도별로 유사한 상품을 세로로 진열하는 방법이다.

14 매장 형태에 따른 디스플레이 ⭕🔺❌ | ⭕🔺❌

개방형 진열은 외장 진열에 해당한다.

15 조명을 활용한 매장 디스플레이 ⭕🔺❌ | ⭕🔺❌

상품을 보여 주거나 판매하는 장소에 강조점이나 하이라이트 램프를 사용하여 상품에 대한 주목률과 가치를 높이는 조명을 상품 조명이라고 한다.

16 가격의 구성요소 ⭕🔺❌ | ⭕🔺❌

판매원가 = 매입원가+영업비

17 가격책정 방법 ⭕🔺❌ | ⭕🔺❌

표준도매가에 노동비, 운영비, 이윤 등을 고려하여 도매가를 두 배 또는 그 이상으로 가산하는 표준화된 이율을 적용하여 가격을 산출하는 방법을 표준비 가격책정법이라고 한다.

오답

① 백분율분할 가격책정법은 경영비, 상품원가, 순수익 등의 비율을 합하는 방식이다.

③ 인건비를 포함한 가격책정법은 노동비에 재료비와 예비비를 포함한 가격이며 노동비는 도매가에 의하여 결정된다.

④ 원가가산 가격책정법은 원가에 일정한 이익을 가산한 가격을 판매가격으로 결정하는 방식이다.

18 판촉물의 종류별 특징 ⭕🔺❌ | ⭕🔺❌

비가격적 홍보물에는 샘플, 고정고객 우대, 스탬프, 콘테스트 등이 있다.

19 전시의 기법 ⭕🔺❌ | ⭕🔺❌

화훼상품은 벽면 전시, 바닥 전시, 천장 전시, 입체 전시 등의 기법으로 전시할 수 있다.

20 고객만족의 요소 ⭕🔺❌ | ⭕🔺❌

고객만족의 3요소에는 제품, 서비스, 기업 이미지가 있다. 그중 제품과 서비스는 직접적인 요소에 해당되고, 기업 이미지는 간접적인 요소에 해당된다. 사회공헌도는 기업 이미지와 관련이 있다.

제2과목 ❙ 화훼장식 상품 제작

21 절화의 물올림 방법 ⭕🔺❌ | ⭕🔺❌

파라핀처리는 수분의 흡수를 높이기 위한 것이 아니고 증발을 막기 위한 것이다.

22 절화상품 고정 재료의 특징 ⭕🔺❌ | ⭕🔺❌

플로랄 폼은 물을 공급해 주는 재료로 흡수성 페놀수지가 주성분이다.

23 절화상품 고정 재료의 특징 ⭕🔺❌ | ⭕🔺❌

꽃다발은 마끈과 같은 묶음 소재를 사용하여 작업한다.

24 절화의 형태적 분류 ⭕🔺❌ | ⭕🔺❌

장미, 거베라 등은 매스 플라워에 속한다.

25 절화의 생리 현상 ⓞⒶⓍ|ⓞⒶⓍ

저장 및 운송 시 절화의 품질이 저하되는 이유는 호흡작용으로 인하여 온도가 상승하기 때문이다.

26 절화상품의 종류 ⓞⒶⓍ|ⓞⒶⓍ

절화장식에는 꽃바구니, 꽃다발, 꽃 상자, 화환, 화병꽂이, 센터피스, 부케, 부토니에르, 코르사주, 갈란드 등이 있다.

오답

① · ④ 테라리움과 다육정원은 분화장식에 속한다.

② 압화장식은 가공화장식에 속한다.

27 코르사주의 종류 ⓞⒶⓍ|ⓞⒶⓍ

결혼식장에서 신랑의 턱시도 옷깃에 장식하는 꽃은 부토니에르이다.

28 작업장 내 도구관리 ⓞⒶⓍ|ⓞⒶⓍ

도구에 따라서는 약품을 이용하여 세척, 관리를 해야 하는 경우도 있다.

29 인조화의 특징 ⓞⒶⓍ|ⓞⒶⓍ

인조화는 아주 작은 꽃에서 아주 큰 꽃까지 크기와 관계없이 만들 수 있다.

30 압화의 디자인 기법 ⓞⒶⓍ|ⓞⒶⓍ

가지나 줄기를 손으로 부드럽게 만져 주어 굽히거나 곡선을 만들어 주는 디자인 기법을 마사징(massaging) 기법이라고 한다.

오답

① 프레이밍(framing) 기법

② 그루핑(grouping) 기법

④ 조닝(zoning) 기법

31 철사 다루기 기법 ⓞⒶⓍ|ⓞⒶⓍ

인서션 메소드는 줄기가 약하거나 줄기 속이 비어 있는 상태의 꽃을 자연 줄기 그대로 살리고 싶을 때 와이어를 줄기 속에서 아래에서 위로 꽂아 주는 것이다.

오답

② 피어싱 메소드(piercing method)

③ 헤어핀 메소드(hairpin method)

④ 소잉 메소드(sewing method)

32 철사 다루기 기법 ⓞⒶⓍ|ⓞⒶⓍ

줄기가 짧거나 사용한 철사가 약할 때 철사로 줄기를 연장해 주는 방법은 익스텐션 메소드이다.

오답

② 페더링(featheruing) 기법은 큰 꽃의 꽃잎을 분해하여 가벼운 깃털처럼 새로운 꽃으로 만드는 방법이다.

③ 루핑 메소드(looping method)는 고리 덧대기로 와이어를 고리형으로 만든 후 관이나 통 모양으로 핀 꽃의 윗부분에서 꽂아 내려 인공 줄기를 만들어 고정시키는 방법이다.

④ 컬리큐즈(curlicues) 기법은 철사에 플로랄 테이프를 감은 후 그 위에 리본을 감아 여러 가지 모양을 내는 방법이다.

33 보존화의 상품재료 ⓞⒶⓍ|ⓞⒶⓍ

보존화의 상품재료 중 꽃의 크기가 작은 소재에는 안개꽃, 천일홍, 시네신스, 투베로즈 등이 있다.

34 건조화 재고관리 방법 ⓞⒶⓍ|ⓞⒶⓍ

건조화는 습기에 약하므로 종이에 싸서 보관하면 눅눅해지기 때문에 비닐 등으로 밀폐해 보관해야 한다.

35 압화 제작 도구 ⓞⒶⓍ|ⓞⒶⓍ

식물 소재의 높낮이 모양대로 빈틈없이 밀착되어 식물의 수축과 변형을 방지하고 표면이 부직포로 되어 있는 흡습지는 건조 매트이다.

오답

② 건조제는 부직포 또는 종이 재질의 봉투에 실리카겔이 들어 있는 흡습제이다.

④ 메시는 두께가 얇은 잎이나 수분이 많은 야채나 과일을 건조할 때 사용하는 전용 천이다.

36 분화의 생리 현상 ⓞⒶⓍ|ⓞⒶⓍ

광합성은 물과 이산화탄소를 흡수하고 빛에너지를 이용해 탄수화물을 합성하는 과정으로 탄소 동화작용이라고 부르기도 한다.

37 저광도의 영향 ⓞⒶⓍ|ⓞⒶⓍ

양지 식물을 음지에서 재배하면 저광도 상태가 되어 단위면적당 잎의 수가 적어지고 엽록체의 수가 많아져서 잎의 색깔이 진해진다.

38 온도의 영향 ⓞⒶⓍ|ⓞⒶⓍ

온대성 식물은 15~20℃의 범위에서 가장 잘 자란다.

39 분화상품의 수분관리   O △ X | O △ X

선인장의 공중 습도는 30~40%가 적절하다.

40 분화상품 디자인의 종류   O △ X | O △ X

초본 분경은 분식물 주로 초화류를 많이 이용한다.

제3과목 ┃ 화훼디자인

41 한국형 화훼장식 디자인   O △ X | O △ X

1주지를 수직선으로부터 45~60° 정도로 기울여 꽂는 것은 경사형이다.

오답

① 직립형은 위로 곧게 뻗는 형으로 1주지의 각도가 0~15° 정도 된다.
③ 하수형은 아래로 흘러내리는 형으로 1주지가 90~180° 정도 된다.

42 일본 화훼장식의 종류   O △ X | O △ X

오답

② 세이카는 생화(生花)로서 에도 시대에 성립된 꽃꽂이 양식의 하나이며, 릿카와 나게레이의 변증법적 형태를 띤다.
③ 전위화는 전통과 형식으로부터 벗어난 4차원의 세계를 보여 주는 추상적인 형태이다.
④ 지유바나는 자유형으로 문인풍이 지니는 자유로운 움직임이 추가되어 있다.

43 한국형 화형의 디자인별 쓰임   O △ X | O △ X

흘러내리는 선을 이용하여 행잉장식이나 벽장식에 이용할 수 있는 것은 하수형이다.

44 일본 화훼장식의 역사   O △ X | O △ X

유파에 따라서는 다찌바나와 릿카를 하나로 보기도 한다.

45 한국형 화훼장식의 종류   O △ X | O △ X

화기의 넓이보다 높이가 강조된 형태이다.

46 한국형 자유화의 종류   O △ X | O △ X

난화는 자연의 생장 법칙과 질서를 관찰하여 화기에 반영하는 것이므로 바람이 부는 방향이든 교차로든 모두 꽃꽂이를 할 수 있다.

47 조선 시대 화훼장식의 특징   O △ X | O △ X

조선 시대의 화훼장식은 고려 시대의 화려함보다는 간결하며 깨끗한 품격이 두드러진다.

48 기하학적 응용 형태의 종류   O △ X | O △ X

공간 연출이나 크리스마스 트리 형태로 이용할 수 있는 기하학적 응용 형태는 피라미드형이다.

49 뉴 컨벤션 디자인의 특징   O △ X | O △ X

뉴 컨벤션 디자인에서 반사되는 선은 보통 수직선보다 짧다.

50 서양형 현대적 기법 디자인별 특징   O △ X | O △ X

개성이 강한 소재를 포컬 포인트로 사용하는 것은 선-형(formal-liner) 구성이다.

51 평면 구성의 특징   O △ X | O △ X

작품 내의 줄기가 각자 초점을 가지고 있으며 서로 교차되게 줄기를 배열하는 것은 교차선(cross)이다.

52 평가 방법의 분류   O △ X | O △ X

집단 내의 위치로 성적을 평가하는 방법은 상대 평가이다.

53 국가기술자격의 평가 방법   O △ X | O △ X

국가기술자격에서는 절화 줄기의 각도가 45° 범위를 유지하는지를 평가한다.

54 꽃다발의 분류   O △ X | O △ X

작은 꽃도 소재로 사용할 수 있지만 답답해 보이는 단점이 있는 것은 비더마이어(biedermeier) 꽃다발이다.

55 신부 부케의 기술적 분류 ○△✕|○△✕

개더링 부케 또는 멜리아 부케는 크로스 메소드로 꽃 한 송이를 중앙에 놓고 가장자리에는 여러 장의 꽃잎을 겹겹이 붙여 전체가 한 송이의 큰 꽃처럼 보이도록 만드는 것이다.

56 신부화 제작 시 주의사항 ○△✕|○△✕

신부화의 사용 시간이 짧다 할지라도 견고하게 만드는 것이 좋다.

57 중국 화훼장식 관련 저서 ○△✕|○△✕

명대에 장겸덕의 '병화보(甁花譜)'와 원굉도의 '병사(甁史)'가 출간되었다.

58 결혼예식공간 특성에 따른 디자인 ○△✕|○△✕

신부대기실은 깔끔하고 품격 있으며 고급스럽게 연출하는 것은 물론 계절감도 고려하는 것이 좋다.

59 결혼식 화훼장식의 특징 ○△✕|○△✕

결혼식 화훼장식은 결혼 시기(Time)가 언제인지, 결혼 장소(Place)는 실내인지 실외인지 또는 종교적인 장소에서 진행한다면 고려해야 하는 것은 무엇인지 등을 분명히 이해하고 그 목적(Object)에 일치하도록 구성해야 하므로, TPO의 모두를 고려하여야 한다.

60 장례식 화훼장식의 종류 ○△✕|○△✕

우리나라에서는 지인이 사망하면 애도의 표시로 리스 형태나 N단으로 제작한 꽃상품을 장례식장에 보내는데 이를 근조화환이라고 한다.

최신 기출문제

정답 및 해설 포함

CBT 2020년 정기 기사 4회 필기

모바일 OMR
자동채점 서비스

자격 종목	시험 시간	문항 수	수험 번호	성명
화훼장식산업기사	1시간 30분	60문제		

※ 본 내용은 집필진이 시험 응시와 수험생 후기 등을 통해 복원한 내용으로 실제 저작권은 집필진에게 있습니다.

제1과목 ┃ 화훼장식 기획 및 매장관리

01 주문서 작성 시 고려해야 할 요인이 아닌 것은?

① 상품명
② 고객 연락처
③ 배송 일자
④ 회수 일자

02 매장에서 가격을 결정하는 가장 일반적인 방법으로 표준도매가에 노동비, 운영비, 이윤 등을 고려하여 도매가를 두 배 또는 그 이상으로 예상하여 표준화된 이율을 적용하여 가격을 책정하는 방법을 무엇이라고 하는가?

① 백분율 분할 가격책정법
② 표준비 가격책정법
③ 인건비를 포함한 가격책정법
④ 원가가산 가격결정법

03 다음 조건에 맞는 꽃다발의 판매가격은?

> 상품원가: 장미 7본(1본당 2,000원), 나리 2본(1본당 1,500원), 레몬잎 5본(1본당 600원), 소국 4본(1본당 1,000원)
> 인건비: 판매가격의 20%
> 운영비: 판매가격의 25%
> 순수익: 판매가격의 15%
> (단, 판매가격＝상품원가＋인건비＋운영비＋순이익)

① 40,000원
② 50,000원
③ 60,000원
④ 70,000원

04 인터넷으로 상품 홍보 시, 그 특징이 아닌 것은?

① 지속적인 홍보가 가능하다.
② 적은 비용으로 운용이 가능하다.
③ 다양한 의견을 수렴할 수 있다.
④ 시간이나 공간의 제한이 있다.

05 가격을 결정하는 요인에 포함되지 않는 것은?

① 제품 시장 특성
② 가성비
③ 원가 구조
④ 경쟁제품의 가격 및 품질

06 전파매체를 사용하여 다수에게 전달 가능한 광고는?

① 야외 광고　　　② 옥외 광고
③ 신문　　　　　④ 라디오

10 유기질 토양이 아닌 것은?

① 부엽토
② 수태
③ 바크
④ 암면

07 기업 또는 기관에서 직원에게 정기적으로 지급되는 임금 이외에 지급되는 현금으로 휴가 등에 지급되는 일시금을 무엇이라고 하는가?

① 상여금
② 기본급
③ 주휴수당
④ 퇴직금

11 벽면과 천장의 한계를 떠나 바닥에 떠 있는 섬들과 같이 배치하는 전시 방법을 무엇이라고 하는가?

① 하모니카 전시
② 파노라마 전시
③ 아일랜드 전시
④ 디오라마 전시

08 고객들이 주로 꽃을 구매하는 월별 행사로 틀린 것은?

① 5월 – 어버이날, 스승의 날
② 12월 – 크리스마스
③ 5월 – 성년의 날
④ 3월 – 밸런타인데이

12 고객의 정보를 수집할 때 수집하지 않아도 될 내용은?

① 고객의 이름
② 최근 구매일
③ 평균 구매액
④ 고객의 인간관계

09 자연적으로 생성된 토양이 아니라 펄라이트, 부엽토, 피트모스 등을 적당히 배합하여 만든 토양을 무엇이라고 하는가?

① 배양토
② 버미큘라이트
③ 진주암
④ 하이드로볼

13 '한국농수산식품유통공사 aT 화훼공판장' 홈페이지에서 중도매인들이 전자식 경매를 통하여 낙찰받은 가격을 무엇이라고 하는가?

① 화훼류 경매시세
② 화훼류 도매시세
③ 화훼류 공판시세
④ 도소매 구입금액

14 고객선호도 분석 시 오프라인조사에 해당하지 않는 것은?

① 우편조사
② 이메일조사
③ 대인 면접조사
④ 전화조사

15 판매촉진 방법에서 비가격 판매촉진이 아닌 것은?

① 샘플
② 스탬프
③ 고정고객 우대
④ 보너스 팩

16 상품 진열의 목적이 틀린 것은?

① 흥미유발
② 욕구자극
③ 시장조사
④ 상품구매

17 소비자에게 특정 제품이나 서비스를 소개하여 판매로 이끌기 위한 목적으로 다양한 도구들을 사용하는 것을 무엇이라고 하는가?

① 판매촉진
② 동기유발
③ 욕구자극
④ 상품전시

18 외부업체나 부서에 필요한 물품 또는 작업을 요구하는 것을 무엇이라고 하는가?

① 견적서
② 작업지시서
③ 상세도
④ 설계도

19 작업지시서의 기재 내용으로 틀린 것은?

① 상품의 기본사항
② 상품의 관리 방법
③ 작업의 방법과 순서
④ 상품의 홍보 내용

20 계산서 발행 시 필수 기재사항으로 틀린 것은?

① 사업자번호
② 규격
③ 공급가액
④ 작성 일자

21 꽃바구니 작업 시 주의사항으로 옳은 것은?

① 절화의 절단면은 비슷한 크기로 반듯하게 자르는 것이 좋다.
② 플로랄 폼 안에 들어갈 줄기 부분은 잎사귀나 이물질을 제거하는 것이 좋다.
③ 플로랄 폼이 부서지지 않도록 살짝 꽂는 것이 좋다.
④ 플로랄 폼이 물을 흡수할 때는 살짝 눌러 주는 것이 좋다.

22 에틸렌 억제제의 종류가 아닌 것은?

① STS
② AOA
③ 1-MCP
④ 8-HQC

23 절화의 품질 평가 기준으로 옳은 것은?

① 잎이 튼튼하고 줄기가 곧은 것이 좋다.
② 어린 봉우리가 좋다.
③ 줄기가 가늘고 단단한 것이 좋다.
④ 색이 다양한 것이 좋다.

24 다음 절화 중 꽃 냉장고에 보관하기 좋은 것은?

① 나리
② 프로테아
③ 안스리움
④ 극락조화

25 꽃다발 제작 시 유의사항으로 틀린 것은?

① 완성된 다발의 전체적인 길이는 비슷해야 한다.
② 묶는 지점이 단단해야 한다.
③ 풍성해 보이도록 잎사귀는 자르지 않는다.
④ 줄기의 끝을 사선으로 자른다.

26 다음 용기 중 값이 비싸고 무거워서 파손의 위험이 높으나 우아한 느낌이 나서 동양적인 화훼장식에 주로 사용되는 것은?

① 도자기
② 유리
③ 바구니
④ 플라스틱

27 물올림 방법 중 공기의 유입이 없어서 바로 수분을 빨아들일 수 있는 방법은?

① 열탕처리
② 탄화처리
③ 줄기두드림
④ 물속자르기

28 건조화의 채집 시기로 틀린 것은?

① 맑은 날 한낮에 채집하는 것이 좋다.
② 밀짚꽃과 같이 건조한 경우는 개화 과정에서도 개화가 진행되므로 이미 만개한 꽃은 채집하지 않는 것이 좋다.
③ 꽃은 개화가 되면 건조 시간이 오래 걸리기 때문에 개화 전에 봉오리일 때만 채집하는 것이 좋다.
④ 건조화는 꽃, 줄기, 열매 등 식물의 모든 부위를 사용할 수 있다.

29 글리세린 건조법에 대한 설명으로 틀린 것은?

① 글리세린과 40℃의 물을 1:2 또는 1:3의 비율으로 섞어 용액을 만든다.
② 글리세린과 물의 삼투압작용을 이용한 건조법이다.
③ 글리세린 용액에서 꺼낸 다음 즉시 따뜻한 물에 담가 준다.
④ 잎이 글리세린 용액을 흡수한 후에는 거꾸로 매달아 건조한다.

30 토양의 종류와 그 특성이 옳은 것은?

① 피트모스: 강산성 토양으로 물이끼나 수생 식물이 땅속에 묻혀 부식된 것이며 보수력이 좋다.
② 부엽토: 퇴적된 나뭇잎을 완전히 썩힌 것으로 섬유질이 많고 보수력은 좋은데 보비력과 통기성이 좋지 않다.
③ 바크: 활엽수인 느티나무나 벚나무 등의 껍질을 잘게 빻아 발효시켜 살균처리한 것을 말한다.
④ 수태: 신선하고 혼합물이 없는 이끼를 건조한 것으로 사용할 때 마른 상태 그대로 사용한다.

31 하이드로볼에 대한 설명으로 틀린 것은?

① 5~15mm 크기로 만든 황토를 1,000℃ 이상의 고열로 살균처리한 것이다.
② 입자 내에 다공층이 많게 제조된 무균 인공 경석이다.
③ 화분용토, 수경 재배, 테라리움 등 장식용으로 많이 이용된다.
④ 규산, 철, 마그네슘, 인산 등이 많이 함유되어 있다.

32 줄기가 분지되지 않는 것으로 주로 직립성인 단경성란이 아닌 것은?

① 심비디움
② 반다
③ 풍란
④ 팔레놉시스

33 포장지의 종류 중 부직포 포장지에 대한 설명으로 틀린 것은?

① 섬유사가 얽혀 있어 올이 풀리지 않는다는 장점이 있다.
② 종류로는 롤, 사각, 원형 등이 있으며 신축성이 좋다.
③ 부드럽고 물에 강하다는 특징이 있다.
④ 가벼우며 통기성과 보온성이 있다.

34 압화장식품을 보호하는 방법으로 틀린 것은?

① 키티리티 보관법
② 기계 코팅
③ 글리세린 코팅
④ 수지 코팅

35 결혼예식 화훼장식에서 아치에 대한 설명으로 틀린 것은?

① 예식의 시작과 동시에 신랑 신부가 식장을 향해 출발하는 장소이다.
② 활이나 반달처럼 굽은 모양을 하고 있다.
③ 종교적인 의미로 언약, 약속을 의미한다.
④ 사람들의 시선이 집중되는 장소이므로 최대한 단순하게 제작하여야 한다.

36 분화 식물의 생육적온에서 생육에 가장 적합한 것으로 옳은 것은?

① 최고 온도
② 최적 온도
③ 최저 온도
④ 한계 온도

37 분식물에서 공중걸이와 벽걸이장식에 관한 설명으로 거리가 먼 것은?

① 좁은 공간을 실용적으로 활용할 수 있다.
② 덩굴성 식물을 식재하여 매달아 장식한다.
③ 인공 토양보다는 자연 토양을 이용하여 식재한다.
④ 안전을 고려하여 고정에 주의한다.

38 가공화 폐기물관리에 대한 설명으로 틀린 것은?

① 인조화의 경우 플라스틱 수지로 되어 있어 환경 오염물이 될 수 있으므로 산업폐기물로 처리한다.
② 폐기물 중 일반 쓰레기는 종량제 봉투에 담아 처리한다.
③ 분리수거가 가능한 유리, 플라스틱, 비닐, 고철 등은 분리수거하여 배출한다.
④ 가공화 제작 시 발생하는 화학 약품은 플라스틱 수집 용기에 담아 보관하며 수집 용기가 가득 찬 경우 종량제 봉투에 담아 배출한다.

39 건조화 제작 시 열매를 이용하는 식물로 거리가 먼 것은?

① 노박덩굴
② 망개
③ 꽈리
④ 모과

40 압화 재료에 대한 설명으로 틀린 것은?

① 꽃잎의 수분 함량이 적은 꽃이 적합하다.
② 꽃의 구조가 간단하고 꽃잎이 작고 주름이 적은 꽃이 적합하다.
③ 화색이 선명하고 두께가 두꺼운 꽃이 적합하다.
④ 대표적으로 패랭이, 유채, 산수유꽃, 냉이꽃, 델피니움 등이 있다.

41 다음 중 한국형 화훼장식에 대한 설명으로 틀린 것은?

① 신수사상과 관계가 있지만 단군설화나 제천 행사, 무당의 굿과는 관계가 없다.
② 삼국 시대의 유물로는 쌍영총 벽화, 안악2호 분, 강서대묘 등이 있다.
③ 한국형 화훼장식의 종류에는 수반화, 병화, 자유화가 있다.
④ 선과 여백의 미를 중요시하며 3개의 주지 끝을 연결하면 부등변 삼각형이 된다.

42 종교별 화훼장식에서 불교 화훼장식에 대한 설명으로 틀린 것은?

① 불교의 주요 행사 종류에는 부처님 오신 날, 성도재일, 우란분재, 열반재일이 있다.
② 수미단은 상단, 중단, 하단으로 나누는데 하단을 가장 성대하게 장식한다.
③ 불교 화훼장식은 꽃이 놓이는 환경, 즉 법당 내의 배경을 고려하여 장식해야 한다.
④ 부처님 오신 날은 관불단을 성대하게 장식한다.

43 동양형 화훼장식에서 일본화형 디자인에 대한 설명으로 틀린 것은?

① 인공적인 기교미를 표현한다.
② 일본 꽃꽂이는 화병꽂이, 수반꽂이, 자유화, 생화, 입화 등이 있다.
③ 세분화된 양식과 격식을 중요시한다.
④ 직선을 강조한 수직적인 느낌이 강하다.

44 장례식 화훼장식에 대한 설명으로 옳은 것은?

① 장례용 화훼장식은 싱싱함이 중요하므로 꽃은 30~40% 개화된 꽃을 사용한다.
② 장례용 화훼장식 종류에는 영정 장식, 빈소 제단장식, 근조화환, 차량장식이 전부이다.
③ 플라워 박스는 조문을 위한 장식으로 가장 많이 사용되고 있다.
④ 장례용 꽃은 고인에 대한 명복을 기리는 마음과 가족과 친지들의 슬픔을 위로하는 뜻을 표현하는 화훼장식이다.

45 크리스마스 화훼장식에 대한 설명으로 틀린 것은?

① 크리스마스를 상징하는 주 색상은 흰색, 빨간색, 초록색이다.
② 크리스마스에 주로 많이 사용하는 식물의 종류에는 포인세티아, 구상나무, 편백나무, 소나무, 전나무 등이 있다.
③ 전통적으로 성령의 불을 상징하는 붉은색과 비둘기나 불의 형태를 형상화한 소재를 많이 사용한다.
④ 구유를 꾸미고 트리를 장식한다.

46 중국 화훼장식 디자인으로 틀린 것은?

① 일본과 비슷한 인공미와 기교미를 추구하였다.
② 한 종류의 꽃이나 잎을 사용하여 대칭적인 형태를 이루어 거대하고 대범한 느낌을 주었다.
③ 송대(宋代)에는 삽화가 민간으로 확대되었다.
④ 청대(淸代)의 "부생육기"라는 책에는 작품의 구성법, 꽃의 선택, 기술적인 면 등의 다양한 조형 이론이 상세하게 기술되어 있다.

47 부토니에르에 대한 설명으로 틀린 것은?

① 부토니에르는 남성용 양복 옷깃의 단추 구명에 꽂는 작은 꽃다발이다.
② 부토니에르 제작 시 신부 부케와는 관계없이 신랑의 개성과 취향을 존중하여 멋스럽고 독특하게 제작한다.
③ 물 공급이 원활하지 않으므로 건조에 강한 소재를 사용하여 제작한다.
④ 버튼 홀은 한 송이의 주된 꽃으로 구성한다.

48 코르사주에 대한 설명이다. 코르사주의 이름과 설명이 틀린 것은?

① 숄더 코르사주(shoulder corsage): 어깨를 중심으로 어깨 앞, 뒤에 걸쳐서 장식하는 데 사용한다.
② 백사이드 코르사주(backside corsage): 등 부위를 장식하는 데 사용한다.
③ 리스틀릿 코르사주(wristlet corsage): 팔이나 손목을 장식하는 팔찌 모양의 코르사주이다.
④ 앵클릿 코르사주(anklet corsage): 양장이나 저고리의 옷섬을 장식하는 데 사용한다.

49 결혼식 화훼장식 제작 시 고려해야 할 사항으로 틀린 것은?

① 결혼식 화훼장식은 TPO, 즉 시간(Time), 장소(Place), 목적(Object)에 관한 내용을 이해하고 그에 맞게 연출한다.
② 결혼 시기는 언제인지, 결혼식 장소는 실내인지 실외인지 파악하여 제작한다.
③ 결혼식은 인생에 있어서 중요한 행사이므로 최대의 시간과 최대의 비용을 투자하여 최대 효과를 얻을 수 있도록 제작한다.
④ 계절적인 요소, 시간적인 의미, 신랑과 신부의 연령과 취향 등을 고려하여 제작한다.

50 서양형 전통적 디자인에서 선을 강조한 화형은?

① 역T자형
② 스프레이 쉐이프
③ 부채형
④ 대칭 삼각형

51 뉴 컨벤션 디자인에 대한 설명으로 틀린 것은?

① 수직의 선에 직각으로 거울에 비친 듯이 수평선을 표현한다.
② 식생적 병행 구성에서 변형된 형태로 수직선과 수평선이 강조된 디자인이다.
③ 일반적으로 수직선보다 수평선을 더 길게 표현한다.
④ 선형을 이루며 음화적 공간이 뚜렷하게 표현된다.

52 색채의 감정 효과에서 색의 경연감에 관한 설명으로 옳지 않은 것은?

① 색의 경연감은 색이 딱딱하거나 부드럽게 느껴지는 효과이다.
② 저명도 · 고채도일 때 딱딱한 느낌이다.
③ 색의 경연감은 색의 명도와 채도에 의해 좌우된다.
④ 고명도 · 저채도의 색이 부드럽게 느껴지는 효과가 있다.

53 낮의 길이가 많이 짧아졌을 때 꽃이 피는 단일성 식물로서 크리스마스 장식에 주로 많이 쓰이는 식물 이름으로 옳은 것은?

① 데이지
② 금잔화
③ 봉선화
④ 포인세티아

54 색의 3속성에 관한 설명으로 틀린 것은?

① 색의 3속성은 색상, 명도, 채도이다.
② 색상은 빛의 파장에 의해 시각적으로 지각되는 모든 색을 말한다.
③ 명도는 색의 밝고 어두운 정도를 말하며 흰색에 가까울수록 명도가 낮다.
④ 채도는 색의 순수성, 즉 맑고 탁한 정도를 말한다.

55 결혼식 유형별 화훼장식 트렌드에 대한 설명이 틀린 것은?

① 로맨틱 웨딩: 부드러운 곡선, 레이스, 꽃무늬 등의 고급스럽고 화사한 느낌을 주는 장식물을 사용하고 화려하고 풍부한 느낌으로 제작한다.
② 모던 웨딩: 현대적, 기능적, 합리적이라는 의미로 세련되고 단순한 디자인 속에서 개성을 느낄 수 있는 이미지를 추구한다.
③ 내추럴 웨딩: 자연에 가까운 멋을 표현하기 위해 야생화와 절엽, 절지류만을 사용하여 제작하여야 한다.
④ 클래식 웨딩: 격식을 차린 듯한 고급스러운 이미지로 고전적인 스타일이다.

56 서양형 현대적 기법 디자인에 관한 설명 중 틀린 것은?

① 데코라티브: 일반적으로 화려하고 풍성하게 장식적으로 구성한다.
② 베게타티브: 최대한 자연스럽게 디자인하며 반드시 방사형으로 제작하여야 한다.
③ 랜드스케이프: 자연을 본떠 정원처럼 장식하는 디자인이다.
④ 보태니컬: 식물의 생장 과정이나 구조를 하나의 작품 안에서 보여 주는 디자인이다.

57 서양의 장례용 화훼장식의 종류에서 거리가 먼 것은?

① 관장식
② 이젤 스프레이
③ 리스
④ 플라워 박스

58 디자인의 원리에서 비율에 대한 설명으로 틀린 것은?

① 과소비율은 1:1 이하, 정상비율은 1:1~1:3, 과다비율은 1:3 이상으로 구분된다.
② 황금비율은 1:1.618:1의 비율로 황금비율의 적용은 3:5:8:13…이다.
③ 화훼장식의 비율에는 소재와 화기의 비율, 주 소재와 보조 소재의 비율, 작품이 놓일 공간과 작품의 비율 등 다양한 비율이 있다.
④ 어두운 색과 밝은 색이 있을 때 어두운 색이 무 게감이 더 있으므로 밝은 색을 위에 배치하고 어두운 색을 아랫부분에 배치하는 것이 좋다.

59 행사별 화훼장식의 종류에 대한 설명으로 틀린 것은?

① 입구장식 – 행사의 주제에 맞는 디자인이 중요하며 형태와 색상은 공간의 특성을 잘 살려서 제작하고 컨시어지 테이블과 안내판, 칵테일 리셉션 장소의 테이블과 바 등이 장식에 포함된다.
② 테이블장식 – 식사와 대화가 이루어지는 공간이므로 차가운 색상은 피하며 높이는 상대방의 시선을 방해하지 않는 선에서 제작·연출한다.
③ 단상장식 – 행사의 메인 무대를 뜻하며 단상 위의 장식물, 소품, 마이크 등은 장식에 포함되지 않는다.
④ 벽면 및 천장장식 – 벽에 걸거나 천장에 매달아 장식할 수 있는 디자인을 말한다.

60 서양형 화훼장식의 평가요소 중 조형적 평가요소로 거리가 먼 것은?

① 재료의 손질과 배치
② 질감의 표현
③ 전체적인 작품의 색 표현
④ 시각적인 균형

CBT 2021년 정기 기사 4회 필기

자격 종목	시험 시간	문항 수	수험 번호	성명
화훼장식산업기사	1시간 30분	60문제		

※ 본 내용은 집필진이 시험 응시와 수험생 후기 등을 통해 복원한 내용으로 실제 저작권은 집필진에게 있습니다.

제1과목 | 화훼장식 기획 및 매장관리

01 RFM(고객구매행동 분석) 지수의 요소가 아닌 것은?

① 최근성
② 최빈성
③ 평균구매금액
④ 최근구매금액

02 고객평생가치(LTV)의 기간에 대한 설명으로 옳은 것은?

① 고객이 첫 구매 후 사망까지의 기간
② 고객이 첫 구매 후 다시 구매할 것이라고 예상되는 기간
③ 고객이 첫 구매 후 평생 구매할 것으로 예상되는 기간
④ 고객이 구매하기 전부터 구매할 것이라고 예상되는 기간

03 불만고객관리에 대한 설명으로 틀린 것은?

① 회사의 이미지를 상승시키고 불만고객을 단골고객으로 전환할 기회가 된다.
② 불만고객의 부정적인 구전 효과는 기업 이미지를 저해할 수 있다.
③ 불만고객은 기업을 이탈하여 이탈고객이 될 수도 있으므로 관리가 필요하다.
④ 불만고객에게 우선 사과한 후 다음 상품구매에 불리한 영향을 준다.

04 제조원가의 구성요소에 해당되는 것이 아닌 것은?

① 재료비
② 노무비
③ 제조경비
④ 공과금

05 비구조적 면접에 대한 설명으로 틀린 것은?

① 질문사항을 미리 준비하는 면접이다.
② 자유로운 분위기에서 진행할 수 있다.
③ 폭넓은 정보를 얻을 수 있는 면접이다.
④ 피면접자에게 최대한 의사표시의 자유를 주는 면접이다.

06 고객의 니즈를 파악하기 위해 저장하는 고객정보에 대한 설명으로 틀린 것은?

① 소득 수준
② 이름
③ 나이
④ 성별

07 다음 설명에 알맞은 것은?

> 매출증대를 목적으로 기업의 상품을 대중들에게 알려서 상품에 대한 인식이나 이해를 높이는 활동을 말한다.

① 진열
② 홍보
③ 판매
④ 고객관리

08 다음 조건에서 꽃다발의 판매가격은?

> 상품원가: 장미 5본(1본당 2,000원), 리시안셔스 2본(1본당 1,500원), 유칼립투스 7본(1본당 1,000원)
> 인건비: 판매가격의 20%
> 운영비: 판매가격의 25%
> 순이익: 판매가격의 15%
> (단, 판매가격 = 상품원가 + 인건비 + 운영비 + 순이익)

① 35,000원
② 40,000원
③ 45,000원
④ 50,000원

09 판매자가 기존고객에게 다른 상품이나 서비스를 함께 구매하거나 추가 구매하도록 유도하여 기업의 부가적인 이익을 창출하는 판매 전략은?

① 교차 판매
② 추가 판매
③ 직접 판매
④ 간접 판매

10 화원 내부와 분리되어 있는 진열 방법으로, 화원의 내부가 밖에서 보이지 않도록 하여 독립된 공간으로서 자유로운 진열이 가능한 디스플레이를 무엇이라고 하는가?

① 개방형 진열
② 폐쇄형 진열
③ 반개방형 진열
④ 내장 진열

11 작업공간의 안전조치에 대한 설명으로 틀린 것은?

① 가연성 물질 취급 시 인화성 물질을 주변에
　둔다.
② 작업장 내 소화기 위치를 확인한다.
③ 응급 시 우선적으로 119에 신고한다.
④ 공구, 재료 및 제어 장치는 사용 위치에 가까
　이 두도록 한다.

12 상담일지 작성 시 기록해야 하는 항목이 아닌 것은?

① 상품의 종류
② 상품 디자인
③ 상품의 가격
④ 상품의 원가

13 절화의 구매 요령으로 적절하지 않은 것은?

① 꽃은 너무 피거나 피지 않은 것보다 적당히 핀
　꽃이 좋다.
② 화색이 선명하고 향기가 좋아야 한다.
③ 줄기는 가늘더라도 곧은 것이 좋다.
④ 잎사귀는 마르지 않고 신선한 것이 좋다.

14 판매자의 제품 및 서비스를 다른 판매자들로부터
차별화하기 위해 사용하는 명칭, 기호, 로고 등을
무엇이라고 하는가?

① 브랜드
② 포장
③ 가격
④ 품질

15 경쟁제품보다 높은 가격대로 책정하는 가격정책
을 무엇이라고 하는가?

① 침투가격정책
② 고가가격정책
③ 명성가격정책
④ 저가가격정책

16 고객선호도를 분석할 때 전화조사에 대한 설명으
로 틀린 것은?

① 비용이 적게 든다.
② 조사할 수 있는 설문 문항 수에 제한이 있다.
③ 응답자를 통제할 수 있는 방법이 한정된다.
④ 시간적ㆍ공간적인 제한이 있다.

17 다음 중 마케팅의 핵심요소인 4P에 해당하지 않
는 것은?

① Program(프로그램)
② Place(장소)
③ Price(가격)
④ Promotion(촉진)

18 고객선호도조사 중 조사자가 응답자를 직접 만나서 정보를 획득하는 것을 무엇이라고 하는가?

① 직접관찰 방법
② 홈페이지조사
③ 대인 면접조사
④ 빅데이터 자료 분석

19 고객선호도 분석 시 온라인조사에 해당하지 않는 것은?

① SNS
② 전화
③ 빅데이터 분석
④ 인터넷을 이용한 홈페이지

20 전시공간에 놓인 전시물의 독립된 연출 기법으로 아일랜드 전시 기법, 하모니카 전시 기법 등을 사용하는 전시를 무엇이라고 하는가?

① 입체 전시
② 바닥 전시
③ 천장 전시
④ 벽면 전시

21 한국형 화훼장식 중 절화상품에 대한 설명으로 틀린 것은?

① 선과 여백을 강조하는 화훼장식이다.
② 천, 지, 인의 3선이 조화를 이루도록 표현한다.
③ 꽃이 중심 소재가 되어 실용적이다.
④ 기본적인 형태의 화형에는 세 개의 주지가 구성되는 것이 특징이다.

22 절화상품 재료에 대한 설명으로 틀린 것은?

① 절화의 줄기 절단 시 칼을 이용하면 세포의 파괴를 줄여 물올림에 좋다.
② 침봉은 조금 녹슬어도 사용이 가능하다.
③ 케이블타이는 한쪽 구멍에 다른 쪽 끝부분을 끼워 잡아당기면 고정되며 재사용은 불가능하다.
④ 플로랄 폼은 꽃에 물을 공급해야 하므로 충분히 물을 머금어야 한다.

23 다음 용기에 대한 설명으로 틀린 것은?

① 유리: 내부가 투명하여 시원한 느낌을 줄 수 있으나 깨질 수 있어 조심해야 한다.
② 바구니: 여러 가지 다양한 재료와 색으로 제작되며 이동이 쉬워 자주 사용된다.
③ 도자기: 값이 비싸고 무거우나 우아한 느낌이 든다.
④ 플라스틱: 가격이 저렴하고 여러 용도로 사용이 가능하나 무겁다는 단점이 있다.

24 작업공간 정리에 대한 설명으로 틀린 것은?

① 물에 한번 젖었던 플로랄 폼은 잘 말려 보관해야 한다.
② 작은 악세사리는 찾기 쉽도록 투명 상자에 분리하여 정리한다.
③ 절엽의 종류 중 짧은 것은 물 스프레이를 하여 신문에 싸서 꽃 냉장고에 보관한다.
④ 리본은 크기, 색, 종류별로 나누어 정리하고 봉으로 끼워서 보관한다.

25 다음 중 절화를 다루는 방법으로 틀린 것은?

① 가시나 잎을 제거하고 물에 담그는 것이 좋다.
② 시든 꽃은 제거해 주는 것이 좋다.
③ 줄기에서 즙액이 분비되는 것은 찬물에 담그거나 자른 면에서 2~3cm 정도 쪼갠 후 사용한다.
④ 과일과 함께 보관한다.

26 식물 체내에 유입된 수분의 필요량을 흡수하고 남은 양을 수증기 형태로 배출하는 현상을 무엇이라고 하는가?

① 수분균형
② 증산작용
③ 절화의 호흡
④ 광합성

27 물올림 방법 중 끓는 물에 수 초간 담갔다가 꺼내어 수분장력을 이용하는 방법을 무엇이라고 하는가?

① 물속자르기
② 줄기두드림
③ 탄화처리
④ 열탕처리

28 절화의 형태별 분류에서 틀린 것은?

① 라인 플라워(line flower) : 선(line)처럼 보이는 꽃을 뜻하며 글라디올러스, 리아트리스, 금어초 등이 해당된다.
② 폼 플라워(form flower) : 독특한 형태(form)를 가진 꽃을 말한다. 수국, 달리아, 아네모네 등이 해당된다.
③ 매스 플라워(mass flower) : 덩어리(mass)가 진 꽃을 말한다. 장미, 카네이션, 거베라, 리시언셔스 등이 해당된다.
④ 필러 플라워(filler flower) : 한 줄기에서 여러 줄기가 뻗어 나온 형태로 주로 작은 공간을 메워서 작품을 완성하는 역할을 하며 소국, 스타티스, 라이스 플라워, 솔리다스터 등이 해당된다.

29 다음 중 에틸렌 피해 증상과 꽃의 연결으로 틀린 것은?

① 알스트로메리아 – 기형화, 꽃잎의 흑변, 꽃잎 탈피
② 카네이션 – 개화억제, 노화촉진
③ 튤립 – 꽃잎 말림, 꽃의 청색화, 노화촉진
④ 나리 – 꽃눈 고사, 꽃잎 탈락

30 가공화 작업공간의 상태와 도구에 관한 설명으로 거리가 먼 것은?

① 작업공간은 날마다 작업을 하는 공간이므로 다음 날의 작업을 위하여 작업을 마친 상태 그대로 보관하여야 한다.
② 작업장 내 이동 통로가 충분히 확보되어야 한다.
③ 오염된 작업 도구는 세척, 건조, 정리하여 보관한다.
④ 전열 기구는 온도가 충분히 내려간 후에 정리하여 보관한다.

31 다음 기법 중 묶는 기법에 해당하지 않는 것은?

① 쉐도잉 기법
② 밴딩 기법
③ 번들링 기법
④ 바인딩 기법

32 가공화의 정리 보관 시 주의사항으로 틀린 것은?

① 보관 장소가 청결해야 한다.
② 직사광선을 차단하고 수분과 접촉하는 것을 방지해야 한다.
③ 보관 장소의 습도를 매우 건조하게 유지하여야 한다.
④ 가공화별 적절한 보관 포장재 및 적절한 용기를 사용해야 한다.

33 헤어핀 메소드 기법을 사용할 때 거리가 먼 소재는?

① 호엽란
② 레몬잎
③ 아이비
④ 동백잎

34 수경 재배에 관한 설명으로 거리가 먼 것은?

① 흙을 사용하지 않고 물속에서 재배하는 방법이다.
② 투명한 용기를 사용하면 뿌리의 생육 과정을 감상할 수 있다.
③ 물속에 숯을 넣어 주면 유해물질을 흡수해 물이 잘 썩지 않는다.
④ 특별한 토양이나 배지 없이 공중에 매달아 연출할 수 있고 열대의 느낌을 표현하기에 적합하다.

35 관수 방법 중 점적 관수에 대한 설명으로 거리가 먼 것은?

① 비료 성분을 혼합하여 시비를 겸할 수 있다.
② 표면 토양의 유실이 없고 소량의 물로 넓은 면적을 효과적으로 관수할 수 있다.
③ 튜브의 끝에서 물방울이 떨어지거나 천천히 흐르게 하여 원하는 부위에만 관수하는 방법이다.
④ 유수량이 많아 수압이 높아야 한다는 단점이 있다.

36 화훼장식에 있어서 철사처리를 하는 이유로 거리가 먼 것은?

① 원하는 지점에 꽃과 잎을 배치할 수 있다.
② 줄기 대신 사용하여 작품의 크기를 크게 할 수 있고 무게감을 더 주어 무겁게 할 수 있다.
③ 작은 꽃들을 모을 때 사용할 수 있다.
④ 분화에서는 무거운 꽃이나 약한 줄기를 지지하거나 고정할 수 있다.

37 분화상품 제작 시 용기에 배수층을 만들 때 배수 보조 재료로 거리가 먼 것은?

① 하이드로볼
② 난석
③ 발포스티로폼
④ 대리석

38 압화의 코팅액으로 맑고 투명하며 유리, 플라스틱, 도자기, 금속 등 소품에 잘 어울리고 고급스러운 작품을 만들 수 있는 것으로 옳은 것은?

① UV 수지액
② 염료
③ 베타용액
④ 알파용액

39 분화류 운송 시 주의사항으로 틀린 것은?

① 운송 전에 관수를 하게 되면 분화의 무게가 무거워지므로 운송 전에는 관수를 하지 않는다.
② 분화를 심한 바람에 노출하거나 밀폐된 상태로 운송하지 않는다.
③ 온도가 많이 떨어지는 날, 특히 겨울 밤 시간대에는 운송하지 않는다.
④ 여름철에는 강한 직사광선을 피하여 운송한다.

40 포푸리에 대한 설명으로 바르지 않은 것은?

① 고려 시대의 향대가 포푸리에 해당한다.
② 프랑스어로 '발효시킨 항아리'라는 뜻이다.
③ 건조된 꽃과 잎, 향나무, 식물의 뿌리에 향기가 있는 오일을 첨가하여 숙성시켜 만든다.
④ 꽃을 그대로 말려서 입체적으로 만든다.

41 코르사주에 대한 설명이다. 코르사주의 이름과 설명이 틀린 것은?

① 숄더 코르사주(shoulder corsage) : 어깨를 중심으로 어깨 앞, 뒤에 걸쳐서 장식하는 데 사용한다.

② 웨이스트 코르사주(waist corsage) : 등 부위를 장식하는 데 사용한다.

③ 에포렛 코르사주(epaulet corsage) : 팔이나 손목을 장식하는 팔찌 모양의 코르사주이다.

④ 부토니에르(boutonniere) : 남성용 양복 옷깃의 단추 구멍에 꽂는 작은 꽃다발로 신랑의 부토니에르는 형태나 색을 신부 부케에 맞추어 제작한다.

42 종교별 화훼장식의 특징에 대한 설명으로 거리가 먼 것은?

① 불교 화훼장식에서 수미단은 상단, 중단, 하단, 관불단으로 나누어진다.

② 크리스마스장식에서는 침엽수와 포인세티아를 많이 사용한다.

③ 부활절장식은 예수의 승리, 기쁨, 소망의 상징으로 흰색을 주로 사용한다.

④ 불교의 최대 경축일인 부처님 오신 날은 관불단을 성대하게 장식한다.

43 실외(야외) 결혼식 화훼장식 디자인에 대한 설명으로 틀린 것은?

① 가장 많은 신경을 써야 하는 부분이 날씨이며, 특히 우천 시 대안을 반드시 고려해야 한다.

② 야외라는 특성상 음향기기도 신경을 써야 한다.

③ 실외 결혼식 화훼장식은 공간이 사방으로 넓게 트여 있기 때문에 집중적인 장식이 필요하다.

④ 결혼식 화훼장식이기 때문에 절화만을 이용하여 장식하고 분화류는 장식에 이용할 수 없다.

44 장례식 화훼장식 디자인에서 빈소 제단에 대한 설명으로 틀린 것은?

① 물올림이 잘 된 꽃을 사용하여 절화가 3~5일 정도 보존되도록 제작한다.

② 장례용 화훼장식을 하는 경우 차분하지만 계절감이 드러나게 장식한다.

③ 고인의 가치관, 유언, 종교, 유족의 요구 조건을 고려하여 디자인한다.

④ 천재지변이나 대형사고 등으로 인한 합동장례의 화훼장식은 사회적 현상이나 날씨 등을 고려해야 한다.

45 화훼장식 디자인의 요소에서 질감의 특징으로 틀린 것은?

① 화훼장식에서는 시각적인 표면 구조의 질감을 의미한다.
② 같은 소재 사용 시 하나의 소재를 사용할 때나 집단으로 사용할 때나 항상 같은 질감을 보인다.
③ 질감은 상대적이므로 주변 요소의 질감이나 광택 등에 따라 다르게 느껴진다.
④ 거리감이나 보는 사람의 관점에 따라 다르게 느껴진다.

46 결혼식 화훼장식의 기획에서 고려해야 할 사항으로 틀린 것은?

① 창의적 독창성
② 미적 가능성
③ 효율적 기능성
④ 최대의 경제성

47 한국형 꽃꽂이에서 고객맞춤형 디자인으로 거리가 먼 것은?

① 고객맞춤형 디자인으로 고객을 만족시킬 수 있어야 한다.
② 전문성 있게 객관적으로 상품을 디자인한다.
③ 고객의 요구에 맞게 제작하되 이동 수단은 고객의 사정이므로 고려하지 않아도 된다.
④ 색채와 시간과 장소, 사용 목적에 따라 만족도를 높일 수 있는 디자인으로 제작하여야 한다.

48 중국의 화훼 역사에 해당하지 않는 것은?

① 당대 – 중국 역사상 가장 화려했던 왕조로 모란을 실내에 꽂는 것이 황실이나 귀족들 사이에서 유행했다.
② 명대 – 꽃을 꽂는 기술과 예술성이 많이 강조되었다.
③ 송대 – 삽화가 민간으로 확대되어 일상의 사교생활로도 발전하였다.
④ 원대 – 자연을 그대로 표현한 사경화가 발달하였다.

49 색상과 그 효과에 대한 설명이 틀린 것은?

① 빨강, 노랑 – 자율 신경을 자극하기 쉽고 긴장을 촉진시키며 색의 시인성도 뛰어나다.
② 주황 – 유목성이 낮으며 마음을 편하게 하는 중성색이다.
③ 파랑 – 심리적으로 마음을 차분히 진정시키는 효과가 있다.
④ 초록 – 색 저항감이 적어 부드럽고 화사하며 마음을 편하게 한다.

50 일본 화형의 특징으로 거리가 먼 것은?

① 세분화된 양식과 격식을 중요시하면서 미를 추구하였다.
② 7C경 한국으로부터 불교가 전래되면서 함께 도입되었다.
③ 일본 꽃꽂이에는 화병꽂이, 수반꽂이, 자유화, 생화, 입화 등이 있다.
④ 인공미가 배제된 완벽한 자연미를 추구하였다.

51 한국형 꽃꽂이 기본화형의 특징으로 틀린 것은?

① 화형의 기본 구성은 세 개의 주지가 중심이 되며 정삼각 구도이다.
② 형을 이루는 요소에는 주지, 종지, 꽃이 있다.
③ 선과 여백의 미를 중요시한다.
④ 작품에 있어서 1주지는 작품의 높이를 나타낸다.

52 우리나라 화훼장식의 역사에 관한 설명으로 틀린 것은?

① 고구려 시대에는 종교적 용도 이외에도 귀족을 중심으로 하여 일상생활에서도 장식 목적의 화훼장식이 성행했다.
② 백제 시대에 불전공화가 일본에 전수되었으며 이것이 이케바나의 시초가 되었다.
③ 고려 시대의 특징은 불교문화의 전성기로 화려함보다는 더욱더 간결하고 깨끗한 품격을 즐겼다.
④ 조선 시대에는 삼존양식과 절지류를 이용한 일지화, 기명절지화 등이 발달하였으며 화훼장식이 일상생활 속에 자리 잡게 되었다.

53 한국형 꽃꽂이에서 주지의 기호가 틀린 것은?

① 1주지: ○
② 2주지: □
③ 3주지: ◇
④ 종지: T

54 콜라주(collage)에 대한 설명으로 틀린 것은?

① '풀칠하여 붙이다'라는 뜻을 가지고 있다.
② 소재를 짧게 꽂거나 붙여서 구성한다.
③ 식물, 유리, 돌, 천, 종이, 조개껍질 등 다양한 재료를 이용할 수 있다.
④ 작품의 구성은 평면적으로만 가능하다.

55 화훼장식의 디자인 요소 중 선에 대한 설명으로 틀린 것은?

① 곡선 – 유연하며 부드럽고, 동적이며 우아한 느낌을 준다.
② 수직선 – 상승을 나타내며 위엄, 권위, 긴장된 느낌을 준다.
③ 수평선 – 안정감과 평화, 너그러움과 고요한 느낌을 준다.
④ 사선 – 불안정한 이미지이고, 정적이며 강렬한 느낌을 준다.

56 화훼장식용 부재료에 관한 설명으로 틀린 것은?

① 핀홀더는 플로랄 폼을 고정할 때 화기의 아래에 붙여 사용한다.
② 스프레이 글루는 접착력이 약하여 꽃에 사용이 가능하나 잎 소재에는 사용이 불가능하며 빠른 시간 내에 작업이 어렵다.
③ 꽃 칼로 줄기를 절단할 때 가위보다 조직의 파괴를 줄인다.
④ 철사는 번호가 작을수록 두껍다.

57 선물용 꽃바구니 제작 시 유의사항으로 틀린 것은?

① 고객의 요구사항과 용도보다 제작자의 의견으로 조형 기술과 제작 기술을 적용하여 제작한다.

② 바구니에 플로랄 폼을 단단하게 잘 고정하고 바구니와 어울리는 소재를 조화롭게 사용한다.

③ 이동 시간, 장소 등을 고려하여 물올림을 충분히 한 신선한 꽃으로 제작한다.

④ 상품 보호, 장식적 기능 등을 위한 포장법을 사용한다.

58 리스에 대한 설명으로 틀린 것은?

① 시작과 끝이 없는 영원불멸을 상징한다.

② 리스의 비율은 1:1.618:1이다.

③ 리스의 기원은 고대 이집트 시대에서 시작되었다.

④ 리스를 제작할 때, 때에 따라서는 가운데의 빈 공간 없이 꽃으로 메워도 상관이 없다.

59 현대 화훼장식의 역사에서 미니멀리즘에 대한 설명으로 틀린 것은?

① 미니멀이란 되도록 단순한 요소로 최대 효과를 이루려는 사고방식이다.

② 단순하고 기본적인 형태와 선을 이용하여 최소의 효과를 표현한다.

③ 특징으로는 단순성의 추구, 기하학적 반복, 공간 구성의 체계, 자연과의 조화미 등이 있다.

④ 화훼장식의 소재는 자연 속에서 발견한 식물이다.

60 행사별 화훼장식의 프로세스 단계가 틀린 것은?

① 1단계: 상품의뢰 – 고객

② 2단계: 상품 개념 설정, 고객 분석, 가격 분류

③ 3단계: 재료 계획 – 형태, 색채, 질감 설정

④ 4단계: 상품 디자인 전개 – 전체 형태 디자인 전개

CBT 2022년 정기 기사 4회 필기

자격 종목	시험 시간	문항 수	수험 번호	성명
화훼장식산업기사	1시간 30분	60문제		

※ 본 내용은 집필진이 시험 응시와 수험생 후기 등을 통해 복원한 내용으로 실제 저작권은 집필진에게 있습니다.

제1과목 ┃ 화훼장식 기획 및 매장관리

01 매장에서 가격을 결정하는 가장 일반적인 방법으로 표준도매가에 노동비, 운영비, 이윤 등을 고려하여 책정하는 가격책정법은?

① 백분율분할 가격책정법
② 표준비 가격책정법
③ 원가가산 가격책정법
④ 경쟁중심 가격책정법

02 생화의 구매계획서 작성 시 옳지 않은 것은?

① 종류, 단가, 수량 등이 기입되어야 한다.
② 특별한 행사인 경우는 따로 작성하는 것이 좋다.
③ 구매계획서는 월별 기준으로 작성하는 것이 좋다.
④ 구매계획서를 작성할 때는 사전 시장조사를 하는 것이 좋다.

03 석영과 장석을 혼합한 것으로 보리밥으로 만든 주먹밥 형태를 띠며 여과 역할을 하는 것은?

① 맥반석
② 활성탄
③ 다이아몬드
④ 화강암

04 다음 중 유기질 토양이 아닌 것은?

① 바크
② 펄라이트
③ 부엽토
④ 피트모스

05 불특정 다수의 대중에게 전파를 통해 홍보할 수 있는 매체로 옳은 것은?

① 신문
② 옥외 광고
③ 잡지
④ 라디오

06 도면을 그리는 용지 중 모눈종이라고도 하며 바둑판 모양으로 줄이 그려진 종이의 이름으로 옳은 것은?

① 방안지
② 켄트지
③ 트레이싱지
④ 기름종이

07 다음 중 도면에 필요한 선에 대한 설명으로 알맞은 것은?

① 파선: 보이지 않은 부분을 나타내는 선
② 굵은 선: 치수를 기입하는 선
③ 가는 선: 단면의 외형선을 표시하는 선
④ 1점 쇄선: 실제 물체의 가상의 표시선

08 다음 조건에 맞는 꽃다발의 판매가격은?

> 상품원가: 장미 7본(1본당 1,000원), 유칼립투스 5본(1본당 1,000원), 백합 1본(1본당 5,000원), 플로랄폼 1개(1개당 1,000원), 바구니 1개(1개당 5,000원)
> 인건비: 판매가격의 20%
> 운영비: 판매가격의 25%
> 순이익: 판매가격의 15%
> (단, 판매가격 = 상품원가 + 인건비 + 운영비 + 순이익)

① 50,000원   ② 52,000원
③ 55,000원   ④ 57,500원

09 광고 제작 시 주의하지 않아도 되는 것은?

① 보는 사람의 즐거움
② 제품에 대한 정보
③ 홍보의 효과
④ 소비 촉진 여부

10 화훼 경매 시세를 보는 곳은?

① 도매시장
② aT 화훼공판장
③ 소매시장
④ 원예공판장

11 고과급, 인센티브 등과 같이 성과에 의하여 일시적으로 지급되는 임금은?

① 주휴수당
② 복리후생
③ 상여금
④ 퇴직금

12 다음 설명에 해당하는 것은?

> 상호, 상표 기술 등을 보유한 본사로부터 각종 영업 활동을 지원받아 지속적인 거래관계를 유지하며 지원한 대가를 지불하고 경제 활동을 통하여 이득을 취하는 형태이다.

① 소매점
② 대기업
③ 중소기업
④ 프랜차이즈

13 제작이 완료된 상품을 매장의 임원, 직원 등이 모여 디자인, 재료 등을 평가하여 수정 · 보완하는 것은?

① 품평회
② 디자인개발
③ 기획회의
④ 상품홍보

14 장소에 구애받지 않고 입체적 전시가 가능하며 바닥면을 이용하는 전시 방법은?

① 벽면 전시
② 바닥 전시
③ 천장 전시
④ 알코브벽 전시

15 소비자에게 특정 제품이나 서비스를 소개한 후 다량판매를 이끌어 내기 위해 설계하는 것은?

① 시장조사
② 상품 제작
③ 상품 전시
④ 판매촉진

16 주문서에 들어가야 할 요소로 옳지 않은 것은?

① 화훼상품의 종류 및 크기
② 작업 날짜
③ 주문자 연락처
④ 배송 날짜

17 계산서 발행 시 필수기재 사항이 아닌 것은?

① 규격
② 사업자번호
③ 공급액
④ 작성 일자

18 사고 상황 발생 시 그 대처로 옳지 않은 것은?

① 가벼운 상처는 소독 후 거즈로 감싼다.
② 부상 정도가 심하면 부상 부위를 강하게 압박하고 온찜질한다.
③ 부상의 정도를 파악하고 신속하게 병원으로 이송한다.
④ 부상자를 편안한 자세로 눕히고 부상 부위를 지혈한다.

19 다음 중 마케팅의 4P에 해당하지 않는 것은?

① Product(상품)
② Promotion(촉진)
③ Process(절차)
④ Place(장소)

20 상품 제작 시 도면에 표시할 수 없는 재료의 종류, 제작 과정 등을 기록하는 문서는?

① 시방서
② 계산서
③ 작업지시서
④ 설계도

21 꽃다발을 만들 때 주의할 점으로 옳지 않은 것은?

① 묶는 점은 단단히 고정시킨다.
② 꽃의 끝부분을 사선으로 자른다.
③ 꽃은 충분히 물을 머금을 수 있도록 일정한 길이로 자른다.
④ 꽃다발 전체에 잎사귀가 하나도 없어야 한다.

22 절화의 관리 방법으로 옳지 않은 것은?

① 아열대 절화는 8~15도로 관리하는 것이 좋다.
② 높은 온도와 낮은 습도로 관리 하는 것이 좋다.
③ 통풍이 잘되도록 관리하는 것이 좋다.
④ 서늘하게 관리하는 것이 좋다.

23 꽃바구니를 만들 때 주의해야 할 사항이 아닌 것은?

① 바구니에 바람이 잘 통하도록 플로랄 폼을 장착해야 한다.
② 이동 시 고정이 잘 되는 깊이로 꽂아야 한다.
③ 플로랄 폼의 물이 새지 않도록 해야 한다.
④ 물 공급이 잘 되도록 해야 한다.

24 서양형 절화 디자인상품의 표현이 옳지 않은 것은?

① 선형 – 수직형, 삼각형
② 곡선형 – S자형, 크레센트
③ 면형 – 오발형, 부채형
④ 사방형 – 수평형, 원추형

25 분화의 설명으로 옳지 않은 것은?

① 테라리움 – 식물과 동물을 함께 식재한 것
② 수경 식물 – 물과 양액만으로 재배하는 식물
③ 행잉 식물 – 공중에 걸어 놓는 식물
④ 착생 식물 – 돌이나 나무에 붙어서 자라는 식물

26 장식 리본과 그 특징이 알맞게 짝지어진 것은?

① 골지 리본 – 마로 만들어진 리본으로 울퉁불퉁한 골이 있다.
② 체크 리본 – 표면이 매끄럽고 광택이 있다.
③ 오간디 리본 – 얇고 부드러우며 하늘거려서 풍성한 느낌이 난다.
④ 공단 리본 – 초극세사로 천연 가죽과 비슷한 외관을 가졌다.

27 소재의 길이가 짧은 경우 길이를 늘이는 철사 다루기 기법은?

① 크로싱 기법
② 인서션 기법
③ 익스텐션 기법
④ 트위스팅 기법

28 한국형 화훼장식 중 절화상품에 대한 설명으로 옳은 것은?

① 선과 여백을 강조하여 제작한다.
② 플로랄 폼으로 고정한다.
③ 인위적인 형태를 추구한다.
④ 주로 대칭형으로 제작한다.

29 서양형 화훼장식 중 절화상품에 대한 설명으로 옳지 않은 것은?

① 삼각형, 부채형 등이 있다.
② 포인트는 형태는 작고 색깔은 튀는 색으로 한다.
③ 데코라티브는 풍성하고 화려한 형태이다.
④ L자형, 역T형이 있다.

30 다음 중 전체의 구도를 잡아 주는 역할을 하는 절화로 옳은 것은?

① 백합, 수국
② 안스리움, 칼라
③ 장미, 카네이션
④ 리아트리스, 글라디올러스

31 질석을 1,100℃ 정도의 고온에서 수증기를 가하여 팽창시킨 인공 토양으로 옳은 것은?

① 버미큘라이트
② 펄라이트
③ 바크
④ 하이드로볼

32 분화상품 용기 중에서 플라스틱 화분의 장점이 아닌 것은?

① 가격이 저렴하다.
② 잘 깨지지 않는다.
③ 성형과 가공이 쉽다.
④ 공기가 통하고 숨을 쉰다.

33 화훼장식에서 철사처리를 하는 이유와 방법을 설명한 것으로 옳지 않은 것은?

① 원하는 지점에 꽃과 잎을 배치할 수 있다.
② 줄기 대신 사용하여 작품의 부피와 무게를 줄일 수 있다.
③ 철사의 종류는 임의로 편하게 사용하면 된다.
④ 무거운 꽃이나 약한 줄기를 지지하거나 고정할 수 있다.

34 점적 관수에 대한 설명으로 옳지 않은 것은?

① 비료 성분을 혼합하여 시비를 할 수 있다.
② 튜브의 끝에서 물방울이 떨어지거나 천천히 흐르게 하여 원하는 부위에만 관수하는 방법이다.
③ 토양의 유실이 없고 소량의 물로 넓은 면적을 효과적으로 관수할 수 있다.
④ 물의 온도에 관계없이 관수하여도 상관없다.

35 좋은 토양의 조건으로 옳지 않은 것은?

① 식물이 이용할 수 있는 유효 수분과 양분이 풍부해야 한다.
② 식물을 지탱하기 위해서는 흙이 단단하게 굳어야 한다.
③ 식물의 생육에 도움을 주는 유익한 미생물이 많아야 한다.
④ 입단 구조와 같이 토양의 물리적 성질이 좋아야 한다.

36 다음 중 비료의 5대 요소로 옳지 않은 것은?

① 질소
② 인산
③ 망간
④ 마그네슘

37 대기 중의 공기비율로 옳지 않은 것은?

① 이산화탄소 0.37%
② 아르곤 0.9%
③ 질소 78%
④ 산소 34%

38 에틸렌 피해 증상으로 옳지 않은 것은?

① 알스트로메리아: 기형화, 꽃잎의 흑변, 꽃잎 탈리
② 나리: 꽃눈고사, 꽃잎 탈락
③ 장미: 개화억제, 꽃잎의 청색화, 노화촉진
④ 카네이션: 노화촉진, 꽃잎의 청색화

39 용도별 화훼장식에서 크리스마스 화훼장식에 대한 설명으로 옳지 않은 것은?

① 구유를 꾸미고 트리를 장식한다.
② 꽃과 과일, 열매, 채소를 이용하여 가장 화려하고 아름답게 강단을 장식하여 영광을 나타낸다.
③ 크리스마스를 상징하는 흰색, 빨간색, 초록색으로 장식한다.
④ 크리스마스에 주로 많이 사용하는 식물 종류에는 포인세티아, 구상나무, 편백나무, 소나무, 전나무 등이 있다.

40 식물의 분류 중 가장 하위 단계로 옳은 것은?

① 종
② 속
③ 과
④ 목

41 리스 제작 시 외경의 지름이 72cm일 때 내경의 지름은?

① 30cm
② 32cm
③ 34cm
④ 36cm

42 일본의 이케바나에 대한 설명이 다르게 짝지어진 것은?

① 릿카: 가장 고전적인 꽃꽂이 형식으로 입화라고도 한다.
② 나게이레: 형식보다는 감각으로 꽂는 꽃꽂이 형태이다.
③ 모리바나: 수반 꽃꽂이 형식이다.
④ 지유바나: 전통적인 양식으로 정형적인 형태이다.

43 비더마이어에 대한 설명으로 옳은 것은?

① 제작할 때 주로 라인 플라워를 이용하여 제작한다.
② 반구형으로 제작하되 열린형으로 제작한다.
③ 2000년대에 유행한 미국식 스타일이다.
④ 빈 공간 없이 빽빽하게 꽂은 형태이다.

44 먼셀의 표색계 '5GY 6/4'를 읽는 방법으로 옳은 것은?

① 색상은 5GY, 명도는 6, 채도는 4인 색채를 나타낸다.
② 채도는 5GY, 색상은 6, 명도는 4인 색채를 나타낸다.
③ 색상은 5GY, 채도는 6, 명도는 4인 색채를 나타낸다.
④ 명도는 5GY, 채도는 6, 색상은 4인 색채를 나타낸다.

45 장례식장 화훼장식의 특징으로 옳은 것은?

① 이젤 스프레이는 관 옆에 세워 두거나 장례식장 입구에 놓는 스탠드형 장식이다.
② 유골함은 반드시 생화만을 사용하여 제작하여야 한다.
③ 장례식장 화훼장식은 장례용 분위기에 맞게 단순한 색상과 디자인만으로 제작하여야 한다.
④ 장례식장 화훼장식은 2~3일 정도 꽃이 유지되어야 하기 때문에 50% 미만으로 개화된 꽃을 사용한다.

46 다음 화훼장식 디자인 중에서 플로랄 폼을 가장 낮게 고정해야 하는 것은?

① 수직형
② 수평형
③ 병행형
④ 부채형

47 행사별 화훼장식에서 돌잔치 장식의 준비 단계로 옳지 않은 것은?

① 1단계 – 고객으로부터 상품 의뢰를 받는다.

② 2단계 – 고객 분석과 함께 용도, 목적 파악, 트렌드 분석, 디자인 방향을 결정한다.

③ 3단계 – 재료 계획에 있어 형태, 색채, 질감을 설정한다.

④ 4단계 – 상품을 채택한다.

48 결혼식공간장식에서 아치장식에 대한 설명으로 옳지 않은 것은?

① 예식의 시작과 동시에 신랑과 신부가 식장을 향해 출발하는 장소이다.

② 활이나 반달처럼 굽은 모양을 하고 있다.

③ 종교적인 의미로 언약, 약속을 의미한다.

④ 사람들의 시선이 집중되는 장소이므로 최대한 단순하게 제작하여야 한다.

49 부토니에르에 대한 설명으로 옳지 않은 것은?

① 남성용 양복 옷깃의 단춧구멍에 꽂는 작은 꽃다발이다.

② 신부 부케와는 관계없이 신랑의 개성과 취향을 존중하여 멋스럽고 독특하게 제작한다.

③ 물 공급이 원활하지 않으므로 건조에 강한 소재를 사용하여 제작한다.

④ 버튼홀은 한 송이의 주된 꽃으로 구성한다.

50 서양형 디자인에서 전통적인 기본 형태가 아닌 것은?

① 폭포형

② 반구형

③ 부채형

④ 수직형

51 디자인의 요소 중 재료 표면의 느낌으로, 촉감적인 것과 시각적인 것으로 나눌 수 있는 것은?

① 색상

② 선

③ 질감

④ 깊이

52 색상의 조화에서 배색하기 쉽고 안정적이지만 흥미로운 배색으로 보기 어려운 것은?

① 단일색 조화

② 삼색 조화

③ 보색 조화

④ 분할보색 조화

53 중국의 화훼 역사로 옳지 않은 것은?

① 당대(唐代) - 중국 역사상 가장 화려했던 왕조로 모란을 실내에 꽂는 것이 황실이나 귀족들 사이에서 유행하였다.

② 송대(宋代) - 자연을 그대로 표현한 사경화가 유행하였다.

③ 원대(元代) - 심상화(心象花)와 자유화(自由花)가 유행하였다.

④ 명대(明代) - 꽃을 꽂는 기술과 예술성이 많이 강조되었다.

54 한국형 화훼장식에서 재료를 침봉에 고정할 때의 주의사항으로 옳지 않은 것은?

① 일반적인 초화류는 반드시 사선으로 잘라 준다.

② 일반 가지는 사선으로 잘라 준다.

③ 굵은 가지는 연필을 깎은 것처럼 깎아서 세우기도 한다.

④ 속이 빈 가지는 침봉에 먼저 보조 가지를 꽂고 그 위에 속이 빈 가지가 꽂히도록 꽂아 준다.

55 어깨를 중심으로 어깨 앞뒤에 걸쳐서 장식하는 디자인의 이름은?

① 숄더 코르사주

② 백사이드 코르사주

③ 리스틀릿 코르사주

④ 에포렛 코르사주

56 색상의 효과에 대한 설명으로 옳은 것은?

① 난색 계열은 자율신경을 자극하여 근육을 흥분시키거나 긴장을 촉진시키는 색으로 빨간색과 노란색, 자주색, 보라색이 해당된다.

② 한색 계열은 심리적으로 마음을 차분히 가라앉히며 진정시키는 색으로 파란색, 남색 등이 해당된다.

③ 중성색 계열은 색 저항감이 적고 부드러우며 화사하여 마음을 편하게 하는 색으로 흰색, 다홍색, 주황색 등이 해당된다.

④ 중성색 계열은 색 저항감이 크고 화사하며 심리적으로 마음을 편하게 하는 색으로 흰색, 노란색, 다홍색 등이 해당된다.

57 한국형 화훼장식에서 화기(花器)의 종류 중 화병에 관한 설명으로 옳지 않은 것은?

① 수반의 형태와는 달리 폭이 좁고 키가 큰 화기를 말한다.

② 화병의 재질로는 유리, 도자기, 플라스틱 등이 있다.

③ 화병의 색상은 복잡하지 않고 흰색, 검은색 같은 단순한 색이 좋다.

④ 굽이 있는 것이 특징이다.

58 서양형 화훼장식에서 수평형에 대한 설명으로 옳지 않는 것은?

① 안정적이고 편안한 느낌을 준다.

② 수직축이 매우 짧아 테이블 센터피스로 많이 사용된다.

③ 전통적으로는 좌우대칭으로 구성하지만 응용된 형태는 좌우비대칭으로 구성하기도 한다.

④ 방향감, 운동감, 속도감, 리듬감이 강한 화형이다.

59 서양형 화훼장식에서 플렌티 혼(horn of pienty)으로도 불리며 풍요의 뿔, 그치지 않는 풍요로움을 의미하고, 꽃, 과일, 야채들로 장식용 뿔을 제작하여 사용한 코르누코피아가 유행했던 시대로 옳은 것은?

① 고대 이집트
② 고대 그리스
③ 로마 시대
④ 비잔틴 시대

60 한국형 화훼장식에 대한 설명으로 틀린 것은?

① 삼국 시대 유물로는 쌍영총 벽화, 안악2호분, 강서대묘 등이 있다.
② 한국형 화훼장식의 종류에는 수반화, 병화, 자유화가 있다.
③ 선과 여백의 미를 중요시하며 3개의 주지 끝을 연결하면 부등변 삼각형이 된다.
④ 세분화된 양식과 격식을 중요시하였다.

2020년 정기 기사 4회 필기 정답 및 해설

1과목	01	02	03	04	05	06	07	08	09	10	11	12	13	14	15	16	17	18	19	20
	④	②	③	④	②	④	①	④	①	④	③	④	①	②	④	③	①	②	④	②

2과목	21	22	23	24	25	26	27	28	29	30	31	32	33	34	35	36	37	38	39	40
	②	④	①	④	③	①	④	①	③	①	④	①	②	①	④	②	④	④	④	③

3과목	41	42	43	44	45	46	47	48	49	50	51	52	53	54	55	56	57	58	59	60
	①	②	④	④	③	①	②	④	③	①	④	②	④	③	③	②	④	①	③	①

제1과목 | 화훼장식 기획 및 매장관리

01 주문서의 기재 내용 　⊙△☒|⊙△☒

주문서 작성 시 상품명, 고객명, 고객 연락처, 수신인, 수신인 연락처, 배송 일자, 설치 장소, 전달 메시지 등을 고려하여 작성한다.

02 가격책정 방법 　⊙△☒|⊙△☒

표준비 가격책정법은 기본적인 재료의 도매가격에 작품제작비, 포장비, 배송비, 유지관리비, 재고부담비 등이 반영되는 것으로 융통성 있는 가격책정법이다.

03 가격의 구성요소 　⊙△☒|⊙△☒

상품의 원가는 $(7 \times 2{,}000) + (2 \times 1{,}500) + (5 \times 600) + (4 \times 1{,}000) = 24{,}000$원이며, 판매가격을 a라고 가정하면, $a = 24{,}000 + 0.2a + 0.25a + 0.15a$이다. 계산하면 $a = 24{,}000 + 0.6a$이므로 $0.4a = 24{,}000$이고, $a = 60{,}000$이다. 따라서 판매가격은 60,000원이다.

04 매체 구분에 따른 홍보 　⊙△☒|⊙△☒

인터넷으로 상품 홍보 시 시간이나 공간의 제한이 없어 세계적으로 홍보가 가능하다.

05 가격결정요인 　⊙△☒|⊙△☒

가격을 결정하는 요인에는 가격 목표, 마케팅 혼합 전략, 원가 구조, 제품 시장 및 수요 특성, 경쟁제품의 가격 및 품질 등이 있다.

06 매체 구분에 따른 홍보 　⊙△☒|⊙△☒

전파매체를 통한 홍보 방법에는 라디오, 인터넷 홈페이지, TV, SNS 등이 있다.

07 임금 　⊙△☒|⊙△☒

임금 외에 특별히 지급되는 현금급여는 상여금이다.

08 특정일에 따른 진열 방법 　⊙△☒|⊙△☒

밸런타인데이는 2월이다.

09 토양의 종류 및 특징 　⊙△☒|⊙△☒

배양토에 대한 설명이다. 재배하고자 하는 식물에 맞게 서로 다른 성질의 재료를 배합하여 흙을 특별히 조제한 것으로 조합토라고도 한다.

10 토양의 종류 및 특징 　⊙△☒|⊙△☒

암면은 광물질 인공 토양이다.

11 매장 형태에 따른 디스플레이 ⊙△✗|⊙△✗

아일랜드 전시는 바닥에 떠 있는 섬과 같이 입체물을 중심으로 배치하는 기법이다.

12 고객정보수집 ⊙△✗|⊙△✗

고객정보를 수집할 때는 고객의 이름, 최근 구매일, 구매 빈도 및 횟수, 평균금액, 선호하는 화훼상품 등을 기입해 놓는 것이 좋다.

13 화훼류 경매 ⊙△✗|⊙△✗

화훼류 경매시세에 대한 내용으로 중도매인들의 제비용 등이 전혀 포함되어 있지 않으므로 도소매 구입금액과는 차이가 있다.

14 고객선호도 분석 ⊙△✗|⊙△✗

오프라인조사에는 직접관찰 방법, 대인 면접조사, 우편조사, 전화조사 등이 있으며 온라인조사에는 인터넷 홈페이지조사, 이메일조사, SNS조사 등이 있다.

15 판매촉진의 분류 ⊙△✗|⊙△✗

가격 판매촉진에는 보너스 팩, 쿠폰, 가격할인 등이 있으며 비가격 판매촉진에는 샘플, 고정고객 우대, 스탬프 등이 있다.

16 상품 진열 계획 ⊙△✗|⊙△✗

상품 진열의 목적에는 흥미유발, 욕구자극, 구매동기유발, 상품구매 등이 있다.

17 판매촉진의 의미 ⊙△✗|⊙△✗

판매촉진은 여러 유형의 판촉물을 제작하여 소비자에게 제품이나 서비스를 소개하는 것이다.

18 상품 기획 ⊙△✗|⊙△✗

작업지시서는 거래처나 제작 부서에 필요한 업무를 지시하기 위해 작성하는 것으로 제작 방법, 재료의 종류, 상품 크기, 색상 등 제작 시 필요한 사항과 기타 업무사항을 기재할 수 있다.

19 상품 기획 ⊙△✗|⊙△✗

작업지시서의 기재 내용으로는 상품의 기본사항, 상품의 관리 방법, 작업의 방법과 순서, 필요한 재료의 종류와 품질, 상품가격과 제작 수량 등이 있다.

20 회계관리 ⊙△✗|⊙△✗

계산서 필수 기재사항은 사업자번호, 성명, 공급가액, 작성 일자 등이며 규격, 수량, 단가는 필수 기재사항이 아니다.

제2과목 ┃ 화훼장식 상품 제작

21 꽃바구니 제작 시 유의사항 ⊙△✗|⊙△✗

절화의 절단면은 물을 잘 흡수할 수 있도록 사선으로 자르는 것이 좋으며 폼이 바구니에 단단히 고정되도록 적당한 깊이로 꽂는 것이 좋다. 플로랄 폼이 물을 흡수할 때는 물을 충분히 흡수할 수 있도록 압력을 가하지 않는 것이 좋다.

22 전처리제 및 후처리제 ⊙△✗|⊙△✗

8-HQC는 살균제이다.

23 절화의 품질 평가 기준 ⊙△✗|⊙△✗

절화는 너무 피지 않은 것보다 적당히 핀 것이 좋으며 줄기가 굵고 단단한 것이 좋다. 또한 색과 잎이 균일한 것이 좋다.

24 절화와 분화의 종류 ⊙△✗|⊙△✗

나리는 온도가 높으면 개화가 빨리 진행되므로 꽃 냉장고를 이용하여 보관하는 것이 좋다.

오답

②·③·④ 열대나 아열대성 절화인 프로테아, 안스리움, 극락조화 등은 냉해를 입을 수 있어 10℃ 이상으로 온도를 유지해 주는 것이 좋다.

25 꽃다발 제작 시 유의사항 ⊙△✗|⊙△✗

묶는 지점 아래로 이물질이 없도록 제거해야 한다.

26 절화상품의 재료 　 ○ △ ✕ ｜ ○ △ ✕

도자기는 우아하며 내구성과 방수성이 우수하다.

27 물올림 방법 　 ○ △ ✕ ｜ ○ △ ✕

물속자르기는 물속에서 절화를 자르는 방법으로 공기의 유입 없이 바로 수분을 빨아들여 물올림을 좋게 하는 방법이다.

28 건조화 　 ○ △ ✕ ｜ ○ △ ✕

꽃은 개화가 적당하여 관상가치가 최상의 상태에 있을 때 채집하는 것이 좋다.

29 글리세린 건조법 　 ○ △ ✕ ｜ ○ △ ✕

글리세린 용액에서 꺼낸 다음 즉시 찬물에 담가 준다.

30 토양의 종류 　 ○ △ ✕ ｜ ○ △ ✕

오답

② 부엽토는 보수력, 보비력, 통기성이 좋다.

③ 바크는 침엽수인 소나무나 전나무의 껍질로 만들어진다.

④ 수태는 이끼를 건조한 것으로 사용할 때 물을 충분히 흡수시켜서 사용한다.

31 하이드로볼 　 ○ △ ✕ ｜ ○ △ ✕

규산, 철, 마그네슘, 인산 등이 많이 함유되어 있는 것은 제오라이트로 양이온 치환용량이 높다.

32 단경성란과 복경성란 　 ○ △ ✕ ｜ ○ △ ✕

심비디움은 분지성이 강한 복경성란이다.

33 포장지의 종류 　 ○ △ ✕ ｜ ○ △ ✕

부직포 포장지는 부드럽고 가볍지만 신축성은 없다.

34 압화 　 ○ △ ✕ ｜ ○ △ ✕

키티리티는 찰흙으로 만든 건조제이다.

35 결혼식 화훼장식 　 ○ △ ✕ ｜ ○ △ ✕

결혼식장은 사람들의 시선이 집중되는 장소이므로 다양한 기법으로 화려하게 장식하는 것이 좋다.

36 분화상품의 환경 　 ○ △ ✕ ｜ ○ △ ✕

최적 온도에서 키우는 것이 생육에 가장 적합하고 생육 품질이 좋다. 최적 온도는 식물의 원산지에 따라 다르며 같은 식물이라도 낮과 밤의 생육 온도가 다르다.

37 분식물 - 공중걸이형 분 　 ○ △ ✕ ｜ ○ △ ✕

자연 토양보다는 가벼운 인공 토양을 사용하여 식재하는 것이 좋다.

38 가공화 폐기물관리 　 ○ △ ✕ ｜ ○ △ ✕

화학 약품은 플라스틱 수집 용기에 담아 보관하며 가득 차면 화학 폐기물 전문 업체에 연락하여 배출한다.

39 건조화 　 ○ △ ✕ ｜ ○ △ ✕

모과는 건조화로 이용하기보다는 열매를 감상하는 식물로 이용된다.

40 압화 재료 　 ○ △ ✕ ｜ ○ △ ✕

압화 재료로는 화색이 선명하고 두께가 얇은 꽃을 사용한다.

제3과목 ｜ 화훼디자인

41 한국형 화훼장식 　 ○ △ ✕ ｜ ○ △ ✕

한국형 화훼장식은 신수사상 및 단군설화, 제천 행사, 무당의 굿과 관계가 있다.

42 종교별 화훼장식 　 ○ △ ✕ ｜ ○ △ ✕

수미단은 불교 사찰의 법당 등에서 불상을 안치한 단을 말한다. 수미산의 형상을 하고 있으며 상단, 중단, 하단으로 이루어져 있고 꽃 장식은 상단을 가장 화려하게 한다.

43 일본 화훼장식 ○△☒|○△☒

직선보다는 자연성을 강조하면서 선과 여백의 미를 중요시하였다.

44 장례식 유형별 화훼장식 ○△☒|○△☒

오답

① 장례용 화훼장식에는 70~80% 개화된 꽃을 사용한다.
② 장례용으로 관을 장식하기도 한다.
③ 조문용으로는 꽃다발과 꽃바구니가 많이 이용되고 있다.

45 크리스마스 화훼장식 ○△☒|○△☒

전통적으로 성령의 불을 상징하는 붉은색과 비둘기나 불의 형태를 형상화한 소재를 많이 사용하는 것은 성령강림절 화훼장식에 대한 설명이다.

46 중국 화훼장식 ○△☒|○△☒

중국 화훼장식은 인공미를 배제하고 완벽한 자연미를 추구하였다.

47 부토니에르 ○△☒|○△☒

부토니에르는 형태나 색을 신부 부케에 맞추어 제작한다.

48 코르사주 ○△☒|○△☒

앵클릿 코르사주(anklet corsage)는 발목이나 발목 뒤를 장식하는 것이며, 양장이나 저고리의 옷섬을 장식하는 데 사용하는 것은 라펠 코르사주(lapel corsage)이다.

49 결혼식 화훼장식 ○△☒|○△☒

결혼식 화훼장식은 최소한의 시간과 비용을 투자하여 최대의 효과를 얻을 수 있도록 하는 최소의 경제성으로 제작한다.

50 서양형 전통적 디자인 ○△☒|○△☒

선을 강조한 형은 L자형, 사선형, S자형, 역T자형 등이 있다.

51 뉴 컨벤션 디자인 ○△☒|○△☒

일반적으로 수평선보다 수직선을 더 길게 표현한다.

52 색채의 감정 효과 ○△☒|○△☒

저명도이면서 저채도인 색이나 저명도의 한색이 딱딱한 느낌을 준다.

53 단일성 식물 ○△☒|○△☒

오답

① 데이지: 장일성 식물이다.
② 금잔화: 장일성 식물이다.
③ 봉선화: 단일성 식물이지만 크리스마스 장식에는 쓰이지 않는다.

54 색의 3속성 ○△☒|○△☒

흰색에 가까울수록 명도가 높고, 검정색에 가까울수록 명도가 낮다.

55 결혼식 유형별 화훼장식 ○△☒|○△☒

내추럴 웨딩은 자연에 가까운 멋을 표현하며, 풍요롭고 따뜻한 분위기와 자연스러운 선을 사용하여 여유롭고 세련되게 표현한다. 또한, 작약, 수국, 장미, 카네이션, 리시안셔스 등 다양한 꽃을 사용할 수 있으며 다양한 절엽류와 절지류를 사용하여 제작할 수 있다.

56 서양형 현대적 기법 디자인 ○△☒|○△☒

베게타티브는 방사형과 평행형으로 제작이 가능하다.

57 서양형 장례식 화훼장식 ○△☒|○△☒

장례용 장식으로는 영정장식, 빈소 제단장식, 근조화환, 차량장식, 관장식, 이젤 스프레이, 리스, 꽃다발, 바스켓 등이 있다.

58 디자인의 원리 ○△☒|○△☒

과소비율은 1:1 이하, 정상비율은 1:1~1:6, 과다비율은 1:6 이상으로 구분된다.

59 행사별 화훼장식 ○△☒|○△☒

단상장식에는 장식물, 소품, 마이크 등이 포함된다.

60 서양형 화훼장식 평가요소 ○△☒|○△☒

재료의 손질과 배치는 기술적 평가요소이다.

2021년 정기 기사 4회 필기 정답 및 해설

1과목	01	02	03	04	05	06	07	08	09	10	11	12	13	14	15	16	17	18	19	20
	④	③	④	④	①	①	②	④	①	②	①	④	③	①	②	④	①	③	②	①
2과목	21	22	23	24	25	26	27	28	29	30	31	32	33	34	35	36	37	38	39	40
	③	②	④	①	④	②	④	②	②	①	①	③	①	④	④	②	④	①	①	④
3과목	41	42	43	44	45	46	47	48	49	50	51	52	53	54	55	56	57	58	59	60
	②	①	④	②	②	④	③	④	②	④	①	③	③	④	④	②	①	④	②	②

제1과목 ▮ 화훼장식 기획 및 매장관리

01 RFM 지수 및 고객구매행동 분석요소 ○△✕|○△✕

RFM 지수의 요소로는 최근성, 구매 빈도, 구매 횟수, 최빈성, 평균 구매금액, 소비성 등이 있다.

02 고객관리 ○△✕|○△✕

고객평생가치는 한 고객이 한 기업의 고객으로 존재하는 전체 기간 동안 기업에 제공할 것이라고 추정되는 수익의 합계이다.

03 고객관리의 필요성 ○△✕|○△✕

불만고객에게 우선 사과하고 불만사항을 들은 후 원인을 분석하고 해결한다. 신속한 불만처리는 회사의 이미지 상승 및 불만고객의 단골고객으로의 전환 기회가 된다.

04 상품원가 ○△✕|○△✕

제조원가는 재료비, 노무비, 제조경비를 합한 금액이다.

05 인사관리 ○△✕|○△✕

질문사항을 미리 준비하는 면접은 구조적 면접이다.

06 고객정보 수집 ○△✕|○△✕

고객의 정보는 이름, 주소, 성별, 나이, 직업, 가족관계, 선호하는 상품, 선물하는 대상 등을 기록하여 저장해 놓는 것이 좋다.

07 상품 홍보 ○△✕|○△✕

상품 홍보에 관한 설명으로, 홍보란 일반 대중에게 널리 정보를 알리는 것을 말한다.

08 가격의 구성요소 ○△✕|○△✕

상품의 원가는 $(5 \times 2{,}000) + (2 \times 1{,}500) + (7 \times 1{,}000) = 10{,}000 + 3{,}000 + 7{,}000 = 20{,}000$원이며, 판매가격을 a라고 가정하면, $a = 20{,}000 + 0.2a + 0.25a + 0.15a$이다. 즉, $a = 20{,}000 + 0.6a$로 $0.4a = 20{,}000$이며, $a = 50{,}000$이다. 따라서 판매가격은 50,000원이다.

09 고객관리의 전략 ○△✕|○△✕

교차 판매(cross-selling)는 기존고객에게 다른 제품까지 판매하며 이익을 창출하는 것이다.

10 매장 형태에 따른 디스플레이 ○△✕|○△✕

폐쇄형 진열에 대한 설명으로 독립된 공간이며 자유로운 디스플레이가 가능하여 화원의 개성을 표현하기에 좋다.

11 작업공간 위험요인 　　　　○ △ ✕ ｜ ○ △ ✕

가연성 물질 취급 시 인화성 물질은 최대한 멀리 두는 것이 좋다.

12 고객정보 수집 　　　　○ △ ✕ ｜ ○ △ ✕

상품의 원가는 견적서 작성 시 필요한 내용이다.

13 절화의 품질 평가 기준 　　　　○ △ ✕ ｜ ○ △ ✕

줄기는 굵고 단단하며 곧은 것이 좋다.

14 상품의 구성요소 　　　　○ △ ✕ ｜ ○ △ ✕

브랜드(상표)에 대한 설명이다.

15 가격책정 방법 　　　　○ △ ✕ ｜ ○ △ ✕

침투가격정책은 경쟁제품보다 낮은 가격대로 책정하는 것이며, 명성가격정책은 고가품보다 더 높은 가격대로 책정하는 것이다.

16 고객선호도 분석 　　　　○ △ ✕ ｜ ○ △ ✕

전화조사는 다른 조사에 비해 비용과 시간이 비교적 적게 들며 공간의 제한을 덜 받는다는 장점이 있다.

17 상품 홍보 기획 　　　　○ △ ✕ ｜ ○ △ ✕

마케팅의 핵심요소인 4P는 Product(제품), Place(장소), Price(가격), Promotion(촉진)을 말한다.

18 고객선호도 분석 　　　　○ △ ✕ ｜ ○ △ ✕

대인 면접조사는 조사자가 응답자를 직접 만나서 조사하는 방법으로 다른 조사 방법에 비해 자세한 질문을 할 수 있으며 기타 관련 정보도 얻을 수 있다. 하지만 조사비용과 시간이 많이 들며 조사 외적인 요인들로부터 오류가 발생할 가능성이 높다.

19 상품 홍보의 의미 　　　　○ △ ✕ ｜ ○ △ ✕

고객선호도 분석 시 온라인조사에는 인터넷을 이용한 홈페이지, 이메일, SNS, 빅데이터 분석 등의 방법이 있으며, 전화는 오프라인조사 방법에 해당한다.

20 전시의 기법 　　　　○ △ ✕ ｜ ○ △ ✕

입체 전시에 대한 설명으로 아일랜드, 다중면, 하모니카, 파노라마, 디오라마, 복원전경 연출 전시 방법 등을 사용한다.

제2과목 ｜ 화훼장식 상품 제작

21 한국형 화훼장식 절화상품 　　　　○ △ ✕ ｜ ○ △ ✕

한국형 화훼상품은 나무를 주소재로 한다.

22 절화상품 재료 　　　　○ △ ✕ ｜ ○ △ ✕

침봉은 물에 담겨 있어야 하므로 반드시 녹슬지 않는 재료로 제작해야 한다.

23 절화상품 재료 　　　　○ △ ✕ ｜ ○ △ ✕

플라스틱은 가격이 저렴하며 가벼워서 파손의 위험이 적다.

24 절화상품 재료 　　　　○ △ ✕ ｜ ○ △ ✕

한번 젖었다가 마른 플로랄 폼은 물올림의 기능이 현저히 떨어지기 때문에 물에 적신 플로랄 폼은 사용 전까지 물속에 담근 상태로 보관하는 것이 좋다.

25 절화의 수명관리 　　　　○ △ ✕ ｜ ○ △ ✕

절화와 과일을 함께 보관하면 절화의 노화가 촉진될 수 있으므로 따로 보관하는 것이 좋다.

26 절화의 생리 현상 　　　　○ △ ✕ ｜ ○ △ ✕

증산작용은 식물 체내의 수분이 수증기가 되어 공기 중으로 나오는 현상으로 온도, 광, 바람 등에 영향을 받는다.

27 물올림 방법 　　　　○ △ ✕ ｜ ○ △ ✕

열탕처리에 대한 설명으로 국화, 스토크, 안개 등에 사용한다.

28 절화의 형태별 분류 ○△✕│○△✕

폼 플라워에는 극락조화, 안스리움, 헬리코니아, 글로리오사, 방크시아, 나리 등이 있으며 수국, 달리아, 아네모네는 매스 플라워이다.

29 에틸렌 피해 증상 ○△✕│○△✕

카네이션은 에틸렌에 노출되면 꽃잎 말림, 꽃잎 위조 등이 일어난다.

30 가공화 작업공간과 도구 ○△✕│○△✕

작업공간은 기본적으로 정리정돈이 잘 되어 있어야 한다.

31 디자인 기법 ○△✕│○△✕

쉐도잉 기법은 그림자 효과를 나타내는 기법으로 소재의 위나 아래쪽에 같은 소재를 하나 더 배치하는 기법이다.

32 가공화 상품관리 ○△✕│○△✕

보관 장소의 적절한 습도 유지가 필요하다.

33 철사 다루기 기법 ○△✕│○△✕

호엽란은 잎의 형태가 가늘기 때문에 헤어핀 메소드 기법을 사용하기에 적합하지 않다.

34 수경 재배 ○△✕│○△✕

특별한 토양이나 배지 없이 공중에 매달아 연출할 수 있고 열대의 느낌을 표현하기에 적합한 것은 착생 식물이다.

35 관수 방법 ○△✕│○△✕

점적 관수는 유수량이 적어 수압이 높지 않아도 된다.

36 철사처리의 이유 ○△✕│○△✕

철사처리를 하면 부피와 무게를 줄일 수 있다.

37 분화상품 ○△✕│○△✕

대리석은 무게감이나 가격 등 여러 가지 면에서 비효율적이다.

38 압화 제작 도구와 재료 ○△✕│○△✕

염료, 베타용액, 알파용액은 보존화 용액이다.

39 분화류 운송 시 주의사항 ○△✕│○△✕

운송 전에 충분히 관수하여 운송한다.

40 가공화 ○△✕│○△✕

꽃을 그대로 말려서 입체적으로 만드는 것은 건조 드라이 플라워를 말한다.

제3과목 ┃ 화훼디자인

41 코르사주 ○△✕│○△✕

웨이스트 코르사주(waist corsage)는 허리 부위를 장식한다.

42 종교별 화훼장식 ○△✕│○△✕

수미단은 상단, 중단, 하단으로 나누어진다.

43 결혼식 화훼장식 ○△✕│○△✕

계절감을 이용하여 장식하며 적절한 분화류를 이용하여 디자인할 수 있다.

44 장례식 화훼장식 ○△✕│○△✕

장례용 화훼장식은 차분하게 장식하는 것이 일반적이나, 요즘은 화려하게 장식하기도 한다. 하지만 계절감은 나타나지 않아도 된다.

45 질감의 특징 ○△✕│○△✕

같은 소재를 사용하더라도 하나의 소재를 사용할 때와 집단으로 사용할 때 서로 다른 질감을 보인다.

46 결혼식 화훼장식 　　　◯ △ ✕ | ◯ △ ✕

최소한의 시간과 비용을 투자하여 최대의 효과를 얻을 수 있도록 최소의 경제성을 고려해야 한다.

47 한국형 꽃꽂이 　　　◯ △ ✕ | ◯ △ ✕

고객의 요구에 맞게 상품을 제작하되 이동 수단이나 시간 등도 고려하여야 한다.

48 중국 화훼 역사 　　　◯ △ ✕ | ◯ △ ✕

사경화는 청대에 유행하였다.

49 색상의 효과 　　　◯ △ ✕ | ◯ △ ✕

주황, 다홍은 따뜻한 색으로 사람의 주의를 끄는 유목성이 높다.

50 일본 화형 　　　◯ △ ✕ | ◯ △ ✕

일본 화형은 인공적인 기교미의 극치를 보여 준다.

51 한국형 꽃꽂이 기본화형 　　　◯ △ ✕ | ◯ △ ✕

동양 꽃꽂이의 기본 구성은 천, 지, 인 사상으로 세 개의 주지가 중심이 되며 부등변 삼각형 구도이다.

52 우리나라 화훼장식의 역사 　　　◯ △ ✕ | ◯ △ ✕

고려 시대에는 불교문화의 전성기로 불전공화의 양식이 더 체계화되었으며 귀족문화의 영향으로 화훼장식이 화려해졌다.

53 한국형 꽃꽂이 주지 　　　◯ △ ✕ | ◯ △ ✕

3주지의 기호는 △이다.

54 콜라주 　　　◯ △ ✕ | ◯ △ ✕

작품의 구성은 입체적, 평면적 구성 모두 가능하다.

55 디자인요소 – 선 　　　◯ △ ✕ | ◯ △ ✕

사선은 동적인 느낌을 준다.

56 화훼장식 부재료 　　　◯ △ ✕ | ◯ △ ✕

스프레이 글루는 다른 접착제에 비해 접착력은 다소 떨어지지만 잎 소재 접착에 사용할 수 있으며 빠른 시간 내에 작업이 가능하다.

57 선물용 꽃바구니 제작 시 유의사항 　　　◯ △ ✕ | ◯ △ ✕

제작자의 조형 기술과 제작 기술보다는 고객의 요구사항과 용도에 맞게 제작하여야 한다.

58 리스 　　　◯ △ ✕ | ◯ △ ✕

리스는 반드시 중앙에 빈 공간이 있어야 한다.

59 현대 화훼장식의 역사 　　　◯ △ ✕ | ◯ △ ✕

기본적인 형태와 선을 이용하여 최대의 효과를 표현한다.

60 행사별 화훼장식 프로세스 　　　◯ △ ✕ | ◯ △ ✕

가격 분류는 3단계에 해당한다.

2022년 정기 기사 4회 필기 정답 및 해설

1과목	01	02	03	04	05	06	07	08	09	10	11	12	13	14	15	16	17	18	19	20
	②	③	①	②	④	④	①	④	①	②	③	④	①	②	④	②	①	②	③	①
2과목	21	22	23	24	25	26	27	28	29	30	31	32	33	34	35	36	37	38	39	40
	④	④	①	④	①	③	③	①	②	④	④	③	④	②	③	④	④	②	②	①
3과목	41	42	43	44	45	46	47	48	49	50	51	52	53	54	55	56	57	58	59	60
	②	④	④	①	①	③	④	④	②	①	③	①	②	①	①	②	④	④	②	④

제1과목 | 화훼장식 기획 및 매장관리

01 가격책정 방법

표준도매가에 노동비, 운영비, 이윤 등을 고려하여 도매가를 두 배 또는 그 이상으로 가산하는 표준화된 이율을 적용하여 가격을 산출하는 방법을 표준비 가격책정법이라고 한다.

02 재료구매목록

구매계획서는 매주 작성해야 한다. 다공질이어서 유해물질을 흡착·분해할 수 있으며, 물을 정화하는 기능도 있다.

03 분화상품 재료

맥반석에 대한 설명이다. 다공질이어서 유해물질을 흡착·분해하고 물을 정화하는 기능이 있다.

04 토양의 종류

유기질 토양에는 부엽토, 피트모스, 왕겨숯, 수태, 바크 등이 있으며 펄라이트는 광물질 인공 토양이다.

05 매체 구분에 따른 홍보

라디오로 홍보하는 방식에 대한 설명이다. 전파를 타고 전달되므로 장소의 제약이 없다는 특징이 있다.

06 상품 제작 계획

방안지는 같은 간격의 칸으로 그려지는 도면 용지로서 모눈종이라고도 한다.

07 상품 제작 계획

굵은 선은 단면의 외형이나 외곽을 표시하고, 가는 선은 치수를 기입하기 위해 표시하며, 1점 쇄선은 물체의 기준 등을 표시한다.

08 가격의 구성요소

상품의 원가는 $(7 \times 1{,}000) + (5 \times 1{,}000) + (1 \times 5{,}000) + (1 \times 1{,}000) + (1 \times 5{,}000) = 23{,}000$원이며, 판매가격을 a라고 가정하면, $a = 23{,}000 + 0.2a + 0.25a + 0.15a$이다. 계산하면 $a = 23{,}000 + 0.6a$이므로 $0.4a = 23{,}000$이고, $a = 57{,}500$이다. 따라서 판매가격은 57,500원이다.

09 상품 홍보의 목적

광고의 기능은 제품에 대한 정보를 전달하여 홍보하고, 소비자에게 알 권리를 제공함으로써 소비를 촉진하는 데 있다.

10 화훼류 경매

aT 화훼공판장에서 중도매인(仲都賣人)들이 전자식 경매를 통하여 낙찰을 받는다.

11 임금 　◎△⊠|◎△⊠

기업 또는 기관에서 직원에게 정기적인 임금 이외에 휴가 등에 지급하는 일시금을 상여금이라고 한다.

12 경영 분석 　◎△⊠|◎△⊠

프랜차이즈는 특정 상품이나 서비스를 제공하는 주재자가 일정 자격을 갖춘 사람에게 영업권을 주어 시장을 개척하는 방식이다.

13 상품 제작 계획 　◎△⊠|◎△⊠

상품 제작을 계획할 때 기획회의나 디자인 개발, 품평회 등을 할 수 있다. 해당 설명은 품평회에 대한 설명이다.

14 전시 기법 　◎△⊠|◎△⊠

바닥 전시는 바닥면을 이용하는 전시로 입체적인 전시가 가능하며 3차원 전시물인 조각, 공예, 패션, 디자인 등을 전시할 수 있다.

15 판매촉진 　◎△⊠|◎△⊠

판매촉진에 대한 설명으로 주로 소비자, 중간상인 등을 대상으로 한다.

16 주문서의 기재 내용 　◎△⊠|◎△⊠

주문서 작성 시 상품명, 고객명, 상품의 종류 및 크기, 주문자 연락처, 배송 날짜 및 시간 등을 고려하여 작성한다.

17 회계관리 　◎△⊠|◎△⊠

계산서의 필수 기재사항은 사업자번호, 공급가액, 작성 일자 등이며 규격, 수량 등은 필수 기재사항이 아니다.

18 응급처치 　◎△⊠|◎△⊠

부상의 정도가 심하면 부상 부위를 심장보다 높게 위치하도록 하고 강하게 압박하여 피를 멎게 하고 냉찜질을 한다.

19 상품 홍보 　◎△⊠|◎△⊠

마케팅의 4P는 Product(상품), Place(장소), Promotion(촉진), Price(가격)이다.

20 상품 제작 계획 　◎△⊠|◎△⊠

시방서는 상품 제작 시 도면에 나타낼 수 없는 사항들(재료의 종류, 제작 과정 등)을 기록한 문서이다.

제2과목 | 화훼장식 상품 제작

21 꽃다발 제작 시 유의사항 　◎△⊠|◎△⊠

꽃다발의 묶는 점 아래의 잎사귀는 깨끗이 제거되어야 한다.

22 절화의 관리 방법 　◎△⊠|◎△⊠

낮은 온도와 적당한 습도를 유지하는 것이 좋다.

23 꽃바구니 제작 시 유의사항 　◎△⊠|◎△⊠

바구니에 플로랄 폼 장착 시 물이 새지 않도록 비닐을 사용하는 것이 좋다.

24 서양형 화훼장식 절화상품 　◎△⊠|◎△⊠

삼각형은 면형이다.

25 분식물 　◎△⊠|◎△⊠

테라리움은 입구가 좁은 형태의 유리에 식물을 심는 분식물이다.

26 분화상품 재료 　◎△⊠|◎△⊠

오간디 리본은 얇고 부드러우며 풍성한 느낌이 난다. 또, 다른 리본과 배색하여 사용하기에 좋아 활용도가 높다.

27 철사 다루기 기법 　◎△⊠|◎△⊠

익스텐션 메소드는 줄기가 짧거나 사용한 철사가 약할 때 철사로 줄기를 연장해 주는 방법이다.

28 〈 한국형 화훼상품 〉 ○ △ X | ○ △ X

선과 여백을 강조하고, 침봉을 고정용 도구로 사용하며 자연적인 형태를 추구한다. 주로 비대칭으로 제작한다.

29 〈 서양형 화훼장식 〉 ○ △ X | ○ △ X

포인트는 형태가 분명하고 큰 소재로 하는 것이 좋다.

30 〈 화훼의 조형적 분류 〉 ○ △ X | ○ △ X

리아트리스, 글라디올러스 같은 라인 플라워는 전체의 구도를 잡아주는 역할을 한다.

31 〈 토양의 종류와 특징 〉 ○ △ X | ○ △ X

펄라이트는 진주암, 바크는 소나무나 전나무의 껍질, 하이드로볼은 황토이다.

32 〈 분화상품 용기 〉 ○ △ X | ○ △ X

공기가 통하고 숨을 쉬는 것은 옹기 화분의 장점이다.

33 〈 철사 다루기 기법 〉 ○ △ X | ○ △ X

올바른 규격의 철사를 사용하는 것이 좋다.

34 〈 관수 방법 〉 ○ △ X | ○ △ X

점적 관수도 일반 관수 요령과 같이 겨울에는 지나치게 차가운 물은 피하는 것이 좋다.

35 〈 좋은 토양의 조건 〉 ○ △ X | ○ △ X

단단하게 굳어버린 흙은 배수성과 통기성이 나쁘며 식물의 뿌리가 뻗을 수 있는 공간이 부족하기 때문에 식물에게 좋지 않다.

36 〈 비료 〉 ○ △ X | ○ △ X

5대 요소는 질소, 인산, 칼륨, 칼슘, 마그네슘이며 망간은 미량 원소이다.

37 〈 공기 구성 〉 ○ △ X | ○ △ X

대기 중 산소는 약 21%이다.

38 〈 에틸렌 피해 증상 〉 ○ △ X | ○ △ X

카네이션의 에틸렌 피해 증상은 꽃잎 말림, 꽃잎 위조이다.

39 〈 크리스마스 화훼장식 〉 ○ △ X | ○ △ X

꽃과 과일, 열매, 채소를 이용하여 가장 화려하고 아름답게 강단을 장식하여 영광을 나타내는 것은 추수감사절 화훼장식의 특징이다.

40 〈 식물학적 분류 〉 ○ △ X | ○ △ X

가장 작은 단위(하위 단위)부터 '종-속-과-목-강-문-계'의 순이다.

제3과목 ┃ 화훼디자인

41 〈 리스의 비율 〉 ○ △ X | ○ △ X

리스의 비율은 1:1.618:1이므로 외경의 지름이 72cm일 때, 20:32:20이 되어 내경의 지름은 32cm가 된다.

42 〈 이케바나 특징 〉 ○ △ X | ○ △ X

지유바나는 자유형으로 문인풍이 지니는 자유로운 움직임이 추가되어 있다.

43 〈 비더마이어 특징 〉 ○ △ X | ○ △ X

1800년대 서유럽에서 유행하던 디자인으로 매쓰 플라워와 필러 플라워를 주로 사용하며 빈 공간 없이 배열하여 꽂은 형태로서 중심점에서 원형이나 나선형으로 돌리면서 같은 종류의 꽃을 모아 빽빽하게 닫힌 형태로 제작한다.

44 〈 먼셀의 표색계 〉 ○ △ X | ○ △ X

먼셀의 표색계는 빨강(R), 노랑(Y), 초록(G), 파랑(B), 보라(P)와 그 보색 청록(BG), 남색(PB), 자주(RP), 주황(YR), 연두(GY)의 10가지 색상을 기본으로 각각 10등분하여 100가지 색상으로 나눈 것이다. '색상 명도(HV)/채도(C)'로 표기하며, '5GY 6/4'일 때 '색상은 5GY(연두색), 명도는 6, 채도는 4'로 읽는다.

45 장례식장 화훼장식 특징　　　　O △ X | O △ X

유골함 장식은 대부분 조화를 사용하며 현대에는 단순한 색상과 디자인에서 벗어나 색상도 화려해지고 다양한 꽃을 사용한다. 또한, 가장 아름다운 상태인 70~80% 개화된 꽃을 사용한다.

46 화훼장식 제작 시 주의사항　　　　O △ X | O △ X

병행(parallel)형은 플로랄 폼이 화기 위로 올라오지 않게 고정한다.

47 행사별 화훼장식 프로세스　　　　O △ X | O △ X

4단계에서는 상품의 디자인 전개와 식물 소재 및 부소재의 색채 결정 및 적용이 이루어져야 한다.

48 결혼식 아치장식　　　　O △ X | O △ X

결혼식장의 아치장식은 사람들의 시선이 집중되는 장소이므로 다양한 기법으로 화려하게 장식하는 것이 좋다.

49 코사지 부토니에르　　　　O △ X | O △ X

부토니에르는 형태나 색을 신부 부케에 맞추어 제작한다.

50 서양형 디자인　　　　O △ X | O △ X

폭포형은 현대적으로 재해석한 신고전주의 형태이다.

51 디자인요소　　　　O △ X | O △ X

서로 다른 질감의 대비는 작품의 완성도를 높여 주는 중요한 요소이며 거리감이나 보는 사람의 관점에 따라 다르게 느껴진다.

52 색 조화　　　　O △ X | O △ X

단일색 조화는 동일 색상의 명도차에 의해 얻은 색끼리의 조화이므로 흥미로운 배색이 되기 어렵다.

53 중국 화훼장식 역사　　　　O △ X | O △ X

자연을 그대로 표현한 사경화는 청대(淸代)에 유행한 것이다.

54 한국형 화훼장식 고정 방법　　　　O △ X | O △ X

일반 초화류는 줄기 끝을 수평이 되도록 단면 자르기를 한다.

55 코르사주　　　　O △ X | O △ X

백사이드 코르사주는 등 부위를 장식하고, 리스틀릿 코르사주는 팔이나 손목을 장식하며, 에포렛 코르사주는 어깨 위에서 겨드랑이까지 장식한다.

56 색상의 효과　　　　O △ X | O △ X

- 난색 계열 : 빨강, 노랑 계열. 자율신경을 자극하기 쉽고 근육을 흥분시키거나 긴장을 촉진한다.
- 한색 계열 : 파랑, 남색, 보라 계열. 심리적으로 마음을 차분히 가라앉히며 진정시키는 효과가 있다.
- 중성 계열 : 초록, 연두, 자주 계열. 색 저항감이 적은 부드러운 색으로 화사하며, 마음을 편하게 하는 색이다.

57 한국형 화기의 종류　　　　O △ X | O △ X

굽이 있는 화기(花器)는 콤포트(compote)이다.

58 수평형의 특징　　　　O △ X | O △ X

방향감, 운동감, 속도감, 리듬감이 강한 화형은 사선형이다.

59 서양 화훼장식 역사　　　　O △ X | O △ X

고대 그리스는 코르누코피아, 갈란드, 화환, 화관 등의 화훼장식이 사용되었다.

60 한국형 화훼장식 특징　　　　O △ X | O △ X

세분화된 격식과 양식은 일본 화훼장식의 특징이다.

부록 2

화훼장식산업기사
실기[작업형]

화훼장식산업기사 실기[작업형]

자격 종목	화훼장식산업기사	과제명	화훼장식실무

1. 수험자 유의사항

※ 다음 유의사항을 고려하여 요구사항을 수행하시오.

① 수험자 인적사항 및 답안 작성은 반드시 검은색 필기구만 사용하여야 하며, 그 외 연필류, 유색 필기구, 지워지는 펜 등을 사용한 답안은 채점하지 않으며 0점 처리됩니다.

② 시험 시작 전 문제지 및 지급 재료의 이상 여부를 반드시 확인하고 이상이 있을 시에는 감독위원에게 보고 후 조치를 받은 다음 수험에 임합니다.

③ 시험문제와 관련된 질문사항은 시험 시작 전에 하고 시험 진행 중에는 절대 질문할 수 없습니다.

④ 테이블 위에는 작업에 필요한 재료나 공구만 놓을 수 있습니다. (단, 줄자 붙이는 행위, 수치 표시, 도면 초안 등은 할 수 없습니다.)

⑤ 문제지의 사용 재료와 지급 재료 이외에 재료 사용은 일제히 금하며, 사용 시 불이익이 있을 수 있습니다.

⑥ 감독위원이 지참 재료의 종류 및 수량을 확인하고, 사전에 손질된 재료나 작품을 지참하였는지 검수하오니 수험자는 반드시 적극 협조하여야 합니다.

⑦ 지급 재료 및 지참 재료는 1과제 시행 15분 전에 과제별로 모두 표기된 양을 배분 및 손질합니다.

⑧ 생화 재료의 손질 범위는 꽃잎, 잎 또는 가시 등을 제거하는 것으로, 가시제거기의 사용은 가능하나 가위나 칼을 사용하여 재료를 절단하는 행위는 허용되지 않습니다.

⑨ 수험자는 과제에 따라 주어진 시간 내에 제시된 과제별로 작품을 제작합니다.

⑩ 완성된 작품은 지정된 장소에 이동시키고 과제 종료 후 모든 수험자가 동시에 다음 과제를 연속해서 시행합니다.

⑪ 과제는 지정된 책상 또는 전시 테이블에 주의하여 올려 놓습니다.

⑫ 작품 제작 과정에서 소재를 다루는 태도 및 도구 사용의 적합도 등이 감독위원에 의해 채점됩니다.

⑬ 수험자는 작업 테이블 주변을 깨끗이 정리하여야 하며, 주변 정리 또한 채점에 반영되고, 정리가 끝나면 본부요원의 안내에 따라 퇴실합니다.

⑭ 통신기기(휴대폰, pda, 디지털카메라 등)의 전원을 꺼서 시험 전에 본부요원에게 제출합니다.

⑮ 작품 제작 후 남은 생화 등의 소재는 수험자가 가져가며, 채점이 완료된 작품은 희망자에 한해 해체된 것을 가져갈 수 있고, 남은 것은 절단하여 폐기물로 분류해서 처리합니다.

⑯ 반복적 동작, 작업에 부적절한 자세, 무리한 힘의 사용 등에 의한 근육피로를 줄이기 위해서 자세를 바꾸거나 적절한 자세를 유지하도록 합니다.

⑰ 다음 사항에 대해서는 채점 대상에서 제외하니 특히 유의하시기 바랍니다(실격사항).

　㉠ 지급 및 지참 재료 이외에 다른 소재를 임의 사용하여 표지·표식에 의한 부정행위로 간주될 경우(단, 지참 재료를 구할 수 없어 수험자가 임의로 대체 재료를 지참한 경우 감점처리 됨)

　㉡ 사전에 손질된 재료나 작품을 지참, 재료수량 변경·누락하여 부정행위로 간주될 경우(모든 재료는 시중에 판매되는 손질을 하지 않은 상태로 지참하여야 함)

2. 재료 및 도구

용도	번호	재료명	수량	규격 및 비고
공용	1	가시제거기	1개	
	2	플라스틱 물통	1개	10L
	3	필기구	1개	흑색
	4	FD 나이프	1개	꽃장식용
	5	플로랄 폼용 나이프	1개	
	6	수공 가위, 전정 가위, 절화용 가위	각 1개씩	꽃장식용, 각 1개 이상, 종류 및 개수 무관
	7	철사 절단 및 휨용 도구 (니퍼, 롱노우즈, 플라이어(펜치) 등)	각 1개씩	각 1개 이상, 종류 및 개수 무관
	8	줄자	1개	1m 이상
	9	앞치마	1개	일반용
	10	분무기	1개	
	11	수건	1장	
제1과제	12	장미	2단	흰색 또는 분홍색 계열
	13	아이비 잎	1묶음	
	14	마디초	10본	
	15	유칼립투스	1단	
	16	스프레이 카네이션	1단	노란색 또는 분홍색 계열 [대체: 리시안서스]
	17	루모라 고사리	1단	
	18	누드 철사	각 1묶음	#18, 20, 22, 24, 26 (#18철사 길이 70cm)
	19	오간디 리본	1개	폭 3cm 정도, 길이 2m, 아이보리색 또는 핑크
	20	플로랄 테이프	1개	그린색, 너비는 자유
공용	21	지 철사	1묶음	#27, 길이 35cm 정도(약간), 1·3과제 공통 재료

	22	장미	10본	[대체: 스탠다드 카네이션]
제2과제	23	리시안서스	10본	[대체: 스프레이 카네이션, 스프레이 장미]
	24	거베라	10본	화폭 8cm 이상 [대체: 달리아(5본), 해바라기(5본), 스탠다드 국화(10본), 나리(5본)]
	25	유칼립투스	10본	[대체: 루스커스(20본), 네프로레피스(20본), 금사철나무(10본), 은사철나무(10본), 청사철나무(10본), 탑사철나무(10본)]
	26	스프레이 국화	10본	[대체: 스프레이 카네이션(10본), 알스트로메리아(10본), 공작초(10본), 과꽃(10본), 솔리다스터(20본), 기린초(20본)]
	27	편백	3본	[대체: 측백, 금사철나무, 은사철나무, 청사철나무]
	28	플로랄 폼	1개	지급 재료
	29	사각피라밋수반	1개	지급 재료, (22.7*22.7*14.0)cm
제3과제	30	장미	10본	[대체: 스탠다드 카네이션]
	31	리시안서스	10본	[대체: 스프레이 카네이션, 스프레이 장미]
	32	나리	5본	[대체: 거베라(화폭 8cm 이상, 10본), 달리아(화폭 8cm 이상, 5본), 해바라기(5본), 스탠다드 국화(10본), 스탠다드 카네이션(10본)]
	33	루스커스	20본	[대체: 유칼립투스]
	34	말채	14본	[대체: 곱슬버들(14본), 느티나무(8본), 화살나무(8본), 납작대나무(25본, 너비 0.5cm, 길이 150cm 내외)]
	35	꽃다발용 화분받침	1개	지급 재료, 12호
	36	마끈	1개	지급 재료, 길이 2m

3. 문제

1) 신부 부케

※ 제시된 재료 및 지급된 재료를 사용하여 다음 조건에 맞는 신부 부케를 제작하시오.

① 조건

㉠ 작품의 형태는 아래의 번호(과제명, 비고)에 맞게 제작하시오.

㉡ 구조물을 제작하여 작품을 완성하시오.

㉢ 반드시 와이어링 기법을 사용해야 하며, 손잡이의 각도는 수직으로 하시오.

㉣ 자연 줄기를 이용하여 제작하시오.

㉤ 165cm 정도 키의 신부에게 어울리는 크기로 제작하시오.

㉥ 지 철사는 묶음용으로만 사용하시오.

㉦ 작품 제작을 위해 준비된 생화는 종류별로 모두 사용하되, 사용량은 전체 소재 70% 이상 되도록 하시오. (단, 지참 재료 중 철사(와이어) 종류의 사용량은 제한이 없으며, 적합한 용도에 맞게 사용하시오.)

번호	과제명	비고
1	비대칭 초승달형	

② 지참 재료

번호	재료명	수량	규격 및 비고
1	장미	2단	흰색 또는 분홍색 계열
2	아이비 잎	1묶음	
3	마디초	10본	
4	유칼립투스	1단	
5	스프레이 카네이션	1단	노란색 또는 분홍색 계열 [대체: 리시안서스]
6	루모라 고사리	1단	
7	누드 철사	각 1묶음	#18, 20, 22, 24, 26 (#18철사 길이 70cm)
8	오간디 리본	1개	폭 3cm 정도, 길이 2m, 아이보리색 또는 핑크
9	플로랄 테이프	1개	그린색, 너비는 자유
10	지 철사	1묶음	#27, 길이 35cm 정도(약간), 1 · 3과제 공통 재료

2) 꽃꽂이

※ 제시된 재료 및 지급된 재료를 사용하여 다음 조건에 맞는 꽃꽂이를 제작하시오.

① 조건

ㄱ 작품의 형태는 감독위원이 선정한 번호(과제명, 비고)에 맞게 제작하시오.

ㄴ 작품의 크기는 화기의 비율을 고려하여 제작하시오.

ㄷ 작품 제작을 위해 준비된 생화는 종류별로 모두 사용하되, 사용량은 전체 소재의 70% 이상을 사용하시오.

번호	과제명	비고
1	역T형	사방형
2	비대칭 삼각형	일방형
3	원추형	사방형
4	스프레이형	사방형
5	비대칭 초승달형	일방형

② 지참 재료

번호	재료명	수량	규격 및 비고
1	장미	10본	[대체: 스탠다드 카네이션]
2	리시안서스	10본	[대체: 스프레이 카네이션, 스프레이 장미]
3	거베라	10본	화폭 8cm 이상 [대체: 달리아(5본), 해바라기(5본), 스탠다드 국화(10본), 나리(5본)]
4	유칼립투스	10본	[대체: 루스커스(20본), 네프로레피스(20본), 금사철나무(10본), 은사철나무(10본), 청사철나무(10본), 탑사철나무(10본)]
5	스프레이 국화	10본	[대체: 스프레이 카네이션(10본), 알스트로메리아(10본), 공작초(10본), 과꽃(10본), 솔리다스터(20본), 기린초(20본)]
6	편백	3본	[대체: 측백, 금사철나무, 은사철나무, 청사철나무]
7	플로랄 폼	1개	지급 재료
8	사각피라밋수반	1개	지급 재료, (22.7*22.7*14.0)cm

3) 꽃다발

※ 제시된 재료 및 지급된 재료를 사용하여 다음 조건에 맞는 꽃다발을 제작하시오.

① 조건

    ㉠ 작품의 형태는 감독위원이 선정한 번호(과제명, 비고)에 맞게 제작하시오.

    ㉡ 반드시 구조물을 제작하여 작품을 완성하시오.

    ㉢ 운반 가능하게 제작하시오.

    ㉣ 수분 공급이 가능하도록 하시오.

    ㉤ 작품 제작을 위해 준비된 생화는 종류별로 모두 사용하되, 사용량은 전체 소재 70% 이상으로 하시오.

번호	과제명	비고
1	직사각 수평형	너비 45cm 이상
2	정사각 수평형	너비 30cm 이상

② 지참 재료

번호	재료명	수량	규격 및 비고
1	장미	10본	[대체: 스탠다드 카네이션]
2	리시안서스	10본	[대체: 스프레이 카네이션, 스프레이 장미]
3	나리	5본	[대체: 거베라(화폭 8cm 이상, 10본), 달리아(화폭 8cm 이상, 5본), 해바라기(5본), 스탠다드 국화(10본), 스탠다드 카네이션(10본)]
4	루스커스	20본	[대체: 유칼립투스]
5	말채	14본	[대체: 곱슬버들(14본), 느티나무(8본), 화살나무(8본), 납작대나무(25본, 너비 0.5cm, 길이 150cm 내외)]
6	꽃다발용 화분받침	1개	지급 재료, 12호
7	마끈	1개	지급 재료, 길이 2m

MEMO

부록 3

표준근로계약서
참고 문헌
용어 정리

표준근로계약서(기간의 정함이 없는 경우)

　　　　　　　(이하 "사업주"라 함)과(와)　　　　　(이하 "근로자"라 함)은 다음과 같이 근로계약을 체결한다.

1. 근로개시일 :　　년　월　일부터

2. 근 무 장 소 :

3. 업무의 내용 :

4. 소정근로시간 :　　시　분부터　　시　분까지 (휴게시간 :　시　분~　시　분)

5. 근무일/휴일 : 매주　일(또는 매일단위)근무, 주휴일 매주　요일

6. 임 금

　　- 월(일, 시간)급 :　　　　　　원

　　- 상여금 : 있음 (　)　　　　　　　　원, 없음 (　)

　　- 기타급여(제수당 등) : 있음 (　),　없음 (　)

　　　　•　　　　　원,　　　　　　　　원

　　　　•　　　　　원,　　　　　　　　원

　　- 임금지급일 : 매월(매주 또는 매일)　　일(휴일의 경우는 전일 지급)

　　- 지급방법 : 근로자에게 직접지급(　), 근로자 명의 예금통장에 입금(　)

7. 연차유급휴가

　　- 연차유급휴가는 근로기준법에서 정하는 바에 따라 부여함

8. 사회보험 적용여부(해당란에 체크)

　　☐ 고용보험 ☐ 산재보험 ☐ 국민연금 ☐ 건강보험

9. 근로계약서 교부

　　- 사업주는 근로계약을 체결함과 동시에 본 계약서를 사본하여 근로자의 교부요구와 관계없이 근로자에게 교

　　　부함(근로기준법 제17조 이행)

10. 근로계약, 취업규칙 등의 성실한 이행의무

　　- 사업주와 근로자는 각자가 근로계약, 취업규칙, 단체협약을 지키고 성실하게 이행하여야 함

11. 기 타

　　- 이 계약에 정함이 없는 사항은 근로기준법령에 의함

　　　　　　　　　　　　　　　　　　　　　　　　　　　　　년　　월　　일

(사업주) 사업체명 :　　　　　(전화 :　　　　) (근로자) 주　소 :

주　　소 :　　　　　　　　　　　　　　　　연 락 처 :

대 표 자 :　　　(서명)　　　　　　　　　성 명 :　　　(서명)

표준근로계약서(기간의 정함이 있는 경우)

　　　　　　　　(이하 "사업주"라 함)과(와)　　　　　(이하 "근로자"라 함)은 다음과 같이 근로계약을 체결한다.

1. 근로계약기간 :　　년　월　일부터　　년　월　일까지
2. 근 무 장 소 :
3. 업무의 내용 :
4. 소정근로시간 :　시　분부터　시　분까지 (휴게시간 : 시 분~ 시 분)
5. 근무일/휴일 : 매주　일(또는 매일단위)근무, 주휴일 매주　요일
6. 임 금

　　- 월(일, 시간)급 :　　　　　　　원
　　- 상여금 : 있음 (　)　　　　　　　　원, 없음 (　)
　　- 기타급여(제수당 등) : 있음 (　), 없음 (　)
　　　・　　　　　　원,　　　　　　　원
　　　・　　　　　　원,　　　　　　　원
　　- 임금지급일 : 매월(매주 또는 매일)　　일(휴일의 경우는 전일 지급)
　　- 지급방법 : 근로자에게 직접지급(　), 근로자 명의 예금통장에 입금(　)

7. 연차유급휴가

　　- 연차유급휴가는 근로기준법에서 정하는 바에 따라 부여함

8. 사회보험 적용여부(해당란에 체크)

　　☐ 고용보험　☐ 산재보험　☐ 국민연금　☐ 건강보험

9. 근로계약서 교부

　　- 사업주는 근로계약을 체결함과 동시에 본 계약서를 사본하여 근로자의 교부요구와 관계없이 근로자에게 교부함(근로기준법 제17조 이행)

10. 근로계약, 취업규칙 등의 성실한 이행의무

　　- 사업주와 근로자는 각자가 근로계약, 취업규칙, 단체협약을 지키고 성실하게 이행하여야 함

11. 기 타

　　- 이 계약에 정함이 없는 사항은 근로기준법령에 의함

　　　　　　　　　　　　　　　　　　　　　　　　　　　　　　년　　월　　일

(사업주) 사업체명 :　　　　　　(전화 :　　　　) 　(근로자) 주　　소 :
주　　소 :　　　　　　　　　　　　　　　　　　연 락 처 :
대 표 자 :　　　　(서명)　　　　　　　　　　　성　　명 :　　　　　(서명)
성　　명 :　　　　(서명)

연소근로자(18세 미만인 자) 표준근로계약서

      (이하 "사업주"라 함)과(와)   (이하 "근로자"라 함)은 다음과 같이 근로계약을 체결한다.

1. 근로개시일 :   년 월 일부터

    ※ 근로계약기간을 정하는 경우에는 "   년 월 일부터   년 월 일까지" 등으로 기재

2. 근 무 장 소 :

3. 업무의 내용 :

4. 소정근로시간 : 시 분부터 시 분까지 (휴게시간 : 시 분 ~ 시 분)

5. 근무일/휴일 : 매주 일(또는 매일단위)근무, 주휴일 매주 요일

6. 임 금

    - 월(일, 시간)급 :   원

    - 상여금 : 있음 ( )   원, 없음 ( )

    - 기타급여(제수당 등) : 있음 ( ), 없음 ( )

      •   원,   원

      •   원,   원

    - 임금지급일 : 매월(매주 또는 매일) 일(휴일의 경우는 전일 지급)

    - 지급방법 : 근로자에게 직접지급( ), 근로자 명의 예금통장에 입금( )

7. 연차유급휴가

    - 연차유급휴가는 근로기준법에서 정하는 바에 따라 부여함

8. 가족관계증명서 및 동의서

    - 가족관계기록사항에 관한 증명서 제출 여부:

    - 친권자 또는 후견인의 동의서 구비 여부 :

9. 사회보험 적용여부(해당란에 체크)

    ☐ 고용보험 ☐ 산재보험 ☐ 국민연금 ☐ 건강보험

10. 근로계약서 교부

    - 사업주는 근로계약을 체결함과 동시에 본 계약서를 사본하여 근로자의 교부요구와 관계없이 근로자에게 교부함(근로기준법 제17조, 제67조 이행)

11. 근로계약, 취업규칙 등의 성실한 이행의무

    - 사업주와 근로자는 각자가 근로계약, 취업규칙, 단체협약을 지키고 성실하게 이행하여야 함

12. 기 타

    - 13세 이상 15세 미만인 자에 대해서는 고용노동부장관으로부터 취직인허증을 교부받아야 하며, 이 계약에 정함이 없는 사항은 근로기준법령에 의함

                        년   월   일

(사업주) 사업체명 :   (전화 :   ) (근로자) 주   소 :

주   소 :   연 락 처 :

대 표 자 :   (서명)   성   명 :   (서명)

친권자(후견인) 동의서

○ 친권자(후견인) 인적사항

    성　　명 :

    생년월일 :

    주　　소 :

    연 락 처 :

    연소근로자와의 관계 :

○ 연소근로자 인적사항

    성　　명 :　　　　　　　(만　　세)

    생년월일 :

    주　　소 :

    연 락 처 :

○ 사업장 개요

    회 사 명 :

    회사주소 :

    대 표 자 :

    회사전화 :

    본인은 위 연소근로자　　　　가 위 사업장에서 근로를 하는 것에 대하여 동의합니다.

                              년　월　일

                    친권자(후견인)　　　　　　(인)

첨　부 : 가족관계증명서 1부

건설일용근로자 표준근로계약서

　　　　　　　(이하 "사업주"라 함)과(와) 　　　　　　(이하 "근로자"라 함)은 다음과 같이 근로계약을 체결한다.

1. 근로계약기간 : 　　년 　월 　일부터 　　년 　월 　일까지
    ※ 근로계약기간을 정하지 않는 경우에는 "근로개시일"만 기재

2. 근 무 장 소 :

3. 업무의 내용(직종) :

4. 소정근로시간 : 　시 　분부터 　시 　분까지 (휴게시간 : 　시 　분~ 　시 　분)

5. 근무일/휴일 : 매주 　일(또는 매일단위)근무, 주휴일 매주 　요일(해당자에 한함)
    ※ 주휴일은 1주간 소정근로일을 모두 근로한 경우에 주당 1일을 유급으로 부여

6. 임 금
    – 월(일, 시간)급 : 　　　　　　원(해당사항에 ○표)
    – 상여금 : 있음 (　)　　　　　　　원, 없음 (　)
    – 기타 제수당(시간외 · 야간 · 휴일근로수당 등): 　　　원(내역별 기재)
      • 시간외 근로수당: 　　　　원(월 　　시간분)
      • 야 간 근로수당: 　　　　원(월 　　시간분)
      • 휴 일 근로수당: 　　　　원(월 　　시간분)
    – 임금지급일 : 매월(매주 또는 매일) 　　일(휴일의 경우는 전일 지급)
    – 지급방법 : 근로자에게 직접지급(　), 근로자 명의 예금통장에 입금(　)

7. 연차유급휴가
    – 연차유급휴가는 근로기준법에서 정하는 바에 따라 부여함

8. 사회보험 적용여부(해당란에 체크)
    ☐ 고용보험 ☐ 산재보험 ☐ 국민연금 ☐ 건강보험

9. 근로계약서 교부
    – "사업주"는 근로계약을 체결함과 동시에 본 계약서를 사본하여 "근로자"의 교부요구와 관계없이 "근로자"에
      게 교부함(근로기준법 제17조 이행)

10. 근로계약, 취업규칙 등의 성실한 이행의무
    – 사업주와 근로자는 각자가 근로계약, 취업규칙, 단체협약을 지키고 성실하게 이행하여야 함

11. 기 타
    – 이 계약에 정함이 없는 사항은 근로기준법령에 의함

　　　　　　　　　　　　　　　　　　　　　　　　　　　　　　　　　　　　　　년 　　월 　　일

(사업주) 사업체명 : 　　　　　　　(전화 : 　　　　　) 　(근로자) 주 　소 :

주 　 소 : 　　　　　　　　　　　　　　　　　　　　 연 락 처 :

대 표 자 : 　　　　(서명) 　　　　　　　　　　　　 성 　명 : 　　　　　(서명)

단시간근로자 표준근로계약서

                 (이하 "사업주"라 함)과(와)   (이하 "근로자"라 함)은 다음과 같이 근로계약을 체결한다.

1. 근로개시일 :   년 월 일부터

    ※ 근로계약기간을 정하는 경우에는 "   년 월   일부터   년   월   일까지" 등으로 기재

2. 근 무 장 소 :

3. 업무의 내용 :

4. 근로일 및 근로일별 근로시간

	( )요일	( )요일	( )요일	( )요일	( )요일	( )요일
근로시간	시간	시간	시간	시간	시간	시간
시업	시 분	시 분	시 분	시 분	시 분	시 분
종업	시 분	시 분	시 분	시 분	시 분	시 분
휴게 시간	시 분 ~ 시 분	시 분 ~ 시 분	시 분 ~ 시 분	시 분 ~ 시 분	시 분 ~ 시 분	시 분 ~ 시 분

    ○ 주휴일 : 매주   요일

5. 임 금

    – 시간(일, 월)급 :   원(해당사항에 ○표)

    – 상여금 : 있음 (   )   원, 없음 (   )

    – 기타급여(제수당 등) : 있음 :   원(내역별 기재), 없음 (   ),

    – 초과근로에 대한 가산임금률: %

    ※ 단시간근로자와 사용자 사이에 근로하기로 정한 시간을 초과하여 근로하면 법정 근로시간 내라도 통상임금
        의 100분의 50% 이상의 가산임금 지급('14.9.19. 시행)

    – 임금지급일 : 매월(매주 또는 매일)   일(휴일의 경우는 전일 지급)

    – 지급방법 : 근로자에게 직접지급(   ), 근로자 명의 예금통장에 입금(   )

6. 연차유급휴가 : 통상근로자의 근로시간에 비례하여 연차유급휴가 부여

7. 사회보험 적용여부(해당란에 체크)

    ☐ 고용보험 ☐ 산재보험 ☐ 국민연금 ☐ 건강보험

8. 근로계약서 교부

    – "사업주"는 근로계약을 체결함과 동시에 본 계약서를 사본하여 "근로자"의 교부요구와 관계없이 "근로자"에
        게 교부함(근로기준법 제17조 이행)

9. 근로계약, 취업규칙 등의 성실한 이행의무

    – 사업주와 근로자는 각자가 근로계약, 취업규칙, 단체협약을 지키고 성실하게 이행하여야 함

10. 기 타

    – 이 계약에 정함이 없는 사항은 근로기준법령에 의함

                                                                          년   월   일

(사업주) 사업체명 :   (전화 :   ) (근로자) 주   소 :

주   소 :   연 락 처 :

대 표 자 :   (서명)   성   명 :   (서명)

◁◁ 단시간근로자의 경우 "근로일 및 근로일별 근로시간"을 반드시 기재하여야 합니다. 다양한 사례가 있을 수 있어, 몇 가지 유형을 예시하오니 참고하시기 바랍니다. ▷▷

○ (예시①) 주5일, 일 6시간(근로일별 근로시간 같음)
  - 근로일 : 주 5일, 근로시간 : 매일 6시간
  - 시업 시각 : 09시 00분, 종업 시각 : 16시 00분
  - 휴게 시간 : 12시 00분부터 13시 00분까지
  - 주휴일 : 일요일

○ (예시②) 주 2일, 일 4시간(근로일별 근로시간 같음)
  - 근로일 : 주 2일(토, 일요일), 근로시간 : 매일 4시간
  - 시업 시각 : 20시 00분, 종업 시각 : 24시 00분
  - 휴게 시간 : 별도 없음
  - 주휴일 : 해당 없음

○ (예시③) 주 5일, 근로일별 근로시간이 다름

	월요일	화요일	수요일	목요일	금요일
근로시간	6시간	3시간	6시간	3시간	6시간
시업	09시 00분	09시 00분	09시 00분	09시 00분	09시 00분
종업	16시 00분	12시 00분	16시 00분	12시 00분	16시 00분
휴게 시간	12시 00분 ~ 13시 00분	–	12시 00분 ~ 13시 00분	–	12시 00분 ~ 13시 00분

  - 주휴일 : 일요일

○ (예시④) 주 3일, 근로일별 근로시간이 다름

	월요일	화요일	수요일	목요일	금요일
근로시간	4시간	–	6시간	–	5시간
시업	14시 00분	–	10시 00분	–	14시 00분
종업	18시 00분	–	17시 00분	–	20시 00분
휴게 시간	–	–	13시 00분 ~ 14시 00분	–	18시 00분 ~ 19시 00분

  - 주휴일 : 일요일

※ 기간제 · 단시간근로자 주요 근로조건 서면 명시 의무 위반 적발 시 과태료 (인당 500만원 이하) 즉시 부과에 유의('14.8.1.부터)

표준근로계약서
Standard Labor Contract

(앞쪽)

아래 당사자는 다음과 같이 근로계약을 체결하고 이를 성실히 이행할 것을 약정한다.
The following parties to the contract agree to fully comply with the terms of the contract stated hereinafter.

사용자 Employer	업체명 Name of the enterprise		전화번호 Phone number	
	소재지 Location of the enterprise			
	성명 Name of the employer		사업자등록번호(주민등록번호) Identification number	

| 근로자
Employee | 성명 Name of the employee | 생년월일 Birthdate |
| | 본국주소 Address(Home Country) | |

1. 근로계약기간	– 신규 또는 재입국자: (　　) 개월 – 사업장변경자: 　년 　월 　일 ~ 　년 　월 　일 * 수습기간: [ ]활용(입국일부터 [ ]1개월 [ ]2개월 [ ]3개월 [ ]개월) [ ]미활용 ※ 신규 또는 재입국자의 근로계약기간은 입국일부터 기산함(다만, 「외국인근로자의 고용 등에 관한 법률」 제18조의 4제1항에 따라 재입국(성실재입국)한 경우는 입국하여 근로를 시작한 날부터 기산함).
1. Term of Labor contract	– Newcomers or Re-entering employee: (　　) month(s) – Employee who changed workplace: from (　　　　YY/MM/DD) to (　　　　YY/MM/DD) * Probation period: [ ] Included (for [ ] 1 month [ ] 2 months [ ] 3 months from entry date – or specify other:　　.), [ ] Not included ※ The employment term for newcomers and re-entering employees will begin on their date of arrival in Korea, while the employment of those who re-entered through the committed workers' system will commence on their first day of work as stipulated in Article 18-4 (1) of Act on Foreign Workers' Employment, etc.
2. 근로장소	※ 근로자를 이 계약서에서 정한 장소 외에서 근로하게 해서는 안 됨.
2. Place of employment	※ The undersigned employee is not allowed to work apart from the contract enterprise.
3. 업무내용	– 업종: – 사업내용: – 직무내용:　　　　　　　　　　(외국인근로자가 사업장에서 수행할 구체적인 업무를 반드시 기재)
3. Description of work	– Industry: – Business description: – Job description:　　　　　(Detailed duties and responsibilities of the employee must be stated)

4. 근로시간	시　분 ~ 　시　분 – 1일 평균 시간외 근로시간: 　시간 　(사업장 사정에 따라 변동 가능: 　시간 이내) – 교대제 ([ ]2조2교대, [ ]3조3교대, [ ]4조3교대, [ ]기타)	※ 가사사용인, 개인간병인의 경우에는 기재를 생략할 수 있음.
4. Working hours	from (　　　) to (　　　) – average daily over time:　　hours(changeable depending on the condition of a company: up to 　hours) – shift system ([ ]2groups 2shifts, [ ]3groups 3shifts, [ ]4groups 3shifts, [ ]etc.)	※ An employer of workers in domestic help, nursing can omit the working hours.
5. 휴게시간	1일 　　분	
5. Recess hours	(　　) minutes per day	

210mm×297mm[백상지(80g/㎡) 또는 중질지(80g/㎡)]

(뒤쪽)

6. 휴일	[ ]일요일 [ ]공휴일([ ]유급 [ ]무급) [ ]매주 토요일 [ ]격주 토요일 [ ]기타( )	
6. Holidays	[ ]Sunday [ ]Legal holiday([ ]Paid [ ]Unpaid) [ ]Every saturday [ ]Every other Saturday [ ]etc.( )	
7. 임금	1) 월 통상임금 ( )원 – 기본급[(월, 시간, 일, 주)급] ( )원 – 고정적 수당: (수당: 원), (수당: 원) – 상여금 (원) * 수습기간 중 임금 ( )원, 수습시작일부터 3개월 이내 근무기간 ( )원 2) 연장, 야간, 휴일근로에 대해서는 통상임금의 50%를 가산하여 수당 지급(상시근로자 4인 이하 사업장에는 해당되지 않음)	
7. Payment	1) Monthly Normal wages ( )won – Basic pay[(Monthly, hourly, daily, weekly) wage] ( )won – Fixed wages: (fixed wages :)won, (fixed wages :)won – Bonus: ( )won * Wage during probation period: ( )won, but for up to the first 3 months of probation period: ( ) won 2) Overtime, night shift or holiday will be paid 50% more than the employee's regular rate of pay(not applied to business with 4 or less employees).	
8. 임금지급일	매월/매주 ( )일/요일. 다만, 임금 지급일이 공휴일인 경우에는 전날에 지급함.	
8. Payment date	( ) of every month/every week. If the payment date falls on a holiday, the payment will be made on the day before the holiday.	
9. 지급방법	[ ]직접 지급, [ ]통장 입금 ※ 사용자는 근로자 명의로 된 예금통장 및 도장을 관리해서는 안 됨.	
9. Payment methods	[ ]In person, [ ]By direct deposit transfer into the employee's account ※ The employer will not retain the bank book and the seal of the employee.	

10. 숙식제공	1) 숙박시설 제공
	 – 숙박시설 제공 여부: [ ]제공 [ ]미제공
	  제공 시, 숙박시설의 유형([ ]주택, [ ]고시원, [ ]오피스텔, [ ]숙박시설(여관, 호스텔, 펜션 등), [ ]컨테이너,
	  [ ]조립식 패널, [ ]사업장 건물, 기타 주택형태 시설( ))
	 – 숙박시설 제공 시 근로자 부담금액: 매월 원
	2) 식사 제공
	 – 식사 제공 여부: 제공([ ]조식, [ ]중식, [ ]석식) [ ]미제공
	 – 식사 제공 시 근로자 부담금액: 매월 원
	※ 근로자의 비용 부담 수준은 사용자와 근로자 간 협의(신규 또는 재입국자의 경우 입국 이후)에 따라 별도로 결정.	

10. Accommo–dations and Meals	1) Provision of accommodation
	 – Provision of accommodation: [ ]Provided, [ ]Not provided
	  (If provided, type of accommodations: [ ]Detached houses, [ ]Goshiwans, [ ]Studio flats, [ ]
	  Lodging facility (such as a motel, hostel, pension hotel, etc.), [ ]Container boxes [ ]SIP panel
	  constructions, [ ]Rooms within the business building – or specify other housing or boarding facilities
	  _____.)
	 – Cost of accommodation paid by employee: won/month
	 – Cost of meals paid by employee: won/month
	2) Provision of meals
	 – Provision of meals: [ ]Provided([ ]breakfast, [ ]lunch, [ ]dinner), [ ] Not provided
	 – Cost of meals paid by employee: won
	※ The amount of costs paid by employee, will be determined by mutual consultation between the employer and employee (Newcomers and re–entering employees will consult with their employers after arrival in Korea).	

11. 이 계약에서 정하지 않은 사항은 「근로기준법」에서 정하는 바에 따른다.
※ 가사서비스업 및 개인간병인에 종사하는 외국인근로자의 경우 근로시간, 휴일·휴가, 그 밖에 모든 근로조건에 대해 사용자와 자유롭게 계약을 체결하는 것이 가능합니다.

11. Other matters not regulated in this contract will follow provisions of the Labor Standards Act.
※ The terms and conditions of the labor contract for employees in domestic help and nursing can be freely decided through the agreement between an employer and an employee.

년   월   일
_____ (YY/MM/DD)

사용자:　　　　(서명 또는 인)
Employer:　　　(signature)

근로자:　　　　(서명 또는 인)
Employee:　　　(signature)

가톨릭 전례꽃꽂이 연구회. 2009. 밀꽃5집. 도서출판 KOKOJI.

강인식 외 8인. 2017. 한국꽃꽂이2. 도서출판SAY.

강종구 외 63인. 2005. 화훼유통 및 경영론. 위즈밸리.

강희만. 2009. 부동산숙달하기. 부동산넷.

고등학교 화훼장식 기술Ⅰ. 경기도교육청. 대한교과서.

고등학교 화훼장식 기술Ⅱ. 경기도교육청. 대한교과서.

고등학교 원예. 교육인적자원부. 교학사.

고등학교 원예기술Ⅰ. 교육인적자원부. 교학사.

고하수. 1993. 한국꽃예술사. 하수출판사.

고하수. 1993. 한국의 꽃 예술사 Ⅰ·Ⅱ. 하수 출판사.

고하수. 1999. 한국의 꽃예술사Ⅰ. 동아출판사. p.102-142.

고하수. 2012. 전통을 이은 한국 꽃꽂이. 민속원.

공간사랑. LG데코빌. 한국.

공동저자. 아르메리아 편집위원. 2000. 배우기 쉬운 동양 꽃꽂이. 인사랑.

공병호. 2001. 자기경영노트. 21세기북스.

곽동성, 강기두. 1999. 서비스마케팅. 동성사.

곽병하. 1994. 화훼원예각론. 향문사.

곽진만 외 12인. 2018. 뷰티서비스 고객관리와 경영관리-NCS학습모듈 이·미용 기반. 성안당.

곽진만 외. 2013. 고객관계 관리매니지먼트. 뷰티에듀테인먼트.

곽진만. 2016. 창업가 개인적특성요인, 경영 관리적 요인, 자본적 요인이 창업성과에 미치는 영향 연구. 한밭대학교 석사학위 논문.

교육부. 2015. 매장영업전 판매지원 및 준비점검. 한국직업능력개발원.

교육부. 2015. 화훼장식 절화상품 제작LM2202010902_l4vl. 한국직업능력개발원.

교육부. 2016. 서양형 화훼장식 디자인. 한국 직업능력 개발원.

교육부. 2016. 서양형 화훼장식 디자인LM2202010910-2_l4v1. 한국직업능력개발원.

교육부. 2016. 이벤트 화훼장식 디자인LM2202010910-3_l4v1. 한국직업능력개발원.

교육부. 2016. 한국형 화훼장식 디자인. 한국직업능력개발원.

교육부. 2016. 한국형 화훼장식 디자인LM2202010910-1_l4v1. 한국직업능력개발원.

교육부. 2016. 한국형 화훼장식 디자인LM2202010910-114v1. 한국직업능력개발원.

교육부. 2016. 화훼장식 가공화상품 제작LM2202010904_l4vl. 한국직업능력개발원.

교육부. 2016. 화훼장식 디자인 지도LM2202010910-4_l4v1. 한국직업능력개발원.

교육부. 2016. 화훼장식 분화상품 제작LM2202010903_l4vl. 한국직업능력개발원.

교육부. 2016. 화훼장식 상품 기획. 한국직업능력개발원.

교육부. 2016. 화훼장식 상품 판매. 한국직업능력개발원.

교육부. 2016. 화훼장식 절화상품 제작. 한국직업능력개발원.

구본학. 2016. 환경생태학개정판. 문운당.

국립특수교육원. 2018. 특수교육학 용어사전. 하우.

국제기능올림픽대회 한국위원회. 2010. 연혁, 한국위원회 소개.

권금택. 2005. 전략적 고객관계관리. 대명.

권영걸 외 40인. 2011. 공간디자인의 언어. 도서출판 날마다.

권영걸. 2001. 공간디자인 16강. 도서출판 국제.

권영규. 2012. 화훼도매시장 활성화 방안 연구. 절화류 시장참여자 인식조사를 중심으로. 건국대학교 대학원 박사학위 논문.

권오향. 2015. 화훼장식기능사. ㈜교학사.

권혜진. 2012. 보존화 산업의현황과 과제. 원예과학기술지. 30S2 169-189.

김경덕 외. 2000. 서비스 경영문화. 학문사.

김계훈 외 13인. 2006. 토양학. 향문사.

김광수, 박학봉, 송경용, 송죽헌. 1994. 화훼장식과 꽃꽂이. 아카데미 서적.

김광수. 2006. 광고학. 한나래.

김광식 외 10인. 2003. 개정 화훼학 총론. 선진문화사.

김광식. 2003. 화훼학총론. 선진문화사.

김규원 · 전효중 · 변미순 등 2003. 화훼장식기능사 국가기술자격종목 개발연구보고서. 한국산업인력관리공단.

김규원. 2010. 꽃과 화훼. 부민문화사.

김규원. 1994. 절화, 절엽, 분화류의 수확 후 취급 및 저장요령역. 상경사.

김규원. 2006. 화훼장식기사 제도의 시행과 화훼장식기사의 활동영역. 영남대학교 환경보건대학원 심포지엄자료, 1-13.

김규원. 2007. 한국화훼장식 산업의 과거, 현재와 미래, 한국화훼장식학회 총회 및 심포지엄 자료집, 2-7.

김명숙 외. 2002. 선물포장 Note Book Ⅱ. 도서출판 모아.

김명숙 외. 2004. 색고운 우리 포장. (사)한국선물포장디자이너협회.

김문희. 2006. 화훼디자인 상품의 판매 활성화를 위한 소비 동향 분석. 경희대학교 아트퓨전디자인대학원 석사학위 논문.

김미혜. 2011. 장례복원 메이크업 사례적용 연구. 호서대학교 벤처전문대학원 박사학위 논문.

김민영. 2014. VMD(Visual Merchandising) 운영체계에 따른 VMD 인지에 관한 연구. 부산대학교 석사학위 논문.

김병석. 2014. 최신산업안전관리론. 형설출판사.

김성기. 1997. 현대관리회계. 다산출판사.

김성호. 2001. 인테리어 디자인의 공간과 요소. 도서출판 신기술.

김소희. 2008. 쇼윈도 디스플레이를 위한 공간연출 작품연구. 경원대학교 디자인대학원 석사학위 논문.

김수연. 2009. 호텔 연회에서의 화훼디자인 상품에 관한 연구. 단국대학교 디자인대학원 석사학위 논문.

김숙원 외. 2006. 리본이 돋보이는 공간 연출. 도서출판 한 디자인.

김양희 · 고하수 · 이정식. 1991. 한국 전통 꽃꽂이의 역사적 고찰. 한국원예학회지 32:560-567.

김연형 · 김재훈 · 이석원. 2007. 고객관계관리와 데이터마이닝. 교우사.

김영춘 외 4인. 2010. 창업실무. ㈜서울교과서.

김영환 · 변영계 · 손미. 2007. 교육방법 및 교육공학. 학지사.

김용남. 2006. 원가관리회계. 도서출판 미래와 사람.

김용우. 개인 소장 자료.

김용철 · 김계수. 2004 6시그마 전략이 서비스 조직에 미치는 영향에 관한 연구. 한국품질경영학회.

김원용. 1993. 한국미의 탐구. 열화당.

김유선 · 서지현 · 윤평섭. 2014. 화훼장식 필기시험 기능사 · 기사 이론집. 문운당.

김유선 · 서지현 · 윤평섭. 2014. 화훼장식 필기시험 기능사 · 기사. 미진사.

김응주. 2013. 산업안전산업기사 필기. ㈜책과 상상.

김인권. 2004. 전시디자인. 태학원.

김인서 외 3인. 2010. 창업일반. ㈜서울교과서.

김자경 · 권은숙. 2912. 실전 디스플레이 노하우. 미진사.

김장미. 2002. 제대로 배우는 화훼장식 기초이론과 실제. 도서출판 TOP.

김장미. 2003. 성전 꽃꽂이. 예영.

김정명. 2010. 세계의 장례 문화. 한국외국어대학교 · 외국학종합연구센터.

김정수. 2017. 한국화예회. 도서출판 SAY.

김정희 외 9인. 2014. 플로리스트 가이드북. 플로라.

김정희. 2009. 성공하는 꽃집 플라워샵 창업하기. 크라운출판사.

김제홍. 2005. (e 비즈니스 시대의) 창업경영론. 글로벌.

김종권. 2002. CRM의 성공요인에 관한 연구.

김종기. 2009. 원예학개론. 농민신문사.

김종학. 2002. 화훼원예학총론. 문운당.

김준연. 소장 자료.

김지선, 김동찬. 2014. 한국디자인문화학회 Vol.20, No.4, pp.143-152.

김진영 · 김정원 · 전선옥. 2000. 유아 · 부모 · 교사를 위한 부모교육. 창지사.

김철교, 곽선호. 2007. 벤처기업 창업과 경영. 삼영사.

김학성. 2001. 디자인을 위한 색채. 조형사.

김형수 외 3인. 2013. CRM 고객관계관리 전략 원리와 응용. ㈜사이텍미디어.

김형수. 2008. CRM 마케팅 I : CRM 이론. 한국표준협회.

김혜민. 2014. 인터넷 화훼상품의 소비자 인식과 구매 경향, 고려대학교 생명환경대학원 석사학위 논문.

나기정. 2003. 주님 제대 앞에 서기까지. 홍익포럼.

나기정. 2004. 주님 말씀을 묵상하며. 가톨릭신문사.

나선문. 2008. 디스플레이 요소에서 POP와 오브제 연출 특성 변화에 관한 연구. 한양대학교 석사학위 논문.

나선영. 1998. 현대화훼디자인과 포스트모더니즘. 한국화훼디자인학회 논문집.

나시데히로코 저. 2009. 환선종 역. 비즈니스 매너. 쌤앤파커스.

나타시마 유키오 저, 김미숙 역. 2001. 장사 잘하는 점포의 상품 진열 테크닉. 국일증권경제연구소.

나타시마 유키오 저, 제일기획 브랜드마케팅연구소 역. 2007. 같은 물건도 3배 더 파는 디스플레이의 비밀. 흐름출판.

남경태. 2007. 바이블 키워드. 도서출판 들녘.

남상오 · 심재영. 2008. 관리회계원리. 한국방송통신대학교 출판부.

남상현. 2005. 기업유형에 따른 홍보활동의 비교 분석연구. 한국외국어대학교 정책과학대학원 석사학위 논문.

남순정. 2013. CS Leader관리사 한권으로 합격하기. 크라운출판사.

노순복, 장은옥. 2009. 화훼장식문화사. 수풀미디어.

노재범 외. 2005. 서비스 이노베이션 엔진 6시그마. 삼성경제연구소.

대전가톨릭대학교 평생교육원. 2013. 전례꽃꽂이 작품집. 도서출판 KOKOJI.

랑비. 주진흥미디어. 한국.

롤란드 T. 러스트, 밸러리 A. 자이텀, 캐서린N. 레먼. 2006. 고객가치 관리와 고객마케팅 전략. 지식공장소.

마이클 해머 · 제임스 챔피, 안중호 · 박찬구 역. 2008. 리엔지니어링 기업혁명. 스마트비즈니스.

문원 외. 2008. 생활 속 원예이야기. 에피스테메.

문원 · 이지원 · 전창후. 2010. 원예학. 한국방송통신대학교 출판문화원.

민경우. 1995. 디자인의 이해. 미진사.

민경우. 2003. 디자인의 이해. 미진사.

민희자 외 3인. 2013. 꽃을 찾는 세계미술여행. 도서출판 SAY.

박규원. 2001. 현대 포장디자인. 미진사.

박근완 · 박광태. 2008. 서비스 청사진을 이용한 병원서비스 개선방안에 관한 연구.

박기순 · 박정순 · 최윤희 옮김. 2004. 현대PR의 이론과 실제. 그루닉과 헌트 Grunig. J. E., Hunt. T.. 1984. Managing Public Relations, Newyork: Holt, Rinehart, & Winston. 서울:커뮤니케이션북스.

박대환. 2002. 최신 서비스 이론과 실무. 학문사.

박미옥 외 5인. 2015. 화훼장식 상품 제작 판매 유통. 문운당.

박미옥 외 8인. 2015. 화훼장식 작품 디자인. 문운당.

박미옥 외 9인. 2016. 단위화훼장식(NSC학습모듈 개발이력). 한국직업능력개발원.

박미옥 외 9인. 2018. 화훼장식 매장운영관리(NSC학습모듈 개발이력). 한국직업능력개발원.

박미옥 외 9인. 2016. 화훼장식 상품 관리. 한국직업능력개발원.

박미옥 외 9인. 2018. 화훼장식 상품홍보(NSC학습모듈 개발이력). 한국직업능력개발원.

박미옥 외. 2016. 화훼장식 상품 제작 판매 유통. 문운당.

박미옥 · 박향신 · 하승애 · 이화은 · 송채은 · 장정희 · 김형숙 · 조창기 · 주나리. 2015. 화훼장식 작품디자인NCS교육지도서. 문운당.

박미옥 · 장성희 · 주나리 외 6인. 2015. 화훼장식 작품디자인(NCS교육지도서). 문운당.

박미옥. 2007. 생태 및 연상언어 분석을 통한 화훼디자인의 생태성 평가 방법 개발. 상명대학교 대학원 박사학위 논문.

박미옥. 2011. 화예조형예술 작품에 대한 상징성 인식 분석-남녀 대학습자를 대상으로. 한국화예디자인학회지. 제 24집.

박미옥. 2011. 화예조형예술 작품에 대한 상징성 인식 분석-남녀대학생을 중심으로-. 한국화예디자인학연구.

박미옥. 2015. 화훼장식 디자인 기초 이론 지도. 문운당.

박선의. 1990. 디자인 사전. 서울: 미진사.

박성수. 2001. 죽은 CRM 다시 살리기. 시대의 창.

박성연 외 5인. 2003. 자녀와의 진정한 만남을 위한 부모교육. 교육과학사.

박성호. 2008. 홍보학개론. 한울.

박소연 · 양종열 · 오민권. 2001. 디자인 선호도조사 솔루션 구축한국기초조형학회. 〈기초조형학연구〉 2권2호 pp.329-337.

박옥남. 2009. 감성마케팅을 적용한 플라워 브랜드 샵 VMD전략에 관한 연구. 석사학위 논문. 대구대학교 디자인대학원.

박윤점 외 5인. 1998. 장식원예총론. 도서출판 서일.

박윤점 외 5인. 2005. 화훼장식학. 위즈벨리.

박윤점 · 변미순 · 이윤주 · 이정민 · 이현주 · 정우윤. 2005. 화훼장식학. 위즈밸리.

박윤점 · 서정근 · 손기철 · 이인덕 · 한용희 · 허북구. 2003. 알기 쉬운 장식원예총론. 중앙생활사.

박윤점, 변미순, 이윤주, 이정민, 이현주, 정우윤. 2005. 화훼장식학. 위즈벨리.

박윤점, 서정근, 손기철, 이인덕, 한용희, 허북구. 1998. 장식원예총론. 도서출판 서원.

박윤점, 서정근, 손기철, 이인덕, 한용희, 허북구. 2003. 알기 쉬운 장식원예총론. 중앙 생활사.

박윤점, 허북구. 2005. 화훼상품으로서 자생식물을 이용한 압화의 특성, 한국원예학회기타 간행물 10. 169-201.

박은주. 1996.색채 조형의 기초. 서울: 미진사.

박정주. 2000. CRM 시스템 구축 및 활용에 관한 핵심 성공요인 분석.

박현태 · 이두순 · 박기환 · 정훈. 2000. 화훼류 유통구조 실태와 개선방향. 한국농촌경제연구원.

박혜정. 2010. 고객서비스 실무. 백산출판사.

박효선 · 안해영. 2004. 화훼장식. FJ아카데미.

방광자 · 이종석 · 김순자. 2005. 신실내조경학. 조경. p.18-19.

방선경. 2010. 현대 화훼디자인에서 미니멀리즘의 표현특성에 관한 연구. 서울시립대학교 산업대학원 석사학위 논문.

방식. 2002. 색채학. 월간플레르.

백진주 · 박천호 · 곽병화. 1995. 우리나라 꽃장식의 화재 이용에 관한 연구. 한국화훼연구회지 42: 63-71.

변미순 · 김규원 · 전효중. 2005. 국가기술자격 화훼장식기사 제도의 시행과 전망. 한국화훼연구회지별호: 77-86.

(사)한국꽃예술작가협회. 2004. 화훼장식 A to Z Floral Design. 코북.

(사)한국화훼장식기사협회. 2018. 화훼장식기사. 부민문화사.

사단법인 일본플라워디자이너 협회편. 1995. 플라워디자인.

사단법인 한국꽃예술작가협회. 2004. 화훼장식 A to Z Floral Design. 코북.

사단법인 한국꽃예술작가협회. 2014. 화훼장식. 도서출판 SAY.

삼성환경조경학원. 2010. 쉽게 배우는 조경설계 · 시공실무. 삼성원.

서보영. 2011. 현대 웨딩 플라워의 트렌드 변화 연구. 경희대학교아트퓨전 디자인대학원 석사학위 논문.

서수옥. 1999. 플라워디자인교본. 알라딘.

서울대학교 교육연구소. 1995. 교육학용어사전. 하우.

서울시 북부노인. 병원경영의 패러다임변화.

서울시립대학교 환경화훼연구실. 2008. 화훼식물명 용어해설. 월드사이언스.

서은희. 2009. 국내외 상품기획 프로세스 비교 연구. 국민대학교 디자인대학원 석사학위 논문.

세계미술용어사전. 1989. 중앙일보.

세이플로리. 팀디자인. 한국.

손관화. 2002. FLORAL ANDPLANT DESIGN. 진흥미디어.

손관화. 2002. 화훼장식. ㈜진흥미디어

손관화. 2004. 아름다운 생활공간을 위한 화훼장식. 중앙생활사.

손관화. 2016. 분식물디자인. 중앙생활사.

손기철 · 나선영 · 류명화. 1998. 녹색이 인간생활에 미치는 영향. 한국원예치료연구회. p.65-81.

손기철 · 윤재길. 2000, 꽃색의 신비, 건국대학교출판부.

손기철 · 윤재길. 2000. 꽃색의 신비. 건국대학교출판부.

손기철. 1993. 절화, 절엽, 드라이플라워의 수확후 관리 및 취급요령. 도서출판 서원.

손기철. 1995. 수확 후 관리 및 취급요령. 서울: 서원.

손기철. 2002. 수확 후 관리 및 취급요령. 중앙생활사.

손기철. 2002. 원예치료. 중앙생활사.

손기철. 2002. 절화 · 절엽 · 드라이 플라워의 수확 후 관리 및 활용. 중앙생활사.

손기철. 2003. 장식원예총론. 중앙생활사.

손미자. 2011. 소재로 본 한국 천주교 제대 꽃꽂이. 석사학위 논문. 서울시립대학교 산업대학원.

손병남 외 2인. 2018. 화훼장식기능사실기시험문제. 크라운출판사.

손병남 외 2인. 2018. 화훼장식기능사필기시험문제. 크라운출판사.

손숙영. 1997. 향기요법. 글이랑.

송상엽 · 엄윤 · 이상효. 2007. 원가, 관리회계. 도서출판 웅지.

송원섭. 1997. 건조화의 이론과 실제. 서일.

송주택. 1993.식물학 대사전. 서울: 한국도서출판중앙회.

송채은 외 12인. 2011. 화훼 장식 기사. 도서출판 인아.

송희경. 2003. 강단 화예디자인의 상징 표현에 대한 연구: 기독교 상징체계와의 연관성을 중심으로. 숙명여자대학교 디자인대학원 학위 논문.

신강균. 2011. 광고기획론(3C 시대에 맞춘 광고기획과 전략). 한경사.

신제 생활원예. 1999. 향문사.

심낙훈 외 2인. 2000. 디스플레이. 기문당.

심낙훈. 1997. 비주얼 머천다이징&디스플레이. (주)영풍문고.

심낙훈. 2006. 비주얼 머천다이징&디스플레이. 우용출판사.

심낙훈. 2006. 팔리는 매장을 위한 디스플레이 마케팅. 도서출판 국제.

심우경. 2000. 옥상정원. 보문당.

아르메리아 편집위원. 2000. 배우기 쉬운 동양 꽃꽂이. 인사랑.

안건숙. 2000. 지역별 소비자 특성에 따른 패션 전문점의 VMD에 관한 비교연구. 중앙대학교 석사학위 논문.

안광호 · 하영원 · 박홍수. 2010. 마케팅원론. 학현사.

안광호. 2002. 마케팅전략(시장지향적). 학현사.

안병영 · 이창호 편저, 2011, 농산물품질관리사, 에듀나인.

안옥현. 2015. 기독교 장례 예식의 길라잡이. CLC.

안일준 · 유희경. 2004. 관리회계원론. 형설출판사.

알 리스 · 잭 트라우트 저, 박길부 역. 2008. 마케팅 불변의 법칙. 십일월출판사.

알렉스 버슨 저, 홍성완 역. 2000. CRM을 위한 데이터마이닝. 대청.

양정인 외. 1997. 압화예술원론. 도서출판 서일.

양정인 · 박윤점 · 채상엽 · 허북구. 2002. 압화예술원론. 중앙생활사.

양정인 · 박윤점 · 채상엽 · 허북구. 1997. 압화예술원론. 도서출판 서일.

양정인 · 박윤점 · 채상엽 · 허북구. 2002. 압화예술원론. 중앙생활사.

양정인 · 박윤점 · 채상엽 · 허북구. 2002. 압화예술원론. 중앙생활사.

엄지영 · 강세종. 2012. 올 어바웃 플라워숍. 주북하우스 퍼블리셔스.

여운승. 2007. 마케팅 관리론. 한양대학교 출판부.

연암대학교 수업 자료.

오면. 2006. Wedding Flower Design. MELLIA.

오세조 외 4인. 마케팅원론−고객중심과 시너지 극대화를 위한. 박영사.

오윤정. 2012. 화훼디자인의 쇼윈도 디스플레이에 있어 극적 연출 방법에 관한 연구. 숙명여자대학교 석사학위 논문.

오창수 외 7인 역. 2008. 광고와 프로모션. Shimp. T. A. Advertising Promotion and Other Aspects of Intergrated Marketing Communications. 한경사.

오흥근. 1997. 아로마건강법. 도솔.

왕경희 외 6인. 2018. 화훼장식 기초조사(NSC학습모듈 개발이력). 한국직업능력개발원.

왕경희 외 6인. 2018. 화훼장식 매장 디스플레이(NSC학습모듈 개발이력). 한국직업능력개발원.

왕경희 외 6인. 2018. 화훼장식 절화 응용상품 제작(NSC학습모듈 개발이력). 한국직업능력개발원.

왕경희 외 6인. 2018. 화훼장식 절화상품 재료 구매(NSC학습모듈 개발이력). 한국직업능력개발원.

왕경희. 2001. Western Floral Design 이론과 실제. 나명들명.

왕경희. 2015. 화훼장식 상품 제작 판매 유통. 문운당.

월간원예. 월간원예. 한국.

요하네스 이텐. 1983. 색채의 예술. 지구문화사.

유관호. 1994. 색채이론과 실제. 서울: 청우.

유영배. 1999. 유통환경 디스플레이. 디자인하우스.

윤덕균. 2007. 초우량 기업들의 경영 혁신 200년. 민영사.

윤성은. 2006. 화훼디자인 개론. 기문당.

윤성은. 2007. 화훼디자인개론. 기문당.

윤성은. 2007. 화훼디자인개론. 기문당.

윤평섭 외 6인. 2005. 화훼장식 디자인 및 제작론. 위즈벨리.

윤평섭 · 이화은 등. 2005. 화훼디자인 및 제작론. 위즈벨리.

윤평섭 · 이화은 · 정혜인 등. 2003. 화훼장식 디자인 및 제작론. 위즈벨리.

윤평섭 · 이화은 · 정혜인 · 나선영 · 김양희 · 문현선 · 변미순. 2005. 화훼장식디자인 및 제작론. 위즈밸리.

EBS독학사연구회. 2011. 원가관리회계. ㈜지식과미래.

이경민. 2007. 구매욕구 향상을 위한 플라워샵 디스플레이에 관한 연구. 경희대학교 석사학위 논문.

이경민. 2007. 구매욕구 향상을 위한 플라워샵 디스플레이에 관한 연구. 경희대학교 아트퓨전디자인대학원 석사학위 논문.

이경순. 2011. 화훼산업 트랜드 변화에 따른 플라워 샵의 롤모델 연구. 서울시립대학교 산업대학원 석사학위 논문.

이계정. 2014. 서울 양재동 화훼공판장 활성화를 위한 도입 프로그램 분석. 한양대학교 공과대학원 석사학위 논문.

이대일. 1996. 조형의 원리. 서울: 예경.

이미경. 2006. Dtawing with Big Ideas. 기문당.

이미연 · 이소은. 2011. 비주얼 머천다이징과 디스플레이. 파워북.

이미영. 2002. 백화점 구두매장 디스플레이에 관한 연구. 동서대학교 석사학위 논문.

이미혜 · 김태연. 2007. 공간디자인과 테이블 스타일링. 기문당.

이민규. 2009. 끌리는 사람은 1%가 다르다. 더난 하우스.

이민형. 2014. 장례용화훼장식의 평가 및 개선을 위한 비교 연구. 영남대학교 환경보건대학원 석사학위 논문.

이병우 외. 1981. 교육학개론. 교육과학사.

이상윤. 2010. 매장관리론. 도서출판 두남.

이상희. 1998. 꽃으로 보는 한국문화 2. 넥서스.

이손선 외. 2012.압화와 원예복지. ㈜소리들.

이송자 · 전희숙 · 한근희 · 심상은. 2011. 화훼장식 기능사 실기. BM성안당.

이순봉 · 진재성 · 한용희 · 허북구. 1995. 경조화환의 이론과 실제. 화연출판부.

이순철. 1997. 서비스 기업의 운영전략. 삼성경제연구소.

이영무. 1995. 실내조경. 기문당.

이영병. 2001. 화훼디자인과 산업. 시그마프레스.

이원영. 2004. 야생화의 건조 방법에 따른 색상 및 형태적 변화. 고려대학교대학원 박사학위 논문.

이유재. 2010. 서비스 마케팅. 학현사.

이윤선. 1996. 윤선꽃예술 동아세아 꽃예술교류전 작품집. 도서출판 인아.

이은정. 1999. 미술관 전시에 관한 연구. 경성대학교 석사학위 논문.

이은희. 2012. 시들지 않는 꽃 Preserved Flower. 도서출판 세이.

이정민, 홍의택. 2006. 화예디자인의 예술성 탐구 경향에 있어 구성 대 인간성 탐구경향에 대한 비교 연구. 한국화예디자인학연구. Vol.15, pp.30.

이정민. 1998. 화예디자인의 현대적 개념과 기능에 관한 연구. 한국꽃예술디자인학회. p.85-112.

이정민. 2001. 환경친화 가치를 위한 화예디자인의 정체성 확립과 표현에 관한 연구. 숙명여자대학교 디자인대학원 석사학위 논문.

이정수. 한국 꽃 문화의 역사. 주플라워 채널.

이정숙. 2008. 성공하는 직장인은 대화법이 다르다. 더난출판사.

이정식 외 6인. 2005. 화훼유통 및 경영론. 위즈밸리.

이정아. 2011. 컬러리터러시 학습모형에 관한 연구. 홍익대학교 대학원.

이정아. 2013. 디자인미술교육을 위한 색채. 지식과 감성.

이정학. 2006. 서비스경영. 기문사.

이정학. 2006. 현대사회와 매너. 기문사.

이종석 외 2일. 1994. 실내조경학. 서울: 동별당.

이종석 · 박천호 · 서정근 · 정정학 · 정병룡 · 김영아 · 김규원. 2005. 화훼품질유지 및 관리론. 위즈벨리.

이종석 · 박천호 · 서정근 · 정정학 · 정병룡 · 김영아 · 김규원. 2008. 화훼품질유지 및 관리론. ㈜자연이가득한곳.

이종석 · 방광자 · 원주희. 1993. 실내조경학. 조경.

이종석. 2008. 화훼원예학. 향문사.

이종섭 · 손기철 · 송종은 · 이손선. 1998. 실내식물이 인간의 뇌파변화에 미치는 영향. 한국원예치료연구회 p.57-64

이중석. 2008. 화훼원예학. 향문사.

이지언. 1998. 유러피안 플라워 디자인 교재. 청아플라워즈.

이지현 · 한은주. 2013. 비주얼 머천다이징. (주)교문사.

이창혁. 1995. 실내조경학. 서울: 명보문화사.

이학식 · 김영 · 이용기 1998. 시장지향성과 성과: 사원만족, 고객만족 및 기업이미지의 매개적 역할, 경영학연구, 제27권 제1호.

이향정 · 강미라. 2009. 서비스와 이미지 메이킹. 백산출판사.

이현아. 2003. 현대 플라워 디자인 트랜드에 관한 연구. 대구카톨릭대학교 대학원 석사학위 논문.

이현정. 2006. 실내공간 구성요소에 의한 감성반응 연구: 기독교 예배공간 강단부를 중심으로. 울산대학교 대학원 석사학위 논문.

이화은 · 이영선 · 양나영 · 박건미 · 이정화 · 도지현 · 탁영숙 · 백진주 · 도윤정 · 김민선. 2001. 화훼장식론 이론과 실습. 우림출판문화원.

이화은 · 이영선 · 양나영 · 박건미 · 이정화 · 도지현 · 탁영숙 · 백진주 · 도윤정 · 김민선. 2001. 화훼장식론 이론과 실습. 우림출판문화원.

이화은. 2001. 화훼장식론 이론 및 표현실습. 도서출판 우림출판문화원.

이화은. 2001. 화훼장식이론 및 표현실습. 도서출판 우림출판문화원.

이화은. 화훼 장식론 이론 및 표현 실습. 우림출판문화원.

인간관계론. 2007.

임병선. 2016. NCS기반의 원가관리. 도서출판 범한.

임성택. 1999. 웨딩플라워. 채빈.

임성택. 1999. 웨딩플라워. 채빈.

임연. 2002. 화훼산업의 활성화에 관한 연구: 화훼유통을 중심으로. 동국대학교 경영대학원 석사학위 논문.

임정수. 2018. 2018 경영지도사 2차 인적자원관리 한권으로 끝내기. 시대고시기획.

임종원 외. 2010. 소비자 행동론. 경문사.

임주연. 2006. 화훼장식 이론과 실기. 인아.

임혜경 외. 2003. 자신의 가치를 높여주는 매너와 서비스. 새로운사람들.

장대련. 2006. 광고론. 학현사.

장은옥, 차귀금, 전현옥. 2006. 누구나 쉽게 만드는 리빙플라워. 크라운출판사.

장은옥. 2007. 화훼장식기사 필기시험 문제 총정리. 크라운출판사.

장은옥. 2013. 장은옥의 겟 잇 플라워. 수풀미디어.

장은옥. 2014. 플로리스트를 위한 절화, 절지&절엽이야기. 수풀미디어.

장정희. 2000. 전례꽃 작품의 세계. 도서출판 UNLF.

장태현. 2006. 조경재도, 표현. 도서출판 조경.

전경희. 1998. 성전꽃꽂이. 이스라엘문화원.

전수환. 2015. 하루에 끝장내기 경영학. ㈜세경북스.

전은주. 2004. 우리나라 결혼식장 내부 화훼장식. 고려대학교 생명환경과학대학원 석사학위 논문.

전인수 · 김은화. 2010. 마케팅전략. 석정.

전희숙 외 2인. 2015. DIY 프리저브드플라워. 부민문화사.

정경원. 1994. 디자인의 발견. 서울: 디자인 하우스.

정병론 · 임영희. 2008. 화훼디자인실습. 청운출판.

정소영. 1998. 실리카겔을 이용한 장미의 누름꽃 건조에 관한 연구. 원광대학교대학원 석사학위 논문.

정소연 · 이인옥 · 김명희. 2010. 식공간의 플라워디자인 조형 표현에 관한 연구. 식공간연구 42: 1-13. 한국식공간학회.

정진홍. 2001. 감성바이러스를 퍼뜨려라. 위즈덤하우스.

정혜인. 1998. 화훼장식의 공간표현을 위한 프레임디자인 기법의 활용. 영남대학교 박사학위 논문. pp.1-5.

조 지라드 저, 김명철 역. 2012. 누구에게나 퇴고의 하루가 있다. 다산북스.

조경래 외. 2000.전통염색의 이해. 보광출판사.

조근호 · 박영숙 · 변재면 · 서정남. 1998. 한국 꽃예술작품의 자생식물 이용에 관한 연구. 한국화훼연수회지 72:27-38

조민경 · 왕경희 · 박윤점. 2018. 중국 유물에 나타난 화훼디자인에 관한 연구. 한국화예디자인학회

조상원. 1995. 소법전. 현암사.

조서환 · 추성엽. 2004. 한국형 마케팅. 21세기북스.

조신영. 2007. 경청(마음을 얻는 지혜). 위즈덤하우스.

조연웅. 2012. 화훼상품연출. 크라운출판사.

조용석 · 오창일 · 이상훈 외 12인. 2008. 광고 · 홍보 실무 특강. 커뮤니케이션북스.

조진옥. 2013. 가톨릭 진례주년의 상징적 이미지에 따른 화훼디자인의 조형구성. 단국대학교 문화예술대학원 석사학위 논문.

주나리. 2007. 기초절화장식. 천암연암대학 산학협력단.

중소기업벤처부 소상공인 시장 진흥공단 E-런닝.

중소기업벤처부 소상공인시장진흥공단 상권정보.

진미자. 1998. 화예디자인. 미진사.

진미자. 2001. 화예디자인의 표현과 기법. 미진사.

진서훈. 2005. CRM과 데이터마이닝. 교우사.

찰스왈쉬레거, 신디아부식. 1998. 디자인의 개념과 원리. 안그라픽스.

채유덕. 개인소장자료.

천주교 인천교구 전례꽃꽂이회. 2005. 전례꽃Ⅱ.

최상복. 2004. 산업안전대사전. 도서출판 골드.

최영전. 1988. 실내원예. 민서출판사.

최영전. 1992. 향료 악미 향신료 식물백과. 오성출판사.

최영전. 1992. 향료 악미 향신료 백과. 오성출판사.

최윤정. 2007. 최윤정의 명품 선물 포장. 동아일보사.

최은경 · 박학봉 · 박병모 · 박정선. 1996. 최근 꽃꽂이에 이용되는 건조, 가공, 이질소재에 관한 연구. 한국화훼연구회지 52:43-52.

최은경 · 박학봉 · 박병모. 1996. 최근 우리나라 꽃꽂이 화재의 이용 경향에 관한 연구. 한국화훼연구회지 52:31-42.

최은아 · 이상식 · 이돈희. 2016. 서비스 청사진을 이용한 면세점에서의 서비스 접점개선 연구.

최정환 · 이유재. 2001. 죽은 CRM 살아있는 CRM. 한언.

최주견. 1995. 가정원예. 오성출판사.

최충식. 2011. 포장 디자인 매체. 창지사.

최혜경 외 3인. 1998. 플라워 어레인지먼트. 인아.

츠키야마 아키노리 저, 유철수 역. 2006. 매장만들기. 한국체인스토어협회 출판부.

편집부. 2006. 경영학개론. ㈜예하미디어.

포스코 경영 연구소. 중국의 결혼과 장례풍습.

프레드릭 뉴웰. 2000. 인터넷시대의 고객관계경영. 21세기북스.

프레드릭 뉴웰. 2003. CRM 절대로 하지마라. 세이북스.

플라워저널. 월간 플라워저널. 한국.

플레르. 유니프. 한국.

플로라. 주소리들. 한국.

플로랄투데이. Kokogi. 한국.

피터 드러커 저. 2003. 이재규 역. 자기경영 노트. 한국경제신문사.

피터아스만. 2002. 피터아스만 꽃강좌. 도서출판 유니프.

필립휴즈 저, 권순관 역. 2012. 전시 디자인을 위한 커뮤니케이션. 도서출판 대가.

하경진. 2008. 비주얼 머천다이징을 적용한 주얼리 상품 연출에 관한 연구. 단국대학교 디자인대학원. 석사학위 논문.

하대용. 2008. 마케팅. 학현사.

하순혜. 1999. 한국화재식물도감. 광진.

하승애. 2004. 동양의 화훼디자인 양식과 변천에 관한 연구. 상명대학교 박사학위 논문. pp.79-85.

한국 화훼장식학회. 2012. 플로리스트를 위한 화훼장식학. 부민문화사.

한국IT서비스학회지 제7권 제2호, pp.223-242.

한국고시회. 2018. NCS 공기업 전공필기 직무수행능력평가 경영학. (주)고시넷.

한국꽃예술학회. 2002. 꽃예술사전. 미진사.

한국농촌경제연구원. 2000. 화훼류 유통구조 실태와 개선방향.

한국방송통신대학교. 2007. 마케팅 조사.

한국방송통신대학교. 2012. 소비자행동론.

한국산업경영시스템학회. 2008. 애프터서비스 품질요인이 고객 불만족 해소에 미치는 영향에 관한 연구.

한국산업인력공단. 화훼장식기사. 국가자격종목별 상세정보.

한국산업정보학회지논문지. 제21권 제4호, pp.95-110.

한국색채학회. 2002. 컬러리스트 이론편. 국제.

한국우리꽃예술연구회. 2009. 한국꽃꽂이. 도서출판 SAY.

한국웨딩학회편. 2012. 웨딩스타일 상품론. 도서출판 구상.

한국의 야생화. 한국자생식물협회. 한국.

한국플라워디자인협회. 1998. 정석 플라워 디자인. 인아.

한국화예디자인학회. 2003. 한국화예대사전. 인아.

한국화훼연구회. 1996. 화훼원예학총론. 문운당.

한국화훼장식학회. 2010. 플로리스트를 위한 화훼장식학. 부민문화사.

한국화훼장식학회. 2010. 화훼장식학. 부민문화사.

한국화훼장식학회. 2016. 플로리스트를 위한 화훼장식학. 부민문화사.

한기언. 1963. 한국교육사. 박영사.

한기증. 2009. 색채학의 이해. 기문당.

한명순 외. 2014. 원예디자인 지침서 II. 도서출판 KOKOJI.

한상숙. 2008. 한국과 일본 전통 꽃꽂이 양식의 시대 비교. 서울시립대학교 산업대학원 석사학위 논문.

한상숙 · 이부영. 2009. 한국과 일본 전통꽃꽂이 양식의 시대 비교. 서울시립대학교 환경원예학과 박사학위 논문.

한석우. 1991. 입체조형. 미진사.

한설자 외 6인. 1994. 토탈 웨딩 플라워. 서울: 인아.

허북구 외2003. 실전 꽃포장 쉽게 배우기. 중앙생활사.

허북구 · 채수천 · 손기철. 1996. 화훼유통과 플라워 샵 비즈니스. 도서출판 서원.

허북구 · 채수천 · 손기철. 1998. 화훼유통과 플라워샵 비즈니스. 도서출판서원.

허북구 · 한용희 · 이순봉 · 강종구 · 김훈식. 1994. 한국 전통 꽃꽂이의 형식과 내용에 관하여. 한국화훼연구회지 31:61-72.

허북구. 2002. 화훼유통과 플라워샵 비즈니스. 중앙생활사.

홍성수. 2005. 회사에 들어가서 처음 만나는 회계. 새로운제안.

홍성수. 2007. 회사에 들어가서 처음 만나는 재무제표. 새로운제안.

홍성옥. 1992. 아름다운 여성의 꽃꽂이 기초레슨. 한림출판사.

홍순관. 2002. 식물의 구조와 기능. 진솔.

홍훈기. 2006. 한국 전통 꽃예술의 변천과 특징에 관한 연구. 서울시립대학교 산업대학원 박사학위 논문.

홍훈기 · 이종석. 2010. 한국과 중국 및 일본의 궁중 전통 꽃꽂이 특징 비교. 한국원예학회.

화원경영 인정도서 편찬위원회. 2015. 화원경영. 경기도교육청.

화훼원예각론. 2007. 향문사.

화훼장식기술 인정도서 편찬위원회. 2004. 화훼장식기술 I. 경기도교육청.

화훼장식학회 26인. 2012. 플로리스트를 위한 화훼장식학. 부민문화사.

환경과 조경. 환경과 조경사. 한국.

황수로. 1992. 한국꽃예술 문화사. 삼성출판사.

황혜전. 2013. 고양국제꽃박람회의 관람객 만족도가 화훼상품의 구매의도에 미치는 영향. 고려대학교 생명환경대학원 석사학위 논문.

A Study of Colour for Florists, Dieter Holzschuh, Donau Verlag

Alfred Lord Tennyson. 1995. Flowers through the Ages. Buckingham: ShireLtd.

Allen D. Bragdon. 1994. Floral crafts. Waston Guptills Publications.

Allenby, G.M., Leone,R.P., and Jen, L. 1999. "A Dynamic Model of Purchase Timing with Application to Direct Marketing," Journal of American Statistical Association. 94(446), pp.365-374.

AmandaDocker. 1990. Dried Flowers. London: Century Ltd.

Analysis Book. The Society of Floristry, UK.

Anderson, Tage. 1998. Tage Anderson II. Borgen.

AnneEffelsberg. 1991. Blumen. Niedernhausen: Faiken.

AnneEffelsberg. 1992. Potpourri&Scented Bouquet. Oxon: Transedition Book.

Architectural digest. A Cond Nast Publication. London.

Assmann, P. 1989. Contemporary Floristry. FDFFederal Association of German Florist

Assmann, Peter. 1989. Floristik. Donau-Verag Günzburg

Assmann, Peter. 1992. Objects: floral and non-floal. Donau-Verag Günzburg

Assmann, Peter. 1993. Floral designs. Donau-Verag Günzburg

Auboyer, Jean L. 1998. Masters of flower arrangement France. Stichting Kunstboek.

Austin, Richard L. 1985. Designing the interior landscape. Van Nostrand Company Inc. New York.

AvrilLansdell. 1992. Wedding Fashions 1860-1980. Buckingham: Shire Ltd.

Bames&Noble Books. 1995. The New Flower Arranger: Contemporary Approach to Floral Design. Anness Publishing Ltd.

Baxter County Master Gardeners. 2005. Principles of Floral Arrangement. University of Arkansas

Black, Penny. 1989. The book of potpourri. Simon and Schuster. New York.

Black, Penny. 1992. A passion for flowers. Simon & Schuster. New York.

Bloemschikken. (주)한국 스미더스 오아시스.

Bloom's. Floristik Marketing Service GmbH. Germany.

Bonechi, C. E. 2000. Art and History of Egypt, Italy.

Bremness, Lesley. 1990. Herbs. Dorling Kindersley.

Brickel, C. 1993. Plants&Flowers. London:DorlingKindersley.

Briggs, George B. and C.L. Calvin. 1987. Indoor plants. John Wiley & Sons, Inc. New York.

Brinton, Diana. 1990. The complete guide to flower arranging. Merehurst. London.

Brookes, John. 1989. The indoor garden book. Dorling Kindersley.

Butalia, B. 1997. Khajuraho. Orchha. Lustre Press Pvt. Ltd.

Cao, Y. and Gruca, T.S. 2005. "Reducing Adverse Selection Through Customer Relationship Management". Journal of Marketing, 69(4), pp.219-229.

CCM&PF. 1993. Displaying Pictures. London: Mitchell Beazley.

Chauhan, R. R. S. 1997. A Guide to the National Museum. Janpath. New Deli.

Colefax. 1992. Interior Decoration. London: ChesterJones.

Conder, Susan, S. Phillips, and P. Westland. 1993. The complete flower craft book. North Light Books. U.S.A.

Conover, C.A. 1986. QUALITY. Acta Horticulture. 181. pp.201-206.

Council for Cultural Planning and Development CCPD. 1989. The Art of Chinese Flower Arrangement. Past and Present. China Art Printing Works Yu Tai Industrial Co., Ltd.

Country home. Better homes and Gardens, Meredith Crop. Iowa. U.S.A.

Culbert, J.R. 1978. Flower Arranging. University of Illinois.

D.C.&P.M. 1989. A History of Flower Arranging. London: Heinemann.

DaphneVagg. 1993. Flower Arranging Course. London: Ebury Press.

David A. Asker, Mc Loughlin. 2010. Stategic Market Management: Global Perspectives.

DavidJoyce. 1994. Hanging Baskets. London: C.Octopus Ltd.

Design Compendium Styles&Methods, John Haines, Hitami Gillam, World Floral Servico Inc.

Diamond Jay, Diamond Ellen. 2010. Contemporary Visual Merchandising and Environmental Design. Prentice Hall.

Dried materials. 1994. Kund&Nielsen company, Inc. U.S.A.

Dye III, J. M. 2001. The Art of India. Virginia Museum of Fine Art. New Deli.

ElizabethHilliard. 1992. Brides. London: Conde Nast Publications Ltd.

ElleDecoration. N° 56,6-8,1995.

EncyEclopedia Americana. 1971. Vol.10

FionaBarnett. 1991. Wedding Flowers. London: OctopusLtd.

Fleur kreativ. Rekad Verlag. Belgien.

Fleur 2013~2015. 도서출판 유니프

Floral art. Media Effect. The Netherlands.

Florist. Donau Verlag. Germany.

Floristik international. Eugen Ulmer GmbH & Co. Germany.

Florists' review. Florisrs' Review Enterprises, Inc. U.S.A.

Flower shop. 草土出版. 日本.

Flowers & decorations. Uitgeverij Flowers & Decoration. Germany.

Franz-JosefWeinetc. 1992. Objecte. Gunzburg: Donau-VerlagGmbH.

FriedhelmRaffel. 1989. Floral-Cillagen II. Gunzburg: Donau-VerlagGmbH.

FTD. 2004. FTD Designer's Workbook.

Fundamental Theories of Design, John Haines, Hitami Gillam, World Floral Servico Inc.

Furuta Tok. 1983. Interior Landscaping. Virginia: RestonCo.

Garden design. Meigher Communications. New York.

Garden, deck & landscape planner. Better homes and garden. Special Interest Publication. Meredith Corp. Iowa. U.S.A.

Gardens illustrated. John Brown Publishing Ltd. London.

Garten, Homes & Gardens. Germany.

Gorin N. G.L.. Staby, W. Klop, N. Tippet, and D.L. Leussing, Jr. 1985. Quality measurements of carnation treatment solutions in relation to flower silver distribution and longevity.. J. Amer. Soc.Hort.Sci.110:117-123.

Gorman, Geg M. 2008. Visual Merchandising : Window and In-Store Displays for Retail. Laurence King.

Gorn N, G.L. Staby, W. Klop, N. Tippet, and D.L. Leussing, Jr.1985. Quality measurements of carnation treatment solutions to flower silver distribution and longevity. J. Amer. Soc. Hort. Sci. 110:117-123

Grant W. Reid. 1992. 조경설계표현기법. 이제화, 임원현, 김동필(역). 대우출판사.

Greenoak, Francesca. 1996. Water features for small gardens. Conran Octopus.

GregorLersch. 1985. Spannungen.Gunzburg : Donau-VerlagGmbH.

GregorLersch. 1990. Bridal Bouquet Romance. Gunzburg : Donau-VerlagGmbH.

Grüe Welt. OZ Verlag GmbH. Germany.

Hammer, Nelson. 1991. Interior landscape design. McGraw-Hill Architectural & Scientific Pubications, Inc. New York.

Hammer, Patricia R. 1991. The new topiary. Longwood gardens Inc. England.

HaroldPiercy. 1988. Handbook of Floristry. London:ChristopherHelm.

HaroldPiercy. 1991. Dried&Artifical Flower Arranging. London:PeerageBooks.

Hatala, Kym. 1994. The dried flower arranger's companion. Chartwell Books, Inc.

Hendy, Jenny. 1997. Balconies & roof garden. New Holland Ltd.

Herwig, Rob. 1992. Growing beautiful houseplants. Facts On File.

Heskett, James L., W.E.Sasser and L.A. Schlesinger. 1997. The Service Profit Chain. New York : The Free Press.

Hessayon, D. G. 2004. The flower arranging expert. Expert books, London.

Hessayon, D. G. 2004. The house plant expert. Expert books, London.

Hessayon, D.G. 2004. The flower arranging expert. Expert books, London.

Hessayon, D.G. 2004. The house Plant Expert books, London.

Hillier, Malcom and C. Hilton. 1986. The book of dried flowers. Simon ans Schuster. New York.

Hillier, Malcom. 1996. Herb garden. Dorling Kindersley.

Holzschuh, Dieter. 1994. A study of colour for florists. Donau-Verag.

Homes & gardens. Special garten. lpm magazin-verlag GmbH. Germany.

House & garden. A Cond Nast Publication. London.

House beautiful. The Hearst Coporation. New York. U.S.A.

http://www.worldskills.org

Huang, Y. C. 1998. The art of traditional chinese flower arranging. Asian Museum of San Francisco. U.S.A.

Hunter, Margaret K. 1978. The indoor garden. A Wiley-Interscience Publication. New York.

Hunter, N.T. 2000. The art of floral design. Delmar Thomas Learning, NY.

Hunter, Norah T. 1994. The art of floral design. Delmar Publishers Inc. New York.

IngeborgWundermann. 1993. Der Hobby-Florist. Stuttgart : Ulmer.

Interior landscape. American Nurseryman Publishing Co. U.S.A.

Interiorscape. Brantwood Publication. U.S.A.

J.&MartinMiller. 1993. Period Styie. London : MitchellBeazley.

J.&MartinMiller. 1993. Victorian Style. London : MitchellBeazley.

James, Christiane, K. Kerstjens, und A. Kalbe. 2000. Grabgestaltung und grabpflege. Dumont.

Joiner, Jasper. N. 1981. Foliage plants production. Prentice—Hall. New Jersey.

Joshi, R. 1995. Delli, Agra and Jaipur. Lustre Press Pvt Ltd.

Kudo M. 2003. The History of Ikebana. Shufunotomo Co., Ltd. Tokyo.

Kumar, V. and Reinartz, W.J. 2006. Customer Relationship Management: A Databased Approach, John Wiley & Sons, Ch.1., Ch.6.

Kumar,V., Petersen, J. Andrew and Leone, Robert P., 2007. "How Valuable Is Word of Mouth", Harvard Business Review, 85(10), pp.130–146.

Lersch, Gregor. 1995. Bridal bouquet vernissage. Donau—Verag.

Lersch, Gregor. 1996. Adventure Christmas. Gregor Lersch Edition.

Lersch, Gregor. 1996. Form of nature. Gregor Lersch Edition. Germany.

Lersch, Gregor. 1997. Standing ovations. Gregor Lersch Edition.

Lersch, Gregor. 1998. Trends. Donau—Verag.

Lersch, Gregor. 1999. Principles of floral design. Donau—Verag.

Leuven, Bart V. 1998. Floral masterpieces. Belgium. Stichting Kunsrboek.

Leuven, Bart V. 1998. Floral masterpieces. The Netherlands. Stichting Kunsrboek.

Lewis, M. 2005. "Incorporating Strategic Consumer Behavior into Customer Valuation". Journal of Marketing,69(4), pp.230–238.

MacDaniel, G.L. 1981. Floral design and arrangement. Reston Publishing Com.

MacDaniel, Gary L. 1981. Floral design and arrangement. Reston Publishing Company, Inc. Virginia

MalcolmHillier. 1986. Dried Flowers. London: Simon&Schuster.

Manaker. George H. 1987. Interior plantscapes. Prentice—Hall, Inc. New Jersey.

MaryLawrence. 1988. Pressed Flowers. London: Salamander.

McGraw. 1946. EncyEclopedia of world Art. Hill Inc.

Metropolitan Home. Hachette Filipacchi U.S.A. Inc. U.S.A.

MichaelWright. 1995. MixedMedia. London: DorlingKindersley.

MingVeevers—Carter. 1990. Decorating with Nature. London: MerehurstLtd.

MingVeevers—Carter. 1991. Flowers for Celebrations. London: MerehurstLtd.

Mitra, S. 1999. Walking with the Buddha. Buddhist Pilgrims in India. Eicher Goodearth Ltd. New Deli.

Moniek Vanden Berghe, 2005. Flowers in Love

NelsonHammer. 1991. Interior Ladscape Design. NewYork: McGraw—HillInc.

Nicole, Deine. 1997. Florever 2. Stichting Kunstboek.

Niizuma, Naomi. 1998. Flower arrangement Ⅰ·Ⅱ·Ⅲ. 유니프.

Niizuma, Naomi. 2000. World flower artists Ⅰ·Ⅱ. 월드기획.

Ortiz, E. Lambert. The encyclopedia of herbs, spices&flavourings. 1992. Dorling Kindersley. London.

Ost, Daniel. 1990. Daniel Ost. Rekad Produktirs N.V.

Ost, Daniel. 1998. Ostentatief. Lannoo.

P.Z.B. 1988. SERVQUAL: A Multiple—Item Scale for Measuring Consumer Perception of Service Quality, Journal of Retailing, spring.

PamelaMcNicol. 1991. FlowersForWeddings.London: Batsford Ltd.

PaulaPryke. 1993. TheNewFloralArtist.London: MitchellBeazley.

PaulineMann. 1989. WeddingFlowers.London: BarsfordLimited.

Pegler, Martin M. Visual Merchandising and Display. Fairchild Book & Visuals.

Peppers, Don and Rogers, Martha. 2004. Managing Customer Relationships: A Strategic Framework. John Wiley & Sons, Inc., Ch. 11,12.

PeterAssmann. 1993. Floral Designs. Gunzburg: Donau-VerlagGmbH.

Piercall, Gregory M. 1987. Interierscapes: palnning, graphics, and desgin. Prentice-Hall, Inc. New Jersey.

Porfil floral. Floristick Marketing. Service GmbH. Germany.

Potaplants&Cutflowers. 1993. Schipholweg: Flower Council of Hilland.

Primal Leadership written by D.Goleman,R.Boyatizis & Mckee(감성의 리더십, 2003 청림출판)

Professional Floral Designer. American Nurseryman Publishing Co. U.S.A.

Profil floral. 1998. Christmas time. Thalacker Medien.

Raffel, Friedhelm. 1997. Floral collagen 3. Donau-Verag Günzburg

Reuschenbach, Michael. 1996. Sympathy and floristry. Donau-Verag Günzburg

RichardKollath. 1988. Wreaths. NewYork: Facts On File.

Robert, C.&Tom, P. 1990. The Colour Eye. London: BBCBokks.

Rosenau, Jeremy A, Wilson, David L. 2006. Apparel Merchandising: The Line Starts Here. Fairchild Book & Visuals.

Rust, R.T., Lemon, K.N., and Narayandas, D., Customer Equity Management, Person Prentice Hall. Ch.1,5.

Rust, R.T., Lemon, K.N., and Zeithaml,V.A. 2001. "Driving Customer Equity: Linking Customer Lifetime Value to Strategic Marketing Decisions". Working Paper No.01-108, Marketing Science Institute.

Rust, R.T., Zeithaml, V.A., and Lemon, K.N. 2004. "Customer-Centered Brand Management", Harvard Business Review,82(9):pp.100-8,138.

Ryals,L. 2005. "Making Customer Relationship Management Work: The Measurement and Profitable Management of Customer Relationship". Journal of Marketing, 69(4), pp.256-261.

SarahWaterkeyn. 1987. Dried Flowers. London: Salamander.

Setijono, D. and Dahlgaard, J.J. 2007. "Customer value as a key performance indicator(KPI) and a key improvement indicator (KII)". Measuring Business Excellence, 11(2), pp.44-61.

StanleyColeman. 1988. Successful Florist. London: Barsford Limited.

SusanHightRountree. 1993. Entertaining Ideas From Williamsburg.C · W.

SylvianeMarchandetc. 1993. L'artdubouqueten France. Paris:AmandColinEditeur

SylviaPepper. 1992. Pressed Flower Work Station. Leicester: Blitz.

The American Institute of Floral Designers. 2005. The AIFD Guide to Floral Design. Terms. Techniques and Traditions. The Intelvid Group

The English garden. Romsey Publishing Company Ltd. London.

The ikenobo no.325

The ikenobo no.328

The ikenobo no.329

The ikenobo no.330

The ikenobo no.333

Tolley, Emelie and C. Mead. 1991. Gifts from the herb garden. Clarkson Potter. New York.

Tony Morgan. 2009. VISUAL MERCHANDISING 쇼윈도 및 매장내 디스플레이. 강소연, 이주연(역). 도서출판 국제.

Trendsetters in dried flowers. W. Hogewoning B.V. The Netherlands.

Umlauf, Elyse and P. Schreiner. 1990. Building design. The Library of Applied Design.

Venkatesan, R. and Kumar,V. 2004. "A Customer Lifetime Value Framework for Customer Selection and Resource Allocation

Strategy". Journal of Marketing, 68(4), 106-125.

Wagener, Klaus. 1998. Floral design. Thalacker Medien. Deutschland.

Wedding Flowers. Bride to be's. IPC magazines. Australia.

Wedding Flowers. London: IPCMagazines, 1995.

Wegener, Ursula. 1997. Floral art in Germany. Stichting Kunstboek.

World Skills international 2010. Floristry, Technical Description

World Skills international 2011. Floristry, Competition Results for WorldSkills London Competition(http://www.worldskills.org)

World Skills international 2012. History of WorldSkills International, About WorldSkills, Vision and Mission, About World Skills, Past Competition, World Skills Activities(http://www.worldskills.org)

Wundermann, Ingeborg und F. Stobbe-Rosenstock. Der florist 1 · 2 · 3. Ulmer. Deutschland.

Yoshida S. 1994. Ikebana, Okinawa ikebana Research Institute. Okinawa. Japan.

Zeitgerechte Floristik, Peter Assman, Donau Verlag

Zuidgeest, Koos and X. Zijlmans. 1998. Flowers on earth. China Floral Art Foundation.

ウエデイングブーケのすべて. ベストフラワーアレンヅメント. フオーシーズンズブレス. 日本.

フローリスト. 誠文堂新光社. 日本.

ヤスダヨリコ. 1991. 電子レンジで自然の美しさドライフラワーの本. ハンドワトゥリズ. グラフ社. 日本.

私の部屋ビズ. 婦人生活社. 日本.

杉野押花・究所. 1994. 押花ブシヮ part 3. ヴォーグ社. 日本.

水谷昭美. 1997. 小さな庭花仕事. 世界文化社. 日本.

伊藤孝己. 1999. hanging baskets. 講談社. 日本.

眞子やすこ. 1991. ウエデイング・フラワー. 圭婦と生活社.

花のあろ家. 同朋舎出版. 日本.

華道. 2002, April

華道. 2002, August

華道. 2002, December

華道. 2002, July

華道. 2002, June

華道. 2002, May

花時間. 株同朋舎. 日本.

aT 한국농수산식품유통공사 화훼공판장 http://ylmc.at.or.kr/

LG경제연구원 http://www.lgeri.com/index.do

NCS국가직무능력표준 http://www.ncs.go.kr

경기도농업기술원 http://nongup.gg.go.kr

경남농업기술원 http://www.knrda.go.kr/

고양꽃전시관 http://www.kofec.or.kr

고용노동부 http://www.moel.go.kr/mainpop2.do

고용보험 https://www.ei.go.kr/ei/eih/cm/hm/main.do

국가법령정보센터 http://www.law.go.kr

국립수목원 http://www.kna.go.kr/

국립자연휴양림관리소 http://www.huyang.go.kr/

그린플로라 http://www.greenflora.com

김석범의 원예교실 http://home.hanmir.com/~deasin96

꽃이 좋은 사람들 http://members.namo.co.kr/~nulnari

나무숲 http://my.dreamwiz.com/namusoop

난사랑 http://www.nan.co.kr

녹색문화예술포털 http://www.lafent.com

농림축산식품부 http://market.okdab.com

농촌진흥청 http://www.rda.go.kr

농촌진흥청국립원예특작과학원 http://www.nihhs.go.kr

대림원예종묘 http://www.daillmseed.co.kr

대한스톤 http://www.daehan-stone.com/

도미니크공화국의비밀정원 http://the-secretgarden.com/

등터진고래 http://www.goraeppang.co.kr/

디자인&페이퍼 http://www.designandpaper.com

로즈웹 http://www.roseweb.co.kr/

모종시장 www.모종시장.com

산림청 http://www.forest.go.kr/

상수허브랜드 http://www.herbland.co.kr

아침고요 원예수목원 http://morningcalm.co.kr/

안나시랑 http://annashirang.co.kr/

안면도국제꽃박람회 http://floritopia.or.kr

열린지식생태계 http://www.seri.org

올비즈 http://www.ph.all.biz

왁스콜렉션 www.woxcollection.com

월드프리저브드플라워협회 www.wpfa.or.kr

정범윤의 원예마을 http://www.wonye.co.kr/

제주농업기술원 http://www.rda.go.kr/

조달철 나라장터 종합쇼핑몰 http://shopping.g2b.go.kr/

중앙화훼종묘 http://myhome.netsgo.com/choongang/

최저임금위원회 https://www.minimumwage.go.kr/index.jsp

충남농업기술원 http://www.rda.go.kr/

컬투플라워 http://www.cultwo-flower.com

텍스월드 www.texworld.co.kr

프레스코 www.foreverlove.co.kr

프레스플라워넷 www.pressflower.net

프리저브드플라워 www.flowerforever.co.kr

플라워아츠 http://www.flowerarts.co.kr/

플라워트리 http://www.flowertree.co.kr/

플로아 수제화분 www.floa.co.kr

피오리 www.piori.com

핑그램 www.pingram.me

한국 압화공예 www.pressflower.org

한국농수산식품유통공사 http://www.at.or.kr

한국농수산식품유통공사 http://ytmc.at.or.kr

한국능률협회컨설팅 http://www.kmac.co.kr

한국압화공예 www.pressflower.org

한국일보 http://www.koreatimes.com/article/322294

한림공원 http://www.hallimpark.co.kr

행복한 정원 가꾸기 http://members.tripod.lycos.co.kr/ameral

화훼공판장 http://www.at.or.kr/home/fmko000000/index.action

* 고객관계관리(CRM; Customer Relationship Management): 고객정보를 수집하여 하나의 고객정보시스템을 구축하고 각각의 고객니즈에 맞게 서비스를 이루어 고객충성도를 높이며 기업을 성공으로 이끌어 주는 고객정보관리시스템

* 고객순자산가치(customer equity): 고객을 기업의 중요한 자본 혹은 순자산이라는 개념으로 관리하겠다는 의미로서, 기업의 모든 고객이 기업에 제공하는 재무적 기여의 총합을 말함.

* 고객로열티(customer royalty): 한 기업의 사람, 제품 또는 서비스에 대한 애착 또는 애정의 감정 상태. 다른 관점으로는 특정 상품이나 서비스에 대해 지속적으로 구매나 이용을 하려는 의지 또는 몰입의 정도

* 국가고객만족지수(NCSI; National Customer Satisfaction Index): 국내외에서 생산한 제품 및 서비스 가운데 국내 최종소비자에게 판매되는 제품에 대해 직접 사용한 경험이 있는 고객이 평가한 만족 수준의 정도를 측정·계량화한 지표

* 깨진 유리창의 법칙: 고객이 겪은 한 번의 불쾌한 경험, 한 명의 불친절한 직원, 정리되지 않은 매장 등 기업의 사소한 실수가 결국은 기업의 앞날을 뒤흔든다는 개념의 법칙

* 롱테일 법칙: 크리스 앤더슨(Chris Anderson)이 만든 개념. 20%의 핵심고객으로부터 80%의 매출이 나온다는 파레토 법칙과 반대된다는 의미에서 역파레토 법칙이라고도 함. 비주류 틈새시장의 규모가 기존 주류시장의 규모만큼 커지는 현상

* 고객생애가치(CLV; Customer Lifetime Value): 고객이 평생에 걸쳐 기업에 제공하는 이익을 현재가치로 환산한 금액. 한 고객이 한 기업의 고객으로 존재하는 전체 기간 동안 기업에게 제공할 것으로 추정되는 재무적 공헌도의 합계라고도 할 수 있음.

* 현장배회경영: 노드스트롬(Nordstrom)의 경영진들은 종업원이나 고객들과 긴밀한 관계를 유지하기 위해 부지런히 현장을 돌아다니는 경영 방식을 취한다는 데에서 유래한 말

* 체리피커(cherry picker): 기업의 상품이나 서비스는 구매하지 않으면서 기업이 제공하는 혜택만을 골라서 누리는 소비자를 일컫는 말

* 정부공사예정가격: 정부가 국고부담으로 공사 등을 발주할 때 기준이 되는 입찰상한가격. 정부공사 낙찰가격은 예정가격 이하 수준에서 결정되며, 예정가격은 실제거래가격을 원칙으로 하되 적정한 거래실례가 없을 때는 원가계산을 통해 산정함. 시설공사의 경우엔 원가계산에 따라 예정가격을 결정하는데 여기에는 재료비와 노무비, 경비, 일반관리비, 이윤 등이 포함됨. 산정 방법은 수요기관에서 내놓은 설계가격을 바탕으로 조달청에서 별도로 원가계산을 통해 조사가격을 산출, 조사가격에서 일정 비율(보통 2~4%)을 삭감해 책정하고 있음.

좋은 책을 만드는 길
독자님과 함께하겠습니다.

도서나 동영상에 궁금한 점, 아쉬운 점, 만족스러운 점이
있으시다면 어떤 의견이라도 말씀해 주세요.
SD에듀는 독자님의 의견을 모아 더 좋은 책으로 보답하겠습니다.

www.sdedu.co.kr

2023 Win-Q 화훼장식산업기사 필기 단기합격

개정2판1쇄 발행	2023년 01월 05일(인쇄 2022년 11월 02일)
초 판 발 행	2019년 10월 21일(인쇄 2019년 09월 24일)
발 행 인	박영일
책 임 편 집	이해욱
편 저	하순엽 · 공신희 · 강나현
편 집 진 행	구설희 · 김서아
표지디자인	조혜령
편집디자인	홍영란 · 장성복
발 행 처	(주)시대고시기획
출 판 등 록	제 10-1521호
주 소	서울시 마포구 큰우물로 75 [도화동 538 성지 B/D] 9F
전 화	1600-3600
팩 스	02-701-8823
홈 페 이 지	www.sdedu.co.kr
I S B N	979-11-383-3347-4 (13520)
정 가	28,000원

전문저자진과 SD에듀가 제시하는
합격전략 코디네이트

조경기사 필기 한권으로 끝내기
최근 기출문제 경향을 한눈에 볼 수 있는 〈빨리보는 간단한 키워드〉 수록

▶ 최근 출제경향 100% 분석
▶ 〈핵심이론+적중예상문제+과년도, 최근 기출문제〉 3단계 최적의 구성
▶ 과년도 기출문제를 중심으로 한 적중예상문제 수록
▶ 최근 기출문제와 해설 수록
▶ 20학점 및 임업직 · 환경직 · 시설직 공무원 가산점 인정
▶ 4×6배판 / 1,230p / 35,000원

조경산업기사 필기 한권으로 끝내기
유튜브 무료 특강 제공

▶ 중요한 개념 '중요' 표시로 집중 학습 가능
▶ 전년도 기출문제 선지 분석을 통해 중요한 개념 학습 가능
▶ '시험에 이렇게 나왔다'를 통해 실전 문제 파악 가능
▶ 과년도 기출문제와 꼼꼼한 해설 수록
▶ 저자의 유튜브 채널(홍선생 학교가자) 무료 특강 제공
▶ 4×6배판 / 960p / 33,000원

유기농업기능사 필기 한권으로 끝내기
최근 기출복원문제 및 해설 수록

▶ 빨리보는 간단한 키워드 : 시험 전 필수 핵심 키워드
▶ 단기 합격 완성을 위한 과목별 필수 핵심이론
▶ 적중예상문제와 기출복원문제를 자세한 해설과 함께 수록
▶ 4×6배판 / 762p / 29,000원

※ 도서의 구성 및 가격은 변동될 수 있습니다.